행성지질학

Planetary Geology
An Introduction

Third Edition

역자 소개

김용하 (충남대학교 천문우주과학과 명예교수)

1990년 미국 뉴욕주립대학 스토니부룩에서 우주과학 (목성의 전리권)으로 박사학위를 받았다. 1994년부터 2022년까지 충남대학교 천문우주과학과에서 교수로 재직하면서 행성 및 지구 고층 대기에 관한 150여편의 연구 논문을 출판하였고, 태양계 천문학을 매년 강의하였다. 충남대학교 자연과학대학 학장과 한국우주과학회 회장을 역임했다.

김경자 (한국지질자원연구원 책임연구원)

빅토리아대학 (뉴질랜드)에서 지질학 박사학위를 받은 후, 1993년이래 달 · 화성 감마선 원격탐사, 우주방사선동위원소, 가속기질량분석, 달 자원활용 연구를 수행해왔다. IGNS, 미국 대학 및 NASA 에임즈에서 근무했다. 현재 다누리 달탐사선 감마선분광기 연구를 이끌고 있고, 국가우주위원회 민간위원 및 한국우주자원에너지학회 회장으로 활동 중이다.

유용재 (충남대학교 지질환경과학과 교수)

2002년 캐나다 토론토대학교에서 지구물리학 전공으로 박사학위를 받은 후, 2008년부터 충남대학교 지질환경과학과 교수로 재직 중이다. 암석과 운석의 자화 특성을 이용하여 초대륙의 생성과 분리, 판의 진극 이동과 회전, 핵의 분화와 다이너모의 생성, 지구자기장 급변동에 따른 기후변화, 자성광물의 잔류자화, 달을 비롯한 행성체의 자기장 진화를 연구한다.

행성지질학

저자 Dominic Fortes and Claudio Vita-Finzi
역자 김용하 · 김경자 · 유용재
발행일 2025년 12월 17일 발행인 김정겸
펴낸곳 충남대학교출판문화원 주소 대전광역시 유성구 대학로 99
전화 042-821-6045 홈페이지 http://www.cnupress.co.kr E-mail cnupress@cnu.ac.kr

ISBN 979-11-6503-327-9 93440
정가 60,000원

This translation is based on *Planetary Geology: An Introduction* (2025) by Dominic Fortes and Claudio Vita-Finzi and is published by arrangement with Liverpool University Press.

행성지질학

Planetary Geology An Introduction

Third Edition

저자 _ Dominic Fortes and Claudio Vita-Finzi
역자 _ 김용하 · 김경자 · 유용재

충남대학교출판문화원

목차

	제3판 서문	6
	역자 서문	7
제1장	행성의 기원과 맥락	9
제2장	궤도와 주기	35
제3장	행성체의 내부 구조	59
제4장	자기장	85
제5장	중력과 행성의 지형	113
제6장	판구조론	137
제7장	화산 활동	166
제8장	충돌과 충돌체	191
제9장	대기	222
제10장	바다와 만년설	247
제11장	퇴적물과 층서학	267
제12장	행성 생물학	293
	참고문헌	321
	색인	373

제3판 서문

제2판 서문에서 우리는 알려진 외계행성(exoplanet)의 수가 '880개를 초과했다'고 언급하며, 우리 태양계 행성들과 함께 지질학 교과서의 잠재적 연구 대상으로 언급하였다. 이는 대부분의 외계행성에 대한 당시의 지식은 별의 광도 곡선에서 일시적인 변화나 모성별의 위치에서 미세한 흔들림에 불과했기 때문이었다. 약 10년이 지난 현재, 확인된 외계행성의 목록에는 5,000개 이상의 행성 시스템에 분포된 7,300개 이상의 항목이 포함되어 있다. 최근 천문 관측 조사에서 식별된 추가 후보 외계행성 중 확인을 기다리고 있는 수는 7,500개를 넘어섰다.

이는 단순히 모호한 점이나 신호의 목록이 길어진 것이 아니다. 다양한 기술의 측정 능력 개선으로 인해 마침내 명확한 지질학적 특성을 구분할 수 있게 되었다. 예를 들어, 이 중 약 1,500개는 지구보다 훨씬 작거나 큰 다양한 크기의 암석 행성일 가능성이 높다. 이 중 많은 행성은 대기를 가지고 있으며, 그 조성, 바람, 날씨 등 대기의 특성은 원격 관측을 통해 점점 더 명확히 파악되고 있다. 조사 범위와 감도가 확대됨에 따라, 슈퍼-퍼프(super-puffs, *거대하게 퍼진 행성: 역자 주*), JuMBo(Jupiter Mass Binary Objects, *목성 질량의 이중 천체: 역자 주*), 용암 행성, 해양 행성 등 이국적인 범주의 행성들이 놀라운 다양성으로 드러나고 있다. 외계행성 연구는 행성 과정 분석을 풍부하게 하고 우리 집인 태양계의 우주 속 위치를 이해하는 데 기여할 성숙한 분야로 발전하고 있다.

지난 10년간 행성학도 가만있지 않았다. 로봇 탐사선이 혜성 핵을 공전하고 착륙했으며, 명왕성과 카론, 카이퍼 벨트 천체를 지나갔다. 우주선은 소행성대의 두 가장 큰 천체의 지질학과 지구물리 특성을 파악했으며, 여러 국가에서 달과 화성에 수많은 로버를 착륙시켰다. 행성 탐사는 더 이상 미국과 러시아의 전유물이 아니며, 아시아와 중동 국가들이 참여하며 전인류의 사업이 되었다. 이 진전은 새로운 기술의 발전뿐 아니라 컴퓨팅과 모델링의 진보도 한 몫을 했다. 지구의 물의 기원, 달의 형성, 지구의 기후 역사와 같은 오랜 질문들은 다양한 크기, 나이, 유형의 행성체를 포함하며 비교 행성학 분석으로 심도있게 다루어질 수 있게 되었다.

현재 우리가 알고 있는 생명은 여전히 지구에 국한되어 있지만, 태양계의 얼음 바다 행성체를 탐사하는 우주선들과 심우주 또는 우리 주변에 존재할지 모르는 인간외 지능의 흔적을 탐지하기 위한 노력들이 진행 중이다. 향후 10년 내외에 흥미로운 발전이 기대된다.

이번에 확장 개정된《행성 지질학》3판은 행성 과학의 최전선을 소개하는 동시에 기본 개념의 역사적 발전과정을 조명하였다. 또한 각 주제에 대한 일반 관심 독자부터 열정적인 대학 상급생까지 모두 쉽게 이해할 수 있도록 소개하였다. 특히 이 책은 지구과학 전공 학부생을 주 대상으로 작성되었다.

2024년 12월

Dominic Fortes와 Claudio Vita_Finze

역자 서문

행성지질학이란 학문 분야는 1960년대와 1970년대에 NASA 내에서 행성 탐사에 지질학적 접근 방식이 주창되며 시작되었다고 본다. 당시 달 표면 탐사에 성공한 아폴로 임무는 달 지질학을 이해하는데 크게 기여하며, 일반 지질학자와 천문학자들의 관심을 동시에 끌었다. 이후 달을 너머 화성, 금성, 수성, 그리고 거대 기체 외행성과 그 위성들에 대한 무인 우주선 탐사가 지속적으로 행성체에 대한 지식을 넓혀 주었다. 이러한 행성체 탐사 자료는, 전통적인 지구과학 분야인, 지질학, 대기과학, 해양학, 천문학을 아우르며, 그에 대한 분석은 생물학, 화학, 물리학 등의 다학제간 연구를 필요로 한다. 세기가 바뀌면서 이들 행성체에 대한 탐사는 보다 정교하고 다양해졌으며, 최근에는 실용적인 자원 탐사 성격을 띠면서 기업들까지 관심을 보이게 되었다.

우리나라 정부도 2032년 달에 탐사선을 착륙시킨다는 사업을 시작하였으며, 2045년 화성 탐사를 목표하고 있다. 그러나 국내 대학이나 연구소는 행성 탐사에 대해 아직은 단편적 관심에 머물러 있다. 본 역자들은 행성체에 대한 체계적인 지식을 소개하고자 한국지질자원연구원의 후원을 받아 이 책을 번역하게 되었다.

행성체에 대한 지식은 다양한 연구 논문 형태로 국외 학술지에 산재하나, 체계적으로 정리한 소개서는 많지 않다. 이 책은 Claudio Vita-Finzi 교수가 런던대학교 대학원에서 '지구와 행성지질학' 이라는 강좌 내용을 2005년 처음 출판하면서 시작되었다. 이후 빠르게 증가하는 행성 탐사 연구 결과를 촘촘히 정리하여 2025년 Dominic Fortes와 함께 3판을 출판하였다. 새 판본은 최근 행성 탐사의 주관심사인 생명의 기원과 자원 활용 측면 연구 결과들을 추가하였을 뿐만 아니라, 태양계 밖의 외계 행성 연구 결과도 포함하였다. 이런 최신 연구 결과를 정리하는 과정에서 생명과학, 화학, 천문학 내용들이 함께 다루어져, 제목은 '행성지질학'이나 사실상 행성과학이라는 다학제 소개서 역할을 하게 되었다.

이 책은 총 12장과 참고문헌 및 국문 용어 색인으로 이루어져 있다. 제1장에서는 최근 태양계 밖의 외계 행성이 수천 개 발견되며, 태양계 행성의 기원에 대한 천문학적 맥락이 새롭게 정립되고 있음을 소개한다. 행성 궤도와 진화에 대해 전통적인 천체역학적 분석이 2장에서 소개되고, 행성체 내부, 자기장, 지형학, 판구조론, 화산, 충돌과정, 대양과 빙하, 퇴적 층서학 등 지질학적 분석이 3~8장, 10~11장에서 최근 탐사자료와 함께 자세하게 기술된다. 행성 표면과 기원에 연관되어 행성 대기를 9장에서 다루고, 마지막으로 12장에서 생명체 기원과 진화를 생명과학, 생화학, 천문학적 관점에서 기술하며, 저자들의 인류에 대한 경고성 언급으로 마무리하고 있다.

이 책은 지구과학 분야 학부 상급생이나 행성 탐사에 관심 있는 연구자들에게 좋은 길잡이 역할을 할 것으로 기대한다. 이 책을 통해 국내에서 시작 단계인 행성지질학 분야를 도약할 수 있도록, 후원해 준 한국지질자원연구원에 감사드린다.

2025. 12.

역자 김용하 (충남대학교 천문우주과학과 명예교수)
김경자 (한국지질자원연구원 책임연구원)
유용재 (충남대학교 지질환경과학과 교수)

chapter 1

행성의 기원과 맥락

태양계 행성과 위성의 조성, 내부 역학, 진화를 이해하려면 태양계 시작부터의 모든 발달 단계와 다른 별 주위의 행성계 형성 과정을 비교하는 맥락이 필요하다. 이들 과정의 시간과 공간의 범위가 매우 넓어서 이해하기 더 어려워진다. 공간적으로는 태양풍 속 개별 이온의 이동부터 대류 운동을 하는 지구 맨틀의 원자 단위 움직임까지, 시간상으로는 주기적인 행동이나 장기적인 추세에서 단일한 사건을 구분하는 데 어려움이 가중된다. 지구에서는 계절의 주기, 조수 간만의 차, 심지어 하루 길이의 미세한 변화도 2장에서 살펴볼 것처럼 수천 년에 걸친 궤도 주기와 오랜 시간에 걸친 태양 광도의 변화를 배경으로 이해할 필요가 있다.

그동안의 다양한 무인 유인 행성 탐사는 수많은 행성과 위성에서 우리에게 친숙한 지질 및 환경 프로세스가 작동한다는 사실을 밝혀냈으며, 동시에 많은 신기함과 놀라움을 선사했다. 태양계 가장 안쪽에 있는 수성의 암석 세계부터 멀리 떨어진 명왕성의 추운 세계와 태양계 외곽의 다른 행성까지, 우리는 내부 구조, 열 진화, 표면 특성을 연결하는 다양한 공통점을 인지하였으며 충돌 화구, 화산, 빙하, 모래 언덕, 강과 바다를 비롯한 다양한 지질 현상을 관찰하였다. 주요 궤도 우주선 탐사에서 얻은 풍부한 데이터 세트는 상대적으로 불활성인 것처럼 보이는 현상조차 과거에 지질학적으로 활동했거나 주변 활동으로 지워진 환경 조건에 대한 수동적인 기록을 보존하고 있음을 보여준다. 또한, 달과 화성에서 온 운석의 분석과 다양한 소행성 및 혜성에서 획득한 샘플의 상세한 조사를 통해 태양계에 대한 우리의 이해는 계속 발전하고 있다. 이 샘플들은 매우 필요한 지구화학적 맥락을 제공할 뿐만 아니라 외계 자원의 개발로 우주 탐사의 새로운 지평이 열릴 수 있음을 보여준다.

오늘날 행성 지질학은 원래 지상 암석에 중점을 두던 것에서 벗어나 대기, 지표수, 지하 열원, 플라즈마, 생명체 현상까지 포괄적으로 다루고 있다. 더욱이 지질학적 탐구의 범위가 태양계를 넘어 다른 별 주위의 무수히 많은 외계행성까지 포함하게 되었다. 그중 일부는 지구와 비슷하다고 의심되는 반면, 다른 일부는 끓는 용암의 바다나 수백 km의 물이나 얼음에 묻혀 있을 수도 있다.

태양계의 구조

태양계를 구성하는 천체들은 지름이 수천 분의 1 mm인 먼지 입자부터 목성을 필두로 하는 거대한 외행성까지 크기가 다양하다. 이 두 극단 사이에서 우리는 태양계가 원래 차가운 가스 구름에서 형성되었음을 시사하는 다양한 천체를 발견할 수 있다. 고대 그리스 천문학자들은 별의 패턴에 대한 움직임으로 행성을 구분했는데, '행성'이라는 용어는 '방

표 1.1 태양계 주요 행성체의 물리적 특성

구분	행성체	반지름(km)	질량(kg)	밀도(kg m^{-3})	궤도장반경(AU)
행성	수성(Mercury)	2,439.7	3.3011×10^{23}	5,427	0.387
행성	금성(Venus)	6,051.8	4.8675×10^{24}	5,243	0.723
행성	지구(Earth)	3,671.0	5.9724×10^{24}	5,514	1.000
위성	달(Moon)	1,737.4	7.342×10^{22}	3,344	-
행성	화성(Mars)	3,389.5	6.4171×10^{23}	3,934	1.524
왜소행성	세레스(Ceres)	4,69.73	9.384×10^{20}	2,162	2.765
행성	목성(Jupiter)	69,911	1.8982×10^{27}	1,326	5.204
위성	이오(Io)	1,821.3	8.9319×10^{22}	3,528	-
위성	유로파(Europa)	1,560.8	4.7988×10^{22}	3,010	-
위성	가니메데(Ganymede)	2,634.1	1.4819×10^{23}	1,936	-
위성	칼리스토(Callisto)	2,410.3	1.0759×10^{23}	1,834	-
행성	토성(Saturn)	58,232	5.6834×10^{26}	687	9.583
위성	타이탄(Titan)	2,574.7	1.3452×10^{23}	1,880	-
행성	천왕성(Uranus)	25,362	8.6710×10^{25}	1,270	19.191
행성	해왕성(Neptune)	24,622	1.0241×10^{26}	1,638	30.07
위성	트리톤(Triton)	1,353.4	2.14×10^{22}	2,060	-
왜소행성 후보	오르쿠스(Orcus)	~920	5×10^{20}	~1,500	39.174
왜소행성	명왕성(Pluto)	1,188.3	1.303×10^{22}	1,854	39.482
왜소행성	하우메아(Haumea)	~800	4.01×10^{21}	~2,000	43.116
왜소행성 후보	콰오아(Quaoar)	~560	1.4×10^{21}	~2,000	43.694
왜소행성	마케마케(Makemake)	~740	3.1×10^{21}	~2,000	45.430
왜소행성 후보	공공(Gonggong)	~615	1.75×10^{21}	~1,750	67.485
왜소행성	에리스(Eris)	1,163	1.65×10^{22}	2,430	67.864
왜소행성 후보	세드나(Sedna)	~500	$\sim 1 \times 10^{21}$	~2,000	506

랑자'를 뜻하는 그리스어 플라네테스에서 유래한 것으로, 이러한 천체가 배경별에 대해 움직이는 것처럼 보인다는 사실을 의미한다. 2006년부터 국제천문연맹(International Astronomical Union, IAU)에 따르면 '행성'이라는 용어는 (1) 태양 주위를 공전하고, (2) 자체 중력에 의해 구형을 취할 만큼 충분히 거대하며, (3) 그 궤도 주변의 대부분의 파편을 제거한 천체로 정의하고 있다. 또한, 이때 왜소행성이라는 두 번째 종류의 천체가 고안되었는데, 이들은 앞에 정의된 행성의 첫 번째와 두 번째 속성을 공유하지만 세 번째 속성은 가지지 않는다. 새로운 기준에 따르면, 명왕성은 비슷한 크기의 얼음 천체, 즉 해왕성 궤도 통과 행성체(trans-Neptunian objects, TNO)가 많이 발견됨에 따라 소수의 얼음 왜소 행성 중 하나가 되었다. 반면에 세레스는 수많은 소행성의 대열에서 승격되어 천왕성 궤도 안에 있는 유일한 왜소 행성이 되었다. 현재 IAU는 5개의 천체를 왜소행성으로 인정하고 있으며, 그 외에도 여러 후보가 검토를 기다리고 있다(그림 1.1 및 표 1.1). 지난 10년 동안 이 중 두 천체(세레스와 명왕성)를 우주선이 면밀히 관찰한 결과는 다른 천체들에 대한 좀 더 자세한 망원경 연구와 연계되어, 태양계 전반에 대한 그들의 중요성을 증명하는 지질학적 다양성에 관한 새로운 정보를 풍부하게 제

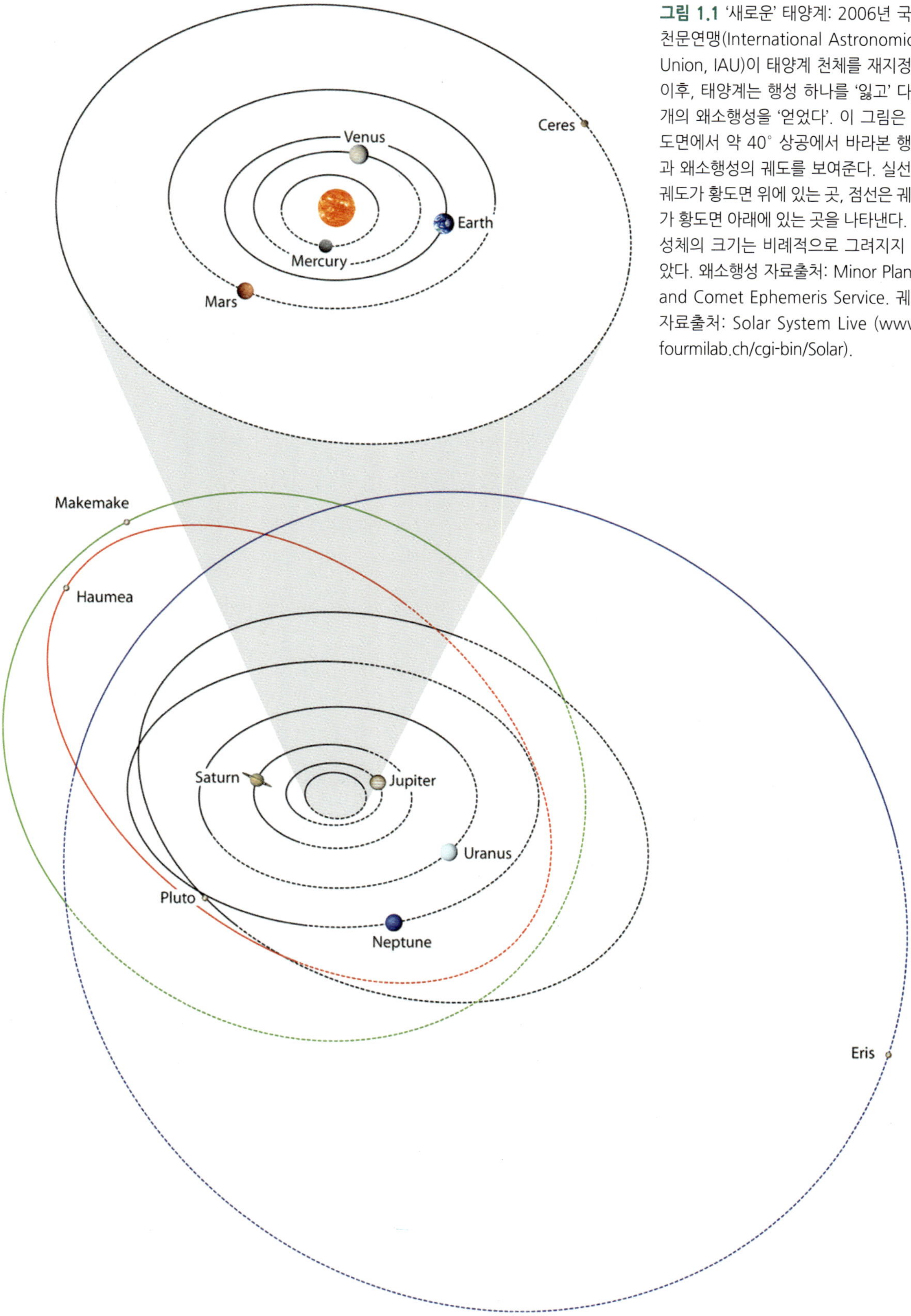

그림 1.1 '새로운' 태양계: 2006년 국제 천문연맹(International Astronomical Union, IAU)이 태양계 천체를 재지정한 이후, 태양계는 행성 하나를 '잃고' 다섯 개의 왜소행성을 '얻었다'. 이 그림은 황도면에서 약 40° 상공에서 바라본 행성과 왜소행성의 궤도를 보여준다. 실선은 궤도가 황도면 위에 있는 곳, 점선은 궤도가 황도면 아래에 있는 곳을 나타낸다. 행성체의 크기는 비례적으로 그려지지 않았다. 왜소행성 자료출처: Minor Planet and Comet Ephemeris Service. 궤도 자료출처: Solar System Live (www.fourmilab.ch/cgi-bin/Solar).

공하였다.

수성, 금성, 지구(및 달), 화성 등 소위 '암석' 행성으로 불리는 내행성들은 금속 함량에 따라 [3,300~5,550 kg m^{-3}]의 밀도를 가지고 있으며, 일반적으로 전체 또는 부분적으로 용융된 니켈-철 핵 주위에 규산염 암석 맨틀을 가지고 있다. 현재 가지고 있는 휘발성 물질, 대기 가스 및 물의 구성비는 매우 가변적이며, 이는 원시 태양 성운의 화학적 변화, 혜성의 낙하 속도 및 지질학적 시간에 따라 작용하는 다양한 손실 메커니즘의 공간적, 시간적 변화를 반영한다. 이들은 현재 내부적으로 생성된 자기장이 주로 양극성을 띠거나, 아니면 이전에 활성 자기장을 가지고 있었다는 증거를 보여준다. 이러한 자기장 차이는 비교 행성 과학의 주된 관심사이며, 무엇보다도 지구에 다양한 생명체가 존재하는 이유와 달과 화성은 거의 대기를 보유하지 않지만 금성은 어떻게 밀도가 높은 대기를 갖게 되었는지 설명하는 데 도움이 된다.

훨씬 더 거대한 외행성은 목성과 토성인 가스 자이언트와 천왕성과 해왕성인 얼음 자이언트로 나뉘지만, '얼음 자이언트'라는 용어는 부정확하다는 비판을 받고 있다. 가스 거대 행성은 거의 전부가 수소와 헬륨으로 구성되어 있으며, 일부는 깊은 내부의 높은 밀폐 압력으로 인해 액체 금속 상태인 것으로 추정된다. 테라 파스칼(10^{12} Pa) 압력에서는 물질 상태의 익숙한 구분이 의미가 없어지고 지구형 행성에서 볼 수 있는 것처럼 깔끔하게 구분되는 동심층으로 구성되어 있지 않고 수소/헬륨 외피 전체에 무거운 원소가 광범위하게 섞여 있는 '퍼진' 내부라는 증거가 있기는 하지만, 거대 가스행성의 중심부는 아마도 암석일 것이다. 목성과 토성 모두 지구와 비슷한 비교적 규칙적인 자기장을 가지고 있지만, 훨씬 더 강력하다.

얼음 자이언츠는 암모니아-물 유체의 바다와 수소와 헬륨의 깊은 대기로 덮인 암석과 얼음 코어가 혼합된 것으로 보인다. 메탄은 이들 대기가 청록색으로 보이게 하지만, 행성 깊은 내부에서는 높은 압력으로 인해 다이아몬드 형태의 순수한 탄소로 분해될 수 있다. 천왕성과 해왕성은 매우 특이하고 복잡한 자기장을 가지고 있는데, 이는 깊은 초이온 전도성 물-암모니아 얼음층이 존재하기 때문으로 추정된다.

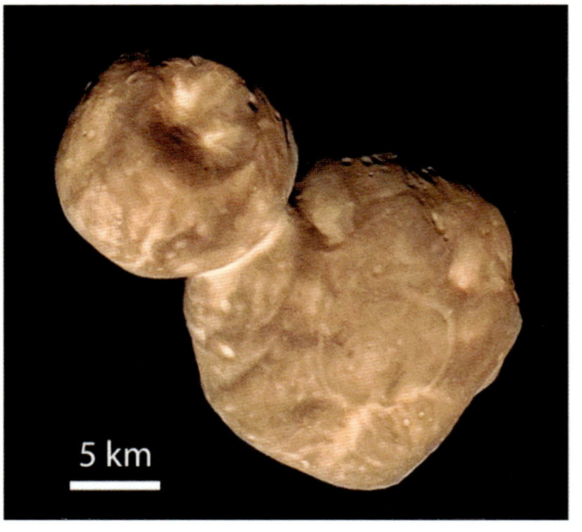

그림 1.2 2019년 1월에 뉴 호라이즌스(New Horizons) 우주선이 통과 비행중 촬영한 해왕성 궤도 통과 행성체 486958-아로코스(Arrokoth)는 '차가운' 큐비원족(cubewano) 집단에 속하는 고전적인 카이퍼대 천체의 예이다(그림 1.5 참조). '차가운' 집단과 '뜨거운' 집단의 구분은 순전히 궤도 편심과 경사도에 따른 것이지만, 일반적으로 '차가운' 집단은 스펙트럼 기울기가 더 붉고 '뜨거운' 집단은 더 푸른 기울기를 갖는다. 아로코스는 저속 충돌로 합쳐진 두 개의 개별 천체에서 형성된 '접촉 이중체'으로, 공식 명칭은 위요 로버스(Weeyo Lobus, 왼쪽)와 웨누 로버스(Wenu Lobus, 오른쪽)이다. 표면의 주황색은 탄소, 질소 및 황을 함유한 휘발성 얼음이 조사되어 형성된 유기 분자의 복잡한 혼합물인 '톨린'(tholin) 때문이다. 출처: NASA/Johns Hopkins University Applied Physics Laboratory/Southwest Research Institute/Roman Tkachenko.

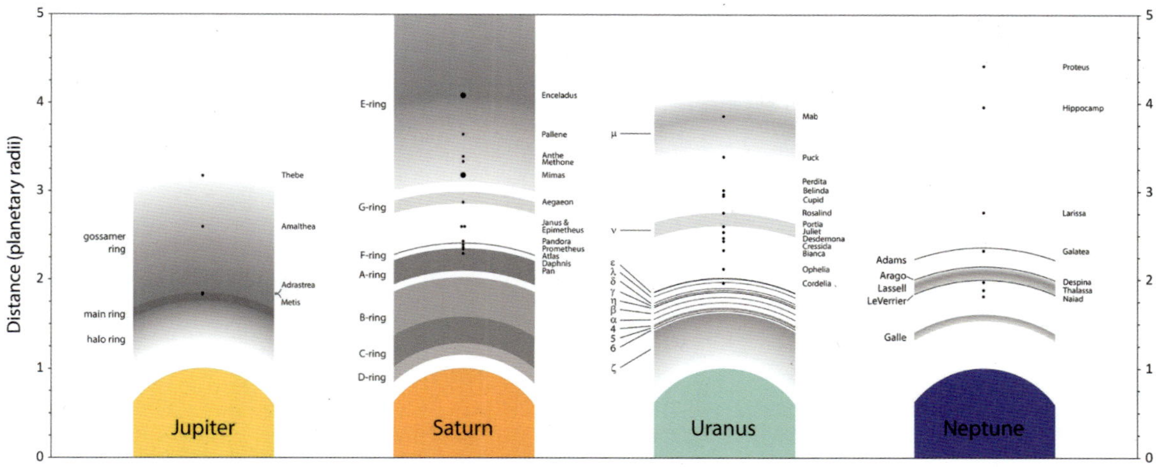

그림 1.3 거대 행성의 고리와 그 안에 포함된 위성; 세로 눈금은 모행성의 반경으로 정규화된 거리를 나타낸다. 이 고리계의 대부분은 모행성 반지름[R_p]의 세배 내에 있으며, 밀도가 [1.0 ~1.5 g cm^{-3}]인 얼음 천체의 로슈 (Roche) 한계는 대략 2~3 R_p 사이이다. 명백한 예외는 비중력(엔셀라두스의 가스 방출에 의한 보충 - 7장 참조)에 의해 유지되는 토성의 G 및 E 고리와 위성 Mab의 궤도에서 밀도가 최대인 천왕성의 μ 고리이다. 출처: 다양한 참고문헌에서 발췌.

태양에서 더 멀리 떨어진 지역의 낮은 온도는 고체 상태의 N_2, CO, CO_2 응축에 유리하다(Brown & Fraser, 2023). 2015년 여름 명왕성을 지나던 뉴 호라이즌스(New Horizons) 탐사선의 가장 놀라운 발견 중 하나는 고체 질소로 이루어진 거대한 적도 빙하로, 그 안에서 개별 대류 세포 발견한 것이다. 성간 얼음에 열 및 방사선 노출 과정으로 생성된 작은 분자의 결합은 먼 얼음 세계의 구성에 풍미를 더하는데, 한 사례로 추가 화학 반응과 휘발성 물질의 손실은 일반적으로 '톨린'이라는 물질이 생성되면서 표면이 붉어지는 결과를 낳는다. 예를 들어, 카이퍼대 행성체 아로코스(Arrokoth)(그림 1.2)에서는 얼어붙은 황화수소의 존재로 인해 황이 풍부한 톨린에 대한 증거가 있다(Ruf et al., 2021). 더 큰 TNO인 세드나(Sedna), 공공(Gonggong), 콰오아(Quaoar)의 표면에서는 에탄, 에틸렌, 아세틸렌 얼음을 포함한 메탄의 분해로 생긴 탄화수소 잔류물의 형태로 지질학적 활동이 계속되고 있다는 징후를 발견했다(Emery et al., 2024). 이러한 분해에도 불구하고 메탄 얼음의 지속적 존재는 부분적인 용융 및 얼음 화산과 관련된 지하 저수지에서 메탄이 지속적으로 재공급되고 있음을 시사한다.

지구와 우주선에서의 관측이 개선되면서 앞서 언급한 행성들을 공전하는 위성의 목록이 크게 확대되었다. 현재 집계된 행성은 8개 주요 행성, 5개 왜소 행성, 301개의 위성으로 다음과 같이 분포되어 있다: 지구(1), 화성(2), 목성(95), 토성(146), 천왕성(28), 해왕성(16), 명왕성(5), 하우메아(Haumea) (2), 마케마케(Makemake) (1), 에리스(Eris) (1). 후보 왜소행성을 포함한 다른 많은 소천체에도 위성이 있다: 90482-오르쿠스(Orcus) (1), 50000-콰오아(Quaoar) (1), 225088-공공(Gonggong) (1), 174567-바르다(Varda) (1). 각각 성격, 성분, 역학이 다른 고리 시스템이 목성, 토성, 천왕성, 해왕성, 하우메아, 심지어 소행성인 2060-키론(Chiron)과 10199-커리클로(Chariklo)에서도 관찰된다(그림 1.3). 당연히 301개 위성 중 하나인 지구의 달에 대해서만 본격적인 기원 이론을 발전시킬 수 있는데,

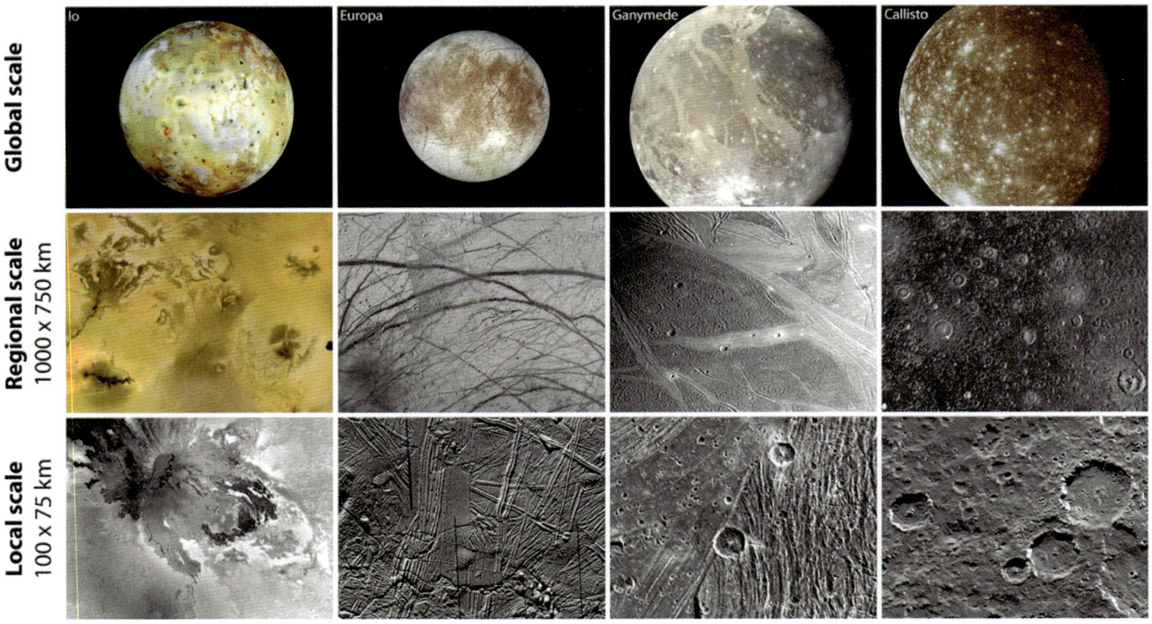

그림 1.4 목성의 갈릴레이 위성 4개는 여러 길이 척도에서 다양한 지질을 보여준다. 목성으로부터의 거리에 따라 성분과 밀도가 달라지는데 (표 1.1), 이는 태양과 지구형 행성의 관계와 대체로 유사하다. 가장 안쪽 위성인 이오는 암석으로 이루어져 있고 물이 거의 없으며, 유로파는 얇은 얼음/물 지각으로 덮인 암석 핵, 가니메데의 암석/금속 핵은 두꺼운 물 얼음 맨틀을 가지며, 분화의 정도가 낮은 칼리스토는 암석과 얼음이 혼합되어 있으나 암석 비율이 깊이에 따라 약간 증가한다. 그러나 내행성들과는 달리 갈릴레이 위성들은 그들의 생성 위치에 따른 원시 먼지구름의 차이보다는 이후의 변화를 더 많이 반영한다. 예를 들어, 이오는 활발한 조석에 의한 화산 활동으로 인해 물을 잃었을 수 있다. 출처: NASA's Planetary Image Archive 00743, 00328, 02280; NASA/JPL.

이는 달만이 지구화학 샘플링의 혜택을 받아 예전에 제기되었던 몇몇 가설들을 배제할 수 있었기 때문이다. 즉, 태양 성운의 같은 부분에서 지구와 달이 같이 생성되었다는 것은 두 천체의 철 함량이 매우 다르다는 사실과 일치하지 않으며, 지구가 지나가는 천체를 포착하는 것은 지구와 달의 매우 유사한 산소 동위원소 비율과 상충하며, 자연 핵분열에는 알려지지 않은 에너지원이 필요하다는 점 등이 문제이다. 현재 의견은 화성 크기의 행성이 철핵이 형성된 후 지구를 강타하여 철분이 부족한 맨틀 물질을 날려 보내고 그중 일부는 위성으로 축적되었다는 Hartmann과 Davis (1975)의 제안을 선호하며, 이는 다양한 동위원소 비에 대한 지속적인 분석 (Nielsen et al., 2021), 모델링(Lock et al., 2018; Hosono et al., 2019), 원시 행성 원반에서 새로 형성된 외계행성 간의 충돌로 인한 파편 구름 관측 (Kenworthy et al., 2023) 등을 통해 뒷받침된다.

거대 충돌설은 달에서 가장 오래된 암석의 나이가 지구의 암석과 거의 차이가 없는 4.51 Gyr인 이유를 설명하는 데 도움이 된다. 이 이론은 새로운 데이터뿐만 아니라 새로운 이론적 유행의 지지를 받는다. 한때 불가능한 문제에 대한 임시 해결책으로 여겨졌던 충돌 이론은 이제 행성 과정의 일반적인 항목으로 간주되며, 천왕성의 98° 경사 및 역행 운동과 같은 태양계 역사의 2차 퍼즐에 대한 그럴듯한 해결책을 제시하는 것으로 보인다. 태양계의 현재 각운동량 분포를 포함하여 겉으로 보기에 난해해 보이는 다른 퍼즐을 푸는 데 충돌 이론이 도움이 될 수 있다.

다른 위성들은 대체로 행성들이 보여주는 태양

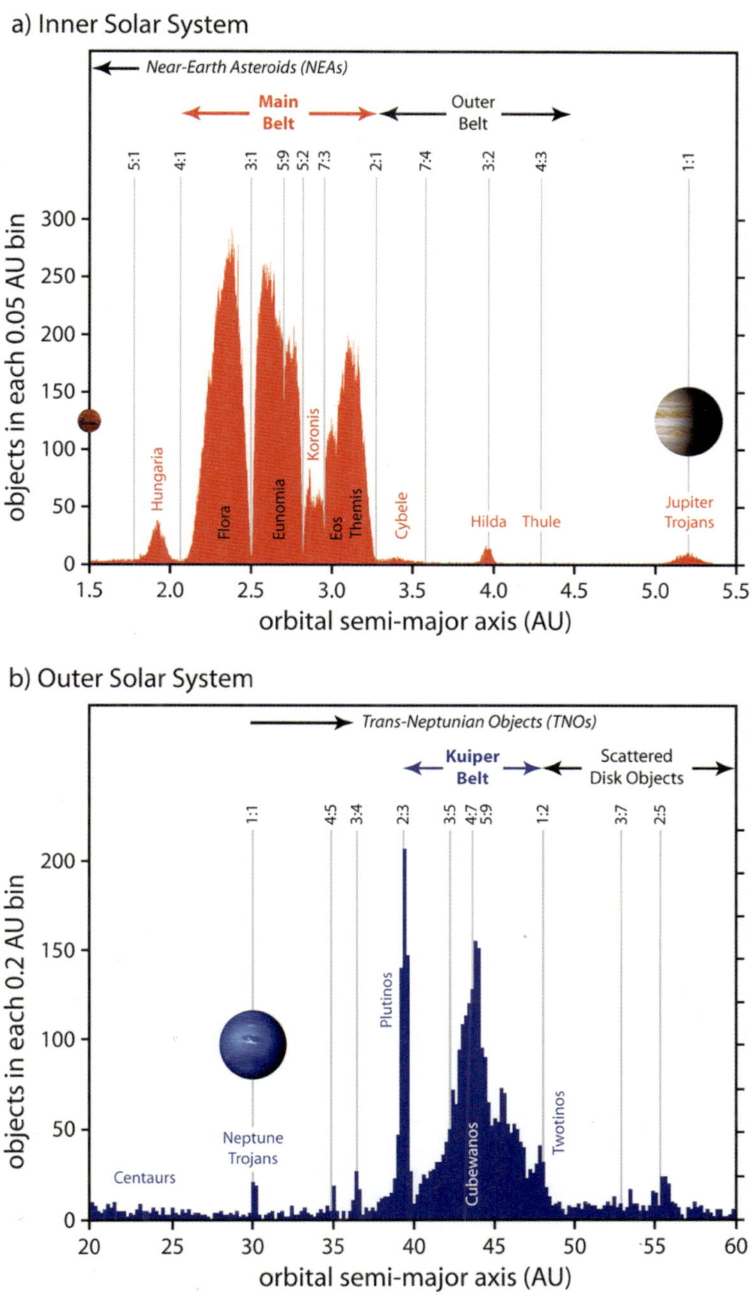

그림 1.5 두 개의 주요 소행성 '벨트'가 화성과 목성 궤도 사이(주 소행성대, 위쪽 패널)와 해왕성 궤도 너머(카이퍼대, 아래쪽 패널)에 있다. 주 소행성대에는 주로 암석 천체가, 카이퍼대에는 주로 얼음 천체가 분포하는데, 이런 분포는 주변 가스 거성과의 궤도 공명으로 지배된다. 평균 궤도 공명의 위치는 수직 회색 선으로 표시되어 있으며, 공명은 특정 장반경을 가진 궤도에 천체를 집중시키거나 물질이 없도록 하는 역할을 할 수 있다. 주 소행성대에서는 이러한 공명으로 물질이 없는 영역이 커크우드 간극(Kirkwood gap)으로 알려져 있다. 지구 근접 소행성에 대해서는 8장에서 자세히 설명한다. 자료출처: International Astronomical Union Minor Planet Centre.

거리 패턴, 즉 태양 근처에서 녹는점이 높은 규산염, 철 및 기타 물질의 우세, 목성 위성의 얼음/규산염 혼합물 - 물을 잃은 것으로 보이는 이오를 제외하고 - 토성과 천왕성의 위성에는 얼음, 규산염, 암모니아 및 메탄 혼합물 등의 구성과 일치하는 것으로 나타난다. 특이한 토성의 위성인 피비 (Phoebe)와 일부 천왕성 위성에서는 탄소질 소행성의 특징인 유기 분자가 발견되었다. 행성 위성이 내생적(또는 내부적) 힘으로 어느 정도의 지질학적 과정을 겪었는지는 원시 및 방사성 열보다 조석 가열에 훨씬 더 많이 의존하다. 많은 위성이 태양 궤도에서 포착되었거나(예: 피비, 트리톤), 모 행성 주위 궤도가 크게 변화한 것으로 (예: 타이탄, 지구의 달) 보아 과거에 격렬한 조석 가열을 경험했을 것이 확실하다. 다른 곳에서는 이웃 위성의 궤도 공명으로 오랜 지질학적 시간 동안 조석 가열이 지속될 수 있는데, 가장 잘 알려진 예는 목성과 갈릴레이 위성(그림 1.4) 사이의 공명으로, 조석 가열이 이오의 화려한 화산 활동(7장)을 주도하고 아마도 유로파의 표면 아래 바다(10장)를 유지하게 할 것이다. 앞으로 살펴보겠지만, 공명은 태양계 전체의 물질 분포를 형성하는 데 중요한 역할을 한다.

내부 열을 보유하기에 크기가 충분하지 않고 방사성 동위원소가 풍부하지 않으며 조석 가열을 받지 않는 천체의 경우, 지질학적 변형 정도는 운석 충돌의 표적이 되거나 중력에 의한 대량 이동으로 한정된다. 지질학적으로 불활성이어서 '지루하다'라고 말할 수도 있지만, 이러한 천체들은 일반적으로 태양계 초기 역사에 대한 기록을 거의 변함없이 보존하고 있어서 매우 중요하다.

먼지, 소행성 및 혜성

행성 형성 과정의 잔여물 대부분은 미세한 먼지 입자와 가장 작은 왜소행성 사이의 크기 규모를 가진다. 비교적 원시적인 물질로 이루어진 이 잔여물은 열 및/또는 화학적 처리가 전혀 없는 것부터 거의 완전한 용융 및 분화에 이르기까지 다양한 정도의 과정을 거쳤다. 따라서 이러한 물체를 조사하면 지질학적 활동으로 증거가 오랫동안 지워진 훨씬 더 큰 행성체 내부에서 일어난 과정에 대한 중요한 통찰력을 얻을 수 있다. 이 천체들은 크게 소행성대라고 알려진 화성과 목성 궤도 사이의 작은 암석 덩어리와 해왕성 궤도 너머의 거대한 얼음 저장고로 나뉜다(그림 1.5). 이 얼음 저장고의 안쪽 부분은 카이퍼대로 알려졌지만, 이 얼음 저장고의 물체들은 때때로 매우 긴 타원형 궤도를 따라 태양계 내

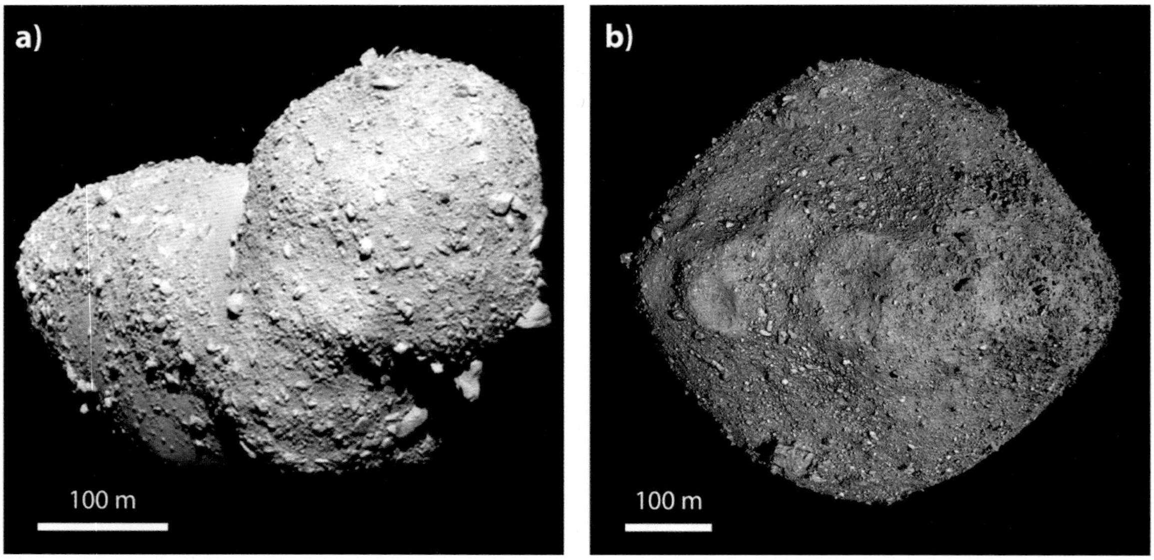

그림 1.6 두 개의 작은 지구 근접 소행성. 이들은 아폴로 소행성 군에 속하며 지구에 '잠재적 위험'으로 분류되었음(그림 8.2 참조). 두 소행성의 크기는 약 500 m이며, 표면에는 수많은 큰 암석 파편이 분포되어 있고 낮은 밀도의 자갈 더미들이 보인다: (a) 2005년 말 하야부사 우주선이 촬영한 25143-이토카와(Itokawa). 출처: Japan Aerospace Exploration Agency, JAXA. (b) 2018년 소행성 궤도에 도착해 2020년 표면에 착륙해 샘플을 수집하고 2023년 말 지구로 돌아온 NASA의 OSIRIS-REx 임무 중 촬영된 101955-베누(Bennu). 출처: NASA/Goddard/University of Arizona.

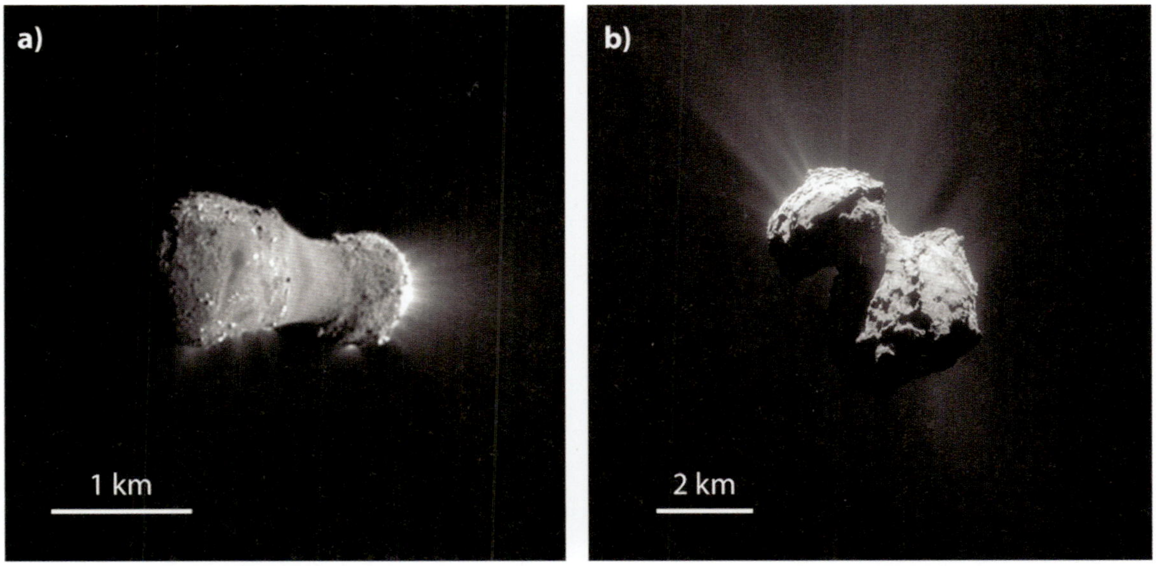

그림 1.7 혜성은 태양계 형성의 얼음 유물로 생각되는데, 혜성 핵은 태양에 가까이 접근하는 동안 활발한 가스 방출(밝은 제트)을 겪는다. 이 사진의 이중 엽상, 즉 덤벨 모양은 중력이 매우 작음에도 불구하고 먼지가 연못에 고인 듯 매끄러운 평원과 큰 블록으로 덮인 영역을 보이는데, 이는 암석질 소행성(예: 소행성 25143-이토카와(Itokawa), 그림 1.6a)과 먼 카이퍼대 행성체(예: 아로코스(Arrokoth), 그림 1.2)와 유사하며, 이는 상대적으로 저속의 충돌을 통해 물질이 증착되는 경향을 증언해준다. (a) 2010년 NASA의 EPOXI 탐사선이 촬영한 하틀리 2 혜성(103P/Hartley)의 핵. 출처: NASA/JPL-Caltech/UMD. (b) 2015년 7월 ESA의 로제타 탐사선이 촬영한 추류모프-게라시멘코(67P/Churyumov-Gerasimenko) 혜성의 핵. 로제타(Rosetta)는 17개월 동안 혜성의 핵 주위를 돌다가 2014년 11월에 필레(Philae) 착륙선을 지표에 착륙시켰다. 출처: ESA/Rosetta/NAVCAM.

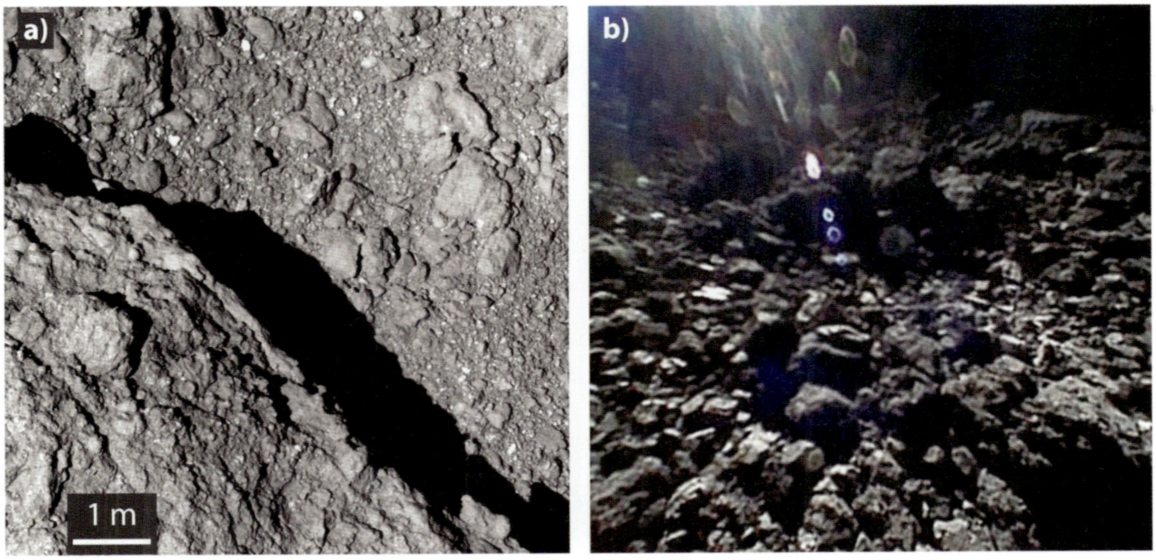

그림 1.8 (a) 일본의 하야부사(Hayabusa) 2호 탐사선이 2018년 9월에 65 m 미만의 고도에서 162173-류구(Ryugu) 표면을 근접 촬영한 이미지로, 표면이 돌투성이면서 먼지가 없는 모습을 확인할 수 있다. (b) 2018년 10월 하야부사 2호 탐사선에서 발사된 미네르바(Minerva) 3 로버는 950 m 크기 소행성의 매우 약한 중력장에서 이리저리 튕기면서 표면의 현장 영상을 포착했다. 출처: Japan Aerospace Exploration Agency (JAXA), University of Tokyo, Kochi University, Rikkyo University, Nagoya University, Chiba Institute of Technology, Meiji University, Aizu University.

부로 진입하면 가스와 먼지로 이루어진 팽창 구름을 가진 혜성으로 인지된다.

국제천문연맹 소행성센터 카탈로그(International Astronomical Union's Minor Planet Center's catalogue)에는 1,400,000개가 조금 안 되는 소행성(암석 소행성, 얼음 소행성, 혜성 포함, 2024년 10월 기준)이 있으며, 그중 740,000개는 숫자로 지정되어 있고 약 25,000개는 이름이 붙여져 있다. 이 놀라운 목록에는 25143-이토카와(Itokawa), 101955-베누(Bennu)(그림 1.6)를 포함한 약 34,000개의 지구 근접 소행성이 포함되어 있으며, 이 중 845개는 크기가 1 km 이상으로 지구에 충돌할 경우 전 지구적 파괴를 일으킬 수 있는 소행성이다. 추가로 2,445개의 작은 천체들은 지구에 '잠재적으로 위험할 수 있는' 것으로 간주되며, 이들은 지구와 충돌할 경우 심각한 지역적 피해를 일으킬 수 있는 잠재력을 가지고 있다. 더 많은 수의 작은 물체는 충돌 화구를 만들지 않고도 상당한 공기 폭발을 일으켜 지상의 인명과 재산에 피해를 주는 충격파를 발생시킬 수 있다. 2013년 2월의 첼랴빈스크 유성과 같은 이러한 사건의 예는 8장에 자세히 설명되어 있다. 이 카탈로그에는 4,600개가 넘는 혜성의 궤도가 기록되어 있으며, 그중 일부는 탐사선으로 면밀히 조사되었다(그림 1.7). 혜성의 수는 알려진 소행성의 수에 비해 표면적으로는 적은 것처럼 보이지만, 이는 혜성의 수명이 제한되어 있기 때문이다. 혜성은 일반적으로 태양과 근접 조우를 수백 번 정도만 견딜 수 있으므로 평균 수명은 500년 정도에 불과하다. 따라서 이 카탈로그의 혜성 수는 혜성이 태양계의 먼 곳에 있는 더 큰 저장고에서 보충된다는 것을 암시하다. 이 저장고의 존재 가능성은 1932년 에른스트 외픽(Ernst Öpik)에 의해 제기되었고, 이후 얀 헨드릭 오르트(Jan Hendrik Oort, 1950)에 의해 구체화되었다. 현재 우리가 오르트 구름이라고 부르는 것은 태양으로부터 최대 5만 AU(천문 단위)에 이르는 약 1012개의 얼음 물체(아마도 지구 질량의 5~10배)로 이루어진 대략 구형의 구름으로, 안쪽으로 갈수록 더 얇은 물질 원반으로 변해 궁극적으로는 최근에야 우주선을 이용해 탐사하기 시작한 태양계 영역인 카이퍼대와 접해 있는 것으로 생각된다(그림 1.2).

소행성은 태양계 원시의 샘플을 수집하기에 적합한 천체로서, 일본은 하야부사(Hayabusa) 탐사선 시리즈를 통해 2010년 25143-이토카와, 2020년 162173-류구(Ryugu)에서 샘플을 지구로 가져옴으로써 지금까지 이 분야에서 가장 큰 성공을 거두었다. 류구 표면에서 수집한 이미지에서 알 수 있듯이 류구 표면은 미세먼지가 거의 없이 극도로 암석질이다(그림 1.8). 약 5.5 g의 물질이 류구 표면에서 채취되어 태양계에서 가장 원시적인 암석 물질에 대한 중요한 통찰력을 얻었다(Yada et al., 2022). 특히 CI 탄소질 콘드라이트 운석 (Yokoyama et al., 2022)와 관련하여 중요한 정보를 제공했다. 가장 최근에는 OSIRIS-REx(Origins, Spectral Interpretation, Resource Identification, Security, Regolith EXplorer) 임무가 101955-베누(그림 1.6b)에서 샘플을 수집하여 2023년 9월 24일에 성공적으로 지구로 귀환했다.

지오토(Giotto), 베가(Vega) 2호, 스이세이(Suisei), 사키가케(Saigake) 탐사선들의 비행 중 핼리(1P/Halley) 혜성의 직접 질량 분석, 스타더스트(Stardust) 탐사선의 빌트 2(81P/Wild) 혜성의 코마 구름에서 먼지 입자 포착, 로제타(Rosseta) 탐사선 및 필레(Philae) 착륙선의 추류모프-게라시멘코(67P/Churyumov-Gerasimenko) 혜성의 17개월 조사로 보완된, 혜성 원격 탐사는 많은 대표적인 화학 및 동위원소 종의 존재를 밝혀냈다(예, Biver et al., 2019). 혜성의 핵은 물 얼음이 주를 이루며, 약 15%는 CO, CO_2, N_2 및 다양한 유기 성분, 특히 H_2CO(포름알데히드)와 CH_3OH(메탄올)로 구성되어 있다.

이러한 혜성 분자들의 측정은 행성의 물과 유기 분자의 공급원으로서 규산염과 얼음의 상대적인 역할과 원시 성운의 이질적인 구성 및 행성 형성의 시간 규모에 중요하다. 예를 들어, 혜성에서 나온 수소($^2D/^1H$)의 동위원소 비율은 혜성이 지구에서 발견되는 물의 원천이 아닐 가능성이 크다는 것을 확인시켜 준다(Altwegg et al., 2015). 대신, 수화된 탄소질 콘드라이트와 '습한' 규산염(실제로는 '습하지 않은', 수분이 ppm 수준인)의 혼합물이 축적된 후 가열되어 물이 떨어져 나간 것이 지구 물의 기원으로 선호되고 있다 (Hallis et al., 2015). 최근에는 행성 형성 과정에서 광물 입자 표면에 흡착된 수소 가스가 결합한 후 산화되어 물을 생성할 수 있다는 주장도 제기되고 있다 (Piani et al., 2020). 분명한 것은 행성이 형성되고 발달하는 데 관여하는 물질의 잠재적 저장고와 입사류, 그리고 메커니즘이 다양하게 존재해서, 태양계 형성에 대한 일관된 이야기를 완성하기에는 아직 이르다.

태양계의 기원에 관한 이론

이 무수히 많은 작은 천체들뿐만 아니라 큰 행성과 왜소 행성(위성 포함), 셀 수 없는 먼지 알갱이들에 대한 물질 성질과 분포는 태양계의 기원과 진화를 설명하는 모델을 찾는 데 직접 도움이 된다. 성공적인 태양계 모델은 행성의 존재와 행성들이 지구형(즉, 암석형)과 얼음 외곽 그룹으로 나뉘는 것, 태양과 행성 사이의 각운동량 분포 등 일차적인 문제뿐만 아니라 궤도면에 대한 행성 자전축의 기울기, 운석이 종종 상당한 열변형을 경험했다는 증거 등 다양한 이차적인 특징도 고려해야 한다 (Woolfson, 1984).

17세기에 행성들이 태양의 공통면(황도면)에 매우 가깝게 궤도를 돌고 있다고 관측되면서, (명왕성을 비롯한 심하게 경사진 궤도를 가진 다른 먼 천체들은 아직 발견되지 않았기 때문에) 먼지와 가스 구름인 태양 성운에서 태양이 만들어진 후, 행성들이 '원시 행성' 원반에 있는 물질이 응축되어 성

표 1.2 중량을 기준으로 가장 많은 10개 원소의 함량 비교[a]

우주	H 0.7348	He 0.2482	O 7.7×10^{-3}	C 2.9×10^{-3}	Fe 1.7×10^{-3}	Ne 1.2×10^{-3}	N 0.9×10^{-3}	Si 0.7×10^{-3}	Mg 0.5×10^{-3}	S 0.4×10^{-3}
태양 전체	H 0.7390	He 0.2469	O 6.3×10^{-3}	C 2.2×10^{-3}	Ne 1.7×10^{-3}	Fe 1.2×10^{-3}	N 0.9×10^{-3}	Si 0.7×10^{-3}	Mg 0.6×10^{-3}	S 0.3×10^{-3}
지구 지각	O 0.461	Si 0.282	Al 8.23×10^{-2}	Fe 5.63×10^{-2}	Ca 4.15×10^{-2}	Na 2.36×10^{-2}	Mg 2.33×10^{-2}	K 2.09×10^{-2}	Ti 5.65×10^{-3}	H 1.40×10^{-3}
지구 전체	Fe 0.320	O 0.317	Mg 0.149	Si 0.146	Ni 1.72×10^{-2}	C 1.66×10^{-2}	Al 1.43×10^{-2}	S 0.89×10^{-2}	Cr 3.42×10^{-3}	Na 2.45×10^{-3}
달 전체	O 0.441	Si 0.198	Mg 0.185	Ca 6.78×10^{-2}	Al 6.21×10^{-2}	Fe 3.09×10^{-2}	Ni 5.434×10^{-3}	S 4.15×10^{-3}	Ti 3.60×10^{-3}	Cr 1.40×10^{-3}
CI 운석	O 0.459	Fe 0.185	Si 0.107	Mg 9.58×10^{-2}	S 5.35×10^{-2}	C 3.48×10^{-2}	H 1.97×10^{-2}	Ni 1.08×10^{-2}	Ca 9.22×10^{-3}	Al 8.50×10^{-3}

[a] Mason (1966); Fairbridge (1967); Anderson (1989); Moore (2003).

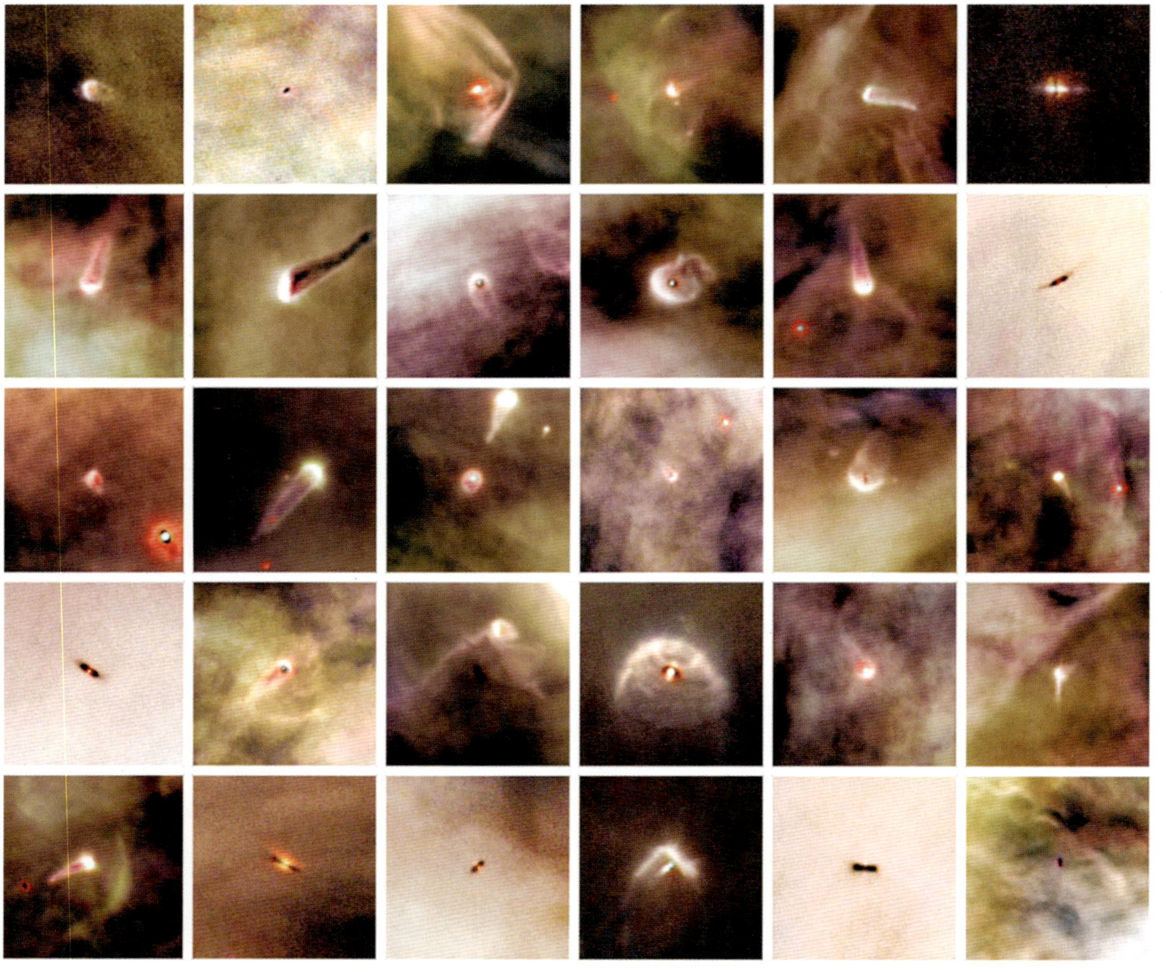

그림 1.9 2009년 허블 우주 망원경(Hubble Space Telescope)의 탐사용 고급 카메라(Advanced Camera for Surveys, ACS)가 오리온성운에서 관측한 30개의 원시 행성 먼지 원반(proplyds)의 일부이다. 약 450 pc의 거리에 있는 이 먼지 원반의 크기는 약 50~400 AU 로 다양하지만, 종종 주변 가스 흐름을 방해하여 수천 AU 길이의 꼬리를 형성하기도 한다. 출처: NASA/ESA and L. Ricci (ESO).

장했거나(표 1.2), 태양을 통과하는 다른 별이 끌어낸 필라멘트에서 물질이 응축되어 성장했다는 제안이 나왔다. 성운 가설로 알려진 전자의 아이디어는 1755년 임마누엘 칸트(Immanuel Kant)가 그의 저서 『자연철학 및 인간론』에서 처음 제안한 것이지만, 기본 개념은 20년 전에 에마누엘 스웨덴보리(Emanuel Swedenborg)가 처음으로 구체화했다고 주장하는 사람들도 있다. 이 모델은 이후 피에르 시몽 드 라플라스(Pierre Simon de Laplace)가 1796년에 출간한 『세계 시스템 설명론(Exposition du système du monde)』에서 발전시켰다. 라플라스는 회전하는 원시 태양 구름이 자체 중력에 의해 냉각되고 수축하면서 원심력과 점성력으로 인해 성운이 원반을 형성하고 먼지 입자가 쌓여 행성이 형성되는 동안 원반의 중앙 부분이 계속 수축하여 태양을 형성하는 원시 태양 구름(원시 태양 성운)을 상상했다. 이 가설은 태양이 너무 느리게 회전하여 태양계 각운동량의 0.006%에 불과하지만, 질량의 99.8%를 가져야 한다는 심각한 문제를 가진다. 즉, 대부분의 각운동량이 회전하는 시스템의 질량 중심 근처에 집중되리라 예상한다(Cang et al., 2016). 이후 버전의 이론은 성운 원반에 난류 불안정성이 존재한다고 가정했으며, 이것이 행성과 먼 오르트 구름을 생성한다고 가정했다.

'파국적'이라고도 불리는 두 번째 이론 그룹은 태양과 다른 별 사이의 조석 상호작용을 제기한다. 1880년대에 발전된 초기 버전에서는 '가까운 항성 통로'가 태양으로부터 필라멘트를 끌어당겨 행성이 형성되었다고 제안했다. 이 이론은 1916년 제임스 진스(James Jeans)에 의해 조석 이론으로 발전했지만, 10년 후 지구물리학자 해럴드 제프리스(Harold Jeffreys)에 의해 행성의 스핀 속도와 관련하여 결함이 발견되었다. 또한, 이 이론은 태양의 낮은 각운동량을 설명할 필요는 없지만, 행성의 높은 각운동량을 설명할 수 없다는 것이 밝혀졌다. 더욱이 실제로 태양 온도에서 형성되었다면 지구(및 아마도 다른 행성들)에 리튬, 베릴륨, 붕소와 같은 가벼운 원소가 상대적으로 풍부하게 존재하는 것을 설명할 수 없다.

'새로 태어난' 별이 이른바 T-타우리(T-Tauri) 단계를 거치는 동안에 대한 관측이 발달하고, 항성과 성간 자기장의 결합 방식에 대한 이해가 향상되면서 태양의 각운동량 손실을 더 잘 설명할 수 있게 되었다 (Ray, 2012; Finley et al., 2019). 현재 합의는 성운 모델의 일부 버전을 선호하고 있다. 행성 궤도의 패턴은 여전히 원반형 원반의 기원에 대한 강력한 논거이며, 젊은 별 주변의 원반에 대한 새로운 관측 증거가 많다. 그림 1.9는 허블 우주 망원경(Hubble Space Telescope)이 오리온성운의 일부에서 원시 행성 원반, 즉 프로플리드(proplyds)를 포착한 이미지 모음을 보여준다. 현재 수백 개의 젊은 성운 원반이 상세하게 특성화되어 있으며(카탈로그는 www.circumstellardisks.org 참조), 다양한 관측 기술을 통해 성분, 구조 및 역학에 대한 상호 보완적인 정보가 밝혀지고 있다(그림 1.10). 행성 형성을 시작하기 위한 가스와 먼지의 초기 응집부터(그림 1.11a) 새로 형성된 행성에 의한 가스와 먼지의 제거 및 관련 중력 공명(그림 1.11b)에 이르기까지 다양한 발달 단계의 젊은 행성계를 볼 수 있게 되었다. 중요한 것은 먼지 입자가 자기장에 의

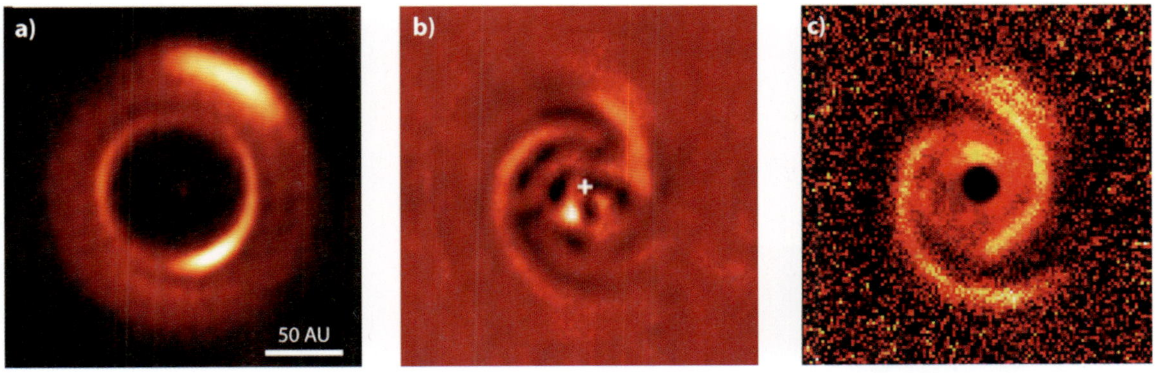

그림 1.10 지구에서 약 150 pc 떨어진 3백만 년 이하의 나이를 가진 전주계열성 HD 36112 주위의 원시 행성 원반 MW758을 다양한 파장에서 촬영한 일련의 이미지. (a) 아타카마 대형 밀리미터 어레이(Atacama Large Millimeter Array)의 870 μm의 파장으로 관측한 원반은 밝은 덩어리가 있는 뚜렷한 구조를 보여준다. 출처: ALMA/ESO/NAOJ/NRAO. (b) 나선형 팔은 Keck II 적외선 (λ = 3.8 μm) 관측으로 확인된다. 출처: W. M. Keck Observatory, M. Reggiani. (c) 초대형 망원경(Very Large Telescope, VLT)은 근적외선 (λ = 1.04 μm)에서 원반의 나선형 구조를 보여준다. 비슷한 나선형 팔은 약 12개의 별 주위 원반에서 볼 수 있다. 이 나선형 구조는 질량이 작은 원반과 내장된 목성 질량 (M_J)의 약 10배 정도의 행성 사이의 상호 중력 작용으로 인한 것으로 생각된다(Ren et al. 2020; Dong et al. 2018; Reggiani et al. 2018). 출처: ESO/VLT.

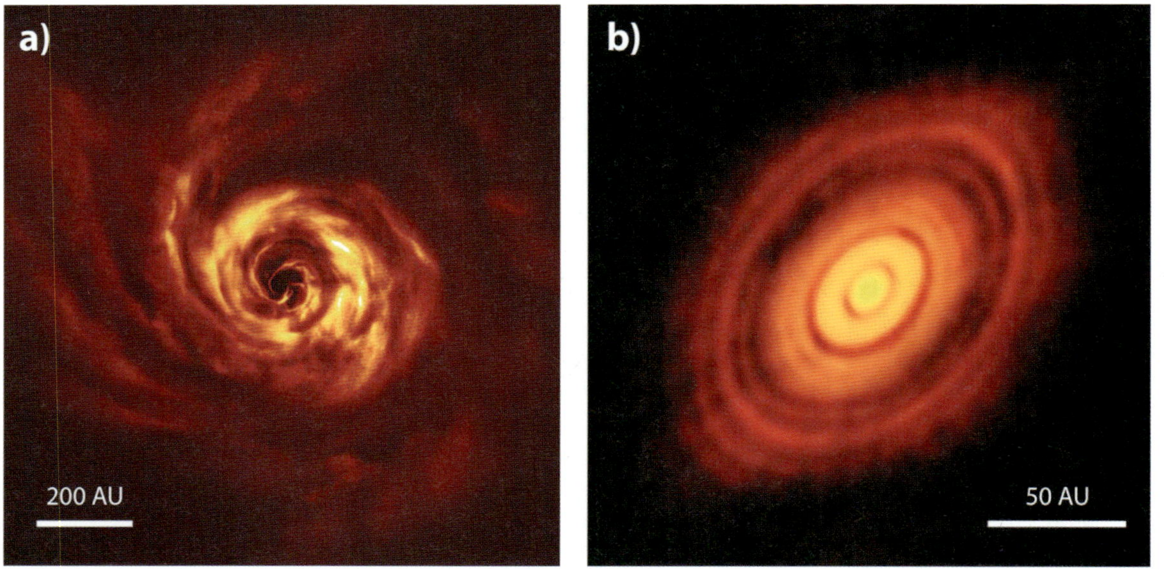

그림 1.11 (a) 나선형 팔과 국부적인 덩어리는 AB-Aurigae 주위 원반에서 행성계 형성이 진행되고 있음을 나타낸다. MW758처럼 AB-Aurigae에는 약 70 AU에서 공전하는 약 10 M_J의 행성이 있으며, 더 가까운 곳에 또 다른 작은 행성이 있다는 증거가 있다. 초대형 망원경(Very Large Telescope, VLT)의 외계 행성 영상 장치로 획득한 이미지. 출처: ESO/VLT/A. Boccaletti. (b) HL-Tauri는 태양 질량 (M_S)의 항성인데, 그 질량의 약 10분의 1 정도의 원반으로 둘러싸였다. 이 별의 나이는 백만 년보다 훨씬 적어 매우 젊음에도 불구하고, 원반에 틈이 뚜렷하게 나타나서 행성계 형성의 명확한 증거를 보이는 것이 놀랍다. 아타카마 대형 밀리미터 어레이(Atacama Large Millimeter Array)가 0.87 μm, 1.3 μm, 2.9 μm의 파장에서 획득한 이미지. 출처: ALMA/ESO/NAOJ/NRAO.

해 정렬될 때 생성되는 원반에서 나오는 빛의 편광을 통해 행성 형성 과정에 자기장이 기여하는 바를 조사할 수 있다는 점이다. 궁극적으로 원반에 박힌 행성을 직접 이미지화할 수 있을 정도로 발달할 수 있다. 베타 픽토리스(*β*-Pictoris, 거리 19.4 pc, 나이 8-20 Myr) 주변에는 두 개의 큰 외계 행성이 있는 잘 정의된 파편 원반이 있다. 하나는 목성의 약 10배 질량으로 약 8 AU에서 궤도를 돌고, 두 번째 물체는 질량은 비슷하지만, 별에 훨씬 가까운 2.7 AU에 위치한다(그림 1.12). 분광 분석(de Vries et al., 2012)에 따르면 15~45 AU 사이의 먼지에는 우리 태양계의 혜성 먼지 입자와 매우 유사한 거의 순수한 Mg-감람석 입자가 전체 먼지의 약 4%로 상대적으로 풍부하게 포함되어 있어, 베타 픽토리스 주변에서 원시 카이퍼대가 관측되고 있음을 시사한다. 이 해석은 항성 원반 앞의 외계행성 통과로 인한 별빛 곡선에서 일시적인 감소가 감지됨으로써 더 힘을 얻는다. 또한, 분광 연구를 통해 우리 태양계에서 관찰

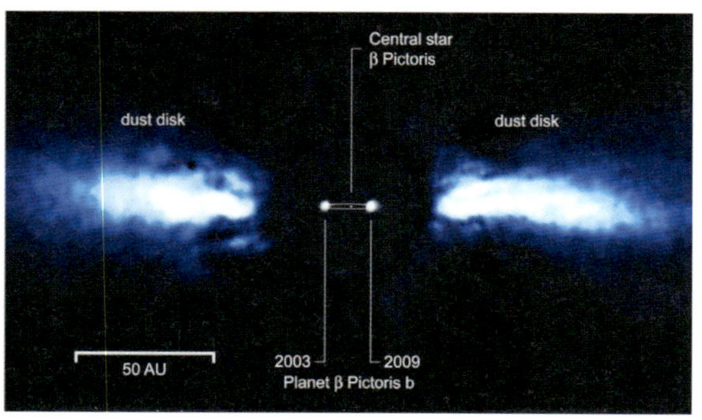

그림 1.12 2003년과 2009년에 관측한 궤도의 양극단에 있는 β-Pictoris b 행성의 직접 이미지. 행성은 8.2 m 초대형 망원경(Very Large Telescope, VLT)의 근적외선 파장으로 관측되었다. 별을 둘러싼 파편 원반은 1996년 유럽 남방 천문대(European Southern Observatory, ESO)의 3.6 m 망원경으로 관측되었다. 출처: ESO/A.-M. Lagrange.

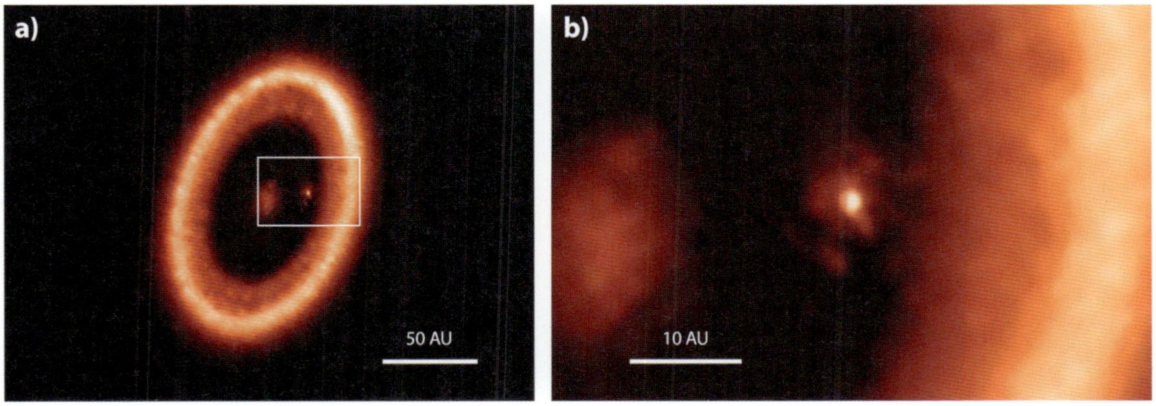

그림 1.13 855 μm의 파장에서 아타카마 대형 밀리미터 어레이(Atacama Large Millimeter Array)로 촬영한 PDS70을 둘러싼 원반 이미지. 원반에는 두 개의 거대한 행성의 형성으로 인해 상대적으로 먼지가 고갈된 중앙의 공동이 있다. 이 행성 중 하나인 PDS70c는 지구의 달 크기의 위성 3개를 형성하기에 충분한 질량을 가진 지름 약 1 AU의 자체 원반을 가지고 있는 것으로 보인다. 출처: ALMA/NAOJ/NRAO/M. Benisty.

되는 이분법과 유사한 두 혜성 집단을 구분할 수 있다(Kiefer et al., 2014). 즉, 태양계 혜성은 오르트 구름에서 떨어져 나온 신선한 휘발성이 풍부한 혜성과 태양계 내부에 갇혀 더 큰 행성체와 공명하는 휘발성이 고갈된 혜성이 있다는 이분법이 다른 젊은 별 주위 원반의 분광 연구로 가능하다는 것이다.

최근 가장 놀라운 발견 중 하나는 성운 원반의 원시 행성 주위에 형성된 위성 시스템이다. 약 140광년 거리의 PDS70은 약 5백만 년 나이의 젊은 왜성으로, T-타우리 단계를 지나고 있다. PDS70 주변의 성운 원반에는 중심이 비워진 영역이 있으며, 그 안에는 질량이 각각 목성의 약 7배와 4배인 두 개의 큰 행성인 PDS70b와 PDS70c가 중심별에서 약 23 및 30 AU의 궤도를 돌고 있다. 흥미롭게도 PDS70c는 PDS70b와 거의 1:2 공명 상태에 있는 것으로 보인다. 가장 흥미로운 관측은 2019년에 아타카마 대형 밀리미터 어레이(Atacama Large Millimeter Array)가 발견한 PDS70c를 둘러싼 행성 원반에 관한 것으로, 이 원반 물질은 조만간 이 거대한 행성의 위성으로 합쳐질 것으로 예상된다. 이 이미지(그림 1.13)를 통해 처음으로 거대 위성 형성 속도를 결정하고 이 신생 태양계의 입자 크기와 질량 플럭스를 직접 연구할 수 있게 되었다(Benisty et al., 2021).

원시 행성 원반은 매우 흔하며 인근 성단에서 2 Myr보다 젊은 별의 약 80%에서 발생한다고 한다(Mamajek et al., 2009). 그러나 그 빈도는 급격히 감소하여 10 Myr 이상의 별에는 원반이 거의 없어서 우주에서의 행성 형성 시간 규모에 중요한 제한 조건을 준다. 행성 형성의 마지막 단계를 암시하는 가스가 부족한 파편 원반은 오래된 별의 몇 가지 예에서만 알려져 있다.

따라서 젊은 성운에 대한 높은 공간적, 시간적 해상도 연구는 행성계가 어떻게 형성되는지에 대한 이해를 증진하는 데 도움이 되었다(Drzkowska et al., 2022). 이 작업의 중요한 부분은 다양한 관측 자료를 바탕으로 가설을 테스트하는 것이다. 지금까지 태양계 형성에 대한 우리의 이해는 우리 행성계라는 단 하나의 예시에 기초했지만, 오늘날 우리는 행성과 행성계, 행성 질량의 분포, 가능한 태양계 구조의 놀라운 범위에 대한 풍부한 통계적 정보를 확보하고 있다. 1990년대 중반부터 천문학자들은 다양한 기술을 사용하여 다른 별 주변의 행성을

표 1.3 생명체 존재 가능성이 높은 지구와 유사한 외계 행성체[a]

행성체 (발견 시기)	지구 유사도	질량 (지구=1)	궤도장반경 (AU)	공전주기 (일)	궤도이심률	별 (거리)	분광 구분	금속성 [Fe/H]	광도 (태양=1)	나이 (10억 년)
지구 (해당 없음)	1.00	1.00	1.000	365.2564	0.0167	Sun (1 AU)	G2V	0.0122	1.0	4.56
Teagarden's b (2019)	0.95	1.05	0.025	4.91	0.0	Teagarden's (3.83 pc)	M7.0V	-0.19	0.0007	> 8
TOI-700d (2020)	0.93	1.9	0.163	37.426	0.032	TOI-700 (33.13 pc)	M2V	-0.07	0.023	~ 1.5
Kepler-1649c (2020)	0.92	1.2	?	19.535	?	Kepler-1649 (92.43 pc)	M5V	-0.15	?	?
TRAPPIST-1d (2016)	0.91	0.4	0.021	4.050	0.0	TRAPPIST-1 (12.1 pc)	M8	0.04	0.000004	~8
Proxima Cent. b (2016)	0.87	1.3	0.049	11.187	0.02	Proxima Cent. (1.295 pc)	M5.5V	0.21	0.0017	4.85
K2-72e (2016)	0.87	2.2	0.106	24.159	0.11	K2-72 (66.56 pc)	M2.7V	?	0.0014	?
GJ 1061d (2019)	0.86	1.6	0.052	12.434	0.54	GJ 1061 (3.673 pc)	M5.5V	-0.08	0.00007	~ 7
GJ 1061c (2019)	0.86	1.7	0.035	6.689	0.29	GJ 1061 (3.673 pc)	M5.5V	-0.08	0.00007	~ 7
Ross 128b (2017)	0.86	1.4	0.050	9.866	0.12	Ross 128 (3.381 pc)	M4	-0.02	0.0036	~ 5
GJ 273b (2017)	0.85	2.9	0.091	18.64	0.1	Luyten's Star (3.8 pc)	M3.5	0.09	0.0088	> 8
Kepler-296e (2014)	0.85	3.0	0.169	34.142	0.33	Kepler-296 (226 pc)	M2V	-0.08	?	?
TRAPPIST-1e (2017)	0.85	0.65	0.028	6.100	0.0	TRAPPIST-1 (12.1 pc)	M8	0.04	0.000004	~ 8

[a] 출처: exoplanets.eu/catalog; phl.upr.edu/projects/habitable-exoplanets-catalog.

점점 더 빠른 속도로 발견하기 시작했다. 최근 집계에 따르면 5,034개의 별 주변에서 행성이 발견되었으며, 이 중 1,020개는 다중 행성계로, 2013년 2판에서 보고한 888개보다 많이 증가한 총 7,342개의 행성이 확인되었다. 초기에는 관측 기술이 모성에 매우 가깝게 궤도를 도는 매우 거대한 행성을 탐지하는 데 크게 편향되어 있었다. 그 결과, 몇 년 동안은 마치 우주가 목성 질량의 몇 배에 달하는 가스 거성 (종종 목성 질량의 몇 배)이 모성의 광구 바로 밖에서 며칠 만에 궤도를 도는 행성계가 지배하는 것처럼 보였고, 이에 비해 우리 태양계의 구조는 비정상적으로 보였다.

그러나 최근에 사용되는 통과 기술은 더 큰 궤도에 있는 작은 행성을 탐지하는 데 적합하다. 이 방법은 우리의 시점이 행성의 궤도면에 가까운 시스템에서만 이러한 관측을 얻을 수 있다는 기하학적 요구 사항을 포함하여 몇 가지 한계가 있다. 둘째, 궤도 주기가 긴 천체(며칠 이상)를 탐지하려면 장기간의 관측 캠페인이 필요하지만, 2009년 NASA에서 발사한 케플러 탐사선은 대형 전자 이미지 소자(CCD)를 사용하여 하늘의 작은 영역에서 수백 개의 별을 장기간 관측하는 전용 궤도 망원경의 이점을 활용하고 있다. 케플러 탐사선의 기본 임무와 연장 임무는 2,600개의 외계 행성을 발견한 후 연료가 소진되면서 2018년에 종료되었다. 케플러 임무(Kepler missions)의 후속 위성인 트랜짓 외계 행성 탐사 위성(Transiting Exoplanet Survey Satellite, TESS)은 2018년에 발사되었으며, 트랜짓 기술을 사용하여 하늘 전체를 24°×96°의 26개 섹터로 나누어 각각 500,000개의 가까운 밝은 별을 관측할 수 있다. 발사 이후 TESS 데이터를 통해 약 200개의 외계 행성이 확인되었으며, 수천 개의 외계행성이 후속 연구를 통해 확인되기를 기다리고 있다. 관측하고자 하는 행성이 모성 앞을 지나간다는 사실은 외계 행성의 대기로부터 흡수 스펙트럼을 얻을 가능성을 열어준다. 그 결과, 태양계와 매우 친숙해 보이는 행성계의 수가 증가했고, 질량과 반지름을 결정하여 물질의 밀도를 계산하고 광물학적 구성을 유추할 수 있는 확실성이 지난 10년 동안 상당히 증가했다. 반대로, 우리는 초기 '뜨거운 목성' 외에도 표면이 너무 뜨거워 영구적인 마그마 바다일 수밖에 없는 암석형 행성체(Boukare et al., 2022)와 지하 깊숙한 곳에 액체 물로 이루어진 바다를 품고 있을 가능성이 있는 슈퍼 지구(Madhusudhan et al., 2021) 등 완전히 새로운 종류의 행성을 발견해냈다.

질량, 반지름, 궤도 등의 기본적인 특성 외에도 지상 및 우주 망원경 조사 결과는 행성의 역학, 즉 다중 행성계에서 행성 간의 상호작용, 달의 존재, 경사도, 조석, 그리고 이상적인 후보의 경우 대기 투과, 방출, 알베도, 구름 및 바람에 관한 정보를 제공한다. 이제 우리는 소위 '거주 가능 영역'(12장)에 있을 정도로 항성에서 충분히 멀리 떨어진 궤도를 도는 지구 크기의 천체를 탐지할 수 있으며, 심지어 대기 중의 수증기까지 탐지할 수 있다(예: K2-18b: Benneke et al., 2019). 질량과 예상 표면 온도 등 행성의 다양한 특성을 기반으로 한 지구 유사성 지수(Earth Similarity Index, ESI)에 따라 여러 외계 행성의 순위를 매긴 척도에서 지구는 ESI = 1, 화성은 ESI = 0.66이다.

이 책의 지난번 판본에서 지구 질량이 4~10이고 ESI가 0.72인 6개의 외계 행성이 포함되어 있었다. 10년이 지난 지금, 이에 포함되는 행성이 너무 많아 ESI 값이 0.85 이상이고 질량이 지구 질량의 0.4~3배인 외계행성으로 제한하였다(표1.3). 그러나 이

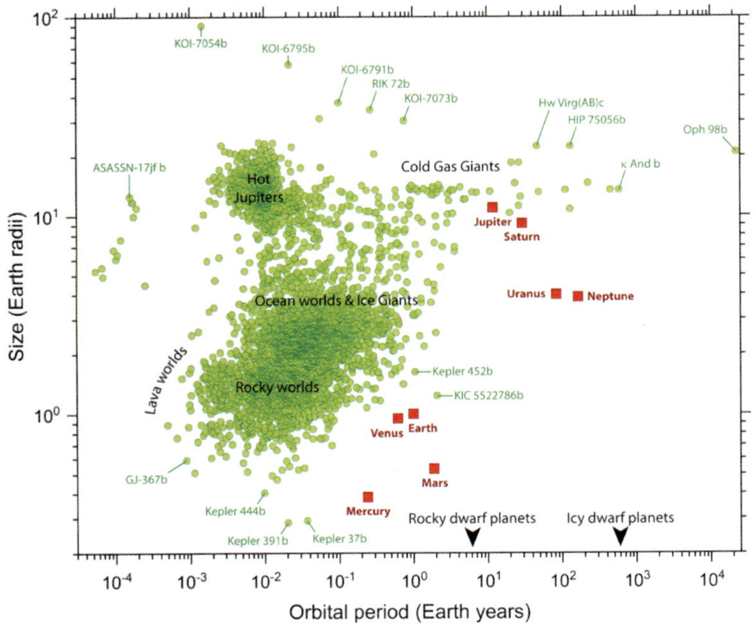

그림 1.14 외계행성 시스템 백과사전(http://exoplanet.eu)의 데이터를 기반으로 궤도 주기와 반경이 확인된 3,600개 이상의 외계행성(녹색 원)을 나타낸 도표. 행성을 암석, 용암, 얼음, 해양, 그리고 뜨겁고 차가운 거대 행성으로 대략 분류한 것은 모성의 온도와 행성의 추정 알베도를 기반으로 한 평형 온도로 평가했다. 이상값 중 일부는 개별적으로 표시되어 있다. 수성만큼 작은 행성을 발견할 수 있지만, 공전 주기가 짧은 행성에 대한 뚜렷한 관측 편향을 유의해야 함. 향후 발견의 개척지는 우리 태양계의 행성(빨간색 사각형)으로 묘사된 도표 공간이다. 그림의 가장 아래쪽 부분, 특히 X축을 따라 오른쪽으로 더 내려가면 우리 태양계의 왜소 행성이 많이 분포하는 곳으로, 앞으로 한동안 외계 행성 탐색의 손길이 닿지 않는 곳에 남아있을 것으로 보인다.

러한 잠재적 거주 가능 행성의 대부분은 우리 태양보다 상대적으로 오래되고 무거운 원소(낮은 금속성)가 상대적으로 부족한 적색왜성(스펙트럼 등급 M)의 궤도를 도는 것이 사실이며, 프록시마 센타우리 b(Proxima Centauri b)의 경우 말 그대로 옆집 이웃에 있는 것처럼 비교적 가까운 곳에 있다. 적색왜성이 매우 흔하다는 점을 고려하면, 적색왜성 궤도를 도는 지구 크기의 행성이 주변에서 많이 발견된다는 사실은 놀랄 일이 아니며, 생명체에 대한 잠재적 결과는 12장에서 더 자세히 살펴볼 수 있다. 짧은 궤도 주기와 결합된 작은 궤도 반경이 우세한 것은 위에서 설명한 관측 한계를 반영한다(그림 1.14). 따라서 이러한 천체 중 상당수는 모항성에 조석으로 고정되어 있으며 표면 조건은 영구적으로 빛을 받는 낮 반구와 영원한 어둠의 밤 반구 사이 어딘가로 다양할 것이다.

2013년부터 2019년 사이에 발사된 우주 기반 플랫폼인 가이아(Gaia)와 외계 행성 특성화 위성(CHaracterising ExOPlanets Satellite, CHEOPS)을 비롯하여 외계행성에 대한 다양한 지상 및 궤도 연구가 계속 진행되고 있다. 2021년 12월에는 제임스 웹 우주 망원경(James Webb Space Telescope)이 발사되었다. 초기 우주 전체에 대한 주요 질문에 답하기 위해 주로 적외선 천문학을 수행하도록 설계되었지만, 그 뛰어난 해상도는 결국 행성계의 형성 관련 문제에도 영향을 미칠 것이다. 실제로 초기 운영 주기 동안 이루어진 관측은 다음 장에서 논의하겠지만 이미 몇몇 흥미로운 외계 행성의 대기와 표면 환경을 밝히기 시작했다. 낸시 그레이스 로먼 우주 망원경(Nancy Grace Roman Space Telescope, NGRST)과 같이 2020년대 후반에 운영 예정인 다른 관측 캠페인과 우주 망원경은 다른 형태의 생명체의 잠재적 서식지인 외계 세계의 수와 다양성이 더욱 증가함에 따라 발견의 문을 더 넓게 열어줄 것이다. 낸시 그레이스 로먼 우주 망원경은 중력 마이크로렌즈를 사용하여 질량이 우리 달의 몇 배에 불과한 행성을 탐지할 수 있을 것으로 기대된다. 최근 몇 년 동안 외계 행성을 탐지하는 능력

표 1.4 초기 태양계 성운의 응축 온도 (Anderson, 1989)

물질	성분	응축온도(K)
Corundum	Al_2O_3	1,760
Perovskite	$CaTiO_3$	1,650
Spinel	$[Mg,Fe]Al_2O_4$	1,515
Iron	Fe	1,475
Olivine	$[Mg,Fe]_2SiO_4$	1,370
Anorthite	$CaAl_2Si_2O_8$	1,360
Feldspar	$[K,Na]AlSi_3O_8$	1,060
Troilite	FeS	700
Magnetite	Fe_3O_4	410
Calcite	$CaCO_3$	< 400
Ice	H_2O	240
Ammonia hydrate	$NH_3 \cdot H_2O$	130
Methane hydrate	$CH_4 \cdot 6H_2O$	90

이 극적으로 발전한 것을 고려할 때, 앞으로 10년이 지나면 더 많은 태양과 같은 별의 '거주 가능 영역'에서 궤도를 도는 지구 질량 행성을 발견할 수 있을 것으로 기대할 수 있다.

태양계가 형성된 원시 성운은 98.4%의 수소와 헬륨, 1.3%의 휘발성 얼음, 0.3%의 암석으로 이루어져 있으며, 태양의 구성 성분으로 판단할 때, 원시 성운의 구성 성분은 수소와 헬륨이 98.4%를 차지한다. 일반적으로 낮은 기압(해수면 현재 지구 대기압의 약 0.01%)에서 기체는 액체 상태를 거치지 않고 바로 고체 상태로 응축된다. 온도가 점진적으로 강하한다고 가정했을 때 가장 먼저 응축되는 광물은 높은 용융점과 낮은 증기압을 특징으로 하는 내화성 그룹으로, 일부 운석에서 작은 내포물로 발생하는 페로브스카이트가 여기에 포함된다. 다음 단계에서 응축되는 물질은 감람석과 니켈-철 합금이 포함된 그룹이다(표 1.4).

행성은 성운에서 응축된 알갱이들의 증착(accretion)으로 형성된 것으로 여겨진다. 균질한 증착이라는 개념은 다소 믿기 어렵게도 증착이 시작되기 전에 응축이 중단되어 나중에 대형 충돌체의 운동 에너지, 중력 에너지, 단반감기 방사성 핵종의 붕괴 때문에 가열될 차가운 동질체가 먼저 생성되어야 한다고 주장한다. 이질적 증착은 더 그럴듯하게 응축과 증착이 동시에 일어난다고 가정하여, 중심부의 고온과 주변의 저온에서 응축물을 포함하는 층상체를 생성한다.

성운의 구성은 장소마다 달랐을 것이며, 실제로 행성이 형성되기 전에 내부 성운에 휘발성 물질이 고갈되었다는 증거도 있다(Humayun & Clayton, 1995). 고도로 산화된 곳에서는 사용 가능한 모든 탄소가 일산화탄소(CO)로 존재하여 물 얼음에 응축할 산소(O)가 거의 남지 않아 암석과 얼음 비율이 70:30 정도인 얼음체가 형성되었을 것이다. 마찬가지로 사용 가능한 모든 질소는 N_2로 존재할 것이다. 반면에 원시 태양 성운이 고도로 환원되었다면 질소 대부분은 암모니아 (NH_3)로, 탄소는 메탄(CH_4)으로 존재했을 것이고, 거의 모든 산소가 수소와 결합하여 얼음으로 응축되어 암석 대 얼음 비율은 50:50에 가까워졌을 것이다. 증착 모델은 몇 가지 관측 결과와 일치한다. 첫째, 태양계의 고체 구성 요소에는 다양한 크기의 천체가 존재하며, 큰 천체가 중력에 의해 물질을 쓸어 담으면서 상대적인 비율은 계속 변하다. 약 3.9 Gyr 전에 달과 그 이웃 행성에 영향을 미친 소행성 충돌 사건(8장)은 당시 사용 가능한 대부분의 대형 고체 파편들이 관여했기 때문에 무겁게 보일 수 있다. 둘째, 천체는 중력을 통해 계속 상호작용하기 때문에 어떤 궤도는 안정화되고 어떤 궤도는 교란된다. 예를 들어, 주기가 200년 미만인 혜성은 일반적으로 목성의 교란을 받아 불안정한 궤도를 따라 움직인다.

cm 크기의 입자는 성장하는 데 약 4,000년, 미터 크기의 물체는 그 후 2,000년 더, km 크기의 행성은 약 10,000년이 걸리는 것으로 추정된다. 컴퓨터 시뮬레이션에 따르면 우리 태양계와 같이 넓은 간격의 작은 암석계가 있는 태양계가 발달할지, 아니면 그 대신 단주기 궤도를 도는 가스 거성에 이르는 슈퍼 지구가 형성될지를 결정하는 것은 공식적으로 자갈(pebbles)이라고 알려진 mm 크기의 작은 입자의 생성 속도이며, 이는 현재까지 발견된 외계 행성계에서 우리의 위치를 이해하는 데 도움이 된다 (Lambrechts et al., 2019, Johansen et al., 2021). 난기류로 인해 추가 증착이 억제되었을 수 있지만, 태양풍이 발생하여 성운을 분산시켜 행성 형성이 시작될 수 있다. 처음에는 수백만 개의 km 크기의 천체들이 공간을 차지하기 위해 경쟁했을 것이다. 이들 사이의 충돌은 파괴와 추가 증착을 초래하여 점차 천체 크기 분포를 점점 더 큰 반경을 가진 부분의 숫자를 감소시켰다. 수백만 년이 지난 후, 태양계 내부에는 지름이 1,000 km가 넘는 천체 수십 개가 존재했지만, 지름이 6,000 km가 넘는 천체는 몇 개에 불과했을 것이다.

특히 현재 생각되는 것처럼 문제의 천체 중 상당수가 지름이 10 km 이상이고 어떤 경우에는(달을 만들었을 것으로 추정되는 충돌체를 포함하여) 지구와 질량이 비슷한 천체였다면 충돌 과정 자체가 지구의 대부분을 녹이기에 충분한 에너지를 제공했을 것이다. 따라서 지구의 구성 요소는 주로 화학과 밀도에 따라 이동하여 재배치되었다. 1912년에 공식화된 골드슈미트 방식(Goldschmidt scheme)에 따르면, 우리의 관심 원소들은 산화물과 규산염에서 산소와 함께 발생하는 경향이 있는 친석원소(lithophile), 지구 표면 조건에서 기체 상태인 친기원소(atmophile), 황화물로 농축된 친황원소(chalcophile), 금속성이며 철과 친화력이 있는 친철원소(siderophile)로 그룹화할 수 있다.

원소의 포함 여부에 따라 물질의 밀도 범위가 다양하게 관찰된다. 친철원소로 구성된 물질의 밀도가 가장 높았고 오늘날 우리가 보는 금속 코어에 점차 축적되었다. 친기원소로 구성된 물질은 가장 가벼웠으며 표면으로 이동하여 대기를 형성했다. 친황원소를 많이 포함하는 광물은 규산염과 금속 사이의 밀도를 가진다. 지각에 있는 친황원소와 친철원소로 구성된 물질 일부는 아마도 충돌 때문에 유입되었을 것이다. 물론 밀도 차이가 크지 않아, 친황원소와 친철원소의 분화가 완벽하게 구현되지는 않았다. 핵의 형성으로 방출된 에너지는 약 1.3 × 10^{30} J에 달하며 지구의 내부 온도를 약 1,000 K까지 상승시켜 분화를 촉진했을 것이다. 방사성 붕괴는 또 다른 주요 열원으로, 20세기 초에 발견되어 오래된 지구에 대한 지질학적, 생물학적 증거와 현재 온도를 서로 조화시켰다.

반면 수성의 구성은 60%가 철인 것으로 추정되는데, 이는 암석 맨틀이 충돌로 인해 소실되었다는 가설을 일으켰다. 그러나 표면의 낮은 수준의 티타늄과 철 구성비는 행성 역사 초기에 깊고 광범위한 화산이 중단되어 핵이 부분적으로 용융된 상태로 남아있을 정도로 천천히 냉각되었음을 암시한다 (Hauck & Johnson, 2019). 금성은 지구보다 성운의 따뜻한 부분에서 형성되면서 유황을 더 적게 포함할 것으로 생각되어 결과적으로 다소 낮은 금성의 평균 밀도와 일치하지만, 일부 연구자들은 그 차이를 형성 기반이 되는 소행성 구성의 차이로 설명하는 것을 선호한다.

화성의 대형 방패 화산(7장)은 점성이 낮은(높은 FeO) 마그마에 의한 초기 열 손실을 가리킨다. 화

표 1.5 운석의 분류[a]

분화유무	조성	구분	대그룹(Class)	중그룹(Clan), 그룹(Group)
분화	철질운석 [4.1%]	IAB, IC, IIAB, IIC, IID, IIE, IIG, IIIAB, IIICD, IIIE, IIIF, IVA, IVB		
	석철질운석 [1.1%]	팔라사이트(Pallasite) [0.4%]		
		메소시더라이트(Mesosiderite) [0.7%]		
	석질운석	아콘드라이트 [8.8%]	시원 기원 [0.3%]	아카풀코아이트(Acapulcoite) 브래치나이트(Brachinite) 로드라나이트(Lodranite) 위노나아이트(Winonaite)
			소행성 기원 [8.0%]	앵그라이트(Angrite) 오브라이트(Aubrite) HED(Howardite, Eeucrite, Diogenite)
			달 기원	
			화성 기원 [0.5%]	셰르고타이트(Shergottite) 나클라이트(Nakhlite) 샤시그나이트(Chassignite) 기타
미분화		콘드라이트 [86.2%]	C-콘드라이트	CI, CM, CO, CV, CK, CR, CH, CB
			O-콘드라이트	H, L, LL
			E-콘드라이트	EH, EL
			기타 콘드라이트	R, K

[a] 출처: Meteoritical Bulletin Database(www.lpi.usra.edu/meteor/); McSween (1999).

성은 지구보다 상대적으로 휘발성이 강한 물질(나트륨, 칼륨, 인, 루비듐 포함)의 함량이 더 높으며, 이 차이는 다시 화성이 형성될 때의 생성 물질에 기인하다. 화성이 지구보다 훨씬 더 빠르게 생성되었다는 동위원소 측정 자료가 있다(Tait & Day, 2018). 화성의 크기가 작다는 것은 가열과 냉각이 지구보다 훨씬 빠르다는 것을 의미하며, 이는 SNC 운석(Shergottites, Nakhlites, Chassignites)의 광물학에서 도출된 추정 맨틀 온도에 의해 뒷받침된다(Lessel & Putirka, 2015). 거대 가스행성의 경우, 미행성체에 의한 초기 핵 형성 이후 빠른 가스 증착이 뒤따랐을 것이다. 추가적인 미행성체들이 거대 행성의 가스 외피에 고체 함량에 기여했다. 그 후 행성들은 비압축성의 한계에 도달할 때까지 수축하고 가스 외피는 냉각되기 시작했다.

운석

운석은 상세한 실험실 분석이 가능한 태양계 표본의 가장 풍부한 원천이며, 열성적인 수집가들로 인해 전 세계적으로 보유량이 빠르게 증가하고 있다. 대부분 운석은 소행성대에서 유래한 것으로 추정되지만, 상당수의 운석은 달과 화성에서 유래한 것으로 알려져 있다. 소행성대의 운석을 분석하여 얻은 운석의 연대는 4.53~4.57 Gyr이다. 일부는 분화 과정을 거친 행성체에서 유래한 것으로 보이는데, 지질학적 맥락이 없어 해석을 복잡하게 하지만 지층 샘플의 대용으로 볼 수 있다.

운석의 분류는 성분, 변화 정도 및 출처를 고려하지만, 사례가 매우 적은 하위 그룹 때문에 분류가 복잡하다(표 1.5). 따라서 중요한 기준은 미분화 운석과 모체의 용융을 반영하는 운석으로 구분

그림 1.15 'Brownfield'라는 이름의 H3 콘드라이트의 콘드률을 평면 편광 아래에서 얇게 본 단면도. H3 콘드라이트는 가열(400~600°C)을 거의 받지 않았으며 원래의 콘드률 질감이 거의 변하지 않고 유지되었다. 많은 콘드률은 작은 복굴절의 특징이 관찰되는 칼날 모양 휘석과 상대적으로 덩어리진 감람석 입자가 관찰된다. 출처: © J. M. Derochette.

하는 것이다. 콘드라이트(chondrites)는 일반적으로 콘드률(chondrule)이라고 불리는 구형체를 가진다(그림 1.15). 이 콘드률은 용융물에서 굳어진 칼슘과 알루미늄이 풍부한 지름 0.1~2.0 mm의 내포물이다. 방사성 연대 측정에 따르면 칼슘-알루미늄 내포물의 기원은 4.567~4.568 Gyr이며, 콘드률은 일반적으로 이후 수백만 년에 걸쳐 형성되고, 이후 10~15 Myr 동안 변성 교대작용과 변성 작용을 추가로 겪었을 것으로 추정된다. 콘드라이트의 화학 성분은 기체 성분을 제외하면 태양의 화학 성분과 매우 유사하다. 콘드라이트 운석의 적은 일부인 C-콘드라이트(carbonaceous chondrites)는 휘발성 보유량이 많고 모체에 수성 변화가 일어났다는 증거도 보인다. 수성 변화 발생 시에 감람석과 휘석은 점토로 변하는데, 이때 용해성 이온은 침출되어 탄산염과 황산염으로 퇴적된다. 놀랍게도 이러한 운석에는 종종 상당한 양의 탄소 또는 유기 화합물이 포함되어 있다. 머치슨(Muchison) 운석과 같은 드문 사례에서 아미노산을 포함한 복잡한 유기 분자를 포함하는 운석도 있다(Schmitt-Kopplin et al., 2010).

운석 낙석의 94%를 차지하는 석질운석은 콘드라이트(86%)와 아콘드라이트(8%)로 구성되어 있지만, 낙석 자체와 구별되는 석질운석 발견 비율은 총 70%(콘드라이트 68%, 아콘드라이트 2%)에 달한다. 낙하운석의 발견은 운에 따를 것으로 보이는데, 또한 신뢰할 수 있는 기록이 몇 세기에 불과하다. 운석 발견은 우연적이고 모래와 얼음 사막에 편향되어 있으며, 철 운석이 풍화에 상대적으로 강하기 때문에 석질운석이 적게 발견되는 비율 왜곡이 발생한다.

운석의 동위원소 비율은 비교적 균일하지만, HED 운석[하워다이트(howardites), 유크라이트(eucrites), 디오제나이트(diogenites)]와 같은 일부 운석 군은 산소 동위원소 비율이 특별해서 단일 모체에서 기원했음을 보여줄 수 있다. 이들은 현재 소행성 베스타의 파편으로 널리 여겨진다(McSween et al., 2019). 모체가 문제의 운석을 방출할 때까지 동위원소 평형에 도달하지 않았을 가능성이 항상 존재하지만, 동위원소비의 차이는 공통 기원을 배제할 수 있다.

원시 아콘드라이트(achodrites)는 콘드라이트와

비슷한 성분을 가지고 있지만 독특한 질감이 부족하다. 원시 이외의 아콘드라이트는 용융 과정을 거친 행성체(소행성으로 추정되는)에서 기원된 것으로 보이는데, 이는 철과 암석질 철로 층화되어 있다. 유레일라이트(ureilites)에는 실리카 광물뿐만 아니라 때로는 다이아몬드 형태의 탄소 광물도 포함되어 있다. SNC 그룹은 편히 말해 화성 운석이라고 불리는데, 이 운석과 그 안에 포함된 가스 소포가 화성에서 유래했음을 분명히 나타내는 화학적 및 동위원소 성분을 가지고 있기 때문이다. 거의 모든 화성 운석은 고철질에서 초고철질 성분인데, 이는 7장에서 설명한 대로 화성에 존재하는 것으로 알려진 화성암의 다양성을 대표하지 않는다. 셰르고타이트(Shergottites)은 대부분 약 600 Myr(몇 개는 방사성 연대 측정 결과 약 2.4 Gyr로 측정됨) 이하로 젊으며, 약 1 ~ 1.5 Gyr 전의 나클라이트(Nakhlites)나 샤시그나이트(Chassignites)와 화학적으로 구별된다. 남극에서 발견된 사방휘석 축적물인 ALH84001을 포함하여 SNC 분류에 속하지 않는 화성에서 온 운석 그룹이 몇 가지 더 알려져 있다. ALH84001은 약 41억 년 전에 결정화되었으며 약 18°C의 온도에서 침전된 탄산염 광물 형태의 수성 변화의 증거를 보여준다(Halevy et al., 2011). 또한, 일부 연구자들은 이 운석이 화성에 고대 생명체가 존재했다는 증거를 가지고 있다고 생각하지만, 이에 대한 반대 의견이 상당하고 대부분 증거는 비생물학적 과정으로 설명할 수 있다(12장). 화성 운석 NWA 7034에는 화성이 형성된 지 100 Myr가 채 되지 않은 4.43~4.48 Gyr의 지르콘 입자가 포함되어 있다. 지르콘은 특히 내구성이 강한 광물로 물리적, 화학적 풍화에 강하며 용융점이 높아 마그마에 둘러싸이거나 행성 내부 깊숙이 운반된 후에도 쉽게 파괴되지 않는다. 지구에서 지르콘은 가장 초기의 대륙 지각과 함께 형성되었으며 맨틀 속으로 가라앉았다가 다시 지표면으로 분출된 후에도 살아남았다. NWA 7034에서 도출할 수 있는 결론은 원시 화성 지각이 행성의 증착 후 매우 빠르게 형성되었다는 것이다(Bouvier et al., 2018).

400개가 넘는 아콘드라이트가 달에서 생성된 것으로 알려져 있으며, 이들은 아폴로 우주비행사가 지구로 가져온 지리적으로 제한된 샘플보다 더 다양한 달 암석 컬렉션을 제공한다. 이들은 달의 바다 현무암(mare basalts)과 장석질(feldspathic) 고지대 물질 샘플을 모두 포함하고 있다.

행성 간 운석 교환 문제는 다른 곳의 샘플이 우리 문 앞까지 자유롭게 배달된다는 사실(물론 퇴적 후 오염 가능성이 있음)뿐만 아니라, 지구의 극히 오래된 조각이 다른 행성에서 발견되면 지구에서 판구조론에 의해 오래전에 파괴된 지질 환경을 기록할 수 있다는 가능성도 있어서 흥미로운 주제이다. 또한, 미생물과 일부 극도로 강인한 후생동물(metazoans) (예: tardigrades)이 충격 압력에 어느 정도 저항하는 것으로 알려져, 이들이 이동하여 이웃 행성에 지구 생명체를 심을 수 있다는 가능성을 시사한다(von Hegner, 2020). 실제로 이러한 이동은 성간 거리를 가로질러서도 일어날 수 있다(Melosh, 2003).

철질운석(낙하물의 4%, 발견물의 27%)은 부서진 소행성의 핵에서 유래한 것으로 생각되지만, 일부는 충돌로 인해 녹은 것으로 의심된다. 이들은 철-니켈 합금으로 구성되며 조직에 따라 육면체(〈6% Ni) 팔면체(6%~17% Ni) 및 아탁사이트(ataxite) (〉17% Ni)로 세분화할 수 있다. 마지막 두 그룹, 특히 팔면체는 니켈-철 합금인 카마사이트

그림 1.16 철 운석의 비드만스탠튼 조직(Widmanstätten pattern)은 두 개의 서로 다른 Fe-Ni 광물의 교차 절단 라멜라(lamella)를 보여준다. 이는 안정한 고온 FeNi 합금인 태나이트(taenite)가 일부 철을 제거해야만 결정 구조가 살아남을 수 있을 정도로 냉각될 때 형성되며, 결과적으로 냉각 시 철이 풍부한 합금(구조가 다르며 카마사이트(kamacite)로 알려진)과 철이 고갈된 태나이트 영역으로 '분리' 또는 혼합 해제된다. 대체로 띠가 넓을수록 결정화 기간이 길고 운석이 모 소행성의 내부 핵에서 생성되었을 가능성이 크다. 영상 출처: US National Museum of Natural History. 출처: John Merck, University of Maryland Department of Geology.

그림 1.17 팔라사이트(Pallasite)는 금속 기질에 박힌 감람석 입자 (cm 크기)가 섞여 있는 기이한 혼합물로, 일부 학자들은 분화된 원시 행성의 핵-맨틀 경계에서 온 것으로 생각한다. 영상 출처: US National Museum of Natural History. 출처: John Merck, University of Maryland Department of Geology.

(kamacite) (~ 6% Ni)와 태나이트(taenite)(~ 30% Ni)의 평면 구조를 나타내는데, 이는 비드만스탠튼 조직(Widmanstätten pattern)으로 알려져 있다(그림 1.16). 최근 철질운석은 암각학적인 (petrographic) 질감보다는 지구화학적인 특징을 기준으로 분류되고 있다. 많은 콘드라이트 및 아콘드라이트 물질의 가능한 모체를 조사하고 지구로 가져온 샘플을 운석 낙하와 비교하기도 했지만, 철질운석과 석질운석의 모체는 아직 연구하지 못했다. 미항공우주국이 발사한 로봇 탐사선 프시케(Psyche)가 2023년 10월 13일 금속성 물질이 풍부할 것으로 보이는 소행성 16-프시케(Psyche)에 당도했다. 프시케는 이전에는 메소시더라이트(mesosiderite) 석철질 운석의 조상으로 여겨졌지만, 팔라사이트(pallasites)(그림 1.17) 또는 금속이 풍부한 탄소질 벤큐빈 유사(Bencubbin-like) (CB) 콘드라이트가 더 비슷할 것으로 보인다(Elkins-Tanton et al., 2020). 로봇 탐사선 프시케는 2029년 말에 도착하여 2년간의 궤도 투어를 시작하여 금속이 풍부한 지질학을 처음으로 탐사할 예정이다.

현지 자원

운석과 소행성에서 발견되는 풍부한 금속, 산화물, 유기 화합물, 심지어 물 함유 광물은 미래의 우주 탐험가들에게 잠재적으로 유용한 자원이 될 수 있다. 현재 로봇이든 사람이든 우주에서 임무를 수행하는 데 필요한 모든 것은 지구 표면에서 운반해야 하며, 그에 수반되는 모든 비용을 부담해야 한다. 인류가 효율적인 우주여행 종으로 성장하기 위해서는 콘스탄틴 치올콥스키(Konstantin Tsiolkovsky)의 '요람'에서 완전히 벗어나 우주와 다른 행성의 표면에서 이용 가능한 자원을 활용하여 지속할 수 있고 비용 효율적인 탐사를 해야 한다. 기본적으로 호흡 가능한 공기(및 부산물로 다른 산업 또는 과학용 가스), 식수, 로켓 연료, 식물 성장 배지, 건축 자재, 궁극적으로는 기술 재료(반도체, 플라스틱 등)를 생산할 수 있어야 한다.

다음 장에서 설명하겠지만 태양계 외부에는 확실히 얼음이 풍부하며, 쉽게 녹고 여과되어 물 공급원이 될 수 있다. 태양 에너지 또는 원자력 에너지로 물을 전기분해하면 산소와 수소가 생성되며, 이를 액화하여 로켓 추진제나 공기 공급원으로 사용할 수 있다. 태양계의 다른 곳에서 물을 얻는 것은 일반적으로 수성 광물에 갇혀 있으므로 더 어렵다. 달과 수성 극 근처의 그늘진 화구에는 표토 무게의 몇 퍼센트에 해당하는 물 얼음이 퇴적되어 있으며, 총 10억 톤에 달하는 얼음이 매장되어 있다. 이론적으로 이 얼음은 승화시켜 채굴하여 달 탐험가들이 연료와 공기로 사용하기 위해 증기를 가두고 물로 응축시킬 수 있다. 화성에는 수성 광물이 매우 풍부하며, 저위도에서도 토양에 수분이 풍부한 황산마그네슘 수화물이 저장되어 있을 수 있으며, 이를 가열하여 물을 추출할 수 있다. 이러한 아이디어를 대규모로 구현하는 것은 당분간 추측에 불과하지만, 이미 기술 테스트를 위한 작은 진전이 있었다. 미항공우주국의 퍼시비어런스(Perseverance) 화성 탐사선(2020년 발사)에는 대기 중 이산화탄소를 가열하여 일산화탄소와 산소를 생성하는 화성 산소 현지 자원 활용 실험[Mars Oxygen In Situ Resource Utilization (ISRU) Experiment, MOXIE]이라는 실험 장치가 탑재되어 있다. 초기 테스트에서 MOXIE는 한 시간 동안 5 g의 산소를 생산했는데, 이는 우주비행사가 약 10분 동안 생존할 수 있는 양이다 (Hoffman et al., 2022). 미래에는 더 큰 장치에서 수십 톤의 산소를 생산하여 지구에서 연료를 먼저 운반하지 않고도 우주선을 화성 궤도로 추진하기에 충분할 것이다.

대부분의 행성 표토는 규산염과 산화물 광물로 구성되어 있으며, 무게 기준으로 수십 퍼센트의 산소를 함유할 수 있다. 이 산소는 용융 산화물 전기분해 (Schwandt et al., 2012) 또는 수소 환원(Allen et al., 1996) 등 다양한 방법으로 추출되어 산소, 천연 금속 및 물을 생성할 수 있다. 이러한 기술은 아폴로(Apollo) 임무에서 지구로 귀환한 달의 표토를 사용하여 지구의 실험실에서 입증되었다(Williams & Jadwick, 1980). 최근 하드웨어 질량이 약 7 t인 실제 광석 처리 공장에 관한 연구에 따르면 연간 최대 25 t의 철-실리콘 합금과 25 t의 산소를 생산할 수 있는 것으로 예상한다(Guerrero-Gonzales & Zabel, 2023). 이는 달 표면에서 약 50명의 우주비행사가 생활하기에 충분한 산소이다. 이러한 광석 처리 방법에는 상당한 에너지 투입이 필요하며, 우주 산업의 큰 이점 중 하나는 지속적인 태양 에너지를 즉시 사용할 수 있다는 것이다. 그러나 행성에서 태양 에너지의 효과는 태양과의 근접성, 자전 주기, 대기의 특성(있는 경우), 날씨와 관련된 변동성에 따라 달라진다. 달과 같이 천천히 자전하는 천체에서는 어둠의 시간이 길어서 대체 에너지원이 필요할 수 있다. 예를 들어, 한 번에 몇 주 동안 햇빛이 없는 달의 서식지에서는 소형 원자로를 사용하여 표토 처리를 위한 지속적인 전력을 공급하는 것이 도움이 될 수 있다. 장기적으로 볼 때, 핵융합 에너지는 우주 탐사 및 현지 자원 활용에 엄청난 잠재력을 가지고 있다. 우주 임무를 위해 설계된 소형 핵융합 원자로의 개발은 현재 연구 개발 중인 분야이다 (Galea et al., 2023). 이 원자로가 성공적으로 실현된다면 달과 화성 기지, 행성 간 여행, 태양계의 먼 목적지를 향한 야심 찬 임무에 필요한 에너지를 제공할 수 있다.

현지 자원 활용은 산소나 물과 같은 소모품의 생산을 넘어 다른 천체에 서식지와 인프라를 건설하기 위한 건축 자재를 만드는 것까지 포함한다. 예를 들어 달과 화성의 표토는 벽돌, 콘크리트, 세라믹 등 다양하고 유용한 건축 자재로 변형될 수 있다. 3D 프린팅 기술은 표토 기반 재료를 사용하여 서식지를 건설하기 위해 연구되어 설계 유연성을 높이고 부피가 큰 건축 자재를 지구에서 운반할 필요성을 줄여준다(Aguiar et al., 2023). 소모품과 건축 자재 외에도 특수 장비와 수리를 위해 지구에 대한 의존도를 줄이기 위해서는 현지 자원을 활용한 고강도 합금, 세라믹, 전자 부품(예: 태양광 패널)의 생산이 필수적이다(Ellery, 2020; Starr & Muscatello, 2020).

행성의 초기 진화는 행성의 성분에 분명한 흔적을 남겼으며, 열적 진화의 역사와 내부 분화를 지배했고, 이후에 충돌 때문에 형태와 표면 성분의 정도와 특성을 강하게 채색되었다. 다음 장에서 살펴보겠지만, 초기 진화는 다양한 행성의 궤도 기하, 역학, 상대적 위치를 통해 지질과 대기의 변화에 계속해서 중요한 역할을 하고 있다. Gould(1991)가 말했듯이 행성 표면은 설명 방식이 단순하고 잘 통제된 실험실 실험의 고정관념과는 다른 복잡한 역사 과학의 영역에 속하다. 그러나 이러한 표면은 앞으로 수십 년 안에 인간 영역의 일부가 될 것이며, 지질학적 과정을 통해 얻은 자원은 우주를 누비는 지능으로서 우리 종의 성공에 중요한 역할을 할 것이다.

chapter 2

궤도와 주기

우주에 대한 관점은 인류 기록 역사의 대부분의 기간 동안 제한된 인간 수명이라는 틀에 갇혀 있었다. 초기 인류는 계절의 흐름에 주기성이 있음을 인지하였고, 성공적인 사냥과 농작물 심기와 수확의 기초로서 주기성을 쉽게 이해했다. 그러나 화석 기록을 분석하면서 드러난 기후 변화의 더 큰 주기는 훨씬 덜 분명하다. 지표에 사는 인류는 하늘이 천천히 회전하는 반면 발아래 땅은 움직이지 않는다는 상대적 관점을 가진다. 따라서 지구가 우주의 중심에 있다는 지동설이 16세기까지 우세했음은 필연적으로 보인다. 몇몇 초기 그리스 철학자들이 지구가 태양 주위를 돈다는 태양 중심 모델을 제안했지만, 니콜라우스 코페르니쿠스(Nicolaus Copernicus)가 비로서 1543년 『천구의 공전(De revolutionibus orbium coelestium)』을 발간함으로써, 객관적인 궤도 관측과 행성 운동에 대한 동적 해석을 바탕으로 현대 태양계관의 과학적 기반을 제시하며 마침내 잘못된 인식의 족쇄를 깼다. 거의 500년이 지난 지금, 궤도 운동에 대한 정교한 이해는 먼 별 주위를 도는 행성과 우주선의 행성 간 비행에 시용되는 중력 도움 궤도의 설계에도 적용된다.

그러나 기후 변동에 대한 현대의 이해는 단기적인 인간 인식의 안개에 가려져서 거의 전적으로 산업기술사회의 기체 배출에만 초점을 맞추고 있다. 그러나 이 요인도 분명 중요하지만, 지구 궤도 및 자전축의 변동, 다른 천체와의 상호작용, 태양 활동의 변화는 현대 인류가 존재하기 훨씬 이전에 있었던 빙하기와 온난기의 시기와 심각성을 결정짓는 중대한 요소들이다. 실제로 다른 행성에서 이런 변동성으로 인한 극심한 기후 변화의 증거는 종종 간과되는 이러한 요소들의 중요성을 강조하는 역할을 한다.

행성의 운동

현대 행성 역학의 기초는 1609년 요하네스 케플러(Johannes Kepler)가 발전시킨 행성 운동의 세 가지 법칙과 아이작 뉴턴(Isaac Newton)의 만유인력의 법칙(1687년)에서 비롯되었다. 케플러는 고대의 이상화된 원형 및 주전원(epicycle) 모델에서 벗어나 (1) 모든 행성은 태양을 초점으로 타원 궤도를 따라 운동하고, (2) 행성과 태양을 잇는 선은 같은 시간에 같은 면적을 휩쓸고(그림 2.1), (3) 행성의 궤도 주기의 제곱은 궤도장반경의 세제곱에 비례한다는 것(그림 2.2)을 주장했다.

궤도 요소(표 2.1)는 주요 행성의 궤도가 황도 평면에서 크게 기울어지지 않은, 즉 실질적으로 동일 평면상에 있음을 보여준다. 이러한 작은 궤도 기울기는 1장에서 설명한 대로 행성들이 원시 행성 원반에서 기원함을 반영한다. 또한, 타원의 두 초점 사이의 거리와 장반경 길이의 비율로 정의되는 이

표 2.1 태양계 주요 행성체의 궤도 정보[a]

행성체	궤도 경사각(°)[a]	궤도 이심률	자전축 기울기[b]	공전 주기(년)	자전 주기(일)
수성	7.01	0.206	2.07	0.241	58.65
금성	3.39	0.007	177.36	0.615	243.02[d]
지구	0.00	0.017	23.44	1.000	1.00
달	5.15	0.055	6.69	동주기 자전	27.32
화성	1.85	0.093	25.19	1.881	1.03
세레스	10.59	0.079	~4	4.60	0.38
목성	1.30	0.049	3.13	11.862	0.41[f]
이오	0.05[c]	0.004	0.0	동주기 자전	1.77
유로파	0.47[c]	0.009	0.1	동주기 자전	3.55
가니메데	0.20[c]	0.001	0.3	동주기 자전	7.15
칼리스토	0.19[c]	0.007	0.0	동주기 자전	16.69
토성	2.49	0.057	26.73	29.457	0.44[f]
타이탄	0.35[c]	0.029	0.0	동주기 자전	15.95
천왕성	0.77	0.047	97.77	84.021	0.72[f]
해왕성	1.77	0.009	28.32	164.79	0.67[f]
트리톤	156.89[c]	0.000	0.0	동주기 자전[d]	5.88
오르쿠스	20.59	0.227	-	245.19	-
명왕성	17.16	0.279	122.53	247.94	6.39[d]
하우메아	28.21	0.196	-	283.12	0.16
콰오아	7.99	0.041	-	288.83	0.37
마케마케	28.98	0.161	-	306.21	0.95
공공	30.63	0.499	-	554.37	0.93
에리스	44.04	0.436	78	559.07	1.08
세드나	11.93	0.850	-	11,390	0.40

[a] 황도면 기준
[b] 공전 궤도면 기준
[c] 모행성의 적도면 기준
[d] 역행
[f] 자기장의 변조를 이용하여 측정

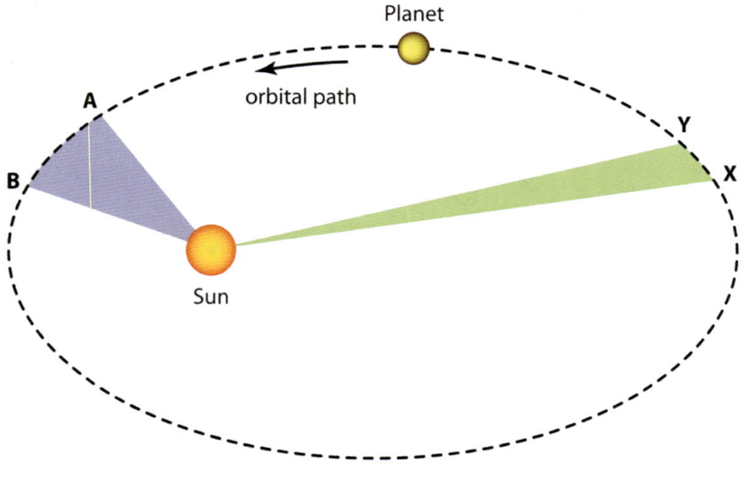

그림 2.1 케플러의 행성 운동 제2 법칙은 행성과 태양(궤도 타원의 초점 중 하나에 위치)을 연결하는 선이 궤도 경로의 어느 지점에서든 단위 시간당 같은 면적을 휩쓴다고 전제한다. 따라서 그림에 표시된 두 삼각형 영역의 면적은 같으므로 행성은 원호 X-Y에서보다 원호 A-B에서 더 빨리 이동한다.

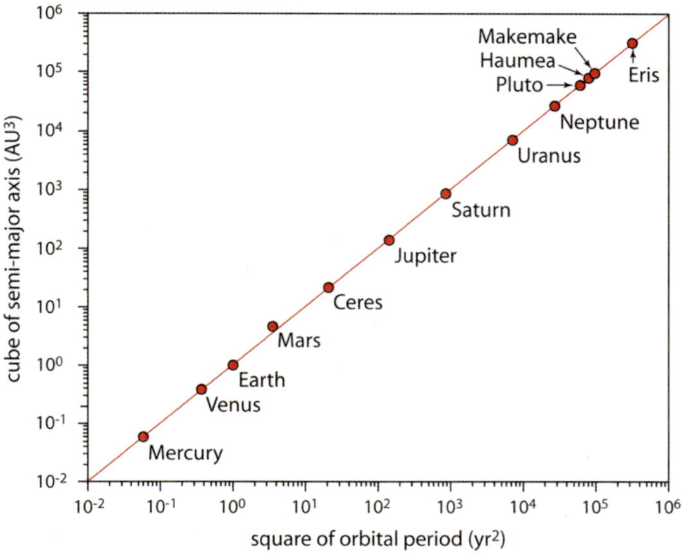

그림 2.2 케플러의 제3 법칙에 따르면 행성의 공전 주기의 제곱은 궤도 장반경의 세제곱에 비례하며, 우리 태양계의 주요 행성과 왜소 행성은 이 두 양 사이의 이상적인 케플러 관계를 나타내는 빨간색 대각선에 매우 가깝게 놓여 있다.

심률(e)도 매우 작은데, 이는 대부분 조석 순환 (아래 '상호작용' 참조)에 기인한다. 이심률이 큰 특이 경우는 소행성, 왜소 행성, 소행성 및 혜성에서 나타난다. 태양보다 거대 기체 외행성에 의해 궤도 요소들이 더 강하게 교란되는 멀리 떨어진 얼음 왜소 행성들은 경사진 타원형 궤도를 보인다. 오르트 구름에서 지나가는 별들에 의해 궤도가 교란되는 혜성은 매우 높은 이심률(e)을 나타내며, 태양에 대한 닫힌 타원 궤도를 유지하는 경우 e<1 이다. 핼리(1P/Halley) 혜성의 궤도 이심률은 0.967 이다. 중력의 영향으로 인해 이러한 천체의 경우 e가 1을 초과할 수 있으며, 이 경우 개방 쌍곡선 궤도를 따라 천체가 태양계에서 완전히 이탈하게 된다. 우리는 최근 몇 년 동안 2017년에 오우무아무아(1I-'Oumuamua, e = 1.201), 2019년에 보리소프(2I-Borisov, e = 3.357)라는 두 혜성의 태양 통과를 목격하며 이심률이 큰 성간 방랑자의 존재를 확인하였다.

이심률은 행성에서 태양 에너지 수신의 연간 변화를 이해하는 데 매우 중요한 요소이다. 태양으로부터의 복사 플럭스는 거리 제곱에 반비례하기 때문에, 행성에 입사하는 태양 에너지는 거리에 비선형적으로 변화하여 이심률에 의한 궤도 거리의 작은 변화도 큰 영향을 미친다. 표 2.1의 값에서는 잘 드러나지 않지만, 시간에 따른 이심률의 변화 역시 장기적인 기후에 영향을 미친다.

표 1.3에서 암시했듯이, 우리는 먼 별을 공전하는 수천 개의 행성에 대한 궤도 파라미터를 빠르게 축적하고 있다. 우리 태양계와 마찬가지로 다양한 이심률을 가진 천체들을 발견하고 있다. 이러한 자료는 외계 행성의 기후 안정성과 잠재적 거주 가능성을 평가하는 데 매우 중요하다.

엄밀히 말하면, 행성은 공통의 질량 중심, 즉 질량 중심(barycenter)으로 태양 주위를 공전한다. 태양은 태양계의 다른 어떤 천체보다 훨씬 더 거대하므로, 일반적으로 공통 질량 중심은 태양 내부에 있지만, 행성이 궤도를 돌면 태양도 중심에서 벗어나 함께 돈다. 지구-달 시스템의 경우, 질량 중심은 지구 핵 중심에서 4,671 km, 즉 지구 표면 아래 약 1,700 km 떨어져 있다. 뉴턴이 처음 제시한 것처럼

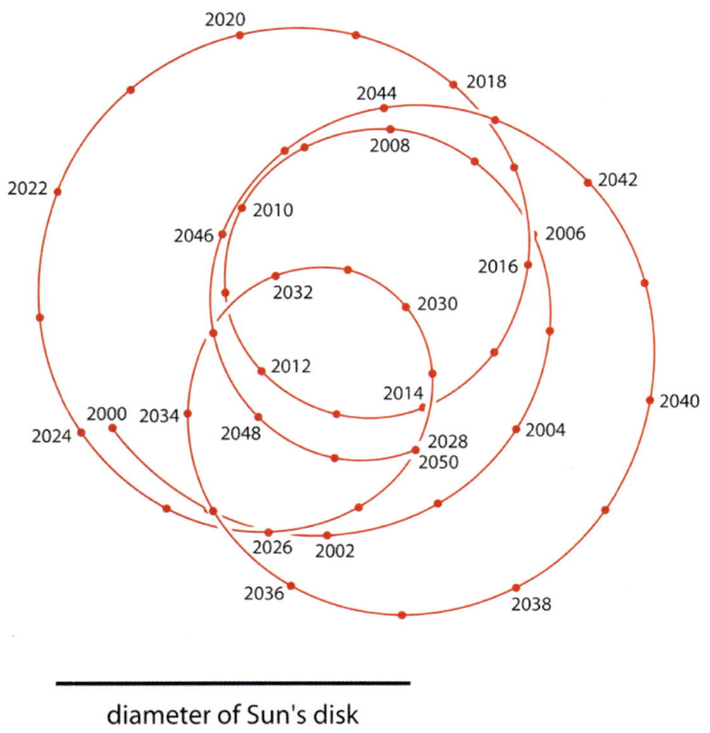

그림 2.3 서기 2000~2050년 사이 태양계 질량 중심을 태양 원반 크기에 대비해 표시한 이동 궤적. 붉은 점은 1년 단위 중심 위치. 출처: © Larry McNish, Royal Astronomical Society of Canada.

태양은 행성들의 중력 영향을 받아 태양계의 질량 중심(그림 2.3) 주위를 약 179년의 주기로 움직인다(Mackey, 2007). 일부에서는 이 값을 태양 조도의 변화에 의존하는 수많은 지질학적 연대기의 한 요소로 보고 있다(Fairbridge & Shirley, 1987). 사실, 지구-달 시스템의 국지적 질량 중심과 태양 및 행성계의 질량 중심 주변의 움직임은 천문 관측을 정확하게 해석하는 데 매우 중요하다. 중력파 데이터를 정확하게 분석하기 위해 최근 태양계 질량 중심은 100 m의 정밀도로 정교화되었다 (Vallisneri et al., 2020). 행성을 가진 다른 별들도 태양계의 질량 중심에 대한 운동처럼 같은 움직임을 보인다. 항성 원반을 확인할 수 없거나 다른 방법으로 행성을 감지할 수 없는 경우에도 정밀한 천체 관측을 통해 시선 방향에 수직으로 (즉, 하늘에 투영된 방향), 그리고 별에서 나오는 빛의 도플러 이동을 감지하여 시선 방향으로, 각각 별의 '흔들리는' 운동을 감지할 수 있다. 외계 행성의 위치 천문학적 탐지는 19세기와 20세기에 수많은 근거 없는 주장으로 인해 불투명한 역사가 있었다. 그러나 2013년에 발사되어 현재 연장 임무 중인 가이아(Gaia)와 같은 인공위성 천문대의 탐사 정밀도의 획기적 향상으로 인해 외계 행성 탐지의 르네상스가 시작되었다.

도플러 이동을 사용한 시선 방향 속도 측정 결과로 1992년 중성자별 PSR 1257+12를 도는 세 개의 행성이 발견되면서 외계 행성이 처음으로 확인되었다(Wolszczan & Frail, 1992). 이 방법을 사용한 가장 유명한 초기 발견 중 하나는 소위 '뜨거운 목성'으로 불리는 일련의 행성 중 첫 번째 행성인 51 Pegasi B(Mayor & Queloz, 1995)가 목성 질량의 약 절반에 해당하는 천체로서 불과 4.23일 만에 0.05 AU 거리에서 모항성 주위를 돈다는 발견이었다. 위치 천문학적 방법과 시선 속도 방법은 모두 중요한데, 특히 1장에서 설명한 통과 기법으로 탐지한 외계행성을 독립적으로 확인하는 기술로서도 중요하다.

케플러의 제2 법칙은 행성의 궤도 속도가 태양에서 가장 멀리 떨어져 있을 때(원일점)보다 태양 근처(근일점)에서 더 크다는 것을 의미하며, 이는 뉴턴이 보여준 것처럼 각운동량 보존 원리의 결과이다. 뉴턴은 케플러의 제1 법칙을 수정하여 우리에게 친숙한 만유인력의 법칙($F = G\ m_1\ m_2\ r^{-2}$)을 얻었는데, 여기서 F는 질량 m_1과 m_2의 두 물체 사이에 거리 r에 작용하는 끌리는 힘이고, G는 만유인력 상수이다. 이 공식을 사용하면 멀리 떨어진 물체의 질량을 가까운 다른 물체에 대한 중력 효과를 관찰하여 결정할 수 있다. 예를 들어, 얼음 왜소 행성과 같은 먼 태양계 천체의 질량 결정은 위성의 존재를 통해 가능하며, 위성의 움직임으로 행성의 질량을 구할 수 있다.

케플러의 세 가지 법칙과 그 파생물은 행성과 다른 천체들이 서로에게 미치는 교란 효과에도 불구하고 현대 궤도 계산의 정교한 정확성과 우주여행을 실행하는 데 있어 오랫동안 중요한 역할을 해왔다. 그러나 1973년 처음 발사된 미국 위성위치확인시스템(GPS)에 사용된 위성처럼 상대성 이론 효과에 대한 보정은 먼 거리나 빠른 속도에서 적용되어야 한다. 일반 상대성 이론에서는 탑재된 시계가 하루에 약 4.6×10^{-5} s(중력 적색편이 효과), 특수 상대성 이론에서는 하루에 7×10^{-6} s(속도 효과) 느려질 것으로 예측하며 보정하지 않으면 누적되어 하루에 11 km 이상의 위치 오차가 발생한다(Zajdel et al., 2020). 또한, 위성에서 사용하는 기계의 내재적 오차는 말할 것도 없고, 지구 적도 팽배 질량, 지구자기장, 온도 변화, 심지어 태양 복사로 유발되는 표류운동 등의 다른 시스템적 오차도 결과에 영향을 준다.

일사량

이전 절에서 언급했듯이 행성이 받는 태양 에너지의 양과 특성에 주기적으로 변화를 일으키는 주요 원인 중 하나는 궤도의 편심이다. 지구의 경우 이심률은 거의 완벽한 원형(e = 0.00006)에서 최대 타원형(e = 0.0679)으로 약 96년 주기로 변화하는데, 이는 대부분 가스 거대 행성인 목성과 토성의 섭동 때문이다. 이심률 함수, e(T)의 기본 주파수는 또한 ~ 125,000년과 410,000년 주기에 의해 변조된다. 현재 근일점은 1월 초, 원일점은 7월 초에 있다. 지구는 궤도를 돌면서 근일점에서는 더 빠르게 움직이고 원일점에서는 더 느리게 움직이기 때문에 북반구의 겨울은 북반구의 여름보다 약 5일 짧고, 남반구의 겨울은 그 반대이다. 또한, 지구가 태양으로부터 받는 일사량이 원일점보다 근일점에서 약 4분의 1 더 많으므로 현재 북반구의 겨울은 7월에 근일점이 발생했을 때보다 더 따뜻하고 여름은 더 시원하다.

자전축과 황도면 사이의 기울기인 자전축의 경사는 추가적인 궤도 파라미터를 제공한다. 지난 1 Myr 동안 경사각은 22.3°와 24.5° 사이에서 약 41,000년의 주기로 변한다. 경사각이 작을수록 계절 간 일사량 대비가 적어져 겨울은 더 온화하고 여름은 일반적으로 더 시원하다. 현재 경사각은 감소하고 있으며 약 9,800년 후에 최소값에 도달한 후 다시 증가하기 시작할 것으로 예측된다. 지구 경사각의 기원은 45억 3천만 년 전 달을 형성한 거대한 충돌(8장 참조)로 생각되는데, 이때 70°까지 기울어졌을 것으로 추정된다. 경사각의 값은 맨틀과 액체 외핵 사이의 경계에서 점성, 지형 및 자기력을 포함한 다양한 토크에 의해 지질학적 시간이 지나면서 감소하였을 것이다. 이러한 과정을 지구-달 시스템의 궤도 진화와 함께 모델링하면 지구 경사각의 과거와 미래의 변화는 혼란스러울 수 있지만, 그런데도 달이 없을 때보다 훨씬 더 안정적일 수 있음을 시사한다(Néron de Surgy & Laskar, 1997).

항성 기준 프레임에서 지구가 태양 주위를 일정 궤도로 운동하더라도, 지구 자전축의 점진적인 움직임인 세차 운동(precession)으로 인해 계절 변화가 발생한다. 이를 최초로 발견한 과학자 중 한 명인 히파르쿠스(Hipparcus) (기원전 190~120년)는 그보다 약 150년 전에 티모카리스(Timocharis)가 관측한 결과를 바탕으로 이 사실을 밝혀냈다. 지구의 자전축은 25,770년의 주기로 천구에 원을 그리는데, 현재 지구의 자전축은 작은곰자리 α(북극성)를 거의 정확히 가리키고 있다. 약 5,000년 전에는 용자리 α(투반)를 가리켰고, 12,000년 후에는 거문고자리 α(베가)를 가리킬 것이다. 세차 운동은 태양과 달의 조석력으로 인해 발생하며, 그 효과는 근일점에서 여름을 경험하는 반구를 역전시키는 것이다. 세차 운동은 또 다른 궤도 변조인 근원점 세차(apsidal precession, 궤도의 장축 방향의 이동)와 결합하여, 근일점의 시점을 19,000~23,000년 범위에서 변화시킨다. 따라서 현재는 지구가 1월에 근일점에 도달하지만, 약 10,000년 전에는 북반구의 여름인 7월에 근일점에 있었다.

세 가지 주요 궤도 변수(그림 2.4)는 오랫동안 논의됐던 빙하기에 대한 천문학적 설명을 처음으로 체계화한 세르비아의 수학자 밀루틴 밀란코비치(Milutin Milanković, 1879-1958)의 이름을 따서 밀란코비치 변수라 한다. 일부 개념은 조셉 아데마르의 『대양의 혁명, Revolution de la mer』(1842)으로 거슬러 올라간다. 상당 기간 밀란코비치가 제기한 이론은 부적절하다고 무시되었지만, 1960년대 심해 코어의 동위원소 분석을 통해 반복되는 빙하/간빙기 주기가 밀란코비치 일사 주기와 시기적으로 일치한다는 사실이 입증되면서 이 모델이 널리 받아들여지게 되었다. 유공충(benthic foraminifera)과 남극 빙상 얼음의 산소 동위원소 비율의 주기성은 적어도 플라이스토세(Pleistocene) 후기

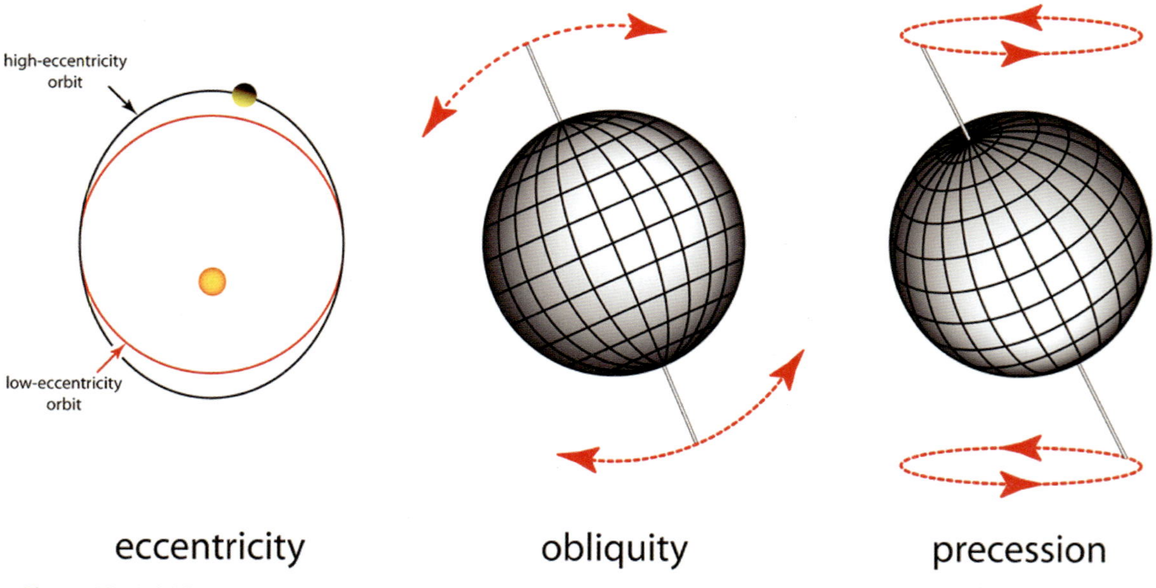

그림 2.4 기후 강제력을 주는 밀란코비치 천문 모델의 세 가지 변수: 궤도 이심률의 변화, 자전축의 경사각 변화, 자전축의 세차 운동. 지구와 화성에 대해 각각 표시되는 값의 범위와 주기는 표 2.2에 나와 있다.

표 2.2 지구와 화성의 궤도 요소[a]

	지구		화성	
	변화	주기(만년)	변화	주기(만년)
자전축 세차 운동	-	2.577[a]	-	17[a]
자전축 경사	22.1°~24.5°	4.1	0°~50°[c]	12.5
이심률	0.005~0.058	9.5, 12.5, 41.3	0.01~0.12	9.5, 200
궤도 경사	0°~4°	~10	1°~5°	16, 120
근일점 세차 운동[b]	-	11.2	-	6.9

[a] 자전축 세차 운동과 근일점 세차 운동의 상호작용으로 지구(21,640년 주기)와 화성(50,800년 주기)의 일사량 변동 발생
[b] 또는 분점 세차 운동, 원근점 세차운동이라고도 함.
[c] 원운동을 가정하면, 이 범위는 양극에서 연간 일사량이 두배될 수 있음.

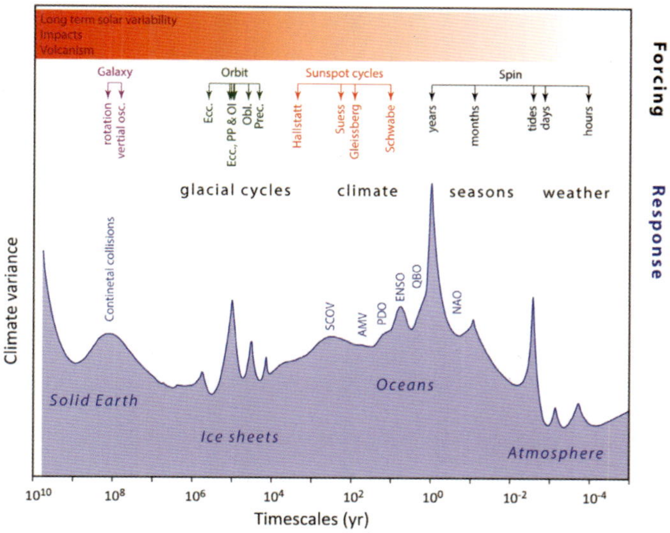

그림 2.5 다양한 시간 척도에 걸쳐 지구 시스템의 주기성이 기후에 미치는 상대적 기여도를 정성적으로 나타낸 그림. 짧은 시간 규모의 변화는 지구의 자전과 공전 주기, 달의 궤도, 대기 및 해양의 유도 효과 등의 요인으로 인해 발생하며, 중간 규모의 변화는 해양 순환의 긴 시간 상수와 빙상의 움직임으로 인해 발생한다. 가장 긴 시간 규모에서 변동성은 밀란코비치 주기, 소행성/혜성 충돌, 범람 현무암 분출로 인해 발생한다. 다양한 해양 시스템 주기를 식별하는 데 사용되는 약어는 다음과 같다: NAO = 북대서양 진동, QBO = 준 격년 진동, ENSO = 엘니뇨 남방진동, PDO = 태평양 10년 진동, AMV = 대서양 수십 년 변동성, SOCV = 남대서양 100년 변동성. 궤도 주기성을 식별하는 데 사용되는 약어는 다음과 같다: Prec. = 세차 운동, Obl. = 자전축 경사각, Ecc. = 이심률, PP = 근일점 이동, OI = 궤도 경사각. 출처: von der Heydt et al. (2021)을 바탕으로 재작성.

(400,000~800,000년 전)에는 96,000년 주기가 기후 기록을 지배한다는 사실을 명확하게 보여주며, 요즘은 웨이브렛(wavelets)을 이용한 보다 정교한 분석 방법이 오래된 퇴적물에 적용되고 있다. 이제 원생대(Proterozoic) 퇴적물까지 수 시간에서 수백만 년에 이르는 다양한 주파수의 주기성을 인지할 수 있게 되었다(그림 2.5). 여기에는 하천 및 석회질 퇴적물뿐만 아니라 얕은 해양 탄산염과 심해의 줄무늬 철 지층들이 포함된다.

밀란코비치 주기로 인한 기후 변화는 지구 빙상의 크기(지구 반사도 변화)와 지구 해수면에 상당한 영향을 미치며, 이 두 가지 현상은 소위 온실가스인 CO_2와 CH_4의 양과 대기 먼지와 같은 냉각제의 양을 변조할 수 있다. 따라서 궤도/자전 주기성과 대기, 해양 및 빙하 역학 사이의 피드백 루프 가능성을 인식하는 것이 중요하다(Ellis & Palmer, 2016). 또한, 소행성 충돌이나 행성 간 먼지와 같은 외래 단발적 현상의 발생은 이미 복잡한 기후학을 더욱 혼란스럽게 만들 수 있다.

밀란코비치 자신도 화성에서의 태양 일사량에 관한 초기 논문을 썼지만(Milanković, 1916), 궤도 변화가 지구의 기후 역사를 설명하는 데 도움이 될 수 있다는 것을 깨달은 것은 최근이다. 즉, 우주선이 고해상도 지구 이미지를 전송하기 시작한 후

에 이를 인지하게 되었고(Sagan, 1971), 변화의 크기와 기간은 다소 다르게 확인되었지만(Mutch et al., 1976) 밀란코비치 이론이 수용되기 시작했다. 표 2.2는 지구와 화성의 궤도/자전 주기를 비교하였다. 이러한 양을 정확하게 결정하려면 화성 표면에 배치된 차량의 원격 측정 신호에 대한 도플러 변위 추적을 사용하여 장기간에 걸친 자전 상태를 측정해야 한다. 바이킹(Viking), 패스파인더(Pathfinder), 오퍼튜니티(Opportunity), 인사이트(InSight)를 포함하여 1976년부터 2019년까지 우주 탐사 자료를 바탕으로 화성의 세차 운동 속도는 연간 7605 ± 3 milliarcsec(천분의 일 각초)로 결정되어, 한 주기를 완료하는 데 170,414 ± 67년의 기간이 걸린다(Kahan et al., 2021).

궤도/자전 주기성과 기후 사이의 관계를 이해하기 위해 장기간(수백만 년)에 걸쳐 추산하는 것은 지구에서 보았듯이 현상의 혼돈 특성으로 인해 어렵다. 그런데도 다양한 지질학적 특징을 면밀히 조사하면 몇 가지 제한 조건을 얻을 수 있다. 매우 낮은 입사각 충돌에서만 형성되어 일반적으로 고위도에서 생성되는 것으로 생각되는 타원형 충돌 화구는 경사각 역사를 추론하는 데 사용될 수 있다. 과거 35억 년 대부분 동안 화성의 경사각이 10°-30° 범위로 제한되었으며 40° 이상의 경사각은 낮은 확률(20% 미만)로만 발생하였다(Hojo et al., 2018). 화성에는 큰 달이 없으므로 자전 상태의 불안정성은 커진다.

화성의 극지방 만년설과 다른 중위도 지형지물에 발견되는 짧은 시간 척도의 기록은 궤도/자전 상태 변화의 안정성에 대해 더 확실하게 알 수 있게 한다. 화성 만년설에는 반복되는 지층 다발이 존재한다는 사실은 수십 년 동안 알려져 왔으며, 이러한 지층은 만년설 가장자리에 새겨진 지형에 노출되어 있다. 최근에는 궤도를 도는 우주선에 탑재된 지상 투과 레이더(10장 참조)를 통해 만년설의 전체 깊이에 걸쳐 이 층들을 측정하여, 이 층들과 추정된 화성 밀란코비치 주기와의 관계를 조사할 수 있게 되었다(Smith et al., 2016). 비슷한 관계가 다른 지역의 충돌 화구의 층상 얼음 퇴적물 분석에서도 도출되었다(Sori et al., 2022).

지구와 마찬가지로 화성에서도 피드백에 주의해야 한다. 예를 들어 극관(polar ice cap)의 성장과 쇠퇴는 표면의 질량 분포를 변화시키고 극지방 평탄화를 약간 변화시켜 경사각-평탄도 피드백으로 이어진다(5장 참조). 질량이 10^{17}~10^{18} kg인 수빙의 순환이 수십 도의 경사각 진동을 일으킬 수 있다는 가설이 제시되었다(Rubincam, 1999).

화성의 현재 궤도 및 자전 요소의 조합은 남반구에서 짧은 더운 여름과 북반구에서 더 길고 시원한 여름을 만들어낸다. 자전축 경사각 변화에 따라 계산된 태양 조도의 변화를 살펴보면, 현재 경사각도 ~25°에서 일사량은 위도가 높아짐에 따라 전반적으로 감소함을 보여준다. 적도의 연평균 일사량은 ~190 W m^{-2}이고 극지방은 ~80 W m^{-2}이다(지구의 적도와 극지방에서 각각 ~425 W m^{-2}와 ~175 W m^{-2}을 비교). 경사각이 50° 이상으로 증가하면 적도 일사량은 155 W m^{-2}로 떨어지지만, 극지방 일사량은 148 W m^{-2}로 급격히 증가한다(Ward, 1979). 이러한 변화의 영향을 모델링하는 것은 극관의 크기, 구성 및 알베도의 변화, 열 반응 및 표토의 기체 발생률, 대기의 두께, 적외선 복사에 대한 불투명도 및 먼지 함량의 변화를 모두 고려해야 하므로 매우 복잡하다. 또한, 세차 운동 및 경사각 변화의 영향은 위도에 따라 다르게 나타날 수 있다. 특히, 화성 양쪽 반구의 영구 동토층의 가장자리가 발견되는 위도 54°~65° 사이에서는 세차 운동 주기가 지배적인 것으로 생각되지만, 다른 위도에서는 연평균 기온이 경사각에 의해 제어된다(Schorghofer, 2008).

행성의 환경 변화에 궤도의 영향에 관한 연구는 다른 위성과 행성, 심지어 외계 행성으로까지 확장되고 있다. 쌍성계 내에 고전적 거주 가능 영역에 있는 행성들은 극심한 경사각 변화에 따른 모든 기후 결과를 겪을 수 있다(Deitrick et al., 2018; Quarles et al., 2022). 단일 모성을 가진 행성계에서도 행성 간의 조석 상호작용은 특히 차가운 적색왜성 주변의 매우 조밀한 시스템에서 거주 가능 영역에 있는 행성의 궤도 안정성에 상당한 영향을 미칠 수 있다(Vervoort et al., 2022). 지구는 상대적으로 큰 달을 가지고 있으므로 극단적인 경사각 변화를 피할 수 있었다고 제안됐으며(Laskar et al., 1993), 단순하게 외계 행성도 마찬가지일 것으로 예상되지만, 연구에 따르면 다른 요인들도 비슷한 수준의 안정성을 제공할 수 있고 어떤 상황에서는 큰 달이 해로울 수 있다고 한다(Quarles et al., 2019; Chen et al., 2022). 하지만 지구의 달은 큰 조석 범위의 강제력을 통해 생명체의 기원과도 관련이 있으며, 다른 거주 가능한 외계 행성에서 위성에 의한 조석력이 없다면 외계 생명체의 출현에 결정적인 요인이 될 수 있다(예: Lathe, 2004).

태양계 가장자리에 있는 다소 비슷한 얼음 세계인 해왕성의 위성 트리톤과 명왕성은 표면의 질소와 메탄 서리의 분포 때문에 압력이 크게 좌우되는 극히 희박한 대기를 보유한다. 두 행성체 모두 자전/궤도 변화로 인해 태양 일사량이 크게 변하여 계절에 따라 극심한 기후 변화가 발생한다.

명왕성은 높은 궤도 이심률로 인해 일사량의 변화가 매우 큰데, 명왕성의 궤도는 명왕성을 태양에 근일점 29.7 AU까지 가까이 가져오고, 원일점 49.3 AU까지 멀리 가져간다. 이로 인해 일사량이 $(49.3/29.7)^2 = 2.76$ 배만큼 감소하는 효과가 있다. 큰 경사각으로 인해 적도에서 극 주변 위도까지 태양 직하점을 이동시켜서 지표면의 응축된 얼음 저장고와 대기 중의 증기 사이에 엄청난 양의 휘발성 물질 플럭스가 발생한다. 모델에 따르면 명왕성이 태양에서 멀어지면서 표면 서리의 형태로 대기가 거의 완전히 응결되는 것으로 나타났다. 명왕성까지 거리가 매우 멀지만, 우리는 항성 엄폐 방법으로 대기 상태에 대한 상세한 정보를 얻을 수 있다. 항성 엄폐 방법은 명왕성(또는 다른 천체)이 충분히 밝은 별 앞을 지나갈 때 별이 완전히 또는 부분적으로 가려질 때 별의 밝기 변화를 측정할 수 있다. 대기가 없는 천체는 별빛이 고체 행성 뒤편을 지나면서 급격히 차단되는 반면 대기가 있는 천체는 통과 대기에서 흡수와 굴절로 인해 투과되는 별빛이 점진적으로 감소하게 된다. 대기의 수학적 모델을 구축하면 이때 관측된 별빛의 프로파일의 모양으로부터 대기의 압력과 온도를 고도별로 결정할 수 있다. 표면 얼음의 재분배를 암시하는 반사도 변화를 수십 년간 관측한 이후에, 항성 엄폐법으로 1985년 8월에 처음으로 명왕성 대기의 존재를 확인했는데, 이때는 명왕성이 근일점에 도달하기 약 4년 전이다. 이후 여러 차례의 항성 엄폐 관측과 뉴 호라이즌스(New Horizons) 탐사선(2015년 7월)의 비행을 통해 명왕성 대기의 구조와 표면 얼음의 공간 분포에 대한 상세한 현장 데이터를 확보했다. 이 데이터에 따르면 표면 근처의 대기압은 근일점 후 27년 동안 4 μbar에서 12 μbar로 3배 증가했다(Meza et al., 2019). 이는 표면의 높은 열 관성을 반영하는 것으로, 근일점을 지나 명왕성이 태양에서 멀어진 후에도 오랫동안 계속 온난했음을 시사한다. 현재 명왕성의 표면 압력은 약 12 μbar로 안정적으로 유지되고 있지만(Sicardy et al., 2021), 향후 수십 년 동안 감소하여 2070년대에는 근일점에서와 같은 값에 도달하고, 2200년에는 최소 1 μbar 이하에 근접하리라 예상한다(그림 2.6).

1985년과 1990년 사이에 명왕성과 카론(Charon)의 일련의 상호 일식에서 얻은 합성 이미지는 명왕성 표면의 이질성에 대한 초기 힌트를 제공했다. 허블 우주 망원경(Hubble Space Telescope)은 1990년대 초에 명왕성을 관측하기 시작했고, 이후 20년 동안 축적된 저해상도 이미지(픽셀당 수백 km)는 2015년에 뉴 호라이즌스 우주선이 획득한 명왕성의 최고 해상도 이미지(픽셀당 m)와 비교할 때 놀라울 정도로 정확하다는 것이 입증되었다. 뉴 호라이즌스 우주선은 스테레오 이미지를 사용하여 입체적 지형을 결정할 수 있었다.

명왕성 표면에서 가장 밝은 지형(그림 2.7)은 약 1 km 깊이까지 질소 얼음으로 채워진 지형 분지인 스푸트니크 평원(Sputnik Planitia)이다. 일부 메탄과 일산화탄소가 섞여 있을 가능성이 있는 이 빙상의 표면은 대류를 나타내는 개별적인 '셀 (cells)'로 나뉘어 있다. 표면의 다른 곳에서는 메탄 얼음이 우세하며 중위도에서는 수백 미터 두께의 매끄러운 퇴적물이지만, 스푸트니크 평원 동쪽의 저위도에는 '타르타루스 도르사(Tartarus Dorsa)'라는 이름의 날카로운 능선이 특징인 '블레이드 지형(bladed terrain)'이 노출된 곳이 있다. 적도 지역의 대부분은 메탄과 질소가 풍부한 얼음이 방사선 화학 반응으로 '톨린(tholin)'이라 알려진 복잡한 유기 혼합물이 생성되어 비교적 어둡고 붉은색을 띠고 있다. 이와 대조적으로 북극 주변의 메탄 퇴적물은 매우 밝아서 더 최근에 생성된 지형임을 나타낸다. 명왕성 표면에서 휘발성 물질의 수송 모델링은 궤도와 자전 주기를 고려하고 반사도가 높은 얼음 서리로 인해 냉기가 가두어지는 피드백을 계산하는데, 이런 모델은 얼음 세계인 명왕성의 계절적 변화와 다년생 기후 변화 사이의 균형을 이해하는 데 도움이 되고 있다(Bertrand et al., 2019).

해왕성의 큰 위성 트리톤(Triton) (그림 2.8)에서는 빠른 궤도 세차, 트리톤 궤도의 주기와 경사각, 해왕성 궤도 주기와 경사각의 조합으로 인해 태양 직하점의 위도가 매우 크게 변한다(그림 2.9).

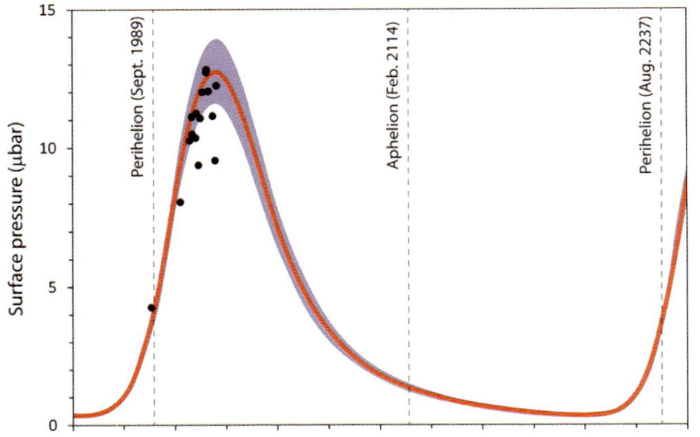

그림 2.6 검은 점은 항성 엄폐법으로 관측된 명왕성 표면 대기압의 변화. 주황색 실선은 스푸트니크 평원(Sputnik Plantia)에 위치한 N_2 얼음 저장소와 알베도 A=0.725를 가정한 휘발성 물질 수송 모델이 도출한 명왕성 1년간의 대기압 변화를 나타낸다. 파란색 음영의 넓은 영역은 알베도 A가 0.720(아래쪽 가장자리)에서 0.730(위쪽 가장자리)까지의 변화에 해당한다. 출처: Sicardy et al. (2021)을 바탕으로 재작성.

그림 2.7 2015년 7월 15일 뉴 호라이즌스(New Horizons) 탐사선이 관측한 명왕성 원반. 표면 재질 간의 구성 및 질감 차이를 강조하기 위해 향상된 색상을 사용하였다. 명왕성의 실제 색상은 옅은 담황색(buff)이다. 이미지 중앙의 부드럽고 밝은 영역은 단단한 질소 얼음으로 채워진 분지인 스푸트니크 평원(Sputnik Plantia)이다. 짙은 빨간색 적도 평원은 방사화학 반응을 겪은 탄소질(carbonaceous) 안개 입자로 덮인 고대 얼음 암반으로 보이는 크툴루 지역(Cthulu Regio)이다. 북극 주변의 황금색 지형 로웰 지역(Lowell Regio)은 더 순수한 메탄 얼음 퇴적물로 구성된다. 출처: NASA.

그림 2.8 1989년 8월 25일 보이저(Voyager) 2호가 관측한 트리톤의 원반. 분홍빛을 띠는 남극관을 내려다본 영상. 원반의 중앙은 촬영할 당시 태양 직하점에 가까웠는데, 중앙 주변에서 약 50개의 어두운 줄무늬가 발견된다. 어두운 줄무늬의 최대 길이는 150 km 이상이고, 트리톤의 얇은 대기에서 8 km 높이까지 운반되어 바람을 타고 퍼진 먼지가 많은 가스 플룸의 낙하물로 판단된다. 이 '간헐천'이 모두 태양 직하점에 가깝다는 것은 태양열이 아마도 수 m 두께의 단단한 질소 얼음층을 가열하여 분출 활동에 기여함을 시사한다. 출처: NASA.

165년 주기(해왕성의 공전 주기)의 계절적 변화는 688년 주기(트리톤의 공전 세차 주기)의 진동 때문에 변조되며, 이 때문에 주기 중 어떤 부분에서는 태양 직하점이 적도에서 10° 이내를 유지하지만 다른 부분에서는 적도에서 ±52°까지 멀어질 수 있다(Soderblom et al., 1990). 1989년 8월, 보이저(Voyager) 2호는 해왕성이 혹독한 겨울을 지난 후 14세기 중반 이래 가장 강렬한 남반구 여름이 절정에 달할 때 트리톤을 지나갔다. 따라서 표면 얼음의 열 관성으로 인해 위상차가 있지만, 점점 더 많은 질소 서리가 승화하면서 대기가 빠르게 두꺼워질 것으로 예상하였다. 다수의 항성 엄폐 방법을 포함한 지상 기반 및 궤도 망원경 관측 결과에 따르면 보이저 2호 비행 이후 표면 대기압은 매우 약간만 증가했지만, 남극 만년설의 온도는 37~38 K에서 안정적으로 유지된 것으로 보인다(Oliveira et al., 2022; Bertrand et al., 2022). 대조적으로, 해왕성 자체에 대한 지구 기반 망원경 관측에 따르면

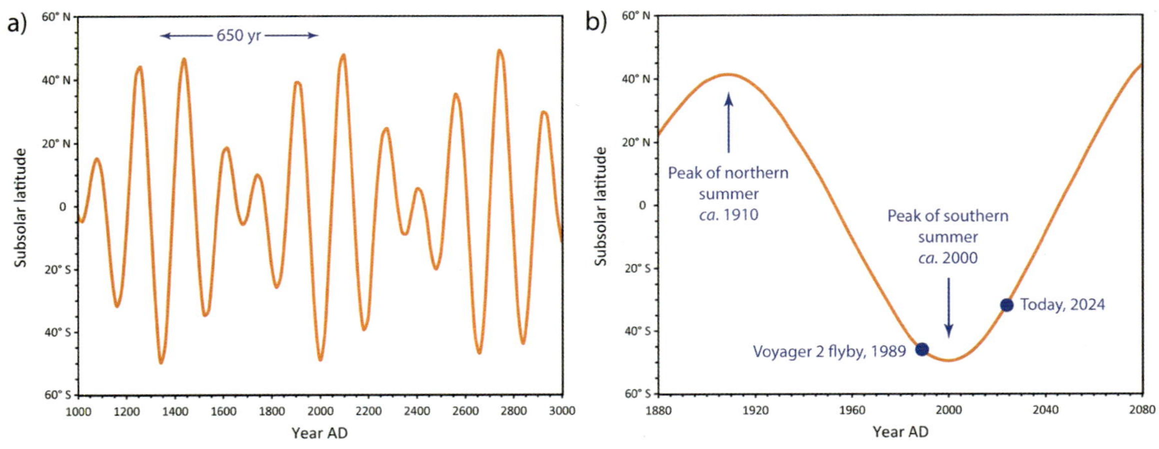

그림 2.9 (a) 시간의 함수로서 트리톤의 태양 직하점 위도 변화. 태양 직하점 남위도가 650년 만의 최고인 현재 시기는 극한 기후의 원인으로 여겨진다. (b) 1989년 보이저(Voyager) 2호 통과 비행 당시 트리톤은 남쪽 여름의 절정에 다다랐지만, 오늘날 태양은 적도 위도로 이동하고 있으며 향후 우주선이 해왕성계로 돌아오는 시대(아마 2040년대)에는 기후와 표면 얼음 분포가 크게 달라질 것이다. 출처: Bertrand et al. (2022)을 바탕으로 재작성.

2018 년부터 2020년까지 15년 동안 냉각된 후 남극관에서 11 K의 온난화가 감지되었다(Roman et al., 2022). 그런데도, 모델에 따르면 태양 직하점이 점차 북쪽으로 이동함에 따라 트리톤에도 더 극적인 변화가 있을 것으로 예상되며, 향후 해왕성계 탐사선은 1989년 보이저 2호를 맞이했던 것과는 상당히 다른 트리톤을 볼 것이다.

행성 간 상호작용

물체 간의 상호작용은 일반적으로 감지할 수 있는 에너지의 전달을 수반한다. 중력 상호작용의 관점에서 볼 때 이러한 영향 중 가장 중요하고 가장 먼저 인식된 것 중 하나는 조석(tides)이다. 달은 지구와 가깝고 상대적으로 큰 질량을 가지고 있어 지구 표면의 중력을 변조하는데, 달이 머리 위를 지나갈 때 바다 표면이 수 m씩 상승하고 하강하는 현상이 반복된다. 해수면이 매일 두 번씩 변하는 것은 누구나 익히 알고 있는 일이며, 전혀 문제가 되지 않는 것처럼 보인다. 하지만 이 조석 현상은 오랜 시간에 걸쳐 해안 침식과 퇴적물 이동에 중요한 요인이다. 또한, 해저에 마찰 토크가 작용하여 작지만 꾸준하게 지구의 단단한 몸체로 전달된다.

해수면의 조석 돌출부는 단단한 지구의 조석 돌출부를 동반한다. 지구 내부는 유체처럼 움직이지만, 바닷물보다 점성이 몇 배나 높으므로 바다에 비해 크기가 작고 반응이 지연된다. 지구의 자전이 달의 궤도보다 빠르므로 고체 돌출부는 해양 돌출부보다 달의 아랫부분(돌출부와 중심선 사이의 각도를 달의 조력 간격으로 표현함)보다 앞서서 이동한다. 따라서 달은 이러한 돌출부에 중력을 작용하여 지구 자전에 미세한 제동 효과를 가한다. 에드먼드 핼리(Edmond Halley, 1656-1742)는 수 세기 전에 관측자들이 제시한 일식 날짜의 불일치로부터 지구의 자전 속도가 시간에 따라 변한다는 사실을 최초로 제안했지만, 1749년에 이르러서야 리처드 던손(Richard Dunthorne)이 이 효과를 정량화했다.

지구 자전의 감속은 약 $5.969 \pm 1.762 \times 10^{-7}$ rad yr^{-2}에 달하는데, 각운동량 보존으로 인해 달의 공전 각운동량은 같은 양만큼 증가해야 한다. 좀 더 자세히 말하면, 지구 자전의 감속은 조석 마찰 때문에 소멸하는 에너지 (〉 3.5 TW)에 기인하는데, 지구-달 계를 고려하면 같은 양만큼 달의 궤도 운동 에너지를 감소시켜야 하므로, 달의 궤도 속도가 감소하고 지구와의 거리가 증가하게 된다. 50여 년 전 아폴로(Apollo) 우주비행사들이 달 표면에 설치한 거울 덕분에(Marki, 2020) 레이저 빔의 왕복 이동 시간을 정확히 측정하여 지구와 달 사이의 거리와 거리 변화율을 매우 정밀하게 결정할 수 있다. 1970년부터 2015년 사이의 기간 달 궤도 장반경의 평균 변화율은 ~ 38 mm yr^{-1} 이다. 이러한 관측을 통해 지질학적으로 먼 과거의 1년은 지금보다 날과 달이 더 많이 들어간 기간이라 추론할 수 있다.

지질 화석 기록의 여러 부분에서 일별 및 월별 주기성이 분명하게 드러난다. 나무 나이테에서 시간적 패턴을 식별할 수 있는 것처럼(dendrochronology) 동물의 경조직에서 규칙적인 성장 띠를 구별할 수 있다(schlerochronology). 3억 7천만 년 전 데본기 산호의 일일 성장 띠가 약 400일로 구성된 1년을 반영한다(Wells, 1963). 이후 산호와 연체동물에 관한 연구는 음력 한 달의 일수가 해당하는 만큼 감소하였다. 이와 일치하는 결과는 화석 성장층 분석보다 더 신뢰할 수 있는 조석리듬암(tidal rhythmite) 분석에서 나왔다. 상호 일관된 유일한 데이터 세트는 6억 2천만 년 전 신원생대의 하루 21.9±0.4시간, 연간 400±7일, 연간 13.1±0.1개월을 가리킨다고 주장했다(Williams, 2000). 오늘날 정교한 수학적 분석을 통해 지질학적 데이터에서 더 약한 주기적 신호를 추출할 수 있게 되었으며, 최근 14억 년 전 조석리듬암의 하루 길이를 18.68±0.25 시간으로 보고하고, 14,000년 세차 운동과 131,000년 이심률의 밀란코비치 주기에 대한 증거도 제시했다(Meyers & Malinverno, 2018).

관측과 이론적 모델 모두 지구-달 시스템의 변화가 시간이 지남에 따라 불균일하다는 것을 보여준다. 현재 달의 후퇴 속도를 기준으로 계산한 결과, 현시대 낮의 길이는 세기당 하루가 2.4×10^{-3} s씩 증가하는 것으로 나타났지만, 지난 3,000년에 대한 천문 관측에 따르면 세기당 1.7×10^{-3} s로 약간 더 작은 값을 보인다. 이 차이는 마지막 빙하기가 끝난 후 지구의 모양이 변화했기 때문이다. 5장에서 자세히 설명한 것처럼 지구는 상대적으로 빠른 자전으로 인해 정적 적도 팽창(동적 조석 팽창과 구별됨)을 가지고 있다. 수 km 두께의 빙상으로부터 극지방의 지표면에 가해지는 무게는 극지방의 평탄화를 증가시키고, 이러한 빙상의 손실은 수천 년에 걸쳐 지표면이 소위 등방성 반동을 겪게 하여 극지방의 평탄화를 감소시킨다. 결과적으로 지구 관성 모멘트의 변화는 하루의 길이 변화의 불일치를 설명하기에 충분하며, 기후 피드백을 고려하는 것이 얼마나 중요한지 보여준다. 또한, 공진이 발생하여 조석 소실 속도가 크게 달라질 수 있다. 이는 판구조론의 결과로 인한 해저의 기하학적 구조와 깊이의 변화 때문일 수 있다(6장). 400 Myr 전의 공명 정점으로 인해 하루의 길이가 더 빠르게 증가한 것으로 생각된다(Tyler, 2021).

앞서 달의 존재와 적도 및 조석 팽창에 대한 중력 인력의 상호작용이 지구 자전축 경사각의 변화를 안정시키는 데 도움이 된다고 언급했다. 그러나 달이 지구에서 계속 멀어짐에 따라 공명이 발생하고, 그동안 자전축의 경사와 세차 운동이 상당히 변화할 것으로 예상된다. 다행히도 이러한 공명은 달이 현재 공전 궤도 거리인 지구 반지름 60배에서 약 66.5 배로 후퇴할 때까지 발생하지 않으며, 이는 앞으로 10억 년 이상 걸릴 것이다(Tomasella et al.,

1996). 그때 태양은 이미 적색거성기에 접어들 것이며, 그 기후적 결과는 축 기울기 증가의 영향보다 훨씬 더 클 것이다.

지구-달 시스템의 역학을 뒷받침하는 현상은 중요한 차이점이 있지만 다른 곳에서도 종종 복제된다. 달은 지구 자전보다 느리게 공전하며, 조석 상호작용의 효과는 달의 공전 궤도를 크게 하는 역할을 한다. 위성이 행성 자전보다 빠르게 공전하면 조석 팽창부가 중심선보다 뒤처지게 되는데, 이 팽창부가 위성에 토크를 가하여 평균 궤도 운동을 감소시켜 궤도가 축소되고, 모행성의 자전 속도는 빨라지게 된다. 화성과 그 위성인 포보스(Phobos)와 데이모스(Deimos)는 이러한 종류의 시스템을 구성한다. 위성은 화성을 향해 안쪽으로 천천히 나선형으로 돌아 들어오다가, 결국에는 조석력에 의해 파괴되어 단명한 고리 시스템을 형성할 수 있다. 조석력이 궤도 천체의 중력 응집력을 극복하는 거리를 로슈 한계(Roche limit)라고 하며, 이 한계 내에서 천체가 해체되어 흩어져 행성 고리 시스템을 형성할 수 있다(그림 1.3).

해왕성의 위성 트리톤의 역행 궤도 역시 조석 상호작용을 통해 붕괴에 이른다. 트리톤은 앞으로 약 36억 년 후에 해왕성의 로슈 한계 이내로 들어와 붕괴할 것으로 예측된다. 트리톤의 특이한 궤도는 명왕성이 기원한 천체 저장고로부터 포획되었기 때문일 가능성이 크다. 이러한 포획과 그 후 해왕성의 중력에 대한 복속은 트리톤의 지질학적 활동을 설명할 수 있으며, 7장에서 자세히 설명한다(Schenk et al., 2021).

조석 효과는 1장에서 언급했듯이 시간이 지나면 결국 위성이 궤도를 한 바퀴 돌면서 동시에 자전축을 한 바퀴 도는 동기적으로 고정된다는 것을 의미한다. 우리 달과 마찬가지로 태양계 외부의 거의 모든 위성은 동기적으로 고정되어 있다(표 2.1). 각운동량은 행성과 위성 내부의 마찰 때문에 소실되며, 행성의 유동성이 높을수록 소실량이 커지고, 행성의 표면이나 내부에 유동층(또는 부분 용융층)이 있으면 소실률이 더 높아진다. 마찰은 일반적으로 열로 표현되므로 조석 에너지의 소멸로 인해 내부 온도가 상승한다. 이는 내부 열이 매우 빠르게 손실되는 작은 행성 내부의 용융층을 보존하는 데 중요한 메커니즘이다.

마지막으로, 본체의 조석 팽창부에 의해 위성에 가해지는 토크는 위성의 궤도면을 본체의 적도 면으로 강제 이동시켜 이심률을 0으로 낮추는 작용을 한다. 태양계 외곽에 있는 많은 위성의 질량이 주 행성에 비해 작다는 점을 고려하면 모든 위성이 이심률이 0인 궤도를 가질 것으로 예상할 수 있다. 하지만 궤도 이심률이 0이 아닌 위성이 몇 개 있다. 위성의 최근 포획 가능성은 일단 제쳐두고, 이는 여러 개의 대형 위성이 있는 시스템에서 두 개 이상의 천체의 궤도 운동이 영구 공명에 갇혀서 궤도 주기가 서로의 정확한 배수가 될 수 있기 때문이다. 예를 들어, 내부 위성은 외부 위성이 두 번의 궤도를 돌 때마다 기본 궤도를 세 번 공전하는 3:2 공진 상태가 될 수 있다. 조석력으로 인해 어느 하나의 궤도를 변경하려고 할 때마다 공명 토크가 작용하여 궤도를 초기 상태로 유지한다. 이렇게 유지되는 이심률은 동적으로 유지된다고 설명된다. 이오, 유로파, 가니메데는 이오의 평균 궤도 경도에서 유로파의 평균 궤도 경도의 3배를 뺀 값과 가니메데의 평균 궤도 경도의 2배를 더한 값이 0이 되는 라플라스 공명이라는 독특한 3방향 상호작용에 참여한다. 즉, 이오는 유로파가 목성을 한번 공전할 때마다 두 번, 가니메데가 한번 공전할 때마다 네 번 공전한다(1:2:4 공명). 갈릴레이 위성들이 약간의 이심 궤도를 유지하면 상당한 조석 소멸이 일어나는데, 구체적으로 이오의 활발한 화산 활동(7장)과 유로파, 가니메데, 칼리스토 내부의 지하 바다 보존(10장)이라는 지질학적 현상으로 나타난다.

다른 중요한 예로는 토성의 위성 디오네(Dione)와 엔셀라두스(Enceladus) 사이의 1:2 공명은 엔셀라두스의 지하 바다를 유지하고 얼음 화산에 동력을 공급할 수 있으며, 미마스(Mimas)와 테티스(Tethys) 사이의 2:4 공명, 타이탄(Titan)과 하이페리온(Hyperion) 사이의 3:4 공명 등이 있다. 그러나 타이탄 궤도의 큰 이심률은 미스터리인데, 그 이유는 타이탄의 궤도를 동적으로 유지할 만큼 하이페리온의 질량이 크지 않기 때문이다. 1990년대 허블 우주 망원경으로 타이탄 표면의 저해상도 이미지를 얻기 전에는 표면에 액체 탄화수소로 이루어진 바다가 존재할 가능성이 있다고 여겨졌다. 다양한 깊이의 바다에서 마찰 소멸의 영향을 모델링한 결과, 표면 액체의 양에 엄격한 제약이 있었다. 토성계를 탐사한 카시니 우주선 덕분에 우리는 현재 타이탄의 지표 액체가 상당히 작은 극지방 바다로 제한되어 있다는 것을 알게 되었고(11장), 관심의 초점은 상대적으로 얇은 얼음 껍질로 덮인 지하수 바다에서의 조석 소실 효과를 이해하는 것으로 옮겨졌다(Matsuyama et al., 2018). 반대로, 타이탄이 토성을 공전할 때 변화하는 조석 포텐셜에 따른 중력장의 변형을 측정하면 타이탄 내부의 강성 정도를 직접 확인할 수 있다(Iess et al., 2012; Durante et al., 2019).

그림 1.5에서 볼 수 있듯이, 평균 운동 공명은 태양계 소행성들의 분포를 형성하는 데 매우 중요하다. 주 소행성대의 소행성들은 주로 목성의 공전 주기와 공명하는 궤도에 몰려 있거나 제거된 공명 효과 분포를 하는데, 또한 훨씬 작은 정도로 화성과 지구의 공전 주기와 공명하는 효과를 보인다. 목성과의 공명 상호작용으로 인해 천체가 제거된 주 소행성대 (커크우드 간극, Kirkwood gap)의 틈새는 그림 1.5에 표시되어 있다. 태양계 바깥쪽에서 해왕성은 얼음 천체 분포에 가장 큰 영향을 미치는 천체이다. 명왕성족(Plutinos)은 해왕성과 2:3의 평균 운동 공명 때문에 보호되며, 카이퍼대 대부분의 큐비원족(cubewano)은 2:3과 1:2의 해왕성 공명 사이에 위치한다. 비슷한 힘이 행성 고리 시스템에서

그림 2.10 (a) 슈메이커-레비(Shoemaker-Levy) 혜성의 핵은 1992년 목성에 가깝게 접근한 후 조석력에 의해 부서져 km 크기의 얼음 파편으로 이루어진 도열을 형성했다. 1994년 1월 말 허블 우주 망원경이 먼지로 뒤덮인 21개 파편의 도열을 관측했다. 출처: NASA/STScl. (b) 1994년 7월 16일에 슈메이커-레비 9호의 파편들은 목성의 남위도에 충돌했다. 각 파편의 충돌은 목성의 대기에 어두운 흔적을 남겼으며, 허블 우주 망원경(Hubble Space Telescope) 자외선 영상에서 볼 수 있듯이 구름의 움직임에 의해 점차 확산된다. 북반구의 작고 날카로운 점은 목성 위성의 그림자이다. 출처: Hubble Space Telescope Comet Team and NASA/ESA.

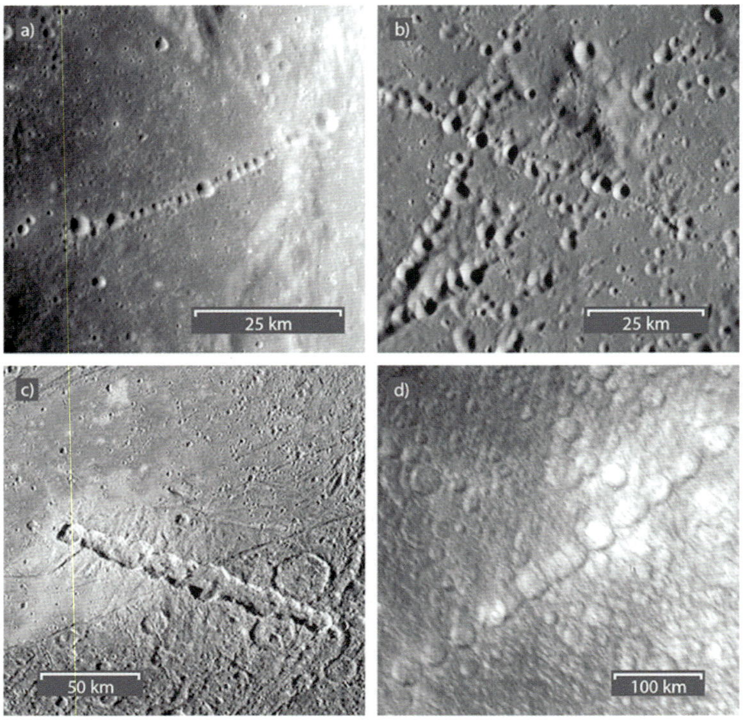

그림 2.11 다양한 암석 및 얼음 세계의 화구 사슬은 조석으로 조각난 물체의 충돌로 형성된 것으로 추정된다. (a) 달 정찰 궤도선(Lunar Reconnaissance Orbiter)의 광각 카메라로 촬영한 달의 데이비 충돌구(Davy Crater) 사슬. 출처: NASA/GSFC/ASU. (b) 수성의 더 큰 충돌 구조물인 스티븐슨 충돌구(Stevenson crater) 내의 이름이 없는 충돌구 사슬. 출처: NASA/JHUAPL/Carnegie Institute of Washington. (c) 목성의 위성 가니메데의 엔키 사슬 구조(Enki Catena). 출처: NASA. (d) 목성의 위성 칼리스토의 북극 근처에 있는 기풀 사슬구조(Gipul Catena). 출처: NASA.

그림 2.12 화성의 가장 큰 위성인 포보스 표면에 보이는 긴 홈들. 스티크니 충돌구(Stickney crater) 형성 당시 표면에 금이 가며 가로 100~200 m 깊이 10~20 m의 홈이 생긴 것으로 추정된다. 출처: NASA/JPL-Caltech/University of Arizona.

물질의 분포를 만들기도 한다(그림 1.3).

행성들 사이의 상호작용은 결코 궁정 발레처럼 온건하거나 최악의 경우 조석 가열 정도의 문제로 남아있을 수 없다. 1994년 목성에 접근하던 슈메이커-레비 9(Shoemaker-Levy 9) 혜성이 약 20개의 파편으로 부서진 것(그림 2.10)은 로슈 한계를 넘었을 때의 효과를 생생하게 보여준다. 이 혜성은 그 1년 전에 목성에 근접해 접근하는 과정에서 파쇄를 일으킨 것으로 추정된다. 달, 수성, 가니메데, 칼리스토에서 관찰되는 선형 충돌구 사슬도 이와 유사한 다중 충돌로 설명할 수 있다(그림 2.11).

로슈 한계의 직접적인 결과는 영향을 받은 위성의 파괴이다. 화성 위성 포보스에서 보이는 최대 10 km 길이와 폭 800 m의 일련의 줄무늬(그림 2.12)는 응집력이 약한 표토에 작용하는 조석 응력의 결과로 생긴 균열이 지표면 영구 동토층 위로 기어 올라가면서 넓어진다(Soter & Harris, 1977).

가변적인 태양

태양계 복사 에너지의 주요 원천인 태양은 전자기 스펙트럼 전체에 걸쳐 주기적 및 비주기적으로 출력에 변화를 겪는다. 추가로 하전 입자와 자기장의 형태로 태양 에너지가 전달되며, 4장에서 자세히 설명되어 있듯이 이 역시 다양한 시간 척도의 변화를 겪는다. 그 결과, 소위 태양 상수(명목상 지구에서는 1366 W m^{-2})는 절대 상수가 아닐 뿐만 아니라 기후에 영향을 미치는 미묘한 열, 전기 및 자기 피드백이 풍부하게 존재하기 때문에 이를 고려해야 한다. 그런데도 태양은 비교적 고요한 별이며 외계 행성의 거주 가능성을 고려할 때 별의 변동성 정도는 지질학적 및 생물학적 과정 모두에 매우 중요하다.

지상 망원경과 위성 관측을 통한 태양 활동 모니터링의 개선과 계측 장비의 발전으로 태양 본체(그림 2.13)의 과정에 대한 이해가 향상되었다. 이런 발전은 주기적 사건이 반복될 것이라는 가정 이상의 예측 가능성을 높이고 있다. 현재 지구 기후 변화에 대한 우려로 인해 온실가스 배출에 대응하는 개선 노력을 하기 위해서는 태양의 기여도를 분리하여 정확한 정보를 얻는 것이 필수적이다. 그러나 계측 데이터는 기껏해야 수십 년에 불과하므로 장기적인 추세와 주기성을 파악하기 위해서는 지난 수 세기와 수천 년 동안의 태양 변화를 밝혀낼 수 있는 대체재 (지시자)가 여전히 필요하다. 앞으로

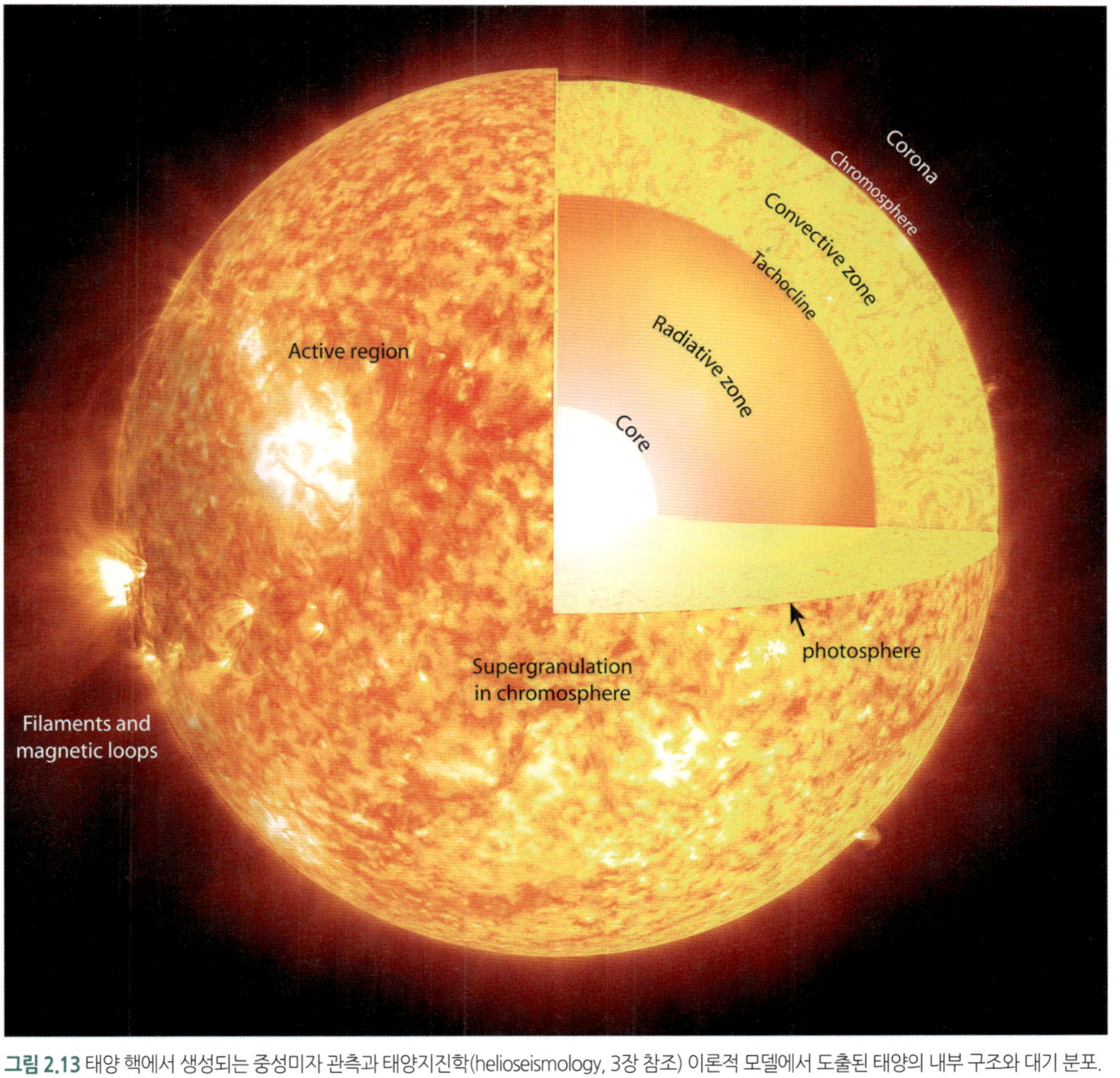

그림 2.13 태양 핵에서 생성되는 중성미자 관측과 태양지진학(helioseismology, 3장 참조) 이론적 모델에서 도출된 태양의 내부 구조와 대기 분포.

살펴보겠지만, 고고학과 역사학에서 식물학, 지층학, 지구화학에 이르기까지 대체재의 출처는 광범위하다(Vita-Finzi, 2013).

태양은 주계열성 '황색' 왜성, 스펙트럼 유형 G2V로 분류된다. 다른 모든 주계열성과 마찬가지로 태양의 복사 에너지는 태양 중심핵에서 수소가 헬륨으로 융합하며 생성되는데, 정압 평형을 유지하기 위해 중력 포텐셜 에너지와 열 출력의 균형을 맞추고 있다. 중심부의 핵에 헬륨 '폐기물'이 쌓이면 핵융합 속도가 느려지고, 이로 인해 중심핵이 수축하여 밀도가 높아져서 더 뜨거워지도록 정압 평형이 이동한다. 이로 인해 핵융합 출력이 다시 증가하여 태양의 외층이 팽창하면서 전체 광도가 증가한다. 따라서 태양은 일생 밝기가 계속 증가하고 있으며, 중심핵의 수소가 모두 소진되어 적색거성으로 변할 때까지 크기와 밝기가 계속 커질 것이다. 이는 태양이 젊은 시절이 더 차갑고 희미했음을 시사하는데, 그러나 지질학적 기록에 따르면 지구가 지금보다 훨씬 더 차가웠을 수 없으므로 현대 과학이 해결해야 할 문제이다. 천체물리학 이론에 따르면 젊은 태양의 광도는 오늘날의 70%에 불과했다. 지구의 알베도, 대기 구성, 궤도 구조 등이 모두 같다면 젊은 지구의 평균 평형 온도는 -7°C 정도였을 것이며, 따라서 액체 상태의 물은 존재할 수 없었을 것이다. 지구에서 가장 오래된 광물 알갱이인 지르콘의 산소 동위원소 비율의 증거로 판단할 때, 43억 8천만 년 전에 지표면에 액체 물이 존재했고 41억 년 전에 최초의 생명체가 출현했다. 한편, 우리는 원시 대기가 현재 대기와 닮지 않았으며(9장), 열복사를 훨씬 더 잘 가둘 수 있는 CO_2와 H_2 같은 기체가 지배적이었다는 명확한 지구화학적 증거를 가지고 있다(Charnay et al., 2020). 지질학적 시간 규모에서 태양 광도의 증가는 이후 주로 생물체에 의한 대기 구성의 변화로 균형을 이루었으며, 이러한 관찰을 생명체가 견딜 수 있는 지구 온도의 지속성을 보장하는 항상성(또는 자기 평형화) 메커니즘을 뒷받침하는 것으로 보고 있다. 하지만 원생대의 거대한 지구 빙하에서 알 수 있듯이 항상 균형이 완벽했던 것은 아니다. 소위 '온실가스'가 모든 것을 설명한다 사실에 일반적 동의가 없으며, 초기 지구가 쾌적한 온도였다는 데 모두가 동의하지는 않는다. 실제로 생명의 기원에 대한 일부 모델 (12장)은 저온을 필요로 하는데, 펩타이드(peptides)를 형성하기 위한 아미노산의 중합은 -10°C에서 끓는 물질인 액체 이산화황 웅덩이에서 일어났다고 제안되었다(Sauer et al., 2021). 극지방과 그 외 지역의 극한 환경에 관한 연구는 지구 역사 초기에 극심한 온실 조건이 꼭 필요하지는 않았음을 보여준다. 반대로, 현대 게놈 분석은 지구상 모든 생명체의 초기 공통 조상(LUCA, the last universal common ancestor)의 특성을 확인할 수 있으며, 이 가상의 미생물의 유전 암호는 철, H_2 및 CO_2가 풍부한 혐기성 열수 환기 환경에 적응했음을 강력하게 시사한다. 그런데도 그러한 뜨거운 오아시스가 얼어붙은 바다 아래에 존재할 수 없었다고 믿을 이유가 없으며, 이는 여러 측면에서 목성 위성 유로파와 비슷한 상황이다.

달의 궤도 진화에 대한 이전의 논의를 상기해 보면, 우리는 어린 달이 지구와 매우 가까운 궤도를 돌았고 지구가 훨씬 더 빠르게 자전했다는 것을 합리적으로 확신할 수 있다. 일부에서는 더 짧은 하루와 엄청난 조수(동시에 엄청난 조석 가열)가 명왕누대 지구에 더 약한 일사량을 적어도 부분적으로 상쇄하기에 충분했을 것으로 생각한다(Heller et al., 2021). 그러나 이 설명은 행성 역사 초기에 액체 상태의 물이 있었다는 증거가 있는 화성을 고려할 때는 별 도움이 되지 않다. 화성은 과거에 CO_2 대기가 훨씬 더 두꺼웠을 가능성이 있지만, 태양과의 거리가 멀고 큰 달이 없다는 점을 고려할 때 40억 년 이전의 활발한 액체 물의 활동을 설명하기에 적절하지 않다. 또한 젊은 태양은 현재보다 약간 더 거대한 1.03 태양 질량에서 시작하여 태양풍을 통해 초과 질량을 잃었다고 제안되었다(Whitmire et al., 1995). 더 거대한 젊은 태양에 대한 최근의 이론적 연구에 따르면 태양 질량 1.07에서 1.15 사이로 시작하는 모델이 태양지진학(helioseismology)에서 현재 태양의 내부 구조에 대한 제한 조건들과 가장 잘 맞는다고 한다(Wood et al., 2018).

금성, 지구, 화성의 일사량 역사에서 '희미한 젊은 태양'의 역할을 이해하려고 할 때 가장 어려운 문제 중 하나는 이러한 물체에 대한 명확하고 지속적인 화석 기록이 부족하다는 것이다. 물론 그러한 기록이 전혀 존재하지 않는다는 것은 아니다. 1장에서 우리는 행성 간에 운석이 교환되었음을 관찰했듯이, 지구에서 화성과 달에서 온 암석을 모두 발견했으며, 지구의 암석이 다른 천체의 표면으로 이동했을 가능성이 매우 크다. 따라서 달과 같이 공기가 없는 가까운 천체는 판구조론에 따라 오래전에 파괴된 지구 암석 기록의 가장 좋은 저장소일 수 있다. 마찬가지로 달 표면 암석 자체에는 태양의 어린 시절에 대한 유일한 기록을 제공할 수 있는 태양풍의 흔적과 다른 태양 외 입자가 포함되어 있다

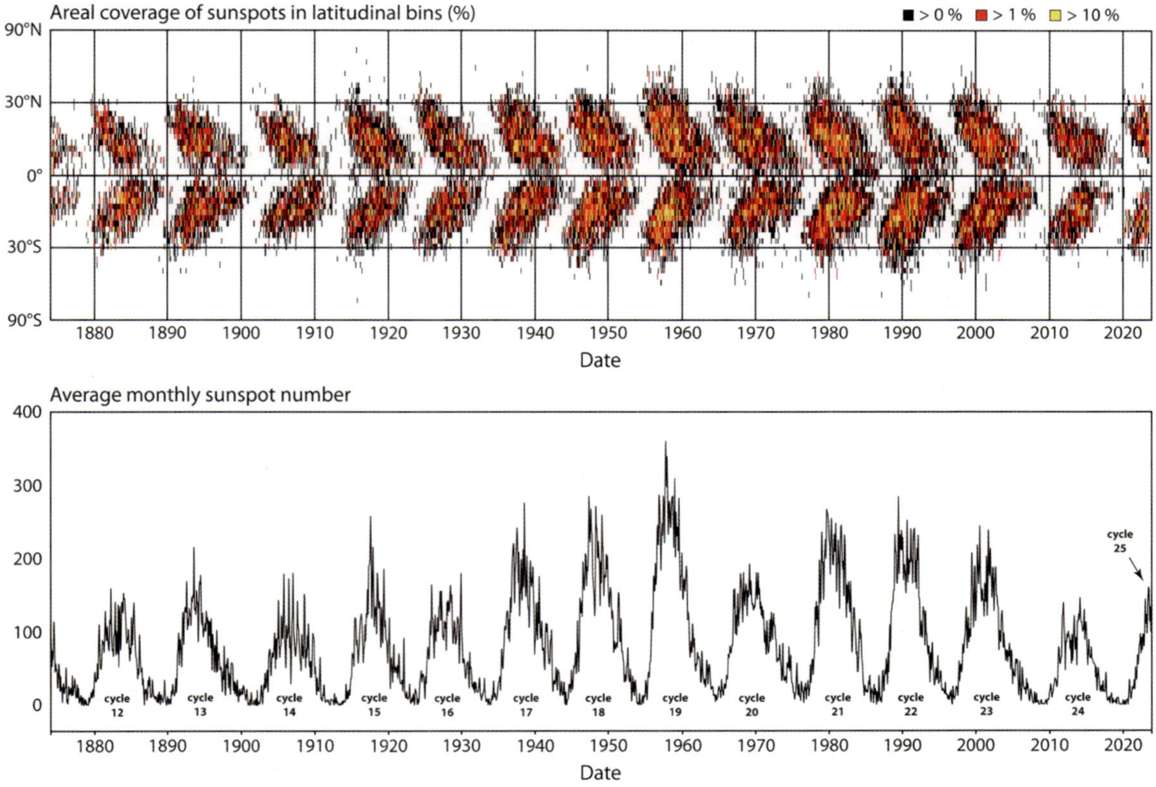

그림 2.14 (위) 시간에 따른 흑점의 위도 분포를 보여주는 흑점 나비 다이어그램. (아래) 흑점 수의 변화는 11년의 태양 주기를 보여준다. 이 자료는 흑점이 태양 고위도에서 출현하며 각 주기가 시작하여 각 주기가 정점에 도달할 때 적도 방향으로 이동하는 과정을 보여준다. 출처: D. S. Hathaway, Stanford University and NASA/MSFC.

(Crawford et al., 2021).

지난 몇 세기와 수천 년 동안의 태양 출력의 주기적 변화는 더 잘 기록되어 있다. 흑점으로 알려진 어두운 영역은 각각 지구만큼 크며(그림 4.5), 태양 표면에서 주기적으로 그 수가 증가하고 감소하며 위도 5°~40° 사이의 북반구와 남반구에서 다소 대칭적으로 움직이며 나비 모양을 그린다(그림 2.14). 이러한 흑점은 현재 강렬한 자기 영역으로 알려져 있으며, 흑점 형성 및 주기성은 태양 전반에 걸친 자기장과 밀접한 관련이 있다. 흑점 활동의 증가는 태양의 광도가 높아지는 시기와 상관관계가 있다. 흑점 자체는 상대적으로 차가운 지역을 나타내지만, 태양 전체 광도는 증가한다. 흑점의 수는 약 11년 주기로 변동하며(태양 주기 또는 Schwabe cycle이라고 함), 태양 자기장은 11년 주기마다 반전되어 약 22년마다 원래의 극성으로 돌아간다(헤일 주기, Hale cycle). 머신러닝 알고리즘과 결합된 웨이블릿 분석은 또한 더 짧은 5.5년 주기와 훨씬 긴 120년 주기를 식별하며, 이 두 주기는 11년 주기의 강도를 조절하기 위해 함께 작용하는 것으로 보인다(Herrera et al., 2021). 약 200년 주기(Suess 또는 de Vries의 이름을 따서 다양하게 명명)와 2,300~2,500년 주기(Bray 또는 Hallstatt 주기라고 함)를 포함한 더 긴 주기 또한 제안되었다. 흑점 기록에서 주기성을 추출하려는 시도, 특히 더 긴 주기의 경우 천문 관측의 범위가 제한적이라는 점이 문제이다.

중국과 한국의 천문학자들은 적어도 서기 3세기부터 흑점을 기록했지만(Kim & Kim, 2019), 촘촘한 기록은 일반적으로 지난 400년으로 제한된다. 이 시기 초기에 유럽에서는 수십 년 동안 흑점이 전혀 관측되지 않은 것으로 기록되었다. 이후 연구에 따르면 이는 관측 부주의 때문이 아니라 1645년에서 1715년 사이에는 흑점이 전혀 없었으며, 1672년에서 1704년 사이에는 최소 50개 미만의 흑점이 기록되었다. 이후 이 흑점 극소기는 발견자의 이름을 따서 마운더 극소기(Maunder Minimum)로 명명되었고, 오르트 극소기(Oort minimum, 1010-1050), 울프 극소기(Wolf minimum, 1280-1340), 스푀러 극소기(Spörer minimum, 1440-1540), 달튼 극소기(Dalton minimum, 1790-1830), 글라이스베르크 극소기(Gleissberg Minimum, 1880~1910)가 확인된다. 12~14번 태양 주기에 글라이스버그 최소기의 흑점 수가 낮게 표시되어 있으며, 최근의 24번 주기에서도 흑점 수가 비슷하게 낮다는 것을 알 수 있다(그림 2.14). 현재 25주기는 23주기와 비슷한 흑점 수에서 최대치에 도달하는 것으로 보이며, 이는 극 자기장의 역전 현상과 관련이 있다. 이러한 자기장 반전은 일반적으로 태양 활동 극대기일 때 발생하지만, 반전된 극성이 유지되고 흑점 수가 감소하는 데는 몇 년이 걸릴 수 있다(Pishkalo, 2019). 태양 활동이 26주기에 회복될지 아니면 장기간 상대적으로 감소된 상태로 유지될지는 예측이 거의 일치하지 않아 아직 지켜봐야 하지만, 현대 달튼 극소기와 같은 최소값이 나타날 가능성도 있다(Singh & Bhargawa, 2019; H. Liu et al., 2023; Kalkan et al., 2023).

유럽에서 빙하의 전진과 서리 피해를 동반한 비정상적으로 추운 날씨의 기간(소위 소빙하기)은 마운더 극소기와 시기적으로 일치하는 것으로 보였지만, 이 추운 시기의 시작을 일련의 화산 폭발 또는 2,400년 주기의 Bray 태양 최소기 때문이라고 보는 의견도 있다. 님버스 7호(Nimbus 7, 1979-1992), 태양 극대기 임무(Solar Maximum Mission,

1980-1989), 태양 복사 및 기후 실험(Solar Radiation and Climate Experiment, 2003-2020)을 포함한 전용 위성은 11년 주기가 태양 스펙트럼의 여러 부분에 다양한 양으로 영향을 미치며, 짧은 자외선 파장에서는 태양 극대와 극소기 사이에 두 배까지 달라진다는 것을 보여주었다. 오존에 의한 태양 자외선 흡수는 지구 성층권으로 에너지가 유입되는 주요 메커니즘이다(그림 9.7 참조). 또한, 태양 복사는 성층권에서 오존 (O_3)의 파괴와 생성을 유발하기도 한다. 따라서 오존 함량은 태양의 27일 자전 주기와 11년 주기를 따르며, 오존에 민감한 지구 표면의 유기 또는 지질학적 과정이 기기 측정 이전의 태양 활동의 대리 기록이 될 수 있다는 가능성을 제기한다. 태양 자외선은 대기 상층에 특히 강한 가열 효과를 주는 것으로 알려져 있으며, 이는 제트 기류의 거동을 제어하여 중위도에서 이상적으로 온화하거나 극도로 추운 겨울의 공간 분포를 조절하는 것으로 생각된다. 저기압 활동과 대류권 바람의 변화가 강력한 태양 코로나 질량 방출 며칠 후 뒤따르며, 동서 흐름, 즉 위도를 가로지르지 않고 위도와 평행하게 흐르는 흐름이 최대 7%까지 증가한다. 태양 활동과 대기 역학 사이의 또 다른 연결 고리로서, 은하 우주선(Galactic Cosmic Ray, GCR)으로 알려진 고에너지(MeV~GeV) 입자의 플럭스가 과냉각된 물방울의 동결을 촉진하여 결과적으로 잠열을 방출하는데, 이는 우주선 플럭스와 겨울 저기압 강도 및 폭풍 위도 이동의 상관관계를 설명할 가능성을 시사한다(Tinsley & Deen, 1991).

태양의 주기적 활동으로 지표에서의 하전 입자 플럭스가 변조되기 때문에, 태양 흑점의 이상 변동 확인 및 흑점 활동 관측을 훨씬 더 과거로 확장할 수 있는 수단이 생긴다. 태양 활동이 활발해지는 시기에는 태양의 자기력선이 얽히면서 플레어와 코로나 질량 방출 (CME)의 형태로 에너지가 폭발적으로 분출될 수 있다. 이로 인해 지구 주변의 자기권을 압축하는 태양풍의 속도와 밀도가 증가한다(그림 4.2 참조). 이때 지구 자기권의 자기장 선을 따라 하전 입자가 가속되어 고위도 고층 대기에 진입하면, 그 결과 전자와 양성자가 극지방 주변의 공기를 이온화하여 오로라의 발광이 발생한다.

반대로 태양 활동이 활발한 기간에는 격렬하고 밀도가 높은 태양풍이 은하 우주선으로부터 지구를 보호한다. 태양 활동이 활발한 기간의 GCR 플럭스 감소는 포부시 감소 (Forbush decrease)로 알

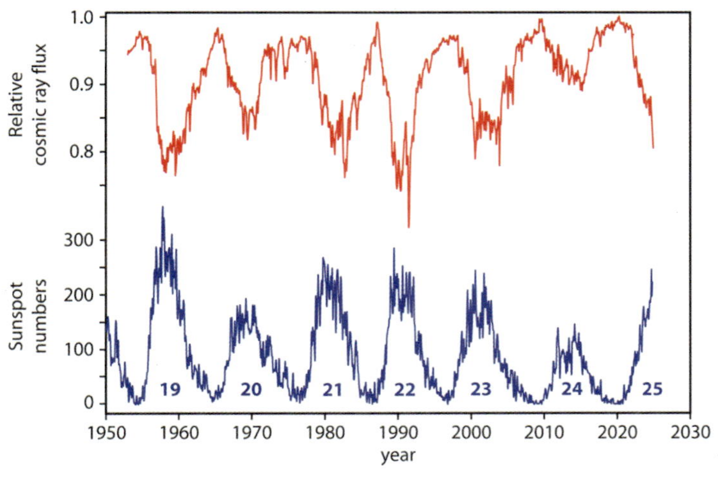

그림 2.15 포부시 효과(Forbush effect) 로 알려진 태양 활동과 우주선 플럭스 사이에 뚜렷한 상관관계. 태양 활동이 활발할 때(즉, 흑점 수가 많을 때) 은하 우주선 플럭스는 감소한다. 적색선은 1953년부터 2024년까지 1개월 해상도로 클라이맥스 중성자 모니터(Climax Neutron Monitor)와 모스크바 중성자 모니터(Moscow Neutron Monitor)의 데이터를 사용하여 기압을 보정한 후 그렸다.. 자료 출처: Marshall Space Flight Centre.

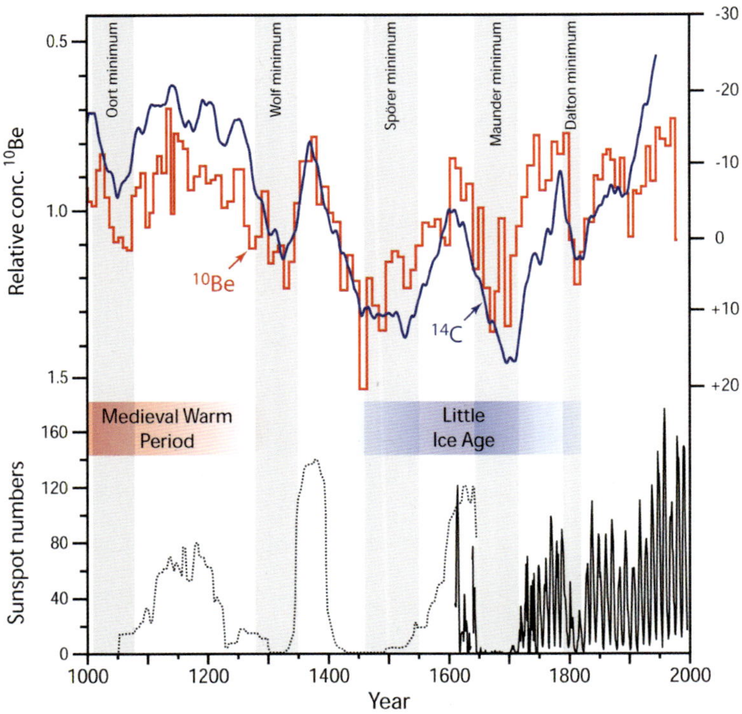

그림 2.16 그림 2.15에서 볼 수 있듯이 태양 활동과 우주선 플럭스 사이에는 분명한 상관관계가 확인된다. 우주선은 지구 대기에서 소량의 ^{14}C와 ^{10}Be를 생성하기 때문에 동위원소들의 풍부도를 태양 활동의 장기적인 지시자로 사용할 수 있다. 남극 빙핵에서 얻은 ^{10}Be 농도(붉은색)와 ^{14}C 천분율 지수(푸른색)가 표시되어 있다. 아래는 과거 흑점 관측 기록. 점선은 육안으로 관측한 흑점이다. 과거 알려진 태양 활동 극소기를 회색 밴드로 표시하였음. 출처: Vaquero (2007), Delaygue & Bard (2011), Reimer et al. (2020)을 바탕으로 재작성.

려져 있는데, 흑점 수와의 상관관계는 매우 명확하다(그림 2.15). 은하 우주선은 대기 상층부에서 아원자 입자의 소나기를 생성하며, 이렇게 생성된 중성자는 질소 원자(^{14}N)의 핵에 포획되어 탄소(^{14}C)의 방사성 동위원소를 생성할 수 있다. 이 가벼운 동위원소 탄소는 식물과 동물이 일상적인 호흡 과정에서 흡수하여 조직에 저장된다. ^{14}C는 반감기가 5,730년인 방사성 붕괴를 거치므로 유기 물질의 연대 측정에 매우 유용한 것으로 입증되었다(11장 참조). 마찬가지로, ^{14}C의 풍부도(더 정확하게는 ^{14}C와 ^{12}C의 비율)는 태양 활동과 흑점 수에 대한 유용한 지시자이다(Brehm et al., 2021). 관심의 대상이 되는 또 다른 우주 생성 핵종은 ^{10}Be이며, 이 역시 GCR과 대기 N_2 및 O_2의 상호작용 때문에 형성된다. ^{14}C와는 달리, 이 동위원소를 저장하기 위해 유기체에 의한 흡수에 의존하지 않고, 대신 ^{10}Be는 퇴적물과 얼음 핵에 축적된 먼지의 구성 성분에 반영되는 경향이 있으며, 그 기록은 수십만 년 이상 거슬러 올라간다. 또한, ^{10}Be의 반감기(139만 년)가 길다는 것은 태양 활동의 긴 역사를 조사하는 데 유용한 지시자라는 것을 의미한다(예: Wu et al., 2018).

지구 안팎의 태양 변동성 기록을 이해하는 데 상호 보완적인 유용성을 지닌 ^{36}Cl(반감기 301,000년, ^{36}Ar에서 생성), ^{26}Al(반감기 717,000년, 역시 Ar의 붕괴로 생성), ^{44}Ti(반감기 60년, 철과 니켈에서 생성), ^{22}Na(반감기 2.6년, ^{40}Ar에서 생성) 등 다양한 다른 우주 생성 방사성 핵종들이 알려져 있다.

역사적 기록과 동위원소 지시자를 결합하면 태양 흑점 이상 현상이 발생하는 동안 태양 다이너모(dynamo)의 거동에 대한 강력한 통찰력을 얻을 수 있다. 한국에서는 1,000년 이상 거슬러 올라가는 오로라에 대한 기록이 있으며(Wang et al., 2021), 특히 17세기에 한국 남쪽에 있는 서태평양 자기 이상(West Pacific Anomaly)으로 알려진 낮은 자기장 강도의 지역에 의해 증진된 저위도 '적색' 오로라가 관측된 것은 중요한 의미가 있다. 한국의 17세기 자료는 마운더 극소기 동안 11년의 태양 주기가 8년으로 감소함을 보여주는데, 이는 태양 자기장의 쌍극자 및 사극자 성분의 서로 다른 주기적 변동 사이의 상호작용 결과라고 해석된다(Yan et al., 2023). 이는 울프 극소기와 스푀러 극소기 동안 태양 주기가 9년으로 단축되었음을 시사하는 덴마크 참나무의 ^{14}C 증거와 일치한다 (Fogtmann-Schulz, 2019; Fogtmann-Schulz, 2021). 반대로 ^{14}C 데이터는 마운더 극소기 전에 평균 (16년)보다 더 긴 여러 태양 주기가 선행되었음을 나타내며, 이는 태양 대류권에서 자오 순환(남북 순환)의 속도가 감소했음을 나타낸다(Miyahara et al., 2021). 이것은 24주기 기간이 완전히 정상적이었기 때문에 최근의 상대적으로 약한 태양 극대기가 한 세기에 걸친 극소기 상태로 전환되지 않을 것이라는 하나의 안심 증거를 제공한다.

또한, 오로라 관측은 스푀러, 마운더, 달튼, 글라이스베르크 극소기의 존재를 확증하는 것으로 보이며, 이 기간에 중위도와 저위도에서 보고된 오로라의 수가 현저하게 감소했기 때문에 달튼 극소기가 가장 깊었음을 시사한다. 나이테와 얼음 코어에서 ^{14}C이 많이 생성된 시기는 오르트 극소기의 마지막 단계인 서기 1040~1050년 동안 오로라 관측이 중단된 시기와 일치한다. 서기 1450~1550년과 1620~1720년경의 ^{14}C 수준은 19세기 값보다 2% 정도 높았고, 반대로 유럽 전역에서 오로라가 화려하게 나타났던 12~13세기, 알프스 빙하가 후퇴하고 그린란드 일부 지역에 북유럽 정착촌이 형성된 시기에는 더 낮았다. 스칸디나비아의 다양한 지시자 기록에 관한 연구는 태양 활동 변화가 1700년에서 2000년 사이의 기후 변동성의 주요 원인이라는 개념을 뒷받침하지만, 아직 우연한 상관관계일 가능성을 배제할 수는 없다(Ogurtsov et al., 2021).

물론 이러한 지시자는 역사적 관측 범위를 훨씬 뛰어넘을 수 있다. 최근 고대 나무의 유해에서 ^{14}C을 분석한 결과, 13,900~14,000년 전에 태양 활동이 감소한 시기가 발생했으며, 이는 아마도 마운더 극소기와 유사한 최소기이며, 그 전에 14,300~14,299년 전에 불과 1년간 지속된 매우 강렬한 활동의 급증이 있었다. 이 두 가지 특징은 극지방 얼음 코어의 ^{10}Be 농집도의 이상 현상에서 확인된다. ^{14}C의 급등은 태양 에너지 입자(SEP) 사건에 기인하며, 아마도 지구를 강타한 코로나 질량 방출일 가능성이 높다(Bard et al., 2023). 이 사건은 마지막 빙하기 말기에 춥고 건조한 조건이 지속되었던 올더 드라이아스 시기(Older Dryas)와 동시대에 발생했다 (그림 10.9 참조).

화성 대기에서 이온이 빠져나가고 금성의 전리층 밀도가 태양 활동과 상관관계가 있다는 사실은 알고 있지만, 태양 변동성이 다른 행성에 미치는 영향에 대한 우리의 이해는 아직 미진하다. 해왕성에서는 구름 활동이 태양 활동에 따라 달라지는 것으로 보이는데, 이는 태양 자외선 방출 때문에 변조되는 광화학 연무층에서 씨앗 입자가 생성되기 때문일 수 있다(Chavez et al., 2023).

태양-행성 상호작용에 관한 정보는 태양 방출, 태양의 자기 및 태양풍의 다양한 측면을 조사하기 위해 설계된 일련의 전용 위성, 그중에서도 태양 중간권 탐사선(Solar Mesosphere Explorer, 1982-1986), 태양의 극을 선회한 율리시즈(Ulysses, 1994-2009), 태양 및 태양권 관측선(SOlar and Heliospheric

Observatory, SOHO, 1995-), 천이 영역 및 코로나 탐사선(Transition Region And Coronal Explorer, TRACE: 1998-2008), 태양 지구 관계 관측선(Solar TErrestrial RElations Observatory, STEREO: 2006-), 태양 역학 관측선(Solar Dynamic Observatory, SDO: 2010-), 심우주 기후 관측선(Deep Space Climate ObserVatoRy, DSCOVR: 2015-) 등이 있다. 유럽우주국의 태양 궤도선(Solar Orbiter, 2020년 발사)은 위도가 높고, 수성 궤도 안쪽의 거리 (태양 반지름 약 60도)에서 샘플을 다시 채취할 예정이다. 태양에 더 가까이 접근하는 미항공우주국의 파커 태양 탐사선(Parker Solar Probe, 2018년 발사)은 2024년 12월부터 2025년 말까지 일련의 태양 주변을 통과하는 동안 태양 반지름 7배 미만의 거리에서 외부 코로나를 직접 조사할 예정이다. 지표면이나 구름에 반사되는 태양 복사를 측정하는 정지궤도 및 극궤도 기상 위성을 포함하여 많은 위성 함대들을 통해 태양이 지구에 미치는 요소들을 연구하고 있다. 현재 운영 중인 사례로는 수 많은 다국적 궤도 플랫폼 중 일부만 소개하면 정지궤도 운영 환경 위성(Geostationary Operational Environmental Satellite) 14~18호, 국립해양대기청 위성(National Oceanic and Atmospheric Administration Satellite, GOES) 15~20호가 있다.

태양-행성 상호작용 연구 분야는 지상 동위원소 지시자들이 제공하는 지질학적으로 최근 과거에 대한 더욱 상세한 분석을 통해 꾸준히 발전하고 있으며, 다른 행성들의 동등한 기록이 확보되고 다른 별 궤도를 도는 행성 대한 관측 및 모델링의 진전과 함께 필연적으로 더욱 발전하게 될 것이다. 태양계 탐사의 초기 단계가 마무리됨에 따라 몇 가지 미묘한 시간 의존적 문제를 탐구할 기회가 생겼다. 그 중 가장 분명한 것은 다음 장에서 설명하는 것처럼 층층이 쌓인 퇴적물, 특히 이 층이 충돌, 지각 또는 침식 때문에 노출된 경우의 순환적 주기성이다.

chapter 3

행성체의 내부 구조

작은 소행성은 예외지만, 행성체가 증착으로 형성된 뒤에도 내부가 균질하게 유지되기 어렵다. 형성기에는 지속적인 충돌과 가스 방출로 행성체의 질량 증감이 발생하지만, 증착 과정에서 발생한 열과 방사성 동위원소의 방사열에 의해 행성체 내부의 물질이 밀도에 따라 재분배된다. 이 재분배 과정은 분화 (differentiation)로 알려져 있는데, 상대적으로 밀도가 높은 물질(대부분 금속)은 중심부로 가라앉고, 상대적으로 밀도가 낮은 물질(규산염, 얼음, 휘발성 기체)은 중심부에서 표면 방향으로 동심원 형태의 껍질을 형성한다. 지구 내부 연구의 전례를 따르면, 행성 내부는 중심부에서 표면 방향으로 핵, 맨틀, 지각으로 통상 나뉜다. 지구의 심부 구조에 대한 세밀한 관찰이 가능해지며 세 영역 구분의 간단함은 변질되면서, 전통적인 화학적 구분보다 밀도 변화를 직접 반영하는 물리적 분화 구분이 사용된다. 또한, 주로 고체로 구성된 지구형 행성과 유체로 구성된 목성형 행성의 내부 구조 연구는 완전히 다른 접근이 필요하다.

행성체 내부 구조를 특정이 어려운 이유는 우리가 내부를 직접 접근할 수 없기 때문이다. 행성체의 표면과 대기에 집중된 관찰과 실험은 행성체의 내부 구조에 대한 간접적인 자료만 제공한다. 특히 행성체의 특정 궤도나 표면에서 측정된 중력장과 자기장은 행성체 내부의 밀도 변화에 대한 정량적인 자료로 환산되는 과정에서 수학적 가정과 모델링 기법의 영향을 받는다. 일반적으로 행성체 내부의 구조를 결정하는 간접 측정 가운데 가장 강력한 도구는 지진학이다. 지구의 경우 빈번한 지진과 촘촘한 지진계 망의 구비로 지구 내부의 물리적 구조가 비교적 상세히 밝혀졌다. 비록 제한적이지만 인류는 달 탐사와 화성 탐사에서 지진계를 사용하여 달과 화성의 내부 구조를 더욱 자세히 알게 되었다. 종이 울리는 것과 같은 원리인 물체의 공명 진동을 이용하여 태양과 목성형 행성의 내부 구조도 서서히 밝혀지고 있다. 아직은 공상 과학 영역인 것 같지만, 공명 진동의 원리는 먼 별과 그 주위를 공전하는 행성의 내부를 탐구하는 거시적인 관점의 행성 과학으로 확대 적용될 수 있다.

그럼에도 불구하고, 지진파 자료의 정확한 해석을 위해 행성 물질을 고온고압의 환경에서 측정하고 분자모델로 구현하는 미시적인 관점의 광물물리학 발전도 필요하다.

내부 구조 탐사

행성 내부, 지구조차 직접 내부 탐사는 막대한 비용과 물리적 어려움 때문에 심각하게 제한된다. 1960년대 초 지구과학계는 미국 해군의 도움을 받아 지각과 맨틀의 경계인 모호로비치치 불연속면 (Mohorovicic discontiunuity, 줄여서 모호면) 시추를 목표로 모홀 (Mojole) 사업을 추진하였다. 모호면의 깊이는 해양 지각 하부에서 상대적으로 얕은 5~7 km 내외이고, 대륙 지각 하부에서 상대적으로 깊은 25 km 이상이다. 직접 지표면에서 시추가 진행되는 대륙 지각 지하 구조 탐사와 달리, 해양 지각 시추는 수 km 수심의 바다 위에 설치된 인공 시추플랫폼을 사용하기 때문에 고난도 시추 작업이다. 기술적인 한계로 모홀 사업은 3,600 m 수심 지역에서 170 m 두께의 해양 퇴적물과 13 m 두께의 해양 지각 현무암 시추로 마감되었다. 최근 일본의 탐사선 치큐 (Chikyu)는 2,000 m 이상의 해양 지각 시추에 성공하였다. 해양 지각 시추 사업의 성공과 발맞추어 육상 시추 사업도 심부 지각 탐사 기술의 진일보를 이루었다. 현재까지 공인된 지구의 가장 깊은 두 시추공은 12.262 km 시추에 성공한 러시아 콜라 (Kola) 시추공과 12.290 km 시추에 성공한 카타르의 알 샤인 (Al Shaeen) 유정이다. 지구의 반지름을 고려할 때, 가장 깊은 두 시추공 모두 지구 표면에서 중심부까지의 백분율 거리로 환산하면 0.2%에 불과하다.

지구를 제외한 다른 행성체의 시추 사업은 현시점에서 기술 기반 시설이 갖춰지지 않아 매우 어려운 도전 과제이다. 비록 지구 수준의 심부 시추는 아니더라도 행성체 표면의 표토 시추에 성공한 예도 있다. 아폴로(Apollo) 15호, 16호, 17호는 휴대용 전동식 시추기를 사용하여 약 3 m 깊이의 달 표토 시추와 시료 회수에 성공하였다. 최근에는 장차 인류의 거주에 필요한 물과 공기 공급을 최종 목표로 하는 달 지각 얼음 시추 사업이 준비 중이다. 중국의 창어-5 (Chan'E-5) 탐사선은 최근 1 m 깊이를 시추하여 추출한 샘플을 지구로 가져왔다. 미국은 바이퍼 탐사선(Volatiles Investigating Polar Exploration Rover, VIPER)을 보내 달의 고위도 지역에서 얼음 형태의 물을 찾기 위해 1 m 깊이를 시추할 예정이며, 이후 최대 100 m 깊이의 시추를 목표로 달 임무를 야심차게 계획하고 있다(Sawaryn

그림 3.1 사층리가 발달한 퇴적암이 화성의 빅토리아 충돌구(Victoria crater) 가장자리 절벽에서 관찰된다. 2006년 오퍼튜니티(Opportunity) 로버가 촬영. 출처: NASA/JPL-Caltech/Cornell University.

et al., 2018).

20세기의 화성 탐사는 1976년 화성의 표면에 안착한 두 기의 바이킹 착륙선(Viking landers) 성공을 기점으로 1999년 화성 극지 착륙선(Mars Polar Lander)까지, 수 cm 깊이의 화성 토양 분석으로 제한되었다. 이후 이동형 분석 로봇의 개발로 2004년부터 2010년까지 활약한 스피릿(Spirit) 로버와 2004년부터 2018년까지 활약한 오퍼튜니티(Opportunity) 로버는 암석 연마 도구를 사용하여 화성 표면 암석의 화학 조성 분석하였다. 2012년 화성 표면에 착륙한 큐리오시티(Curiosity) 로버는 지금도 활성화 상태이며, 원통형 암석 시편을 6.5 cm 깊이까지 절삭하여 화성 표면 암석의 성분 분석에 성공하였다. 생명체 발견과 인류 정착 가능성 타진을 목표로 추진된 퍼시비어런스(Perseverance) 로버는 2021년 화성 표면에 착륙하여 지금도 임무를 수행하고 있다. 퍼시비어런스 로버가 시추한 7 cm 길이의 원통형 암석 코어를 지구로 회수하는 최종 임무 완수에 대한 기대감이 높다. 유럽우주국(ESA)이 2028년 발사 예정인 엑소마스(ExoMars)는 cm 단위가 아닌 m 단위의 화성 지각 시추에 도전할 계획이다. 우주 탐사의 성공 여부는 다양한 행성체의 지각과 토양에 대한 이해와 지구의 표면과 매우 다른 중력, 압력, 온도 조건에서 작동하는 기기의 기술적 진보가 뒷받침되어야 한다. 실례로 미항공우주국 (NASA)의 화성 탐사선 인사이트(InSight)가 정확한 지열 탐사를 위해 장착한 굴착 로봇은 심부 5 m 깊이의 굴착이 가능하도록 설계되었으나, 예상과 다른 화성 토양의 물성으로 인해 겨우 37 cm 굴착에 성공하였다 (Spohn et al., 2022).

미항공우주국은 얼음 지각을 일부 녹이고 잠수 로봇을 투입하여 목성의 위성 유로파의 해양을 항해하려는 원대한 탐사를 준비 중이다. 물론 이런 꿈같은 계획이 성공하여도 인류는 여전히 행성체 표면의 아주 얕은 부분에 대해서만 직접적인 관측 정보를 얻게 된다. 다행스럽게 자연은 우리가 스스로 직접 닿지 못하는 행성체 심부의 정보를 침식 작용, 유성체 충돌, 화산 활동, 지체구조 운동을 통해 지표면으로 꺼내어 보여준다.

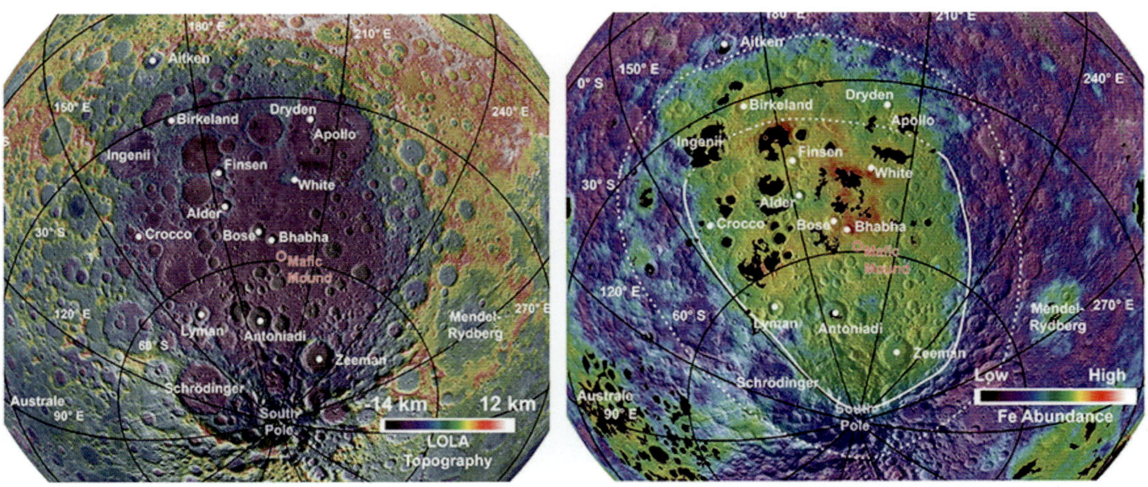

그림 3.2 (왼쪽) 달 정찰 궤도선(Lunar Reconnaissance Orbiter)에 탑재된 달 궤도선 레이저 고도계가 2009년 이래 측정한 자료를 바탕으로 달의 지형도가 완성되었다. (오른쪽) 루나 프로스펙터(Lunar Prospector, 1998-1999)에 탑재된 감마선 분광계의 측정 자료를 바탕으로 달의 철 분포도가 완성되었다. 철이 풍부한 맨틀 노출 영역과 남극-에이트켄(South Pole-Aitken) 분지가 일치한다. 출처: Moriarty & Pieters (2018).

2004년 1월 25일 화성의 메리디아니 평원(Meridiani Planum)에 착륙하여 탐사를 진행하던 오퍼튜니티 로버는 2006년 9월 26일 빅토리아 충돌구(Victoria crater, 지름: 700 m)의 가장자리에 도착하였다 (그림 3.1). 빅토리아 충돌구의 안쪽에는 수십 m 두께의 퇴적암이 절벽의 형태로 노출되어 있다. 퇴적암은 뚜렷한 층상 구조를 보이며 각각의 층상 구조는 다양한 사층리 (crossbedding)를 포함한다. 각각의 암층에 대한 지구화학 성분 분석을 통해 지층의 생성 환경을 유추할 수 있다. 유사한 성과로 퍼시비어런스 로버가 침식 작용으로 지표에 노출된 고대 삼각주 퇴적물을 발견하였다(11장 참조). 충돌구에 대한 자세한 설명은 8장에서 다루겠지만, 다양한 규모의 유성체 충돌이 화성에서 관찰된다. 특히 규모가 큰 충돌은 충돌 과정에서 발생한 증발로 인해 빅토리아 충돌구보다 훨씬 더 깊은 곳의 지각 물질을 지표에 드러낸다. 예를 들어, 달의 남반구 고위도에 해당하는 지름 2,500 km의 남극-에이트켄 (South Pole-Aitken) 분지는 독특한 화학 조성을 보이는데 (그림 3.2), 이는 달의 하부 지각이나 상부 맨틀이 직접 지표에 노출된 결과로 해석된다 (Moriarty & Pieters, 2018; Moriarty et al., 2021a, b).

지표에서 관찰되는 용암은 실제 지구의 심부를 직접 대표하지 못한다. 이는 부분 용융 과정에서 발생하는 원소의 분배 때문이다. 맨틀 포획암은 지하의 민낯이 직접 지표에 드러나는 예외적인 경우로, 마그마가 빠른 속도로 상승하는 과정에서 최대 220 km 깊이에 존재하는 맨틀 물질을 포획하여 생성된다. 맨틀 포획암 (xenoliths)은 외래 암석이란 고대 그리스어에서 유래되었다. 맨틀 포획암 연구를 통해 지구의 상부 맨틀을 구성하는 페리도타이트 (peridotite)의 조성을 파악하였다. 페리도타이트는 마그네슘이 풍부한 감람석과 휘석 $(Mg,Fe)_2SiO_4$으로 구성된 초고철질 심성암이다. 오피오라이트(ophiolite) 관찰을 통해 감람석이 우세한 상부 맨틀의 조성에 대해 더 자세히 알게 되었다. 오피올라이트는 높은 압축 응력이 작용하는 일

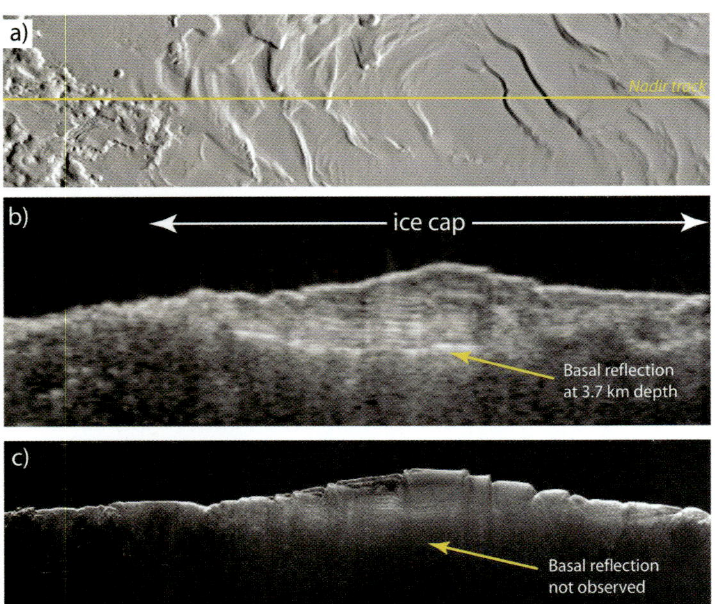

그림 3.3 최근에 두 개의 우주선이 레이다 사운더(radar sounder)를 탑재하고 화성궤도에 진입하였다. 이 기기는 초장파장 전파를 표면으로 방출하여 표면아래 수 km 깊이에서 반사하여 오는 신호를 감지한다. (a) 화성 남극의 빙관을 지나는 우주선의 이동 경로로서 아래 그림의 표면 위치를 보여준다. (b) 유럽우주국의 마스 익스프레스(Mars Express)가 탑재한 MARSIS 장비를 사용하여 빙관 아래 3.7 km 깊이에서 반사된 신호를 보여준다. (c) 미항공우주국의 화성 정찰 궤도선(Mars Reconnaissance Orbiter)이 탑재한 SHARAD 장비를 사용하여 측정한 반사 신호를 보여준다. SHARAD는 MARSIS보다 짧은 파장의 레이더를 사용하여 투과 거리는 상대적으로 짧지만, 표면 근처의 층구조에 대한 고해상도 자료를 수집할 수 있다. 극지방 층상 퇴적물 분석을 통해 화성의 자전축 경사 요동이 유발한 기후 변화를 해석할 수 있다(Emmett et al., 2020; Buhler, 2023). 출처: NASA/ESA/JPL-Caltech/University of Rome/Washington University in St Louis.

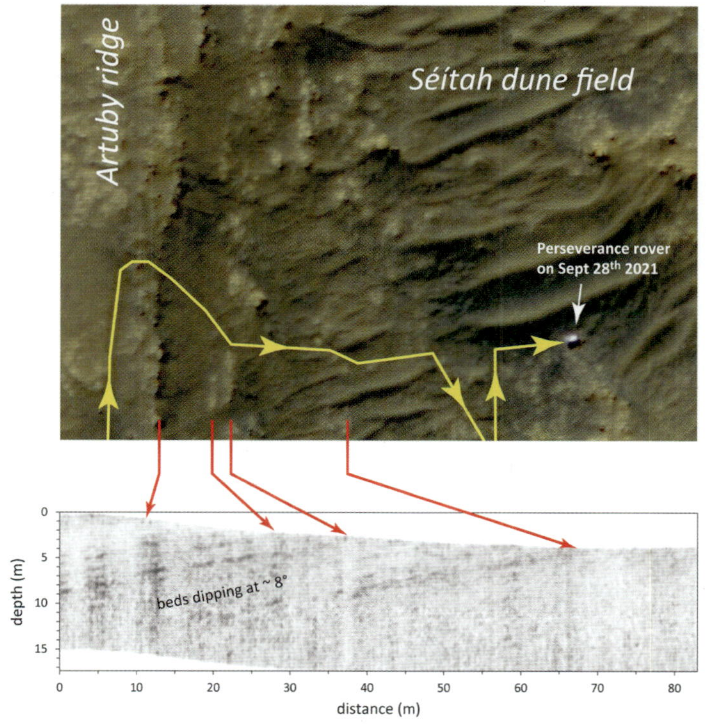

그림 3.4 NASA의 퍼시비어런스(Perseverance) 로버가 탑재한 지표 투과 레이더를 사용하여 ~10 m 깊이의 지형을 식별할 수 있다. 화성의 제제로(Jezero) 충돌구를 횡단하며 획득한 지표 투과 레이더 자료에서 기울어진 반사면은 표면의 광맥노출과 일지하며, 경사진 퇴적층의 층리면을 잘 보여준다. 출처: NASA/JPL-Caltech/University of Arizona/United States Geological Survey (USGS)/FFI.

부 섭입 지역에서 심부에 이어진 상충단층이 하부 지각과 상부 맨틀의 파편 일부를 표면으로 끌어내는 변형 구조에서 발견되기 때문이다.

하부 맨틀의 물질이 다이아몬드 내부에서 유체 포유물의 형태로 간혹 관찰된다. 판의 섭입 과정에서 유기 탄소가 풍부한 물질은 해양 암석권과 함께 맨틀 하부로 침강한다. 탈수 작용과 압축 과정에서 분리된 탄소는 주변 광물 입자를 감싸는 형태의 다이아몬드로 재결정(recrystallization)화가 발생한다. 형성된 재결정 다이아몬드의 일부는 맨틀의 대류를 통해 화산체의 하부에 도달한다. 다이아몬드의 높은 경도는 주변 광물과 유체 포유물에 차별 압력을 유발한다. 차별 압력의 영향으로 심부 맨틀의 수성 유체는 고온에도 불구하고 고압 얼음(ice-VII)을 형성한다. 고압 얼음은 실온 상압에서 관찰되는 일반적인 얼음(ice-1h)과 구분되며 융기 과정에서 다이아몬드에 화석처럼 보존된다(Tschauner et al., 2018). 맨틀의 순환 전 과정이 기록된 재결정 다이아몬드의 발견으로 지구 내부 탄소 순환의 밑그림이 완성되었다 (Shirey et al., 2019). 또한, 고압 실험과 나노 수치 계산 모델링을 통해 암석형 행성체의 심부 구조에 대한 청사진을 제시하였다.

지구의 200 km 이상의 내부나 행성체 내부 수십 km 의 구조를 파악하기 위해서는 간접적인 방법을 사용해야 한다. 즉, 행성체의 형성 과정에 관여된 운석은 맨틀 또는 소행성의 핵 물질을 대표할 수 있기에 운석 분석이 사용된다. 통과 비행이나 궤도선이 제공하는 행성체의 3차원 형태, 표면 지형, 중력장, 자기장, 자전상태 등의 자료나 지표 투과 레이더 자료 (그림 3.3, 3.4)도 행성체 심부 구조 탐사에 활용된다. 강력한 간접 방법인 지진학 (seismology)은 자연적으로 발생하는 지구의 지진과 행성체의 행성 지진을 탐구하며, 인공적으로 발생하는 충돌이나 폭발물의 에너지를 활용하기도 한다.

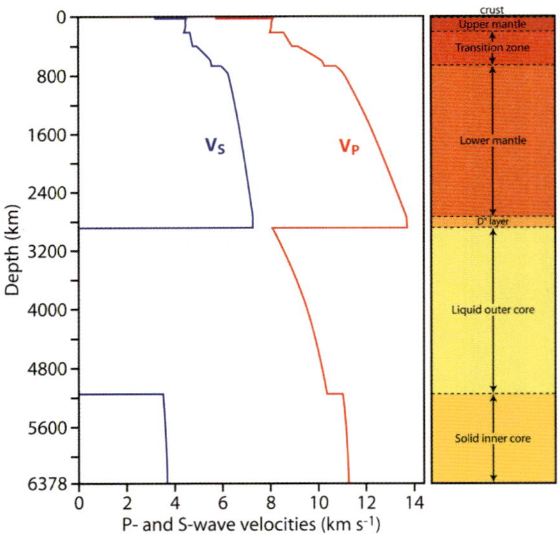

그림 3.5 지구의 지진파 속도 수직 분포도. 저속 지대 (연약권)가 100-250 km에서, 맨틀 상부를 지시하는 650-670 km의 불연속, 2900 km에서 외핵 (액체)의 경계, 5150 km에서 고체 내핵의 경계가 잘 보임. 출처: Dziewonski & Anderson (1981)을 바탕으로 재작성.

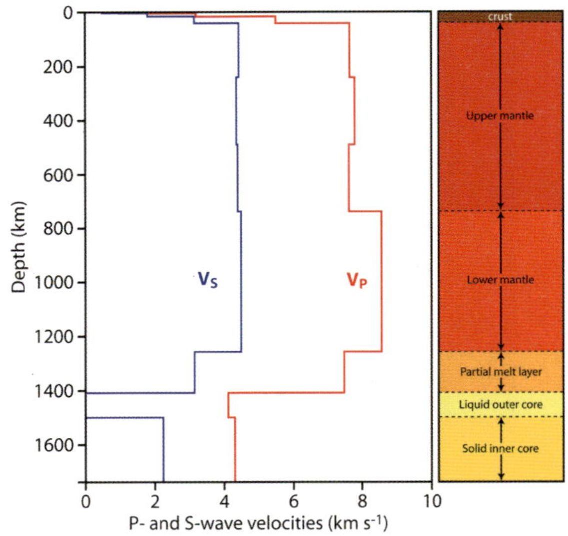

그림 3.7 약 10,000 개의 월진으로부터 구한 달의 지진파 속도 수직 분포도. 사장석이 풍부한 달 지각 두께는 60~70 km이다. 달의 맨틀은 감람석과 휘석으로 구성된다. 핵은 아마도 철과 황으로 구성되었으며, 반지름은 ~330 km 이하이다. 출처: Weber et al. (2010)을 바탕으로 재작성.

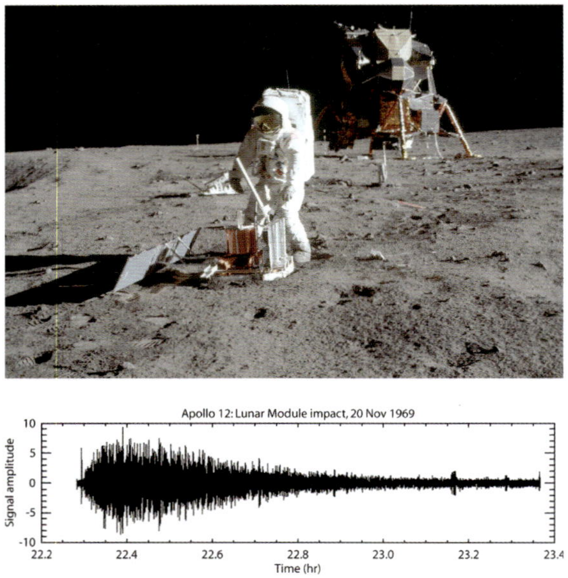

그림 3.6 (위) 아폴로(Apollo) 11호 우주비행사 버즈 알드린(Buzz Aldrin)이 지진계가 장착된 표면 과학 패키지를 펼치는 장면. 닐 암스트롱(Neil Armstrong)이 촬영. 출처: NASA. (아래) 아폴로 12호 착륙선이 이륙하면서 상승단 모터가 달 표면과 충돌할 때 표면 과학 패키지가 측정한 지진파 기록. 출처: NASA.

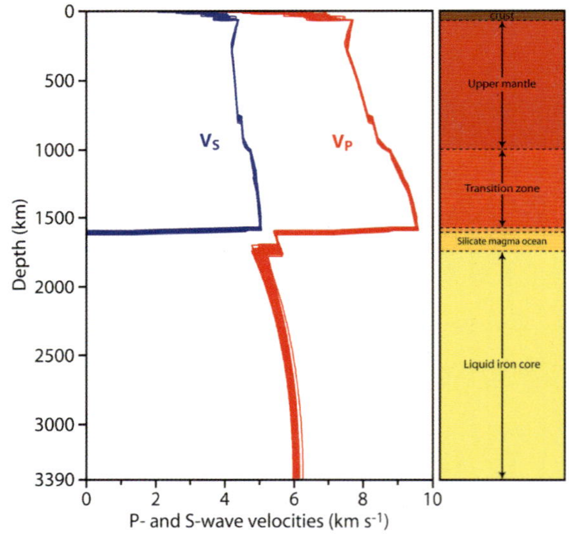

그림 3.8 화성의 지진파 속도 수직 분포도. 화성 탐사선 인사이트(InSight)가 관측한 자료를 사용하였다. P파와 S파 속도의 퍼진 분포는 이질적인 맨틀 구조를 기반으로 한 50개의 모델 역산 결과를 포함한다. 이 분포도는 지각, 상부 열 경계층의 깊이, 하부 맨틀 전이 존, 맨틀 기저에 현무암질의 용융층을 보여준다. 맨틀 기저의 용융층은 약 200 km 두께의 완전히 용융된 마그마 바다와 마그마 바다 상부에 있는 약 100 km 두께의 부분 용융층으로 나뉜다. 출처: Samuel et al. (2023).

지진학은 지진이나 충돌 또는 인공적 충격으로 발생하는 탄성파를 활용하는데, 탄성파는 종파와 횡파 특성을 가진다. 첫째, P파 (pressure waves)는 입자 운동이 파동의 진행 방향과 일치하여 압축파 또는 종파로 불린다. P파의 이동 속도는 지각과 상부 맨틀을 구성하는 규산염 암석에서 6~14 km s^{-1}이다. 둘째, S파 (shear waves)는 입자 운동이 파동의 진행 방향에 수직으로 전단파 또는 횡파로 불린다. S파의 이동 속도는 지각과 상부 맨틀을 구성하는 규산염 암석에서 3~7 km s^{-1}로 P파보다 느리다. 탄성파의 이동 속도 차이로 인해 지진계에 P파가 일차 파로 먼저 도달하고 S파가 이차 파로 늦게 도달한다. 물론 S파는 전단 강도가 없는 유체(액체, 기체)를 통과하지 못한다. 탄성파는 밀도의 차이가 존재하는 경계면을 지나며 굴절되고 곡선의 이동 경로로 확산된다. 밀도가 급변하는 경계면을 통과하는 P파와 유체층을 맞닥뜨린 S파는 탄성파의 파동이 완전히 사라지거나 주변의 신호에 의해 가려지기도 한다. 지진이 발생한 원점인 진원으로부터 거리가 증가하며 관찰되는 P파와 S파의 시간 차이(P-S time)와 탄성파의 모드 변환을 이용하여 지구의 세밀한 심부 구조 탐사가 가능하다 (그림 3.5). 지구의 지진파 속도 분포도에서 저속도대 (약 100~250 km), 상부 맨틀과 하부 맨틀의 경계 (650~670 km), 하부 맨틀과 외핵의 경계 (2,900 km), 외핵과 내핵의 경계 (5,150 km)가 관찰된다 (그림 3.5). 깊이에 따라 압력이 증가하며 감람석의 결정구조가 변화하는 상변화 불연속면이 상부 맨틀의 410 km, 520 km에서 관찰된다 (그림 3.5).

지진학을 통해 밝혀진 지구 내부의 구조는 중심으로부터 고체 내핵, 액체 외핵, 맨틀, 지각으로 나뉜다. 탄성파 자료를 통해 지진 발생이 집중되는 지각과 상부 맨틀 일부를 포함하는 영역을 암석권 또는 판으로 구분한다. 암석권은 S파의 감쇠가 발생하는 저속도대의 상부에 있다 (그림 6.12). 빅데이터 지진 자료를 이용한 지진파 단층촬영으로 섭입 이후 심부 맨틀로 가라앉는 암석권의 3차원 추적도 가능하다 (Yuan et al., 2021). 지구 자기장 변동 자료를 통해 핵과 하부 맨틀의 구조와 상호 관계 변화에 대해 이해할 수 있다. 유도 자기장 (induced magnetic fields)은 지구형 행성체의 상부 맨틀과 지각의 특성을 규명하게 한다.

아폴로 11호, 12호, 14호, 15호, 16호 탐사 과정의 일환으로 1969년부터 달의 표면에 지진계를 설치하고 배터리가 모두 방전된 1977년까지 8년 동안 월진을 측정하였다 (그림 3.6). 달의 지진 발생에너지는 ~2×10^{10} J yr^{-1}로 지구 지진 발생에너지의 대략 10^{-8}에 해당한다. 700~1,200 km 깊이의 진원에서 7,000회 이상의 심발 월진이 관찰되었고, 심발 월진은 지구와 태양의 인력에 의해 발생하는 조석과 밀접한 상관관계를 나타낸다 (Nakamura et al., 1982). 20~300 km 깊이의 진원에서 28회의 천발 월진이 관찰된다. 28회의 천발 월진 가운데 3회의 천발 월진은 실체파를 기준으로 규모 5.5 이상의 지진인데, 이는 암석권의 냉각에 기인한다. 아폴로 지진계는 1,740회 이상의 유성체 충돌을 감지하였고, 4회의 달 착륙선 궤도 상승 추진 (그림 3.6)과 5회의 새턴 로켓 SIV-B 단계 분리체 낙하도 감지하였다 (Nunn et al., 2020). 약 35,076회의 월진 자료를 바탕으로(Onodera, 2024) 달의 내부 구조 파악에 성공하였다 (그림 3.7). 달의 핵은 고체 내핵과 액체 외핵으로 구분되며, 외핵과 맨틀 사이에 부분 용융된 고체 전이층의 존재가 예상된다 (Garcia et al., 2019). 앞으로 추가될 달 지진계 네트워크를 활용하여 달의 내부 구조에 관한 심층 연구가 진행될 예정이다 (Haviland et al., 2022).

미항공우주국이 발사한 바이킹 착륙선(1976~1983)이 인류 최초로 화성 표면에 지진계 전개를 시도하였다. 비록 바이킹 1호 착륙선의 지진계 전개는 실패하였지만, 바이킹 2호 착륙선의 지진계는 무사히 전개되었다. 그러나 전개 과정에서 지진계가 화성의 표면에 고정되지 못하고 전개 계기판 위에 부착되어 명확한 화성의 지진 기록은 감지되지 않았다. 역설적으로 계기판에 부착된 지진계는 미세한 바람의 진동을 자세하게 감지하여 바이킹 착륙선이 보유한 풍속계보다 우수한 바람 관측 성능을 보였다. 인사이트 (InSight) 착륙선은 2018년 12월 19일부터 2022년 12월 21일까지 1,319회의 화성 지진을 감지하였다. 인사이트 착륙선은 주변 진동 소음원을 기술적으로 제거하고 지면과의 음향 결합에 성공한 후 지진파 분석을 수행하였다. 달과 유사하게 화성도 지진 활동이 상대적으로 간헐적인 편이지만 (그림 3.8), 인사이트 탐사에서 감지한 화성 지진의 자료를 사용하여 화성 내부의 탄성파 속도 분포도가 완성되었다 (Samuel et al., 2023; Lognonné et al., 2023).

구소련의 베네라(Venera) 9호, 10호, 13호, 14호 착륙선은 금성 표면에 착륙하여 총 305분에 걸쳐 기본적인 지구물리 탐사를 진행하였다. 특히 베네라 14호는 착륙 지점에서 3,000 km 이상 떨어진 진원에서 비롯된 2회의 미소지진을 탐지하였다 (Ksanfomaliti et al., 1982).

행성체 심부의 탄성파 속도 분포도 완성에 사용되는 에너지원은 지진, 산사태, 충돌을 포함한다 (그림 3.5, 3.6, 3.7, 3.8). 개별 사건에서 발생한 에너지는 시간이 지나며 서서히 소멸한다. 달과 같이 비교적 차갑고 건조한 행성체에서는 에너지 소멸이 상대적으로 느리게 진행된다. 따라서 월진 에너지는 달의 내부에서 장시간 반사를 겪어, 마치 종이 울린 상태처럼 달의 지속적인 진동을 유발한다. 이때 발생하는 장시간 진동은 가청주파수보다 낮은 진동의 주파수로 관찰된다.

점성이 높은 맨틀은 천만년 이상의 시간 단위에서 유체의 특성을 갖는다. 유체는 정상파와 공명이 발생하는 지속적인 지진 에너지원을 보유한다. 반면, 점성이 낮은 물질로 구성된 행성체 (주로 기체 행성체)에서는 공명 현상이 원격으로 관찰된다. 현재까지 알려진 기체 행성체의 공명 진동 모드는 P파와 유사한 정상파 p-모드, 대류의 부력이 생성하는 g-모드, 표면 중량파 f-모드이다.

공명에 의한 표면 진동은 태양 원반에서 방출되는 흡수선의 도플러 편이를 통해 관찰된다. 흡수선의 도플러 편이는 1960년대에 처음 관측되었다. 지상 망원경이나 우주 망원경 관측을 통해 고해상도 태양 진동 자료를 확보하여 태양의 내부 구조를 점차 이해하게 되었다 (그림 2.13). 원반 분해 관측 없이 저차 공명 모드 관측을 통해, 태양과 원거리 별의 내부 구조를 유추할 수 있다. 케플러 임무 (Kepler missions)와 트랜짓 외계 행성 탐사 위성 (Transiting Exoplanet Survey Satellite, TESS)처럼 외계 행성체의 트랜짓 (transit, 전면 통과)을 이용하여 별의 내부 구조 탐사에 도전한다.

행성 과학 분야에서는 1970년대부터 거대 기체 행성을 연구하기 위해 흡수선의 도플러 편이를 응용하는 방법을 모색했다. 반사된 햇빛의 도플러 편이를 이용하여 목성의 p-모드 측정에 성공했다 (Markham & Stevenson, 2018). 최근에는 토성 궤도의 카시니 (Cassini) 우주선이 토성 고리의 별 엄폐를 관측함으로써 토성 본체의 g-모드와 f-모드 진동에 따른 토성 고리의 중력 교란을 측정했다 (Mankovich & Fuller, 2021). 아직 정상파 진동 모드 관측이 천왕성과 해왕성에서 성공한 사례는 없

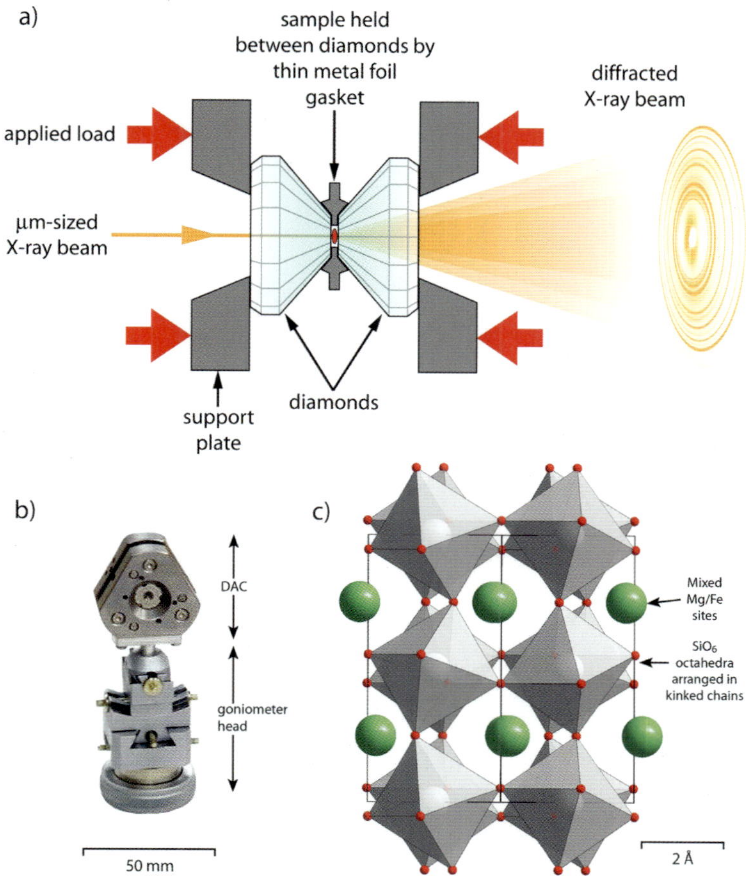

그림 3.9 (a) 다이아몬드 앤빌 (diamond-anvil) 셀의 전체적 구조. 금속 호일 개스킷 사이의 거리는 수십 µm이다. 압력은 250 GPa 에 다다를 수 있다. 다이아몬드는 분광 측정을 위한 광학 접근을 가능하게 하고, 레이저로 샘플을 가열하거나 X 선으로 결정구조에 관한 정보를 얻을 수 있게 한다. (b) 엄청난 압력을 도달할 수 있지만 그 크기는 상당히 작아서, 고니오미터 (goniometer)에 장착하여 시료의 이동과 회전이 가능한 다이아몬드 앤빌 셀. (c) $(Mg,Fe)SiO_3$ 페로스카이트 (peroskite), 즉, 브리지머나이트 (bridgmanite)의 나노 결정 구조. 하부 맨틀의 부피를 고려할 때, 하부 맨틀의 우세한 광물인 브리지머나이트가 지구의 가장 보편적인 광물이다. 다이아몬드-앤빌 셀에서 수행된 실험은 지구 맨틀 전반의 압력에서 물성을 측정할 수 있다.

다 (Friedson, 2020). 그러나 지상 망원경의 개선을 통해 머지않아 천왕성과 해왕성의 정상파 진동 모드 감지를 예상한다.

행성체 심부 연구에서 탄성파 탐사는 매우 정확한 정량적인 밀도 분포 자료를 제공하지만, 행성체 내부 구성 물질에 대한 광물학적 이해도 반드시 병행되어야 한다. 따라서 주어진 행성체 내부의 온도/압력 조건에서 금속, 규산염 광물, 얼음 조합의 상변화와 물질 거동을 실험적으로 파악하고 최적화된 수치 모델을 개발해야 한다. 행성체 심부 탐사의 한 축을 담당하는 광물물리학은 나노 수치 계산 모델링 분야와 고온/고압 실험 분야로 나뉜다.

고온/고압 실험에서 광물(또는 이상적인 합성 결정) 시료는 약 250 GPa의 고압에 지속적으로 노출된다. 초고온/초고압 실험의 경우 0 K부터 6,000 K 사이 온도에서 최대 600 GPa의 압력에 도달하기도 한다. 실험을 통해 추정된 지구 중심부의 온도와 압력은 ~6,000 K와 ~364 GPa이다. 광물 물성 측정은 다이아몬드 앤빌 셀 (anvil cell)을 통해 구현되며, X선과 중성자 같은 방사선 빔이 장치를 통과(그림 3.9a)하는 과정에서 시료에 의해 산란되도록 설계되었다 (Shen & Mao, 2016). 고압 실험 과정에서 금속 호일 개스킷 내부의 좁은 공간에 최대 250 GPa 압력을 생성한다 (그림 3.9b). 분광 측정, 레이저 시료 가열, X선 회절 실험을 병행하여 고온/고압 상태의 나노 결정구조 파악이 가능하다.

감람석은 상부 맨틀을 구성하는 대표적인 광물이다. 압력이 증가하며 밀도가 증가하는 광물(또는 광물의 조합)로 감람석의 상변화가 발생한다 (그림 3.9c). 410 km 깊이 ~15 GPa에서 상변화가 발생하여 감람석은 워즐리아이트 (wadsleyite)로 전이한다. 520 km 깊이 ~20 GPa에서 상변화가 발생하여 워즐리아이트는 링우다이트(ringwoodite)로 전이한다. 660 km 깊이 ~25 GPa에서 상변화가 발생하여 링우다이트는 페로페리클라스 (ferropericlase)와 브리지머나이트 (bridgmanite)로 전이한다. 철이 우세한 합금 시료에 대한 고온/고압 실험 자료를 바탕으로 지구 내부의 내핵과 외핵의 상태를 유추할 수 있다. 거대 행성 내부(목성 중심부의 압력: 7×10^{12} Pa; Guillot et al., 2004)의 높은 압력은 충격 실험을 통해서만 구현 가능하며, 수치 계산 모델링 분야의 광물물리학에 많이 의존한다.

행성체 내부에 존재하는 물질의 물성은 양자역학으로 설명되며, 1925년에 제시된 에르빈 슈뢰딩거(Erwin Schrödinger)의 방정식을 사용한다. 슈뢰딩거 방정식의 해를 구하는 교묘한 수학적 기법은 원리적으로는 모든 조건에서 물성의 계산을 가능하게 한다 (Fleisch, 2020). 지구의 핵에 존재하는 합금의 구조와 성질, 가스형 행성 내부의 금속성 수소와 얼음 행성에 존재하는 물-암모니아-메탄 혼합물의 전기적 특징 파악에 순이론적 (ab initio) 계산을 사용한다 (Tsuchiya et al., 2020). 실험이 가능한 범위에서는 순이론적 계산은 물성의 보완적 중요 정보를 제공하고, 때때로 새로운 화합물의 구조와 존재를 예측하기도 한다 (Oganov, 2018).

인류는 먼 거리에 있는 태양계의 행성체에 탐사선을 보내는 우주 탐사를 지난 60년간 시도하였다. 반면, 지구 중심으로 탐사선을 보내려는 계획은 쥘 베른(Jules Verne)의 『지구 중심으로의 여행 (Journey to the Centre of the Earth)』 이나 『코어 (The Core)』와 같은 공상과학 영화에서 차용하고 있다. 심부 지구 탐사선에 대한 여러 의견이 제시되었지만 (Stevenson, 2003; Ozhovan et al., 2005), 현재의 기술력으로 단기간에 실현할 수 있는 계획은 없다. 다행히 X선이나 중성자의 회절을 통해 행성 내부의 고온/고압을 구현한 환경에서 광물의 물리적인 구조 파악이 가능하다.

행성체 내부의 구조를 직접 파악하기 위해 아원자 입자인 중성미자를 사용한 방사성 탐사가 제안되었다. 지구를 구성하는 물질과 매우 약한 상호작용을 하는 중성미자는 지구 내부를 거의 방해받지 않고 통과한다. 적절하게 정렬된 중성미자 빔을 전지구에 조사하면, 중성미자의 간섭 산란이 발생하면서 지구 전체의 입자 회절 자료를 얻게 된다. 물론 중성미자 간섭 산란 회절 자료 측정과 관련된 기술적 어려움이 여전히 존재한다 (Fortes et al., 2006; Lauter, 2017). 이를 극복하기 위해 지구 심부에서 방사성 동위원소의 붕괴로 생성되는 중성미자 플럭스를 이용하여 중성미자의 양과 공간 분포를 제어하는 방법이 고안되었다 (Dye et al., 2015). 최근에는 중성미자를 사용한 지구 내부의 단층촬영이 하나의 대안으로 주목받고 있다 (Donini et al., 2019).

행성의 분화

행성체의 분화는 주로 중력과 내부 기원의 열에 의해 좌우된다. 행성체의 중력은 행성의 질량에 비례하며, 중력이 작은 행성체에서는 질량이 가벼운 분자의 손실이 쉽게 발생한다. 대기를 형성하는 물질 가운데 가장 가벼운 기체인 수소와 헬륨은 쉽게 우주로 사라지며, 원시 CO_2 주성분 대기의 상당 부분 또한 지구 탄생 초기 7억년 동안에 집중적으로 발생한 충돌 과정에서 우주로 방출되었다. 잔류한 원소와 화합물은 행성체 내부에서 열에 의해 이동한 후, 중력장에 의해 밀도에 따라 서서히 분화한다. 이때 필요한 용융의 양은 중력장에 반비례하기 때문에 행성보다 소행성에서 더 크게 요구된다.

행성체의 주요 열원은 증착열 (accretionary heating), 분화열 (differentiation heating), 단반감기 방사성열, 장반감기 방사성열, 조석열이다. 이 가운데 행성체 초기 진화를 좌우하는 증착열, 분화열, 단반감기 방사성열을 원시 열원으로 구분한다. 균일한 밀도의 미행성체 증착으로 형성된 행성체의 중력 위치에너지는 [(3/5) G M^2 R^{-1}]이며, 여기서 M은 행성체의 질량, R은 행성체의 반지름이다. 지구형 행성을 구성하는 철-규산염 혼합물의 열용량을 고려하면, 중력 위치에너지가 열에너지로 변환되며 증가하는 행성체의 온도는 10,000 K를 웃돈다. 물론 에너지 변환 과정에서 상당 부분의 에너지가 우주로 직접 방출되겠지만, 잔여 열에너지는 행성체의 표면을 녹여 마그마 바다를 형성한다.

행성체의 열적 진화에서 가장 중요한 요소는 증착열의 발생이다. 행성체의 증착 과정에서 누적된 열에 의해 행성 내부의 금속 부분은 용융되고, 높은 밀도로 인해 행성체의 중심부로 가라앉아 금속핵을 형성한다. 핵의 형성은 수백 K의 온도 상승을 유발하여, 핵 형성 과정에 필요한 용융 열원을 추가로 제공한다. 유사한 열전달 과정이 목성과 토성의 내부에서 계속 진행 중이다. 장기적인 냉각으로 목성과 토성의 내부에 있는 액체 헬륨이 액체 금속성 수소의 깊은 껍질에서 분리되며, 목성과 토성의 핵으로 마치 비가 내리듯 쏟아진다. 목성과 토성 내부의 헬륨 비 현상은 두 가지 관찰로 확인된다. 첫째, 천왕성과 해왕성의 헬륨 함량은 태양과 거의 비슷하지만 (내부 압력이 헬륨비 현상을 일으키기에는 낮기 때문에), 목성과 토성 상층 대기에서 헬륨의 고갈이 관찰된다. 둘째, 헬륨 비 현상은 목성과 토성의 중력 위치에너지를 일부 열에너지로 방출한다. 실제 목성과 토성은 태양으로부터 흡수하는 복사 에너지보다 훨씬 많은 양의 에너지를 방출

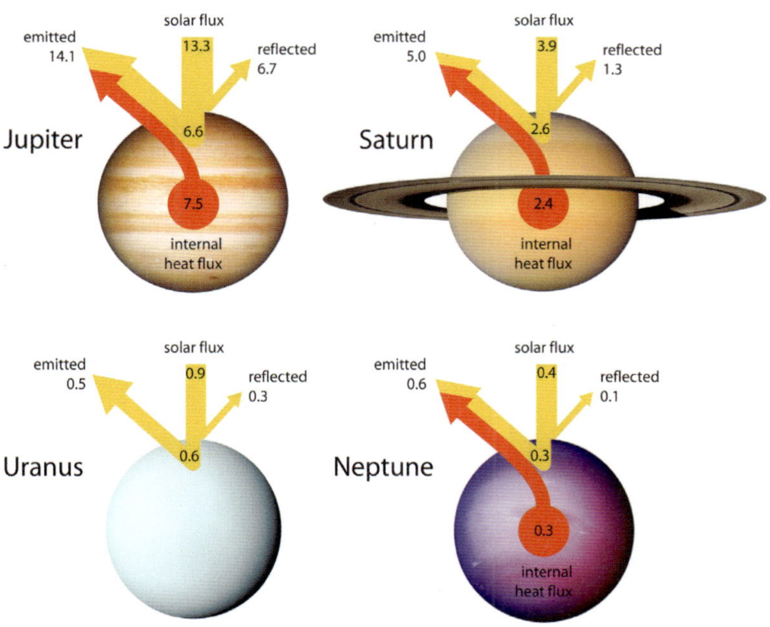

그림 3.10 목성, 토성, 천왕성, 해왕성의 에너지 균형. 입사하는 태양 복사 에너지의 일부는 반사되고 나머지는 흡수되어 열 적외선으로 재방출 된다. 천왕성을 제외한 목성, 토성, 해왕성에서 상당한 내부 열원의 기여가 확인된다. 단위: W m^{-2}. 출처: 다양한 참고문헌에서 발췌.

한다 (그림 3.10). 해왕성에서는 압축과 가열로 인해 메탄에서 분리된 액체 탄소 방울이 해왕성의 중심부로 비처럼 쏟아져 내려, 해왕성의 핵 주변에 다이아몬드 껍질 형태로 쌓일 수 있다. 해왕성의 탄소 비 역시 중력 위치에너지를 일부 열에너지로 방출하여 해왕성 표면의 유효 온도(59.3±0.8 K)가 평형 온도(46.4±1.1 K)보다 대략 13 K 높게 관찰된다 (Guillot, 2005). 그러나 천왕성은 내부 기원 열 기여가 (0.04 ± 0.04 W m^{-2}) 유효 온도와 평형 온도의 차이가 관찰되지 않는다. 천왕성과 해왕성의 내부 기원 열적 진화 차이의 이유는 아직 불분명하여 추후 연구가 필요한 부분이다.

행성체의 열적 진화에서 두 번째로 중요한 요소는 단반감기 방사성열이다. 일부 운석에서 방사성 붕괴로 생성된 특정 원소의 과다한 농집이 관찰된다. 특히 ^{26}Al와 ^{129}I과 같은 단반감기 방사성 열원은 행성체의 증착 과정에서 행성체 내부의 온도 증가를 좌우한다. 예를 들어 71만 년의 반감기를 갖는 ^{26}Al은 ^{26}Mg로 붕괴하고, 1,700만 년의 반감기를 갖는 ^{129}I는 ^{129}Xe로 붕괴한다. 해당 방사성 열원이 행성체의 내부 온도 증가에 실질적으로 기여하려면 열원의 반감기가 행성체의 열 확산 시간보다 짧아야 한다. 행성체의 열 확산 시간은 [10^4 R^2]년으로 계산되며 R은 km 단위로 환산한 행성체의 반지름이다. ^{26}Al과 같이 반감기가 매우 짧은 단반감기 방사성 열원은 지름 수십 km 미만 크기의 미행성체 증착 과정에서 상당한 열을 제공한다. 진화 초기 첫 1억 년 동안 지구가 단반감기 방사성열은 [~5×10^{30} J]로 추정된다.

행성체의 열적 진화에서 세 번째로 중요한 장반감기 방사성 열원은 235U, 238U, 232Th, 40K를 포함한다. 현재 지구 내부 열[4.7×1013 W]의 절반 정도가 장반감기 방사성 열원으로 생성된다. 장반감기 방사성 열원의 기여는 행성체가 진화하며 서서히 감소한다.

행성체의 열적 진화에서 네 번째로 중요한 요소인 조석열은 궤도 이심률이 높은 타원궤도를 공전하는 위성에 의해 행성 내부가 최대 중력 방향으로 변형되며 발생한다. 궤도 이심률이 높은 위성에서 발현되는 조석열은 행성체와 위성에서 다른 결과로 귀결된다. 만약 행성의 내부가 상대적으로 점성이 낮은 물질로 구성되었다면 변형률은 증가하지만, 응력이 감소한다. 또한, 응력과 변형률 사이에 존재하는 위상 시차가 작아 확산 계수가 감소하여 결과적으로 행성체의 조석열 증가는 미미해진다. 상대적으로 점성이 높은 물질로 구성된 위성은 (일반적으로 위성이 딱딱하므로) 변형률이 감소하지만, 응력, 위상 시차, 확산 계수가 증가하기에 상당한 조석열을 생성한다.

조석열의 기여는 점성 분포 대비가 명확한 얼음 행성체에서 복잡한 형태로 관찰된다. 차갑고 단단한 얼음 껍질이 액체 상태의 바다 위에 있는 얼음 행성체의 조석열은 가장 바깥쪽을 덮고 있는 얼음층에 집중된다. 유사한 방식으로 지각이 마그마 바다 위에 있는 암석형 행성체의 조석열은 규산염 껍질에 해당하는 지각에 집중된다.

조석열의 기여가 극대화된 목성의 위성 이오에서 주기적인 초고철질 마그마 분출이 관찰된다 (Tyler et al., 2015). 이오의 궤도 이심률은 유로파와 가니메데의 궤도 주기와 공명을 유지한다. 만약 궤도 주기의 공명이 없었다면 이오의 궤도 이심률은 이미 오래전에 0으로 수렴했을 것이다. 이오 표면의 열류량은 [2.25 W m^{-2}]로 지구의 열류량 [0.06 W m^{-2}]과 달의 열류량 [0.02 W m^{-2}]에 비해 압도적

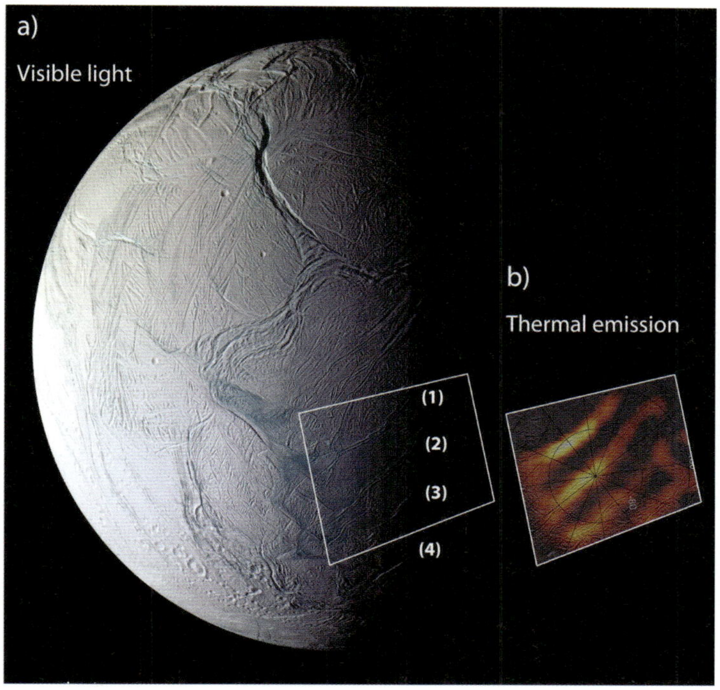

그림 3.11 (a) 토성의 위성 엔셀라두스는 전체적으로 매우 적은 수의 충돌구를 가지는데, 남극 지역에서는 충돌구가 전혀 없다. 이 작은 위성은 표면아래에서 분출된 얼음으로 활발히 재포장되고 있다. (b) 카시니(Cassini) 우주선은 물얼음과 수증기의 방출 플룸을 직접 관측하였을 뿐만 아니라, 장파장 적외선 영상기로 남극 주변의 표면 틈새에서 7 GW의 열 방출을 관측하였다 (지구 전체의 열 방출은 약 47 TW). 이 열의 기원은 아직 불분명하지만, 주변 위성과의 조석 공명과 관련되어 있을 것으로 보인다. (1) 다마스커스 술쿠스(Damascus Sulcus); (2) 바그다드 술쿠스(Baghdad Sulcus); (3) 카이로 술쿠스(Cairo Sulcus); (4) 알렉산드리아 술쿠스(Alexandria Sulcus). 출처: NASA/JPL/Space Science Institute.

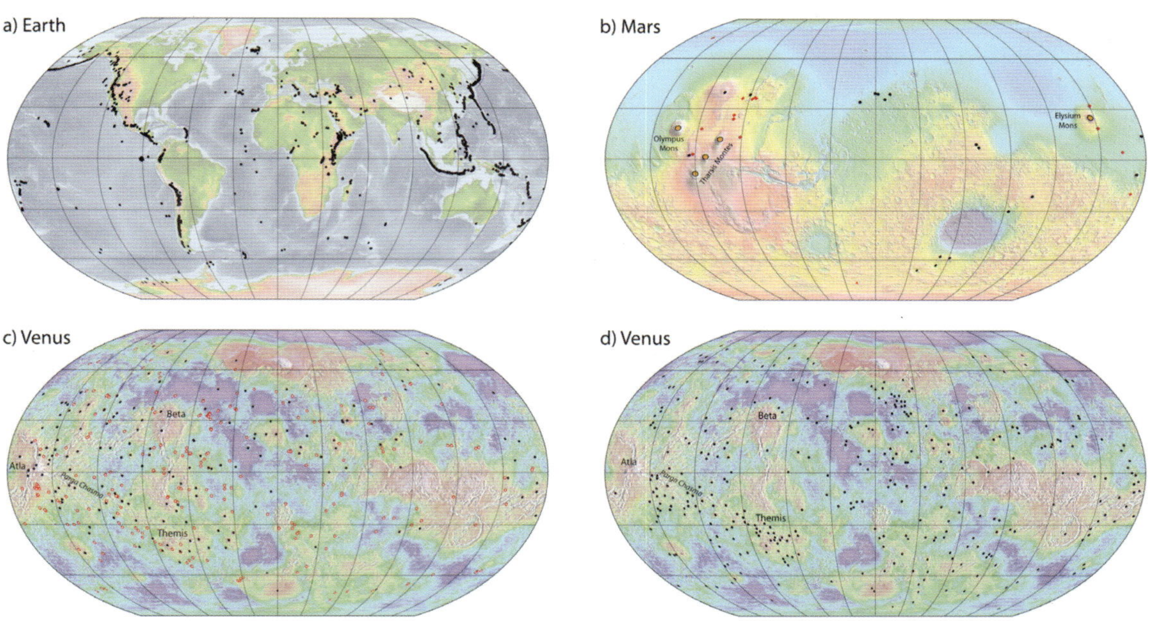

그림 3.12 지구, 화성, 금성의 주요 화산 분포. (a) 지구의 1,544개 주요 화산은 섭입대를 따라 호상으로 분포. 출처: National Oceanic and Atmospheric Administration (NOAA), National Geoscience Data Centre (NGDC). (b) 화성의 파테라 (patera, 검정), 톨리(tholi, 빨강), 순상화산(주황). 자료 출처: United States Geological Survey (USGS); 지도 출처: NASA/JPL/USGS. (c) 금성의 168개 대형 화산(검정), 289개 중형 화산(빨강). 자료 출처: Crumpler et al. (1993); 지도 출처: NASA/JPL, Magellan Venus Volcanic Features catalogue. (d) 금성의 348개의 명명된 코로나 (coronae) 분포. (c, d) 금성의 화산 구조는 아틀라(Atla), 베타(Beta), 테미스(Themis) 고원 내부와 고원 사이의 단열대에 집중적으로 분포한다 (Tapper, 1998). 출처: United States Geological Survey (USGS).

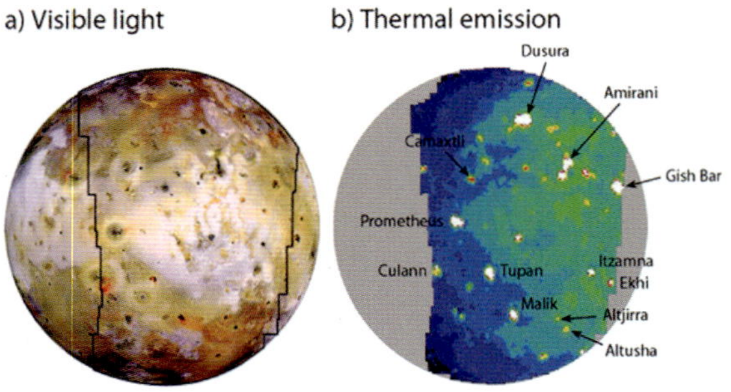

그림 3.13 목성의 위성 이오. (a) 가시광선 영역 영상. 노랑과 주황색은 황이 풍부한 화합물 때문이고, 백색 물질은 이산화황의 서리이며, 작은 검은 점들은 규산염 화산의 중심이다. (b) 갈릴레오(Galileo)호 탐사선이 탑재한 근적외선 분광기 열 방출 관측 영상. 이오는 약 2.24 W/m^{-2} 의 열 플럭스를 방출하여, 총 ~84 TW 으로 지구의 거의 2배 가까운 출력을 가진다. 출처: NASA's Planetary Image Archive 03534; NASA/JPL/University of Arizona.

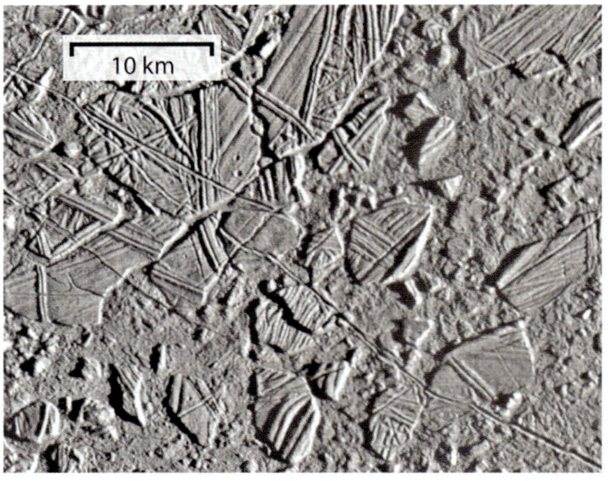

그림 3.14 갈릴레오(Galileo) 탐사선이 1997년 촬영한 유로파의 카오스 지대 (Chaos terrain). 얼음 껍질 덩어리가 물과 슬러시 (slushy) 얼음 의 배경에서 이동하고 기울어진 후 다시 얼어붙었다. 이 카오스 지대는 표면 아래 대양의 따뜻한 물이 용승한 지역 위에 있고, 이는 유로파의 암석 핵에서 일어난 열적 이상 현상에 의해 구동되었을 것이다. 출처: NASA/JPL/University of Arizona.

으로 크다. 조석열 때문에 발생하는 이오 표면의 주기적인 상승 변형과 하강 변형의 폭은 약 100 m로 추정된다. 조석열의 기여는 목성의 위성 유로파의 지하에 존재하는 해양을 설명하기에 적합하다. 조석열에 의한 용융과 표면 재형성으로 토성의 위성 엔셀라두스, 천왕성의 위성 움브리엘과 아리엘, 해왕성의 위성 트리톤, 명왕성의 위성 카론의 표면에서 충돌구가 상대적으로 낮은 개수 밀도로 관측된다. 트리톤의 경우 해왕성에 포획된 직후 짧은 기간에 조석열이 표면은 녹였을 것으로 보인다.

복사열의 냉각은 행성체의 초기 진화를 좌우한다. 행성체의 증착이 완성 단계에 이른 후 수천만 년 동안 지구의 원시 지각은 격렬한 대류 운동을 하는 마그마 바다 위의 얇은 껍질에 불과하여 아마 흐르는 용암 위에 떠 있는 화산 분출물과 같은 운명이었을 것이다. 대규모 파열을 스스로 극복할 수 있을 만큼 지각이 두꺼워질 때까지, 원시 지각 전체가 뒤집히고 마그마 바다로 흡수되는 과정이 반복되었다. 지구 진화 초기의 일부 대형 충돌 역시 얇은 지각을 지속적으로 파괴했을 것이다.

고체 표면을 갖는 행성체 내부의 우세한 열 전달 방식은 맨틀의 대류이다. 맨틀의 최상부에서는 열의 전도와 이류 (advection)에 의한 열의 전달이 관찰된다. 이류는 물질의 물리적 이동을 수반하므로, 화산 활동이 포함된다 (그림 3.12). 목성의 위성 이오에서 쉽게 관찰되는 열점 화산 활동은 독특한 열의 전달 방식이다. 이오의 표면에서 황이 풍부한 화합물은 노란색과 주황색으로 관찰된다 (그림 3.13a). 가시광선 영역 관측에서 밝은 부분은 이산화황 서리, 작고 어두운 점들은 규산염 화산 분포 지역이다(그림 3.13a). 갈릴레오 (Galileo)호의 근적외선 분광기 관측 자료를 바탕으로 추정한 이오의 열 방출량은 [~8.4×10^{13} W]로 지구 열 방출량의 거의 두 배에 해당한다 (그림 3.13b). 목성의 위성 유로파에서 얼음 슬러시 기질 내에 생성된 얼음 지각 블록들이 이동하고 기울어지는 과정에서 얼

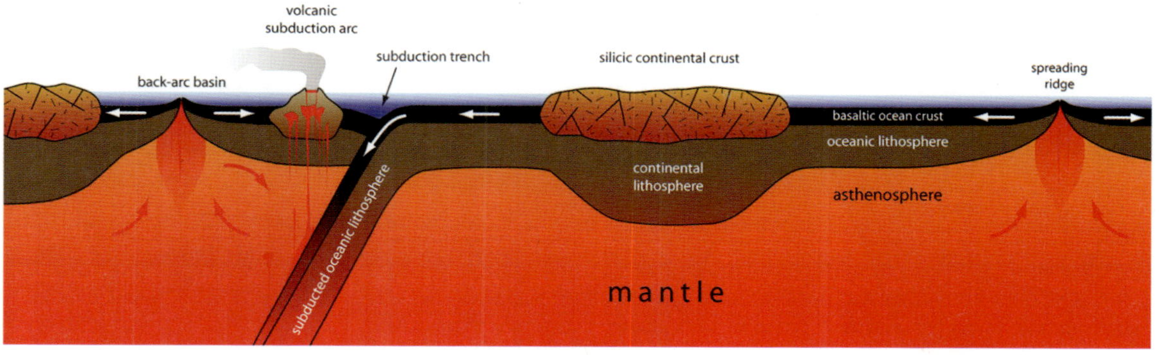

그림 3.15 판의 이동과 상호 작용. 연약권(asthenosphere); 배호 분지(back-arc basin); 현무암질 해양 지각(basaltic oceanic crust); 대륙 암석권(continental lithosphere); 해양 암석권(oceanic lithosphere); 해령(spreading ridge); 대륙 지각(continental crust); 침강판(subducted oceanic lithosphere); 섭입 해구(subduction trench); 화산호(volcanic subduction arc). 출처: 다양한 참고문헌에서 발췌.

어붙은 '카오스' 지형으로 명명된 평원이 관찰된다 (그림 3.14, 10.7). 카오스 지형은 암석 핵 상부에서 형성되는 열점 주변의 용승으로 생성된 얼음 평원으로 해석된다. 유로파의 볼록렌즈 (lenticulae) 지형 (그림 10.6)과 트리톤의 캔탈루프 (cantaloupe) 지형 또한 상대적으로 뜨거운 내부 물질 상승의 증거로 받아들여진다.

지구 내부 열의 전달에서 플룸 (plume, 열 기둥)의 중요성은 많은 논쟁의 여지가 있다 (Hamilton, 2019). 열의 전도로 발생하는 하와이 열점 화산체의 전체적인 열 손실은 [~2×10^{10} W]로 추정되지만, 현무암 분출에 의한 실질적 열 손실은 [2.5×10^{9} W]로 매우 제한적이다. 실제 지구 열 손실의 대부분은 암석권의 지체구조 (plate tectonic) 운동에 의해 발생한다. 지체구조 운동 과정에서 맨틀의 열이 대류 운동을 통해 표면부로 전달된다. 화산 활동은 지체구조 운동의 중요한 부산물로, 해양 지각이 형성되며 판이 서로 갈라지거나 섭입된 판이 맨틀 하부로 침강하며 마그마를 형성하기도 한다 (그림 3.15). 대형 열점은 홍해와 아이슬란드 지역에서 판의 분리를 촉진한다. 만약 해양 지각의 현재 생성 속도 [17 km^3 yr^{-1}]가 지난 40억 년 동안 유지되었다면 맨틀 질량의 10% 정도가 해양 지각의 형태로 순환되었을 것이고, 이는 맨틀 열용량의 10%에 해당하여 지난 40억 년 동안 발생한 지구의 열 손실을 충분히 설명할 수 있다.

핵

지구형 행성의 중심부에는 밀도가 큰 금속 핵이 존재한다고 일반적으로 가정된다. 직접적인 지진파 자료가 없는 대부분의 행성체의 경우 간접적인 지구물리학 방법인 중력 탐사와 자력 탐사에 의존해 행성체 내부가 녹아있는지를 유추한다 (그림 3.16). 지구의 핵은 하부의 고체 내핵과 상부의 액체 외핵으로 구분된다. 내핵은 지름 2,440 km의 철-니켈 합금으로 구성된다. 냉각 과정에서 상부 외핵의 결정화가 서서히 진행되어 내핵의 부피가 증가한다. 심부 지진파 분석에서 내핵의 비등방성 관찰된다. 이는 내핵이 방사형 또는 반구형 불균질성에 기인하는 것으로 추정되는데, 아마도 내핵과 외핵의 경계부에 고체 내핵과 액체 외핵이 섞여 있는 고체/액체 공존 (mush) 영역이 존재함을 시사한다. 외핵은 액체 철과 함께 산소, 황을 포함하는 가벼운 합금 물질로 구성된다. 외핵 일부가 결정화

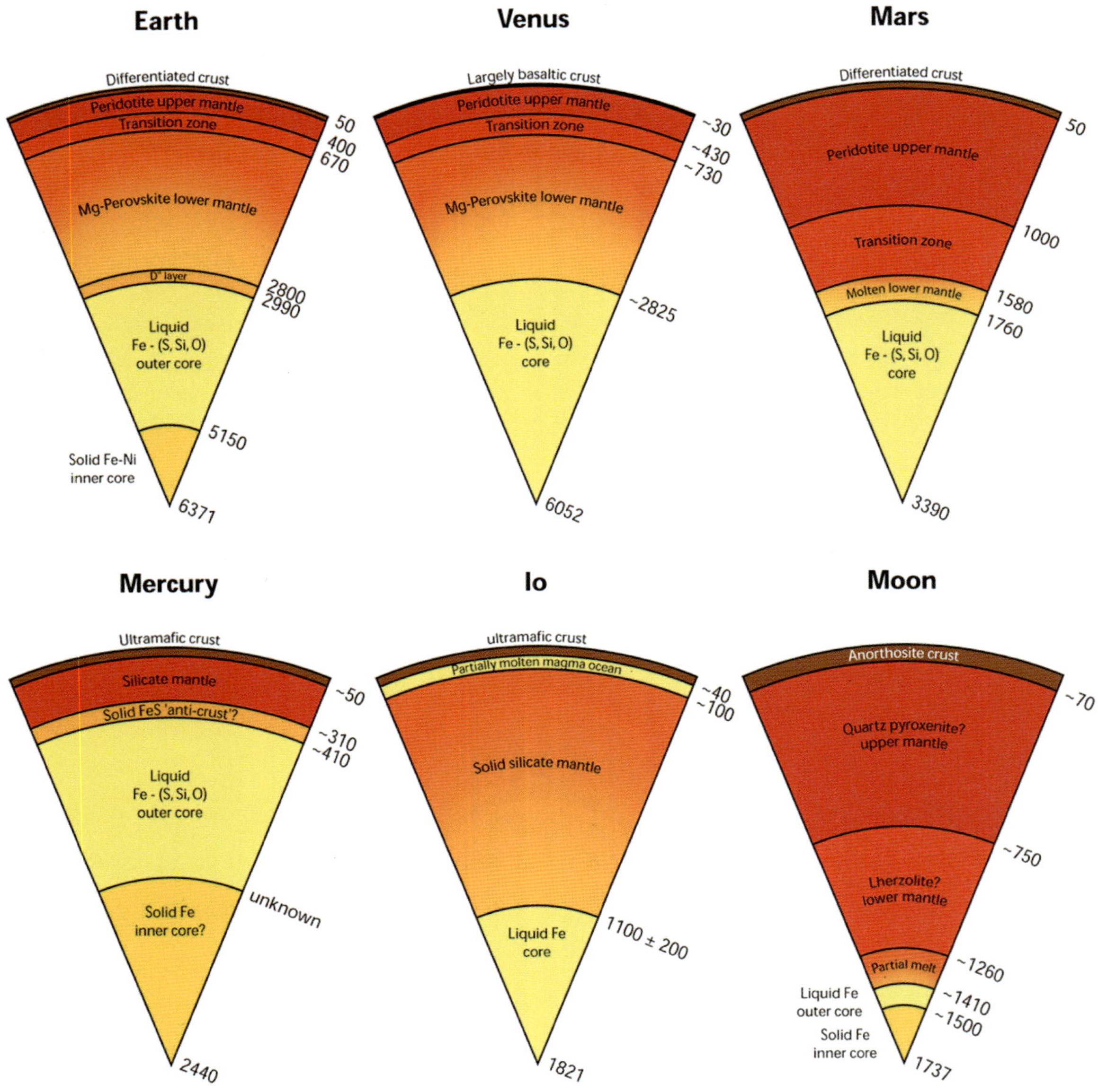

그림 3.16 암석 행성체(지구, 금성, 화성, 수성, 이오, 달)의 이론적인 내부 구조(깊이 단위: km). 출처: 다양한 참고문헌에서 발췌.

되는 과정에서 발생하는 잠열은 외핵의 대류를 촉진한다. 전도도가 높은 유체 외핵의 대류는 코리올리 힘에 의해 지구의 자전축과 평행한 나선형 기둥 형태로 진화하여 내부 기원 지자기장을 생성한다(그림 4.1). 지구가 이미 42억 년 전에 안정적인 내부 기원 자기장을 보유한 증거가 고지자기 연구 결과에서 확인된다. 고지자기 연구 결과를 바탕으로, 내핵의 형성 시기는 대략 5~6억 년 전으로 추정된다(Zhou et al., 2022).

지구형 행성의 경우 태양으로부터의 거리가 증가하며 핵의 상대적 크기가 감소한다. 수성의 비압축 밀도 [5,300 kg m^{-3}]와 지구의 비압축 밀도 [4,400 kg m^{-3}]을 바탕으로 산술적으로 추정한 수성 핵의 지름은 약 3,600 km이다. 따라서 질량을 기준으로 수성의 금속 핵과 암석 맨틀의 비율은 7:3이다. 이는 지구와 정반대이다. 1974~1975년에 수성을 근접 통과한 마리너(Mariner) 10호는 수성의 내부 기원 고유 자기장을 측정하였고, 이는 수성 내부에 존재하는 액체 핵의 증거로 인정된다. 최근 지상 레이더 관측을 통해 확인된 수성의 자전축 미세 진동 (libration, 칭동)은 수성 핵의 일부가 부분 용융 상태임을 시사한다. 이심률이 큰 타원 궤도를 따라 공전하기 때문에 수성은 자전축 칭동이 발생하는데, 수성의 자전율은 궤도의 위치에 따라 평균적인 공전주기/자전주기 비율 3/2을 약간 벗어나게 된다. 자전축의 칭등의 크기는 각속도의 변화에 대해 물체가 얼마나 저항적인지에, 즉 관성 모멘트 (moment of inertia)에 달려있다. 내부가 모두 고체로 구성된 행성체의 관성 모멘트는 중력으로 측정한 행성 전체의 관성 모멘트와 일치한다. 그러나 맨틀이 액체층에 의해 핵과 분리된 경우, 관성 모멘트는 맨틀의 관성 모멘트에만 의존하기 때문에, 행성체의 칭동은 증가한다. 수성의 경우, 2배 정도 증가한다 (Margot et al., 2007).

수성 궤도선 메신저(MESSENGER)는 2011년부터 2015년까지 중력 탐사와 자력 탐사를 수행하였다. 중력 탐사와 자력 탐사 자료를 바탕으로 수성의 내부 구조를 추정할 수 있다. 수성의 내부 구조는 고체 내핵, 안정적으로 유지되는 액체층, 자기장이 생성되는 대류 영역으로 구분된다 (Wardinski et al., 2021). 유럽우주국(ESA)의 베피콜롬보(BepiColombo) 탐사선은 일본 우주청이 제공한 전용 자기권 궤도선의 도움으로 중력장과 자기장의 측정 범위와 해상도를 향상하여 수성 내부의 비밀을 밝혀낼 실마리를 제공할 것이다. 베피콜롬보는 2026년 11월 예정된 수성 궤도 진입을 위해 현재 수성을 여러 차례 근접 통과하고 있다.

금성의 핵은 지구의 핵과 거의 비슷한 크기로 추정된다. 금성은 현재 다이너모에 의해 형성되는 고유 자기장이 없는 상태이다. 금성의 압력 구배 모델에서 철로 구성된 액체 상태의 핵이 고체로 결정화되지 못하는 온도/압력 환경이 예측된다. 그러나 모델링에 기반한 해석은 핵이 포함하는 가벼운 원소의 구성과 함량에 따라 전적으로 결과가 달라진다 (O'Neill, 2021). 또한, 상당한 부피의 내핵 존재 가능성이 금성의 관성 모멘트 데이터 분석에서 확인된다 (O'Neill, 2021). 내부 기원 자기장을 형성하는데 필요한 활발한 대류 운동이 유지되려면 액체 핵의 추가 열원이 필요하다. 암석형 행성체의 진화에서 고체 내핵의 형성이 중요한 이유는 액체 핵이 결정화되는 과정에서 발생하는 잠열이 행성 내부의 추가 열원을 제공하기 때문이다. 아마 미래의 어느 시점에 충분히 냉각된 금성은 내핵을 형성하고, 내부 기원의 고유 자기장을 생성할 가능성이 존재한다.

궤도선과 착륙선이 측정한 다양한 지구물리 탐사 자료를 바탕으로 화성의 내부 구조를 가늠할 수 있게 되었다. 화성의 내부 구조 진화를 규명하기 위해 핵과 맨틀에 대한 이해가 무엇보다 중요하다. 화성의 중력장과 자전율 측정으로 관성 모멘트와 태양에 기인한 조석 러브 수 (tidal Love number)를 계산할 수 있는데, 이를 바탕으로 결정된 화성 핵의 반지름은 [1,794±65 km]이다. 이는 화성 핵이 상당히 많은 가벼운 원소를 포함하고 있음을 암시한다 (Yoder et al., 2003; Rivoldini et al., 2011). 인사이트 착륙선이 확보한 S파 지진 기록을 사용하여 계산한 화성 핵의 반지름은 [1,830±40 km]로 선행 연구의 결과와 대동소이하다 (Stähler et al., 2021).

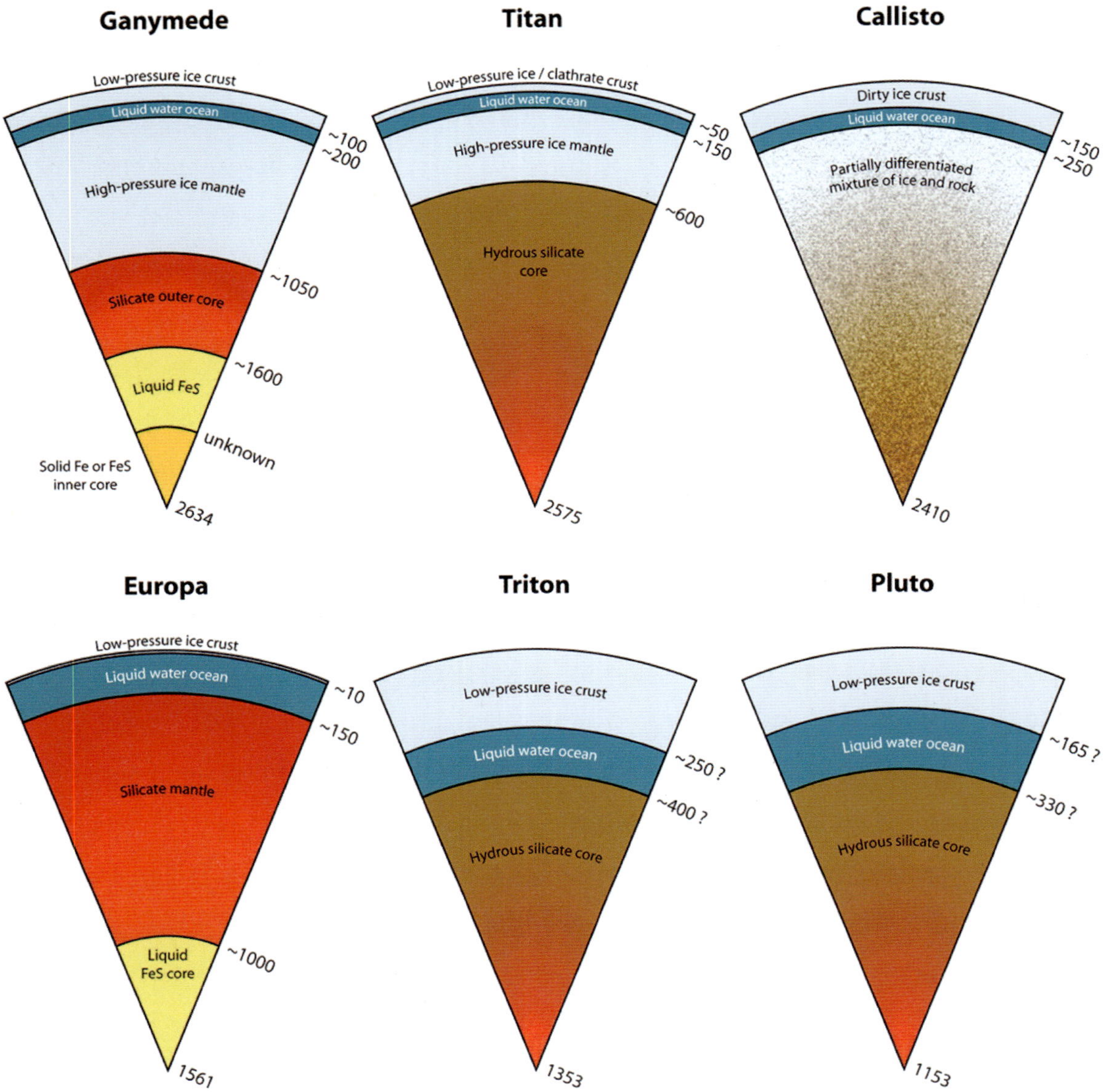

그림 3.17 얼음 행성체의 이론적인 내부 구조(깊이 단위: km). 이들의 진화 역사, 화학 조성, 태양으로부터의 거리에서의 적은 차이가 내부 구조와 지질학적 과정에 매우 큰 차이를 초래한다. 출처: 다양한 참고문헌에서 발췌.

화성 핵의 크기가 지구화학적 모델링 결과와 일치하려면 탄성파 자료의 환산에 사용된 핵의 밀도 [6,000~6,200 kg m^{-3}]에 약 15% 질량의 황, 약 5% 질량의 산소, 소량의 탄소와 수소 같은 가벼운 원소들의 혼합이 필요하다 (Yoder et al., 2003; Rivoldini et al., 2011). 이는 화성 핵 질량에 7% 미만의 황이 포함되어야 하고, 이에 상응하는 질량 부족이 맨틀 하부 링우다이트 (ringwoodite)에서 분해된 산소와 수소에 의해 보존되리라는 우주화학적 모델의 예상과 배치된다 (Yoshizaki & McDonough, 2020). 인사이트 (InSight) 착륙선의 P파 속도 분석 연구에서 맨틀의 불균질성이 관찰되었다. 최근에 제안된 내부 구조 모델은 기존의 모델보다 증가한 핵의 밀도 [6,470 kg m^{-3}], 17% 질량의 황, 3% 질량의 산소를 사용하여 화성 핵의 반지름 [1,650±20 km]을 추정한다 (Samuel et al., 2023).

달 중심부의 온도/압력 환경을 고려할 때, 순수한 철로 구성된 핵이라면 고체 상태로 존재할 것이다. 그러나 아폴로 지진계 관측 자료 재분석 과정에서 액체 상태의 핵이 발견되었다 (Weber et al., 2010). 달의 자유 진동, 관성 모멘트, 자기장 관측 자료를 바탕으로 결정된 핵의 반지름은 330 km이다. 달의 내핵이라 판단되는 고체 금속 영역의 반지름은 240 km이다. 달 내부의 밀도 분포 모델을 합리적으로 설명하려면, 질량 10% 미만의 가벼운 원소가 핵에 포함되어야 한다 (Kuskov et al., 2021). 이런 밀도 분포 모델의 물리적 조건은 휘발성 물질의 손실이 발생한 달의 형성 시나리오와 일치한다 (Maurice et al., 2020).

목성의 위성 이오는 상당한 부피의 금속 핵을 보유함을 전체 밀도와 관성 모멘트로부터 명확하게 알 수 있다. 아마도 핵은 전체 질량의 수십 퍼센트에 해당할 것이다. 그러나 이오의 핵이 완전한 액체 상태인지 혹은 부분적인 액체 상태인지를 판단할 자료는 아직 부족한 실정이다. 갈릴레오호의 목성 궤도 진입 초기에 확보된 이오의 내부 기원 고유 자기장 측정 자료는 Fe-FeS가 부분적으로 용융된 핵의 존재를 지시하는 간접적인 증거이긴 하다.

목성의 위성인 유로파와 가니메데는 Fe-FeS로 구성된 핵을 가진다는 증거가 있다. 대부분 얼음 위성은 금속이 분리되지 못한 감람석과 휘석으로 구성된 암석 핵을 형성한다. 어떤 얼음 위성은 충분이 온도가 높지 않아 암석 성분과 얼음 성분의 분화가 미진하여 꽤 균질한 내부를 가질 가능성도 있다 (그림 3.17).

토성의 위성 타이탄의 관성 모멘트를 설명하는 가장 단순한 모델은 매우 작은 금속 핵을 고려한다. 그러나 고도로 수화된 규산염이나 암석과 얼음의 혼합물이 타이탄의 중심부를 형성할 가능성이 더 높다 (Fortes, 2012). 타이탄의 핵은 건조한 규산염으로 이루어진 작은 중심부와 유기물이 풍부한 수화 규산염 껍질의 조합으로 설명할 수 있다(Sotin et al., 2021).

목성의 위성 가니메데는 금속 핵의 부분 용융으로 안정적인 내부 기원 고유 자기장을 유지한다. 가니메데 심부 구조 모델링에 의하면 금속 핵은 크고 지구에 비해 매우 높은 황 농집이 예상된다. 따라서, 가니메데 자기장의 발현이 비교적 최근에 진행되었을 가능성이 크다 (Kimura et al., 2009). 지구에 비해 상대적으로 낮은 핵 주변부의 압력으로 가니메데의 핵에서는 상당히 다른 결정화를 초래할 것으로 추산된다. 지구는 맨틀 방향으로 내핵 결정화가 진행되지만, 반면 가니메데는 핵에서 중심 방향으로 내핵 결정화가 되어, 마치 철 결정이 중심으로 '눈 내림' 하는 것 같다. 따라서 고체 철 결정이 핵의 외곽에서부터 중심부로 눈처럼 쌓이게 된다. 그러나 핵의 온도 수직 분포는 철 눈이 특정 깊이에서 녹게 한다. 이 과정에서 철이 풍부한 물질은 중심부로 유입되고, 유입된 철이 유발하는 성분과 밀도 차이에 의해 형성되는 대류 셀이 가니메데의 자기장을 유지하는 원동력이 된다 (Christensen, 2015). 목성의 얼음 위성 탐사선 (JUpiter ICe moons Explorer, JUICE)이 1년간 가니메데를 공전하는 임무가 2034년 하반기에 예정되어 있다. JUICE 탐사 자료는 가니메데의 내부 구조에 대해 보다 구체적인 밑그림을 제공할 것이다.

맨틀

지구형 행성과 달을 포함하는 분화된 행성체에서 맨틀은 핵을 둘러싸는 부분이다(Schubert, 1979). 일반적으로 수성, 금성, 화성의 맨틀은 지구의 맨틀과 구성 성분이 유사하다. 물론 각각의 행성체 진화 과정에서 발생한 화산 활동으로 미세한 성분 차이가 존재한다. 금성의 맨틀은 크기, 부피, 밀도, 구조가 지구와 매우 유사하다.

지구의 맨틀은 거의 3000 km 깊이로 감람석과 휘석으로 대표되는 철-마그네슘 규산염과 석류석(garnet)으로 대표되는 칼슘-알루미늄 규산염으로 구성된다. 지진파 연구를 통해 맨틀 내부에서 다양한 불연속면이 관찰된다. 지진파 단층촬영을 통해 맨틀 내부의 밀도/온도 변화 분포도가 완성되었다. 지구의 맨틀은 기본적으로 상부 맨틀과 하부 맨틀로 구분된다. 전체 지구 질량의 17.8%를 차지하는 상부 맨틀은 깊이 10~30 km부터 670 km 사이에 분포한다. 상부 맨틀에서 관찰되는 일련의 불연속면은 압력의 증가에 따른 감람석 결정구조의 변화 때문이다(그림 3.5). *상부 맨틀과 하부 맨틀의 경계인 650~670 km 불연속면에서 상변화가 발생하여 상부 맨틀 물질이 페로페리클레이스, 브리지머나이트, 다베마오이트의 혼합물로 전이한다. (역자 주)*

맨틀은 해당 온도/압력 조건에서 대류 운동의 일환인 느린 포행(creep processes)으로 이동하는 고체 상태의 결정질 복합체이다. 맨틀의 대류 운동이 상부 맨틀과 하부 맨틀에서 독립적으로 발생하는 현상인지, 아니면 맨틀이 하나의 시스템으로 대류 운동을 지속하는지에 대한 이견이 존재한다. 만약 상부 맨틀과 하부 맨틀의 대류 운동이 독립적이라면, 상부 맨틀과 하부 맨틀 사이에 별도의 열 전도층이 존재해야 한다. 전도는 대류보다 열의 전달 효율이 낮다. 따라서, 열전도층이 존재한다면, 하부 맨틀은 상부 맨틀보다 훨씬 더 뜨거운 고온 상태를 유지하게 된다. 반면 맨틀이 하나의 시스템으로 대류 운동을 지속한다면, 하부 맨틀의 온도는 독립적인 대류의 경우보다 상대적으로 낮아진다.

맨틀의 최하부에 D" 층으로 명명된 200~300 km 두께의 층이 존재한다. 전체 지구 질량의 약 3%를 차지하는 D" 층은 독립적으로 대류 운동을 하는 외핵과 하부 맨틀 사이의 열적 경계이자, 환원 상태의 핵과 상대적으로 산화된 맨틀을 분리하는 화학적 경계가 된다. 고압 광물물리학 실험 결과 D" 층의 온도 압력 조건에서 페로브스카이트(perovskite)가 포스트-페로브스카이트로 전이한다. 페로브스카이트는 노벨 물리학 수상자로 다양한 고압 실험 기법을 개척한 퍼시 브리지먼(Percy Bridgman)의 업적을 기리기 위해 브리지머나이트(bridgemanite)로 명명되었다. 최근에는 맨틀 최하부 물질의 상변화가 지구의 열적 진화에 끼친 영향을 평가하는 방향으로 연구의 외연이 확대되는 추세이다 (Kuwayama et al., 2022).

D" 층은 심부 맨틀로 가라앉은 해양 암석권의 섭입 슬랩 잔해물로 해석되며, 맨틀 플룸 (plume)의 근원 역할을 한다. 해양 암석권의 섭입으로 물, 유기물, 기타 원소들이 맨틀 심부로 이동하는 과정에서 다이아몬드와 같은 고압 광물이 형성된다. 형성된 일부 고압 광물들은 맨틀의 대류를 통해 수천만 년에서 수억 년 후에, 비로소 지표에 드러나게 된다. 지구 심부의 정보가 담긴 고압 광물의 지구화학적 특징과 동위원소 관찰을 바탕으로 전반적인 맨틀 거동의 특징을 파악하게 된다.

달은 지구보다 질량과 부피가 모두 작다. *달 맨틀 최하부의 정압은 4~5 GPa로 지구 맨틀 최하부*

정압의 3~4% 수준이다. (역자 주) 지구의 맨틀에서 관찰되는 고압 상변화가 달의 맨틀에서는 발생하지 않는다. 아폴로 탐사의 월진 자료 분석 결과 약 750 km 깊이에서 불연속면이 발견된다 (그림 3.7). 이 불연속면은 달의 진화 초기에 존재했던 원시 마그마 바다의 하부 경계면으로 해석된다. 달의 암석권은 약 1,200 km 깊이까지 분포하며, 암석권 하부에 부분적으로 용융된 약 150 km 두께의 연약권이 존재한다. 물론 달 맨틀의 내부 구조는 아직 불확실성을 내포한 초기 해석 단계이다. 이는 월진 자료가 워낙 부족하고, 심하게 파쇄된 달의 하부 지각에서 발생하는 지진파 산란에 의한 지진 기록의 잡음 때문이다 (Konrod et al., 2022). 따라서 달의 고해상도 심부 구조를 규명하기 위해, 달 표면 곳곳에 월진 연구 전용 지구물리 네트워크의 도입이 필요하다.

지구에서 발견된 화성 운석의 성분 분석 결과, 화성 맨틀의 철 함량은 지구 맨틀보다 높게 관찰된다. 지구 맨틀의 Mg/(Mg+Fe) 평균 몰비 (molar ratio)는 89%지만, 화성의 맨틀 기원 운석에서 관찰된 평균 Mg 비는 81%이다 (Khan et al., 2022). 비록 Mg 비의 차이가 확인되지만, 화성의 맨틀은 지구의 맨틀과 비슷하게 거동하리라 예상한다. 화성 맨틀의 아래 1/3 지점에서 상변화가 발생하여 감람석이 워즐리아이트 (wadsleyite)와 링우다이트 (ringwoodite)로 전이하는 경계가 존재한다. 화성 핵-맨틀 경계의 깊이를 고려할 때, 맨틀 최하부에 지구의 하부 맨틀을 구성하는 브리지머나이트의 존재 가능성은 매우 희박하다. *지진 자료 분석을 바탕으로 추정된 화성의 액체 외핵 반지름은 [1,780~1,840 km]이다. 최근의 연구에 의하면 반지름 [1,675±30 km]의 외핵을 [150±15 km] 내외의 용융 규산염층이 감싸고 있다(Khan et al., 2023). (역자 주)* 화성의 암석권은 올림푸스산 (Olympus Mons)과 같은 거대한 하중을 지탱할 정도로 두꺼워야 한다. 인사이트 (InSight) 지진계의 관찰 자료 해석 결과, 화성의 암석권 두께는 150 km이며, 약 270 km 깊이에 지진파 저속도대가 존재한다. 이는 대류성 맨틀 위에 두꺼운 전도성 경계층이 존재하기 때문이다 (Samuel et al.,, 2023).

목성의 위성 이오에서 관찰되는 활발한 화산 활동을 고려하면, 반복적인 용융으로 내화성이 증가한 상부 맨틀 전체가 안정적인 고온 환경을 유지한다. 화산 분출 지점의 분광계 관측 온도는 1,800~2,000 K에 이른다. 이는 이오의 마그마가 시생대 지구에 분출했던 코마티아이트 (komatite)와 유사한 마그네슘이 풍부한 초고철질 (ultramafic) 마그마로 해석된다. 표면에서 관찰되는 일부 거대 산악 지형의 하중을 지탱하려면 이오 역시 두꺼운 암석권이 필요하다. 이오의 내부 밀도 분포 모델은 약 35 km 두께의 암석권 아래에 약 50 km 두께의 용융층을 가정한다. 암석권 아래에 있는 용융층은 이오에서 관찰되는 유도 자기장의 형성과 관련된다 (Khurana et al., 2011). 내부 구조에 관한 다양한 모델의 검증을 위해 이오의 변형을 감지하는 정밀한 러브 수 (Love number) [k2, h2] 모니터링과 칭동 관찰이 필요하다 (van Hoolst et al., 2020). 고해상도 러브 수를 측정하기 위해 통과 비행 (flyby)이나 궤도선의 전파 과학 장비와 고도계를 활용하여 중력장 [k_2]과 지형 [h_2]의 시간적 변화를 면밀하게 관찰해야 한다.

대형 얼음 위성의 맨틀은 지구형 행성의 맨틀과 비슷한 점이 많다. 다른 광물과 마찬가지로 압력이 증가할수록 얼음의 밀도도 증가한다. 밀도가 증가하는 과정에서 얼음의 상변화가 발생한다 (Fortes & Choukroun, 2010). 따라서 얼음 맨틀은 다양한 동질이상 얼음이 밀도 차이에 따라 층을 이룰 것으로 예상한다. 얼음 맨틀에서 발생하는 상변화는 대류 운동의 양상을 복잡하게 만드는 주요 원인이다. 이는 대다수 광물과 달리 압력이 증가할수록 얼음의 녹는 온도가 낮아지다가, 200 MPa을 기준으로 얼음의 녹는점이 다시 높아지기 때문이다. 만약 적절한 가열 수단을 제공한다면, 최소 수 km에서 최대 150 km 두께의 고체 얼음층 아래에 액체 물로 이뤄진 지하 바다 (마그마 바다의 얼음 버전)가 존재할 수 있다. 얼음으로 뒤덮인 목성의 갈릴레이 위성, 토성의 위성 타이탄과 엔셀라두스, 해왕성의 위성 트리톤, 명왕성 등 다양한 얼음 행성체 내부에 바다의 존재를 지시하는 증거가 관찰된다. 바다의 존재는 해당 행성체 표면으로 분출되는 얼음 마그마의 원천으로, 우주생물학의 잠재적 가치를 가지는 환경이다.

지각

지각 (crust)과 암석권 (lithosphere)은 때때로 혼용되지만, 두 용어는 엄연히 다른 의미를 지닌다. 지각과 맨틀은 지구를 화학적으로 구분하기 위해 정의된 용어이다. 반면 암석권과 연약권 (asthenosphere)은 지구를 물리적으로 구분하기 위해 사용된다. 상대적으로 차갑고 단단한 암석권의 열 전달 방식은 전도이다. 유동적이고 따뜻한 연약권의 열 전달 방식은 대류이다. 실제로 암석권은 지각과 파쇄되기 쉬운 맨틀의 최상부 부분을 포함한다. 물론 지각과 맨틀의 경계는 모호면 (Moho discontinuity)이다.

지구의 지각은 지체구조 특성 차이를 기준으로 해양 지각과 대륙 지각으로 구분된다. 전체 지구 질량의 0.099%에 해당하는 해양 지각은 일반적으로 5~10 km의 얇은 두께로 관찰된다. 해양 지각은 고철질 화성암인 현무암과 반려암으로 구성된다. 해양 지각의 평균 밀도는 [3,000 kg m^{-3}]이다. 대륙 지각은 훨씬 두껍고(25~70 km) 석영-장석이 풍부한 화강섬록암 (grandiorite)과 유사한 암석으로 구성된다. 대륙 지각의 평균 밀도는 [2,800 kg m^{-3}]이다. 부분 용융의 지시자인 S파 감쇠가 관찰된 일부 연약권에서 생성된 마그마가 해령으로 분출하며 해양 지각을 생성한다 (그림 3.15). 냉각에 의한 수축이 발생하여 해령으로부터 멀어지며 해양 지각의 수심은 깊어진다. 궁극적으로 밀도가 증가한 해양 지각과 최상부 맨틀로 구성된 해양 암석권은 섭입 과정을 통해 맨틀로 침강한다. 섭입하는 물질이 가하는 힘인 슬랩 당김 (slab pull)이 암석권의 수직적인 움직임을 주도하여 판구조론의 엔진 점화 역할을 한다.

대륙 지각의 물질은 낮은 밀도로 인해 암석권의 섭입 과정에 포함되지 못한다. 대신 섭입 과정에서 해양 지각이 모두 소진된 이후 대륙과 대륙의 충돌이 발생하여, 복잡한 습곡대와 산맥을 포함하는 봉합대를 형성한다. 대륙의 충돌 과정에서 발생하는 융기와 암석권 평형으로 가장 깊은 대륙 지각은 봉합대 하부에서 관찰된다. 침강판 상부의 일부 해양 지각 물질이 상판의 대륙 지각 위로 밀려와, 침강판의 일부 해양 지각이 상판에 보존되는 구조를 오피올라이트 (ophiolite)라 한다. *지중해에 있는 키프로스 트로도스(Troodos) 지역의 산맥에서 오피올라이트가 관찰된다(Morris & Maffione, 2016). (역자 주)*

지체구조 운동으로 생성과 소멸을 반복하는 해양 지각과 섭입을 겪지 않는 대륙 지각의 근본적인 차이 때문에, 해양 지각은 대륙 지각보다 상대적으로 젊은 물질로 구성된다. 해령으로부터 연속적으로 멀어진 해양 지각의 최고 연령은 2억 년 이내이다. 다만 3억 4천만 년 전에 형성된 해양 지각 일부가 지중해 동부에 고립된 형태로 살아남아, 고생대 해양 지각의 한 단면을 보여준다. 반면 대륙 지각의 암석은 최대 42억 년 전의 지질 기록을 그대로 보존하고 있다. 이런 해양 지각과 대륙 지각의 연령 차이는 지구의 충돌구 분포와 아주 밀접하게 관련되어 있다.

태양계의 다른 행성체 표면에서 놀라울 정도로 다양한 특색을 나타내는 지각이 관찰된다. 크기, 내부 구조, 태양으로부터의 거리가 지구와 가장 유사한 금성은 얇은 두께의 지각을 보유한다. 1970년대 구소련 베네라 (Venera) 착륙선이 측정한 금성 표면의 화학 조성은 지구의 심부 형성 마그마 기원인 알칼리 현무암과 매우 유사하다. 금성의 일부는 매우 오래되고 독특한 성분을 가지는데- 테세라 (Tessera) 라 불리는- 이 지역은 금성의 진화 초기에 형성된 대륙 지각으로 해석된다.

우리가 보기에 밝은 부분에 해당하는 달의 지각은 칼슘이 풍부한 사장석인 회장석이 우세하다. 풍부한 회장석의 존재는 진화 초기 달에 존재했던 마그마 바다의 거품 (scum)이다. 마그마 바다가 냉각되며 광물의 결정화 과정에서 상대적으로 가벼운 사장석 (plagioclase)은 위로 떠오르고, 상대적으로 무거운 감람석, 휘석, 티탄철석(ilmenite)는 아래로 가라앉게 된다. 달의 지각 두께는 앞면 (50~60 km)과 뒷면 (100 km 이상)의 차이가 상당한데, 이런 지각 두께 비대칭성 발달의 원인은 아직 불분명하다.

메신저 탐사선의 수성 표면 분석 결과, 수성 지각의 장석 (feldspars) 함유량은 매우 낮게 관찰된다. 수성의 낮은 장석 함유량은 이전의 망원경 관측, 마리너 10호의 측정 자료와 상당히 일치한다. X선 분광 관측은 수성의 지각이 지구의 현무암보다 장석이 부족하여 맨틀 성분에 가깝다고 보여 준다 (Nittler & Weider, 2019). 높은 황과 탄소의 함량, 낮은 철의 함량은 수성이 태양 성운의 매우 환원된 영역에서 형성되었음을 의미한다. 수성 지각의 성분은 화학적으로 매우 불균질하며 지구의 코마티아이트 (komatiite)와 보니나이트 (boninites)에 해당하는 초고철질 암석과 유사하다. 수성 지각의 평균 두께는 약 25 km이며, 맨틀의 부분 용융으로 형성된 이차 지각일 가능성이 크다. 수성 내부의 낮은 압력과 얇은 맨틀로 인해 수성의 핵-맨틀 경계까지 모든 깊이에서 부분 용융이 발생한다. 최초로 형성된 수성의 일차 지각은 원시 마그마 바다 위에 떠 있던 흑연 (graphite)일 가능성이 높다 (Vander Kaaden & McCubbin, 2015). 실제 이차 지각 하부에 충돌로 인해 노출된 그라파이트가 풍부한 일차 지각의 흔적이 관찰된다 (Peplowski et al., 2016).

화성 기원 (SNC) 운석의 분석을 바탕으로 추정한 화성의 지각은 현무암질 암석으로 구성되어 있다. 그러나 화성 표면에 도착한 로버의 현장 탐사를 통해 현무암보다 실리카와 알칼리가 더 풍부한 암석이 발견되어, 화성 지각의 화학 조성 범위에 다양성이 추가되었다 (그림 7.4). 지각의 다양한 화학 조성을 설명하기 위해, 부분 용융에 의한 단순한 맨틀 물질의 추출보다 복잡한 마그마 생성 과정을 고려해야 한다. 실제 행성체 탐사에서 지각 물질의 정보는 중력과 지형 데이터를 지각 두께로 변환하는 데 사용되는 평균 밀도에 반영된다. 지난 50년 동안 화성 연구에서 사용된 지각의 평균 두께는 30 km 미만에서 100 km 초과까지 매우 다양하다. 최근 화성의 표면에 지진 관측 설비가 부착되어 화성의 지각 구조를 직접 관측하게 되었다 (Knapmeyer-Endrun et al., 2021). 엘리시움 평원 (Elysium Planitia)에 착륙한 인사이트는 약 10 km, 20 km, 40 km 깊이에 존재하는 3개의 음향 불연속면을 탐지하였다. 후자 두 개의 음향 불연속면 중 어느 불연속면이 화성의 모호면 (Moho discontinuity)인지 아직 확실하지 않다. 모호면이 20 km 음향 불연속면과 연관된다면, 화성 지각의 밀도는 약 [2,900 kg m^{-3}], 평균 지각 두께는 24 km이다. 모호면이 40 km 음향 불연속면과 연관된다면, 화성 지각의 밀도는 약 [3,100 kg m^{-3}], 평균 지각 두께는 72 km이다. 물론 72 km의 평균 지각 두께가 장기 방사성 동위원소의 분포를 설명하기에 더 적합하다.

목성의 위성 이오의 지각은 규산염으로 구성된 하부 기저층과 다양한 황 화합물로 구성된 상부층으로 구분된다. 이는 수성의 먼저 생성된 일차 지각과 나중에 생성된 이차 지각의 개념과 거의 흡사하다.

얼음 위성의 지각은 주로 얼음으로 구성되지만, 메탄 수화물 (methane hydrates) 인 클래쓰레이트 (clathrate)가 지각 형성 물질일 가능성이 제시되었다. 클래쓰레이트는 일반적으로 얼음보다 훨씬 더 단단하고 열의 전도도가 낮아서 위성체 내부의 온도를 더 높게 유지할 수 있게 한다. 원시 태양 성운에서 형성된 클래스레이트는 초기 증착 과정에서 얼음 행성체 내부에 포함된다. 감람석의 사문석화 (serpentinization) 과정에서 생성된 휘발성 물질이 얼음과 반응하여 이차 클래스레이트을 형성하기도 한다. 이차 클래스레이트 형성 과정은 지구의 지각에서 유체의 이동으로 발생하는 변성 교대 (metasomatism) 작용과 유사하다. 아직 얼음 위성의 지각 구조가 명확히 관찰된 예는 없지만, 각각의 얼음 위성에서 관찰된 초기 자료는 다양한 지각 물질의 존재를 암시한다. 예를 들어, 목성의 위성 가니메데의 충돌구 주변에서 어두운 물질로 구성된 영역이 관찰되며, 명왕성의 위성 카론의 충돌구 주변에서 암모니아가 풍부한 얼음이 관찰된다.

지구의 해양 지각 확장과 놀라울 정도로 유사한 형태의 지각 운동이 유로파와 가니메데에서 관찰된다. 금성 지각의 부력 문제와 같이 유로파와 가니메데의 저밀도 얼음은 밀도 차이로 인해 액체 상태의 물바다로 섭입될 수 없다. 따라서 유로파와 가니메데의 지각 변화는 오래된 얼음 지각이 다른 얼음 지각으로 포섭 (subsumption)되는 특이한 현상으로 이해된다 (Kattenhorn & Prockter, 2014).

퍼진 공 (Fuzz balls)?

지구를 포함하여 고체 표면을 갖는 대부분의 행성체는 밀도 차이에 의해 뚜렷이 구분되는 동심원 형태의 껍질층을 지닌다. 반면 목성형 행성과 얼음 위성은 화학적 분화와 밀도 구배가 관찰되지만, 내부 구조가 더 분산되어 있거나 층 간의 구분이 불분명하다. 즉, 내부 구조가 점진적으로 변하며 퍼져 있는 (fuzzy) 것처럼 보인다 (그림 3.18).

목성과 토성의 최외곽 층은 기체 상태의 수소와 헬륨으로 구성되어 지구형 행성체의 대기와 같은 역할을 한다. 행성체의 중심부로 갈수록 기체 상태 수소와 헬륨의 밀도가 증가하고 압력이 증가하여 분자 수소가 액체 금속성 수소로 전이한다.

목성 내부의 온도는 헬륨이 금속성 수소에 용해될 만큼 매우 높다. 반면 토성은 목성보다 상대적으로 온도가 낮아 헬륨이 분리되어 핵으로 침전되며 열을 방출한다 (Mankovich & Fortney, 2020).

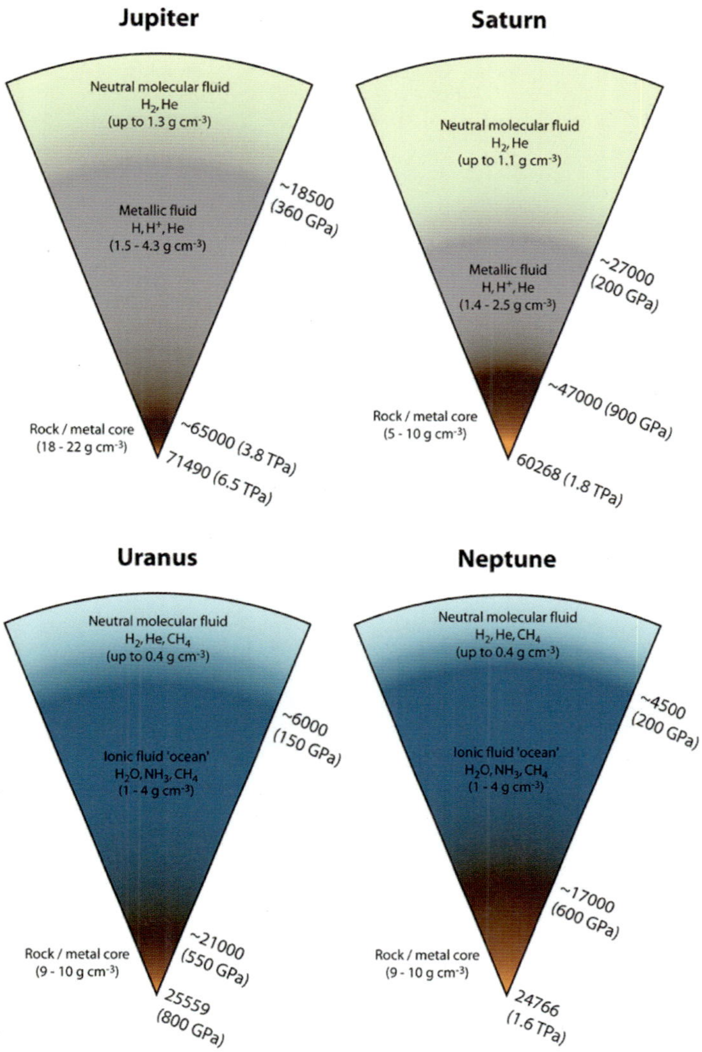

그림 3.18 기체 거대 행성(목성, 토성, 천왕성, 해왕성)의 이론적인 내부 구조(깊이 단위: km). 목성은 태양과 매우 유사한 화학 조성을 가지며, 토성은 목성에 비해 헬륨의 손실이 발생하였다. 천왕성과 해왕성은 태양계 원시 성운으로부터 얼음과 암석 성분을 획득하였으나, 목성과 토성보다 수소와 헬륨은 덜 유입하였다 (지구형 행성보다는 훨씬 많이 유입했으나). 출처: 다양한 참고문헌에서 발췌.

2016년부터 목성 극궤도 탐사선 주노(Juno)가 측정한 고해상도 목성 중력장 분포는 목성의 무거운 원소들이 실제로는 넓고 희박한 행성체의 중심부에서 수소-헬륨 (H-He)과 혼합되어 있음을 나타낸다 (Debras & Chabrier, 2019). 이는 고밀도의 암석-금속 핵을 가질 것이라는 기존 이론과 달라 놀라게 했다. 이런 놀라운 관측 결과를 설명하기 위한 현재까지의 제안으로서 목성 역사 초기에 거대한 충돌이 있었다는 주장이 있다 (Liu et al., 2019; Müller et al., 2020). 토성의 경우 g-모드 분석에서 토성 반지름의 거의 60%에 달하는 크고 분산된 핵이 관찰된다 (Mankovich & Fuller, 2021).

천왕성과 해왕성은 중력과 자기장 연구의 정확도가 낮고, 열류량을 정확하게 측정할 수 있는 실측 자료가 부족한 상황이다. 전통적인 모델은 천왕성과 해왕성이 메탄과 암모니아를 포함하는 수소와 헬륨으로 이루어진 최외곽 대기층과 물, 메탄, 암모니아로 이루어진 밀도 높은 유체층으로 구분한다. 천왕성과 해왕성의 해당 온도/압력 조건에서 유체층의 물질들은 초이온 (superionic) 상태를 유지한다. 유체층의 높은 전기 전도도와 대류 운동으로 천왕성과 해왕성의 독특한 자기장이 생성된다.

그러나 전통적인 모델은 천왕성이 매우 큰 물/암석 비를 초래하고, 낮은 내부 열 생성을 설명하기 어렵다. 매우 높은 물/암석 비율은 천왕성 예측 모델의 근본적인 미해결 과제로 남아있다. 최근에 제시된 편향되지 않은 접근법을 사용하는 모델링 방법들은 성분의 구배가 점차적으로 변하는 퍼진 내부를 상정함으로써 관측 자료와 일치하는 결과를 선보이고 있다 (Helled & Fortney, 2020). 행성체 내부의 성분 구배가 대류를 억제하고 열에너지가 핵에 제한되기 때문에, 천왕성의 열 플럭스가 낮아진다. 이 과정에서 암석과 얼음이 희박하게 섞여 있는 천왕성의 핵은 고온을 유지하게 된다 (Vazan & Helled, 2020).

목성과 토성의 근접 탐사를 통해 확보한 자료와 함께 혁신적인 모델 연구들은 대형 행성체의 구조와 역학에 대한 패러다임의 전환을 유도한다. 아직 탐사 자료가 빈약한 천왕성과 해왕성에 대한 새로운 창의적인 탐사 임무의 설계가 시급하다. 천왕성과 해왕성을 포함하는 거대 행성체의 내부 구조 규명에 사용되는 모델링 기법의 발전은 태양계 너머의 행성체 형성과 진화 규명에 막대한 기여를 한다.

행성체 내부의 구조적인 안정성이 확보되려면 행성체의 내부를 불연속적인 층으로 구분하는 분화 과정에서 밀도 구배와 밀도 이상이 적절히 제거되어야 한다. 그러나 플룸과 판의 진화에서 행성체의 분화가 반드시 지질학적 정지 상태를 수반할 필요는 없다. 오히려 행성체의 분화는 다음 장의 주제인 자기장 생성의 전제 조건으로 여겨진다.

chapter 4

자기장

지구자기장은 GPS 위성이 등장하기 전 수 세기 동안 항해와 지도 제작에 사용되었고, 아직도 길 찾기의 기본 도구로 활용된다. 지구자기장은 지구 내부의 구조와 변화를 반영하고 암석권의 이동과 변형에 대한 중요한 단서를 제공한다. 지구자기장은 지구 자체적으로 생성되지만, 태양을 비롯한 외부 요인의 영향을 받는다. 지구자기장은 태양과 주변 우주에서 방출되는 이온화된 아원자 입자의 지구 유입을 방어하는 보호막 역할을 한다. 태양계의 일부 다른 행성체도 지구와 마찬가지로 내부 기원의 고유 자기장을 형성한다. 그러나 자기장을 생성하는 행성체마다 자기권 내부의 플라즈마 존재 여부, 행성체 자기장의 세기와 방향, 다극자기장의 기여도 등에서 차이가 있다. 최근에는 얼음 행성체 지하의 바다에서 유도되는 자기장이 관찰되었다. 내부 기원 고유 자기장이 없는 대다수 행성체의 표면과 대기는 태양의 자기장과 태양풍의 직접적인 영향을 받는다. 행성체의 자기장은 시간에 따라 변화하여 영년변화, 자기장의 붕괴, 자기장의 역전이 발생하기도 한다. 일부 자성광물이 기록하는 잔류 자화는 행성체 자기장 변동의 화석 기록으로 행성체의 과거 자기장 변화 추적에 사용된다. 행성체의 자기장 연구는 3장에서 다룬 지진학과 5장에서 다룰 중력과 더불어 행성 탐사의 세 가지 핵심 요소이다.

지구자기장

지구의 자기장에 대한 가장 오래된 관측은 기원전 6세기의 기록으로 전해진다. 나침반은 기원전 2세기 초에 발명되었다. 중국의 한나라(기원전 202년~서기 220년) 시기의 문헌에 자철석 (Fe_3O_4)이 풍부한 자석 돌로 제작한 숟가락 모양의 장치를 방향 지시자로 사용한 기록이 발견된다. 한나라의 자석 사남(司南)은 동양 최초로 풍수지리 판단에 활용되었다. 편각은 지구의 자기 북극과 진북의 차이이다. 서기 720년 중국의 천문학자 이싱 (Yi-Xing, 一行)이 처음으로 편각을 측정하였다. 1088년 셴구오(Shen Guo, 沈括)는 나침반을 최초로 제작하였다. 1190년 알렉산더 넥햄(Alexander Neckham)은 나침반을 최초로 항해에 사용하였다.

자기장에 대한 이해가 부족하던 시절, 나침반은 지구의 특정 위치가 아니라 북극성의 방향을 지시한다고 여겨졌다. 이런 고대의 오류는 프랑스 학자 페트루스 페레그리너스 (Petrus Peregrinus)가 1269년 저술한 『자석에 대한 소고 (Epistola De Magnete)』에서 처음으로 수정되었다. 페레그리너스는 현대에도 사용되는 쌍극자기장의 자기 북극/남극, 극성에 대한 개념, 자기 경도선을 정확히 설명하였다. 그는 지구자기장의 복각에 해당하는 자기 극의 기울어짐 역시 확인하였으나, 1544년이 되어서야 지구자기장의 기울기에 해당하는 복각의 정밀한 측정이 시도되었다. 과학자들의 지속적인 지표 지구자기장 측정 과정에서 영국의 천문학자 헨리 겔리브랜드 (Henry Gellibrand)는 1634년 시간에 따른 편각의 변화를 발견하였다. 지도 투영법으로 유명한 지리학자 게라르두스 메르카토르 (Gerardus Mercator)는 1546년 자기 극이 지표와 닿아 있다고 주장하였다. 윌리엄 길버트 (William Gilbert)는 1600년에 출판된 저서 『자석 (De Magnete)』에서 지구 자체가 거대한 자석처럼 작용한다는 의견을 제시하였다. 1701년 에드먼드 핼리 (Edmund Halley)는 남대서양을 횡단하며 측정한 편각과 복각 자료를 바탕으로 자기 차트를 작성하였다.

핼리 이후 100년 이상 작성된 자기 차트 자료를 설명하기 위해 카를 프리드리히 가우스(Carl Friedrich Gauss)는 1838년 구면 조화 함수를 사용하여 자기장 퍼텐셜을 수학적으로 기술하였다. 지구의 자기장은 거리와 공간 주파수가 증가하는 항으로 구성된 구면 조화 함수의 급수 확장으로 표현되며, 전체 퍼텐셜에 대한 기여도는 가우스 계수 $[g_l^m, h_l^m]$에 반영된다. 가우스 계수에 포함된 [*l*]은 함수의 차수를 [*m*]은 함수의 계수를 표현한다. 가장 낮은 주파수에 해당하는 [*l=1*]항은 쌍극자기장 성분을 표현하고 자기장 파워의 가장 큰 부분을 차지하며 거리의 세제곱$[r^{-3}]$에 비례하여 감소한다. 쌍극자기장 성분 다음으로 높은 주파수에 해당하는 [*l=2*]항은 사극 자기장 성분으로 거리의 네제곱$[r^{-4}]$에 비례하여 감소하고, [*l=3*]항은 팔극 자기장 성분으로 거리의 다섯 제곱$[r^{-5}]$에 비례하여 감소한다. 거리에 따라 다르게 감소하는 차수 의존성 때문에, 낮은 차수와 계수는 행성체의 심부 자기장에 관한 정보를 제공하고, 높은 차수와 계수는 행성체의 지각과 같은 천부의 자기장에 관한 정보를 제공한다. 지구의 자기장은 쌍극자기장 성분이 우세하지만, 일부 행성체의 자기장은 비쌍극 자기장 성분의 큰 기여가 관찰된다. 가우스는 지구의 자기장 퍼텐셜을 차수 4, 계수 4로 확장하여 표현하였다.

인공위성이 측정한 지구자기장 관측 자료를 활용하여 지구의 자기장 퍼텐셜을 차수 13, 계수 13으로 확장한 국제 표준 지구자기장 (international geomagnetic reference field, IGRF-13)이 사용된다 (Alken et al., 2021). IGRF-13은 차수와 계수뿐 아니라 각 차수와 계수의 시간에 따른 변화량도 함께 제시한다. 현재의 지구자기장은 지구 중심을 관통하는 지구 중심축 쌍극자로 근사 된다. 2025년을 기준으로 지구 중심축 쌍극자는 자전축에 9.16° 기울어져 있다. 쌍극 자기장 성분의 세기는 자기 적도 근처에서 29,750 nT, 자극에서 59,500 nT이다. 실제 관찰된 자기장의 세기와 이상적인 쌍극 자기장의 세기 차이는 고주파 다극 자기장 항으로 표현된다. IGRF-13을 기준으로 지구의 쌍극 자기장 성분과 사극 자기장 성분의 세기 비율은 1:1.180이다.

지구자기장의 관찰은 필연적으로 그 기원에 대한 근본적인 의문을 제기한다. 자성광물은 영구적으로 자화를 유지할 수 있다. 물론 모든 자성광물은 자화 상실 온도 이상의 고온 환경에 노출되면 자성을 잃게 된다. 자성광물은 고유의 자화 상실 온도를 지니며 지각의 대표적인 자성광물인 자철석과 적철석의 자화 상실 온도는 580°C와 680°C(역자 주) 이다. *(역자 주)* 지구의 중심부는 자성광물의 자화 상실 온도보다 훨씬 고온 환경이라 자성광물의 영구적인 자화 유지가 불가능하다. 따라서 지구자기장은 반드시 동적인 작용으로 생성되어야 한다. 관측된 지표 지구자기장의 모든 특징과 지구의

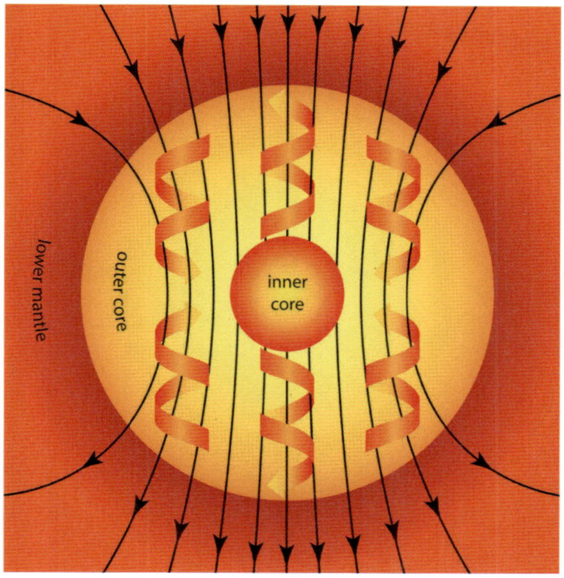

그림 4.1 행성체의 자기장은 전기전도도가 있는 내부 액체 영역에서 주로 대류의 운동으로 촉발된 다이너모 (dynamo, 발전기)에 의해 생성되는 것으로 생각된다. 부력으로 액체가 내핵에 접한 기둥 내에서 상승한 후 냉각하여 접선 기둥 밖으로 하강한다. 행성의 자전으로 인한 코리올리 힘과 조합하면 이 운동은 일련의 접선 기둥 (Taylor 기둥) 주위를 도는 나선 흐름을 형성한다. 이 흐름은 다이너모 지역 내에서 꼬이는 환상 (toroidal) 자기장은 만들지만, 꼬인 환상 자기장이 서로 상쇄되고 다이너모 지역 바깥의 먼 곳에서는 대규모 극상 (poloidal) 자기장으로 발현된다. 다이너모 영역은 지구, 수성, 가니메데에서 액체 금속 철의 외핵이며, 목성과 토성에서는 금속성 수소의 넓은 외피층, 천왕성과 해왕성은 이온화된 얼음층이다.

내부 구조를 충실히 반영하는 동적 작용을 다이너모라 한다.

다이너모는 1919년 조세프 라모르 (Joseph Larmor)에 의해 처음 제안되었다. 유진 파커 (Eugene Parker)는 1955년 천체의 다이너모에 관한 설명을 제시하였다. 파커의 모델은 전도성 유체인 액체 금속 외핵의 움직임을 전제로 한다. 금속이 용융된 지구 외핵의 특징은 높은 전기 전도도 (~106 S/m)와 낮은 점성 (실온에서 시럽보다 ~25배 더 낮은 점성)이다. 자기장 발생의 직접적인 원인인 외핵의 유체 이동은 다음과 같은 세 가지 이유로 일어난다. 첫째, 지구가 자전하기 때문에 압력의 구배와 코리올리 힘 사이의 균형 (대기와 해양에서처럼)으로 외핵의 대규모 유체 흐름이 발생한다. 둘째, 내핵이 결정화되며 발생하는 잠열로 외핵의 하부가 가열되어 대류 운동을 유발한다. 즉 외핵의 뜨거운 바닥과 상대적으로 차가운 상부 사이의 온도 경사가 대류를 일으킨다. 셋째, 황을 포함하는 금속으로 구성된 외핵에서 고체 철이 결정화되면 잔류 액체의 철 함량이 줄어들고 밀도가 감소하여 대류를 촉발하는 추가적인 부력을 제공한다. 지균 운동 (geostrophic, *코리올리 힘과 압력 경사력이 균형을 이루는 운동으로 대기에서 등압선을 따라 부는 바람의 생성 원리: 역자 주*)와 대류 운동의 조합이 내핵 주위에 자전축 방향으로 정렬된 원통형 테일러 기둥에 나선 운동을 일으킨다. 이후, 내핵 접선 원통의 신장 방향으로 상승한 부력 기둥이 접선 원통 끝부분에서 주변으로 확산한다 (그림 4.1). 회오리 모양의 꼬인 흐름은 다이너모 내부에 위도 방향의 환상 (toroidal) 자기장을 생성한다. 다이너모 내부의 환상 자기장은 다이너모 외부로 성장하며 경도 방향의 극상 (poloidal) 자기장을 생성한다 (그림 4.1).

태양계 행성체 다이너모 영역의 전도성 유체는 크게 세 종류로 나뉜다 (표 4.1). 첫째, 지구, 수성, 가니메데의 다이너모는 액체 금속 외핵에서 발생한다. 둘째, 액체 금속성 수소가 거대 가스 행성 목성과 토성의 다이너모를 형성한다. 셋째, 이온화된 얼음층이 얼음 위성의 다이너모를 형성한다. (역자 주)

지구자기장은 지구를 넘어 우주로 뻗어 나가며 태양풍과 마주친다. 태양풍이란 태양에서 초속 수

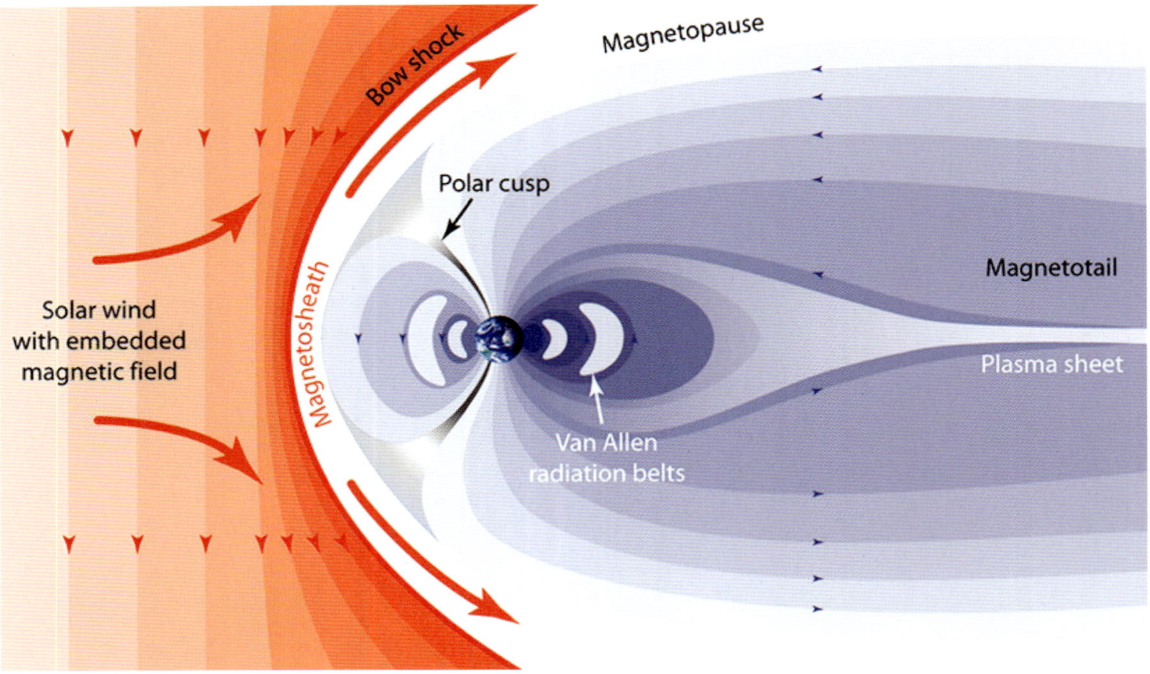

그림 4.2 지구 자기장(푸른색)과 태양풍(붉은색)의 상호 작용. 태양풍 (solar wind)은 코로나에서 나온 플라즈마의 흐름으로 태양계 전체를 통과해 나간다. 행성의 자기장이 태양풍과 작용하면, 낮쪽은 압축되고, 밤쪽은 긴 자기꼬리를 형성한다. 태양풍 흐름이 초음속이기 때문에 행성 자기권의 장애로 충격파를 만들고 압축된다. 태양풍 흐름이 뱃머리 충격파(bow shock)를 통과하면 와류 (turbulent)가 심한 자기권외피층 (magnetosheath)에서 자기권계면(magnetopause)을 감싸 돌아 나간다. 하전 입자들은 두 곳의 극 첨애 (polar cusp)를 통해 대기권으로 침투할 수 있다. 다른 곳에서는 양성자와 전가가 자기장에 걸려 머물다가 밴 앨런 방사대(Van Allen radiation belt)로 가거나, 플라즈마 판(plasma sheet)을 거쳐 희박한 자기 꼬리(magnetotail)로 표류해 나간다.

백 km의 속도로 방출되는 플라즈마이다. 태양자기장의 영향을 반영하는 태양풍은 먼 거리까지 자기파와 에너지를 지속적으로 발산한다. 태양풍은 유체처럼 반응하여, 장애물에 해당하는 지구자기장을 우회하는 흐름을 형성한다. 지구자기장은 마치 태양풍이라는 시냇물 속에 존재하는 조약돌과 같다. 태양풍의 속도는 음파가 플라즈마를 통해 전파되는 속도보다 빠른 초음속이다. 따라서 지구자기장이라는 장애물에 충돌하여 플라즈마의 속도가 느려지며 뱃머리 충격파 (bow shock)를 형성한다 (그림 4.2). 지구자기장이 태양풍의 영향을 보호하는 공간을 자기권이라 한다 (그림 4.2). 자기권에 대한 개념은 1908년 크리스찬 버어크랜드 (Kristian Birkeland)에 의해 처음 제안되었다. 국제 지구물리학의 해인 1958년 자기권에 대한 집중적인 조사가 실시되었다. 이를 바탕으로 1959년 비로소 자기권에 대한 학술적 정의가 인정되었다. 1965년 노르만 네스(Norman Ness)에 의해 현재 사용되는 공동 모양의 자기권에 대한 이론적 모델이 정립되었다.

태양 방향(지구의 낮 방향)으로 압축된 지구의 자기권은 지구 반지름의 10배 거리[10 R_E] 영역에 분포한다. 태양의 플라즈마 방출이 증폭되면 지구자기장이 상대적으로 위축되어 지구 반지름의 6배 거리[6 R_E]까지 자기권이 축소된다. 태양으로부터 멀어지는 방향(지구의 밤 방향)의 자기권은 길게 늘어나 자기 꼬리를 형성한다 (그림 4.2). 가늘고 긴 원통형의 자기 꼬리는 [600~1,000 r_E]거리까지 이어진다.

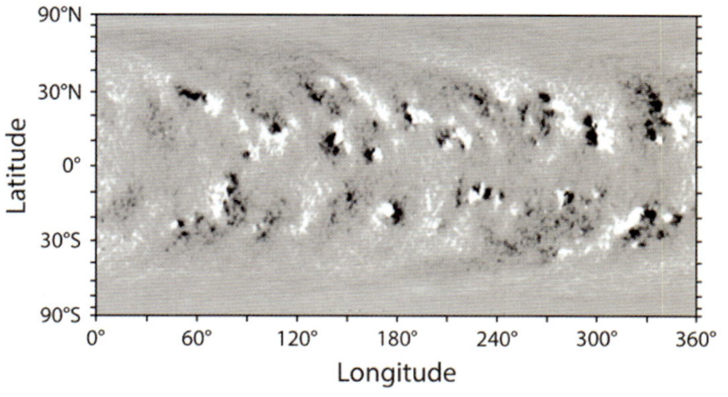

그림 4.3 2023년 10월 캐링턴 자전 2276의 태양 자기도. 검은 부분은 자기장이 표면으로 들어가는 방향이고 흰 부분은 나오는 방향이다. 중위도 지역의 극성이 다른 복잡한 부분은 활동 영역 (active region)과 흑점에 해당한다. 지도 출처: Global Oscillation Network Group; 자료 출처: National Solar Observatory.

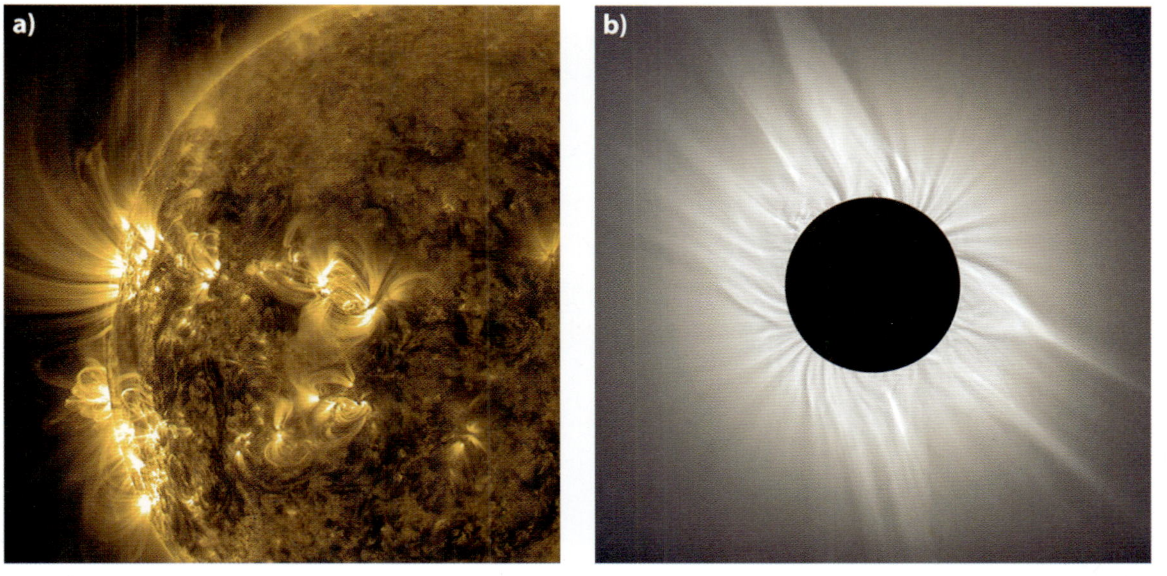

그림 4.4 (a) 태양의 극자외선 영상. 코로나 물질이 활성영역에서 출발한 강한 자기력선에 의해 루프와 아치형 모습을 하고 있다. 출처: Solar Dynamics Observatory/NASA. (b) 2006년 3월 일식에서 관찰된 태양 코로나의 확장된 자기 구조. 촬영: Koen van Gorp.

내 자기권 (inner magnetosphere) 는 자기장선이 닫혀있는 영역으로 하전 입자 (charged particles)를 쉽게 포획하여 안정적으로 가둔다. 포획된 하전 입자의 일차적인 기원지는 태양 복사에 의해 원자가 이온화되는 상층 대기이다. 또한 극 정점을 거쳐 자기권으로 침투하는 태양풍도 하전 입자를 제공한다. 하전 입자는 자기장 축으로 나선형 회전 운동 (gyro motion)을 한다. 나선형 회전 반지름은 하전 입자 질량과 자기장의 세기에 따라 변화한다. 예를 들어 약한 자기장 내에 존재하는 가벼운 이온의 나선형 회전 반지름은 수만 km이다.

지구자기장의 영향이 가장 강한 자기권 내부[5~6 r_E]에서 양성자와 전자가 포획되어 밴 앨런 방사대 (Van Allen radiation belt, 발견자 James Van Allen의 이름으로 명명)를 형성한다. 미국 인공위성 익스플로러 (Explorer) 1호가 밴 앨런 대를 지나며 keV에서 MeV 범위의 에너지를 가진 전자와 최대 100 MeV의 에너지를 가진 양성자를 처음 측정하였다. 밴 앨런 대는 유해 전리방사선 영역으로 낮은 궤도로 항해하는 우주비행사에게 심각한 위험을 초래한다.

태양의 활동이 활발한 시기에 자기권의 일부 영

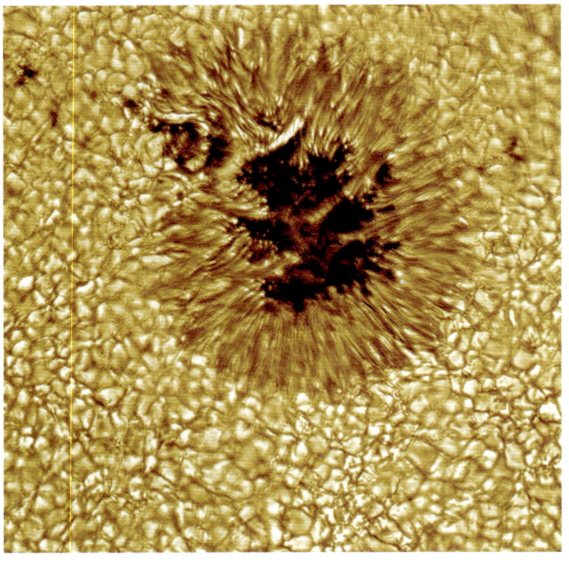

그림 4.5 태양 광구에서 약 1,000 km 지름의 어두운 흑점과 흑점 주변의 밝은 쌀알무늬 (granulation)이 보인다. 흑점은 중심부의 매우 어두운 그림자(Umbra) 영역과 중심부 바깥의 약간 어두운 반그림자(Penumbra) 영역으로 구분된다. 이 구조는 태양 내부에서 자기장이 좁은 구멍을 통해 밖으로 분출되는 모양을 나타낸다. 출처: Vacuum Tower Telescope, National Solar Observatory (NSO), National Optical Astronomy Observatory (NOAO).

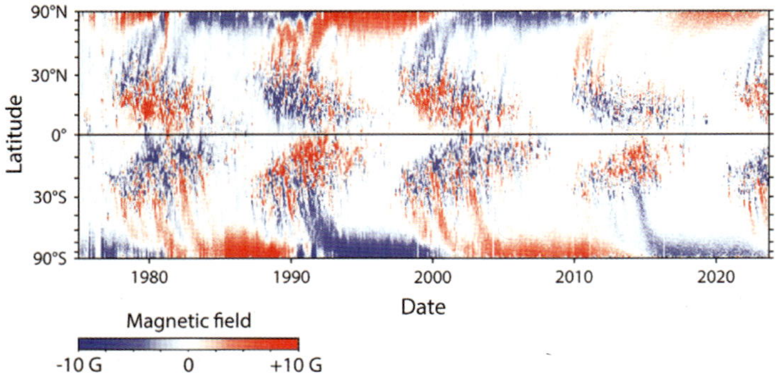

그림 4.6 태양 자기도의 시계열 변화. 그림 2.4에서처럼 나비 모양의 자기장 분포를 보인다. 이 분포 변화는 각 11년 주기 끝에서 자기극의 반전을 보이는데, 극 주변부에서 자기장은 가장 강하다. 어느 사이클에서나 각반구의 중위도 흑점 자기극성은 그 반구의 극지역과 반대이다. 출처: David Hathaway (Stanford University).

역에서 자기력선이 끊어졌다가 다시 연결되며 자기파가 방출되고 하전 입자의 가속이 발생한다. 가속된 고에너지 입자가 자기력선을 따라 이동하는 과정에서 자기력선 방향 수직에 가까운 고위도 지역의 대기권으로 침투한다. 침투한 고에너지 입자는 상층 대기의 중성 원자는 들뜬 상태로 여기시키고, 들뜬 상태에서 낮은 안정 상태로 전이하는 과정에서 가시광선 스펙트럼의 빛을 방출하는 오로라를 생성한다. 2장에서 소개하였듯이 오로라는 태양 플라즈마 활성의 지시자이다.

태양과 행성의 자기장

태양은 내부 기원의 고유 자기장을 보유지만, 특별하지는 않다. 많은 별이 태양보다 훨씬 더 독특하고 강력한 자기장을 보유한다. 스펙트럼 흡수선의 분리를 이용하여 별의 자기장 강도를 결정하는 제만 효과는 1896년 피터 제만(Pieter Zeeman)에 의해 처음 관측되었다. 제만 효과를 이용하여 태양자기장의 강도를 고도의 시공간적 분해능으로 관찰하여 태양 자기도 (magnetograms)를 완성할 수 있다. 태양 자기도는 우주 기상 예보에 활용되며 온라인상에서 쉽게 접할 수 있다 (그림 4.3). 태양 자기도의 어두운 부분은 표면을 기준으로 자기장이 하강하는 영역이다 (그림 4.3). 반대로, 밝은 부분은 자기장이 상승하는 영역이다. 태양 중위도의 복합 영역에서 흑점과 활발한 자기장 역전이 관찰된다 (그림 4.3). 태양자기장은 광구에서 ~10^{-4} T의 자기 플럭스를 생성하는 강한 쌍극자기장 성분으로 구성된다. 그러나 상대적으로 강한 자기 플럭스를 가진 비쌍극 자기장 영역이 저위도에서 지역적으로 관찰된다. 태양자기장의 복잡성은태양 코로나의 뜨거운 플라즈마에서 잘 나타나는데, 이 플라즈마는 자기장에 의해 아치, 고리, 헬멧 스트리머 형태의 거대한 원뿔 구조 등으로 형태화되기 때문이다 (그림 4.4).

타코 클라인 (tachocline)은 태양 내부의 복사층과 차등 회전하는 대류층 사이의 전이 영역이다. 태양의 자기장은 중심부의 핵이 아닌 타코 클라인 위에 있는 대류 영역에서 생성된다 (그림 2.13). 극과 적도 사이에서 상당한 속도 차이를 보이는 강한 동서류 (zonal flows)가 경도 방향의 극상 자기력선을 끌어가서 위도 방향의 환상 자기력선으로 변환한다 (Alfven의 '흐름에 얼어붙은 자기장' 이론애 따라). 시간이 지남에 따라 탄탄히 감긴 환상 자기력선은 점점 촘촘하게 뭉쳐져서 광구 (photosphere)를 뚫고 분출하는 강력한 표면 자기장을 생성한다. 이런 광구로의 분출은 플레어, 홍염, 흑점 (그림 4.5)으로 관찰되는데, 국지적인 자기장 세기는 ~0.1 Tesla 에 달한다. 결국 환상 자기장은 스스로 소멸하고 극상 자기장은 저절로 역전에 이른다 (그림 4.6). 흑점 활동이 최대일 때 발생하는 태양자기장의 평균 역전 주기는 11년이다.

태양의 자기권인 태양권은 카이퍼대 (Kuiper belt)를 넘어 태양계 끝까지 이어진다. 지구의 자기권이 태양권 안에서 태양풍과 서로 작용하듯, 태양권은 은하 자기장에 담겨 국지 항성풍에 의해 모양이 형성된다. 태양 하전 입자와 성간 하전 입자와의 상호작용으로 생성되는 고에너지 중성 원자의 흐름을 원격으로 관찰하면 태양권계면에 대해 배울 수 있다. 이 방법을 이용해 미항공우주국이 2008년 발사한 성간 경계 탐사 위성(Interstellar Boundary EXplorer, IBEX)는 태양권 외곽에 대해 연구할 것이다(Reisenfeld et al., 2021). 또한 성간 매핑 및 가속 프로브 (Interstellar Mapping and Acceleration Probe, IMAP)가 2025년 하반기 발사를 앞두고 있다.

현재까지는 태양권 외곽에 대한 현장 관측은 1979년에 발사된 두 대의 보이저(Voyager) 우주선에 의해 수행되었다. 이미 태양에서 100 AU 이상 멀어진 두 우주선(그림 5.1)은 탑재한 열핵 발전기의 출력이 저하하고 있지만 가동 기기들이 측정한 자료를 지속적으로 전송하고 있다. 전송해온 고에너지 입자와 자기장 자료를 바탕으로 태양풍이 태양계 먼 곳에서 감속되면서 종말 충격파 (termination shock)를 만들고, 그 너머에 와류가 심한 플라즈마 영역인 태양권덮개 (heliosheath)의 존재를 확인하였다. 보이저 1호와 2호는 각각 2004년과 2007년에 태양풍이 감속되며 관찰되는 종말 충격파를 통과하였다. 태양권덮개 너머에는 태양권계면이 있다. 태양권계면은 국지 자기장의 증가와 하전 입자 종족의 급격한 변화로 확인된다. 보이저 1호와 2호는 각각 2012년 8월과 2018년 11월에 태양권계면을 통과하여 성간 공간에 진입했다 (Stone et al., 2019).

태양계의 행성체들은 다양한 자기장 특징을 나타낸다 (표 4.1). 내부 기원의 다이너모에 의해 자기장이 형성되기도 하고, 외부 기원의 자기장에 의해 자기장이 유도되기도 하며, 행성체 표면의 자성광물이 보유한 잔류자화의 영향을 받기도 한다. 행성체의 자기장이 강할수록 원격 측정에 유리하

표 4.1 태양계 주요 행성체의 자기장a

행성체	쌍극자 모멘트 (A m^2)	모멘트 비 (사극자/쌍극자)	쌍극자 기울기	특징
수성	2.777×10^{19}	0.398	0.76°	내부 기원 자기장
금성	$< 6 \times 10^{19}$	-	-	태양풍에 의한 이온권의 유도 자기장
지구	7.720×10^{22}	0.180	9.16°	내부 기원 자기장
달	6.27×10^{14}	1.665	-	잔류자화 기원 자기장
화성	6.44×10^{17}	1.091	-	잔류자화 기원 자기장 + 태양풍에 의한 이온권의 유도 자기장
목성	1.526×10^{27}	0.213	10.25°	내부 기원 자기장
이오	2.1×10^{20}	-	-	목성 자기장에 의한 마그마 바다의 유도 자기장
유로파	$< 3.8 \times 10^{19}$	-	-	목성 자기장에 의한 물 바다의 유도 자기장
가니메데	1.32×10^{20}	-	176°	내부 기원 자기장 + 물 바다의 유도 자기장
칼리스토	$< 2 \times 10^{18}$	-	-	목성 자기장에 의한 물 바다의 유도 자기장
토성	4.175×10^{25}	0.075	< 0.007°	내부 기원 자기장
타이탄	$< 1.3 \times 10^{17}$	-	-	토성 플라즈마 흐름에 의한 이온권의 유도 자기장
천왕성	3.8×10^{24}	0.699	58.6	내부 기원 자기장
해왕성	2.2×10^{24}	0.998	46.9	내부 기원 자기장

[a] Beatty et al. (1999); de Pater & Lissauer (2001); Russell & Dougherty (2010); Langlais et al. (2019); Cao et al. (2020); Alken et al. (2021); Bertucci (2021); Toepfer et al. (2021); Connerney et al. (2022).

다. 목성과 토성은 풍부한 플라즈마의 원천(목성의 이오, 토성의 타이탄과 엔셀라두스)을 포함하는 거대한 자기권이 가진다. 이 자기권 플라즈마의 결과로서 극지역의 밝은 오로라가 지구 궤도 우주 망원경으로도 관측된다 (그림 4.7). 자기권의 하전 입자는 자기력선을 따라 회전하며 싱크로트론(synchrotron) 복사를 방출한다. 1950년대부터 관측된 목성 전파 스펙트럼의 싱크로트론 복사를 이용하여 목성의 자기권을 영상화하는데 성공하였다(그림 4.8). 물론 훨씬 정확한 행성체의 자기장 정보를 얻기 위해 궤도선의 장기간 자력 탐사가 필요하다. 자성광물의 잔류자화에 의해 형성되는 행성체 표면의 자기장은 궤도에서 전자 반사 (electron reflectometry) 측정법을 사용하여 저해상도로 관찰할 수 있다. 물론 항공 탐사와 지상 기반 자력 측정이 더 정확한 자기장 정보를 제공하지만, 현재는 지구에서만 가능한 탐사 방법이다.

마리너(Mariner) 10호는 수성 근접 궤도에서 최대 400 nT의 지역적인 자기장을 측정했다. 마리너 10호는 수성의 뱃머리 충격파와 자기권계면을 통과하였다. 이 측정 자료로부터 수성은 내부 기원 자기장을 보유함이 밝혀졌다. 수성 자기장의 쌍극자 모멘트는 지구 쌍극자 모멘트의 0.04%에 해당한다. 메신저(MESSENGER) 우주선 탐사 (2004-2015)로 수성 자기장은 매우 안정적이며 내부의 유도 자기장으로 설명하기 어려울 정도로 강함이 알려졌다 (Anderson et al., 2011). 이런 장기간 안정적인 자기장은 액체 금속 철의 대류에 의해 구동되는 핵 다이내모의 결과로 보이는데, 약 100 km (또는 그 이상) 두께의 액체 층이 수성 내부에 존재해야 한다 (Wardinski et al., 2021). 수성의 높은 지표 온도에도 불구하고 내부 기원 자기장과는 별개로 지각의 약한 잔류자화도 확인된다 (Johnson et al., 2015). 임무 마지막 몇 달 동안 메신저 우주선이 수성의 북반구 지역을 저고도로 통과하며 지각의 잔류자화를 집중적으로 관찰하였다. 수성의 지

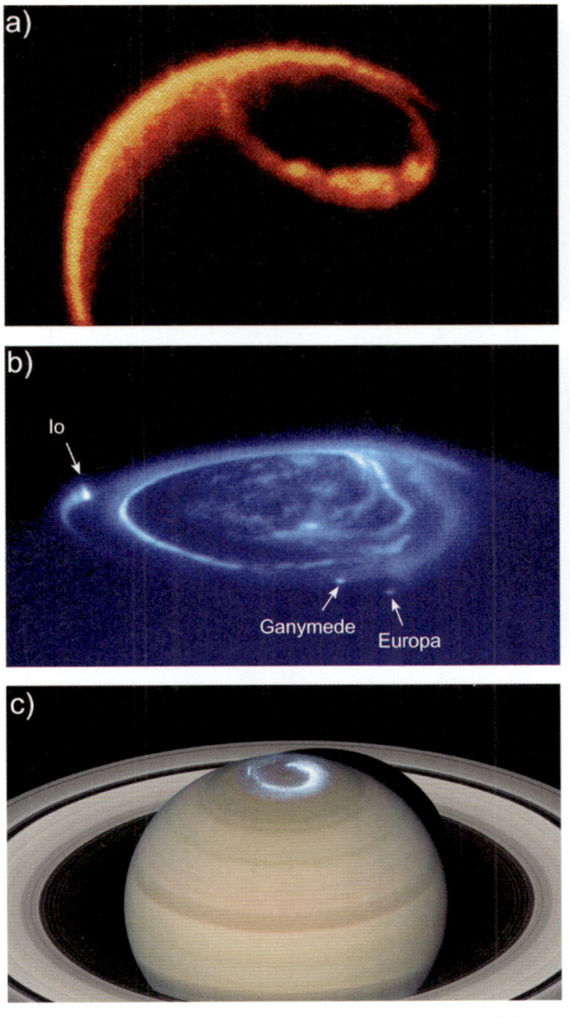

그림 4.7 오로라 환은 행성의 내부 자기장에 대한 가장 분명한 원격 표시자이다. 하전 입자가 자기력선에 유도되어 극 주변부 대기권의 좁은 공간으로 수렴하며, 대기와 반응하여 가시광 및 자외선 파장의 빛을 발생시킨다. (a) Dynamics Explorer 1호가 자외선(123~155 nm)으로 촬영한 지구의 오로라. 출처: NASA. (b) 허블 우주 망원경이 자외선(140 nm)으로 촬영한 목성의 오로라. 출처: NASA, ESA, John T. Clark (University of Michigan). (c) 허블 우주 망원경이 자외선으로 촬영한 토성의 오로라. 출처: NASA, ESA, John T. Clark (University of Michigan), Z. Levay (Space Telescope Science Institute, STSci).

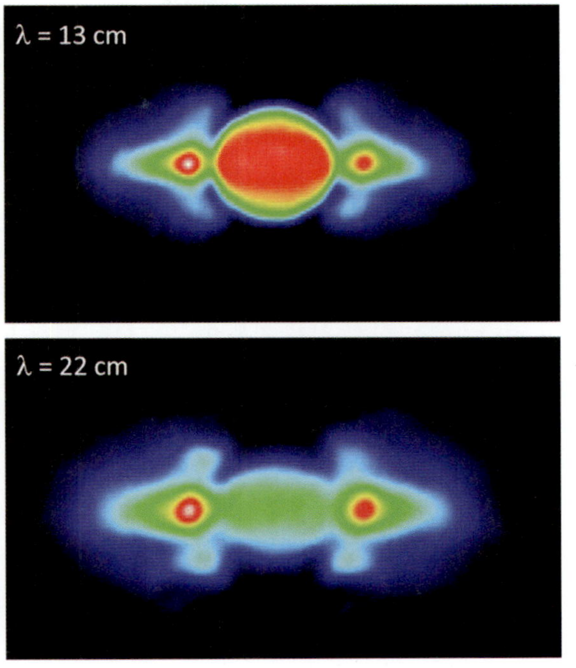

그림 4.8 1996년 7월 호주 전파 망원경 콤팩트 어레이(Australia Telescope Compact Array)가 라디오파 영역에서 촬영한 목성의 영상. 목성의 자기권에 포획된 고속 전자가 방출하는 싱크로트론 복사 방출 스펙트럼을 두 파장에서 비교한다. 상대적으로 짧은 13 cm 파장에서 대기의 열 방출이 더 뚜렷하게 관찰된다. 출처: Australia National Telescope Foundation.

각에서 관찰되는 자기 이상은 주로 충돌구에 집중되어 있다. 표면 자기 이상은 냉각 과정에서 충돌 용융물이 당시 수성의 자기장 방향으로 획득한 열잔류자화로 해석된다. 수성 자기장 진화의 비밀은 다양한 고도에서 자력 탐사가 가능한 베피콜롬보(BepiColombo) 탐사선 임무를 통해 밝혀질 것이다.

지구와 부피와 질량이 비슷한 금성은 한때 지구와 유사한 자기장 특징을 보유하리라 예상되었다. 그러나 1962년 마리너 2호를 필두로 시작된 통과 비행과 궤도선 관측에서 내부 기원 자기장의 흔적은 전혀 발견되지 않았다. 1960년대 후반, 구소련과 미국의 우주선은 금성 반지름의 1.3배 거리[1.3 R_V], 즉 금성표면 태양 직하점에서 0.3R_V 떨어진 곳에 뱃머리 충격파를 감지하였다. 태양풍이 직접 금성의 전리층에 침투하면 약한 유도 자기장이 생성되는데, 이 유도 자기장이 뱃머리 충격파를 형성하는 원인이다 (Bertucci et al., 2011). 파이오니어(Pioneer) 궤도선(1978~1992)은 금성의 전리층에서 행성 간 자기장과 비슷한 5 nT 세기의 매우 약한 자기장을 측정했다. 금성의 자기장은 태양풍에 자기 플럭스 '로프' (ropes) 현상이 있을 때 60 nT까지 주기적으로 증가한다. 금성의 자기장은 태양 활동이 증가하면 최대 150 nT까지 상승한다. 개방형 자기력선이 상층 대기로 침투하는 현상은 전리권 이온의 탈출 경로를 제공하기에 중요하다. 금성의 전리권에서 산소 원자 이온 (O^+)의 회전 반지름은 10,000 km에 이른다. 따라서 대기에 있는 CO_2, H_2O, O_2 의 광분해로 생성된 O^+ 이온들은 빠르게 금성 중력을 벗어나 우주 공간으로 탈출할 수 있다. 이 과정을 '이온 픽업' (ion pickup) 또는 '태양풍 청소' (solar wind scavenging) 이라 부르는데, 이는 행성 대기의 질량 손실의 중요한 원인이다. 유럽우주국의 비너스 익스프레스 (Venus Express, 2005-2015) 탐사는 금성의 대기와 태양풍의 상호 작용을 파악하였고, 금성 대기의 질량 손실을 관찰하였다. 한때 금성이 보유하던 물은 대기의 질량 손실로 사라졌을 것이다 (Persson et al., 2021).

금성이 현재 내부 기원 고유 자기장을 가지지 않는 이유는 아마도 내핵이 활발히 결정화되지 않아 추가적 열이 없기 때문인 것 같다. 지구와 금성 크기의 약간의 차이가 이런 결과를 초래한 것으로 보인다. 깊이에 따른 온도 변화 곡선이 물질의 고상선 (freezing curve)과 교차해야 상변화가 발생하는데, 금성 핵의 온도 구배는 철의 고상선과 교차하지 않아 전적으로 액체 상태를 유지하기 때문에 대류에 필요한 추가적 열을 얻을 수 없다. 그러나 다른 방식으로 핵에서 대류가 유도될 수 있다. 이동 뚜껑 지체구조 (mobile lid tectonics, 또는 plate tectonics)은 행성 내부에서 열을 추출하는 매우 효과적인 방식이다. 이 방식으로 외곽부의 냉각이 액체 핵의 대류 운동을 일으킬 수 있다. 즉, 하부 가열이 아닌 상부 냉각으로 액체가 대류하는 경우이다. 마찬가지로 섭입으로 차가운 암석권이 맨틀 하부로 침강하면 핵-맨틀 경계부의 온도가 국부적으로 낮아지게 된다. 금성의 경우 이동 뚜껑 지체구조에서 정체 뚜껑 지체구조(stagnant lid tectonics)로 전이가 발생하여 핵 다이너모가 정지되었을 가능성이 제기되었다(Nimmo, 2002). *다이너모의 종말은 대략 3억~8억 년 전에 금성 표면의 대부분을 재형성한 범람 현무암의 분출을 통해 간접적으로 확인된다(Herrick et al., 2023). (역자 주)* 다른 방식으로는 운석 충돌에 의해 촉발된 지속적인 화산 활동이 액체 핵을 충분히 휘저어서 금성의 자기장 생성을 억제할 가능성도 있다 (Marchi et al., 2023). 금성의 지질학적 역사와 내부 구조에 대한 이해는 아직 걸음마 단계이다. 금성 핵의 완전한 고화 또는 맨틀 바닥에 규산염 마그마 바다의 존재를 고려하여 내부 자기장의 부재를 설명하려는 다양한 의견이 존재한다 (O'Rourke et al., 2018).

화성의 내부 기원 자기장 결여는 1960년대 중반 근접 궤도선 관찰로 처음 확인되었다. 금성처럼 화성에서도 대기와 태양풍의 상호작용으로 약한 유도 자기장이 생성된다. 유도된 자기장은 화성 반지름의 약 1.5배 거리[1.5 r_M]에 뱃머리 충격파를 생성한다. 태양풍의 유입은 이온 탈출을 유도하여 지속적인 화성 대기의 손실로 이어진다. 화성과 금성의 뚜렷한 차이는 화성의 지각에서 지역적으로 관찰되는 매우 강한 잔류자화의 존재이다. 마스 글로벌 서베이어(Mars Global Surveyor, 1996-2006)와 화성 대기 탐사선(Mars Atmosphere and Volatile EvolutioN, MAVEN, 2013-)의 관측 자료(그림 4.9a)를 살펴보면, 지각의 자기 이상은 화성의 남반구 고지대에 집중적으로 분포한다(Langlais et al., 2019).

화성의 남반구에서 관찰되는 자기 이상의 방사상 성분 (B_r) 분포도에서, 반대되는 자기 극성이 계속 반복되는 자기 줄무늬가 관찰된다(그림 4.9b). 이 자기 줄무늬는 지구의 해양 지각에서 관찰되는 해저 자기 줄무늬와 매우 유사하다. 그러나 화성의 자기 줄무늬는 지구의 자기 줄무늬보다 폭이 훨씬 넓어 지체구조 운동의 산물이 아니라고 본다 (그림 4.9b). 화성암의 관입으로 지각이 두꺼워지며 화성 남반구의 자기 줄무늬가 형성된다는 견해가 제시되었다.

지구와 같이 중심축 쌍극자 자기장을 보유한 행성의 오로라는 고위도에서 발생한다. 반면 지역적인 자기 이상이 확인되는 화성의 경우, 모든 위도에서 오로라가 관찰된다(Lillis et al., 2022). 2020년 미

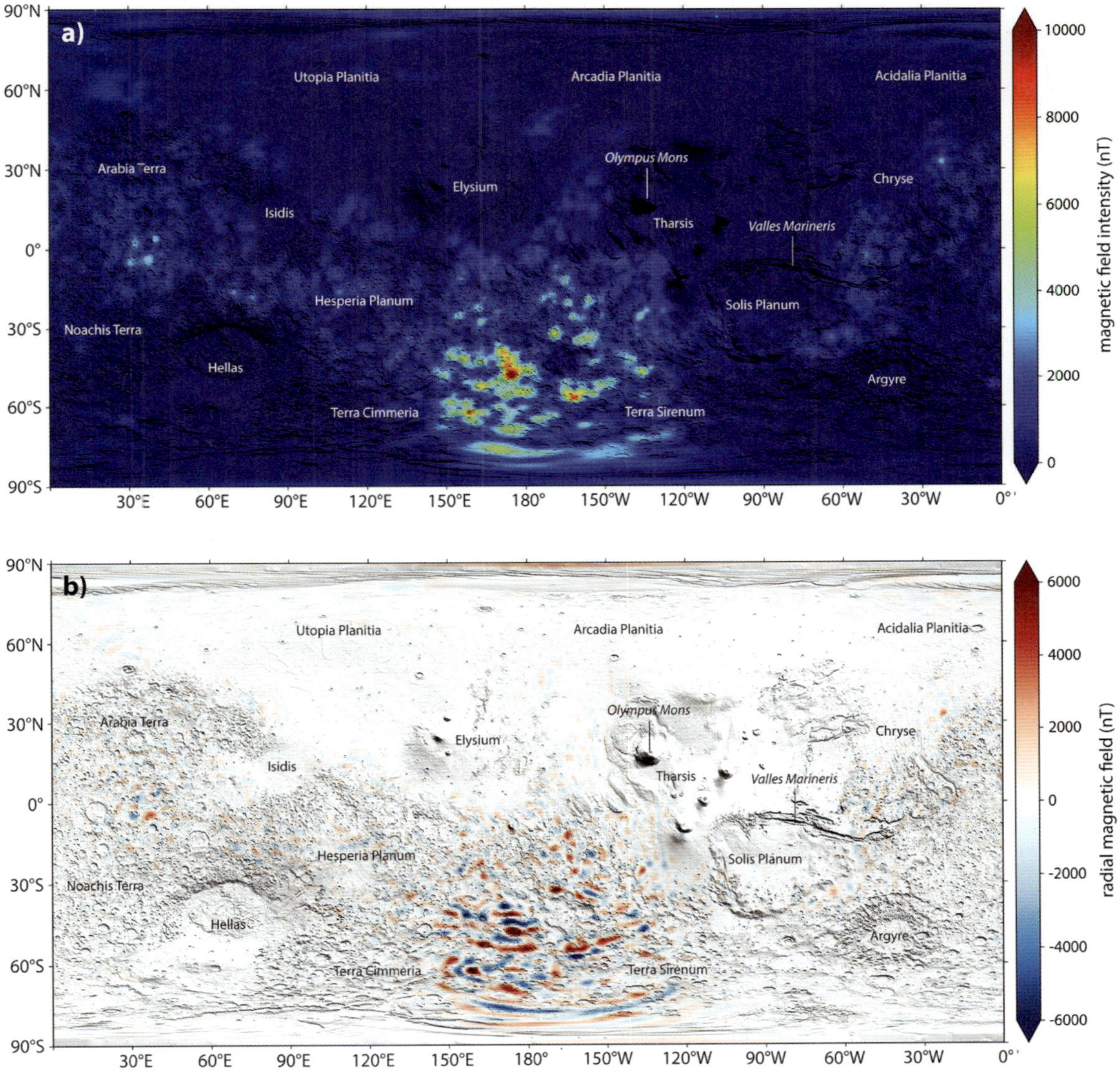

그림 4.9 (a) 마스 글로벌 서베이어(Mars Global Surveyor)와 화성 대기 탐사선 (Mars Atmosphere and Volatile EvolutioN, MAVEN)의 자력계가 측정한 화성 표면의 자기장 세기 분포도. (Br) 화성 표면 자기장의 방사상 성분 (Br). 고원지대인 남반구에서 극성이 반대인 넓은 띠 모양이 보인다. 이 선형 구조는 지구의 대양 지각에 발견된 지자기장 극성 분포와 비슷하나 (그림 4.17 참조), 초기 화성에서 대륙이동의 증거로 간주하기는 어렵고, 아마도 화성암맥의 관입에 의해서 지각이 두꺼워진 결과일지 모른다. 출처: SHTools (https://shtools.github.io/SHTOOLS/); Langlais et al. (2019).

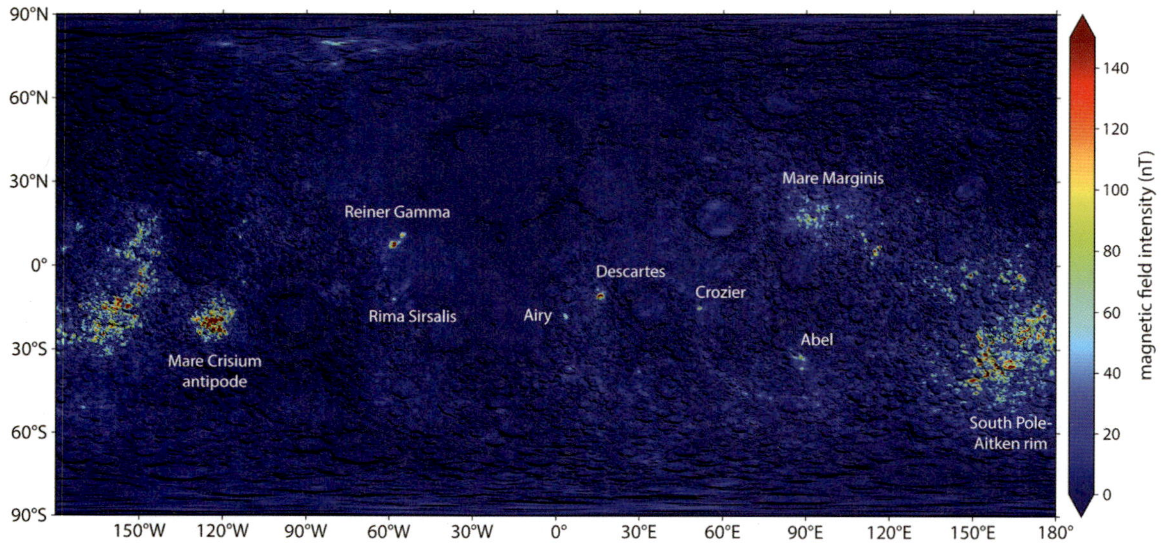

그림 4.10 루나 프로스펙터(Lunar Prospector, 1998~1999)와 카구야(Kaguya, 2007~2009) 궤도 탐사선이 측정한 달 표면의 자기장 세기 분포도. 달 뒷면 남극-에이트켄 분지 가장자리에서 관찰되는 가장 강한 자기 이상은 충돌체의 금속 잔류물로 해석된다. 반대로 가장 약한 자기장들은 앞면 바다 지역, 특히 폭풍의 바다와 동쪽 바다 분지에 집중되어 있다. 출처: SHTools (https://shtools.github.io/SHTOOLS/); Tsunakawa et al. (2015); Wieczorek (2018).

항공우주국의 화성 인사이트(InSight) 착륙선은 위성의 계측보다 훨씬 강한 지각의 자화 강도를 측정하였다. 위성의 궤도 계측에서 예상된 ~250 nT보다 8배 정도 강한 ~2,000 nT의 자화 강도가 화성의 지표에서 측정되었다(Johnson, C. L. et al., 2020). 지각의 강한 자기 이상은 화성의 진화를 이해하는 데 매우 중요하나, 화성 대기의 질량 손실에는 거의 영향을 주지 않는다 (Dubinin et al., 2020; Weber et al., 2021). 태양 활동의 증가가 화성 대기의 질량 손실을 가속하며, 근일점과 원일점 사이에서 발생하는 질량 손실 속도의 차이는 10배에 이른다.

지구와는 다른 산소 분압 환경에서 생성된 화성 운석의 잔류자화 분석은 매우 어렵지만 (Cisowski, 1987), 약 1억 8천만 년 전에 형성된 화성 운석의 잔류자화 분석에서 추정된 화성의 지표 자기장 강도는 대략 1,000 nT이며 (Luhmann & Russell, 1997), 이는 최근의 인사이트 탐사선 측정 결과와 일치한다. 화성의 표면에서 가장 먼저 형성된 남반구에 집중된 잔류자기장은 진화 초기 화성이 내부 기원 자기장을 보유했던 증거로 해석된다. 화성이 현재 완전히 액체화된 핵을 가지고 있고, 이는 정체 뚜껑 지체구조 (stagnant-lid tectonics) 단계의 전형적인 사례로 알고 있다. 물론 화성이 지속적으로 정체 뚜껑 지체구조 단계에 머물렀을 가능성은 매우 희박하다. 대략 5~10억 년 정도 짧게 유지된 이동 뚜껑 지체구조 단계에서 화성의 내부가 빠르게 냉각되며 핵 다이너모를 구동했을 가능성이 제시되었다. 현 단계에서 다이너모의 정지 시점은 명확하지 않아, 향후 지각의 연대 측정 자료와 고해상도 자기 이상 분포도의 완성이 시급하다.

진화 초기 핵의 다이너모에 의해 생성된 지역적인 지각의 잔류자화가 달과 화성에서 발견된다. 루나 프로스펙터 (Lunar Prospector, 1998~1999)와 카구야 (Kaguya, 2007~2009) 궤도 탐사선은 최대 수백 nT의 달 표면 자기장을 측정했다 (Hood et al., 2021). 동쪽의 바다 (Mare Orientale)와 폭풍의 대양

(Oceanus Procellarum)을 포함하는 달의 바다에서 상대적으로 약한 강도의 균질한 자기장이 발견된다 (그림 4.10). 반면, 다양한 강도의 자기장 분포가 달의 고원에서 확인된다 (Tsunakawa et al., 2015; Wieczorek, 2018). 달의 앞면에 있는 라이너 감마 (Reiner Gamma) 지역과 달의 뒷면에 있는 반 데 그라프 (Van de Graaff) 충돌구에서 상대적으로 강한 자기장이 관찰된다 (그림 4.10). 강한 자기장이 관찰되는 지역은 밝은 물질과 어두운 물질이 교대로 소용돌이를 이루는 표면의 지형과 일치하며, 대척점 충돌로 형성된 강한 자기장의 결과로 판단된다 (Wakita et al., 2021). 대척점 충돌 유발 자화는 남극-에이트켄 분지 주변의 자기 이상이 [15 km s^{-1}]의 충돌 속도와 45°의 각도로 입사한 행성체의 충돌로 생성된다는 가설이다. 콘드라이트와 같은 조성을 가정한다면, 충돌체의 지름 200 km와 충돌체 핵의 지름 110 km가 예상된다. 남극-에이트켄 분지 주변의 자기 이상은 대략 5 μT 정도의 약한 쌍극 자기장 환경에서 자성광물이 획득한 열잔류자화로 해석된다 (Wieczorek et al., 2012).

과거 달이 보유했던 내부 기원 자기장의 약한 쌍극자 모멘트를 고려하면, 1969년 7월 아폴로 11호 우주비행사들이 회수한 암석에서 관찰된 비교적 강한 잔류자화의 발견은 다소 의외이다 (Fuller & Cisowski, 1987). 처음에는 월석의 잔류자화가 지구 귀환 과정에서 지구자기장의 영향으로 생성된 이차 잔류자화로 인식되었다. 이를 확인하기 위해 아폴로 11호가 회수한 일부 암석들을 소자한 (demagnetized) 후 아폴로 12호 우주비행사들이 1969년 11월 달 표면으로 다시 가져가 자화 여부를 확인하였지만, 이차 잔류자화가 재생성 되지 않았다. 이를 통해 아폴로 11호가 회수했던 월석의 잔류자화는 달의 표면에서 자연적으로 형성된 일차 자연잔류자화로 판명되었다. 달 지각 일부 지역의 강한 잔류자화는 아폴로 착륙 지점의 자력계 측정으로 검증되었고, 진화 초기 달의 내부 기원 자기장에 의해 형성된 잔류자화로 해석된다.

진화 초기 달 자기장의 기원으로 태양의 초기 T-Tauri 단계 유도 자기장과 후기 중폭격에 의한 충격 자기장이 제안되었다. T-Tauri 단계는 대략 1억 년 정도 지속되기 때문에, 다양한 시기에 달의 지각에서 형성된 잔류자화를 설명하지 못한다. 잔류자화의 강도가 상대적으로 높은 지역과 충돌구 밀도 분포 사이의 상관관계도 발견되지 않는다. 따라서 39억 년 전의 매우 강한 자기장을 설명하기에 충격 자기장 가설은 부적절하다. 결국 일부 지각에서 관찰되는 강한 잔류자화의 기원으로 내부 기원의 고유 쌍극자기장이 고려된다. 지각의 연대 측정 자료와 비교하여 추정된 39억 년 전 달 표면의 자기장 강도는 약 10,000 nT로 현재 지구 중심축 쌍극자 모멘트의 약 0.5%에 해당한다. 달의 쌍극자 모멘트는 39억 년 전을 기점으로 약 15억 년에 걸쳐 현재 수준으로 감소했다.

달의 중심부에 부분적으로 용융된 금속 핵의 존재가 월진 자료와 전기 탐사 자료에서 확인된다. 진화 초기 달의 자기장 형성과 유지를 설명하기에, 다이너모가 일어나는 핵의 크기가 너무 작다. 달이 지구를 공전하는 과정에서 자전축의 세차 운동으로 발생하는 차등 운동으로 인한 핵의 대류 소용돌이 발생 (Dwyer et al., 2011)과 티타늄이 풍부한 물질의 맨틀 침강 (Evans & Tikoo, 2022)이 다이너모 발현의 대안으로 고려된다.

달의 매우 약한 자기장 때문에 달의 공전 궤도가 지구 자기권을 벗어나는 기간 동안 태양풍이 직접 달의 표면에 영향을 준다. 잔류자화가 강한 일부 표면 지역에서는 지각을 감싸는 거품 형태의 자기 보호막이 형성되어, 태양풍의 직접적인 영향을 방어한다. 거품 형태의 자기 보호막은 유도 전류를 생성하여 잔류자화가 강한 지역의 지표에서 관찰되는 소용돌이 형태의 구조를 형성한다. 태양풍이 달의 표면에 도달하는 영역에서는 ^{3}He, ^{14}C, ^{15}N과 같은 이온이 달의 표토에 주입된다. 태양풍이 제공하는 이온들이 달의 희박한 대기와 표토에 존재하는 휘발성 물질의 주요 공급원이다. 달의 표토를 채굴하여 미래의 핵융합에 필요한 ^{3}He를 공급하자는 획기적인 제안이 공개되었다. 태양풍의 스퍼터링 반응으로 달 표토의 장기적인 침식이 발생한다. 지난 42억 년 동안 태양풍의 조성이 일정했다는 증거가 다양한 깊이에서 회수된 달 토양의 입자에서 확인된다. 반면, 10억 년마다 15% 증가한 $^{15}N/^{14}N$ 비율에 대한 합리적인 설명도 필요하다. 물론, 태양풍과 태양 플레어의 강도가 지금보다 크게 강화되었던 과거의 증거도 발견되지 않았다.

태양계의 거대 행성은 모두 강력한 내부 기원 고유 자기장을 생성한다. 목성의 쌍극자 모멘트는 지구의 쌍극자 모멘트보다 약 20,000배 강력하다. 따라서 목성의 자기권은 목성 반지름의 100배 거리 [100 R_J]까지 확장되고, 목성의 자기 꼬리는 토성의 궤도까지 이어진다. 이렇게 큰 자기권은 목성 궤도에서 태양풍의 낮은 압력과 목성의 빠른 자전으로 인한 많은 양의 플라스마 때문이다. 목성의 자기장은 파이오니어 10호, 파이오니어 11호, 보이저 1호, 보이저 2호, 갈릴레오 (Galileo) 궤도 탐사선에 의해 측정되었다. 그래도 제한된 시간과 이동 경로의 제약으로 목성의 자기장 측정 자료는 상당히 빈약한 상황이다. 게다가 목성의 적도 플라스마 영역에서 생성되는 [3×10^{6} A]의 강한 전류 때문에 목성의 자기장 관측 자료 해석을 몹시 까다롭게 한다. 이런 어려움을 극복하기 위해 최근의 주노 (Juno) 탐사는 일정한 저고도 공간 자료 확보에 성공하여, 목성의 자기장과 대기 순환 사이의 상관관계를 관측하게 했다 (Connerney et al., 2022). 차수 18과 계수 18로 확장된 구면 조화 함수를 사용하여 계산한 주노 자기장 모델에서, 목성 내부의 다이너모 영역은 [0.81 R_J] 거리까지 확장한다. 다이너모 영역의 최상부는 수소의 상변화 과정에서 수소 분자가 전기 전도가 큰 금속성 유체로 변환되는 지점의 예상 깊이와 일치한다.

목성과 마찬가지로 토성의 자기장도 파이오니어와 보이저 우주선이 저해상도로 관측하였다. 카시니 (Cassini) 궤도 임무 (2004~2017)를 통해 토성계에 대한 많은 과학적 관측 자료가 누적되었다. 특히, 카시니 임무의 마지막 기간 동안은 토성의 가장 안쪽 고리인 D-고리와 상층부 구름 사이를 통과하면서 중력장과 자기장 자료를 수집하여 토성 내부 구조 규명의 실마리를 제공하였다. 지구와 목성처럼 토성의 자기장도 우세한 쌍극 자기장 성분이 관찰된다. 토성의 자기장은 지구의 중심축 쌍극자 모멘트 보다 약 600배 정도 강력하다. 지구와 목성의 자기 축은 자전축에 비스듬히 기울어진 상태지만, 토성의 자기 축은 자전축과 불과 0.007° 차이로 완벽에 가깝게 일치한다(Dougherty et al., 2018). 이는 토마스 카울링 (Thomas Cowling)의 다이너모 이론이 축 대칭 다이너모를 명시적으로 배제하기 때문에 매우 중요한 반박 자료이다. 토성 내부의 다이너모에 대한 현실적인 수치 모델 결과, 다이너모 영역 외곽에 헬륨 비(helium rain)의 용출 (exsolution)과 강수가 누적되어 금속성 수소가 안정적인 층상 구조를 생성한다. 금속성 수소의 층상 구조 형성은 쌍극 자기장의 축 대칭, 자기장의 비정상적인 조화항들 (harmonic contents), 토성 내부의 열 플럭스 변화에 대한 해법을 제시한다 (Yan & Stanley, 2021).

보이저 2호 우주선은 천왕성(1986년)과 해왕성(1989년) 주위의 싱크로트론 전파 방출과 뱃머리 충격파 지대를 통과하며 두 행성의 내부 기원 자기장을 확인하였다. 천왕성과 해왕성은 각기 지구 중심축 쌍극자 모멘트의 50배와 28배에 해당하는 강한 자기장을 보유한다. 지구와 달리 천왕성과 해왕성 자기장은 고 조화항이 상대적으로 크다. 예를 들어 쌍극 자기장 모멘트와 사극 자기장 모멘트의 비율이 천왕성은 1:0.7, 해왕성은 1:1로 지구의 1:0.18와 확연히 구분된다. 두 행성 모두 자기 축은 자전축에 비해 상당히 기울어져 있다. 또한, 자기 축이 행성의 중심에서 매우 벗어나는 쌍극자 편차 현상이 관찰된다.

천왕성의 큰 자기 축 기울기와 쌍극자 편차는 자기권의 꼬임을 초래하여, 두 갈래의 나선형 자기 꼬리를 형성한다. 해왕성은 자기 축의 큰 기울기로 인해 해왕성의 자기극이 종종 태양을 향한다. 실제로 보이저 2호가 극 첨애 (polar cusp)로 자기권에 진입할 당시 해왕성의 자기 축과 태양 방향의 차이는 불과 14°였다. 천왕성과 해왕성 자기권의 복잡성(Arridge & Paty, 2021)은 거대 얼음 행성에 대한 후속 임무의 필요성으로 귀결된다. 두 천체 모두 목성이나 토성과 달리 금속성 수소를 형성하는 데 필요한 내부 압력에 이르지 못한다. 천왕성과 해왕성의 자기장은 높은 이온 전도도를 띄는 초이온 얼음 영역에서 생성된다. 초이온 얼음 영역은 수소 원자의 자유로운 이동이 가능한 물, 암모니아, 메탄의 혼합물로 생성된다. 매우 넓은 초이온 얼음의 대류 영역과 적은 수의 대류 셀이 천왕성과 해왕성의 복잡한 자기장 원인으로 제시되었지만, 불확실성이 너무 크다 (Soderlund & Stanley, 2020).

해왕성 너머에서는 명왕성만 태양풍과의 상호작용이 관찰되었다. 상층 대기의 낮은 온도와 밀도로 인해, 명왕성은 태양풍에 비교적 작은 장애물 역할을 한다. 2015년 7월 뉴 호라이즌스 (New Horizons) 탐사선이 근접 통과할 당시 평시보다 강한 태양풍이 관측되었다. 뉴 호라이즌스 탐사선의 플라즈마 및 고에너지 입자 분광계 (Plasma and high-energy particle spectrometer suite) 관측으로 명왕성의 자기권이 확인되었다. 명왕성의 상풍 방향으로 4.5배 반지름 거리[4.5 R_P]에서 뱃머리 충격파가 감지되었고, 하풍 방향으로 약 100배 반지름 거리[100 R_P]까지 확장된 자기 꼬리가 관찰되었다. 안타깝게도 뉴 호라이즌스 탐사선은 자력계를 탑재하지 않아, 명왕성계가 보유한 약한 내부 기원의 고유 자기장이나 유도 자기장의 존재 여부를 직접 판단할 수 없다.

단기 변화

지구의 지표 자기장은 다양한 시간 단위에서 지속적으로 변화한다. 편의상 시간 단위의 『짧은 시간』은 기기를 사용하여 직접 측정하는 시간으로, 간접적인 측정과 지시자를 활용하는 『긴 시간』과 구분해 사용한다. 4장의 초반부와 2장에서 이미 태양의 내부 다이너모와 타코 클라인 위의 유체 흐름에 의해 수일에서 수백 년 동안 활성화되는 환상(toroidal) 자기장의 진화를 소개했다. 0.001초에서 몇 년보다 짧은 시간 단위에서 지구 표면 자기장의 변화는 환 전류 (ring currents), 자기폭풍 (magnetic storm), 자기부폭풍 (magnetic substorm)을 포함하는 지구 외부 요인에 의해 발생한다. 자기폭풍의 존재는 1720년대 영국의 시계 제작자 조지 그라함 (George Graham)이 나침반 바늘의 미세한 움직임을 현미경으로 관찰하는 과정에서 발견되었다. 지구자기장은 태양풍에 의해 수시로 교란된다. 태양 복사 에너지와 조석력에 의해 구동된 플라즈마가 전리층에서 발생하는 전류에 의해 유도되는 자기장과 결합하여 지표 자기장을 왜곡한다. 자기적으로 조용한 날에 발생하는 지표 자기장의 최대 교란 정도는 20 nT 이하이다. 그러나 태양 활동이 활발한 기간에는 급격한 지표 자기장 교란이 관찰된다. 태양 폭풍은 태양풍의 밀도와 속도 증가를 수반하여 동압을 증가시키고 자기권의 압축을 유발한다. 자기권의 압축 때문에 평소보다 강한 전류가 유도되어 자기력선의 교란이 발생한다. 자기력선의 교란으로 인해 지구 표면 자기장의 수평 성분 변화가 최대 100 nT에 이르게 된다. 이런 과정으로 생성된 자기폭풍은 보통 수일간 지속된다.

가장 강한 자기폭풍은 500 nT 이상의 지표 자기장 변화를 유발하지만, 일반적으로 11년의 태양 활동 주기 동안 두세 번 발생한다. 자기폭풍에 의해 다량의 플라즈마가 자기권계면을 통과하여 자기권 내부로 유입되어 강력한 싱크로트론 복사 폭발을 유발하면, 궤도 우주선의 우주인과 전자장비에 치명적 위협이 된다. 자기폭풍의 발생은 지구 상당 지역의 전력 공급과 무선 전송에도 영향을 미친다. 현재까지 관찰된 역사상 가장 큰 규모의 자기폭풍은 1859년 9월의 캐링턴 (Carrington) 자기폭풍으로, 태양의 코로나 질량 방출이 지구 자기권을 강타하여 대규모 자기 교란이 발생하였다. 저위도 지역에서도 관찰된 오로라는 캐링턴 자기폭풍의 위력을 보여주는 단적인 사례이다. 당시의 기술 문명은 자기폭풍에 특별히 민감하지 않았지만, 현대 디지털 전자 기술 기반 문명은 캐링턴 자기폭풍 수준의 재난에 매우 취약하다. 퇴적물에서 복원한 ^{14}C와 ^{10}Be 수치로 기원전 12,277년, 기원전 7,200년, 서기 774년, 서기 994년경에 강한 자기폭풍이 발생했음을 시사한다.

자기폭풍은 지구에서만 관찰되는 자연 현상이 아니다. 1986년 보이저 2호의 천왕성 궤도 근접 비행 당시, 태양풍 압력이 평균보다 5배 높아서 자기권이 압축 상태였다가 정상으로 회복되는 과정인 것으로 보였다 (Jasinski et al., 2024). 자기부폭풍은 야간에 발생하는 소규모 자기장 교란으로 오로라 발생과 관련이 있다. 자기부폭풍에 의한 지구 표면 자기장의 변동 폭은 40 nT 내외로 관찰된다. 1974년 마리너 10호는 첫 번째 수성 궤도 근접 비행에서 자기부폭풍에 의한 자기장 벡터 교란을 감지했다.

지표에서 관찰되는 가장 짧은 주기의 내부 기원 자기장 변화는 맨틀의 높은 전기 전도도가 주요 원인이다. 자기권에 존재하는 외부 기원 자기장이 맨틀에 와전류를 생성하여 지표 자기장의 변화를 유발한다. 2010년 발사된 크라이오샛 (Cryosat) 2호 위성과 2013년에 발사된 스웜 (Swarm) 우주선 클러스터가 수집한 자료를 이용하여 수행한 3차원 역산으로 맨틀의 전기 전도도 분포도를 완성하였다. 상부 맨틀의 전기 전도도는 [0.01~0.04 S m^{-1}]로 비교적 일정하다. 맨틀 전이대 (410~670 km)의 전기 전도도는 깊이가 증가하며 ~0.01에서 1 S m^{-1}로 급격히 상승한다 (Velímský & Knopp, 2021). 3차원 역산으로 계산된 전기 전도도는 수년보다 짧은 시간 단위에서 관측된 전기 전도도와 일치한다.

지구 표면에서 관찰된 가장 짧은 주기의 자기장

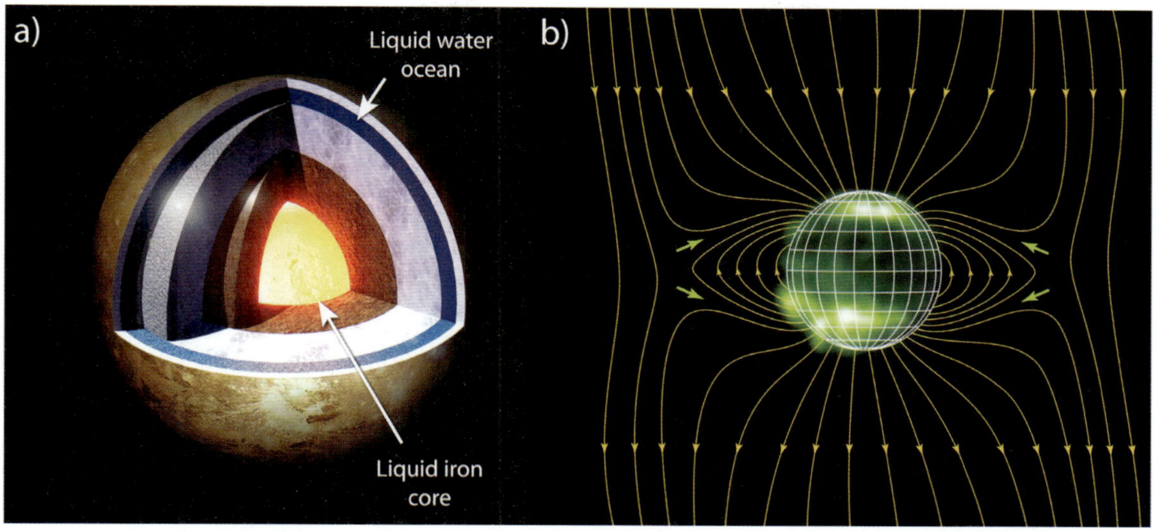

그림 4.11 (a) 가니메데의 내부는 두 개의 전기 전도도가 높은 액체 층을 가진다. 가장 바깥 층은 염수로 구성되어 외부 목성의 시간변화 자기장에 유도된 약한 자기장의 원천이다. 가장 안쪽의 액체 철 층은 가니메데의 강한 고유 자기장을 생성할 수 있는 방식으로 대류할 것으로 보인다. (b) 가니메데의 내부 기원 쌍극 자기장과 목성 자기장의 상호 작용. 목성 자기권의 자기력선과 가니메데의 자기력선이 연결되는 과정에서, 하전 입자가 갈라진 첨애(녹색 화살표 방향)를 통해서 가니메데의 표면으로 침투하게 한다. 태양계의 다른 곳에서의 오로라처럼 (그림 4.7) 이 하전 입자는 표면으로 부터 UV 빛을 방출하게 한다. 출처: Feldman et al. (2000).

변화는 1969년 발생하여 1년 정도 지속된 영년변화이다. 주기가 짧은 급격한 표면 자기장의 변화를 자기 저크 (jerk)라 한다. 자기 저크는 핵-맨틀 경계부 근처에서 외핵 대류의 교란으로 발생한다 (Brown et al., 2013).

참고로 물리학에서는 시간에 대한 위치의 1차, 2차, 3차, 4차, 5차, 6차 미분을 각각 속도, 가속도, 저크, 스냅(snap), 크랙클(crackle), 팝(pop)이라 한다. (역자 주)

가장 특이한 행성 자기장의 단기적 변화는 목성형 행성의 위성과 관련이 있다. 대부분 주요 위성의 궤도는 모행성의 자기권 내부에 속한다. 타이탄은 토성의 자기권 내부에서 공전 주기의 절반을 머무른다. 따라서 아음속에서 초음속 플라즈마 흐름의 전환이 대략 15일 간격으로 발생한다. 자기 축이 자전축과 일치하는 토성 주위의 위성들은 토성이 자전함에 따라 자기장에 작은 변화만을 겪는다. 반면 자기 축이 10° 정도 기울어진 목성의 경우, 위성에서 보면 자기권의 적도 전류 면이 위 아래로 흔들린다. 결국, 목성의 회합 주기에 따라 위성에서 자기장의 방향과 세기가 변화한다. 목성의 위성들은 시간에 따라 지역적으로 변화하는 자기장과 내부 전도성 물질의 기여로 외부 기원 자기장과 반대되는 극성의 유도 자기장을 생성한다.

갈릴레오 우주선의 자력계는 목성의 위성 유로파의 자기장 극성이 330분마다 뒤바뀌는 현상을 관측하였다. 이 극성 변화는 얼음 지각 표면 아래에 존재하는 전도성 물질인 액체 바다가 생성하는 유도 자기장에 기인하는 것으로 보인다 (Kivelson et al., 2000). 유로파의 전기 전도도는 지구의 바다에서 측정된 전기 전도도와 유사하다. 전기 전도도 역산 모델은 유로파 표면의 얼음층 아래 깊이 10 km 부분에 액체 바다 존재를 암시한다. 갈릴레오 우주선은 또한 이오, 가니메데, 칼리스토에서도 내

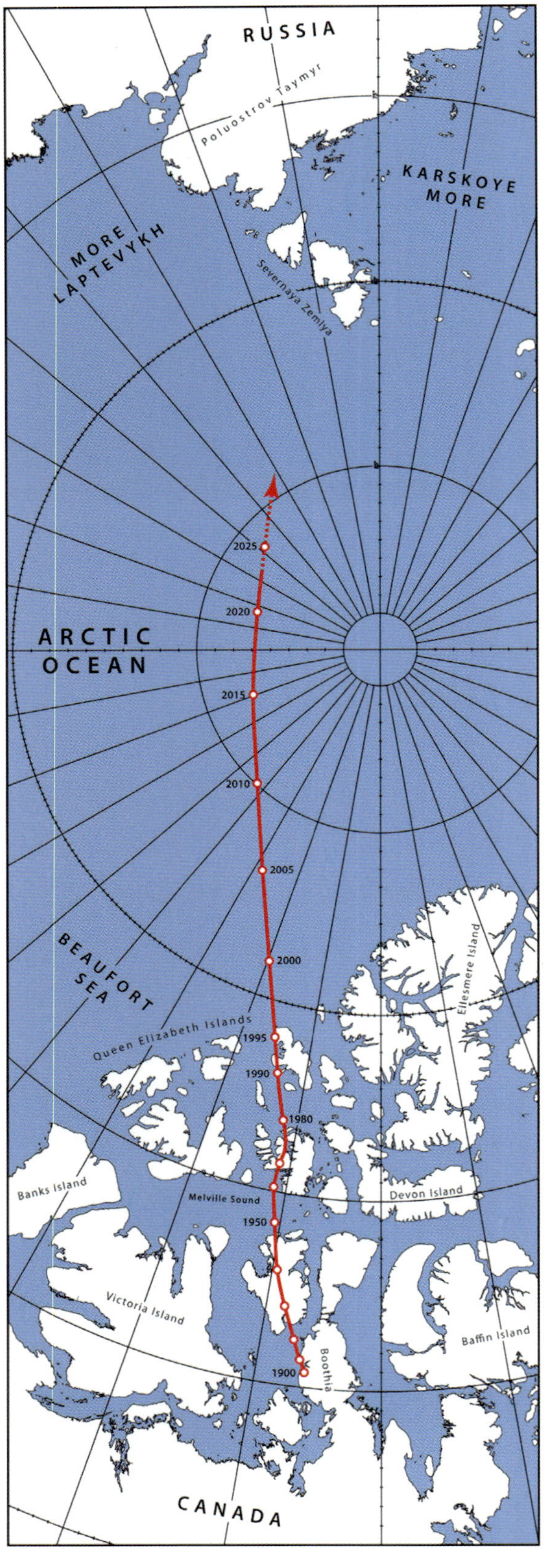

그림 4.12 1900 년 이래의 자기 북극의 이동 경로. 각 원형 점은 2000년까지 10년마다, 2000년 이후는 5년마다의 자기 북극의 위치를 표시한다. 출처: International Geomagnetic Reference Field, IGRF-13; Alken et al. (2021).

부에서 유도된 자기장을 관측하였다. 가니메데와 칼리스토의 경우, 자기장은 내부에 있는 염분이 많은 바다가 거의 확실히 유도한 것이다. 이 내부 바다는 유로파보다는 더 깊은 곳에 있어 보인다. 자기장 관측 결과로 해석한 칼리스토의 내부 구조는 중력장 탐사를 토대로 제시된 칼리스토의 내부 구조와 매우 다르다. 따라서 칼리스토의 중력장 탐사 자료 해석에 비정역학 평형 (non-hydrostatic) 가정이 대안으로 제시되었다. 강력한 조석열 발생으로 이오 내부에 액체 상태의 물은 존재할 수 없다. 대신 목성의 위성 이오의 유도 자기장은 내부의 용융된 규산염층에서 발생하는 것으로 추측된다. 진화 초기의 지구 (Stixrude et al., 2020)와 금성 (O'Rourke, 2020)에서도 현재의 이오와 유사한 용융 규산염 다이너모를 생성했을 가능성이 제시되었다.

네 개의 갈릴레이 위성 중 가니메데의 자기적 특징이 가장 이해하기 어렵다. 가니메데 자기장 생성 원인으로 철이 풍부한 핵에서 발생하는 조석 대류 (Hauck et al., 2006; Bland et al., 2008), 내부 열의 활발한 대류 운동 (Littleton et al., 2021), 철설 (iron snow)의 침강 (Rückriemen et al., 2018)이 고려된다. 내부 기원 자기장 때문에 가니메데는 목성 자기권 내에서 가니메데 반지름의 네 배에 해당하는 작은 거품 형태의 자기 보호막을 형성한다. 형성된 자기 보호막은 표면의 특정 위치로 플라즈마를 유도하여 하전 입자가 표면 얼음을 충격하면서 오로라 방출이 발생한다 (그림 4.11b).

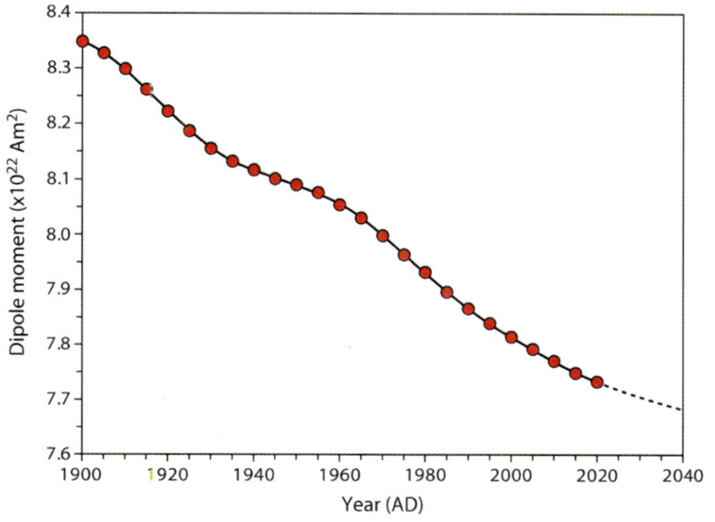

그림 4.13 1900 년 이래의 지구 쌍극자 모멘트의 감쇠. 출처: International Geomagnetic Reference Field, IGRF-13; Alken et al. (2021).

얼음 표면에서 고에너지 입자의 작용으로 발생한 미량의 산소가 누적되어 유로파와 가니메데에서 매우 얇은 산소 대기가 형성된다 (Johnson & Jesser, 1997; Hall et al., 1998). 분해된 O^+ 이온과 산소 분자가 재결합하여 오존 (O_3)이 생성하는데, 이 오존은 가니메데의 고위도 지역에서 얇은 서리막으로 응축된다.

역사적 기록의 시간 범위에서 지구자기장의 다양한 점진적 변화가 확인된다. 16세기 중반 이후로 과학자들은 시간이 지남에 따라 지속해서 변화하는 지구자기장의 복각(inclination)과 편각 (declination)을 측정하였다. 16세기 당시 영국의 런던에서 관찰된 지표 지구자기장의 편각과 복각은 11.3°와 71°이다. 이후 200년 동안 런던에서 관찰된 편각은 서쪽으로 이동했고, 경사는 최대 74.3°까지 증가하였다가 다시 감소하였다. 1823년 런던에서 관찰된 편각과 복각은 335.5°와 71°이다. 이후 편각은 다시 동쪽으로 이동했고, 복각은 계속 감소하였다. 2025년 상반기를 기준으로 런던에서 관찰된 편각과 복각은 1.113°와 66.53°이며 편각과 복각의 연평균 변화량은 0.2 각분과 11.9 각분이다. 이런 세밀한 지표 지구자기장 관찰 자료는 지구 쌍극 자기장의 거시적인 변화를 설명하는 기반 자료로 활용된다.

시간이 지남에 따라 변화하는 지구자기장의 기록은 자기 북극의 위치 추적으로 쉽게 확인된다. 1831년 제임스 로스 (James Ross)는 캐나다 북부 부시아(Boothia) 반도에서 자기 북극을 최초로 관측했다. 최초 확인 이후 자기 북극의 위치는 북극해를 가로질러 북쪽으로 계속 이동 중이다 (그림 4.12). 지난 20년 동안 자기 북극의 이동속도는 연간 ~15 km에서 연간 ~60 km로 급격히 증가했다. 2018년을 기준으로 자기 북극의 위치는 진북 200 km 이내로 근접했고, 시베리아 방향인 남쪽으로 이동하며 이동속도가 연간 ~45 km로 약간 감소했다. 자기 북극 이동속도 변화의 원인은 내핵의 가상 접선 원통과 외핵이 교차하는 외핵 내부의 고위도 지역에서 발생하는 강력한 제트 기류의 요동 때문인 것으로 보인다 (그림 4.1). 자기 북극의 이동과 이동속도 변화의 추가 원인으로 내핵의 차등 자전, 압력 구배, 자기 토크 간의 미묘한 되먹임 순환 과정이 함께 고려된다 (Livermore et al., 2020).

지난 수백 년 동안 지구의 쌍극 자기장 성분은

세기마다 약 5%씩 감소했다 (그림 4.13). 반면 같은 기간 동안 비쌍극 자기장 성분은 점점 증가하는 추세이다. 만약 현재의 쌍극 자기장 감소 추세가 지속된다면 산술적으로 쌍극 자기장 성분은 대략 3,000년 후 소멸할 것이다. 물론 이런 쌍극 자기장 감소 추세가 지속되는 과정에서 다른 지자기 변화가 발생하여 쌍극 자기장 성분이 회복되리라 예상한다.

지구자기장 세기의 감소는 지구자기장에 의해 억제되는 우주선과 다른 형태의 방사선 플럭스 증가로 이어져 잠재적인 생태계의 위협 요인으로 꼽힌다. 시간이 지남에 따라 변하는 지구자기장의 세기, 편각, 복각을 영년변화 (secular variation)라 한다. 지구자기장의 영년변화는 시간과 장소에 따라 지역적으로 다르게 관찰된다. 실제 특정 지역에서는 자기장 세기가 급격히 감소하는 반면, 다른 지역에서는 현저한 세기 증가가 관찰된다. 같은 영년변화가 관측된 지점을 연결하여 영년변화 등변화율선을 작성한다. 다양한 값의 영년변화 등변화율선을 모아 영년변화 등변화율도를 제작한다. 영년변화 등변화율도에서 자기장의 변화가 가장 극심한 지역은 마치 등고선 지도의 높은 산처럼 최대값의 초점으로 표현된다. 2025년을 기준으로 강력한 영년변화 등변화율 초점은 대서양 주변에서 관찰된다. 매우 낮은 등변화율도가 관찰되는 태평양을 지역을 태평양 쌍극자 영역 (Pacific historical dipole window)이라 한다. 등변화율 초점은 매년 약 0.18° 정도 서쪽으로 이동하며, 내핵에 접선 방향으로 배열된 대류 두루마리 (convection rolls)의 상부와 밀접한 관련이 있다.

고지자기학

16세기 이전에는 지구자기장의 편각, 복각, 세기를 측정하기 위해 지구자기장 지시자와 잔류자화 분석의 조합이 사용되었다. 지구자기장 지시자로 오로라 관측, 나이테, 빙하 코어에서 획득한 ^{14}C와 ^{10}Be와 같은 동위원소 측정 자료가 활용된다.

외부 자기장에 노출된 자성광물이 획득하는 자기 모멘트를 유도자화라 한다. 외부 자기장이 제거(또는 변화)되어도 유지되는 일부 자기 모멘트를 잔류자화라 한다. 자성광물의 잔류자화 특성은 컴퓨터 메모리와 같은 기술 장치 개발과 지구물리 탐

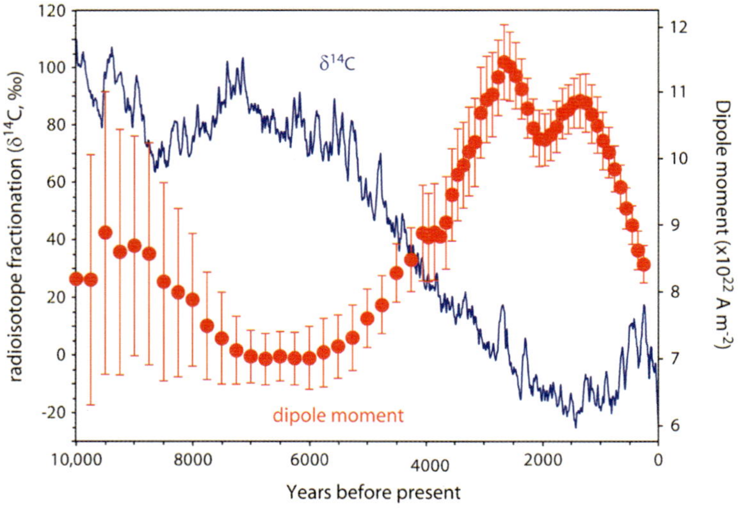

그림 4.14 지난 10,000년 동안 지구자기장 세기 (붉은색)와 ^{14}C의 생성률 (푸른색) 변화. 이 동위원소는 우주선 (주로 태양 양성자)이 대기의 ^{14}N와 충돌하여 생성되는데, 입사하는 우주선 플럭스는 지자기장의 세기 변화에 의해 변조된다. 따라서 ^{14}C의 기록은 태양과 지구 내부 활동의 역사에 대한 중요한 정보를 제공한다. 출처: Knudsen et al. (2008); Reimer et al. (2020).

사에서 광범위하게 사용된다. 자성광물은 강자성(ferromagnetic), 반강자성(antiferromagnetic), 준강자성(ferrimagnetic)으로 구분된다. 자화 상실 온도 이상으로 가열되면 자성광물의 잔류자화는 소멸한다. 소행성이나 혜성의 충돌 과정에서 발생하는 강력한 충격 압력 역시 잔류자화를 희석한다. 철, 니켈, 코발트와 같은 강자성 물질과 자철석 같은 준강자성 물질의 자화 상실 온도를 퀴리 (Curie) 온도라 한다. 적철석과 같은 반자성 광물의 자화 상실 온도를 네엘 (Néel) 온도라 한다. *강자성 물질과 준강자성 물잘의 자화 상실 온도를 처음 관찰한 피에르 퀴리 (Pierre Curie, 1903년 노벨 물리학 수상자)와 반자성 물질의 자화 상실 온도를 처음 관찰한 루이 네엘 (Louis Néel, 1970년 노벨 물리학 수상자)의 업적을 기리기 위한 명명법이다. (역자 주)*

지구의 암석은 마그마가 고결 (crystallization)하며 생성되는 화성암, 퇴적물이 고화되며 생성되는 퇴적암, 광물의 재결정(recrystallization) 작용으로 생성되는 변성암으로 구분한다. 화성암, 퇴적암, 변성암이 포함하는 자성광물은 암석 생성 당시의 자기장 방향으로 잔류자화를 기록한다. 최소 35억 년(아마 42억 년) 동안 지구의 내부 기원 고유 자기장 변화 기록은 다양한 연대의 암석이 보유한 잔류자화 분석을 통해 확인된다. 다이너모의 동적인 발현으로 지구자기장의 세기와 방향은 시간이 지나며 지속적으로 변화한다. 특히 지구자기장의 방향이 반대로 바뀌는 극성 변화를 지자기 역전이라 한다.

18세기 말 알렉산더 폰 훔볼트 (Alexander von Humboldt)에 의해 처음 관찰된 암석의 잔류자화는 낙뢰에 의해 형성된다고 인식되었다. 자성광물이 암석 형성 당시의 지구자기장과 평행하게 잔류자화를 획득한다는 사실은 실험을 통해 1849년 밝혀졌다. 이후의 이론적 발전과 실험적 검증의 시대를 지나 1899년 지세피 폴거라이더(Giuseppe Folgheraiter)에 의해 잔류자화 형성의 물리적인 이해가 마침내 체계적으로 확립되었다.

암석이 형성될 당시 자성광물이 획득하는 잔류자화를 일차 잔류자화라 한다. *암석 생성 이후 지질학적으로 긴 시간 동안 외부의 자기장에 지속적으로 노출되면 점성 잔류자화가 형성된다. (역자 주)* 또한 고온 변성과 충격 변성으로 일차 잔류자화의 일부가 이차 잔류자화로 뒤덮이기도 한다. 점성 잔류자화와 이차 잔류자화에 의해 일차 잔류자화가 희석된 예가 화성의 SNC (Shergotty, Nakhla, and Chassigny) 운석에서 관찰된다. SNC 운석의 자성광물이 냉각되는 과정에서 화성의 당시 자기장 방향으로 일차 잔류자화를 획득했다. 이후 유성의 형태로 이동하는 과정에서 수천만 년 동안 행성간 자기장에 노출되었고, 지구로 낙하한 후 운석으로 발견되기까지 수만 년 동안 지구자기장에 노출되며 복합적인 이차 잔류자화가 생성되었다. 이와 같이 어떤 샘플의 자연 잔류자화 (Natural remanent magnetization, NRM)는 겹쳐 덧 씌워 진다.

자성광물은 다양한 방법으로 잔류자화를 형성한다. 지구의 암석에서 가장 높은 빈도로 관찰되는 잔류자화는 열 잔류자화 (Thermoremanent magnetization, TRM)와 퇴적잔류자화 (Depositional remanent magnetization, DRM)이다. 열 잔류자화는 자성광물이 자화 상실 온도 이하로 냉각되는 과정에서 자기장에 평행한 방향으로 획득하는 잔류자화이다. 열 잔류자화의 형태로 획득된 일차 잔류자화가 변성 작용으로 생성된 이차 잔류자화에 의해 부분적으로 희석되기도 한다. *통계적인 기법으로 개발된 벡터 성분 분석법을 사용하여 고온의 일차*

잔류자화 생존 성분과 저온의 이차 잔류자화 피복 성분의 구분이 가능하다. (역자 주) 열 잔류자화는 가마터나 아궁이 터의 도자기(pottery) 유물에서도 확인된다. 따라서 화석의 자화에 대한 연구는 고생물학과 고고학의 영역을 아우른다.

지표면에 노출된 암석은 풍화와 침식으로 입자의 크기가 감소하며 하천이나 강을 따라 이동하다 호수와 바다에 이른다. 미세한 크기의 자성광물이 다른 부유물 함께 침전되는 과정에서 나침반의 바늘처럼 주변 자기장에 평행한 방향으로 회전하며 퇴적 잔류자화를 획득한다. 퇴적물의 고결 과정에서 압력이 증가하며 공극이 줄어든다. 이에 따라 자성광물의 자유로운 회전이 억제되어 자성광물의 방향이 고정되어 퇴적 후 잔류자화(post-depositional remanent magnetization)가 형성된다. 고결 작용의 지속 과정에서 지구자기장의 방향 변화가 발생하면, 퇴적 잔류자화와 퇴적 후 잔류자화의 방향이 어긋나기도 한다. 결국, 금속 성분을 함유한 자성광물이 포함된 퇴적암은 퇴적 후 잔류자화 형성 당시의 자기장 방향으로 최종적인 잔류자화를 형성한다.

광물의 절대 연령 측정이 가능한 경우, 화성암의 생성 시기를 특정할 수 있다. 절대 연령 측정이 가능한 화성암 사이에 퇴적암 지층이 존재하는 경우, 퇴적암의 상대 연령 결정이 가능하다. 이런 상대 연령 결정 방법의 원리는 서로 다른 지역에서 시추한 심해 퇴적물 코어의 층서 대비에 활용된다. 퇴적물의 자화 변화 실험 자료가 추가되면 심해 퇴적물 코어의 고해상도 층서 구분이 가능하다. 고지자기 층서 대비를 활용하여 다양한 해양 환경의 진화, 고기후 변동, 천문학적 요인인 밀란코비치 주기 사이의 상관관계가 밝혀졌다 (Shackleton & Opdyke, 1973).

열 잔류자화 분석, 고해상도 탄소연대측정(^{14}C), 열 형광 연대 측정의 협업으로, 구운 점토와 토기를 제작하던 역사시대의 지표 지구자기장 추적이 가능하다. 고고학 유물인 세라믹을 사용하여 역사시대 지구자기장의 세기, 편각, 복각의 변화를 추적하는 연구 분야를 고고지자기학 (archeomagnetism)이라 한다. 고고지자기학 연구는 지구의 대륙 분포 편향 때문에 상대적으로 북반구에 집중되어 있다. 다양한 위도와 경도에서 확보된 고고지자기학 자료를 전 지구적 지표 자기장 변화로 재구성하는 통계 분석 과정이 필요하다 (Brown et al., 2021). 내핵 접선 원통의 대류 두루마리 (convection rolls)와 연관된 고위도 지역의 자기플럭스 로브 (flux lobes) 현상이 고고지자기학 분석에서 관찰된다 (Constable et al., 2016). 지난 2,000년간 지속된 쌍극 자기장 세기의 장기적인 감소 역시 고고지자기학 연구로 확인된다. 다행스럽게 쌍극 자기장의 지속적인 감소는 결코 비정상적이거나 우려되는 현상이 아니라, 외핵의 유체 흐름 균형 변화를 반영하는 자연적인 지구자기장 변동의 과정으로 이해된다 (그림 4.14).

장주기 변화

1906년 아이슬란드 용암을 조사하던 버나드 브룬스 (Bernard Brunhes)가 현재 자기장과 반대되는 방향으로 형성된 자연 잔류자화를 발견했다. 이를 설명하기 위해 브룬스는 과거 어느 시점에 적어도 한 번 이상의 지자기 역전이 발생했다고 제안했다. 지자기 역전은 간헐적으로 발생하는 지구자기장의 가장 극단적인 변동이다. 참고로 태양자기장의 역전은 흑점 주기에 해당하는 11년마다 발생한

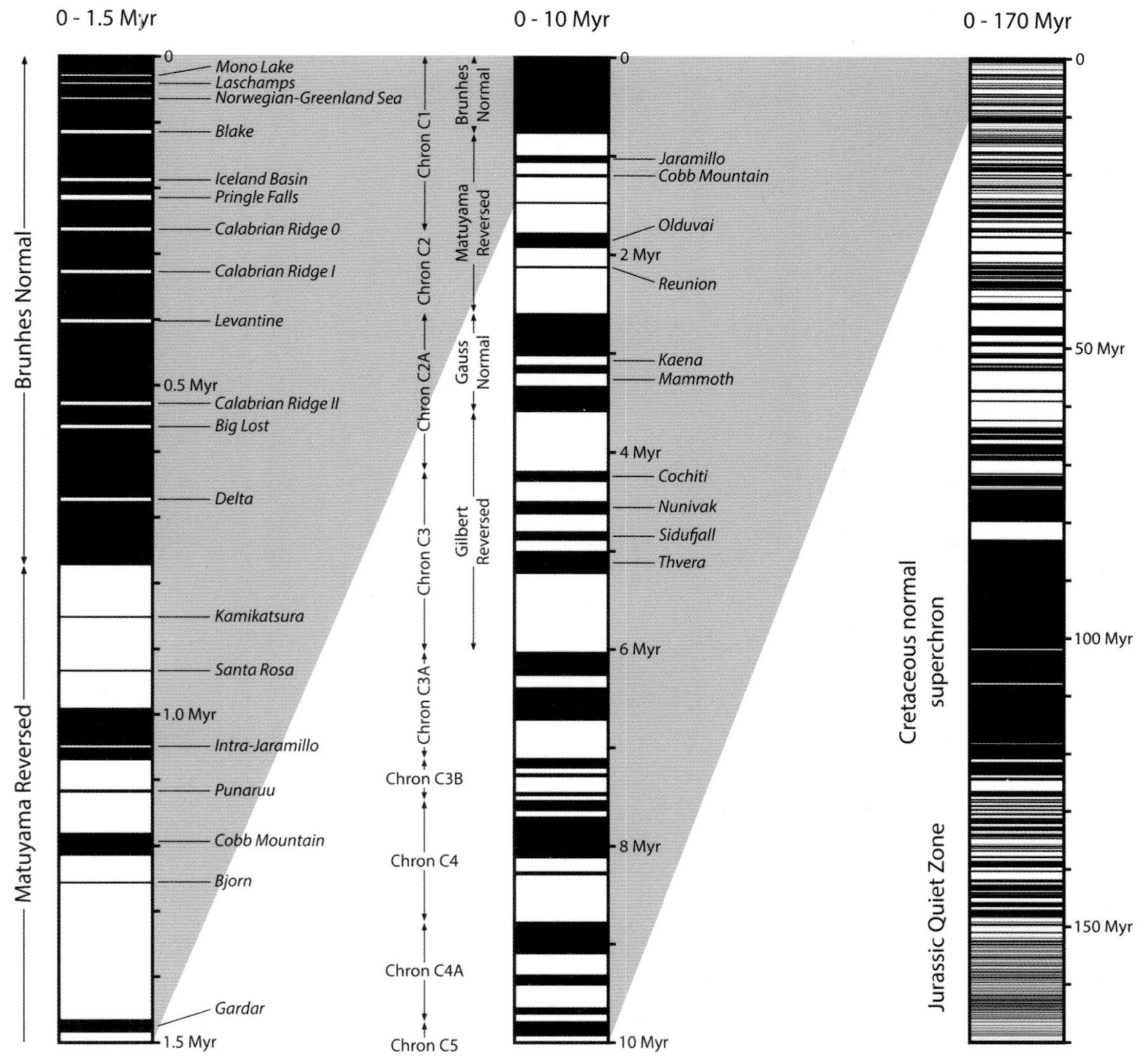

그림 4.15 현생누대의 지자기 극성 연대표. 검은 부분은 정상 극성 (현재의 지자기 극성)을 흰 부분은 반대 극성을 뜻한다. 출처: Ogg (2020).

다. 1920년대 후반, 모토노리 마투야마 (Montonori Matuyama)는 제4기 초기의 용암에서 또 다른 지자기 역전의 존재를 보고하였다. 서로 다른 시기의 지자기 역전이 관찰되며, 반복되는 지구자기장 역전이 기록된 지층의 연대를 상대적으로 비교하는 자기 층서의 개념이 도입되었다. 방사성 연대 측정이 가능해지면서 자기 역전의 시간 규모를 교정할 수 있어 자기층서 방법은 실질적이 되었다. 즉, 방사성 절대 연령을 측정할 수 없는 암석을 포함하는 지층 사이의 상대적 생성 시기 구분에 자기 층서가 사용된다. 자기 층서의 원리를 적용하여 지난 1억 7,143만 년의 지자기 극성 연대표 (Geomagnetic polarity time scale)가 완성되어 연대 측정의 보조 자료로 활용된다 (그림 4.15). 지자기 극성 연대표의 검은색 부분과 하얀색 부분은 각각 정자극기와 역자극기를 나타낸다(그림 4.15).

현재는 브룬스 정자극기 (Brunhes normal polarity, 현재 ~ 77만 3천 년 전에 해당한다. 브룬스 정자극기의 특징은 약간의 편각 변화와 예외 없이 일정하게 유지되는 극성이다. 반면 마투야마 역자극기 (Matuyama reverse polarity, 77만 3천 년 전 ~ 259만 년 전)는 지속 기간이 짧은 정자극 보조기 (subchron)가 포함된다 (그림 4.15). 엄밀하게 말해 마투야마 역자극기는 역자극 우세기에 해당한다. 마투야마 역자극기 이전의 가우스 정자극기 (Gauss normal polarity, 259만 년 전 ~ 360만 년 전)는 대략 10만 년간 지속된 두 차례의 역자극 보조기가 포함된다. 길버트 역자극기(Gilbert reverse polarity, 360만 년 전 ~ 602만 년 전)는 가우스 정자극기 이전의 시기이다.

지자기 역전은 특정 주기를 보이지 않아 백만 년 동안 두 자릿수 이상의 역전이 기록된 시기도 존재하고, 3,000만 년 이상 단일 극성을 유지한 시기도 존재한다. 특히 8,300만 년 전부터 1억 2,100만 년 전까지 약 3,800만 년 동안 정자극기가 유지된 시기를 백악기 정자극 슈퍼크론 (Cretaceous Normal Superchron, CNS)이라 한다 (그림 4.15). 수천만 년의 장기간에 걸쳐 같은 극성이 유지되는 이유는 아직 불분명하지만, 맨틀 슬랩이 심부 맨틀로 유입되는 과정에서 발생하는 맨틀의 대류 변화가 유력한 가설로 제시되었다. 장기간에 걸쳐 같은 극성이 유지된 기록은 석탄기 후기에서 페름기 중기까지 약 5,000만 년 동안 이어진 키아만 역자극 슈퍼크론 (Kiaman Reversed Superchron, KRS)에서도 확인된다. 백악기 정자극 슈퍼크론 이후 대략 1,500만 년 주기의 규칙적인 지자기 역전 빈도 등락이 관찰된다. 상대적으로 규칙적인 지구자기장 극성 변화 주기는 핵의 열 방출 활성화 주기로 설명된다. 공교롭게도 해양 지각에서 관찰되는 해저 확장 속도의 증가 시기는 백악기 정자극 슈퍼크론 시기와 정확히 일치한다. 결국, 핵의 열 방출이 판구조론과 지구자기장 유지의 핵심이라고 할 수 있다.

지자기 역전 발생의 근본 원인 해석이 어려운 이유는, 지자기 역전이 서로 같은 물리적 방식으로 반복되지 않는다는 사실이다. 게다가 시공간적으로 제한된 지질학적 기록의 분포는 지자기 역전 검증의 현실적인 문제로 대두된다. 실제로 지자기 역전에 수반된 자기장 벡터의 편각, 복각, 세기 변화가 모두 기록된 퇴적물이나 용암 대지는 아주 드물게 발견된다. 물론 미국 워싱턴주에 있는 라이니에 (Rainier) 화산의 타투쉬 관입암 (Tatoosh intrusion)처럼 지자기 역전의 기록이 보존된 드문 예도 있다.

지자기 역전 과정에서 발생하는 자기장의 세기 변화는 중요한 연구 주제이다. 지자기 역전 발생 수천 년 전에 지구자기장의 세기는 대략 10분의 1로 감소하고, 지자기 역전 발생 이후 수천 년이 지나서야 원래의 세기로 회복된다. 지자기 역전과 관련된 지구자기장 세기 변화 지속 기간은 대략 1만 년 내외지만, 일부 지자기 역전에서는 수백 년 내외의 빠른 세기 변화 지속 기간이 관찰된다. 또한, 지자기 역전과 수반된 세기 변화가 아예 발생하지 않는 지자기 역전도 관찰된다.

고지자기 연구는 일차적으로 각각의 시료가 기록하는 잔류자화의 편각과 복각을 측정한다. 암석이 채취된 현재 위치(위도, 경도)를 사용하여 해당 지층의 가상 지자기 극 (virtual geomagnetic poles)을 결정한다. 지자기 역전 과정에서 가상 지자기 극은 저위도 지역에서 역전의 시도가 반영된 배회 경로를 따른다. 가상 지자기 극은 비교적 빠르게 이동하다 역전에 다다르면 고위도 지역으로 수렴한다. 가상 지자기 극의 이동 경로는 아메리카 대륙, 호주, 동아시아 지역에 집중적으로 분포한다.

가상 지자기 극의 이동 경로는 맨틀 최하부의 초저속대 분포 지역과 일치한다. 따라서 지구자기장 역전 제어에 기여하는 초저속대의 역할에 관한 추가 연구가 필요하다. (역자 주)

지구자기장이 완벽한 역전에 이르지 못하고, 역전의 경향을 보이다가 원래 상태로 되돌아오는 현상을 지자기 회유라 한다. 지자기 회유 과정도 지자기 역전 과정과 유사한 지자기 세기 감소가 대체로 관찰된다. 가장 최근에 발생한 두 번의 지자기 회유를 모노 레이크 (Mono Lake) 회유와 라샹 (Laschamp) 회유라 한다. 모노 레이크 회유는 34,500년 전에 형성된 미국 유타주의 모노 레이크 호수 퇴적물에서 처음 관찰되었고, 라샹 회유는 41,000년 전에 형성된 프랑스의 라샹 용암에서 처음 관찰되었다. 지자기 회유는 지자기 역전과 달리 전 세계적으로 발견되지 않기도 한다. 이는 지자기 회유 과정에서 쌍극 자기장 성분의 약화로 발생한 비쌍극 자기장 성분의 증폭 효과가 지역적으로 발생하기 때문이다 (Pétrélis & Fauve, 2010). 지난 브룬스 정자극기에 8회의 지자기 회유가 관찰된다.

퇴적물의 잔류자화는 시간적으로 좋은 기록을 가지고 있지만, 그 세기가 약하고 국부적인 관측을 전지구적으로 외삽하는 어려움 때문에 지자기 회유와 역전의 특성화를 더욱 어렵게 한다. 그럼에도 지구 핵의 자기유체역학 모델은 자발적인 역전 현상을 설명하고 있다 (Pétrélis & Fauve, 2010). 참고문헌 (Valet & Fournier, 2016)은 지자기 회유와 역전에 대한 종합적인 내용을 다루고 있다.

대륙의 이동

고지자기학은 판구조론의 규명에 두 가지 정량적인 자료를 제공하였다. 첫째, 자기 이상 관측은 해양 지각의 확장을 증명하였다. 고지자기의 효과적인 지구역학적 응용을 통해 해저 확장 추적이 가능하다. 해령에서 형성된 해양 지각의 중앙 해령 현무암은 해령에 수직인 방향으로 확장한다 (그림 3.15). 냉각으로 고화되는 과정에서 해양 지각 현무암의 자성광물은 주변 자기장의 방향으로 열잔류자화를 획득한다. 지자기 역전 시기에 형성된 현무암은 역자극 방향으로 열 잔류자화를 획득한다. 견인 자력계를 장착한 해양 탐사선이 북동태평양과 남대서양에서 해양 지각의 연속적인 선형 자극 변화를 발견했다. 영국의 지질학자 프레드 바인 (Fred Vine), 드러먼드 매튜스 (Drummond Matthews), 캐나다의 지구물리학자 로렌스 몰리 (Lawrence Morley)는 해령의 확장 축을 기준으로 발달한 자기 이상의 대칭성이 대륙의 자기 층서와 일치한다는 사실을 밝혀냈다 (Vine & Matthews, 1963). 중앙 해령으로부터의 거리와 해양 지각 고지자기 연대 사이의 상관관계를 이용하여 해양 지각의 해저 확장 속도를 계산한다 (그림 4.16). 지구 표면에서 관찰한 자기 이상 자료를 취합하여 세계 디지털 자기 이상도 (World Digital Magnetic Anomaly Map)가 완성되었다. 세계 디지털 자기 이상도는 차수 800과 계수 800까지 확장한 구면 조화함수로 지표의 자기장 변화를 반영한다. 해양 지각 자기 이상 자료를 활용하여 남태평양과 남대서양의 해저 지형 해석이 가능하다 (그림 4.17).

둘째, 주요 대륙에서 결정된 겉보기 지자극 이동 곡선을 비교하여 대륙의 이동을 증명하였다. 현재 지구의 자기 북극/남극은 지리적 북극/남극과 정확히 일치하지 않으며, 지질시대 동안 자기 북극/남극의 위치는 지속적으로 변했다. 물론 지구의 자전은 지구자기장 생성에 큰 역할을 담당하기 때문

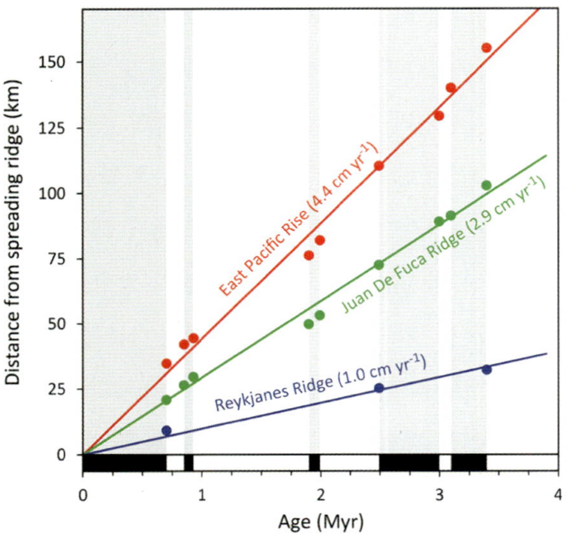

그림 4.16 지구의 세 대양 해저의 고지자기 연대 측정. 동태평양 해팽(East Pacific Rise), 후안 데 푸카 해령(Juan de Fuca Ridge), 레이캬네스 해령(Reykjanes Ridge)의 확장 속도 비교. 각 확장 속도가 일정하다고 보기에는 사용 자료가 너무 적고 그 간격이 크다. 실제로 해령에서 지진발생율은 전혀 일정하지 않다. 출처: Vine (1966).

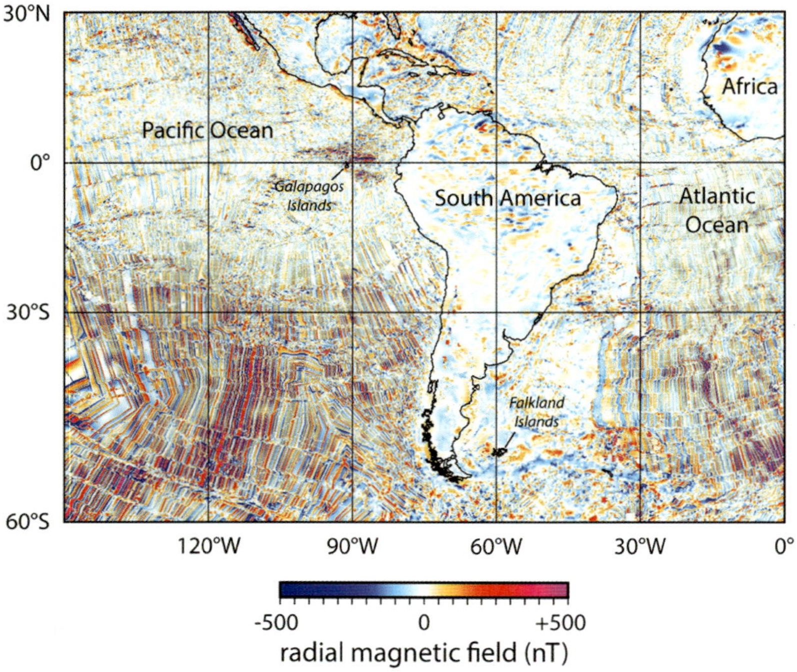

그림 4.17 남태평양과 남대서양의 지각 자기 이상 분포도. 중앙 해령에서 분출하는 현무암의 자성광물은 생성 당시의 지표 자기장에 평행한 방향으로 열 잔류자화를 획득한다. 정자극기와 역자극기가 반복되며 해령에 평행한 자기 줄무늬 형태의 자기 이상이 생성된다. 줄무늬의 폭은 판의 이동속도 차이를 반영한다(그림 4.16 참조). 출처: World Digital Magnetic Anomaly Map, WDMAM 2.0; Dyment et al. (2015); Lesur et al. (2016).

에, 자기 북극/남극은 지리적 북극/남극 주변을 배회한다. 지구자기장의 장기간 평균 변화 자료를 사용하면 자기 북극/남극과 지리적 북극/남극은 서로 일치한다고 근사할 수 있다. 자기 북극과 자기 남극의 가상 연결선은 지구 중심을 관통한다. 비쌍극 자기장 성분이 상쇄된 지구의 자기장은 쌍극 자기장으로 근사 된다. 위의 세 가지 특징을 모두 반영하여 지구 중심축 쌍극자 (geocentric axial dipole, GAD)를 정의한다. *지질 구조의 형성 이후 대륙의 이동이 없었다면, 가상 지자기극과 지구 중심축 쌍극자는 서로 일치해야 한다. 그러나 가상 지자기극이 지구 중심축 쌍극자와 어긋난다면, 해당 지질 구*

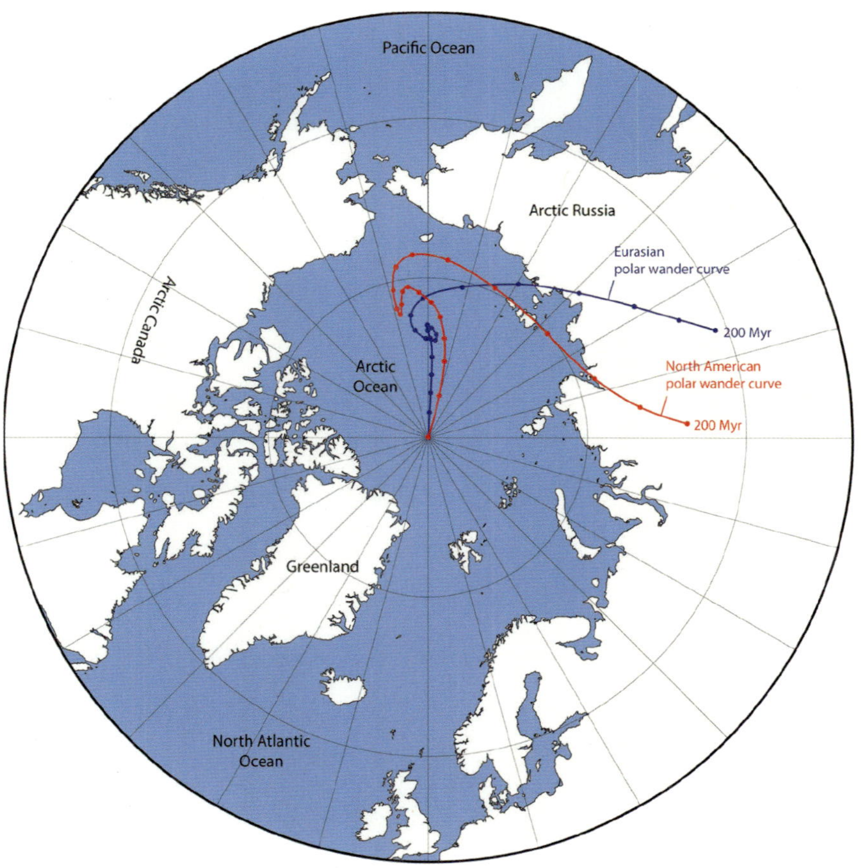

그림 4.18 지난 2억 년간 유라시아 대륙(푸른색)과 북아메리카 대륙(붉은색)의 겉보기 지자극 이동 곡선 비교. 두 이동 곡선의 차이는 두 대륙지괴가 공통의 지자기 좌표계에서 상대적으로 이동했음을 뜻한다. 출처: Schettino & Scotese (2005).

조 기준 좌표계의 이동과 회전을 추적할 수 있다. 각각의 지질 구조 단위에서 시간의 변화에 따른 가상 지자기극 연결선을 겉보기 지자극 이동 곡선이라 정의한다. (역자 주)

과거로 거슬러 올라가며 유라시아판과 북아메리카판의 겉보기 지자극 이동 곡선 차이가 증가한다. 경도를 기준으로 대략 30° 정도의 겉보기 지자극 이동 곡선 차이가 2억 년 전에 관찰된다 (그림 4.18). 놀랍게도 이런 경도상의 차이는 유라시아판과 북아메리카판 사이에 존재하는 대서양을 제거하면 사라진다. 이는 20세기 초에 제시된 대륙 이동설의 지구물리학적 증거로 인정된다. 실제 초대륙 판게아가 분리되는 과정에서 확장된 해양 분지가 지금의 대서양으로 성장하였다. 판이 충돌하는 과정에서 암석권 상부의 지각 일부가 서로 합쳐지고 재분리 되며 광범위한 변형과 변성 작용이 발생하여 조산대를 형성한다. 많은 연구 결과의 축적으로 고생대 전반에 걸친 초대륙 복원은 유럽과 북아메리카에서 상당히 진척되었다. 원생대와 시생대 초대륙 복원 연구는 해당 시기 지질 단위 분포의 희소성으로 아직 걸음마 단계이다 (Merdith et al., 2021). 이런 제약에도 불구하고 현재까지 일부가 복원된 과거의 주요 초대륙 (육지 표면의 75% 이상)은 판게아(Pangea, 1억 7,500만 년 전~3억 3,600만 년 전), 판노티아 (Pannotia, 5억 6,000만 년 전~6억 5,000만 년 전), 로디니아 (Rodinia, 7~12억 년 전), 콜롬비아 (Columbia, 15억 년 전~21억 년 전), 케노랜드 (Kenorland, 약 24~27억 년 전)이다.

물론 반복된 변성 작용과 조산운동으로 대부분 원생대 지질 구조에서 일차 잔류자화의 소실이 관찰된다. 그러나 일부 고지자기학 연구에서 원생대와 시생대에 형성된 일차 잔류자화의 부분적인 복원에 성공하였다. 개별 광물 단위에서 지구자기장의 가장 오래된 증거는 대략 42억 년 전에 생성된 쇄설성 지르콘 입자 내부에 포획된 자철석 결정의 일차 잔류자화이다. 다만 자철석 결정의 재자화 여부에 대한 많은 반박과 재반박이 이어지고 있다. 그래서 보수적으로 인정되는 가장 오래된 일차 잔류자화의 획득 시기는 대략 35억 년 전이다 (Borlina et al., 2020). 많은 논쟁에도 불구하고 원생대 이전에 형성된 일차 잔류자화 분석에 대한 도전은 지구의 열적 성장과 냉각, 지구자기장과 생명체 진화 사이의 상관성을 규명하는 데 중요한 기반 자료를 제공한다. 현재 지구의 내부 기원 고유 자기장은 내핵의 결정화로 구동된다. 그러나 진화 초기의 지구는 고체 내핵이 없는 온전한 액체 외핵 상태였고, 맨틀을 통한 열 손실과 조석 운동으로 대류가 활성화되었다. 장기적으로 진행된 냉각으로 지구의 자기장은 내핵의 형성 시점까지 꾸준히 세기가 감소했을 것이다. 내핵의 형성을 기점으로 지구자기장의 세기는 다시 증감을 반복했다. 따라서 내핵의 형성 시점 결정이 지구의 진화를 이해하는 가장 중요한 요소라고 할 수 있다.

고체 상태의 철과 황을 포함하는 액체 상태 철의 열전도도를 기반으로 한 이론적 모델은 내핵의 형성 시점을 5억 년 전에서 10억 년 전으로 예상한다. 5억 년 전에서 10억 년 전 사이에 형성된 암석을 대상으로 수행한 고지자기 연구 결과는 이론적인 계산과 유사한 경향성을 나타낸다. 원생대 말인 에디아카라기 (Eidacaran period), 5.6 ~ 5.8 억년전에 지구의 쌍극자 모멘트는 [0.4~1.7×10^{22} A m^2]까지 극도로 약해졌다 (Bono et al., 2019; Shcherbakova et al., 2020; Thallner et al., 2021). 참고로 현재 지구의 쌍극자 모멘트는 [7.7×10^{22} A m^2]이다. 백만 년에 최대 20회에 달하는 매우 높은 지자기 역전이 에디아카라기에 관찰된다 (Gallet et al., 2019). 이렇게 약한 쌍극자 모멘트와 빈번한 지자기 역전은 내핵 생성의 전조로 해석된다. 물론 극도로 약해진 쌍극자 감쇠기는 다른 지질시대인 7억 2천만 년 전, 13억 년 전, 3억 3천2백만 년~4억 1천6백만 년 (소위 중생대 쌍극자 최소기)에도 관찰된다. 따라서 내핵 형성과 무관한 쌍극자 감쇠기와 에디아카라 감쇠기의 구분에 관한 추가 연구가 필요하다.

공교롭게도 에디아카라 쌍극자 최소기 (Ediacaran Dipole Low)는 생명체 진화의 전환점인 고생대의 시발점과 해당한다. 태양풍과 우주선의 보호막 역할을 하는 지구자기장의 약화는 유전적 돌연변이 발생률 증가를 유발하여 생태계 변동을 촉발했을 가능성이 높다.

chapter 5

중력과 행성의 지형

행성체의 자기장은 내부 요인과 외부 요인의 상호작용으로 생성되고 동적인 변화로 유지되지만, 중력은 내재적 물성인 물질의 질량에 비례한다. 행성만큼 큰 질량체는 강한 중력으로 그 모양을 거의 구형으로 유지하며 주변의 다른 행성체에 상당한 섭동을 발생시킨다. 이는 국제천문연맹(International Astronomical Union, IAU)에서 정한 행성의 정의이기도 하다. 중력은 행성체 내부와 표면의 물질 이동에 중요한 역할을 한다. 핵과 맨틀의 대류, 암석권의 이동, 빙하, 용암, 해류, 대기의 순환은 중력의 영향을 받는다. 중력은 자연의 다른 어떤 근본적인 힘보다도 행성체의 지질학적 특징을 직관적으로 대변한다. 지형은 중력의 비교적 미묘한 지역적 변화를 반영한다. 중력은 생명체의 진화에도 막대한 영향을 끼친다. 대부분의 복잡한 유기체에 저중력 또는 무중력 환경은 매우 치명적이다. 근본적인 힘 중 가장 약한 중력은 전자기력보다 약 10^{36}배 약하다. 예를 들어 간단한 막대자석으로 철 조각을 들어 올리는 전자기력은 쉽게 지구 전체의 중력을 극복한다.

행성의 중력 탐사는 거시적 관점에서 행성의 형태 변화와 미시적 관점에서 지역적 지형 변화를 고려한다. 중력 탐사는 행성체 내부의 구조와 역학적 변화를 이해하는 기반 자료를 제공한다. 행성체(외

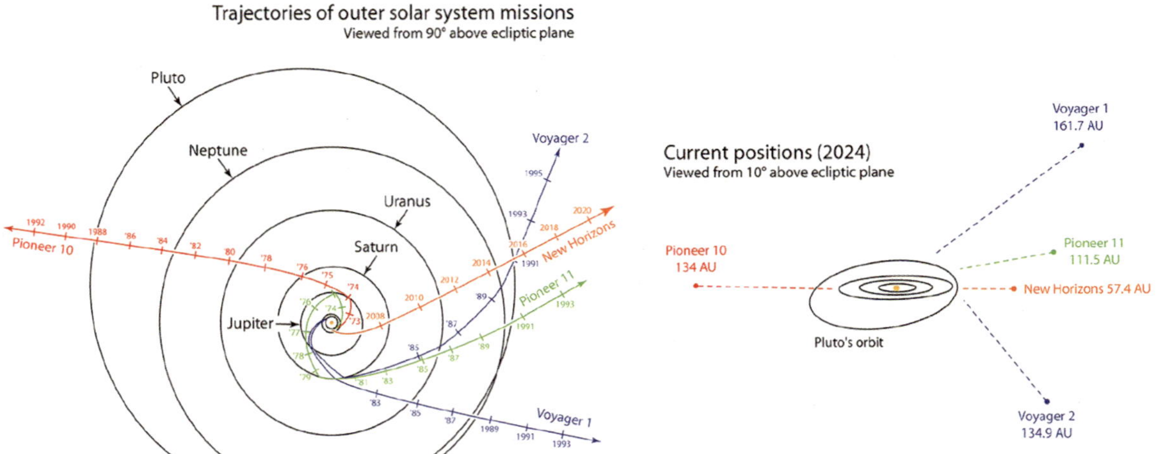

그림 5.1 태양계 외곽 탐사에 사용된 우주선의 경로. 중력 도움 (gravity-assists) 궤도를 사용하여 보이저(Voyager)와 파이오니어 (Pioneer) 우주선은 거대 행성들을 모두 거치는 장대한 여정 (grand tour)를 완성했다 (1972년 발사에서 1989년 해왕성 통과). 보이저 1호(1977년 9월 5일~현재), 보이저 2호 (1977년 8월 20일~현재), 파이오니어 10호 (1972년 3월 3일~2023년 1월 23일), 파이오니어 11호 (1973년 4월 6일~1995년 11월 24일), 뉴 호라이즌스 (New Horizons, 2006년 1월 19일~현재)의 궤적. 출처: NASA.

표 5.1 태양계 탐사 일지

	파이오니어 10호	파이오니어 11호	보이저 1호	보이저 2호	뉴 호라이즌스
발사	1972년 3월 2일	1973년 4월 5일	1977년 9월 5일	1977년 8월 20일	2006년 1월 19일
목성 근접	1973년 12월 4일	1974년 12월 2일	1979년 3월 5일	1979년 7월 9일	2007년 2월 28일
토성 근접	-	1979년 9월 1일	1980년 11월 12일	1981년 8월 25일	-
천왕성 근접	-	-	-	1986년 1월 24일	-
해왕성 근접	-	-	-	1989년 8월 25일	-
명왕성 근접	-	-	-	-	2015년 7월 14일
Arrokoth 근접	-	-	-	-	2019년 1월 1일
태양권계면 통과	-	-	2012년 8월 25일	2018년 11월 5일	-
탐사 종료	2003년 1월 23일	1995년 11월 30일	현재 진행 중	현재 진행 중	현재 진행 중

계 행성체 포함)의 질량과 크기는 원격으로 상당히 정확하게 측정할 수 있지만, 행성체의 형태와 중력의 미세한 세부 변화는 많은 연구가 필요하다.

행성체의 중력 탐사를 위해 시도되는 우주선의 근접 비행은 유용한 정보를 제공하지만 시공간적 제약이 많다. 더욱 세밀한 측정과 중력 변화의 시간 의존성을 극복하려면 우주선의 장기 궤도 임무가 필요하다. 이를 위해 우주선의 궤도 비행에서 행성체에 가까이 접근하는 지상 궤적이 최대한 균일한 위도, 경도, 궤도 위치 벡터를 포함하도록 임무를 설정하는 것이 매우 중요하다.

중력 자체도 태양계 탐사의 진일보에 크게 기여했다. 1938년 초, 우크라이나의 과학자 유리 콘드라튜크(Yuri Kondratyuk)는 행성의 중력장을 이용한 우주선의 가속을 제안하였다. 중력 도움 기동(gravity-assist manoeuvres)을 통해 태양계 가장자리까지 우주선을 가속하고, 지구 궤도 안쪽의 태양과 행성체에 도달하기 위해 우주선을 감속하기도 하며, 궤도를 도는 위성의 원점선 (line of apsides)이나 궤도 경사각을 이동시키는 기술이 보편화되었다 (Vasile & De Pascale, 2006).

파이오니어 (Pioneer) 10호, 파이오니어 11호, 보이저 (Voyager) 1호, 보이저 2호, 뉴 호라이즌스 (New Horizons) 탐사선은 각각 거대 행성을 한 번 이상 근접 통과하며 태양계 외곽에 도달했다 (그림 5.1, 표 5.1). 탐사선의 행성체 접근 과정에서 최적화된 궤도 설정으로, 탐사선은 행성의 운동 에너지 극히 일부를 흡수하여 태양계 먼곳까지 도달할 수 있도록 가속된다. 2004년부터 2017년까지 카시니(Cassini) 우주선은 토성계에서 가장 큰 위성인 타이탄의 중력을 이용해 궤도 변경에 성공하였다. 실제 카시니 우주선은 적은 양의 연료 탑재에도 불구하고 중력 도움 기동을 통해 토성을 공전하는 다른 위성들을 근궤도에서 관찰하는 데 성공하였다.

행성의 지형도 제작

기원전 5 ~ 6세기의 페니키아 선원들이 적도 남쪽으로 탐험을 떠나 태양이 북쪽 하늘에 있음을 관찰한 이래, 지구가 둥글다는 사실은 2,000년 이상 구전되었다. 지구의 반지름은 그리스 철학자 아리스토텔레스 (Aristotle, 기원전 384~322년), 리비아 수학자 에라토스테네스 (Eratosthenes, 기원전 276~196년), 이란 수학자 알 비루니 (Al-Biruni, 서기 973~1048년) 등에 의해 추산되었다. 안타깝게도 고대의 과학자들은 스타디아와 큐빗의 단위를 사용하였는데, 고대 단위와 현대 물리 단위 사이의 변

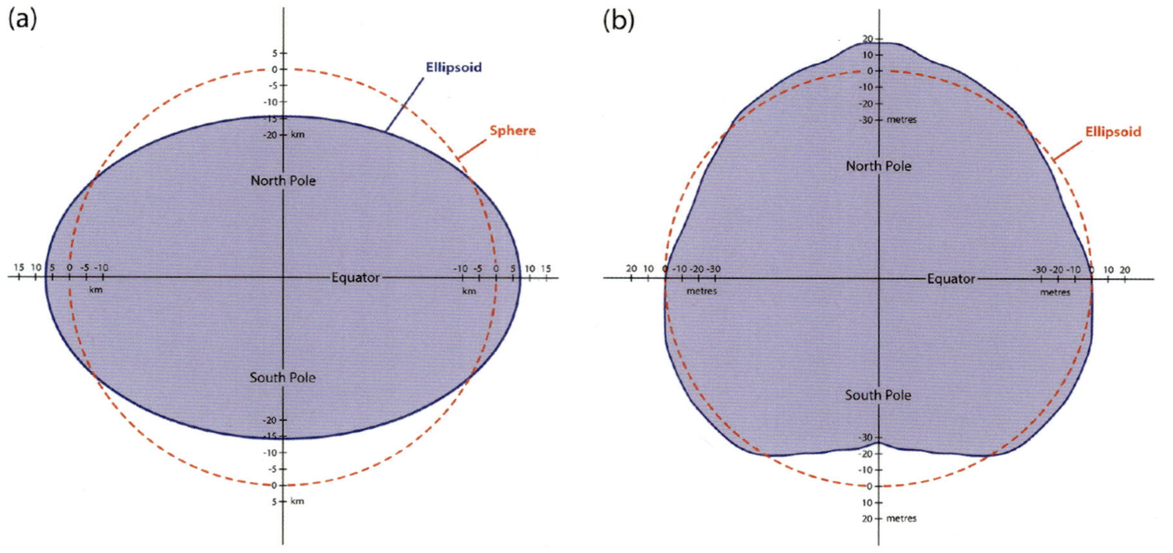

그림 5.2 (a) 지구의 기준 회전 타원체와 구의 차이. (b) 자전을 평균적으로 고려한 지구의 형태와 기준 회전 타원체의 편차. 지구가 배 모양의 윤곽을 보인다. 출처: Tan et al. (2016).

환 식이 모호하여 그들이 결정한 지구 반지름의 정확도는 알 수 없다.

장 피카르 (Jean Picard)는 1669년부터 1670년까지 프랑스 파리의 자오선을 따라 위도 1°의 길이를 측정하였다. 측정한 거리를 구로 환산하여 지구 반지름 6,328.9 km를 제안하였는데, 이는 현재 사용되는 지구의 반지름과 ~42 km 차이가 난다. 아이작 뉴턴 (Isaac Newton)은 1687년 저서 『자연 철학의 수학적 원리 (Philosophiæ naturalis principia mathematica)』에서 자전이 지구의 형태에 미치는 영향을 설명하며, 원심력에 의한 저위도 지역의 팽창과 고위도 지역의 수축을 예측했다.

뉴턴이 정의한 저위도 팽창과 고위도 수축은 편평도 [f=(a-c)/a]로 표현되며 [a]는 적도의 반지름, [c]는 극의 반지름이다. 편평도 [f]가 작은 값의 소수로 표현되기 때문에 행성들의 편리한 형태 비교를 위해 역 편평도 [m=1/f]를 사용한다. 장 피카르의 반지름을 사용하면 지구의 역 편평도는 229보다 크고 230보다 작다. 뉴턴이 적용한 다소 근사적인 계산 방법은 큰 오차로 인해 이제는 사용되지 않는다. 콜린 매클로린 (Colin Maclaurin)은 1742년 일정한 각운동량으로 회전하는 균질한 밀도의 유체 평형 모델을 정립하였다.

지구를 납작한 타원체 [a>c]로 근사시킨 뉴턴과 호이겐스 (Huygens)의 계산은 자크 카시니 (Jacques Cassini)의 반박에 부딪혔다. 자크 카시니는 장 피카르의 관측 결과를 프랑스 북부 해안에서 스페인 국경까지 확장하여 지구를 길쭉한 타원체 [a<c]로 근사시켰다. 상반된 주장은 피에르 루이 모페르튀 (Pierre Louis Maupertuis)에 의해 해결되었다. 모페르튀는 1736년 핀란드 북부 지역에서 장 피카르의 측정을 반복하여 고위도의 반지름이 적도의 반지름보다 작아 지구가 납작한 타원체 [a>c]로 근사됨을 명확히 증명하였다. 모페르튀가 계산한 역 편평도는 191로 뉴턴의 추정값보다 훨씬 작다. 1740년대 초 피에르 부게 (Pierre Bouguer)는 페루와 에콰도르에서 측정한 거리를 기준으로 지구가 매클로린 구면체로 근사됨을 확인했다. 이후

표 5.2 태양계 주요 행성체의 중력, 형태, 관성 모멘트

행성체	중력 가속도($m\ s^{-2}$)	탈출속도($km\ s^{-1}$)	극 편평도	관성 모멘트 계수
수성	3.701	4.25	0.00093	0.346
금성	8.87	10.36	0.000013	0.337
지구	9.780	11.186	0.0033	0.331
달	1.622	2.38	0.0013	0.394
화성	3.721	5.027	0.0059	0.364
세레스	0.28	0.51	0.0752	~0.36
목성	24.79	59.5	0.0649	0.276
이오	1.796	2.558	0.0049	0.378
유로파	1.314	2.025	0.0012	0.346
가니메데	1.428	2.741	0.0004	0.311
칼리스토	1.235	2.440	0.0001	0.359
토성	10.44	35.5	0.0980	0.219
타이탄	1.352	2.639	0.0002	0.342
천왕성	8.69	21.3	0.0229	~0.20
해왕성	11.15	23.5	0.0171	~0.22
트리톤	0.779	1.455	?	?
오르쿠스	~0.2	~0.43	?	?
명왕성	0.620	1.212	< 0.01	?
하우메아	0.242	0.714	0.39	?
콰오아	~0.29	~0.57	0.09	?
마케마케	~0.5	~0.9	~0.01	?
공공	~0.3	~0.6	0.03	?
에리스	0.83	1.38	?	?
세드나	?	?	?	?

1830년대까지 더 정확한 역 편평도 값은 제시되지 않았다. 현재 사용하는 역 편평도 값은 298.257이며 계산에 사용된 적도의 반지름과 극의 반지름은 각각 6,378.1366 km와 6,356.7519 km이다 (그림 5.2a). 물론, 현재 사용하는 역 편평도 값은 지구 내부의 밀도 구배를 반영하고 있다.

지구의 평균적인 물리적 형태와 가장 일치하는 매클로린 구면체는 현재 기준 회전 타원체로 사용된다. 주로 북반구에 집중된 대륙의 비대칭 분포로 인해 발생하는 기준 회전 타원체의 미세한 뒤틀림도 인공위성을 활용한 현대적인 고도 계측 방법으로 충분히 감지된다. 실제 지구와 기준 회전 타원체의 편차는 기준 회전 타원체와 완벽한 구 사이의 편차보다 약 1,000배 작다 (그림 5.2b). 자전을 평균적으로 고려한 지구의 형태는 과일 배 모양으로 목 부분이 북반구의 북극 주변에 해당한다. 자전을 평균적으로 고려한 지구의 형태 모델은 위도와 경도별로 모두 고루지 않는 실제 지구의 근사치이다. 실제 지구는 비유하자면 감자 모양이다.

17세기 천문학자들은 이미 달, 목성, 토성의 역 편평도를 계산하였다. 뉴턴은 본인이 계산한 목성의 밀도를 사용하여 목성의 역 편평도가 $9\frac{1}{3}$보다 크고 $10\frac{1}{3}$보다 작다 제시하였는데, 이는 현재 인정되는 15.415와 꽤 차이가 난다. 다른 거대 행성의

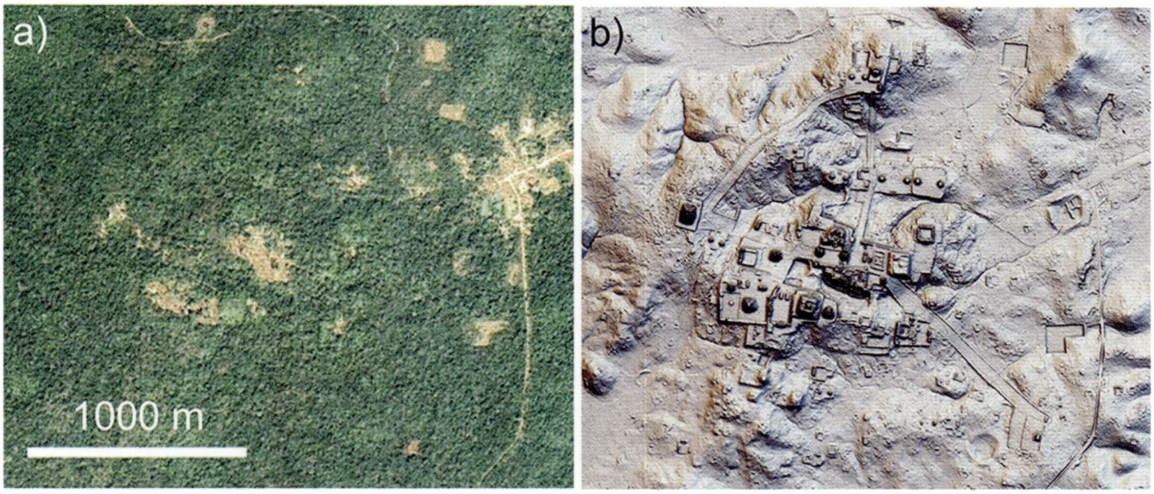

그림 5.3 라이다 (Lidar), 즉 레이저 고도측정기는 산란된 반사 신호에서 지표의 장애물을 제거할 수 있다 (정글에 묻혀 있는 지표를 볼 수 있음). (a) 과테말라 티칼 사원(Tikal Temple) 지역의 위성 영상에서 일부 유적지의 흔적이 확인된다. 출처: Francisco Estrada-Belli. (b) 항공기에서 측정한 라이다 보정 후의 영상에서 식생 아래 유적지의 구조가 확연히 드러난다. 출처: Pacunam Lidar Initiative/NCALM.

역 편평도를 계산하려면 적도와 극의 반지름을 정의해야 한다. 빠른 자전 주기와 낮은 평균 밀도로 고체 표면이 없는 행성체의 반지름은 중심으로부터 대기압이 1 bar로 추정되는 지점의 거리로 정의한다. 이를 통해 확인된 토성, 천왕성, 해왕성의 역 편평도는 10.21, 43.6, 58.4이다 (표 5.2).

적도의 반지름과 극의 반지름 차이가 2.17 km에 불과한 달의 역 편평도는 809.57이다. 18세기 후반에 피에르-시몬 라플라스 (Pierre-Simon Laplace)는 달의 적도 돌출부 지역이 비정상적으로 팽창한 지형임을 관찰하였다. 최근의 정밀한 계산에 따르면 달의 돌출부는 완전한 정수 평형 (hydrostatic equilibrium)의 기대치보다 20배 이상 팽창한 상태이다. 달의 적도 돌출부를 설명하기 위해 시공간적 특수성을 고려한 가장 그럴듯한 가설은 진화 초기 달의 자전이 지금보다 빠르고 지구와 거리가 가까웠던 시기에 달의 돌출부가 형성되었다고 한다. 지금보다 고온 상태였던 당시 달의 내부 열로 인해 강한 맨틀의 연성이 달의 돌출부를 생성했을 것이다. 달의 냉각이 진행되며 돌출부의 내부는 더 강화되고 생성 위치에 마치 화석처럼 고정되었다 (Qin et al., 2018). 단단하고 변형된 행성체가 자전하며 생성하는 화석 돌출부는 태양계의 다른 행성체에서도 발견된다. 예를 들어 자전 주기가 현재 79.32일인 토성의 위성 이아페투스 (Iapetus)에서도 30 km 이상의 돌출부가 관찰된다. 과거 자전 주기가 16시간 내외일 당시 이아페투스의 돌출부가 형성되었다 추정한다. 그러나, 실제 대부분의 얼음 위성에서 화석 돌출부가 관찰되지 않는다. 돌출부의 소멸은 얼음 위성의 현재 내부 열 흐름에 관한 중요한 단서와 광범위한 지하 해양의 존재를 암시한다.

행성체의 3차원 형태를 결정하는 시각적 관측 활용은 현대에도 이어지고 있다. 단거리 근접 비행 과정에서 가장 상세한 지형 정보는 일반적으로 영상 촬영을 통해 확보된다. 전체 디스크 이미지와 모자이크 영상을 조합하여 배경 하늘에 투영된 행성체의 형태를 매우 정확하게 파악할 수 있고, 표면의 지형 (화산, 충돌구, 등)에 의한 차이는 가장자리에서 쉽게 식별할 수 있다 (Conrad et al., 2021).

많은 작은 암석 얼음 행성체는 내부가 비교적 단단하고 느린 자전 속도 때문에 평탄화가 매우 작아서 지구 기반 망원경이나 위성 이미지로 구분하기 어렵다. 뉴 호라이즌스가 명왕성에서 촬영한 수준의 고해상도 이미지 (그림 2.6)를 사용해도 행성체의 형태는 완벽한 구체와 구별하기 어렵다. 따라서, 추후의 궤도 임무에서 소형 행성체의 상세한 지형도 제작이 필요하다. 이런 제약에도 불구하고, 영상을 활용하여 지역적 규모의 지형 정보를 획득하는 두 가지 기법이 개발되었다.

첫째, 영상에 비친 그림자의 특성을 이용하여 행성체의 지형도 제작이 가능하다. 위상각이 0°인 경우, 조명은 관측자 바로 뒤에 놓인다. 대부분의 행성체 표면 이미지는 양의 위상각에서 촬영되어 식별 가능한 그림자를 포함한다. 그림자 형태 변환 방법을 사용하여, 영상의 그림자 길이를 기준으로 지형 파악이 가능하다. 다른 위상각에서 촬영한 영상에 고급 계산 알고리즘을 적용하면 고해상도 지형도를 완성할 수 있다 (Tao et al., 2021; Fernandes & Mosegaard, 2022).

둘째, 촬영 장비와 촬영 대상의 거리와 촬영 각도에 따라 이미지 사이의 상당한 중첩이 발생한다. 따라서 이미지 중첩 부분의 지형은 두 개의 서로 다른 시점에서 같은 영역을 관측한 자료이다. 가장 간단한 분석은 두 이미지를 나란히 놓고, 각 눈에 한 이미지만 보이도록 조절한 후 인간의 뇌가 깊이를 인지할 수 있는 입체 영상을 생성하는 방식이다. 최근에는 수치 영상 분석을 사용하여 복수의 입체 이미지 쌍을 모아서 수치표고 모델을 구축한다. 갈릴레오 (Galileo) 탐사선이 사용한 입체 사진 측량법을 바탕으로 가니메데 시파르 술커스 (Sippar Sulcus) 지역의 지형도가 제작되었다 (그림 6.14). 같은 분석 방법이 트리톤 (Schenk et al., 2021)과 다른 얼음 행성체 (Schenk et al., 2018)의 지역적 지형도 제작에 사용되었다.

지형 측량은 라이더, 레이더, 음향 측심기와 같이 서로 밀접하게 연관된 다양한 기술 발전을 통해, 지구상에 기반을 둔 기본적인 탐사에서 아름다운 예술 수준의 영상처리 과정으로 외연을 확대하고 있다. 지형 측량의 기본 원리는 거리 측정이다. 발신지와 인터페이스 사이의 거리는 신호의 전파 속도와 왕복 이동 시간으로 계산된다.

라이더 기술은 가시광선을 사용하며, 레이저를 통해 고도로 평행하고 강렬한 광선을 생성하며, 일반적으로 레이저 고도 측량이라 한다. 지표면의 상당 부분이 초목으로 뒤덮인 지구에서는 후방 산란 신호에 식생과 지표의 반사 신호가 모두 수집되기 때문에 지형 분석에서 라이더 기술은 매유 효율적이다. 후처리 과정에서 식생을 제거하면, 식생에 의해 가려진 지표의 민낯이 드러나게 된다. 라이더 기술 (그림 5.3)은 중남미의 울창한 숲속에 숨겨진 고대 유적을 발견하는 기술로 훨씬 더 유명하다 (Chase et al., 2011). 또한 미국 동부해안의 카로리나 만 (Carolina Bays)의 미묘한 지형을 라이다 기술이 밝혀냈다. 녹색 광원을 사용하는 레이저 고도 측량은 맑고 얕은 물의 투과도 가능하여 강, 호수, 연안 수역의 깊이도 측정할 수 있다.

행성체의 레이저 고도 측량은 아폴로 15호, 16호, 17호 탐사선에 의해 달 궤도에서 처음 시도되었지만, 당시의 관측 범위는 상당히 제한적이었다. 이제 공기가 없는 행성체와 광학적으로 투명한 대기를 가진 행성체의 고도 측량이 가능하다. 여러 레이저 고도 측량 장치가 달, 화성, 수성, 소행성 세레

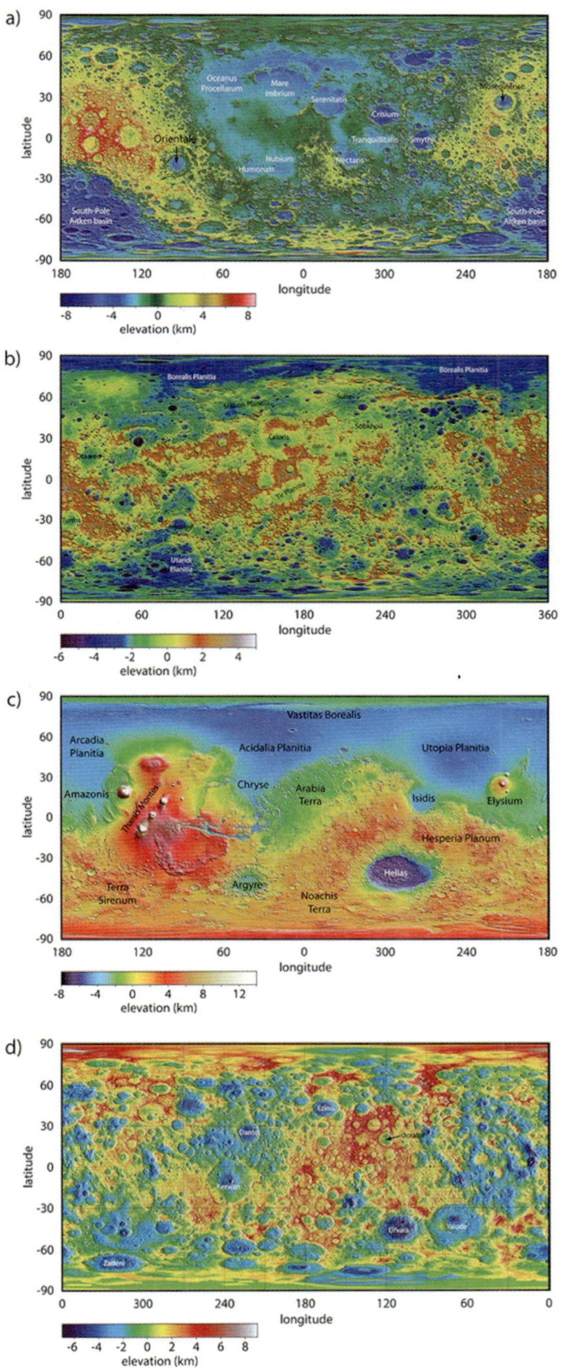

그림 5.4 위성에서 레이저 고도 측량으로 완성된 지형도. (a) 달. (b) 수성. (c) 화성. (d) 세레스. 주요 충돌구 분지와 지역 평원들이 식별된다. 출처: NASA/JPL/United States Geological Survey (USGS).

스 (그림 5.4), 소행성 4-베스타, 소행성 101955-베누 (Bennu)의 형태와 지형 정보를 제공한다.

레이더는 레이저 고도 측량과 유사한 원리로 작동하며, 수백 nm 파장의 광파 대신 수 cm 파장의 전파를 사용한다. 고도 측량에 가장 단순한 형태의 레이더가 사용되는데, 하향 레이더 빔을 사용하여 항공기나 우주선 바로 아래 지점의 높이를 측정한다. 측면 관찰 빔은 행성 표면을 비추는 데 사용되고, 레이더 유효 영역 내에서 발생한 후방 산란 신호의 이동 시간과 도플러 편이의 차이를 이용하여 거리 자료를 생성한다. 생성된 거리 자료를 바탕으로 고해상도 이미지를 구축하는 기술을 합성 개구 레이더 (synthetic aperture radar, SAR)라 한다.

대형 전파 망원경을 사용하면 지구와 거리가 가까운 행성체의 고해상도 이미지를 얻을 수 있다. 후방 산란 레이더 신호의 강도는 표면 (그리고 때로는 지하) 물질의 특성에 따라 변하기 때문에 레이더를 사용하여 지형과 지질 단위의 구분이 가능하다. 레이더 반사가 매우 낮아 스텔스 (stealth)로 구분된 퇴적물이 화성에서 발견되었다. 반사도가 낮은 화성의 퇴적물은 저밀도 낙하 화산재로 판단된다. 레이더 이미지 처리 처리를 사용하여 달과 수성의 고위도 지역에서 잠재적인 물 퇴적물과 얼음 퇴적물을 구별한다.

레이더는 금성과 토성의 위성 타이탄처럼 광학적으로 짙은 구름이나 연무에 영구적으로 가려진 행성체의 연구에서 진가를 발휘한다. 레이더를 활용한 금성 표면의 지형 연구에 아레시보 망원경 (Arecibo Telescope)과 골드스톤 태양계 레이더 (Goldstone Solar System Radar)를 사용한다 (Campbell & Campbell, 2022). 지구와 금성이 가장 가까운 시기에 지구에서 보이는 금성의 반구 부분만 측정되는 관찰 영역의 제한성이 레이더를 활용한 지구 기반 연구의 단점으로 부각된다. 금성의 상세한 입체 지형은 파이오니어 금성 탐

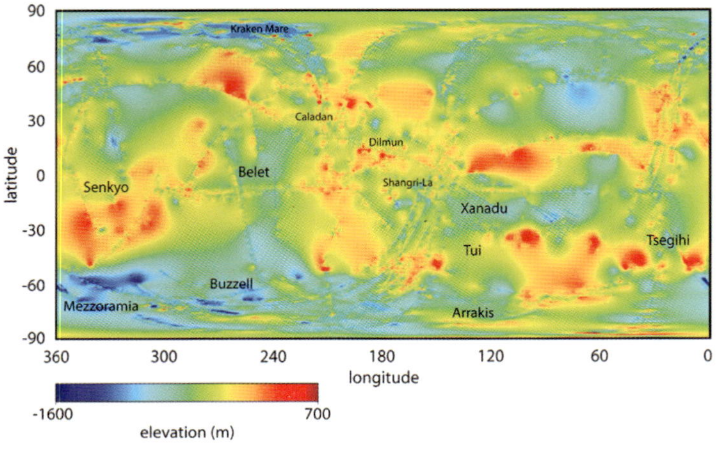

그림 5.5 레이다 고도 측량과 복합 합성 개구 레이다 (SAR) 영상 자료를 보간하여 완성한 타이탄의 지형도. 주요 평원들이 명명되어 있다. 출처: Corlies et al. (2017).

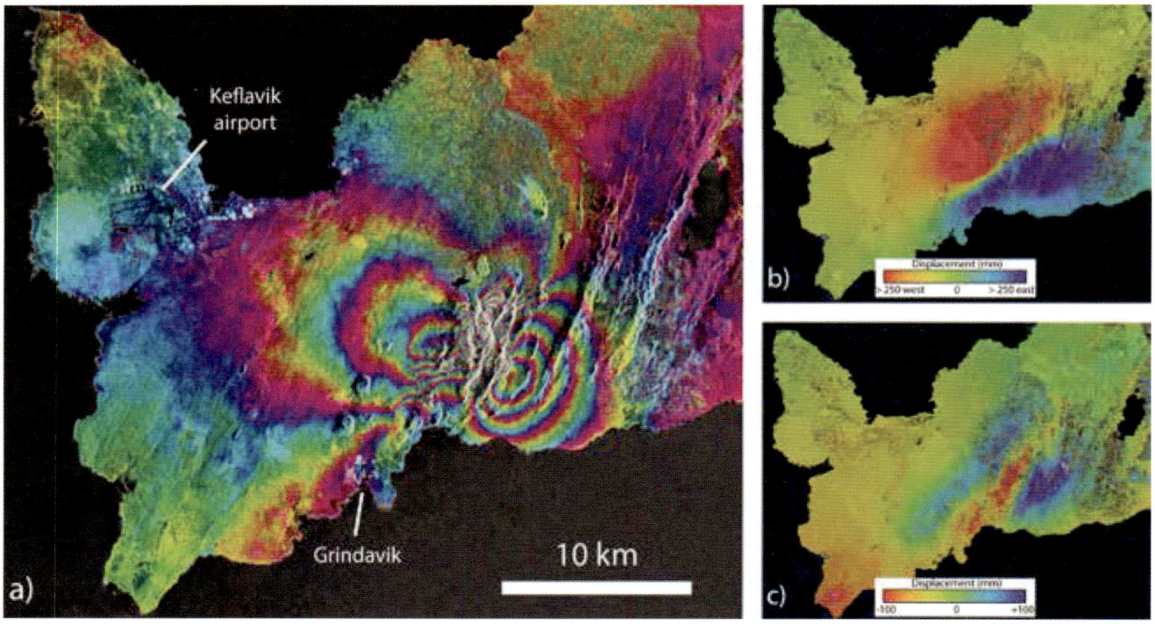

그림 5.6 간섭 합성 개구 레이다 (InSAR)가 2021년 3월 초 아이슬란드 레이캬네스 (Reykjanes)을 관측한 자료: 레이캬네스 중심부의 파그라달스피얄 (Fagradalsfjall) 화산이 2021년 3월 19일 분출한 마그마의 관입으로 발생한 지표의 움직임이 포착된다. (a) 보정 이전 자료의 간섭무늬는 지표의 이동을 반영한다. 지표에 근접한 마그마 때문에 지표의 이동이 큰 지역에서 촘촘한 간섭무늬가 관찰된다. (b) InSAR 자료의 수평 이동 성분. (c) InSAR 자료의 수직 이동 성분. 출처: CGG Satellite Mapping.

사선 (1978~1992)에 의해 처음 밝혀졌고 마젤란 (Magellan) 탐사선(1989~1994)이 이를 보완했다. 비록 고도 측량 공간 범위가 매우 넓었지만, 마젤란 탐사선은 금성 표면의 상당 부분에 대한 스테레오 레이더 자료를 확보했고, 이를 통해 고해상도 지형도가 완성되었다.

카시니 우주선은 토성의 궤도를 추적하며 48회의 타이탄 근접 통과 과정에서 합성 개구 레이더 (SAR)를 사용하여 픽셀당 약 350 m의 고해상도로 타이탄 표면의 절반에 가까운 영역을 촬영하였다. 또한, 원거리를 통과하는 기간에는 픽셀당 1~5 km의 저해상도로 타이탄 표면의 25%를 추가 촬영하였다. 카시니 우주선이 사용한 SAR 기법과 고도 측량을 종합하여 (Corlies et al., 2017; Lopes et al., 2019)

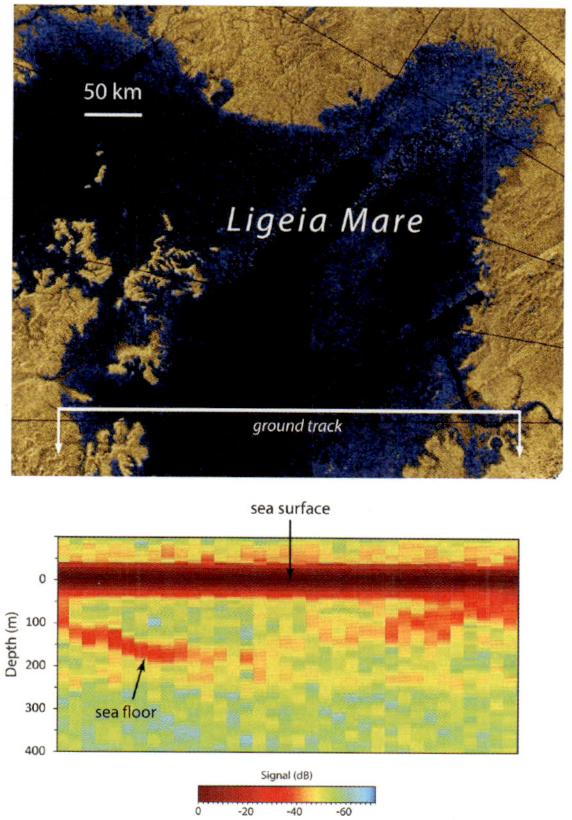

그림 5.7 타이탄의 북극 근처의 액체 탄화수소로 이루어진 리게이아 바다(Ligeia Mare)의 해저 지형. 레이다 고도 측량기의 전파신호는 주로 바다 면에서 반사되나, 150 m 이상 깊이의 액체 탄화수소 해저에서 약한 2차 반사 신호가 발생한다. 출처: Mastrogiuseppe et al. (2018).

타이탄의 전체 지형도 제작이 완성되었다 (그림 5.5).

SAR의 또 다른 유용한 지질학적 응용 분야는, 같은 지역에서 서로 다른 시간에 촬영된 SAR 영상의 간섭 경향을 파악하여 지형 변화로 인해 발생하는 후방 산란 신호의 위상 변화를 구분하는 기술로 InSAR 라 부른다. InSAR는 수 mm만큼의 작은 지형 변화를 탐지하여, 심부 마그마의 활동으로 유발되는 화산체 표면의 미세한 변형을 판별하는 데 사용된다. 과거의 화산학자들은 화산 분출의 위험도를 평가하기 위해 GPS 측량과 경사계 현장 측량을 수행하였으나, 시간과 노력이 많이 소요되고 원거리 지역에 대한 측량이 어려웠다. InSAR 기술은 아이슬란드 레이캬네스 (Reykjanes)의 2021년 화산 분출 (그림 5.6)과 2023년 화산 분출을 연구 많은 도움을 주었다. 2020년대 후반과 2030년대 초반에 걸쳐 미국, 유럽, 인도, 중국이 추진 중인 InSAR 장비를 활용한 금성 탐사가 성공하면 금성의 표면에서 발생하는 화산 활동에 대해 속속들이 이해하게 될 것이다.

얕은 호수나 바다의 탐지가 가능한 라이더와 마찬가지로, 레이더를 통해 타이탄 북극 지역의 침강부에 분포하는 액체 탄화수소 탐사가 가능하다. 타이탄 바다의 수심 측정은 약한 해저 반사파로 구현된다. 레이더 고도 측량을 이용하여 170 m 깊이의 해저 지형 파악에 성공했다 (그림 5.7). 물론 탐지 깊기의 제한으로 라이더나 레이더는 깊은 심도가 우세한 지구의 해저 지형 파악에는 사용할 수 없다. 20세기 초중반에는 선박 측면의 무게 추 신호 회수를 사용하여 심부 해양 탐사를 진행하였다. 현대에는 선박이나 잠수함과 해저 지형 사이의 음파 왕복 이동 시간을 측정하는 음향 측심기가 사용된다. 레이더와 같은 원리를 적용하여, 수중 아래 지표를 탐지하는 고도 측량과 측면을 영상화하는 작업을 동시에 수행할 수 있다. 단일 빔 음향 측심기는 해양 지구물리 탐사를 수행하는 탐사선 하부의 매우 좁은 영역에 대한 수심 자료만 제공하기 때문에 지구 대양 전체의 매우 작은 부분만 탐사되었다. 기술의 발전으로 개발된 다중 빔 음향 측심기를 사용하여 더 넓은 해역의 해저 지형 파악이 진행 중이다. 다중 빔 음향 측심기의 기여로 현재 우리는 지구 해저 약 25%에 해당하는 지역의 고해상도 해저 지형을 확보하였다. 실제 인류는 지구의 심부 해저 지형보다 달의 표면 지형에 대해 더 상세히 파

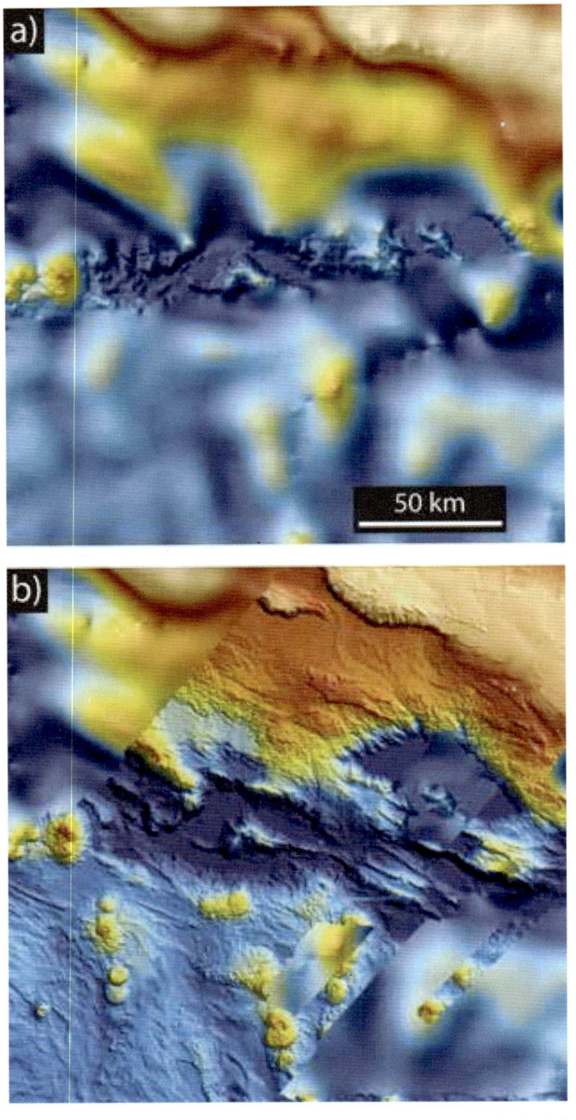

그림 5.8 (a) 선박 탑재 수심 측량 자료를 바탕으로 제작한 저해상도 해저 지형도. 출처: Australian Transportation Safety Board (2017). (b) 다중 빔 음향 측심기 (sonar) 측정 자료를 바탕으로 제작한 고해상도 수심도. 추락한 말레이시아 항공 370편을 수색하는 과정에서 인도양 남쪽 바다의 수심 측량 탐사가 진행되었다. 해당 영역에서 관찰된 최고 수심과 최저 수심은 -1,325 m와 -6,250 m이다. 해상도에 무관하게 깊은 심도를 좌우로 가로지르는 다이아만티나 해양 단열대 (Diamantina fracture zone)가 관찰된다. 출처: Commonwealth of Australia (Geoscience Australia).

악하고 있다. 최근 몇 년 동안 부실한 해저 지형 파악으로 심해에 추락한 두 대의 항공기 (에어프랑스 447편과 말레이시아 항공 370편)의 잔해 수색이 어려움을 겪으며, 고해상도 해저 지도의 필요성이 강조되고 있다. 추락한 말레이시아 항공기를 찾기 위해 인도양 남부에 대한 지형 정보가 상당히 확보되는 계기가 되었다.

고해상도 수심 측량 자료가 없는 대부분의 해양 탐사는 해수면 높이와 희소한 수심 측량 자료의 수치 보간을 사용해 제작된 저해상도 해저 지형도에 의존한다. 해저 지형의 높낮이 차는 중력 끌림에 영향을 주어 해수면 높이의 작은 차이를 일으킨다. 즉, 수 km에 달하는 심부의 해저 지형 변화가 수 cm 정도의 해수면 높이 변화를 초래한다. 해수면의 높이 변화는 레이저 또는 레이더 고도 측량으로 관찰되며, 파도, 조류, 해류, 바람에 따른 동적 지형의 보정 과정을 거쳐 수심도로 최종 완성된다. 실제 위성 자료로 제작된 수심도와 다중 빔 음향 측심기로 관찰된 수심 측량 자료는 서로 일치한다 (그림 5.8).

모행성의 중력장 때문에 생성되는 조석력의 영향으로 태양계 대다수 위성의 표면에 큰 변형이 발생한다. 자전에 의한 회전 타원체 대신, 위성은 3축 타원체로 변형된다. 대부분의 위성은 모 행성의 조석력에 묶여있기 때문에, 위성 타원체는 자전축 방향으로 자장 짧고[c], 모행성과 위성을 잇는 적도면에서 가장 길며[a], 위성의 공전 방향으로 중간 길이의 축[b]을 가지는 삼축 타원체로 변형된다. 궤도 이심률이 높은 타원 궤도를 공전하는 위성의 경우, 조석력의 크기는 궤도 위치에 따라 변화하기 때문에 삼축 타원체의 변형 정도도 시간에 따라 변한다. 행성체의 변형이 반영된 정적 및 동적 형태를 모두 특성화하기 위해서는 장기간에 걸친 측정과 기술 발전을 담보하는 재원 확보가 필요하다. 이런 사정으로 아직 태양계 대부분 행성체의 형태와 중력의 변화에 대한 정보가 부족한 현실이다.

다른 태양계의 행성체에 비해 지구-달 시스템에 대한 조석력의 영향은 매우 상세하게 연구되었다. 달과 태양에 의해 발생하는 조석력으로 지구의 표면 형태는 미세하지만, 지속해서 변한다. 이 과정에서 유체인 해양과 고체인 지각 사이의 조석력에 대한 반응 차이가 발생한다. 해양에서 조석 범위는 해안 지형, 해저 지형, 해류, 바람에 의해 결정된다. 지구에서 현재까지 관찰된 가장 큰 조석은 캐나다 노바스코샤 (Nova Scotia) 지역의 12 m이다. 일반적으로 대양의 표면에서 조석은 0.5 m 내외로 관찰된다. 달에 의해 생성되는 12.4시간 주기의 조석으로 지구의 지각에 발생하는 고체 조석은 약 0.4 m의 수직 진폭을 생성한다. 태양과 달의 영향으로 다양한 다른 구성 요소가 매일, 매월, 매년 주기를 갖고 생성하는 추가 진폭은 1~200 mm로 다양하다. 태양을 공전하는 지구의 타원형 궤도 때문에 발생하는 조석 진폭의 편차는 5% 내외이고, 지구를 공전하는 달의 궤도 때문에 발생하는 조석 진폭의 편차는 18% 내외이다. 고체로 구성된 지각은 유체로 구성된 바다보다 훨씬 단단하여, 고체 조석은 해양 조석에 비해 상대적으로 느리게 반응한다. 이에 따라 발생하는 위상 지연으로 높은 해양 조석과 낮은 고체 조석이 동시에 발생하는 경우 추가적인 조석 진폭을 유도한다.

조석 진폭 이외에도 지구의 형태를 변화시키는 다른 지속적인 주기적 현상도 관찰된다. 기상 환경의 변화는 파괴적인 폭풍 해일을 발생하여 비록 매우 짧은 기간이지만 해수면의 높이를 변화시키고 해안 지역을 침수시킨다. 해류는 수천 년에 걸쳐 해양 지형의 점진적 변화를 유발한다. 대수층 내 물의 계절적 이동은 지표면에 주기적인 하중 증감을 유도한다. 빙상의 성장과 쇠퇴는 수만 년에 걸쳐 지표의 고도 변화로 관찰된다. 약 20,000년 전에 발생했던 가장 최근의 최대 빙하기에 최대 3 km 두께의 빙상이 북미와 북유럽을 뒤덮었고, 이에 따라 해당 지역 암석권의 침강이 발생했다. 빙관 (ice cap) 후퇴 후 암석권은 원래 상태로 반등하여 현재 캐나다 북부 일부 지역에서 연간 15 mm를 웃도는 수직 융기가 관찰된다. 암석권의 융기 복원으로 100 m 이상의 평균 해수면 증가가 확인된다 (King et al., 2010; Whitehouse, 2018). 이와 같은 지구 표면 질량 분포의 극적인 변화는 행성의 모양, 중력

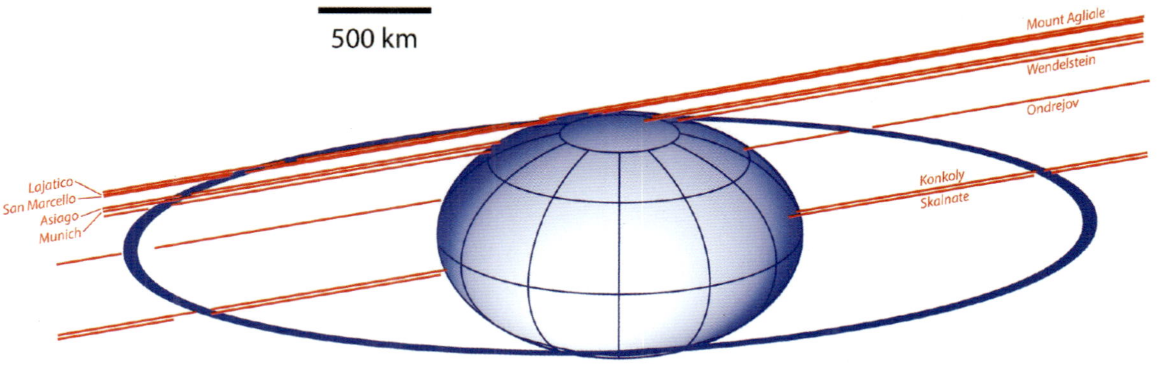

그림 5.9 항성 엄폐 (stellar occultation) 관측법으로 먼 거리의 왜소행성, 하우메아 (Haumea)의 극단적인 편평도와 고리의 존재를 발견하였다. 빨간 실선은 엄폐 현상 규명에 사용된 광도 측정 경로이다. 광도 곡선 관측과 연계하여 하우메아의 3축 모양을 추정할 수 있었다. 또한 하우메아의 위성 관측자료에 케플러의 제3 법칙에 적용하여 하우메아의 질량을 알 수 있다. 결국, 형태와 질량 정보를 바탕으로 하우메아의 내부 구조를 추정할 수 있다. 출처: Ortiz et al. (2019).

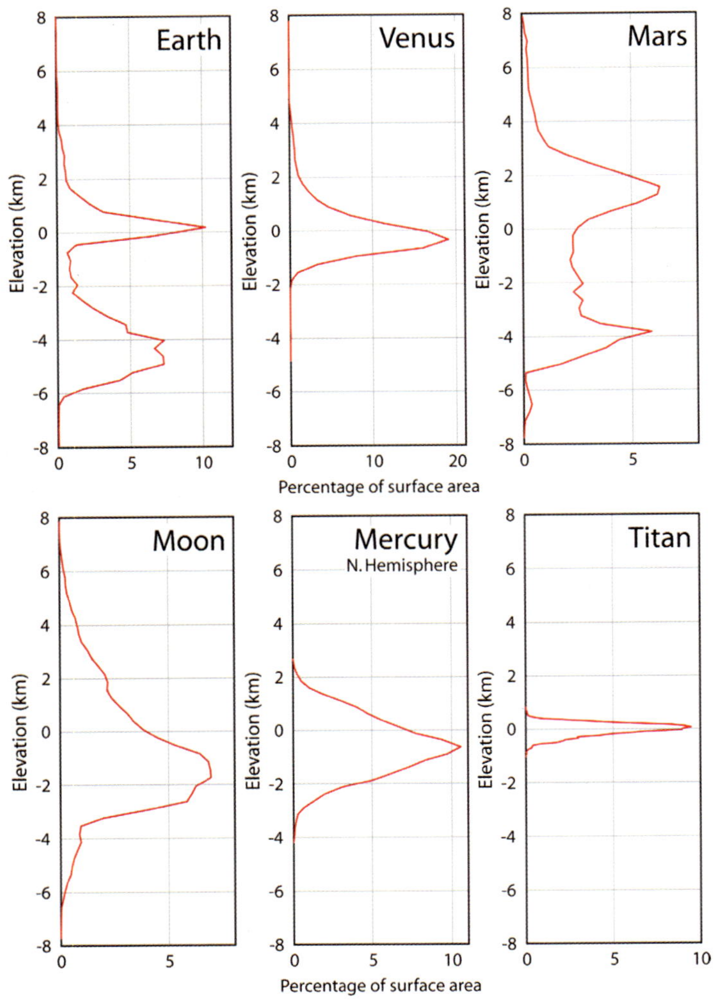

그림 5.10 지구, 금성, 화성, 달, 수성의 북반구, 타이탄의 고도 분포도. 지구의 경우 강한 쌍봉 분포를 보이는데, 이는 상대적으로 저밀도의 규장질(felsic) 대륙 지각과 고밀도의 고철질 (mafic) 해양 지각의 구분을 반영한다. 대부분 태양계 천체는 단봉 고도 분포를 가진다. 출처: Lewis (1997); Lorenz et al. (2011); Zuber et al. (2011).

장, 자전에도 영향을 끼친다. 따라서 지구의 형태는 단순히 유동적인 과거의 고정된 이미지가 아니라, 중력 탐사가 고려하는 시간 단위에서 변화하는 관측 데이터에 포함된 부가 요소의 영향을 제거해야 하는 자료 분석의 어려움으로 이어진다.

해왕성 궤도 통과 (Trans-Neptunian) 왜소행성인 하우메아 (Haumea)는 명왕성 크기인데, 조석력의 요인이 없는 환경에서 표면이 삼축 타원체로 변형된 매우 특이한 행성체이다(Ortiz et al., 2017). 항성 엄폐 방법 (stellar occulation)으로 하우메아 고리의 존재, 매우 큰 극 평탄화, 큰 편차의 적도 반경을 확인하였다 (그림 5.9). 하우메아는 약 3.9시간의 매우 빠른 자전 주기를 보유한다. 빠르게 자전하는 매클로린 구면체는 세 개의 변형 축을 갖는 야코비 (Jacobi) 타원체로 진화한다. 항성 엄폐 또는 항성 통과 방법을 사용하면 외계 행성의 통과 시 진입과 이탈 시 광도 곡선의 차이로 외계 행성의 편평도를 추정할 수 있다 (Biersteker & Schlichting, 2017).

행성의 고도 분포 곡선

행성의 고도 분포 곡선 (hypsometric curve)은 행성 표면의 고도 차이를 백분율로 표시하여 행성체 표면의 질량 분포 차이를 같은 척도에서 비교하는 경우에 사용한다. 첫째, 대부분의 행성체에서 고도 분포 곡선은 하나의 최빈값으로 특정되는 단봉 분포로 관찰된다 (그림 5.10). 둘째, 일부 행성체에서 두 개의 최빈값으로 특정되는 쌍봉 분포가 관찰된다 (그림 5.10). 예를 들어, 지구는 가벼운 대륙 지각과 무거운 해양 지각의 밀도 차이 때문에 두 높이의 최빈값이 고도 분포 곡선에서 확인된다 (그림 5.10). 쌍봉 분포가 관찰되는 고도 분포 곡선에서 두 최빈값의 고도 차이는 넓은 의미에서 지형의 동적 범위를 좌우하는 암석권의 강도와 지체 구조 활동 정도의 지시자 역할을 한다. 두껍고 매우 단단한 암석권은 넓은 범위의 지형을 유지할 수 있지만, 얇고 약한 암석권은 좁은 범위의 지형만 유지할 수 있기 때문이다.

알프레드 베게너 (Alfred Wegener, 1880~1930)에 의해 제창된 대륙이동설의 관점에서 지구의 쌍봉 고도 분포 곡선은 규소와 알루미늄이 풍부하여 상대적으로 밀도가 낮은 대륙 지각이 철과 마그네슘이 풍부하여 상대적으로 밀도가 높은 해양 지각에 떠있는 것으로 해석된다. 물론 지구의 고도 분포 곡선 해석은 판구조론의 기여를 고스란히 반영한다. 실제, 고도 분포 곡선을 통해 가장 높은 육지와 가장 깊은 심해저 사이의 수직적인 고도 차이가 확인된다. 이는 판의 충돌로 형성되는 조산대와 해구의 고도 차이와 정확히 일치한다. 조산대의 높이와 생성 연대 사이의 명확한 연관성은 없지만, 일반적으로 젊은 산맥이 오래된 산맥보다 더 돌출되는 경향이 관찰된다. 그러나 해령으로부터 거리가 멀어지며 해양 지각의 연령이 뚜렷이 증가하고 해저 심도도 증가한다. 이는 해양 지각의 냉각이 진행되며 수축에 의한 침강이 발생하기 때문이다 (그림 3.15).

역동적인 지체 구조 활동이 없거나 소멸한 행성체에서 단봉 분포 고도 분포 곡선이 관찰된다. 지구와 화성에서는 쌍봉 분포의 고도 분포 곡선이 관찰된다. 이를 토대로 화성에 존재하던 과거의 지체 구조 활동을 가늠할 수 있다. 화성의 표면은 단위 면적당 충돌구의 밀도가 높은 거친 표면의 남부 고지대와 밀도가 낮은 매끈한 표면의 북부 저지대로 구분된다. 화성 북반구와 남반구 표면의 상반된 차이를 이분 경계라 한다. 상대적으로 고도가 높은 화성의 남반구에서 지표면을 따라 북반구의 저지대 고대 해양으로 물이 흐른 퇴적의 증거가 발견된다 (그림 10.5). 특히 궤도 레이저 고도 측량 (그림 5.4c) 자료는 화성 북반구와 남반구 사이의 고도 차이를 정량적으로 제시한다.

쌍봉 분포가 관찰되는 화성의 피상적인 고도 분포 곡선 분석은 기준점 설정의 중요성을 다시금 일깨워 준다. 질량 중심 대신 행성체 형태의 중심을 사용하게 되면 고도 분포 곡선의 쌍봉 분포가 단봉 분포로 전환된다 (Aharonson et al., 2001). 지구의 경우 기준점 설정과 무관하게 고도 분포 곡선의 쌍봉 분포가 관찰된다. 따라서 화성에서 관찰되는 북반구와 남반구의 겉보기 고도 차이는 화성의 지체 구조 운동 활성화 여부와 아무런 연관이 없는 셈이다. 오히려 진화 초기의 화성에 발생한 대형 충돌이나 맨틀 내부의 대류 운동에 의한 불균질한 지각 두께 변화가 현재 관찰되는 반구 별 겉보기 고도 차이의 원인으로 해석된다. 쌍봉 분포가 관찰되는 명왕성의 고도 분포 역시, 고체 질소로 구성된 얼음으로 채워진 넓은 면적의 스푸트니크 평원 (Sputinik Planitia)에 의한 겉보기 분포 왜곡으로 해석된다 (Schenk et al., 2018).

중력 분포

지구의 형태와 지형 결정의 복잡한 과학 진화사와 마찬가지로, 지구의 질량과 중력장 역시 역동적인 과학사 발전의 한 축을 담당한다. 초기 측량가들은 주변 산맥의 중력이 유발한 지역적인 수직선 편차 때문에 지도의 오류가 발생함을 알았다. 1738년 피에르 부게 (Pierre Bouge)는 에콰도르 침보라소 (Chimborazo) 화산의 질량 때문에 발생하는 수직선의 편차를 정량적으로 측정했다. 수직선의 편차는 전적으로 질량에 좌우되므로, 산의 정확한 질량을 알아야 분석할 수 있는 어려움에 직면했다. 지구의 밀도를 정확하게 계산하기 위해 영국 왕립천문학자 네빌 마스켈린 (Nevil Maskelyne, 1732-1811)은 1773년부터 1775년까지 스코틀랜드 먼로산의 쉬할리온 (Schiehalion)봉에서 중력 탐사를 수행하였다. 규칙적인 기하학적 형태로 관찰되는 해발 고도 1,083 m의 쉬할리온 봉은 주변의 능선과 매우 뚜렷이 구분된다. 결과적으로 마스켈린 조사팀은 쉬할리온 봉의 밀도에 대한 비교적 정확한 추정치를 확보하고, 측정된 수직선 편차를 이용하여 지구의 밀도를 [4,500 kg m^{-3}]로 계산하였다. 실제 지구의 밀도인 [5,513 kg m^{-3}]보다 마스켈린의 추정치가 20% 정도 낮은 이유는 계산에 사용된 쉬할리온 봉 지형 모델의 오차 때문이다. 마스켈린의 수직선 편향 관측 자료를 현대의 디지털 고도 모델과 조합하여 다시 계산한 지구의 밀도는 [5,480±250 kg m^{-3}]이다(Smallwood, 2007).

이미 밀도와 질량의 값이 알려진 기준이 존재해야 정확한 중력 측정이 가능하던 당시 중력 측정법의 한계는 뉴턴의 만유인력 상수[G] 사용으로 해결되었다. 헨리 캐번디시 (Henry Cavendish, 1731-1810)는 1798년 질량이 알려진 두 물체 사이의 상호 중력에 의해 발생하는 이끌림을 정량적으로 측정하여 만유인력 상수를 결정할 수 있었다. 이 상수에 이미 알려진 지구 표면의 중력 가속도 [g_0 = 9.807 m s^{-2}]를 적용하면 지구의 질량을 계산할 수 있다. 그 후 좀 더 정확한 G 값을 얻기는 했지만, 여전히 G 값의 불확도는 지구 질량을 구하는 데 가장 큰 오차의 원인으로 남아 있다. 따라서 실제 질량을 결정하는 과정에서 지구 질량 대신, 중력 매개변수 [GM]이 사용된다.

중력 매개변수 사용을 다른 행성체로 확대 적용하려면, 행성체가 주변 궤도의 다른 행성체에 미치는 중력을 측정해야 한다. 케플러의 제3 법칙을 적용하면 위성을 보유한 행성체의 질량 파악이 가능하다. 케플러의 제3 법칙은 위성의 궤도장반경과 궤도 주기를 행성과 위성의 전체 질량과 연관시킨다. 고해상도 영상 관측으로 주변에 위성이 감지되는 경우, 지구에서 멀리 떨어진 카이퍼대 (Kuiper belt)와 소행성대 행성체의 질량도 추정할 수 있다 (Brown & Schaller, 2007). 여러 개의 위성이 공존하는 시스템에서는 상호 중력 섭동이 존재하여 궤도 매개변수의 변화가 발생한다. 이를 토대로 시스템의 전체 질량을 모 행성체와 궤도 위성체의 질량으로 구분하여 각 위성의 질량을 따로 계산할 수 있다 (Ragozzine & Brown, 2009).

대부분의 왜소행성과 금성이나 수성과 같이 위성이 없는 행성체의 경우, 행성체의 중력 영향권을 통과할 때 관찰되는 다른 행성체의 섭동을 활용한다. 지구 근접 소행성 (near-Earth asteroids, NEA)의 네 가지 유형 중 세 가지 유형이 금성 궤도와 수성 궤도에 근접한다 (그림 8.2). 이미 1930년대에, NEA 433-에로스의 섭동을 이용하여 금성과 수성의 질량을 측정하였다. 이를 통해 예상보다 높은 수성의 높은 밀도가 처음으로 밝혀졌다.

이제 인류는 자연 위성이 아닌 인공위성의 섭동을 이용하여 행성체의 질량을 결정한다. 중력장은 수십 년 동안 우주선의 가속과 감속에 활용되었다. 더 먼 행성체를 향해 나아가는 경우 중력장을 활용한 우주선의 가속이 사용된다. 행성체의 궤도에 진입하거나 태양 방향으로 항해하는 경우 감속을 사용한다. 주변 천체와 배경별의 이미지를 대조하는 광학 방법으로 우주선의 이동을 추적할 수 있다. 물론 중력의 영향을 감지하는 가장 강력한 방법은 도플러 편이 추적이다.

우주선은 무선 통신 체계를 사용하여 지구로 데이터를 전송한다. 무선 통신 체계에서 사용하는 연속적인 전파 흐름의 미묘한 변화를 이용하여 행성체의 중력 가속도를 측정하고 행성체 대기와 행성체 고리계의 전파 엄폐를 관찰한다. 행성체의 중력장에 의해 발생한 우주선의 가속으로 송신기와 수신기 사이의 시선 방향을 따라 전파 신호의 주파수 변화가 발생한다. 발생한 도플러 편이를 측정하기 위해 서로 다른 두 개의 주파수를 사용하는 전용 고안정성 전파 송신기를 사용한다. 지상에서 상향 링크된 주파수와 우주선에서 하향 링크된 주파수에 의해 전기적으로 대전된 태양풍 플라즈마의 주파수 분산을 보정한다. 도플러 편이 추적을 사용하여 1962년 마리너 (Mariner) 2호가 최초로 금성의 질량을 정확하게 측정했다. 같은 방법으로 1965년 마리너 4호가 화성, 1974년 마리너 10호가 수성의 질량 측정에 성공하였다.

태양계의 행성, 소행성, 위성에 대한 중력장 자료는 기본적으로 도플러 편이 추적을 사용한다 (표 5.1). 그러나 우주선 통과 비행 (flyby)의 경로에 따라 행성체의 질량 결정의 정확도가 달라진다. 예를 들어, 보이저 2호는 과녁의 눈 (bullseye)을 향하듯 천왕성에 접근하면서, 미란다에 26,000 km, 아리엘에 28,000 km에 근접 비행이 가능했지만, 움브리엘, 티타니아, 오베론과의 최대 근접 거리는 325,000 km 이상이었다. 따라서 행성 주위를 도는 궤도 임무는 중력 측정의 정확도와 정밀도를 향상하며, 행성체의 중력장에 대한 더 세밀한 정보를 제공한다.

중력장의 차이와 상관되어 행성체의 구형도에 상당한 편차가 발생한다. 일차 근사로 행성체의 대규모 특징과 중력장은 같다고 볼 수 있다. 화성의 고도 분포에서 보듯이 이 근사는 정확하지 않지만, 유용한 출발점이다. 기본적으로 중력 퍼텐셜은 자기장 퍼텐셜과 같은 구면 조화 함수를 사용한다. 자기장 퍼텐셜의 자유 공간 유전율을 $[GMr^{-2}]$로 대체하고 가우스 계수$[g_l^m, h_l^m]$을 중력 계수$[C_{mn}, S_{mn}]$로 변경한다. 중력 퍼텐셜과 마찬가지로 행성체의 지형 역시 지형도 계수 $[A_{mn}, B_{mn}]$를 갖는 구면 조화 함수로 표현할 수 있다. 중력으로 인해 발생하는 행성체의 편평도는 중력장의 사극 모멘트로 표현된다. 빠르게 자전하는 물체에서 사극 모멘트는 회전 대칭에 근사한다. 따라서 C_{20}항이 우세하게 되어 구면 조화 확장이 위도 성분으로 단순화되고 중력 계수$[C_{mn}, S_{mn}]$가 J_n으로 대체된다. 결국, 우세한 사극 모멘트 항은 $J_2 = -\sqrt{5}\, C_{20}$이다.

구면 조화 확장으로 정의되는 중력 퍼텐셜은 등퍼텐셜 표면인 지오이드 (geoid)로 표현된다. 따라서, 실제 중력은 지오이드에 수직 방향으로 작용한다. 일반적으로 행성체의 퍼텐셜은 평균 반지름을 사용한다. 지구의 경우 해류, 바람, 파도, 조수를 배제한 해양 표면은 중력 등퍼텐셜 표면과 일치하기 때문에, 해수면을 등퍼텐셜 면으로 사용한다

(Sánchez et al., 2016). 기준 회전 타원체는 기하학적으로 정의되어 표면이 매끄럽지만, 지오이드는 밀도 분포의 영향이 반영되어 표면이 울퉁불퉁하다. *예를 들어, 육지에서는 지오이드가 기준 타원체보다 높게 위치한다. 반대로, 해양에서는 지오이드가 기준 회전 타원체보다 낮게 위치한다.* (역자 주) 지오이드 높이는 지오이드와 기준 회전 타원체 사이의 차이로 정의한다. 지오이드 높이는 절대값을 기준으로 100 m 내외이다 (그림 5.11). 지오이드 높이 변화는 지하를 구성하는 물질의 밀도 분포를 나타내는 정적 차이와 지형의 동적 지지 때문에 발생한다.

1958년 발사된 궤도 위성인 뱅가드 (Vanguard) 1호를 추적하며 관찰된 중력 섭동 자료를 바탕으로 지오이드가 완성되었다. 최근 수십 년 동안의 관찰을 통해 지구 중력장은 현재 2,000 이상의 차수와 계수의 고해상도 (4백만 이상의 계수를 가진) 구면 조화파 (spherical harmonics)로 표현된다. 중력장 및 정상 상태 해양 순환 탐사선(Gravity field and steady-state Ocean Circulation Explorer, GOCE, 2009~2013), 달의 중력과 기후 실험 탐사선 (Gravity Recovery And Climate Experiment, GRACE, 2002~2017), 달의 중력과 기후 실험 후속 탐사선 (Gravity Recovery And Climate Experiment Follow-On, GRACE-FO, 2018~)의 측정 자료를 바탕으로 고해상도 지구 중력장도가 완성되었다. 특히 GRACE 임무는 서로 약 200 km 떨어진 두 개의 극궤도 위성으로 구성된다. 정밀한 마이크로파 거리 측정으로 두 위성 간 거리 측정의 오차는 10^{-5} m 이내이다.

이 위성 자료의 분석은 대단히 복잡하지만 정적 및 동적 요인들에 의해 풍부한 변화를 포함한다. 조수 간만의 차에 의해 발생하는 해수면 변화는 중력 가속도의 지역적 변화를 유발하지만, 지구 운동으로 발생하는 중력 가속도 차이의 10% 정도에 불과하다. 해양의 표면은 주기적인 하중의 추가와 제거로 굴곡이 발생하는데, 중력 가속도의 미세한 변화를 측정하여 하중의 추가와 제거를 구분할 수 있다. 지오이드 이상은 섭입으로 인한 암석권의 침강과 빙하의 하중 추가와 하중 제거와 같은 지질학적 과정을 반영한다. 대기, 강수, 지하수 이동, 지진, 저수지 건설로 인해 발생하는 지오이드의 단기적인 변화는 우주 측지학을 사용하여 파악한다.

궤도 우주선의 도플러 편이 추적을 이용하여 여

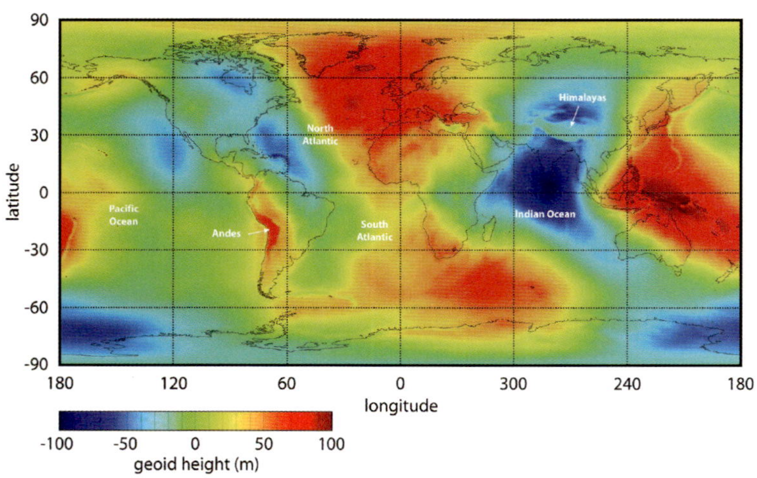

그림 5.11 지구 지오이드 높이 (=지오이드와 기준 회전 타원체의 차이) 분포도. 이 분포도는 지구 중력장과 지형 모습이 덩어리져 있음을 보인다. 출처: NASA/JPL.

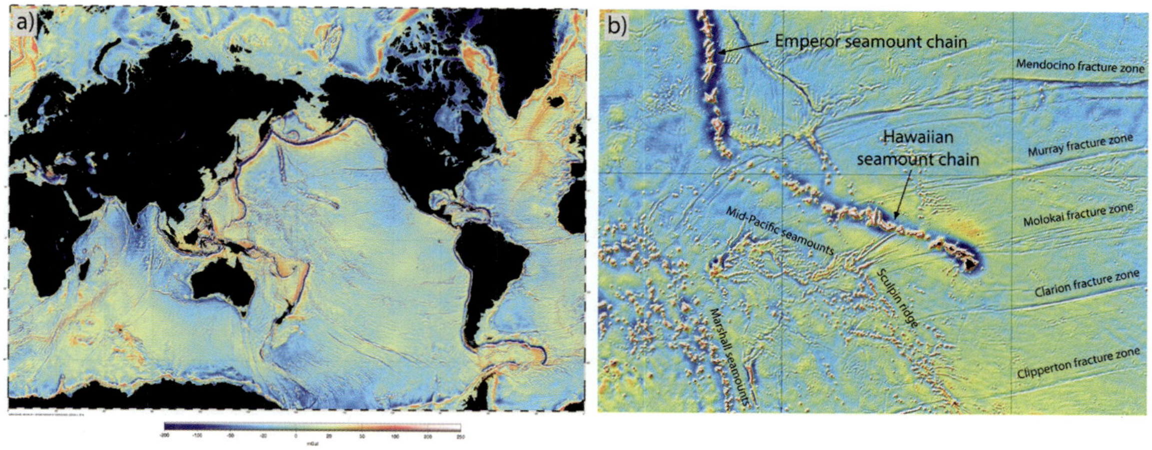

그림 5.12 (a) 지구 대양의 프리에어 중력 이상도 (free-air grvaity anomaly). 출처: Sandwell et al. (2014). (b) 프리에어 이상도에서 선명하게 드러나는 하와이-엠페러 해저 화산 배열 (Hawaiian-Emperor seamount chain). 암권의 휘어짐 현상 때문에, 낮은 프리에어 이상은 해령 주변부에서, 높은 프리에어 이상은 맨틀의 이동이 확연한 열점에서 관찰된다. 출처: David Sandwell, Scripps Institution of Oceanography.

러 행성체의 고해상도 중력장도들이 완성되었다. 수성의 경우, 북반구 중력장도의 해상도가 남반구 중력장도에 비해 10배 정도 높은 이유는 수성 탐사선의 타원형 극궤도 때문이다 (Konopliv et al., 2020b). 베피콜롬보 (BepiColombo) 탐사를 통해 완성도 높은 수성의 중력장도 작성이 조만간 가능하리라 예상한다. 최근에 두 개의 소행성 중력장도가 추가로 확보되었다. 던(Dawn) 우주선의 소행성 베스타 탐사 (2011-2012) 자료를 바탕으로 해상도 42 km, 차수 20, 계수 20의 구면 조화파 중력장도가 완성되었다 (Konopliv et al., 2014). 이어지는 던 우주선의 세레스 탐사 (2015-2018)에서 해상도 82 km, 차수 18, 계수 18의 구면 조화파 중력장도가 완성되었다 (Konopliv et al., 2018).

지난 10년 동안 궤도 임무를 통해 목성, 토성, 일부 위성의 중력장도 제작이 진행 중이다. 주노 (Juno) 우주선은 2016년 목성 극궤도에 진입하여 목성의 자기장과 중력장을 측정하고 있다. 지구의 중력이 해양의 조석과 해류의 흐름을 반영하듯, 목성의 중력도 조석과 심해 대기의 흐름을 반영한다. 주노는 목성의 대적반 상공을 지나며 교란된 중력장을 측정하여 대적반 폭풍의 뿌리가 300 km 이상 심부로 확장되는 것을 관찰하였다 (Parisi et al., 2021). 지구와의 유사성 때문에 장래 인류의 거주 후보지로 주목받는 토성의 위성 타이탄 탐사에서, 카시니 우주선은 매우 독특한 중력장의 시공간적 변화를 관찰하였다. 타이탄의 차수 5, 계수 5의 구면 조화파 중력장도가 확보되었지만, 높은 차수와 계수의 구면 조화파 영역 중력장도 완성은 다음 세대의 몫일 것이다 (Durante et al., 2019). 3%에 이르는 타이탄의 궤도 이심률 때문에 토성의 조석 토크가 타이탄 고체 조석 (J_2)의 변화를 유발한다. 카시니 우주선이 측정한 고체 조석 변화는 타이탄 내부 액체층의 존재를 암시한다. 따라서, 타이탄의 내부에는 액체 물로 이루어진 바다가 존재할 가능성이 매우 농후하다 (그림 10.8).

중력 이상

중력장 데이터를 해석하기 위해서는 중력장의 형성에 영향을 주는 다양한 요소를 고려해야 한다.

거시적 규모의 중력장 변화는 구면 조화 함수의 낮은 차수와 계수로 표현되며, 행성의 자전, 조석, 심부 내부 역학의 영향을 포함한다. 실제 자료 분석에서 지역적인 지질학적 요인으로 발생하는 높은 차계수의 조화파 성분을 들어내기 위해서는 거시적인 (낮은 차계수) 중력장 변화를 효과적으로 제거해야 한다. 이를 위해 다양한 형태의 보정을 적용하여 중력 이상도를 제작한다.

가장 기본적인 중력의 보정은 프리에어 보정(Free-air correction)으로 측정된 중력에서 체적 형상, 지형의 영향, 조석의 기여를 제거하는 과정이다. 프리에어 보정은 행성체의 이상적인 균질한 모델에 해당하는 기준 회전 타원체의 순수 중력을 계산하는 것과 같다. 지구의 해양 프리에어 이상도(anomaly map)는 해저 지형과 명확한 상관관계를 나타낸다 (그림 5.12). 양의 프리에어 이상은 중앙 해령, 해저 고원, 대륙붕 가장자리에서 관찰되고, 음의 프리에어 이상은 주로 섭입대의 해구에서 관찰된다. 태평양을 중심으로 관찰되는 다수의 해저 화산 배열의 경우, 다중 빔 음향 측심기의 제한된 관측 때문에 중력파와 해수면 고도 측량의 조합을 추가하여 해저 화산의 분포를 파악한다. 또한, 프리에어 이상도는 지각 밀도의 수평적 이질성을 반영한다. 물론 지각의 밀도 이질성은 지구보다 다른 행성체에서 크게 관찰될 수 있다.

달의 중력장도는 1960년대 후반 구소련의 루나(Luna) 우주선과 미국의 달 궤도선 추적 자료를 사용하여 처음 제작되었다. 달의 중력장도 제작 과정에서 궤도선이 예상 궤도를 상당히 벗어날 만큼 큰 중력장 이상을 발견하였다. 실제로 아폴로 15호와 16호 임무가 전개한 부위성들이 예상보다 너무 큰 중력장의 편차로 인해 임무를 완수하지 못하고 몇 주 만에 달 표면에 충돌했다. 이런 사정 때문에 달의 중력장이 상당히 울퉁불퉁하다고 유명하게 알려졌다. 이전 중력장 연구의 부족한 부분은 크레멘타인(Clementine, 1994), 루나 프로스펙터 (Lunar Prospector, 1998), 카구야(Kaguya, 2008), 달의 중력과 내부 구조 탐사선 (Gravity Recovery And Interior Laboratory, GRAIL. 2011) 임무를 통해 보완되었다. GRAIL 탐사선은 마이크로파 거리 측정 시스템을 이용해 서로 간의 거리를 유지하는 쌍둥이 위성 GRACE 임무의 복제판이다.

달의 중력장은 차수 1,200과 계수 1200의 구면 조화 함수로 표현되어, 공간 해상도는 5 km 내외이다. 달의 지오이드를 셀레노이드 (Selenoid)라 한다. 지오이드 높이와 마찬가지로 셀레노이드 높이는 셀레노이드와 기준 회전 타원체 사이의 차이를 나타낸다. 셀레노이드 높이는 최대값과 최소값을 기준으로 지오이드 높이보다 5배 이상 강한 차이가 관찰된다 (그림 5.13a). 셀레노이드 높이 역시 지구의 지오이드 높이와 마찬가지로 지형의 영향에 많이 좌우된다. 셀레노이드 높이는 남극-에이트켄 분지에서 낮게 관찰되며, 달의 고원에서 높게 관찰된다. 셀레노이드 높이가 높게 관찰되는 달 앞면의 영역은 지형 분포와 무관하고, 그 주요 원인으로 질량 불균질성이 지목된다. 실제 해당 지역은 프리에어 이상도에서 더 뚜렷한 중력 이상이 보인다 (그림 5.13b). 프리에어 이상을 통해 지형 변화의 효과를 충분히 제거하여도, 물질의 밀도 차이가 유발하는 중력 이상이 중력 자료에 반영되어 있다. 따라서 적합한 지각 밀도 모델을 사용하여 지형의 끌어당김 효과를 제거하는 부게 보정 (Bouguer correction)이 필요하다.

대규모 거시적 중력 영향 요소가 제거된 달의 부

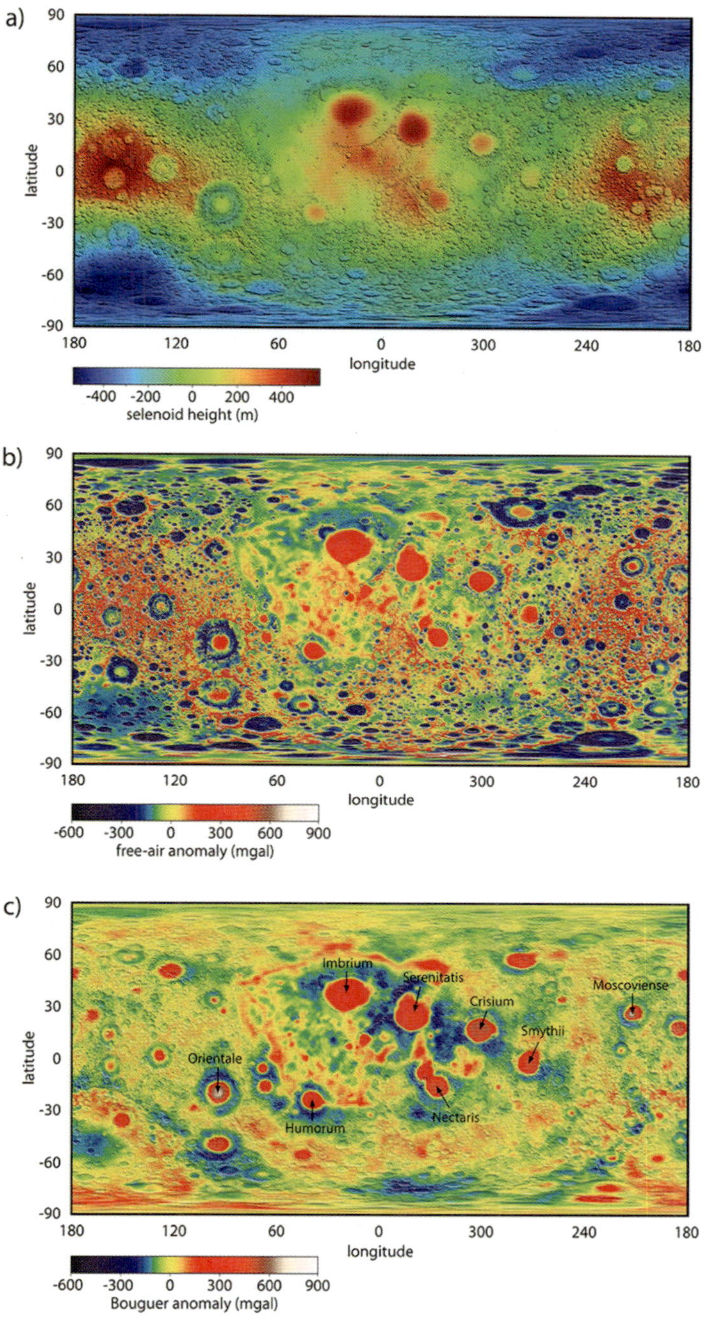

그림 5.13 (a) 달의 지오이드 높이. 반지름 1737.4 km인 구체를 기준으로 설정. 출처: Lemoine et al. (2014); Goossens et al. (2016); Cziraki & Timar (2023). (b) 달의 프리에어 중력 이상도. 출처: NASA's Scientific Visualization Studio. (c) 장파장을 제거한 달의 부게 (Bouguer) 중력 이상도. 이는 프리에어 이상도에서 잘 나타나지 않는 대규모 충돌 분지 (특히 바깥면 분지들)의 밀도 농집을 강조한다. 출처: NASA's Scientific Visualization Studio.

게 이상도는 지역적인 질량 분포와 주변 지각과의 대비를 강조한다 (그림 5.13c). 남극-에이트켄 분지를 제외한 달의 모든 충돌구 분지는 양의 부게 이상으로 관찰되고, 그 주위를 음의 부게 이상이 둘러싼다 (Arkani-Hamed, 1998; Dombard et al., 2013b). 달 표변의 이런 부분적인 질량 농집을 '마스콘' (mass concentration)이라 하며, 달 탐사들이 보였던 불안정한 궤도의 주요 원인으로 해석된다.

고해상도 중력 이상도가 완성되었기 때문에, 마스콘을 회피하는 경사 궤도 설정으로 궤도 안정성 유지에 필요한 우주선의 연료 절약이 가능하게 되었다. 과거에는 마스콘의 구성 물질을 충돌체의 잔해인 철-니켈로 예상하였다. 최근에는 충돌 분지 형성 과정에서 주위로부터 유입된 맨틀 물질로 구성된 높은 밀도의 범람 현무암 분출을 마스콘의 기원으로 설명한다.

부분적인 질량 농집의 흔적인 마스콘은 세레스 (Ceres)의 케르완(Kerwan) 충돌구나 야로드(Yalode) 충돌구와 같은 대형 충돌 분지에서도 발견된다. 세레스의 마스콘은 충돌 발생 과정에서 휘발성 물질과 얼음이 사라지며 충돌 분지 하부에 존재하던 밀도가 높은 맨틀이 융기하여 형성된다(Dickson & Sori, 2022). 가니메데의 마스콘은 표면 얼음의 순도 차이 때문에 발생한다. 가니메데의 어두운 지형에서 관찰되는 양의 중력 이상은 규산염이 많이 함유된 얼음의 노출이라 해석되고, 밝은 지형에서 관찰되는 음의 중력 이상은 불순물이 함유되지 않은 순수한 얼음의 노출로 이해된다 (Palguta et al., 2009).

중력 이상을 설명하기 위해 지각의 밀도 변화가 반영된 암권 평형 (isostatic equilibrium)의 원리를 고려해야 한다. 암권 평형이란 지각과 암석권이 기저 맨틀 위를 표류하듯 떠다니며, 보상 심도에서 정수 평형을 이룬다는 개념이다. 암권 평형의 간단하고 유사한 비교의 예는 물과 얼음이다. 예를 들어, 빙산은 수면 위에 일각이 노출되지만 수면 아래에 감춰진 훨씬 더 큰 얼음덩어리에 의해 무게가 지탱된다. 이런 빙산의 일각과 감춰진 얼음 덩어리의 균형이 바로 얼음과 물의 밀도 차이에 의해 발생하는 정수 평형이다. 마찬가지로, 산맥은 대륙 지각의 낮은 밀도 뿌리가 고 밀도 맨틀에 박혀 있는 부분에 의해 지탱된다.

프리에어 보정과 부게 보정은 산맥 아래에 박혀 있는 저밀도 뿌리를 고려하지 않아, 지형이 높은 산악 지역에서 음의 부게 이상으로 관찰된다. 이것이 조지 에어리 (George Airy, 1801~1892)가 개발하고 베이코 하이스캐넌 (Veikko Heiskanen, 1895~1971)이 개선한 에어리-하이스캐넌 암권 평형 (isostasy) 모델의 기초이다. 에어리-하이스캐넌 암권 평형 모델은 균일한 지각 밀도를 가정하기 때문에 지형은 지각 두께의 변화로 지탱된다. *에어리-하이스캐넌 모델은 지구의 대륙 지각 진화 설명에 적합하다. (역자 주)* 화성의 지형도 (그림 5.4c)에서 뚜렷이 구분되는 남반구와 북반구의 차이가 프리에어 이상도 (그림 5.14)에서는 관찰되지 않는다. 따라서 화성은 남반구와 북반구의 지각 두께

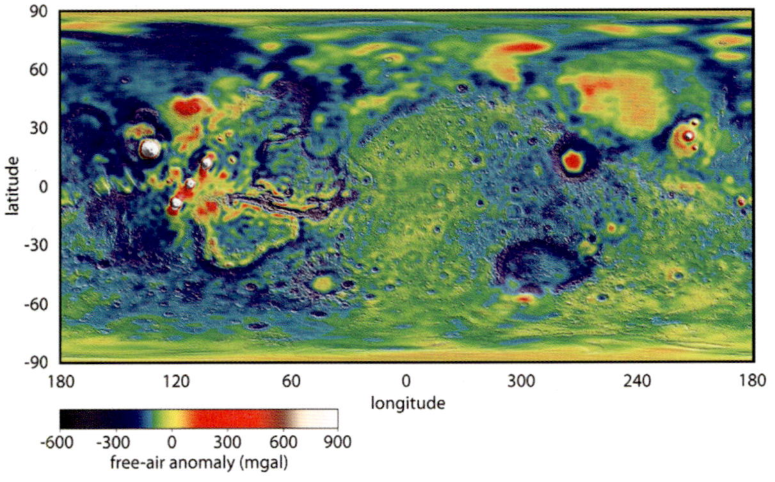

그림 5.14 화성의 프리에어 중력 이상도. 지형도와 달리 지형의 이분 경계가 관찰되지 않는다. 주요 이상은 대형 화성암 지역인 타르시스 고원 (Tharsis Montes), 엘리시움 평원(Elysium Planitia)과 아가일 충돌구 (Argyle crater)의 중심에 있는 질량 농집 (mascons)과 이시디스 충돌구 (Isidis crater) 분지에서 관찰된다. 출처: NASA's Scientific Visualization Studio.

차이를 통해 암권 평형을 유지한다. 부게 이상으로 환산된 화성 지각의 두께는 10 km 미만에서 100 km 이상까지 다양하며, 북부 저지대의 얇은 지각과 남부 고지대의 두꺼운 지각이라는 뚜렷한 이중 모드로 구분된다. 화성 인사이트 (InSight) 착륙선은 지각 기저부에 대한 최초의 지진파 탐사 결과를 제공했다(Knapmeyer-Endrun et al., 2021).

달의 마스콘을 설명하기 위해 존 프래트 (John Pratt, 1809~1871)가 제안하고 존 헤이퍼드 (John Hayford, 1868~1925)가 개발한 프래트-헤이퍼드 암권 평형 모델이 필요하다. 프래트-헤이퍼드 암권 평형 모델은 누적압력이 같은 일정한 기저부 깊이의 등압 보상면을 가정하기 때문에, 지형의 변화는 지각의 밀도 차이를 반영한다. 따라서, 밀도가 작은 지역이 밀도가 높은 지역보다 더 높게 떠있다. 프래트-헤이퍼드 암권 평형 모델은 지구의 해양 지각 진화 설명에 적합하다. 상대적으로 젊고 뜨거운 중앙 해령 부근의 지각이 해령에서 멀리 떨어진 거리에 있는 오래되고 차가운 지각보다 더 높은 고도(따라서 해양에서 더 얕은 깊이)에 위치한다. 실제 해양 지각에서 가장 오래되고 차가운 부분은 밀도의 상승으로 부력을 잃고 섭입대 지역에서 맨틀 속으로 암석권 최상부와 같이 침강하게 된다. 이것이 지구에서 대륙이동의 주 구동력을 제공한다.

에어리-하이스캐넌 암권 평형 모델과 프래트-헤이퍼드 암권 평형 모델은 지각을 포함하는 암석권과 맨틀이 하중에 반응하는 방식을 제한적으로 설명한다. 실제 암석권과 맨틀은 응력을 측면으로 전달하여 암권 평형에 대한 보상이 국부적인 규모가 아닌 지역적인 규모에서 발생하게 된다. 결국, 암석권은 휘어지게 되고, 암석권 하부에 있는 맨틀은 마치 젤리층 위의 두꺼운 고무판처럼 이동하게 된다.

암석권의 휘어짐이 고려된 중력 모델의 기초는 그로브 칼 길버트 (Grove Karl Gilbert, 1843-1918)에 의해 제안되었고, 이후 베닝 메이네스 (Vening Meinesz, 1887-1966)에 의해 보완되었다. 암석권의 휘어짐이 고려된 중력 모델은 스칸디나비아와 캐나다 북부를 중심으로 한 중력 이상 지역에서 확인된다. 이 지역에서는 마지막 빙하기 동안 빙상의 무게에 의해 지각이 맨틀을 눌러 연약권을 바깥 방향으로 밀어낸다. *간빙기에 접어들어 빙상이 녹은 후, 암석권의 반동 때문에 하부의 연약권 일부가 상부로 유입된다. (역자 주)* 암석권의 높은 점성과 연약권의 낮은 점성 차이를 고려할 때, 연약권 물질의 거동은 현재 진행형이고 앞으로도 수만 년 동안 지속될 것으로 예상된다.

휘어진 지각 때문에 발생하는 중력 이상이 하와이-엠페러 해저 화산 배열 (Hawaiian-Emperor seamount chain)에서 관찰된다. 해령의 확장 축에 가까운 지역에서 지형과 프리에어 중력의 저점이 관찰되며, 해령으로부터 거리가 증가할수록 지형과 프리에어 중력의 값이 증가한다 (그림 5.12b). 중력의 변화 추세는 화산체의 무게에 의해 휘어진 태평양 해저 지각의 변형으로 해석된다. 해저 화산 배열 가장자리 주변의 침강부는 저밀도 퇴적물에 의해 채워진다. 해저 화산 배열 외곽에서 관찰되는 융기는 이동한 맨틀 물질이 유발하는 지각의 팽창 때문이다. 암석권의 휘어짐 정도는 지형과 중력의 변화로부터 계산할 수 있다.

암석권의 휘어짐이 고려된 중력 모델은 지구의 섭입대에서 관찰되는 지각의 휘어짐에 같은 원리로 적용되며, 다른 행성체의 지각 특성 연구에도 사용된다. 예를 들어 금성의 대형 화산, 돔, 코로나를 포함한 다양한 지질 구조 해석에 암석권의 휘어짐이 고려된 중력 모델을 사용한다 (O'Rourke & Smrekar, 2018). 많은 얼음 위성의 능선 구조에서 지구의 해령과 유사한 특징이 관찰된다. 이는 극저온 화산 (cryovolcanic) 활동 때문에 표면으로 분출된 물질이 지각에 하중을 가하고 중력이 증가하는 방향으로 휘어짐과 쪼개짐을 유발하기 때문이다. 토성의 위성 유로파에서 암석권의 휘어짐이 고려된 중력 모델은 지각의 탄성 두께와 극저온 화산의 배치 메커니즘 결정에 사용된다 (Hurford et al., 2005; Dombard et al., 2013a). 토성의 작은 위성 디오네에서 관찰되는 해령 능선은 비교적 얇은 탄성 암석권 아래에 바다가 있었을 때 만들어졌다고 설명할 수 있다 (Hammond et al., 2013).

암권 평형의 핵심 개념인 등압 보상의 메커니즘을 다루는 현대적 접근법은, 구면 조화 항들의 상관관계를 이용하여 중력 이상과 지형을 같은 수학적 방식으로 표현한다. 특히, 주어진 차수와 해당 차수의 계수 비율로 어드미턴스 (admittance)라는 양를 산출한다. 산출된 어드미턴스의 파워 스펙트럼을 이용하여 등압 반응의 특성을 결정한다.

일반적으로 에어리-하이스캐넌 암권 평형 모델과 프래트-헤이퍼드 암권 평형 모델은 잠재적 반응의 양극단에 해당하며, 암석권의 휘어짐을 고려한 현실적인 모델은 그 중간의 매개변수 공간을 포괄한다 (Watts & Moore, 2017). 화성의 다양한 지각 하중 평가는 암석권의 휘어짐을 고려한 모델을 사용한다 (Ding et al., 2019). 관찰 자료와 모델의 편차는 일반적으로 동적 지지 메커니즘인 대규모 맨틀 대류나 지역적인 열점의 활성화 때문에 발생한다.

지구와 달리 금성에서는 지오이드 이상 현상이 지형과 밀접한 상관관계를 보인다. 금성의 지오이드 이상은 에어리-하이스캐넌 암권 평형 모델과 구면 조화 차수 2~18에 해당하는 장파장에서 불일치하기 때문에 전적으로 동적 지지의 영향으로 해석된다. 중력 모델링을 통해 산출된 어드미턴스 스펙트럼이 제시하는 금성의 맨틀 점성은 지구와 매우 다르다. 따라서 금성 내부의 열전달이 지구와 같은 이동 뚜껑 지체구조 단계가 아닌 열 파이프형 대류 단계임을 지시한다 (6장 참조). 금성의 어드미턴스 지도 분석에서 암석권의 지역적 특성, 복잡한 암석권 지지 메커니즘, 지속적인 암석권의 활성화가 관찰된다. 2030년대 초로 예정된 유럽의 금성 탐사선 엔비전 (EnVision)은 이전의 마젤란 탐사보다 더 높은 해상도의 중력장 자료를 제공할 것이다.

관성 모멘트

뉴턴이 이론적으로 예측한 지구의 극 평탄도는 실제 지구의 극 평탄도보다 훨씬 작았고, 이 차이는 균질한 밀도 가정에 기인한다. 행성체의 편평도는 회전 각운동량에 의해 발생하는 원심력에 의존한다. 따라서 관성 모멘트 텐서를 사용하여 행성체의 밀도 분포와 행성체의 모양 및 중력장을 해석하게 된다. 관성 모멘트 텐서는 물체의 회전 관성을 정량적으로 표현하며, 물체 내부의 질량 분포에 따라 결과가 달라진다.

질량이 물체의 중심에 집중되면 관성 모멘트가 작아지고, 질량이 물체의 가장자리 부분에 집중되면 관성 모멘트가 커진다. 관성 모멘트가 작은 물질에서 회전하는 물체의 각속도 변동이 쉽게 발생한다. 따라서 관성 모멘트는 물체 내부의 방사상 밀도 분포를 반영하는 간단하고 직관적인 표현 방식으로, 행성체 내부 구조 파악에 필요한 귀중한 정보를 제공한다. 물체의 관성 모멘트[I]는 질량과 반지름 제곱의 곱으로 정규화[I/MR^2]한다. 삼축 타원체의 경우, 관성 모멘트 텐서는 타원체의 세 방향 주축에 대응하는 세 개의 주성분[$AM^{-1}R^{-2}$, $BM^{-1}R^{-2}$, $CM^{-1}R^{-2}$]으로 표현된다. 행성체의 경우 극 관성 모멘트가 가장 중요하므로, 일반적으로 [$CM^{-1}R^{-2}$]를 전체 관성 모멘트 계수로 사용한다. 주성분 관성 모멘트의 형태와 중력장의 왜곡과의 관계는 정수 평형이 유지되는 유체에 대해 수학적으로 정확히 표현된다. 중력 퍼텐셜의 구면 조화 팽창에서 정수 평형 조건을 만족하는 사극자 항은 [$J_2/C_{22}=10/3$]으로 표현되며, (J_2)를 사용하여 다윈-라다우 (Darwin-Radau) 방정식으로부터 관성 모멘트를 계산할 수 있다.

균질한 밀도를 가진 행성체의 관성 모멘트 계수는 0.4이다. 행성체의 표면 근처에 질량이 집중된 경우, 관성 모멘트 계수는 0.4를 초과한다. 반면, 행성체의 중심부에 질량이 집중된 경우, 관성 모멘트 계수는 0.4 미만이 된다. 행성 근접 통과 과정에서 도플러 편이 추적을 사용하여 [GM]과 [J_2]가 결정된다. 따라서, 짧은 시간의 근접 통과만으로도 관성 모멘트를 추정하고 이를 토대로 행성체의 내부 구조를 파악할 수 있다. 현재까지 측정된 모든 행성체의 관성 모멘트 계수는 0.4 미만이다(표 5.2). 따라서, 분화의 결과로 행성체 중심부에 고밀도 물질이 분포하거나 (가니메데, 0.311), 자체 압축으로 인한 밀도 구배(칼리스토, 0.359)의 결과로 해석된다. 그러나 관성모멘트 계수로부터 행성체의 내부 구조 해석이 항상 유일하게 도출되지는 않는다. 타이탄의 경우, 추산된 관성모멘트 계수 0.342는 저밀도 함수 규산염 (hydrous silicate) 핵을 가진 완전히 분화된 내부 모델이나 암석/얼음 혼합물 핵을 가진 부분적 분화 내부 모델로 모두 설명이 가능하다 (Fortes, 2012). 따라서 타이탄의 내부 모델을 결정하기 위해서는 타이탄의 열 진화 과정에 대한 계산같은 추가적인 방법이 필요하다.

정수 평형의 아주 작은 편차도 유도된 관성 모멘트 계수의 상당한 변화를 유발한다. 토성의 위성 이아페투스에 있는 화석 돌출부나 화성의 타르시스 (Tharsis) 화산 돌출부의 높은 질량 농집으로 인한 지역적 밀도 차이가 정수 평형의 편차를 유발한다. 정수 평형의 편차는 표면에서 구분하기 어렵고, 심층부에 해당하는 핵-맨틀 경계의 큰 지형적 변화의 형태로 행성체 내부에 숨어있다. 토성의 위성 타이탄과 목성의 위성 칼리스토의 구면 조화 항 평균 차수 2에서 표면 또는 핵 지형의 수십 m 편차만으로 가니메데와 유사한 관성 모멘트로 조절이 가능하다 (Gao & Stevenson, 2013). 이는 현재의 관성 모멘트로 해석된 타이탄과 칼리스토의 내부 구조와 전혀 다른 해석으로 이어질 수 있어 (Sotin et al., 2021), 얼음 위성 정수 평형의 편차는 신중한 접근이 필요하다.

행성체의 표면층이 심부와 물리적으로 분리된 경우 관성 모멘트 계수의 해석에 주의가 필요하다. 즉, 전구적 바다 (규산염 마그마, 액체 금속, 액체 등으로 이루어진)가 지각을 내부 핵과 따로 움직이도록 할 수 있기 때문이다. 지구의 바깥쪽 껍질 부분은 조석력과 같은 외부 토크에 비교적 자유롭게 반응하기 때문에, 관성 모멘트 계수의 상대적 과대평가가 발생한다. 따라서 관성 모멘트가 행성체의 표면 껍질 부분과 내부 구조 사이에 어느 정도 불균질하게 분배되는지에 대한 신중한 판단이 요구된다. 수성은 상대적으로 얇은 맨틀과 지각이 액체 금속층에 의해 큰 고체 핵으로부터 분리되어 있다. 수성 내부의 관성 모멘트 분배는 지구에서 송출된 레이더 신호의 도플러 편이로 수성 껍질부의 미세한 진동을 측정하여 추정되었다 (Margot et al., 2007).

정확한 관성 모멘트 계수의 결정을 위해 행성체의 자전축 세차운동을 측정해야 한다. 이를 위해 장기간에 걸쳐 자전축 벡터를 꼼꼼히 관측해야 한다. 현재까지 행성체의 자전축 세차운동은 지구, 달, 화성, 금성에서 관찰되었고 (Margot et al., 2021), 이를 통해 행성체의 정확한 관성 모멘트를 파악하였다. 관성 모멘트는 밀도 분포에 의존하는데, 이 밀도 분포는 편평도를 결정하며 자전축 세차운동에도 영향을 미친다. 따라서 질량 분포의 변동은 편평도를 변화시키고 행성체의 자전에 영향을 미치게 된다. 지구의 전반적인 유체 반응으로 지구에서 약간의 동적 편평도가 관찰된다. 즉, 대기와 해양의 압력 변동으로 자전축의 방향이 433일의 주기로 몇 m씩 진동하는 현상을 챈들러 요동 (Chandler wobble)이라 한다. 챈들러 요동은 실제로 매우 작은 미세 해양 조석 (극 조석으로 알려짐)을 생성한다. 극 조석은 지구 밖의 물체에 의해 구동되지 않는 유일한 지구 내부의 조석 효과이다. 챈들러 요동과 유사한 변화가 해양이나 대기를 보유한 다른 행성체에도 발생할 것이라 예상한다. 화성에서 관찰된 챈들러 요동의 진폭은 ~10 cm이고 주기는 207일이다 (Konopliv et al., 2020a).

지구 표면의 빙하의 빙관 (glacial ice caps)의 성장과 후퇴는 질량 균형 변화를 유발한다. 빙하기 동안 성장한 극지방의 빙관이 간빙기 동안 녹는 과정에서 물의 순환이 발생한다. 간빙기에 해당하는 현재 그린란드와 남극의 빙산은 지속적으로 녹아 지구의 동적 편평도가 측정 가능할 정도로 변한다. 실제 J_2와 C_{20}의 변화율은 ~10^{-11} yr^{-1}이며 계절적 융해와 결빙의 신호와 중첩되어 관찰된다 (Loomis et al., 2019; Chao et al., 2020). 수십만 년 단위의 시간 간격에서 마지막 빙하기의 종식이 지구의 편평도에 미친 영향은, 서쪽으로 이동하는 지구 자전축의 영년변화와 지구 자전의 가속으로 감지된다 (Whitehouse, 2018). 행성체 표면의 질량 재분배로 인한 자전 상태의 변화는 화성에서도 관찰된다 (Genova et al., 2016). 비록 화성에 액체로 구성된 바다가 없더라도 계절적 또는 장기적인 결빙 과정에서 대기로부터 만년설로 질량 이동이 꾸준히 발생하기 때문이다.

중력 데이터는 본질적으로 유일하게 해석되지 않기 때문에, 고해상도 지형 측정, 광범위하게 수집된 독립적인 지질학 자료, 지구물리학 모델 등으로 보완해야 한다. 특히 정수 평형이 어긋나는 증거가 관찰될 때 구면 조화 함수의 파워 스펙트럼 해석은 각별한 주의가 요구된다. 중력은 지질 활동의 가장 근본적인 원동력 중 하나이다. 중력의 역할과 관련된 실증적인 문제는 6장의 판구조론에서 추가로 다룰 예정이다.

chapter 6

판구조론

행성체 내부에서 생성되는 열의 종류와 무관하게 우주로 열이 손실되는 과정에서 열 구배와 일이 발생한다. 열역학적 일은 행성체에서 자기장의 형성이나 화산 활동처럼 다양한 방식으로 발현한다. 일부 열역학적 일은 기계적 특성을 가지는데, 행성체의 가장 단단한 바깥쪽 부분을 물리적으로 수직과 수평으로 이동시킨다. 이에 대한 연구를 판구조론 (tectonics)라 한다. 다양한 종류의 단층선 습곡을 포함하는 대규모 지형은 판구조론의 결과이며, 고해상도 분해능 장비를 갖춘 우주선에서 관측할 수 있다. 우주선 영상의 지체구조 변화 관측은 행성체 껍질층의 화학 조성, 암석 조직, 열류량에 대한 직접적인 정보를 제공한다. 좀더 작은 규모에서는 지체구조 운동의 최종 부산물은 심하게 파쇄되고 전단된 암석, 단층 각력암, 단층 점토, 광물의 배열과 입도 분포를 포함한다. 가장 작은 규모에서는 지체구조 변동을 유발한 힘에 의해 발생한 개별 광물 입자의 미세 균열과 전위는 현미경 관측으로 분석할 수 있다.

물질의 역학적 특성은 원인에 해당하는 외부 응력과 결과에 해당하는 변형률 사이의 상관관계를 반영한다. 지체구조 운동은 연속적으로 누적되는 변화가 아니라 거시적인 변형이 갑자기 발생하는 현상이다. 갑자기 발생한 변형에서 방출되는 에너지는 역학적 파동에 해당하는 압력파 (pressure waves)와 전단파 (shear waves)의 형태로 방사상으로 전파된다.

지구에서 관찰되는 매우 다양한 지체구조 운동의 주체는 역학적으로 단단한 껍질에 해당하는 암석권이다. 암석권은 여러 개의 큰 영역인 판으로 구분된다. 지체구조 운동의 대부분은 판 가장자리에서 발생한다. 새로운 암석권이 발산 경계에서 화성 활동으로 생성되고, 오래된 암석권이 섭입을 통해 수렴 경계에서 맨틀로 가라앉게 된다. 판이 지탱하는 대륙 지각 부분은 때로는 서로 부딪히고 때로는 수천만 년에서 수억 년의 시간 척도로 서로 갈라진다. 이런 과정을 통해 판은 성장과 수축을 반복한다. 암석권의 생성과 소멸, 그 사이에서 발생하는 판의 수평 이동은 암석형 행성체 내부 열의 손실을 반영하는 판구조론의 핵심 요소이다. 지구의 판구조론은 이동 뚜껑 지체구조에 해당한다. 태양계 내의 다른 암석형 행성체에서는 지구와 같은 광범위한 지체구조 운동이 없는 정체 뚜껑 지체구조 운동의 특징이 관찰된다 (Stern et al., 2018).

태양계 탐사와 외계 행성의 발견은 컴퓨터 시뮬레이션을 통해 광범위한 다차원 매개변수 공간을 평가하는 지체구조 운동 연구의 발달을 선도한다. 다른 행성에서 관찰되는 지체구조 운동과 화산 활동을 연구하면서 지구의 운동과 활동에 대한 비교 평가가 가능하다. 실제로 별의 타입이 별 진화의 경로를 반영하듯이, 행성체들의 지체구조 운동 방식의 범위는 행성체의 열적 성숙도를 반영한다. 구체적으로 열 파이프 (heat pipe), 이동 뚜껑 (mobile-lid), 느린 뚜껑 (sluggish-lid), 정체 뚜껑 (stagnent-lid) 방식 등으로 행성체의 열적 성숙도를 반영한다. 현재 지구의 수평 위주 이동은 상당히 최근 활동일 수 있으며, 금성 같은 행성체가 지체구조 운동을 과거에 오락가락 겪었을 가능성도 있다.

더 나아가 판구조론의 원리를 얼음 위성에 확대 적용하려는 연구가 진행 중이다. 고체층과 액체(또는 부분적으로 용융된)층 사이의 밀도 역전이 얼음 위성도 지구와 유사한 이동 뚜껑 지체구조 운동을 가능하게 할 수 있다.

지체구조 운동은 주로 기계적 과정이지만, 상변화와 재결정 과정을 포함하기에 화성 과 변성 활동을 고려해야 한다. 또한 유기체의 작용으로 변화하는 암석의 역학적 특성을 고려하면 화학적 과정이나 생물학적 과정과의 구분도 모호해진다.

응력과 변형

행성체의 암석권을 구성하는 물질에 응력이 작용하여 발생하는 변형을 지체구조라 한다. 응력은 가해지는 힘이나 하중으로 정의되며, 압축, 인장, 전단, 굽힘, 비틀림을 포함한다. 다양한 응력의 원인 파악도 중요하지만, 먼저 물질의 역학적 거동을 전반적으로 이해해야 한다. 대부분의 물질은 작은 응력에 작은 변형률로 반응한다. 이때 선형적인 관계를 이루는 가해지는 응력과 관찰된 변형 사이의 비례 상수를 영률 (Young's modulus)이라 한다. 응력과 변형률의 비례 관계는 영국의 물리학자 로버트 후크 (Robert Hooke, 1635-1703)가 1660년 초에 발견하였다. 그러나 무슨 이유에서인지 16년이 지난 1676년에서야 후크의 결과가 발표되었고, 그나마도 완전히 다른 내용을 기술한 논문의 후기에 애너그램 형태로 게재되었다 (Hooke, 1676; Moyer, 1977). 후크의 법칙(Hooke's law)은 탄성 고체의 응력과 변형의 관계를 설명한다. 후크의 법칙이 다루는 변형은 완전히 가역적인 현상으로, 응력이 제거되면 탄성 고체는 변형이 없는 초기 상태로 복원한다. 탄성 한계인 임계점을 초과하면 영구적인 변형이 발생한다. 변형 발생 이후에도 응력이 추가되면 물질은 소성 유동 (plastic flow)으로 누적 변형이 증가하다 궁극적으로는 파손된다.

파손 전 소성 변형 영역이 매우 작은 물질을 취성 (brittle)이라 하고, 파손 전 상당한 양의 소성 유동을 겪는 물질을 연성 (ductile) 또는 가단성(malleable)이라 한다. 취성의 대표적인 예는 차가운 상태의 철 막대로 부서지기 쉽고 심지어 유리처럼 깨지기도 한다. 연성의 대표적인 예는 가열된 상태의 철 막대로 구부러지고 다양한 형태로 변형된다. 암석권의 특정 깊이에서 급격한 열의 전도 차이로 취성-연성 전이(brittle-ductile transition)가 발생한다. 지구의 대륙 지각에서 취성-연성 전이는 200~400°C에 해당하는 20 km 이상의 깊이에서 발생한다. 대륙 지각보다 상대적으로 온도가 높은 해양 지각에서는 10 km보다 얕은 깊이에서 취성-연성 전이가 발생한다. 표면 온도가 이미 500°C에 육박하는 금성에서는 취성-연성 전이가 표면에서 1 km 이내의 매우 얕은 깊이에서 발생한다. 취성-연성 전이는 가해지는 응력의 특성 (예: 압축 대 인장)과 응력이 가해지는 속도의 영향을 받는다. 일반적으로 취성층은 파괴적인 변형으로 단층을 형성하는 반면, 연성층은 압축으로 두꺼워지거나 인장으로 얇아진다.

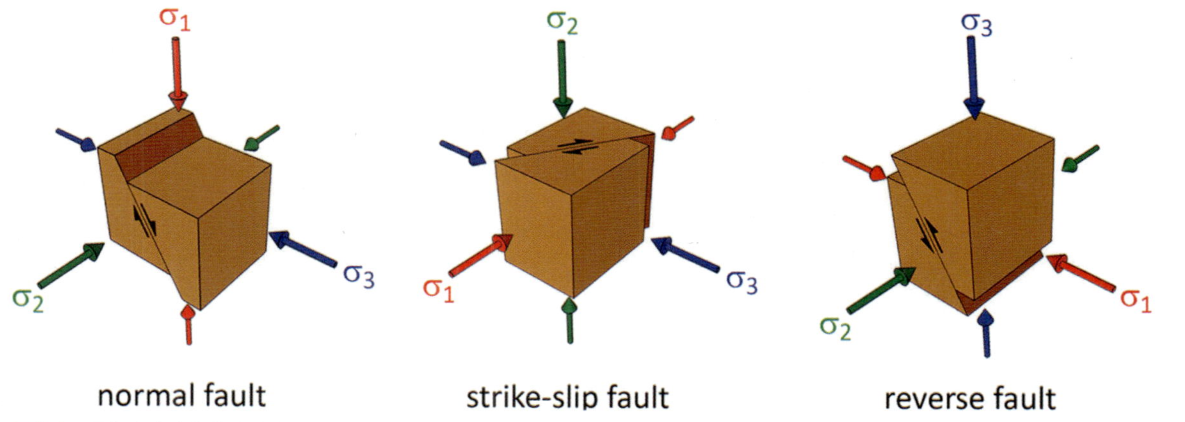

그림 6.1 주응력의 방향에 따라 취성 물질에 생성되는 단층의 유형. 최대 응력[σ_1]; 중간 응력[σ_2]; 최소 응력[σ_3]; 정단층(normal fault); 주향 이동 단층(strike-slip fault); 역단층(reverse fault). 전반적인 지체 구조 변형은 정단층, 주향 이동 단층, 역단층의 조합으로 구성되고, 응력장이 변하면 다른 단층이 중첩될 수 있다. 예를 들어 주향이동 운동이 기존의 정단층에서 일어나거나, 단층이 서로 교차하여 발생할 수 있다.

응력은 지구물리학의 다른 힘(force)과 장(field)처럼 텐서로 표시된다. 임의의 지점에서 응력 텐서의 고유벡터와 고유값은 최대, 중간, 최소 응력에 대한 주응력의 방향과 크기이다. 주응력의 고유벡터 [σ_1], [σ_2], [σ_3]는 서로 직교한다. 전체 응력은 지체 응력 (tectonic stress), 표토의 무게로 인한 정수압, 모든 공극 유체 압력의 벡터 합으로 정의한다. 행성체의 표면에서 표토의 무게로 인한 정수압과 모든 공극 유체의 압력은 0에 수렴하기 때문에, 지체 응력이 전체 응력을 대변하게 된다.

지체 응력의 부호와 크기, 자유 표면에 대한 주응력 성분의 방향에 따라 변형의 특성이 달라진다. 지체 응력은 압축에서 신장까지 다양한 양상으로 전개된다. 예를 들어, 화산 활동 과정에서 지각의 균열을 통해 마그마가 분출될 때 지역적인 응력이 발생한다. 행성체 표면의 확장형 지체구조는 암맥군 형성과 같은 관입 화성 활동으로 관찰된다. 동일한 마그마 활동은 맨틀 플룸 (plume)과 같은 더 큰 규모의 현상으로 진화하여 지역적인 융기가 진행된다. 맨틀 플룸에 의한 화산체 형성 과정에서 상부 방향으로 하중 쏠림이 발생하면 지각의 휘어짐이 관찰된다. 전 지구적 관점에서 맨틀의 대류운동은 암석권의 수평 이동으로 이어진다. 암석권의 수평 이동 과정에서 일부 영역은 서로 당겨지며 팽창하고, 일부는 서로 밀리면서 압축하고, 일부는 가장자리가 서로 미끄러지며 전단이 발생한다.

스코틀랜드 지질학자 어니스트 앤더슨 (Ernest Anderson, 1877-1960)은 압축형 지체 응력 모델을 최초로 제시하였다 (Anderson, 1905). 최대 응력[σ_1]이 수평이고 최소 응력[σ_3]이 수직인 경우, 취성 표면 암석의 쪼개짐으로 낮은 경사의 충상단층이 형성된다 (그림 6.1). 동일한 응력 조건에서, 층 사이의 역학적 성질 차이가 클 경우 변형은 단층이 아닌 습곡을 형성한다. [σ_1]과 [σ_3]가 모두 수평면에 있고 [σ_2]가 수직인 압축의 경우, 암석의 전단 파쇄가 발생하여 주향이동 단층 (strike-slip faults)이나 안행상 습곡 (en echelon folds)을 형성한다 (그림 6.1). 지체 응력이 압축에서 신장으로 전환됨에 따라 [σ_2]와 [σ_3]가 수평면이 되고 [σ_1]가 수직이 되면 정단층이 형성된다(그림 6.1). 경사진 정단층들 사이에서 취성 암석권 블록이 떨어진 지구대 (graben)와 융기된 지루 (horst)가 발달한다. 지루와 지구대

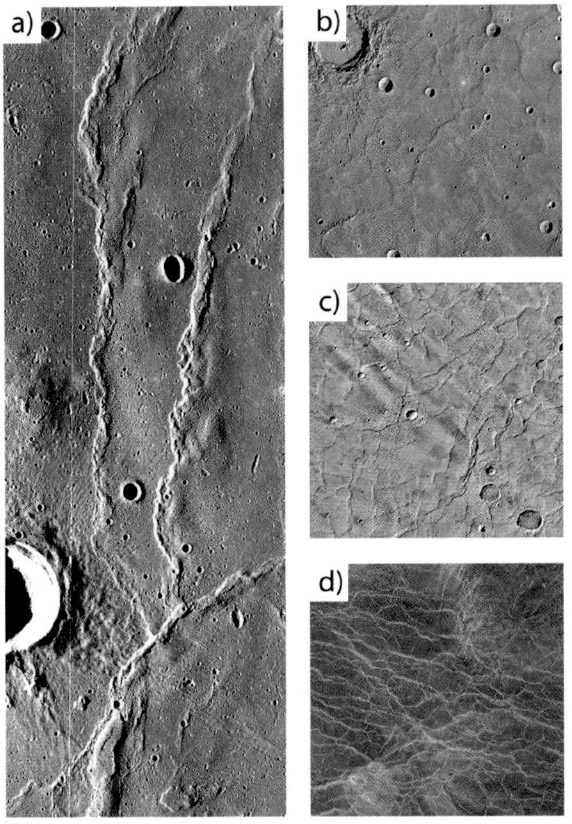

그림 6.2 주름 능선은 지구형 행성체의 현무암 평원에 흔한 지형이다. (a) 달 고요의 바다 (Mare Tranquilities)에 발달한 주름 능선. 아라고 충돌구 (Arago crater, 지름: 26 km, 왼쪽 아래). 출처: NASA/GSFC/ASU. (b) 수성에서 관찰된 주름 능선. 호쿠사이 충돌구 (Hokusai crater, 지름: 90 km, 왼쪽 위). 출처: NASA/JHUAPL/Carnegie Institution of Washington. (c) 화성의 헤스페리아 평원(Hesperia Planum)에 발달한 주름 능선. 출처: NASA/United States Geological Survey (USGS). (d) 금성 임더 지역 (Imdr Regio)에서 관찰된 주름 능선. 출처: NASA/JPL. 그림 크기 (b, c, d,) 400 × 400 km.

가 반복되며 폭넓게 분포하는 지역의 대표적인 예가 미국 서부의 분지 산맥 지역 (Basin and Range Province)이다. 지난 2,000만 년 동안 분지 산맥 지역의 동서 확장으로 지각의 취성 파괴가 진행되며 암석권이 얇아졌다 (Stewart, 1971).

확장형 지체 응력이 우세한 경우, 측면으로 광범위하게 발달한 깊은 열곡대 (rift valley)를 형성한다. 지구에서 관찰되는 대표적인 열곡대의 예는 동아프리카 열곡대(East African Rift)이다. 동아프리카 열곡대에서는 암석권의 파괴로 정단층이 형성되고 표면의 취성층이 회전하며 수천 km 길이의 지체 열곡 (tectonic trough)이 형성되었다 (Chorowicz, 2005). 열곡대의 지표면 근처에서 가파른 단층면의 경사가 얕아지는 점완 정단층 (listric faults)이 발달한다. 시간이 지남에 따라 점완 정단층의 단층면은 수평으로 수렴하여, 결과적으로 단층 상반이 하반의 기반암과 분리된다. 이 과정에서 분리된 상반과 하반이 수평 단층면인 데콜망 (decollement)을 따라 이동하는 분리 단층이 생성된다 (Cook & Varsek, 1994).

행성체의 표면에서 관찰되는 지체구조 특징은 과거에 발달했던 압축, 신장, 전단의 중첩된 양상을 반영한다. 지구과학자의 핵심 과제 중 하나는 다양한 변형 발달 과정의 선후 관계 정립이다 (Sorokhtin et al., 2011). 물론, 지체구조 특징 규명은 화산 활동, 침식 작용, 퇴적 작용을 모두 고려하여 복잡한 해석에 직면한다. 어떤 경우에는 압축, 신장, 전단 관련 지체구조 특징이 모두 결합되어 관찰되기도 한다. 또한, 규모가 작은 지역적인 응력과 규모가 큰 행성체 전반적인 응력의 중첩과 구분도 해결하기 어려운 문제이다.

압축 구조

달, 수성, 금성, 화성에서 발견되는 가장 흔한 압축 지형은 주름 능선 (wrinkle ridge)이다 (그림 6.2). 지구에서 주름 능선과 가장 유사한 지형은 잠두 충상단층 (표면에 미치지 못한 역단층) 위에 형성되는 단층과 관련된 습곡 구조이다 (Plescia & Golombek, 1986). 단층과 관련된 습곡 구조의 해석은 압축 운동에 대한 지진 증거가 있는 지구에서 가능하다 (King & Vita-Finzi, 1981). 그러나 단층면

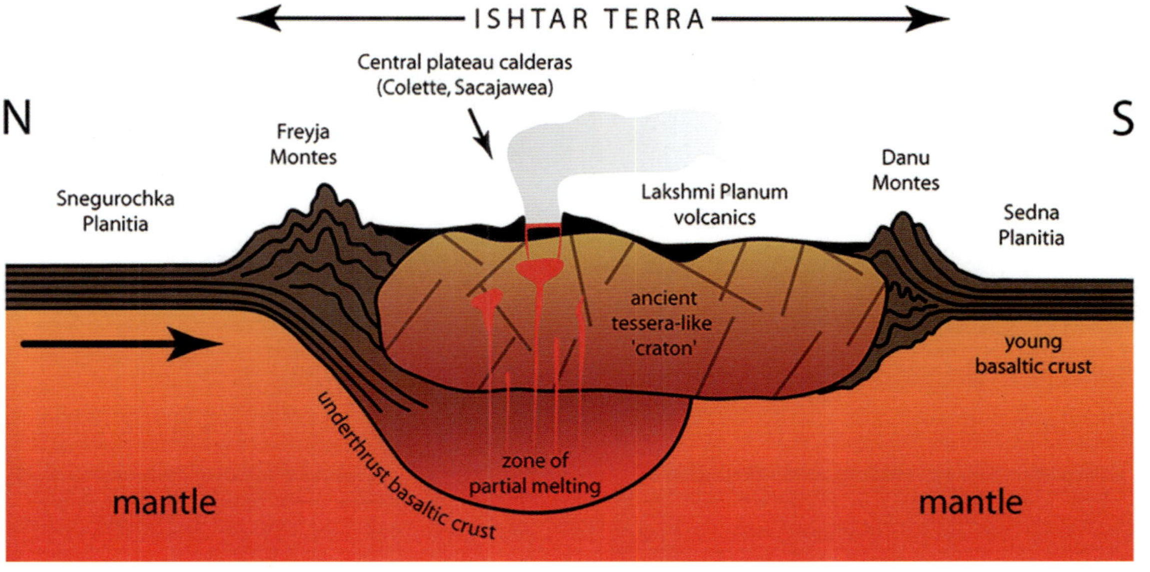

그림 6.3 금성 북극 근처의 이슈타르 테라 (Ishtar Terra) 고원의 지체구조. 매우 큰 압축력이 작용하지만, 고온 환경 때문에 섭입이 발생하지 않는다. 이런 지제 구조의 불안정성 때문에 이슈타르 가장자리에 습곡 산맥이 형성된다. 추가 압축력이 누적되어 층하 스러스트 (underthrust)가 발생한다. 층하 스러스트로 두꺼워진 지각 하부의 부분 용융이 발생하여 락슈미 평원(Lakshmi Planum)의 화산체가 성장한다. 출처: Ivanov & Head (2008).

해석 자료가 없는 달에서도 최근에 형성된 주름 능선에 대한 증거가 관찰된다 (Lu et al., 2019). 주름 능선은 일반적으로 화산 평원 지역에서 생성되며, 충돌 분지의 집중적인 범람을 반영한다. 화성암의 표토에 의한 분지 침하로 압축 응력이 발생하며, 분지의 가장자리와 동심원을 이루는 형태의 역단층을 형성한다. 달의 앞면에 발달한 주름 능선이 비의 바다 (Mare Imbrium)에서 관찰된다 (Yue et al., 2015; Yue et al., 2017). 이 능선은 미국 워싱턴주 야키마 습곡대 (Yakima fold and thrust belt) 내부에 발달한 컬럼비아고원 배사층 (anticlines)의 주름 능선처럼 제한된 양의 수축을 나타낸다. 일련의 기복과 달리 비교적 평탄한 영역으로 분리된 능선의 형태는 좌굴 (buckling)에 의한 초기 배사층 중심부의 소성 변형 한계로 생성된다. 초기 배사층 중심부에 응력이 집중되어 배사층이 닫히는 과정에서 역단층이 발달한다(Watters, 1991).

주름 능선이 가장 많이 관찰되는 행성체는 금성으로, 수만 개의 주름 능선이 저지대 평원에서 관찰된다 (Bilotti & Suppe, 1999). 금성의 주름 능선은 단층대에 국한되어 관찰되며, 대부분 장파장 지형의 윤곽을 따라 지형과 지오이드에서 예상되는 최대 수평 압축 응력에 수직으로 관찰된다. 약 30°의 단층면 경사가 5 km 깊이까지 이어진 주름 능선이 에슬라 지역 (Eistla Regio)에서 관찰된다. 금성의 주름 능선은 그 아래 맨틀의 하강류 상부에서 발생하는 암석권의 지역적인 압축으로 생성된다 (Bethell et al., 2022). 상대적으로 젊은 시기의 화산 융기가 관찰된 아틀라 지역 (Atla Regio)과 베타 지역 (Beta Regio)은 주름 능선의 형성이 예상되나, 실제 주름 능선의 존재가 아직 확인되지 않았다. 아마도 금성의 평원 진화가 진행된 오래된 지질 시대에 주름 능선이 형성되었기 때문이라 해석된다.

주름 능선은 금성의 압축 응력을 나타내는 유

일한 지표가 아니다. 금성의 평원 단위 규모에서 구불구불한 능선대가 관찰되며 (Frank & Head, 1990), 산맥의 성장을 초래한 압축 변형대가 고지대 일부를 에워싼 지형도 확인된다. 금성의 능선대는 일반적으로 100 km 정도의 폭, 수천 km의 길이, 1 km가 넘는 고도 차이로 관찰된다. 금성 산맥의 길이는 상대적으로 짧지만, 고도 차이는 매우 큰 편에 속한다. 실제 이슈타르 테라 (Ishtar Terra) 고원의 가장자리에 분포하는 산맥의 높이는 최대 11 km이다 (그림 6.3). 맨틀 하강류 상부에서 암석권이 두꺼워지며 생긴 역단층과 습곡이 능선대로서 관찰된다 (Head, 1990; Zuber, 1990; Moruzzi et al., 2023). 반면, 하부 맨틀의 수평 운동으로 인해 지각 블록이 수렴하는 지역에서 하강 작용의 결과로 고지대 산맥이 형성된다 (Bruegge & Head, 1991; Noltimier & Sahagian, 1992).

주름 능선과 엽상 절벽 (lobate scarps)은 화성에서도 확인된다 (Montési & Zuber, 2003; Mueller & Golombek, 2004). 화성의 주름 능선은 주로 매끄러운 화산 평원에서 관찰된다. 지름 수천 km, 높이 10 km의 타르시스 고원 (Tharsis Montes) 지역은 화성 서반구의 지체구조를 지배한다. 타르시스 고원의 주름 능선은 약 30 km의 규칙적 간격으로 분포한다. 지체 압축은 광범위한 화산 활동이 존재한 초기 헤스페리아기 (Hesperian period)에 절정에 이르렀다 (Ruj & Kawai, 2021; Andrews-Hanna & Broquet, 2023). 광범위한 화산 활동이 초래한 급속한 냉각으로 화성 전체의 수축이 발생했다 (Watters, 1993). 물론, 당시 발생한 수축의 정도를 현재 단계에서 자세하게 파악하기는 어렵다.

계곡의 벽에 노출된 화성 주름 능선 하부의 단층에서 예상보다 훨씬 얕은 경사가 관찰된다. 이는 수축이 지금까지 알려진 것보다 훨씬 대규모로 진행되었을 가능성을 시사한다 (Cole & Andrews-Hanna, 2017). 그러나 이런 직접적 해석은 일반적으로 지지받지 못하고 있다 (Andrews-Hanna, 2020). 타르시스 고원과 엘리시움 평원 (Elysium Planitia) 중심부에서 성장하는 화산의 암권 평형 재조정과 지각 휘어짐의 구조적 하중 때문에 압축 구조가 형성되었을 것이다.

타르시스 고원의 남동쪽 가장자리에 솔리스 평원 (Solis Planum)과 타우마시아 고원 (Thaumasia highlands)이 있다. 이 고원의 산맥은 지구 산맥처럼 지체 구조 운동 특성을 많이 가지는데, 이들 일부는 말기 노아키아기 (Noachian period) 또는 초기 헤스페리아기의 압축 환경에서 형성된 습곡 구조로 해석된다 (Anguita et al., 2006). 이고지대 산맥은 고해상도 영상 자료 분석에서 역단층의 변형으로 파악된다 (Nahm & Schultz, 2010). 타르시스 고원의 융기에 대한 3차원 암권 압축 모델은 타우마시이 지역의 다수 층상단층을 확인하였고, 이 층상단층은 33°~40°의 경사와 13~27 km 깊이의 분리단층을 포함한다 (Herrero-Gil et al., 2023). 궤도 분광 자료를 이용한 광물학적 분석과 지체구조도 제작 결과, 클라리타스 함몰대 (Claritas Fossae) 내부의 융기부를 포함하는 남부 타우마시아 지역은 지구의 충돌형 산맥과 매우 유사한 지형학적 특징을 나타낸다 (Dohm et al., 2023). 그러나 타르시스 고원 주변의 압축 지형은 지역적으로 발생한 지체구조 운동 퍼즐의 일부에 불과하다. 예를 들어, 빙하 작용은 타르시스 고원 주변 지질 구조의 형태를 변화시켜, 지체구조 운동 해석을 어렵게 만드는 요인이다 (Yin & Wang, 2023).

1974년과 1975년에 마리너 (Mariner) 10호가 완수한 세 차례의 통과 비행과 메신저 궤도선 (MESSENGER orbital mission)이 2011년부터 2015년까지 수행한 임무를 통해 수성 지체구조 운동의 서사가 윤곽을 드러냈다. 수성의 표면에서 가장 눈에 띄는 압축 구조는 길이 20~500 km, 최대 높이 3 km의 곡선형 엽상 절벽이다 (Fegan et al., 2017). 엽상 절벽의 약 20%는 점성이 높은 용암류의 전면에 해당한다. 일부 엽상 절벽은 분화구와 평원을 모두 가로지르는데 이는 이 절벽이 역단층과 관련이 있음을 시사한다 (그림 6.4). 지체구조의 정확한 식별은 궤도선 촬영 이미지의 조명 조건에 크게 좌우되는데, 태양이 지평선 가까이 위치하여 더 긴 그림자가 드리워질 때 획득한 이미지가 지형 분석에 가장 적합하다.

마리너 10호 임무가 촬영한 수성 표면의 45%를 차지하는 영역에서 엽상 절벽은 비교적 균일하게 분포한다. 대규모 충돌로 인해 많은 엽상 절벽이 사라지거나 가려졌을 가능성도 고려해야 한다. 컴퓨터 모델링에서 평균 수직 변위 1 km, 추정 단층 경사 25°~45°의 조건을 고려하면, 0.05%~0.1% 변형률과 1~2 km의 방사성 수축이 추정된다 (Hauck et al., 2004). 메신저 우주선 초기 영상 자료는 태양 입사각이 높고 수성 면적의 20% 면적을 포함하는데, 이 자료의 분석 결과, 최대 0.23%~0.30% 변형률과 2.4~3.6 km의 방사성 수축이 추정된다 (Di Achille et al., 2012). 이후 전반적인 자료의 양과 질이 향상되고 태양 입사각이 낮은 지역의 광범위한 자료 수집이 추가되었다. 이를 바탕으로 수행한 최근의 연구에서 추정된 방사성 수축의 정도는 1~2 km이다 (Watters, 2021). 현재 추정된 수성의 수축 정도는 행성체의 냉각 모델과 일치한다. 메신저 (MESSENGER) 임무는 압축 응력에 의해 생성된 습곡이라 예상되는 장파장 지형에 대한 증거도 제공했다. 그러나 이후 이런 장파장 지형은 습곡이 아니라, 부력의 지지로 형성된 지형으로 판별되었다 (Kay & Dombard, 2019).

그림 6.4 메신저 (MESSENGER) 우주선이 촬영한 수성의 단층 절벽 (lobate scarp) 비글 루페스 (Beagle Rupes, 화살표시). 사진의 왼쪽 아래 부분 저지대는 타원형 (220 km×120 km) 충돌구 스베인스도흐티르 (Sveinsdottir)의 일부이다. 낮은 경사의 충상 단층이 충돌구를 관통하며 단층 절벽을 형성한다. 출처: NASA/Johns Hopkins University Applied Physics Laboratory/Carnegie Institution of Washington.

압축 응력의 기원은 현재까지 지속되는 수성 내부의 장기적 냉각으로 생각된다. 장기적 냉각이 진행되며 칼로리스 평원 (Caloris Planitia) 에 비교적 젊은 (35억년 이내) 엽상 절벽들이, 그 중에는 10억 년이내 (Kuiperian times)에도, 형성되었다 (Banks et al., 2015). 그러나 횡적으로 발달한 엽상 절벽 대부분은 36~37억 년 전에 비활성화 되었다 (Giacomini et al., 2020). 이는 장기적 냉각과 더불어 맨틀의 대류 전복, 조석력에 의한 자전 속도 감소, 진극 이동 등이 압축 응력을 유발할 수 있음을 시사한다 (King, 2008). 조석력에 의한 자전 속도 감소로 인해 수성의 자전 속도는 진화 초기 0.8일에서 현재 58.6일로 변했다. 자전 속도가 느려지며

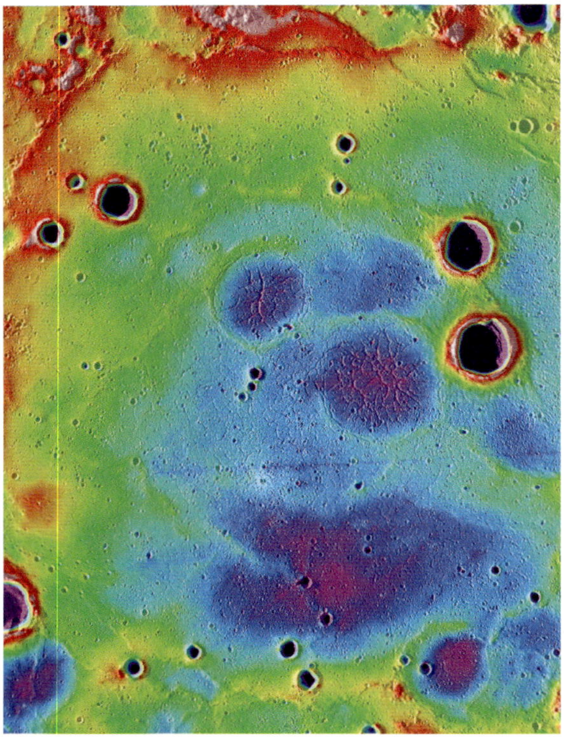

그림 6.5 메신저 (MESSENGER) 우주선의 수성 레이더 고도계 (Mercury Radar Altimeter, MRA) 측정 자료로 제작한 북극 근처 괴테 (Goethe) 충돌구의 지형도. 푸른색과 붉은색은 낮은 고도와 높은 고도를 나타내며, 최대 고도 차이는 1 km이다. 충돌구의 내부 고리와 희미해진 유령 충돌구가 분명히 식별된다. 현무암 분출로 덮힌 두 개의 충돌구에 수성의 냉각 과정에서 수축에 의한 거미줄 형태의 지구대가 보이고, 가장자리에 확장 구조인 주름 능선이 많다. 그림 폭: ~250 km. 출처: NASA/Johns Hopkins University Applied Physics Laboratory/Carnegie Institution of Washington.

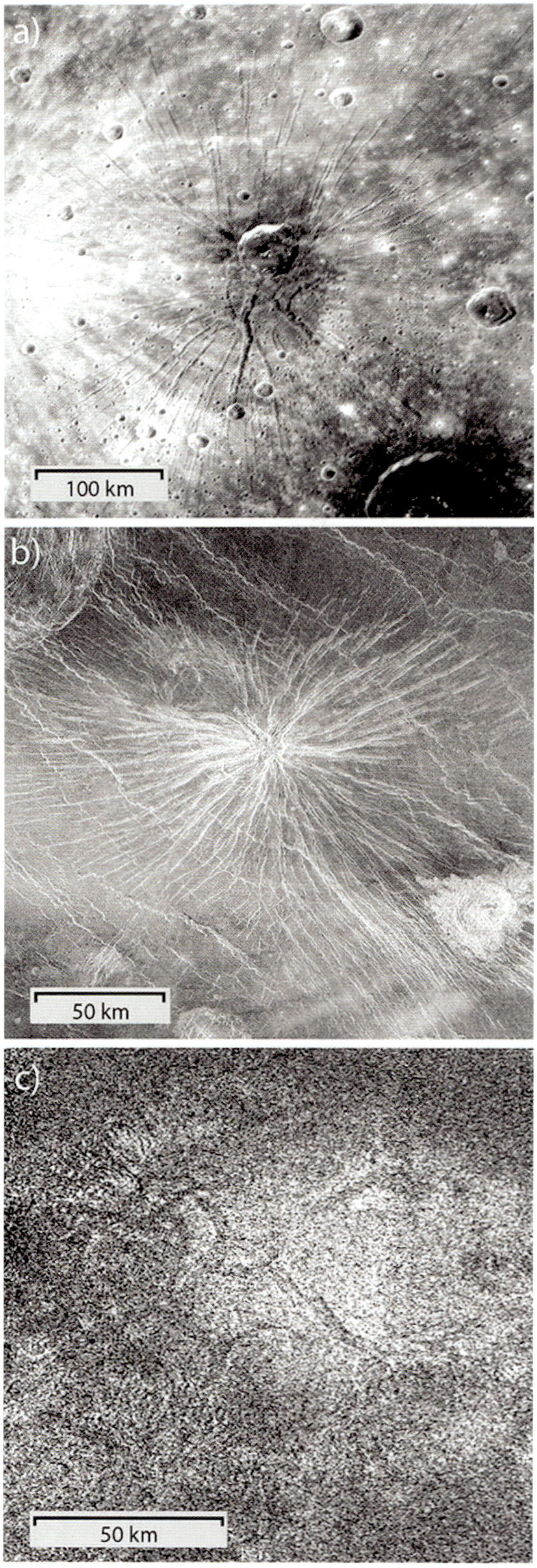

그림 6.6 지구의 방사형 지구대는 화산체 중심부의 암맥 관입으로 형성된다. 반면, 다른 행성체 방사형 확장 구조의 형성 과정은 불분명하다. (a) 수성의 칼로리스 분지 (Caloris Basin)와 분지 내부의 방사형 지구대인 판테온 함몰대 (Pantheon Fossae). 중심의 큰 충돌구와 지구대의 관계는 미지 상태다. 출처: NASA/JHUAPL/Carnegie Institute of Washington/United States Geological Survey (USGS). (b) 암맥의 관입으로 형성된 방사형 단열대가 금성의 베쿠마산(Becuma Mons)에서 관찰된다. 출처: NASA/JPL/United States Geological Survey (USGS). (c) 2012년 5월 카시니 우주선이 촬영한 토성의 위성 타이탄에 X-자 형 ('Hot-Cross Bun') 지구대는 극저온 화산 활동에 의한 관입과 융기의 증거로 해석된다. 출처: NASA/JPL-Caltech/ASI.

극지방 평편도가 줄어들고, 적도 근처 남북 방향의 추력 형성, 북서 방향과 북동 방향으로 중위도 지역 전단 응력 발생, 극지 인장 응력 발생으로 동서 방향 정단층이 형성될 것이다. 핵의 부분 고체화 역시 수성의 전구 수축에 기여할 것이다. 만약 액체에서 고체로 핵의 6%가 상변화 하면, 주름 능선과 엽상 급사면을 형성하는 데 필요한 압축 응력이 발생한다.

수성의 다른 곳에서 압축 지체구조의 다른 단계가 있었다는 명확한 특징이 관찰된다 (López et al., 2015). 일부 지역에서는 매우 젊은 지체구조 활동을 암시하는 확장 구조인 지구대가 발견된다. 수십 m 깊이의 지구대는 주름 능선의 발달과 연관되어 형성된 구조로, 능선의 뒷면 부분이 접히는 과정에서 형성된 것으로 생각된다. 지속적인 풍화 작용으로 지표 구조가 사라지는 현상을 고려할 때, 해당 지역 지체구조의 생성 연대는 3억 년 미만으로 추정된다 (Man et al., 2023).

확장 구조

수성의 대규모 확장 구조는 몇몇 큰 충돌 분지인 칼로리스 분지, 괴테 (Goethe) 충돌구, 라디틀라디 (Raditladi) 충돌구, 라흐마니노프 (Rachmaninoff) 충돌구, 모차르트(Mozart) 충돌구에 국한되어 보이며, 지구대 네트워크로 확인된다 (그림 6.5). 모델 연구에 의하면 수성의 확장 구조는 분지에 있는 화산 평원 물질의 열 수축으로 생성된다 (Blair et al., 2013). 칼로리스 분지 중심부에서 판테온 함몰대 (Pantheon Fossae)를 형성하는 일부 방사형 지구대의 길이는 500 km 이상으로 관찰된다 (그림 6.6). 방사형 지구대의 자세한 분석 연구는 지구대의 경계에서 발견되는 정단층들이 단일 역학층에 국한되며, 평원이 형성된 후 비교적 짧은 시간 내에 지구대가 발달했음을 지시한다 (Klimczak et al., 2013).

금성의 확장 구조가 발견되는 지역은 압축 구조의 분포 지역과 거의 일치한다. 금성의 확장 구조는 저지대 평원 지역에 소규모 지형으로 분산되어 있다. 또한, 확장 구조는 압축 구조보다 집중된 띠 형태의 분포로 관찰된다. 확장 구조의 대표적인 예는 격자형 평원인 기네비어 평원 (Guinevere Planitia)과 세드나 평원 (Sedna Planitia)이다 (그림 6.7). 이 구조들은 신장 방향에 수직으로 배열된 지구대가 연속적으로 반복되는데, SAR 영상 분석 결과 지구대의 저지대는 조립질 자갈로 채워져 있다 (Banerdt & Sammis, 1992). 격자형 평원은 또 서부 에슬라 지역 (Eistla Regio)의 큰 융기부 가장자리를 따라 동심원 형태로 관찰된다. 이런 균열의 발생은 가장 오래된 평원 단위에 국한된 것으로 보이며, 일반적으로 해당 지역의 소규모 화산 구조보다 먼저 형성되었다. 균열에 대한 가장 간단한 설명은 융기로 인해 발생한 지역적 신장 응력이다 (Balme et al., 2004). 물론 다른 행성에서 관찰된 지체구조에 기반한 해석의 타당성에 의문을 제기하는 의견도 있다 (Hanmer, 2023).

금성에서 더 밀집된 형태의 확장 구조에는 단열대 (fracture belts)가 있다. 최대 200 km의 폭, 1,000 km의 길이, 수 km에 달하는 높이가 관찰되는 단열대의 가장 큰 특징은 평행에 가까운 절벽과 지구대의 분포이다. 선명한 사례로 단열대는 기네비어 평원과 라비니아 평원 (Lavinia Planitia)에서 관찰되며, 이들은 코로나대와 합쳐진다 (Squyres et al., 1992). 균열대와 코로나대가 중첩된 구조의 형성은 맨틀 상승류의 발달 때문이다.

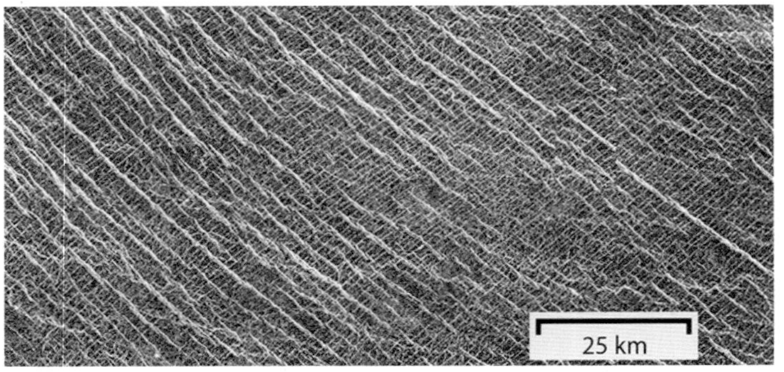

그림 6.7 금성의 기네비어 평원 (Guinivere Planitia)에 있는 '격자형' (gridded) 평원의 합성 개구 레이더 (SAR) 영상. 희미한 선 구조는 1 km 간격으로 규칙적이며, 밝은 선 구조는 상대적으로 간격이 불규칙하며, 곳곳에서 희미한 선구조와 교차하거나 연결되어 보인다. 레이다 빔의 각도에 대한 이 지형의 방향이 영상의 겉보기 모습에 많은 영향을 줌을 유의해야 한다. 출처: NASA/JPL/United States Geological Survey (USGS).

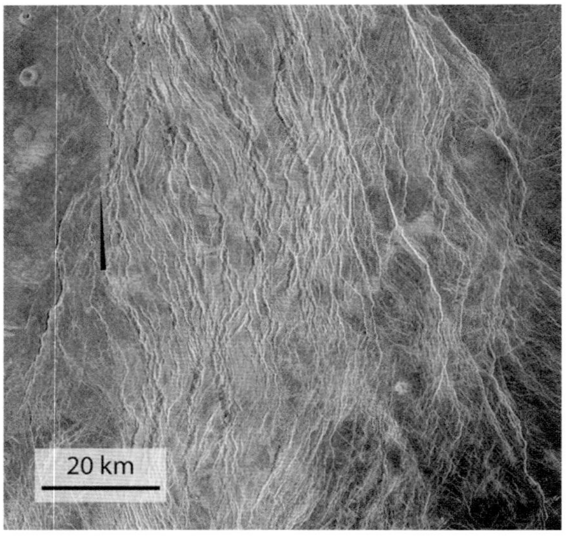

그림 6.8 마젤란(Magellan) 우주선의 레이다 합성 영상으로 본 금성의 데바나 함몰대 (Devana Chasma) 중심부. 이 함몰대는 길이 2,500 km 너비 20 km의 지체 구조 지형으로 두 개의 열곡으로 구성되어 있다. 두 개의 열곡은 서로 다른 맨틀 플룸에 의해 형성된 것으로 보인다. 북서쪽에서 남동 방향으로 발달한 열곡과 남서쪽에서 북동 방향으로 발달한 열곡이 서로 얽히는 지점을 이 영상이 보여준다. 출처: NASA/JPL/United States Geological Survey (USGS), Kiefer & Swafford (2006).

추가적으로 금성 화산 중심부로부터 방사상으로 펼쳐진 확장형 균열이 다수 관찰된다. 방사상 지구대의 일부는 수천 km에 걸쳐 분포하며 (그림 6.6b), 화성암 활동과 관련된 암맥계의 지표 노출부로 해석된다 (Ernst et al., 2003; Ernst et al., 2001). 화산 기원의 지구대 대부분은 평원에서 관찰된 지체구조 변형 이후에 생겼으나, 금성 표면 대부분의 충돌구 생성 이전에 형성이 완료되었다.

금성에서 가장 눈에 띄는 확장 구조는 데바나 함몰대 (Devana Chasma)의 열곡으로 가장 초기의 지구 기반 레이더 영상에서도 쉽게 관찰된다. 데바나 함몰대의 열곡은 두 개의 거대한 순상 화산인 테이아산 (Theia Mons)과 레아산 (Rhea Mons)을 포함하는 베타 지역의 고지대와 피비 지역 (Phoebe Regio) 사이에 남북방향으로 약 4,000 km에 걸쳐 분포하는 신장 구조이다. 데바나 함몰대 열곡의 폭은 150 km에서 250 km로 다양하며, 최대 깊이는 5 km에 달한다. 데바나 함몰대의 열곡은 지구의 동아프리카 열곡대 (그림 6.8)와 매우 유사하다 (Foster & Nimmo, 1996). 데바나 열곡과 동아프리카 열곡대 모두 최대 길이 ~100 km의 단층이 공통적으로 관찰된다. 물론 데바나 열곡에서 관찰된 반지구대 단층의 폭은 150 km로 동아프리카 열곡대 단층의 폭 50 km보다 세 배 정도 넓게 관찰된다. 데바나 열곡과 동아프리카 열곡대 암석권의 탄성 두께도 유사하다. 데바나 열곡과 지구대에 가해지는 퇴적물 부하가 없기 때문에 지형을 지탱하기 위해 단층에 작용하는 전단 응력이 동아프리카 열곡대보다 훨씬 커야 한다. 금성 단층의 파쇄 강도가 지구보다 더 강한 이유는 표면의 고온 환경으로 암석이 물을 함유할 수 없기 때문이다. 실험에 의하면 건조한 상태의 현무암이 습윤한 상태의 현무암보다 훨씬 더 큰 파쇄 강도를 가진다. 그러나 9장에서 지표수가 존재하던 더 온화한 기후의 과거 금성

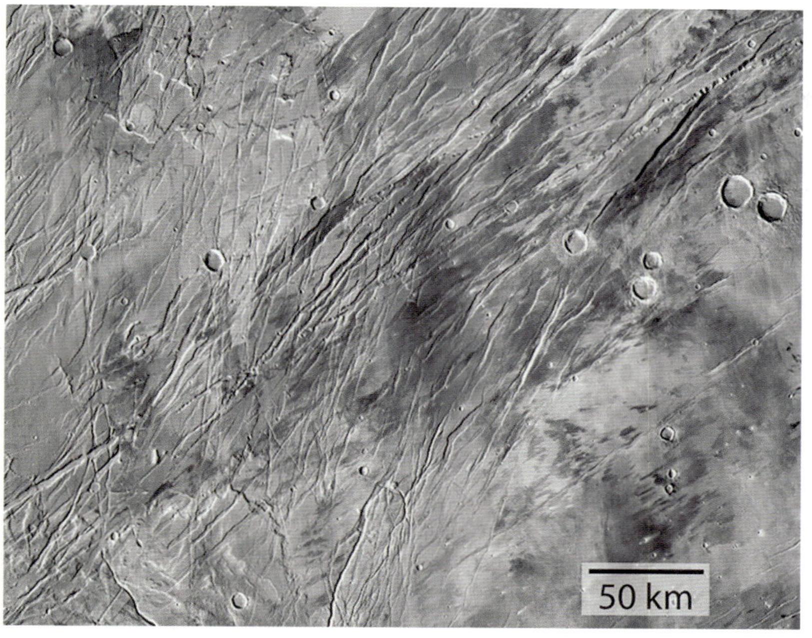

그림 6.9 화성 타르시스 고원 (Tharsis Montes)의 융기는 방사형 및 동심원형 지체 응력을 발생시키고, 이로 인해 수천 km 이상 뻗은 지구대가 생겼다. 여기에 보인 템페 테라 (Tempe Terra) 지역의 서로 교차하는 다중 단층은 후기 노아키아기 (Noachian)부터 초기 헤스페리아기 (Hesperian)에 걸쳐 발생한 지체구조 운동의 산물로 해석된다. 출처: Mars Reconnaissance Orbiter's Context Camera (CTX), NASA GSFC/DLR/MurrayLab Esri, Orlav et al. (2022).

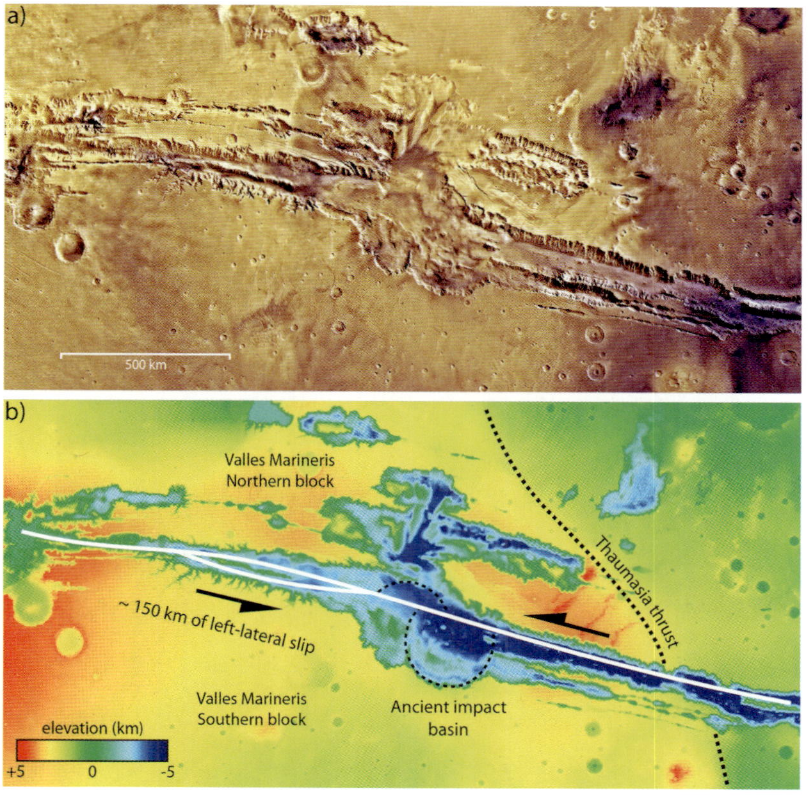

그림 6.10 (a) 화성의 거대 계곡 시스템인 발레스 마리네리스 (Valles Marineris) 계곡은 수평 확장과 수직 침강으로 형성되었다. 지구의 사해 열곡에서처럼 주향이동 변형이 계곡의 남쪽과 북쪽의 수평 이동을 설명한다. *계곡을 가로지르는 좌수향 주향 이동 단층이 관찰되며, 북쪽 절벽과 남쪽 절벽 사이의 수평 변위는 150 km에 달한다.(역자 주)* 출처: NASA/JPL/United States Geological Survey (USGS). (b) 계곡 중앙부에 있는 충돌구 가장자리의 변위와 동쪽 거대 충상 단층의 변위를 측정하여 좌수향 주향 이동 단층의 수평 변위를 추정한다. 출처: United States Geological Survey (USGS)/MOLA Science Team.

의 환경도 고려하면 이 해석이 확실하다고 볼 수 없다. 다른 확장적 특징과 관련하여, 맨틀 플룸의 상승은 베타 지역의 단열 지형과 화산 활동을 모두 설명하는 데 적합하다 (Basilevsky & Head, 2007).

화성의 지체구조 확장에 대한 토론은 타르시스 고원의 정단층과 지구대에 집중된다 (Plescia,

1991). 확장으로 생성된 지체구조는 서로 중첩되어 관찰되며, 서로 다른 시기에 발달한 지역적인 응력 변화의 산물이다. 예를 들어, 타르시스 북동부의 템페 테라(Tempe Terra) 지역을 가로지르는 지구대는 여러 단계의 지체구조 발달 과정을 반영한다. 일차적으로 마그마가 하부로 유입되어 상부의 암석권이 두꺼워지며 융기가 발생한다. 이후 타르시스 화산체의 형성으로 생성된 지역 응력장에 의해 확장 구조가 발달한다. 최종 단계에서 암맥군의 관입으로 확장 구조의 성장이 마무리된다 (Orlov et al., 2023).

세라우니우스 함몰대 (Ceraunius Fossae)는 아스크라에우스산 (Ascraeus Mons)과 알바산 (Alba Mons) 사이에서 타르시스 고원 북부를 따라 남북 방향으로 발달한 지구대이다 (그림 6.9). 이 지구대와 관련된 확장 변형률 분석을 이해하려면 수직 융기와 수평 지각 운동을 모두 고려해야한다 (Borraccini et al., 2005). 유사하게 타르시스 고원 북서쪽 가장자리에 있는 알바산 서쪽의 아케론 함몰대 (Acheron Fossae)에서 동아프리카 열곡대와 유사한 정도의 확장이 관찰된다. 지구대 가장자리의 융기가 유발하는 지각의 휘어짐 분석 연구는 타르시스 고원에 있는 이 지형들을 화산체 성장과 동반한 초기 화성 활동의 확장적 구조라고 해석한다 (Hauber & Kronberg, 2001; Kronberg et al., 2007). 타르시스 고원 남서쪽 가장자리의 테라 시레눔 (Terra Sirenum)에 인접한 지역에 주변보다 약 1.5 km 높은 일련의 능선들이 서로 130~260 km 간격으로 폭넓게 분포한다. 이 능선과 분지가 반복된 지형은 미국 서부의 분지 산맥 지역과 구조적으로 매우 유사하여 지체 구조 확장의 결과라고 해석된다 (Karasözen et al., 2016). 능선과 분지가 반복된 지형은 타르시스 고원과 관련된 가장 오래된 구조로, 타르시스 고원의 생성과 전반적인 지체구조 진화에 중요한 정보를 제공한다 (Bouley et al., 2018).

타르시스 고원과 관련된 가장 두드러진 지체구조적 특징은 녹티스 라비린투스(Noctis Labyrinthus) 미로 지형과 발레스 마리네리스(Valles Marineris) 계곡 시스템이다 (그림 6.10). 발레스 마리네리스 계곡은 4,000 km 이상의 길이, 200 km의 너비, 최대 7 km의 깊이로 관찰된다. 발레스 마리네리스 계곡 시스템 형성을 설명하려면, 수평 확장과 수직 침강의 정도를 정량적으로 파악해야 하고 계곡을 구획하는 정단층의 경사를 확인해야 한다. 수집된 지질학적 증거가 반영된 응력장 모델링 분석 결과, 발레스 마리네리스 계곡 시스템은 수평 방향 확장이 5 km 미만인 85° 이상 가파른 경사의 정단층을 따라 발생한 침강으로 형성되었다 (Andrews-Hanna, 2012a, 2012b, 2012c). 물론 계곡의 진화 초기에 발달한 단층 일부는 화성암체의 관입으로 형성되었을 것이다. 침강은 협곡 시스템을 채우는 퇴적물에 의해 촉진되고, 퇴적물의 상당 부분은 이후의 침식 과정에서 사라졌다.

타르시스 고원 주변의 단층계는 현재 비활성화 상태로 판단되지만, 화성의 다른 확장 구조와 관련된 지속적인 활성화 징후가 관찰된다. 엘리시움(Elysium Mons) 화산체 남쪽에 있는 1,200 km 길이의 단층 네트워크인 세르베루스 함몰대 (Cerberus Fossae)는 암맥의 관입으로 생성되었다 (Perrin et al., 2022; Rivas-Dorado et al., 2022). 최근 발생한 화성 지진에 대한 형태적 증거로서 세르베루스 골짜기 지역에서 낙석이 관측되었다 (Roberts et al., 2012). 또한, 화성 인사이트(InSight) 착륙선은 상당수의 화성 지진을 감지했다. 화성에서 방출되는 지진 에너지의 약 절반은 세르베루스 함몰대 지역에서 오는 것으로 보인다. 일부 화성의 지진은 지각의 얕은 취성 영역에서 발생하고, 나머지 지진은 30~50 km의 깊이에서 발생한다 (Stähler et al., 2022). 심부 기원 지진은 마그마의 이동 때문에 발생하며, 세르베루스 함몰대 지역에서 발생한 최근의 암맥 관입을 뒷받침하는 증거이다 (Sun & Tkalčić, 2022).

전단 구조 (shear structures)

주향이동 단층 (strike-slip faults)은 행성체의 영상 촬영 자료로 구분하기 매우 어렵다. 이는 노출된 단층면의 표면이 너무 좁고, 변위가 상대적으로 작은 데다, 단층면의 특징 중 일부가 다른 지질학적 방식으로도 생성되기 때문이다. 순수 전단 구조는 매우 드물고, 일반적으로 단층면에 수직인 압축 또는 신장 성분의 기여로 전단 압축 구조와 전단 신장 구조를 각각 형성한다.

전단 압축 구조와 전단 신장 구조 모두 단층 분절들이 단층 굴곡과 단층 스텝오버를 형성한다. 단층 굴곡과 단층 스텝오버 사이에 발달하는 마름모꼴의 영역에 응력의 비 전단 (non-shear) 성분이 집중된다 (Cunningham & Mann, 2007). 전단 압축 환경에서는 마름모꼴의 영역에 가파른 역단층을 따라 융기하는 '양의 꽃' (positive flower) 구조가 형성된다. 반면 전단 신장 환경에서는 정단층을 따라 침강하는 '음의 꽃' (negative flower) 구조인 인리형 분지가 형성된다. 좀 더 큰 규모에서 단층 스텝오버가 증가하며, 단층으로 나뉜 단층 지괴들이 물고기 비늘 모양인 인편상으로 배열하는 주향 이동 듀플렉스 구조로 성장한다. 주향 이동 단층이 지표를 파괴하지 않는 경우, 전단 응력이 지표층으로 전달되어 리델 전단 (Riedel shear)이나 안행상 습곡 (en echelon folds)을 형성한다.

전단 구조는 모든 지구형 행성에서 관찰된다. 그러나, 실제 전단에 의해 발생한 구조인지 아니면 기존 압축 구조나 신장 구조의 전단 활성화인지를 구분하기는 현실적으로 쉽지 않다. 달에서는 다양한 규모의 전단 구조가 보이는데, 그 수평 변위가 십 km에 달한다 (Fielder, 1963; Fielder, 1964). 수성의 전단 구조는 메센저 (MESSENGER) 관측 화상에서 관찰된다 (Massironi et al., 2015). 구소련 베네라 (Venera) 15호와 16호 레이더 영상 관측에서 금성 북반구 능선대의 수평 이동 증거가 확인된다 (Kryuchkov, 1989). 마젤란(Magellan)의 금성 전구 탐사에서 더 광범위한 전단의 증거가 발견된다 (Koenig & Aydin, 1998). 금성의 테티스 지역 (Thetis Regio) 주변 변형대에서 리델 전단이 관찰된다 (Tuckwell & Ghail, 2003). 금성의 오브다 지역(Ovda Regio) 주변부에서는 최대 50 km에 달하는 수평 변위와 리델 전단, 안행상 습곡이 관찰된다 (Romeo et al., 2005). 이슈타 테라 (Ishtar Terra) 고원 둘레의 압축 산맥대에서도 100 km 이상의 수평 변위를 보이는 전단대가 관찰된다 (Bruegge et al., 1990).

화성 탐사 초기에 가장 먼저 발견된 주향 이동 단층은 고르디 도르숨 (Gordii Dorsum) 지역의 단층 절벽 (escarpment)이다. 타르시스 고원 서쪽의 이분 경계 근처에 있는 위치한 고르디 도르숨 지역의 단층 절벽은 애초에 노아키아기 (Noachian) 또는 초기 헤스페리아기 (Hesperian)에 형성된 정단층으로 해석되었다. 그러나 바이킹(Viking) 1호 궤도선의 고해상도 영상 관측으로 최소 30~40 km의 변위가 관찰되어 변환단층으로 재해석되었다. 지역적인 규모로 발달한 주향 이동 단층은 발레스 마리네리스 계곡 동쪽 에오스 함몰대 (Eos Chasma) 남부 평원, 올림푸스산 서쪽의 아마조니스 평원 (Amazonis Planitia), 타르시스 고원 남쪽의 배티스 평원 (Bathys Planum)에서 관찰된다 (Schultz, 1989; Andrews-Hanna et al., 2008; Siwabessy et al., 2022). 태양계의 가장 거대한 주향 이동 구조는 지구의 샌 안드레아스 단층과 비슷한 발레스 마리네리스 계곡으로 약 150 km의 좌수향 이동(Yin 2012a)이 확인된다 (그림 6.11).

극저온 지체구조 (Cryotectonics)

유동학적 특성 때문에 같은 물질이라도 낮은 온도에서는 취성, 높은 온도에서는 연성으로 반응한다. 지구와 화성의 빙상과 빙하의 가장 바깥층은 취성 영역에 해당한다. 인장 균열로 인해 빙하 상부에 크레바스가 형성되고 압축 균열로 인해 빙하 스러스트 (thrust)가 형성된다. 그러나 빙하 표면에서 약 30 m 깊이에 다다르면, 구속 압력과 융점에 가까운 온도 (high homologous temperature)로 인해 얼음이 연성으로 반응하여 소성 변형이 발생한다 (Cuffey & Paterson, 2010). 그러나 태양계 외곽에서는 표면의 매우 낮은 온도로 인해 얼음의 취성-연성 전이 깊이가 지구 암석권의 취성-연성 전이 깊이 정도로 깊어진다. 따라서 극저온 얼음은 지구의 암석과 유사한 방식으로 응력에 반응하여 압축, 신장, 전단 구조를 형성한다.

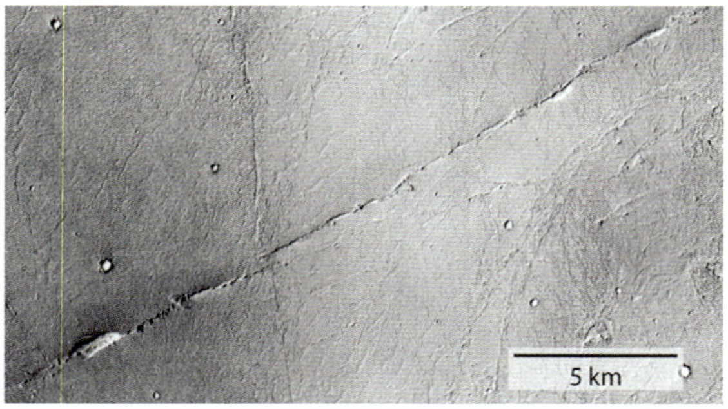

그림 6.11 화성의 주향 이동 단층은 원거리 관측에서 뚜렷한 구분이 어려워 고해상도 영상 관찰이 필요하다. 여기에 보인 사례는 올림푸스산 (Olympus Mons) 서쪽 아마조니스 평원 (Amazonis Planitia)에 발달한 주향 이동 단층으로서, 단층을 따라 양의 꽃 (positive flower) 구조, 단층 스텝오버 (fault stepover), 밀어 올린 (push-up) 능선이 확인된다 (Andrews-Hanna et al., 2008). 화성 정찰 궤도선 (Mars Reconnaissance Orbiter)의 컨텍스트 카메라(context camera, CTX) 영상. 출처: NASA GSFC/DLR/MurrayLab Esri.

물론, 얼음 위성의 극저온 얼음과 지구형 행성의 암석은 몇가지 중요한 역학적으로 다른 특징이 있다. 첫째, 고체 얼음과 액체 물 사이에 존재하는 음의 밀도 차이 때문에 얼음은 항상 액체 위에 뜬 상태로 이동한다. 이와 더불어 겨울에 가정용 수도관이 얼어 터지는 현상은, 얼음으로 변하는 과정에서 물이 팽창하며 생성되는 응력 때문에 발생한다. 둘째, 정수압이 증가하면 얼음의 녹는점은 -21°C까지 감소한다. 정수압 증가에 따른 얼음의 녹는점 감소는 최대 ~0.21 GPa의 압력 조건에서 확인된다. 0.21 GPa 이상의 압력 조건에서는 얼음의 결정 구조가 변하여, 압력이 증가할수록 얼음의 녹는점도 같이 상승한다.

지구형 행성의 마그마 바다에 해당하는 얼음 위성의 액체 물 바다는 상층에서 저압 얼음으로 하층에서 고압 얼음으로 결정화된다. 이 과정에서 잔류 물 바다는 상부의 저압 얼음층과 하부의 고압 얼음층 사이의 원형 통로에 갇히게 된다. 바다 상층의 냉각이 계속 진행되면 액체 상태의 물보다 밀도가 낮은 저압 얼음이 결정화되는 과정에서 행성체의 부피가 증가하며 표면에 장력이 가해진다. 따라서 얼음 위성에서는 확장 구조가 보편적으로 발생하게 된다. 대표적인 확장 구조의 사례들이 토성의 위성인 테티스 (Tethys)와 디오네 (Dione), 천왕성의 위성인 아리엘 (Ariel)과 타이타니아 (Titania) (그

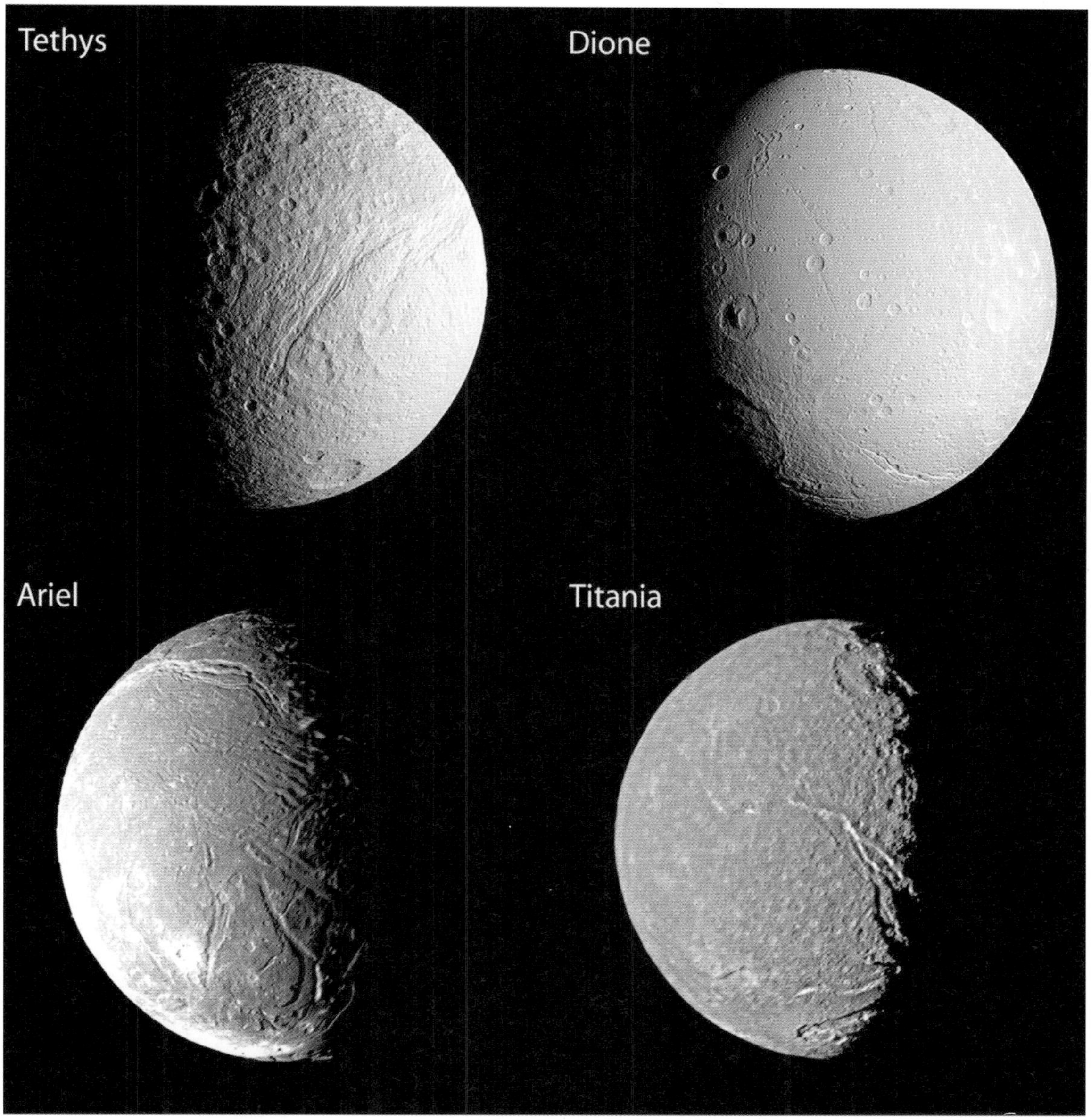

그림 6.12 확장 단열 구조는 얼음 위성들에서 관찰되는 가장 흔한 지체구조 선 구조이다. 얼음 위성의 선 구조는 지하 바다의 물이 얼며 팽창하는 과정에서 형성된다. 지상에서 흔히 볼 수 있는 수도관의 동결 팽창 후 파열 현상이 여기에 보인 토성과 천왕성의 위성의 표면에 대규모로 나타난다. 때로는 암모니아 같은 용해물이 섞인 액체 잔유물이 이 홈 구조의 바닥으로 새어나올 수 있다 (아리엘의 경우). 토성의 위성 테티스(Tethys, 반지름: 531 km). 토성의 위성 디오네(Dione, 반지름: 561 km). 천왕성의 위성 아리엘(Ariel, 반지름: 579 km). 천왕성의 위성 티타니아(Titania, 반지름: 788 km)에서 확장에 의한 단열 구조가 관찰된다. 출처: NASA/JPL/SSI.

림 6.12), 명왕성의 위성인 카론 (Charon)에서 관찰된다 (Beyer et al., 2017).

암모니아수에 녹아 있는 액체 물이나 부분적으로 녹은 얼음 결정 슬러리 (slurry)가 표면으로 분출되는 과정에서 확장된 골짜기 부분에 고이거나 얼음 표면을 가로질러 흘러내리며 얼음 평원을 형성한다 (그림 6.12). 안쪽 틈새로부터 점성이 높은 액체의 분출이 천왕성의 위성 아리엘의 확장된 지구대 네트워크에서 관찰된다. 반면, 명왕성의 위성 카론에서는 엽상류 얼음 흐름이 남반구의 상당 부

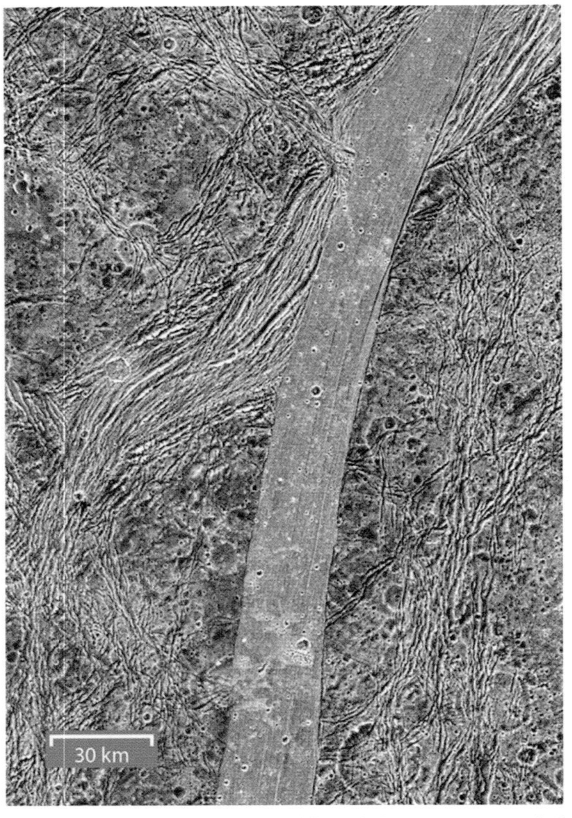

그림 6.13 목성의 위성 가니메데 니콜슨 지역(Nicholson Regio)의 더 오래된 얼음 지형을 관통하는 부드러운 도로 형태의 아르벨라 술쿠스 (Arbela Sulcus)가 관찰된다. 아르벨라 술쿠스를 제거하면 니콜슨 지역의 능선과 골을 변형 이전의 원래 형태를 봉합하여 복원할 수 있다. 이는 가니메데에서 관찰되는 수평 이동의 명백한 증거이다. 출처: NASA/JPL/Brown University.

분을 덮고 있다 (Beyer et al., 2019). 얼음 위성체의 해양 결빙을 설명하기 위해 얼음의 용융, 행성체의 분화, 규산염 수화를 포함하는 다양한 지구물리학 모델이 제시되었다 (Malamud et al., 2017). 물론, 지하 해양의 결빙에 수반된 압력이 이런 모델들의 문제점으로 보완이 필요하다 (Rhoden et al., 2023).

얼음의 확장형 지체구조 변화가 가장 두드러진 사례는 목성의 얼음 위성인 가니메데와 유로파에서 관찰된다. 가니메데의 표면 지형은 여러 우주탐사에서 다양한 해상도로 조사되었다. 1973년과 1974년 파이오니어 (Pioneer) 10호와 11호의 통과 비행에서 지역적 규모의 밝기 변화가 가니메데에서 관찰되었다. 1979년 보이저 (Voyager) 1호와 2호가 픽셀당 약 1 km의 해상도로 가니메데의 지질학적 특징을 최초로 파악했다. 1995년부터 2003년까지 목성 주위 궤도를 돈 갈릴레오 (Gaileo) 탐사선은 픽셀당 100 m 이상의 고해상도 촬영에 도전하였으나, 우주선의 신호 증폭 안테나에 문제가 발생하여 부분적인 성공에 만족하였다. 갈릴레오 탐사선이 확보한 일부 자료는 가니메데의 확장형 지형 형성 가설 확인에 중요한 실마리를 제공한다. *2011년 8월 5일 발사된 주노 (Juno) 탐사선은 갈릴레오 위성들의 근접 통과 과정에서 고해상도 영상자료를 획득하였다. 주노 탐사선은 2025년 하반기에 임무를 마치고 퇴역할 예정이다. (역자 주)* 주노 탐사선의 주요 임무는 목성의 내부 구조 연구이기에 갈릴레오 위성들과 관련된 관측은 부수적인 목표이다. 주노는 이전의 탐사보다 훨씬 고해상도인 픽셀당 100 m의 영상 촬영에 성공했다 (Becker et al., 2022). 또한, 주노가 탑재한 마이크로파 복사계 (radiometer)는 가니메데의 얼음 지각 하부 25 km까지 투시하여 표면아래 구조를 파악하는데 도움을 준다 (Brown et al., 2023; Zhang et al., 2023).

가니메데의 표면은 밝은 리본 모양의 그물망 형태 지형과 이 그물망 지형 사이의 어두운 지형으로 구분된다. 밝은 그물망 형태 지형은 가니메데 표면의 약 3분의 2에 해당한다. 어두운 지형의 충돌구 밀도는 밝은 지형보다 10^2~10^{10}배 높게 관찰된다. 따라서 어두운 지형은 밝은 지형보다 먼저 생성되었다. 지체구조 운동에 의한 선구조가 밝은 지형과 어두운 지형에서 모두 관찰되지만, 밝은 지형에 더 집중적이고 조직화되어 있다. 밝은 지형에서는 뚜렷한 홈들이 관찰된다. 가니메데의 지체구

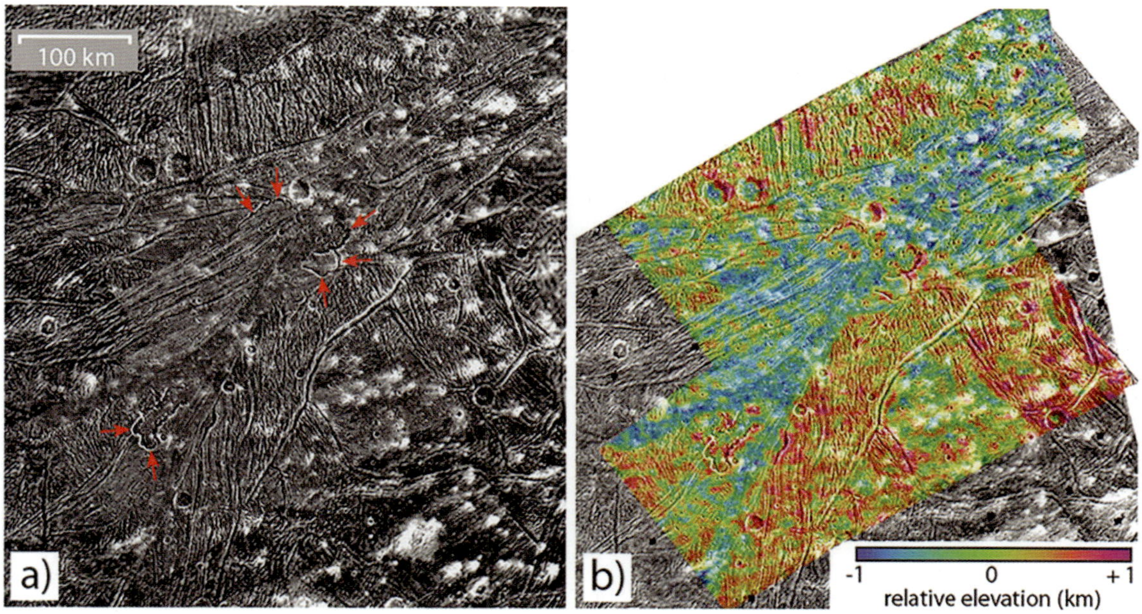

그림 6.14 (a) 목성의 위성 가니메데 시파르 술쿠스 (Sippar Sulcus)지역에서 극저온 화산 지형이 관찰된다. 빨간 화살표로 강조된 활 모양의 곡선 지형은 극저온 화산 칼데라이다. (b) 갈릴레오 탐사선이 여러 차례 통과비행하는 과정에서 이 지역의 지형도가 완성되었다. 중앙에 있는 능선 밴드의 폭 넓은 푸른색 영역은 주변 지형보다 1 km 낮고, 주변보다 1 km 높은 붉은색 영역의 젊은 능선이 낮은 능선을 가로지른다. 출처: NASA/JPL/LPI.

조 변화 양상은 어두운 지형의 정단층과 지구대 형성에서 시작된다. 고대 충돌구 형성으로 응력장의 집중이 발생한다. 얼음 지각의 확장이 진행되며 점완 정단층 (listric faults)이 심부로부터 이어진다. 단층의 상반에 해당하는 쪼개진 얼음 지각 블록들이 기울어지며 능선과 골을 형성한다. 이런 과정으로 형성된 서로 거의 평행한 능선은 수백 km에 이른다. 액체 물이나 얼음 슬러리가 지표로 분출되고 아래로 깎인 지형이 범람하여 밝은 지형이 형성된다 (그림 6.13). 새롭게 형성된 극저온 화산체의 지속적인 신장 파쇄와 응력장 방향의 변화가 복잡하게 서로 가로지르는 형태의 홈들이 파인 지형을 생성한다 (그림 6.14). 우르크 술쿠스 (Uruk Sulcus)와 같은 홈 지형의 고해상도 영상 자료에서 확인된 도미노형 단층, V자 능선, 골을 형성하는 기울어진 블록을 고려한 지체구조 모델 (Sims et al., 2014)이 추정한 가니메데의 신장 변형률은 수십%이다. 반면 어두운 지형의 특징인 지루 (horst)와 지구대 (graben)를 토대로 계산한 가니메데의 신장 변형률은 1% 내외이다. 매우 높은 신장 변형률이 관찰된 지역에서 50% 이상 늘어난 충돌구가 관찰된다 (Pappalardo & Collins, 2005). 가니메데의 분화, 부분 융해, 해양 결빙을 검증하고 지체구조 변동률 추정에 필요한 초고해상도 영상 자료의 확보가 시급하다.

이완된 형태의 충돌구는 가니메데 진화 초기 높은 열류량의 증거이다. 상당히 큰 열류량(〉0.03 Wm^{-2}) 생성 환경에서, 연성 암석권의 확장적 얇아짐, 누름, 부품에 의해 상부 취성 얼음층의 지체구조 변화가 유발된다 (Dombard & McKinnon, 2001).

가니메데의 표면에서 주향 이동 구조는 상당히 드물게 관찰된다. 젊은 주향 이동 지형과 교차하는 일부 홈 지형에서 명확한 수평 변위가 확인된다. 또한, 주향 이동 듀플렉스와 안행상 구조 (그림 6.15)도 발견된다(Cameron et al., 2018). 전단 응력과 관련된 소규모 전단 신장 구조가 고해상도 갈릴레오 탐사선 영상에서 광범위하게 관찰된다. 전단 신장 구조의 일부는 가니메데의 궤도 이심률이 지금보다 컸던 진화 초기, 조석 응력에 의해 생성되었을 것이다 (Burkhard et al., 2024).

가니메데의 지체구조 활동은 최소 20억 년 이전에 이미 중단되었지만, 이웃 위성인 유로파의 지체구조 활동은 적어도 지난 수천만 년 전까지 지속되었고 현재에도 계속 진행 중이라 예상한다. 가니메데와 마찬가지로, 유로파의 지체구조 활동에 대한 이해도 목성 궤도에서 임무를 수행하는 탐사선의 영상 자료에 많이 의존한다. 가니메데와 달리 유로파는 과거의 지형을 오랫동안 보존하지 못한다. 유로파 표면의 전체적인 충돌구 밀도는 매우 낮게 관찰된다. 이는 광범위한 지각 운동과 극저온 화산 활동으로 유로파의 표면 전체가 끊임없이 변하기 때문이다 (Kattenhorn & Hurford, 2009). 지체구조 활동이 도처에서 일어나기 때문에, 중첩되고 교차하는 얼음 구조의 양상은 매우 복잡한 패치워크 퀼트 형태의 지형들이 나타난다 (그림 6.15). 유로파의 얼음 지형은 가니메데의 홈이 발달한 지형과 형태적으로 유사하지만, 유로파의 얼음 지형이 일반적으로 더 매끄럽다. 유로파의 얇고 약한 얼음 지각이 상대적으로 더 작은 구배의 부드러운 표면의 얼음 지형을 형성하기 때문이다 (Howell & Pappalardo, 2018). 뾰족한 꼬임과 돌기가 발달한 수천 km 길이의 사이클로이드 (cycloids)가 유로파의 팽창대를 형성한다 (그림 1.9).

이중 능선은 유로파에서 많이 발견되는 얼음 지

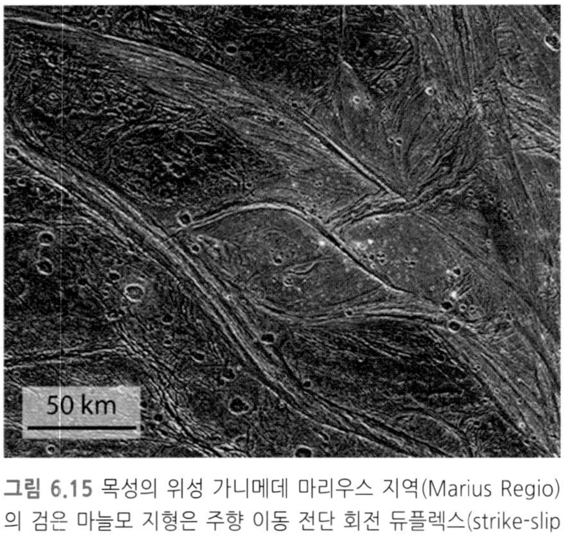

그림 6.15 목성의 위성 가니메데 마리우스 지역(Marius Regio)의 검은 마늘모 지형은 주향 이동 전단 회전 듀플렉스(strike-slip transtensional duplex)이다. 이 구조에 대한 지체구조 맵핑과 가니메데의 다른 주향이동 지형에 대한 관계는 보고되었다 (Cameron et al., 2018). 출처: NASA/JPL/Brown University.

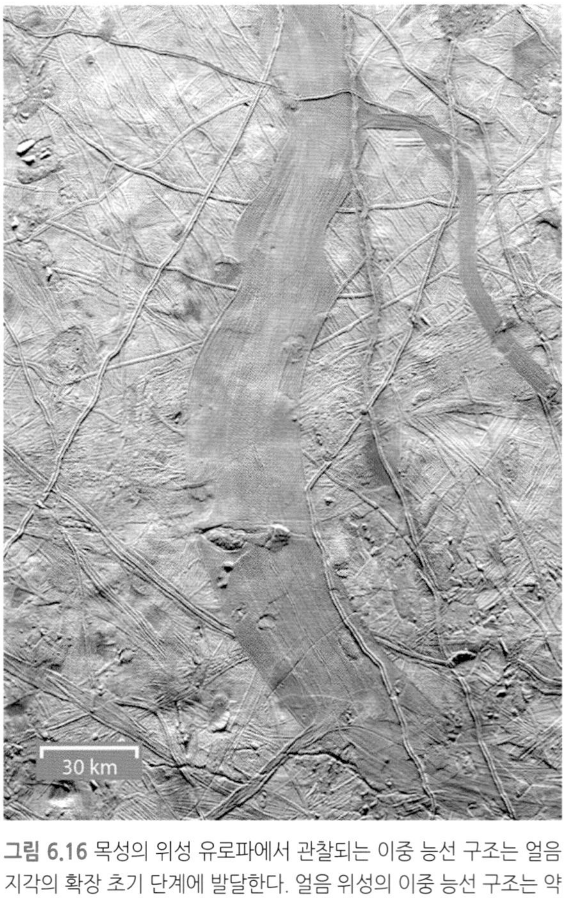

그림 6.16 목성의 위성 유로파에서 관찰되는 이중 능선 구조는 얼음 지각의 확장 초기 단계에 발달한다. 얼음 위성의 이중 능선 구조는 약간의 주향 이동 변위를 보이며 또한 극저온 화산체의 관입과 분출도 보인다. 이는 지구의 판 경계서 확장하는 중앙 해령과 매우 유사하다. 출처: NASA/JPL/Brown University.

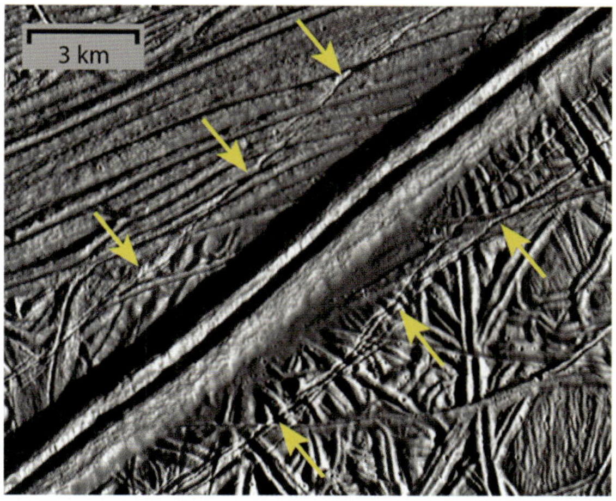

그림 6.17 이중 능선은 목성의 위성 유로파에서 가장 흔하게 보이는 지형이다. 이 능선이 주변에 미치는 영향은 지각의 성질에 대한 중요한 정보를 제공한다. 얼음 능선에 평행하게 발달한 단열대 (노란색 화살표)는 이중 능선의 무게에 지각이 휘어져서 생겼다. 휘어짐 정도는 유로파 내부로부터 나오는 열류를 추정하는데 사용될 수 있다. Dombard et al. (2013a)는 이 지역의 열류를 설명하기 위해서는 지하에 판상의 초저온 화산의 침입이 있어야 한다고 주장한다. 출처: NASA/JPL/Brown University.

각의 특징으로 융기된 사면으로 둘러싸인 확장 축 균열 구조이다. 유로파 전역에서 확인되는 이중 능선은 수 km에서 수천 km의 길이와 수백 m에서 약 5 km의 너비로 관찰된다 (그림 6.16). 단순한 인장 균열이 골짜기로 발전하고, 시간이 지날수록 이중 능선과 능선 복합체로 진화한다. 확장 축 균열이 얼음 지각 전체를 관통하고 액체와 얼음 슬러리가 분출되어 확장 축 균열의 가장자리에 극저온 화산 구조물을 형성하는 일련의 과정은 지구의 중앙 해령 발달과 매우 유사하다 (Prockter et al., 2002).

이중 능선의 하중으로 능선을 따라 수직적 굴곡이 발생한다 (그림 6.17). 껍질 얼음층의 휘어진 정도를 바탕으로 유로파의 열류량을 추정할 수 있다. 유로파에서 관찰되는 극저온 화산의 암상(sill)을 생성하려면 거의 [1 W m^{-2}]의 열류량이 필요하다 (Dombard et al., 2013a). (역자 주)

물론 유로파 얼음 지각 분출의 원동력은 두 가지 한계점을 고려해야 한다. 첫째, 유로파의 조석 응력이 작아 추가적인 열원의 고려가 필요하다. 둘째, 얼음과 물의 밀도 차이 때문에 하부 용융층은 가압해야만 극저온 화산의 부력 상승이 가능하다. 두 가지 한계점을 극복하기 위해 조석 응력에 의한 전단 가열로 얼음층이 녹아 부력 상승을 유발하는 새로운 모델이 제안되었다 (Nimmo & Gaidos, 2002). 이 이론은 이중 능선의 형성은 수만 년에 걸쳐 서서히 진행된다고 제안한다.

이중 능선의 형성을 설명하는 다른 대안은 유로파 표면의 다른 특징인 카오스 영역과 렌즈 지형의 형성에 초점을 둔다. 카오스 영역은 수 km에서 수십 km 크기의 블록으로 쪼개진 기존의 얼음 평원이 회전하고 기울어진 후 험모키 기질 (hummocky matrix, *작은 언덕들로 채워진 면: 역자 주*)으로 보존되어 형성된다 (그림 3.11). 붉게 변색된 렌즈 지형은 최대 10 km 지름의 타원형 구덩이와 돔의 군집으로 구성된다. 얼음 껍질 내의 부력에 의한 상승류 때문에 렌즈 지형이 생성되었다고 해석된다. 이는 금성에 있는 더 큰 코로나 지형의 생성 기작과 비슷하다. 주변보다 상대적으로 온도가 높은 얼음의 상승류는 표면 근처에 부분 용융이 발생한 주머니 형태 공간을 지역적으로 생성한다. 주머니 형태 공간의 고체 덮개 부분이 하부의 용융 부분 속으로 붕괴하고 재결빙되는 과정을 반복하여 카오스 영역이 생성된다 (Chivers et al., 2023). 재결빙과 가압을 겪는 지표면 근처의 용융수가 생성하는 이중 능선이 그린란드 빙상의 유사체 연구에서 확인되었다 (Culberg et al., 2022; Lesage et al., 2022). 유로파 전역에 걸쳐 분포하리라 예상되는 얕은 용융수의 증거는 향후 지하 투과 레이더 탐사를 통해 확인될 것이라 기대한다.

유로파의 지체 응력은 시공간적 규모에 따라 분화, 장기간의 냉각, 자전 속도의 감소, 분리된 빙각의 진극 변동, 조석 변형을 포함하는 다양한 원인에 의해 발생한다. 유로파의 일주 (diurnal) 조석 응력은 북반구에서 시계방향으로, 남반구에서 반시계방향으로 회전한다. 사이클로이드 (cycloids)는 일주 조석 응력으로 생성된 균열로, 사이클로이드의 곡률은 일주 조석 응력장의 변화를 반영한다 (Hoppa et al., 1999). 한 때 유로파의 비 동주기 자전이 (궤도 이심률에 의해 생성된 토크의 결과로서) 사이클로이드의 동쪽 이동을 설명할 수 있다고 했으나, 최근의 컴퓨터 수치 모델링은 유로파의 공전 궤도 경사와 자전 세차운동이 사이클로이드의 위치와 돌기의 상대적 방향 변화를 더 잘 설명한다고 보고되었다 (Rhoden et al., 2021).

지구의 암권은 초대륙을 형성하고 초대륙이 분리되는 과정을 반복하며 지금까지 진화하였다. 유로파 팽창대 근처의 평원 물질을 재구성하면 얼음 지각이 특정 시점에 상대적으로 인접하다가 이후 흩어진 흔적이 관찰된다. 따라서 유로파 팽창대와 지구 해령의 유사성을 비교할 필요가 있다. 지구의 해양 분지와 달리 유로파의 팽창대는 수 km에서 최대 30 km의 좁은 폭으로 관찰된다. 기존의 균열에 해당하는 이중 능선과 사이클로이드가 신장하며 팽창대를 형성한다. 유로파의 표면에서 해양 지각 재순환을 담당하는 지구의 섭입대와 같은 압축 구조의 흔적은 찾기 어렵다.

지구의 오래된 해양 암석권은 지속된 냉각과 변성으로 밀도가 증가하여 맨틀로 섭입한다. 궁극적으로 이 섭입 과정이 지구 지각 운동의 구동력이다. 차가운 얼음은 따뜻한 얼음보다 밀도가 높지만, 여전히 물보다 낮은 밀도로 인해 유로파의 지하

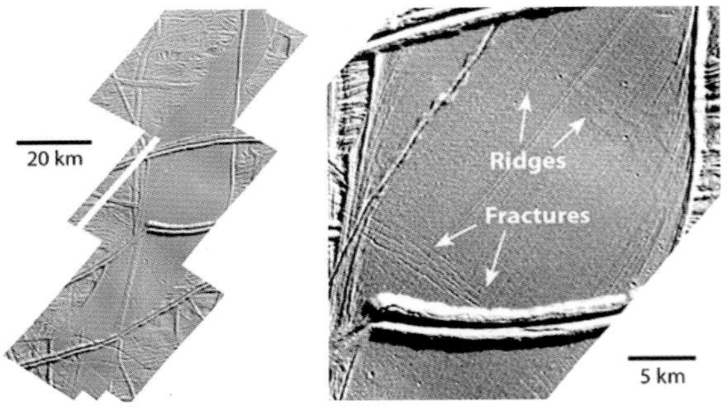

그림 6.18 아스티팔레아 선구조대 (Astypalaea Linea)는 상대적으로 뚜렷한 능선이 덜 발달한 유로파의 넓고 평평한 지역이다. 왼쪽에서 오른쪽으로 서로 교차하는 능선은 표면의 균열에서 새 물질이 상승했음을 보인다. 선구조의 미세한 밝기 차이는 부드러운 홈과 솟음이 존재함을 나타내는데, 이는 지각의 습곡(folding)에 기인한다. 확대 영상 (오른 쪽)의 아래 부분에서 얼음 지각 습곡이 확인된다. 습곡은 능선 형태로 관찰되며, 습곡의 정상부에서 균열이 확인된다. 출처: NASA/JPL/L. M. Prockter and A. R. T. Pappalardo.

바다로 섭입할 수 없다. 얼음물의 분출에 의한 팽창대의 표면적 증가는 약 5%에 이르지만, 유로파의 실질적 부피 팽창은 관찰되지 않는다. 결국, 팽창대의 표면적 증가를 상쇄할 만한 압축 구조가 존재해야만 한다.

유로파의 압축 구조에 대한 증거는 장파장 습곡의 형태로 일부 확인된다 (그림 6.18). 파장이 ~25 km이고 진폭이 ~250 m인 얼음 습곡은 일부 매끄러운 팽창대와 차별화되는 밝기로 구분된다 (Prockter & Pappalardo, 2000). 영상 자료가 밝기 차별화 감지에 필요한 충분한 조명이 없는 조건에서 얻어진 것을 고려하면, 얼음 습곡은 영상 자료보다 광범위하게 존재할 가능성이 매우 높다. 얼음 습곡 이외의 다른 압축 구조가 능선이 있는 평원 단위에 가려져 있을 가능성도 배제할 수 없다. 최근 모델 분석 연구는 얼음 껍질 취성층의 두께가 200 m, 연성층의 두께가 3 km에 불과하던 시기에 얼음 습곡이 광범위하게 형성되었다는 가설을 제시하였다 (Leonard et al., 2020). 그러나 이런 가설은 진화 초기 유로파의 압축을 설명하기에 적합

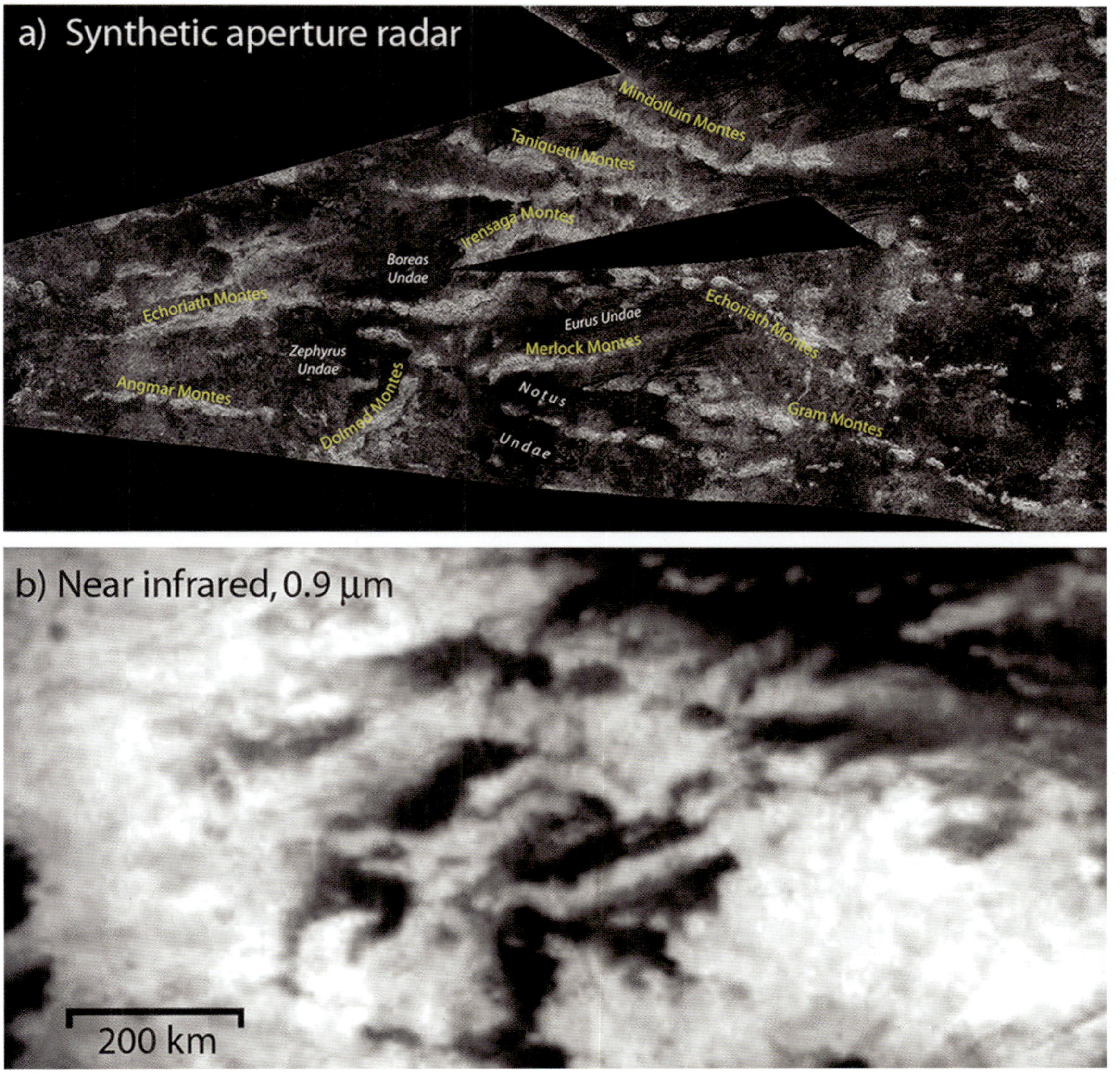

그림 6.19 다른 얼음 위성과 대비되어 토성의 위성 타이탄은 수축에 의한 지체구조 이동이 주요 방식으로 보인다. 수축은 전역에 걸쳐 높이 1~2 km의 산맥을 형성한다. 카시니(Cassini) 우주선이 촬영한 영상에서 높은 반사도가 적도 부근의 아디리 (Adiri) 지역에서 관찰된다. 저해상도 근적외선 영상에서는 희미한 지형이 레이더 영상에서는 선명하게 드러난다. 레이더 영상에서 밝게 보이는 부분이 약간 굽은 산맥 지형이다. 산맥 사이를 채우는 퇴적물은 풍성 작용으로 형성된 종사구 (longitudinal dunes)와 운데(undae)이다. 출처: NASA/JPL/Space Science Institute.

하나, 최근의 압축 과정을 설명하지 못한다. 그보다는 얼음 수렴대 지역이 최근의 압축 지형일 가능성이 높다. 이는 얼음 수렴대는 팽창대와 형태적으로 유사하기 때문이다. 그러나 지형 재구성 분석으로 얼음 수렴대는 물질이 생성되는 곳이 아니라 소멸하는 지형으로 판단된다 (Greenberg, 2004). 얼음 수렴대와 관련된 습곡이나 얼음 스러스트가 아직 발견되지 않아, 현재 단계에서 얼음 수렴대의 생성과 진화를 명확하게 설명하지 못한다. 얼음 지각의 일부가 비교적 온난하고 변형 가능한 얼음 암석권으로 포섭되는 모델도 제안되었다 (Kattenhorn & Prockter, 2014). 2024년 10월 14일 발사된 유로파 클리퍼(Europa Clipper)는 유로파의 지체구조 운동에 대한 미스터리를 풀 해결사가 될 것이다

(Roberts et al., 2023).

토성의 위성 타이탄의 지체구조 운동 역시 대부분 베일에 싸여 있다. 카시니(Cassini) 우주선이 합성 개구 레이더 (SAR)와 근적외선 영상 촬영을 사용하여 타이탄의 표면을 탐사하였다. 타이탄의 표면에서 풍성 (aolian), 하성 (fluvial), 호성 (lacustrine), 빙성 (glacial) 작용이 확인되었고, 이에 따른 침식과 퇴적 작용으로 발생하는 표면 지형의 변화도 관찰된다. 지체구조 활동의 가장 명확한 징후는 곡선형 산맥(그림 6.19)의 발달과 지체구조 운동의 영향이 반영된 배수 패턴이다(Solomonidou et al., 2013). 다른 얼음 위성들과 달리, 타이탄에서는 뚜렷한 확장형 지체구조가 발견되지 않는다 (그림 6.16, 6.17, 6.18, 6.19). 타이탄의 산맥은 습곡과 충상 단층을 형성하는 압축 응력의 증거로 해석된다 (Mitri et al., 2010; Liu et al., 2016). 물론 지구의 분지 산맥 지역처럼 타이탄의 산맥이 얇아진 암석권의 융기 과정에서 발달한 정단층에 의해 형성되었다는 해석도 이론적으로는 가능하다. 타이탄의 제너두 (Xanadu) 지역 연구는 인리형 분지 (pull-apart basin)의 형성을 동반한 대규모 주향 이동 지체 구조 활동의 증거를 보였다 (Matteoni et al., 2020). 타이탄의 내부 구조와 열적 진화에 대한 중요한 정보가 아직 부족하여 컴퓨터 모델링도 서로 다른 다양한 결론을 도출하는 상황이다. 지금 보이는 지체구조 변형들은, 타이탄의 자전 주기가 증가했다면 압축 응력을 포함하는 수축에 의해 설명될 수 있고, 자전 주기가 감소했다면 신장 응력을 포함하는 팽창으로 설명될 수 있다 (Cook-Hallet et al., 2015).

정체 뚜껑에서 이동 뚜껑으로(그리고 다시 정체 뚜껑으로)

암석권의 매우 큰 수평 이동이 관찰되는 지구의 지체구조 운동은 태양계 다른 행성체의 지체구조 운동과 차별화된다. 해령의 확장은 새로운 해양 암석권을 형성하고, 생성된 해양 암석권은 매년 수 cm의 속도로 수평 확장한다. 무거워진 해양 암석권이 섭입대에서 재순환되어 지체구조 운동의 윤회가 발생한다 (Zheng, 2023). 바다에 의해 나뉜 대륙의 해안선 유사성, 지진의 진앙 분포, 고지자기의 겉보기 지자극 이동 곡선 비교, 인공위성과 전파 망원경을 이용한 판 이동의 실측과 같은 지구물리학 증거를 바탕으로 판구조론이 정립되었다 (Hasterok et al., 2022). 판구조론 가설의 타당성이 완전히 인정된 것은 1960년대 후반이다. 현재 지구 표면의 거시적인 움직임은 각자의 고유한 각속도로 특정되는 판의 이동으로 쉽게 설명할 수 있다 (그림 6.19). 그러나 과거에도 현재와 같은 방식의 지체구조 운동이 지구에서 발생했을 필연적 이유는 없다. 지구 역시 다른 행성체와 마찬가지로 전지구적인 마그마 바다가 진화 초기에 발달했을 것이다. 어느 시점에 마그마 바다는 단단한 뚜껑으로 덮여, 뚜껑 부분 열의 전달이 전도로 전환되었다. 물론 뚜껑 아래의 부분은 여전히 활발한 대류 운동을 통해 열을 표면부로 전달한다. 따라서 지구의 가장 바깥쪽 열 경계층이 갈라지고 이동하는 지체구조 전이 단계가 있어야 한다. 다른 행성들은 뚜껑의 수평 운동이 없는 정체 뚜껑 지체구조 단계에 고착되었지만, 지구는 정체 뚜껑 지체구조 단계에서 뚜껑이 움직이는 이동 뚜껑 지체구조 단계로 진화하였다. 금성은 크기, 조성, 내부 구조가 지구와 유사한데, 왜 매우 정체 뚜껑 지체구조 단계에 머물

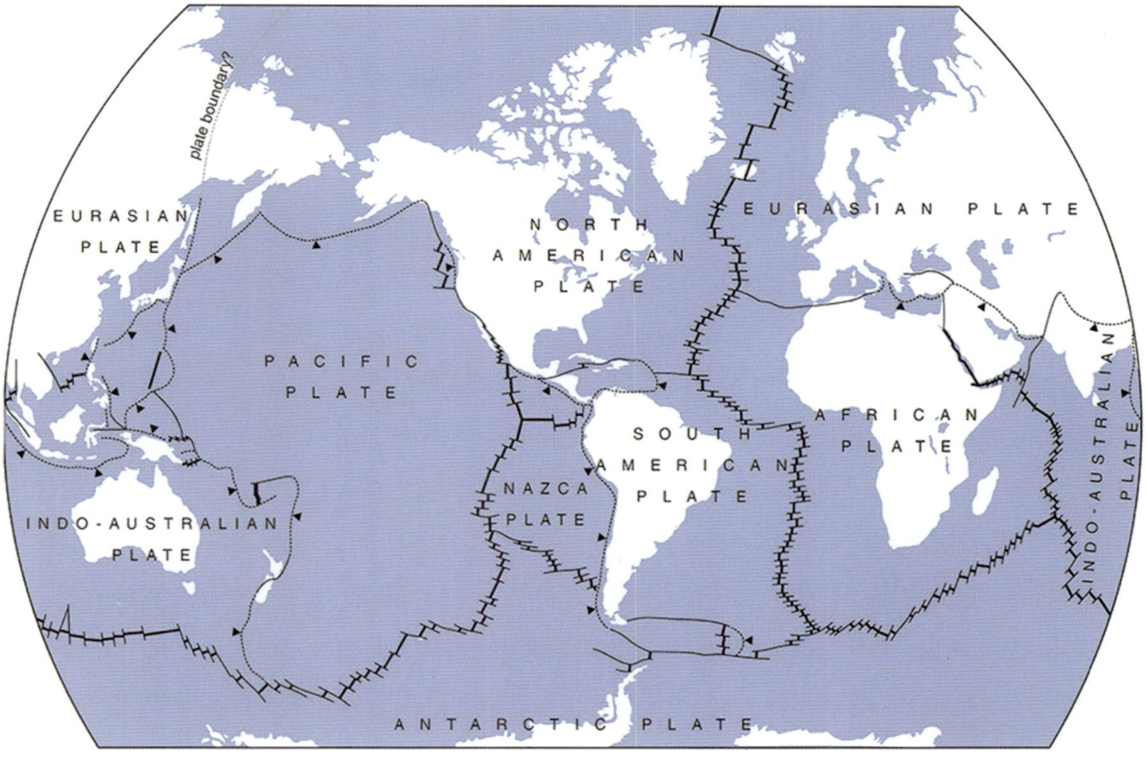

그림 6.20 지구의 주요 판과 판의 경계. 판들간의 상호 작용으로 현재와 지질학적 최근의 지진 및 화상활동을 설명할 수 있으며 지난 수억년에 걸친 지구 표면의 진화에 대해 통찰을 제공한다. 출처: 다양한 참고문헌에서 발췌.

렸는지 의문이다.

지구에서 증착 (accretion)이 마무리된 시점은 대략 45억 5천만 년 전이다. 지구의 지각 형성에 대한 증거는 44억 년 전의 쇄설성 지르콘 결정 (detrital zircon crystal)에서 발견된다. 물론 규모가 큰 암석층 단위에서 가장 오래된 원시 지각은 대략 40억 년 전에 생성된 캐나다의 아카스타 편마암 (Acasta Gneiss)이다. 지표의 오래된 지질 기록에서 섭입을 확인하는 것은 현실적으로 쉽지 않다. 이는 전적으로 암석권이 섭입 과정에서 맨틀 깊숙이 파고들어 사라지며 지표로 노출되지 않기 때문이다. 그러나 깊은 매몰과 상부 물질이 제거되며 융기한 부분이 지표에 노출되는 발굴 과정을 견더내는 섭입의 암석학적 지시자가 발견되었다. 고압 현무암인 에클로자이트 (eclogite), 석영의 고압 동질이상인 코에사이트 (coesite), 청색편암상 (blueschists)의 광물 조합이 섭입의 지시자로 사용된다 (Kuang et al., 2023). 차가운 암석권이 맨틀 속으로 가파르게 하강하는 지구의 현재 섭입 방식은 약 6~9억 년 전인 신원생대부터 작동하였다. 물론 제한된 자료에 기반한 해석이기 때문에 표본 편향을 염두에 두어야 한다. 또한, 과거의 섭입 지시자가 여러 차례의 지체구조 운동 과정에서 사라지거나 중첩되었을 가능성도 고려해야 한다. 진화 초기의 지구는 지금보다 얕은 섭입이 진행되었을 것이다. 과거의 암석권은 지금보다 고온 상태라 큰 부력으로 인해 가파른 섭입이 불가능하다. 따라서 현재보다 온도는 높고 압력이 낮은 변성상의 광물 조합을 과거의 섭입 변성 지시자로 고려해야 한다. 고온 환경의 낮은 파쇄 강도로 하강판은 쉽게 파괴되어 과거의 맨틀에 흡수되었을 것이다. 다양한 암석학적 지시자를 고려하고 과거 지구와 현대 지구 사이의 지구물리학적 차이를 고려할 때, 대략 21억 년 전의 초기 원생대에서 28억 년 전의 후기 시생대 사이에 최초의 얕은 섭입이 시작된 것으로 보인다.

판의 섭입에 대한 광물학적 증거와 더불어, 약 30억 년 전까지 거슬러 올라가는 대륙 이동에 대한 고지자기학 증거가 있다, 섭입대 상부에서 형성된 증착 프리즘(accretionary prisms)의 잔해로 여겨지는 암층이 시생대 지층에서 발견된다. 이 암층들은 대륙 지괴가 부딪히는 충돌대에서 긁히고 갇힌 지각의 잔해로 해석된다. 대략 30억 년 전에 지구에 존재했던 초대륙 우르(Ur)의 존재가 확인되지만, 단순히 그 전시대에 생긴 정체 뚜껑 시대의 잔해일 가능성도 있다. 대륙의 이합집산이 이어지다 대략 25억 년에서 27억 년 전 사이에 새로운 초대륙 케노랜드 (Kenorland)가 등장한다. 케노랜드의 등장은 해양 분지의 형성과 소멸, 이에 따른 초대륙의 성장과 분리가 반복되는 윌슨 사이클 (Wilson Cycle)의 시작으로 해석된다. 케노랜드 형성 이후 지구는 이동 뚜껑 지체구조 단계와 정체 뚜껑 지체구조 단계를 오가며 활발한 섭입 작용이 발생했다 (Piper, 2013). 특히 약 20억 년 전 컬럼비아/누나 (Columbia/Nuna) 초대륙이 생성된 후 단일 판 행성으로 회귀했다는 가설도 제시되었다 (Piper, 2018; Stern, 2020).

태양계의 진화는 원시 마그마 바다 형성 시점부터 행성체가 완전히 굳고 냉각되어 지체구조 운동이 중단되는 시점까지 다양한 행성체 표면의 진화 스펙트럼을 통해 설명할 수 있다 (그림 6.20). 지체구조 운동의 관점에서 수성과 지구의 달은 정체 뚜껑 말기의 지체구조 단계에 해당한다. 충돌구 형성이 정체 뚜껑 말기 지체구조 단계의 행성체 표면 변화를 주도한다. 물론 행성체 내부의 장기적인 냉각과 물질의 상변화로 인한 수축도 표면의 변화를 유발한다. 행성체 표면 진화 스펙트럼의 정반대 끝에 목성의 위성 이오가 등장한다. 이오는 전적으로 화산체의 용암 분출로 행성체 내부의 열 손실이 발생하는 열 파이프 지체구조 단계에 해당한다.

지구와 비견되는 크기와 열류량 때문에 금성은 한때 지구와 유사한 지체구조 운동이 발생한 행성으로 인식되었다 (Phillips & Hansen, 1994). 그러나 크기의 유사성에 기초한 추측은 마젤란 탐사선이 금성 표면의 98%를 포함하는 레이더 영상 구성에 성공하며 허무하게 사라졌다. 범람 현무암의 분출, 화산 구조의 형성과 관련된 균열, 변환단층 형태의 지형, 지구의 섭입대와 유사한 골짜기가 금성의 표면에서 확인된다(McKenzie et al., 1992b). 그러나 지구에서 관찰되는 판의 경계와 유사한 지형은 발견되지 않았다. 금성의 표면에서 가장 긴 주향 이동 단층은 겨우 수십 km이다. 아르테미스 코로나 (Artemis Corona), 라토나 코로나 (Latona Corona), 코로나와 관련된 함몰대 지역, 다수의 골을 따라 섭입이 발생할 가능성이 존재한다 (그림 5.6). 섭입의 근거는 코로나 양쪽 가장자리에 높은 구배를 보이는 호형 구조의 발달이다. 호형 구조의 고도가 높은 부분은 골의 바깥쪽에 있는데, 이는 지구 해구의 상판 가장자리에서 발견되는 호상열도나 대륙 화산호와 형태적으로 유사하다 (Sandwell & Schubert, 1992). 그러나 금성의 지체구조 운동은 지역적인 응력에 의한 인장과 압축의 결과이다. 따라서 수평 운동이 발생하지 않고 기저 맨틀의 상승류와 하강류에 의해 수직 운동이 발생한다. 물론 금성 표면의 거대한 산맥을 형성하려면 수평 운동의 발생이 필연적이다(Byrne et al., 2021b). 수평 운동의 규모가 매우 제한적이기 때문에 금성이 아직 정체 뚜껑 지체구조 단계에 머무른다고 해석된다. 금성에 광범위한 섭입이 진행되지 못하는 이유는 뜨거운 암석권에서 발생하는 큰 부력 때문이다(그림 6.13). 이 장애는 암석권이 50~100km 깊이까지 밀려들어간다면 극복될 수 있다. 그 깊이 수반되는 광물학적 변화로 밀도가 증가하면 섭입에 대한 저항력이 약해질 수 있기 때문이다 (Sandwell & Schubert, 1992). 이런 과정이 금성 몇몇 고원의 가장자리에서 일어날 수 있다.

금성의 지체구조 운동이 현재 발생하지 않는다면, 행성 내부 열의 발산을 꼼꼼히 따져봐야 한다. 일반적으로 지역적인 열점의 화산 활동과 코로나 하부에 있는 다이아피어 구조(diapiric structures)를 통해 금성 열 발산이 일어난다고 본다. 그러나 열점의 화산 활동은 금성을 효과적으로 냉각시키기에 불충분하며, 다이아피어 도관이 예상보다 훨씬 적다. 게다가 일부 연구자들은 코로나가 다이어피르가 아닌 왜곡된 충돌 구조로, 젊게 추산된 충돌구 나이가 오류라고 생각한다 (Vita-Finzi et al., 2004; Hamilton, 2007). 만약 코로나가 실제 다이아피어의 지표 상승으로 형성된다면 밀도가 높은 이산화탄소 대기의 도움을 받아 지각의 효율적인 열전도가 가능해진다. 이산화탄소 대기는 입사하는 태양 복사 에너지의 보존과 함께 내부 대류에 의한 열적 손실을 효과적으로 돕는 도구이다.

금성의 열점 상승류는 열점 사이의 따뜻한 지각 영역에서 레이리-테일러 불안정성 (Rayleigh-Taylor instability)의 원인이 된다. 밀도 분포로 인해 상승류와 하강류가 발생하는 과정에서 차가운 물질이 맨틀로 하강하게 된다. 다른 방식으로, 열점 상승류에 의해 들어 올려진 암석권 일부가 고지대 지형 블록 아래로 미끄러지며 암석권이 얇아지는 엽렬 현상(delamination)이 발생할 수 있다. 이런 방식의 정체 뚜껑 지체 구조 운동은 ('플루토닉-스퀴시' plutonic-squishy 이라 알려짐) 섭입을 거치지 않고 마그마 관입이 암석권의 형성과 변화를 주도하는 지체구조 발달 단계인데, 완전한 이동 뚜껑 지체구조 운동으로 곧 전환한다. 정체 뚜껑 지체구조 단계 (또는 플루토닉-스퀴시 뚜껑 지체구조 단계)는 지구에서 대략 30억 년 전에 발생한 변환처럼 이동 뚜껑 지체구조 단계로 진화한 것으로 보인다 (Gerya et al., 2015). 현재 이동 뚜껑 지체구조 운동 단계인 지구의 판구조론도 이동 뚜껑 지체구조 단계와 정체 뚜껑 지체구조 단계 (금성처럼)를 오가는 불안정한 상태로 회귀할 지도 모른다 (Gerya et al., 2021).

대부분의 금성 표면은 대략 3~8억 년 전에 범람 현무암으로 재형성 (Herrick et al., 2023) 되었기 때문에 금성의 지질학적 진화는 여전히 미스터리로 남아 있다. 따라서 금성의 현재 지체구조 발달 단계는 플루토닉-스퀴시 뚜껑이 아니라 정체 뚜껑으로 해석된다. 정체 뚜껑 지체구조 운동으로, 상대적으로 무거운 전체 암석권이 가벼운 연약권 최상부와 주기적으로 역전되는 과정에서 범람 현무암이 지표를 재형성한다 (Tian et al., 2023). 진화 초기 금성의 지체구조 운동 흔적이 범람 현무암 재형성 이전에 형성된 지질 구조에 보존되어 있을 수 있다 (그림 6.21). 범람 현무암 재형성이 미처 닿지 못한 고지대에 위치하는 테세라 (Tessera) 지역에 과거의 지각 변형 흔적이 남아 있다 (Karlsson et al., 2020). 2006년부터 2007년까지 유럽우주국의 비너스 익스프레스(Venus Express) 임무에서 촬영한 적

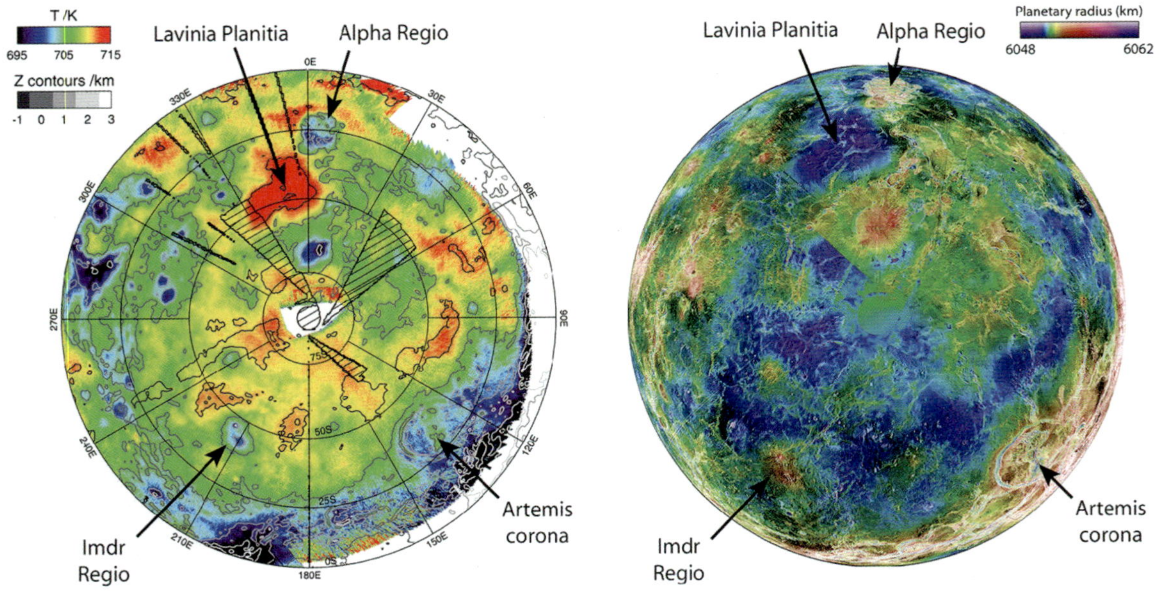

그림 6.21 (왼쪽) 비너스 익스프레스 (Venus Express)가 촬영한 금성 남반구의 적외선 영상. 푸른색 영역은 열 방사률이 낮은 규장질 (암석) 조성으로 주변 현무암 평원보다 온도가 낮고, 붉은색 영역은 열 방사률이 높은 고철질 조성이다. 출처: Venus Express, VIRTIS, INAF-IASF, Observatorie de Paris-LESIA and ESA. (b) 마젤란 (Magellan)이 작성한 금성 남반구 지형도 (왼쪽과 약간 다른 지도 투영임에 주의). 열화상 분광기 영상에서 열 방사률이 낮게 관찰된 지역은 마젤란(Magellan)이 촬영한 지형도에서 오래된 테세라 (Tessera) 지형에 해당한다. 반면, 가장 최근의 범람 현무암 분출로 재형성된 부분에서 열 방사률이 높게 관찰된다. 따라서, 금성의 테세라(Tessera) 지역은 과거에 있었던 바다의 도움으로 생성된 대륙 지괴의 잔류 지형일 수 있다. 출처: NASA/JPL.

외선 영상은 화강암 고지대의 존재를 시사한다. 화강암은 수화 용융으로 생성되기 때문에 일정 수준 이상의 물이 함유된 마그마의 분화 (Müller et al., 2008)가 필연적이다 (그림 6.14). 금성의 대기 중 중수소/수소 비율 분석 결과는 과거에 존재했던 바다의 증거를 제공한다 (Donahue et al., 1997).

금성의 진화를 규명하기 위해 다수의 금성 탐사가 준비 중이다. 인도 우주 연구 기구의 슈크러얀 (Shukrayaan) 금성 궤도선은 2028년 초에 발사될 예정이며, 슈크러얀은 다양한 최신 레이더 영상 촬영을 계획하고 있다. 슈크러얀 금성 궤도선은 24 cm와 9.4 cm 파장의 듀얼 밴드 합성 개구 레이더 (SAR)를 장착할 계획이다. 서로 다른 두 파장의 조합과 완전한 편광 측정 기능으로 유전 상수 (dielectric constants)와 거칠기 매개변수 (roughness parameters)를 측정하게 된다. 게다가 더 긴 파장의 L-밴드 SAR는 지체구조 운동과 화산 활동으로 발생하는 표면 변형을 탐지할 수 있다 (그림 5.6). 슈크러얀 금성 궤도선의 바르티스 (Venus Advanced Radar for Topside Ionosphere and Subsurface Sounding, VARTISS) 임무는 최초로 지표 투과 레이더를 금성 탐사에 투입할 계획이다. 바르티스 고주파 계측기는 9~30 MHz 전파를 사용하여 10 m 정도 지형을 깊이 ~1 km까지 식별할 수 있다.

중국도 현재 금성 궤도선을 준비 중이다. 중국의 보이스 탐사선 (Venus vOlcano Imaging and Climate Explorer, VOICE)은 9.4 cm 파장에서 3~10 m의 분해능으로 편광 SAR 자료를 수집할 계획이다 (Dong et al., 2022). 중국의 탐사선은 2026년 경에 발사될 예정이다.

미국과 유럽의 금성 탐사선은 2031년 발사 계획이다. 미항공우주국의 베리타스(Venus

Emissivity, Radio science, InSAR, Topography, And Spectroscopy, VERITAS) 탐사선 (Campbell & Hensley, 2024)과 유럽우주국의 엔비전 (EnVision) 탐사선은 광범위한 파장 스펙트럼을 사용하여 간섭계 관측이 가능한 합성 개구 레이더 장비를 탑재한다. 다양한 파장의 레이더를 사용하면 기존의 또는 계획된 개별 탐사 자료들의 상호 보완이 가능하다. 예를 들어, 슈크러얀은 24 cm, 마젤란은 12.6 cm, 엔비전, 슈크러얀, 보이스는 9.4 cm, 베리타스는 3.8 cm의 다른 파장을 사용한다. 슈크러얀 궤도선과 마찬가지로 엔비전도 9~30 MHz 주파수에서 작동하는 지표 투과 레이더가 장착될 예정이다 (Thakur et al., 2023). 한편, 미항공우주국의 다빈치 (DAVINCI) 임무는 주로 궤도에서 금성의 대기를 연구할 계획이지만, 오래된 테세라 지형의 일부인 알파 지역 (Alpha Regio) 상공에서 하강하며 영상 자료를 수집하기 위한 프로브를 대기에 투하할 예정이다 (Garvin et al., 2022).

화성은 금성보다 두꺼운 암석권과 적은 수의 맨틀 플룸을 가진 행성이다. 화성의 전반적인 지체구조 운동은 암석권의 두께 변화, 맨틀 상승류, 암석권의 엽렬로 발생하는 응력으로 설명된다. 물론 대형 화산체의 형성으로 인한 암석권 하중의 효과도 중첩되어 관찰된다. 화성의 지체구조는 플루토닉-스퀴시 뚜껑 단계에서 이동 뚜껑 단계를 거쳐 정체 뚜껑 단계로 진화했을 가능성이 있다. 화성 진화 초기에 지체구조 운동이 발생했다는 가설의 근거는 북반구 저지대의 지형과 중력의 특징에서 확인된다. 북반구 저지대의 고도는 화성 평균 고도보다 2~3 km 낮고, 북반구의 암석권은 화성 평균 암석권의 두께보다 보다 21 km 얇다. 이로 인해 화성의 지체구조 운동에 관한 상반된 두 개의 모델이 제시되었다. 첫 번째 모델은 북부 저지대가 지구의 해양 지각과 유사하다는 가설이다(Sleep, 1994). 이 가설은 북부 저지대의 확장 중심은 멤노니아(Memnonia) 지역과 키메리아(Cimmeria) 지역의 이분 경계에서 시작되고, 섭입은 타르시스 고원 하부와 북부 아라비아 테라(Arabia Terra) 지역의 고원 경계에서 발생했다고 본다. 제안된 해령 확장은 북부 저지대를 가로질러 플레그라 고원 (Phlegra Montes)과 같은 변환단층 지형을 형성하였다. 해령 확장은 자연스러운 지체구조 운동의 과정으로 인식되지만, 해령 확장이 시작된 계기에 대한 설명이 부족하다. 40억 년 전에 발생한 거대한 충돌이 화성의 지체구조 운동을 촉발했다는 가설이 해령 확장을 보완하는 대안으로 제시되었다 (Yin, 2012b). 충돌 기원 지체구조 촉발설은 타르시스 고원에서 발견된 일부 지체구조 변형 지역을 배호 분지의 확장의 생성물로 설명한다.

두 번째 모델은 마스 글로벌 서베이어 (Mars Global Surveyor)가 남부 고지대에서 관찰한 선형의 자기 이상 (그림 4.9)을 설명하기 위해 고안되었다 (Citron & Zhong, 2012). 남극 아래에서 상승하는 화성 맨틀의 일차 플룸이 마그마 관입을 통해 두꺼운 암석권을 형성한다. 맨틀의 대류로 암석권이 남극에서 멀어지는 과정에서 화성의 자기장 역전이 발생하면, 이론상 관측된 선형 자기 이상이 생성될 수 있다. *분화구를 따라 발달한 타원형 자기 이상 구조가 좌표계 투영 방식에 따라 선형의 자기 이상으로 왜곡되었다는 주장도 제기되었다(Arkani-Hamed, 2004). (역자 주)*

만약 진화 초기 5억년 이내에 화성의 지체구조 운동이 발생했다면, 표면의 고온 플룸이 핵의 플룸을 증가시켜 대류를 유발하고 내부 기원의 자

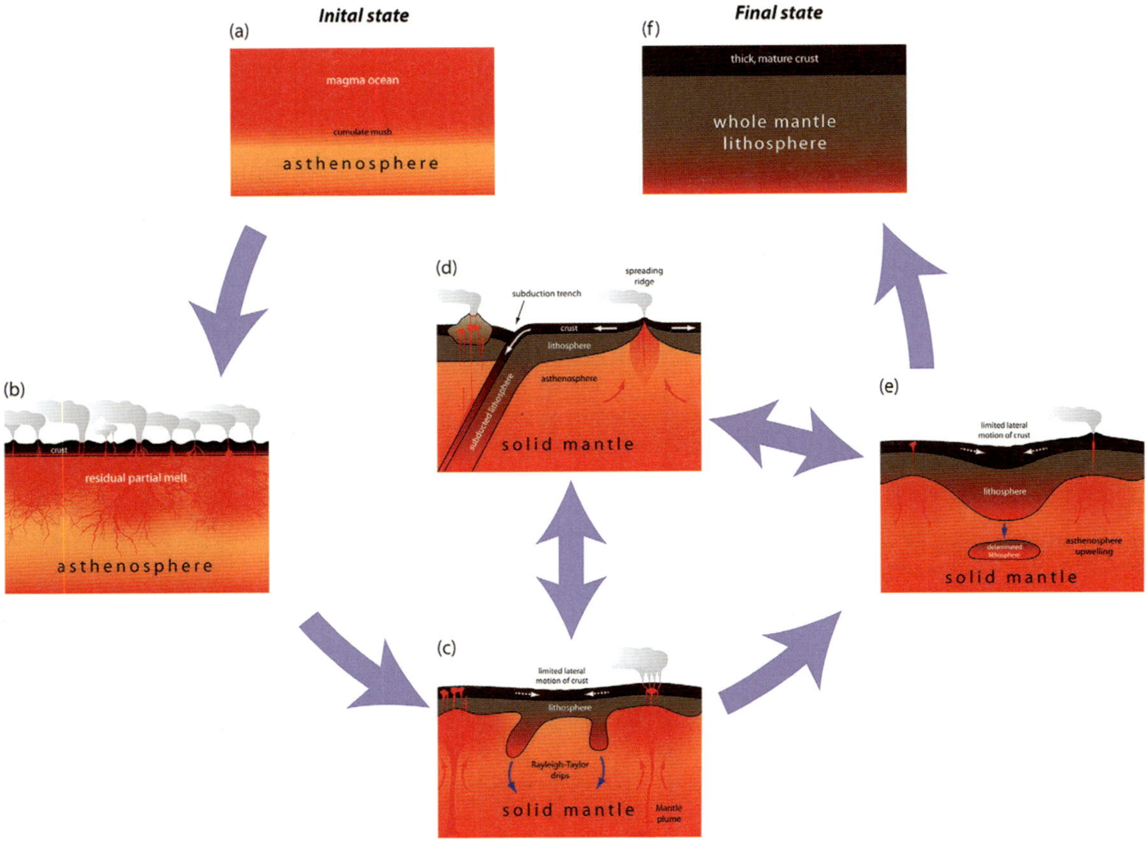

그림 6.22 암석형 행성의 열 손실 기작의 진화에 대한 모식도. (a) 마그마 바다의 형성. (b) 열 파이프가 포함된 여러 단계의 정체 뚜껑. (c) 드립 (drips)과 플룸 (plumes)의 발달. (e) 플룸 상승에 의한 암석권의 엽렬 (delamination). (f) 지체구조 운동 정지. (d) 지구와 같은 이동 뚜껑 지체구조 이동 행성체는 두 중간단계 (c,e)를 왔다 갔다 진동할 수 있다. 이 중간 단계에서는 중 규모의 지각 수평 이동이 전 암석권의 대규모 이동으로 발달할 수 있다. 출처: Stern et al. (2018), Palin & Santosh (2021).

기장을 형성한다. 반대로, 지체구조 운동의 종말로 열 손실이 감소하여 핵의 대류가 느려지고 내부 기원 자기장이 소멸한다 (Nimmo & Stevenson, 2000). 두꺼운 남부 고지대의 발달은 화성 지체구조 운동 종말의 원인으로 여겨진다 (Lenardic et al., 2004). 진화 초기 화성의 지체구조 운동은 여전히 의문으로 남지만, 지표에서 관찰되는 다양한 지질학적 구조와 전반적으로 일치하지 않는다 (Breuer & Spohn, 2003). 참고로 지구의 지체구조 운동은 궁극적으로 내부의 열원에 의해 좌우되지만, 관찰되는 지표의 변화는 표면 지질 현상의 지배를 받는다. 셰르고타이트 (Shergottite) 운석을 유사체로 사용한 화성 현무암의 고압 특성 연구 결과, 섭입대의 침강판에서 형성된 에클로자이트 (eclogite)는 주변 맨틀보다 부력이 너무 커 판의 운동을 촉진하지 못한다 (Zhou et al., 2022).

밀도 문제는 얼음 행성체에서 이동 뚜껑 지체구조 운동의 가장 큰 미해결 과제이다. 목성의 위성 유로파에서 상당한 수평 운동과 얼음 지각의 부분적인 파괴가 관찰된다. 암석형 행성체의 섭입과 유사한 개념으로 얼음형 위성의 포섭 (subsumption)이 제안되었다. 포섭은 섭입과 유사하지만 파괴된 얼음 지각이 매우 얇은 온난한 대류 얼음층으로 재흡수되는 특수한 현상이다 (Kattenhorn & Prockter, 2014).

얼음 지각은 다공성이고 밀도가 높은 얼음 이외의 성분을 함유하여 포섭의 발생이 가능하다. 얼음 지각에 소금 성분 후보로 나트론 (natron), 즉 탄산 소듐 십수화물 (sodium carbonate decahydrate)이 포함된 모델링 연구에 의하면, 취성 얼음층의 부력이 상쇄되어 포섭이 발생한다 (Johnson, 2017). 물론 부력이 지체구조 운동의 유일한 변수는 아니므로, 부력을 상쇄하는 다양한 역학적 요소도 같이 고려해야 한다 (Howell & Pappalardo, 2019). 왁스층으로 구성된 물리적 유사체를 사용한 모델링 연구에서, 조석 응력의 도움으로 특정 방향의 단층에서 포섭이 관찰된다. 연구에서 발견된 새로운 형태의 얼음 지각 순환은 -'연성 하강' (ductile downroll)이라 이름 부쳐짐- 유로파의 이중 능선을 설명하기에 적합하다 (Klaser et al., 2019). 실제로, 이동 뚜껑 지체구조 운동과 유사한 것이 유로파의 일부 지역에서 관찰된다 (Collins et al., 2022). 그러나 그 규모와 물리적 기작, 규산염 행성에서 뚜껑 지체구조 운동과의 관계 등은 아직 미해결 영역이다. 아마 2030년대 중반으로 예정된 차세대 얼음 위성 탐사 임무가 진행되면 얼음 행성체 이동 뚜껑 지체구조 운동과 관련된 많은 미스터리의 실마리가 풀리게 될 것이다.

행성체의 지체구조 발달에 대한 이론 개발과 열적 진화에 대해 빠르고 정확한 컴퓨터 모델들은 압력, 온도, 변형률에 따른 유변학 (rheology), 조석 가열, 상변화 등에 대한 더 완전한 변수 공간의 조사를 가능하게 한다 (그림 6.22). 이런 체계적인 접근을 통해 다양한 지체구조 운동의 본질을 이해하게 되고, 지체구조 단계의 전환에 필요한 조건들을 점검하게 된다 (Lourenço et al., 2020; O'Neill, 2020; Yoshida, 2023). 이런 연구들은 우리 태양계의 암석 행성체와 얼음 행성체에 적용될 뿐만 아니라, 태양계 밖의 외계 행성을 이해하는 데 기반 자료를 제공한다 (Byrne et al., 2021a). 실제로 모항성 근처에서 매우 짧은 주기로 공전하는 외계 행성이 다수 관측되어, 행성의 열적 진화와 지체구조 운동 활성화에 기여하는 조석 가열의 중요성이 주목받고 있다(Zanazzi & Triaud, 2019). 지구의 지체구조 운동은 탄소를 내부로 순환시켜 액체 물이 존재하고 생명체가 번성할 수 있는 지표 환경을 유지하는 역할을 한다. 지구와 유사한 이동 뚜껑 구조 운동이 활발한 외계 행성의 식별은 인류 거주 가능성의 선행 조건으로 강조되고 있다 (Kruijver et al., 2021; McIntyre, 2022).

지구 암석권의 수평 이동에 대한 의심에서 시작하여 널리 인정되는 판구조론 (plate tectonics)으로 확립되고, 더나가 태양계 행성체와 외계 행성의 지체구조 운동을 통일적으로 묘사하는 단계로 발전하고 있다. 이 과정에서 수십년에 걸쳐 판구조론은 물리학, 화학, 생물학 분야의 기여들을 반영하였으며, 이제 우주 행성학 (cosmic planetology)으로 외연을 확장하고 있다.

chapter 7

화산 활동

화산 활동은 행성 내부에서 생성되는 열에 의해 발생하는 몇가지 현상 중 하나로, 대규모 지각 운동보다 훨씬 더 쉽게 발생한다. 따라서 태양계의 행성체에서 다양한 형태의 화산 활동이 관찰되고, 태양계 밖의 별을 공전하는 외계행성의 화산 활동 증거도 확보되고 있다. 일반적으로 화성 활동은 행성체 내부의 부분 용융된 고체 물질이 주변 물질보다 가벼워지며 발생하는 부력으로, 용융된 마그마가 행성체의 표면으로 상승하는 과정이다. 액체 상태의 마그마가 표면으로 이동하는 과정에서 주변의 고체 물질과 상호작용이 변형되며, 마그마 일부가 냉각되며 결정화된다. 마그마의 진화는 부력으로 상승 과정에서 발생하는 마그마의 모든 변화를 포함하는 개념이다. 마그마의 진화를 통해 마그마는 처음 생성 당시와는 다른 다양한 조성으로 변화한다. 지구의 상부 맨틀 최상부에서 생성되는 마그마의 상당 부분은 지표에 다다르지 못하고 지하에서 고화되며, 대부분 대양 중앙 해령에서처럼, 암맥(dyke)이나 암상(sill)을 형성한다. 물론, 마그마가 지표에 도달하는 영역에서는 용암과 화산체가 형성된다.

표면이 암석으로 구성된 행성체의 화산 활동은 1,000 K 이상의 온도에서 맨틀의 부분 용융으로 생성된 마그마가 좌우한다. 암석형 행성의 공통적인 최종 산물은 표면에서 관찰되는 현무암이다. *암석형 행성의 지각에서 현무암이 관찰되는 이유는 유사한 맨틀 성분의 부분 용융으로 생성되는 일차적인 마그마의 성분이 비슷하기 때문이다. (역자 주)*

물론 다양한 지각의 운동과 판구조론의 발현으로 현무암질 이외의 암석이 형성되는 화산 활동도 존재한다 (Head & Wilson, 2022). 보이저(Voyager), 갈릴레오(Galileo), 카시니(Cassini), 뉴 호라이즌스(New Horizons) 탐사는 거대 기체 행성의 위성, 명왕성과 그 위성인 카론, 물이 풍부한 소행성 세레스에서 매우 이색적인 화산 활동을 기록했다. 목성의 위성 이오에서는 황이나 규소를 기반으로 하는 화산 활동이 확인된다. 얼음 위성에서는 얼음층의 부분 용융으로 생성된 얼음물 분출이 관찰되는 극저온 화산(cryovolcanism)이 관찰된다 (Miles, 2016). 더 이색적인 화산 활동으로, 외계 행성에서 액체 철이 분출되는 금속 소행성과 마그마 덮인 바다 등이 이론적으로 제안되나, 아직은 상상의 영역이다.

행성체 형성 초기의 증착과 분화 과정에서는 충돌에 의한 운동 에너지와 중력에 의한 위치 에너지가 지배한다. 이후 암석형 행성체의 화산 활동은 주로 장기 방사성 원소 붕괴에서 발생하는 열에 의해 구동된다. 얼음 위성의 화산 활동에서 방사성 열의 역할을 조석열이 보충 또는 대체한다. 방사성 열이 시간에 따라 감소하면서 이류가 정지되거나 화산활동이 국지적인 뜨거운 점으로 한정되다가 결국 이들도 꺼지게 된다 (Foulger, 2010). 행성-위성 시스템이 안정적인 공전 궤도를 유지하는 조건에서 조석열에 의해 주도되는 화산 활동은 지질학적 규모시간에서 보다 더 오랫동안 지속된다 (Peale, 2003). 금성처럼 직접적인 육안 관측이 불가능한 행성체의 경우 화산 활동에 대한 연구는 어려우며, 특히 금성 표면 조건에서 신생 용암의 변성은 최근까지 잘 이해되지 못했다 (Filiberto et al., 2020).

화산의 기원

지구의 화산 활동은 고대부터 익히 알려졌지만, 화산 활동의 과학적 이해는 지난 100년 사이에 비로소 이루어졌다. 아나크사고라스 (Anaxagoras)와 아리스토텔레스 (Aristotle) 같은 그리스 철학자와 자연주의자들은 화산이 지구 내부의 좁은 통로를 통해 불어오는 바람 때문에 발생하는 마찰의 결과라는 가설을 제시하였다. 반면 세네카 (Seneca)와 루크레티우스 (Lucretius)를 비롯한 다른 학자들은 화산 현상을 강력한 지하 폭풍에 의해 생성된 유황과 역청질 (bituminous) 물질의 연소로 이해하였다. 이런 비과학적인 추론은 16세기까지 지속되었고, 심지어 행성체의 궤도 운동을 설명한 요하네스 케플러 (Johannes Kepler)조차 비과학적 추론에 동참하였다. 17세기와 18세기에 근대 과학이 부상하면서 지구 내부의 열은 본질적으로 시원적이며, 지구의 핵에 용융된 물질의 저장소가 존재한다는 가설이 제시되었다. 데카르트 (Descartes)와 라이프니츠 (Leibniz)와 같은 근대의 저명한 학자들도 전도에 의한 냉각에 매몰되어 시원적인 지구 내부 열의 존재를 인식하지 못하였다.

실험을 통해 검증된 화학 반응에 근거하여 지구 내부 열에 대한 다양한 이론이 제안되었다. 아이작 뉴턴 (Isaac Newton)은 발열 화학 반응 연구를 통해 지구 내부 열의 기원에 대한 새로운 가설을 제시하였다. 험프리 데이비(Humphry Davy)는 나트륨과 칼륨 같은 알칼리 금속이 물과 닿을 때 발생하는 연소 관찰을 통해, 지구의 균열로 침투한 해수에 의해 금속을 포함한 퇴적물이 녹아 마그마가 생성된다는 가설을 제시하였다. 험프리 데이비는 자신의 이론을 증명하기 위해 이탈리아 베수비오산 (Vesuvius)의 용암을 관찰하였지만, 이론의 타당성 증명에 실패하였다. 험프리 데이비의 가설은 1864년 발행된 쥘 베른 (Jules Verne)의 소설『지구 중심으로의 여행(Journey to the Centre of the Earth)』에 지질학의 최첨단 이론으로 소개되었고, 심지어 20세기 초까지 과학계에서 심심치 않게 인용되었다.

앙리 베크렐 (Henri Becquerrel), 마리 퀴리 (Marie Curie), 피에르 퀴리 (Pierre Curie)에 의해 방사능이라는 새로운 물리학 분야가 개척되며 지구 내부 열원의 비밀이 밝혀지기 시작했다. 영국의 지질학자 아서 홈스 (Arthur Homes)는 방사성 동위원소에 의한 가열을 고려하여 대류 형태의 열전달에 관한 현대 지구물리학 이론의 기초를 확립하였다.

부분 용융

일상생활에서 우리는 물질이 완전히 녹았는지 아닌지를 쉽게 구분한다. 예를 들어 물은 완전히 액체이거나 얼음 고체로, 중간 상태가 없다. 이런 명확한 상변화는 화학적 조성이 순수한 물질에서만 관찰된다. 그러나 자연 상태의 대부분 물질은 혼합물 (mixtures)이다. 혼합물을 가열하면 부분 (또는 분별) 용융이 발생하고, 냉각하면 부분 (또는 분별) 결정이 발생한다. 혼합물의 상변화는 18세

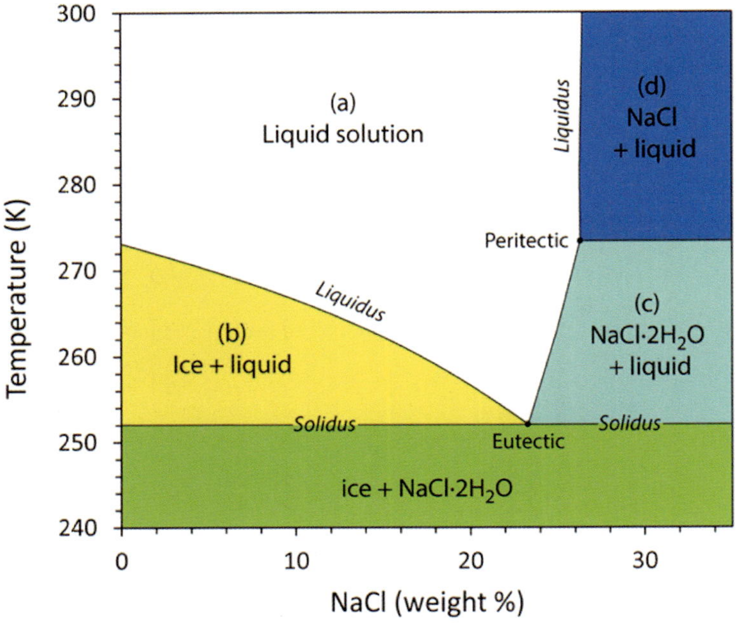

그림 7.1 물(H_2O)과 염화나트륨(NaCl)으로 구성된 2성분계의 상변화도에 열역학적으로 안정적인 상을 표시하였다. 열역학적으로 불안정한 혼합물의 존재가 얼음 위성에서 확인된다 (Journaux et al., 2023). 고상선(solidus); 액상선 (liquidus); 공융점 (eutectic); 포정점 (peritectic). 출처: Washburn et al. (1928).

기 후반 네덜란드 과학자 다니엘 베르누이 (Daniel Bernoulli, 1700-1782)와 영국 화학자 리처드 왓슨 (Richard Watson, 1737-1816)이 소금과 설탕을 첨가하여 물의 어는점을 낮추는 실험에서 처음 관찰되었다 (Reif-Acherman, 2009). 왓슨의 실험은 규산염 화산 활동과 무관해 보이지만, 실제 얼음 위성의 극저온 화산 활동과 사실상 기본 원리가 같다 (Brady, 2009). 이들의 연구는 상평형도의 현대적 열역학적 이해의 기초를 만들었다. 프레데릭 거스리 (Frederick Guthrie, 1833-1886)는 1884년 공융점 (eutectic)의 원리를 발견하였다. 규산염 암석과 광물의 용융과 결정화 과정에 공융점의 원리를 적용한 노먼 보웬 (Norman Bowen, 1887-1956)에 의해 현대적인 화성암석학의 토대가 구축되었다.

가장 간단한 혼합물의 예인 물[H_2O]과 염화나트륨[NaCl]으로 구성된 2성분계를 살펴보자 (그림 7.1). 물의 녹는점은 273 K이고 염화나트륨의 녹는점은 801 K이다. 그러나 두 물질을 섞으면 녹는점의 변화가 매우 복잡해진다. 물에 염화나트륨을 조금씩 첨가하면 녹는점이 낮아져 점점 염분이 증가하는 액체에 얼음 결정이 슬러시처럼 쌓이게 된다. 즉, 얼어붙은 도로를 치우기 위해 소금을 사용하는 이유이다. 이런 슬러시 현상은 염화나트륨의 함량이 중량 백분율 27%에 도달할 때까지 지속된다. 중량 백분율 27%에서 혼합물의 녹는점은 252 K이다. 염화나트륨 함량이 중량 백분율 27%를 초과하면 녹는점이 더 낮아지지 않고, 대신 염화나트륨이 물과 결합해 수화물 (NaCl ·$2H_2O$)을 형성하여 녹는점이 다시 상승한다. 염화나트륨 이수화물은 273 K 이하에서만 안정하며, 273 K 이상의 가열 시 염화나트륨과 염분이 풍부한 액체로 분해되어 녹는다 (그림 7.1). 이 과정에서 반응 정도의 차이로 인해 포정점 (peritectic)을 기준으로 반응 선의 굴곡이 발생한다 (그림 7.1).

매우 낮은 온도에서 얼음과 염화나트륨 고체 혼합물의 반응도 살펴보자. 고체 혼합물은 252 K에서 녹기 시작하고 용융 부분의 성분은 언제나 염화나트륨 함량이 중량 백분율 27%인 공융점이다. 공융

표 7.1 지구, 금성, 달, 화성의 현무암 조성[a]

산화물	지구 (중앙해령 현무암)	금성 (베네라 14호)	달 (달의 바다)	화성 (운석 EETA 79001)
SiO_2	49.2	48.7	48.0	48.6
TiO_2	2.0	1.3	1.8	0.6
Al_2O_3	16.1	17.9	9.4	5.4
FeO	7.8	8.8	20.2	18.3
MnO	0.2	0.2	0.3	0.5
MgO	6.4	8.1	8.7	16.3
CaO	10.5	10.3	10.4	7.1
Na_2O	3.0	2.4	0.3	0.8
K_2O	0.1	0.2	0.1	0.0

[a] Volkov et al. (1986), Cattermole (1996) 과 그외 자료. 실리카의 조성은 비슷하지만, 다른 산화물의 조성은 상당히 다르다. 이는 마그마가의 원천과 지표로 상승하는 과정에 대한 유용한 정보를 제공한다.

점 성분의 액체는 고체 상태의 결정 입자 사이에 분포하며, 매우 적은 양의 용융이 발생한 경우 고체에 압력을 가하여 용융물이 눌어붙는 압착이 발생한다. 고체 혼합물의 염화나트륨 함량이 공융점보다 낮으면, 광범위한 부분 용융으로 인해 온도가 상승하고 얼음과 평형을 이루며 액상선의 왼쪽 반응선을 따라 액체 조성을 생성한다. 반면, 염화나트륨 함량이 공융점보다 높으면, 고체 혼합물은 염화나트륨 이수화물과 평형을 이루며 액상선의 오른쪽 반응선을 따라 액체 조성을 생성한다 (그림 7.1). *상평형도의 반응은 모두 열역학적으로 안정적인 물질을 표현한다. 물론, 불안정한 얼음과 염화나트륨 고체 혼합물도 극저온 화산의 얼음층을 형성할 수 있다(Journau et al., 2023). (역자 주)*

반대로 염화나트륨의 함량이 중량 백분율 10%인 액체를 액상선까지 냉각하면 일차적으로 순수한 얼음이 결정화되기 시작하여 잔류 액체의 염화나트륨 함량이 증가한다. 온도가 더 내려가면 얼음 결정이 지속해서 성장하고 액체 조성은 공융점에 다다를 때까지 액상선 (liquidus)을 따라 변화한다. 이 시점에서 모든 잔류 액체는 얼음과 염화나트륨 이수화물의 공융 혼합물이 되어 빠르게 결빙된다. 결빙 과정이 비교적 빠르게 진행되어 공융 혼합물 얼음 입자의 크기는 매우 작다. 이 상황에서 완전히 얼어붙은 고체를 잘라 보면, 매우 미세한 얼음 입자와 염화나트륨 이수화물로 둘러싸인 큰 얼음 입자의 기질이 관찰된다.

규산염 화산 활동은 감람석, 휘석, 스피넬 (spinel, 첨정석, $MgAl_2O_4$)이 다양하게 혼합된 행성체 맨틀의 부분 용융으로 발생한다. 행성체 맨틀의 용융에서 가장 중요한 대목은 부분 용융의 정도에 상관없이 언제나 같은 조성을 가진 공융점에서 마그마가 생성된다는 사실이다. 마그마는 주변의 암석보다 가볍고 점성이 작아 부력에 의해 표면으로 상승하며 분출하게 된다. 분출된 마그마는 냉각되며 높은 마그네슘 함량, 낮은 실리카 함량, 낮은 총 알칼리 함량 조성의 화성암인 현무암 (표 7.1)을 생성한다.

액상선에서 가장 먼저 결정화되는 광물은 사장석 (plagioclase feldspar)으로 냉각이 진행되며 서서히 커다란 광물 알갱이로 성장한다. 공융점에서 잔류 액체는 장석 (feldspar), 휘석 (pyrozene), 감람석 (olivine)으로 이루어진 미세한 알갱이 덩어리로

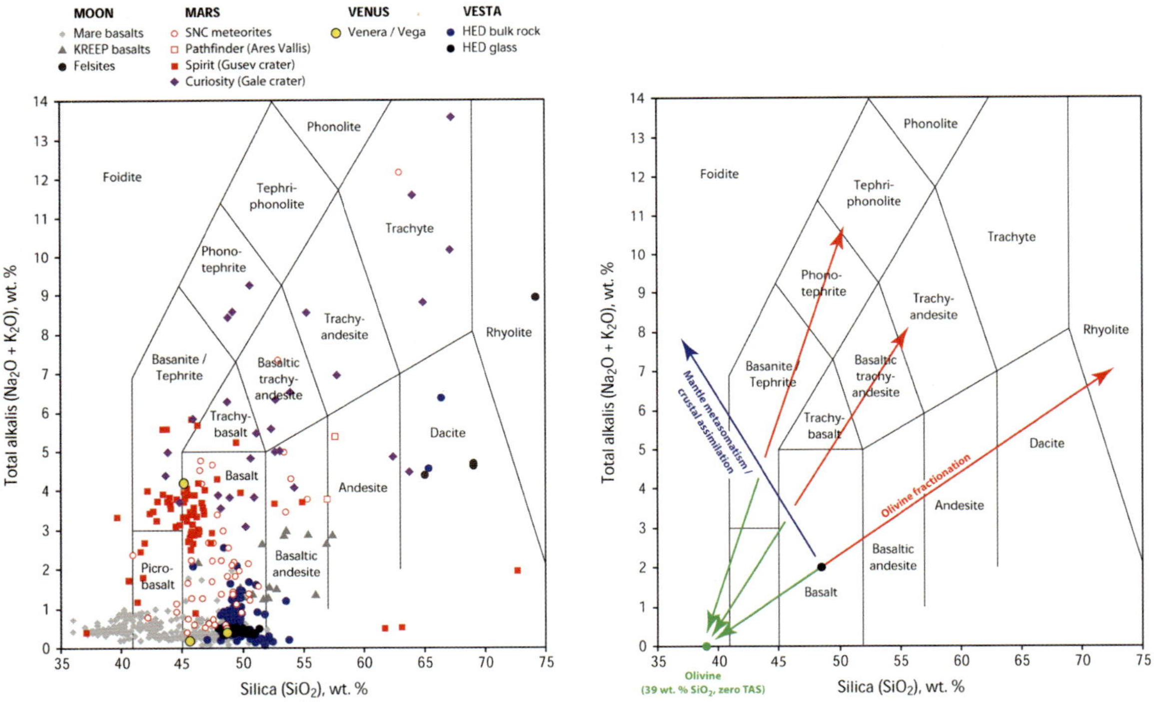

그림 7.2 암석 조성을 구분하기 위해 총 알칼리와 실리카의 중량을 비교하는 하커도 (Harker diagram)를 사용한다. 월석, 화성의 운석, 소행성 베스타 기원이라 여겨지는 HED 운석은 알칼리 함량이 낮은 쏠레이아이트질 현무암 (tholeiitic basalts)이다. 반면, 스피릿 (Spirit) 로버, 오퍼튜니티 (Opportunity) 로버, 큐리오시티 (Curiosity) 로버가 화성의 지표에서 직접 측정한 암석의 화학 조성은 알칼리 함량이 높은 알칼리 현무암 (alkaline basalts)이다.

고화되며 반상 조직(porphyritic textures)을 형성한다. 마그마가 표면으로의 이동을 멈추고 지하 마그마방에 정체되면, 냉각 과정에서 온도-압력 조건에 따라 다양한 광물의 분별 정출로 잔류 액체의 조성이 변하게 된다. 따라서 잔류 액체가 표면으로 분출되면, 그 용암의 조성은 원래 용암과 달라진다.

액체 상태의 마그마에서 광물 결정이 침전되는 현상은 1830년대 찰스 다윈 (Charles Darwin)에 의해 마그마를 구별하는 방법으로 제안되었다. 지구의 표면에서 발견되는 다양한 화성암체의 자세한 생성 원리는 알프레드 하커 (Alfred Harker, 1859-1939)에 의해 정립되었다. 현대의 지질학자들은 하커도 (Harker diagram)의 실리카 중량 백분율과 총 알칼리 함량을 이용하여 화산암을 구분하고 마그마의 기원을 추적한다 (그림 7.2).

달의 바다와 범람 현무암

지구형 행성의 표면에서 공통으로 발견되는 가장 흔한 화성암은 현무암이다. 점성이 낮아 넓게 퍼지는 현무암질 마그마가 흘러내려, 화산체의 기저면이 넓은 방패 모양의 순상화산이 형성된다. 화산 분출률[> 1,000 $m^3 s^{-1}$]이 매우 높은 경우, 용암은 넓은 판 모양으로 확산하며 화산체보다는 범람 현무암 평원을 생성한다. 표 7.2는 지구에 있는 범람 현무암, 즉 대형 화성암체의 목록이다. 이 범람 현무암과 대형 화성암체의 일부는 지구에서 발생한 과거의 주요 멸종 사건과 관련된다 (Ernst et al., 2021). 범람 현무암과 대형 화성암체의 생성이 수백만 년 이내의 비교적 짧은 시간에 완료된다는 사실이 영년변화를 활용한 체계적인 고지자기 연대 측정 자료에서 확인된다. *예를 들어, 한반도의 50*

표 7.2 지구의 범람 현무암

지역	생성 연대(백만 년)	지속 기간(백만 년)	부피(10^6 km^3)	최대 두께(km)	멸종 사건
Columbia River	16	3	0.2	1	-
Ethiopia	31	1	1	3	-
North Atlantic	57	1	> 1	6	-
Deccan Traps	66	1	> 2	2	백악기-팔레오기 멸종
Madagascar	88	6 ?	?	-	-
Rajmahal	116	2	?	-	-
Paraná	132	1~5	> 1	1.7	-
Antarctica	176	1 ?	> 0.5	-	-
Karoo	183	0.5~1	> 2	9	트라이아스기-쥐라기 대멸종
Newark	201	0.6	> 1 ?	> 0.3 ?	페름기 대멸종
Siberian Traps	249	1	> 2	3	-
Keweenawan	1,095	-	1.3	5	-
Coppermine River Mackenzie	1,267	-	0.2	5	-

출처: Mahoney & Coffin (1997); Rampino et al. (1988). 지속 기간은 활동이 꾸준히 일어난 것을 의미하지 않는다. 예를 들어 Columbia River 는 16.7 ~ 15.9 Myr 전에 집중적으로 생성되었다.

배에 해당하는 넓은 피복 면적을 자랑하는 뉴어크 (Newark) 화성암체는 600,000년 이내에 분출이 완료되었다(Capriolo et al., 2020, 2022). (역자 주)

물방울 모양 형태의 대형 맨틀 플룸이 빠른 속도로 지표에 다다르면, 마그마 용승으로 플룸의 머리 부분이 넓은 범람 현무암을 생성한다. 중생대 초대륙 판게아 분리 과정에서 남반구에 대서양이 생성되며 좌우로 갈라진 남아메리카의 파라나 (Paraná) 범람 현무암과 아프리카 남서부의 에텐데가 (Etendeka) 범람 현무암은 생성 연대와 화학 조성이 정확히 일치한다. 또한 동 아프리카 대륙 균열대에서도 마찬가지이다. 매년 활발히 분출하는 아이슬란드의 용암은 그린란드를 포함하는 북대서양 해양 지각 일부를 형성하며, 열점과 중앙해령이 중첩되어 지표에 드러난 독특한 지역이다.

지구 내부 요인인 범람 현무암의 발달과 지구 외부 요인인 주요 충돌구 형성 사이의 연관성이 일부 지역에서 발견된다 (Jones et al., 2002). 이런 대규모 화산 분출과 충돌구 형성 사이의 연관성은 다른 행성체 표면의 범람 현무암 구분에 사용된다. 일부 범람 현무암의 기저 구조는 지하에 매몰된 충돌구의 형태와 매우 유사하다. 예를 들어, 충돌구에서 관찰되는 충상단층은 컬럼비아강 (Columbia River) 범람 현무암에서도 관찰된다. 컬럼비아강 범람 현무암과 데칸 트랩 (Deccan Traps) 범람 현무암을 포함하는 최소 8곳의 주요 범람 현무암에서 플룸의 머리와 암석권이 얇아지는 열렬 현상이 발견되지 않는다. 대신 충돌에 따른 판의 이동 방향과 속도의 변화가 관찰된다. 예를 들어 인디아판은 7,200만 년 전부터 6,000만 년 전 까지 이동 속도의 북쪽 방향 성분이 두 배 증가했다 (Price, 2000).

가장 뚜렷한 범람 현무암의 예는 달 앞면의 어두운 부분이다 (그림 7.3). 라틴어로 바다를 뜻하는 마리아로 알려진 어두운 부분은 과거 한때 물이 존재하던 바다로 인식되었다. 표면이 어두운 달의 바다 (Mare: 단수; Maria: 복수)는 주로 달 앞면에 분포한다. 달의 바다는 달 앞면의 약 30%에 해당하며, 달 전체 표면의 약 16%를 차지하면서, 뒷면에

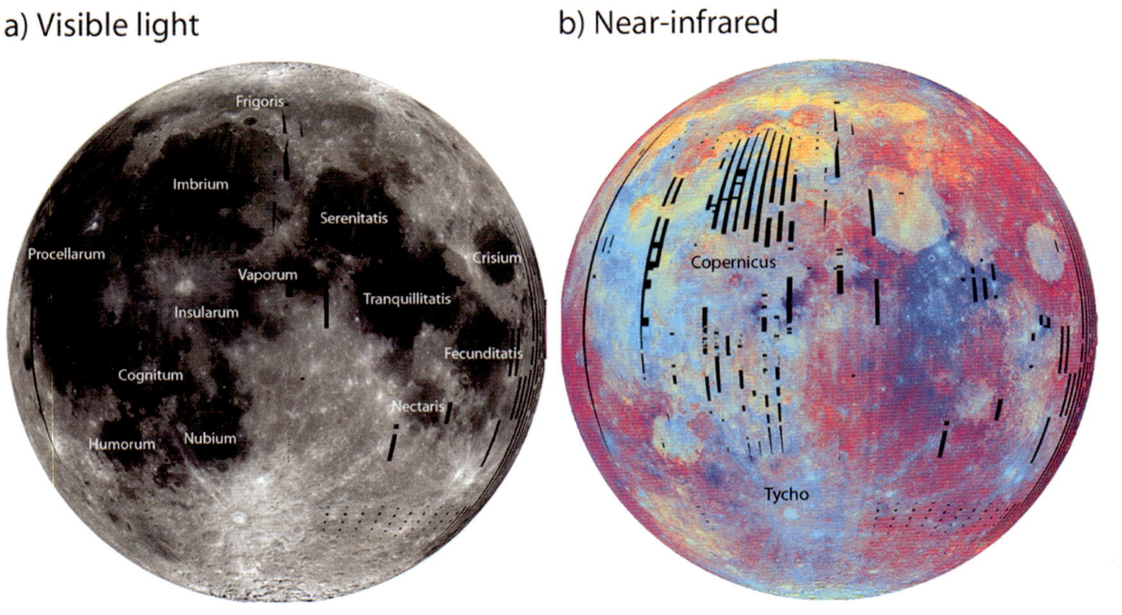

그림 7.3 부드럽고 낮은 반사도 지역은 달의 바다 (Maria)로 불리며 달 앞면의 1/3을 차지한다. 달의 바다는 다량의 범람 현무암이 거대 충돌구 분지를 채워 형성되었다. 여러 세대의 범람 현무암이 미묘하게 다른 화학 조성을 가지고 있음이 근적외선 영상에 나타난다. 대부분의 바다 현무암은 푸른색으로 표시되며, 타이타늄 함량이 높음을 의미한다. 오렌지색에 해당하는 타이타늄 함량이 낮은 현무암은 평온의 바다 (Mare Serenitatis), 추위의 바다 (Mare Frigoris), 비의 바다 (Mare Imbrium) 북부에서 관찰된다. 자주색으로 표현된 달의 고원은 타이타늄과 철의 함량이 적다. 출처: NASA/JPL.

는 거의 없다. 채취한 월석의 조성 분석 결과, 달의 바다는 감람석에서 석영에 이르는 다양한 광물을 포함하는 현무암질 용암으로 확인된다. 달의 바다는 열극 분출(fissure eruption)이 우세한 환경에서 생성되었으나, 화산쇄설구(pyroclastic cones)도 일부 관찰된다. 지구의 범람 현무암보다 높은 분출률 또는 유동성 때문에 얕은 경사면 지역에서 100 km 이상 흐른 달의 범람 현무암이 관찰된다. 달의 현무암은 비의 바다 (Mare Imbrium)와 같은 고리 분지의 광범위한 담요 모양 축출물 피복 (ejecta blankets) 위에 분포한다. 현무암의 생성 이후에 형성된 비교적 규모가 작은 축출물 피복은 코페르니쿠스 (Copernicus) 충돌구와 같은 후기 형성 화구와 경계를 이룬다.

선임브리안 기(pre-Imbrian)의 화산들은 충돌에 의한 용융이나 표면 아래 300~500 km의 용암 바다로부터 구동되었다고 제안된다. 이 용암 바다는 초기 폭격기 (early bombardment period) 동안의 충돌 열과 젊은 지구와의 상호작용으로 인한 조석 열에 의해 생성되었다고 본다. 초기 폭격기에 비의 바다 (Imbrium)와 동쪽 바다 (Oriental) 분지가 생겼고, 대략 39억 년 전에 생성된 범람 현무암이 비의 바다와 동쪽의 바다를 뒤덮었다. 아폴로 (Apollo) 탐사에서 회수한 최고령 월석의 생성 연대는 39억 8천만 년 전이다. 달의 범람 현무암은 지각 기저 부분에서 발생한 부분 용융의 결과이다. 31억 년 전 이후에 생성된 달의 현무암은 지역적인 충돌 용융의 결과이다. 충돌 용융이 발생한 이유는 냉각으로 인해 달의 암석권에 적용되는 고상선 온도가 낮아졌기 때문이다. 그럼에도 43억 년 전에 형성된 현무암이 달의 고지대 화산 각력암에서 발견되었다. 젊은 충돌 화구와의 층서 선후 관계 비교를 통해, 달의 바다 지역에 분포하는 현무암 일부가 대략 1억 년 전에 분출되었을 수 있다고 보고되었다 (Xu et al., 2021). 화학 조성과 동위원소 분석 결과 일부 후기 화산쇄설물은 대략 400 km 깊이의 맨틀 기원으로 확인된다. 달의 바다 지역에 분포하는 현무암의 두께는 일반적으로 수백 m이고, 일부 분지에서는 최대 6 km에 이른다. 물과 수화광물의 부재를 제외하면, 달의 바다 지역에 분포하는 현무암은 지구의 현무암과 화학 조성이 매우 유사하다 (표 7.2, 그림 7.2).

현재 달의 화산 활동은 전혀 활발하지 않다. 지난 400년간의 관찰에서 달의 바다 주변부의 아리스타르코스 (Aristarchus)와 같은 젊은 충돌구에서 달의 과도현상(transient lunar phenomena)이 300회 이상 목격되었다. 달의 과도현상은 수 초에서 수 분 사이 지속하는 소규모 발광과 지역적인 표면색 변화이다. 윌리엄 허셜 (William Herschel)은 1783년과 1787년에 관찰된 달의 과도현상이 화산 활동 기원이라 처음 제안하였다. 현재 인정되는 달의 과도현상에 대한 정설은 궤도 근일점에서 조석력에 의해 유도된 월진이나 열 응력에 의해 촉발된 가스 방출 현상이다. 달의 바다에서 아폴로 15호, 16호의 분광계가 관측했던 라돈이 유력한 방출 가스로 거론된다. 아리스타르코스 충돌구 주변에서 분자 수소의 관측이 보고된 적도 있다. 조석력을 바탕으로 한 달의 과도현상에 대한 설명은 1969년~1977년 사이에 관찰된 1,000회 이상의 월진 특성과도 일치한다 (Crotts, 2009).

임브리움기 이후 생성된 퇴적물은 달의 바다를 중심으로 달의 앞면에 집중적으로 분포한다. 1994년 크레멘타인 (Clementine) 탐사 이전에는, 이런 분포가 달 뒷면에 고도가 높은 두꺼운 지각으로 인해 정수 평형을 이루기 위한 용암의 이동을 방해했기 때문이라는 의견이 지배적이었다. 크레멘타인 탐사 결과, 달의 평균 지각 두께와 지역적으로 관찰되는 지각 두께 사이의 큰 차이가 확인된다. 특히 달의 뒷면 중앙부의 지각 두께는 달의 평균 지각 두께보다 100 km 이상 두껍다. 이론적인 관점에서 정수 평형으로 형성되는 용암 분지는 말끔한 원형의 가장자리를 형성한다. 달의 바다에서 정수 평형을 지시하는 말끔한 원형의 가장자리를 보유한 분지도 일부 확인되고, 정수 평형에 이르지 못해 거친 가장자리를 보유한 분지도 관찰된다. 이런 가장자리 형태의 차이는 마그마가 용암으로 고화될 당시 지각의 파쇄 강도 차이에 의해 발생한다. 결론적으로 용암이 채워지는 시기에 정수 평형이 가능하지 않았음을 시사한다.

1970년대에 마리너 10호가 확인한 수성의 평탄한 평원과 충돌구 연결 평원이 범람현무암 분출물에 의해 생성되었다는 해석이 제시되었다. 달의 바다처럼 평원 생성 이후에 하부로부터 마그마가 제공되어 현무암 채우기가 진행되었다는 대안도 부상하였다. 그러나 범람 현무암 분출 당시 축출물이 상부로부터 제공되며 동시기에 평원이 충진되는 의견이 수성 표면의 구조를 설명하기에 더 적합하다. 이는 수성이 다른 지구형 행성과 달리 중폭격기 (heavy bombardment period) 이후 상당한 수준의 용융을 겪지 않았다는 의미이다. 수성의 분화에 대한 정보는 자기장의 형성과 냉각에 의한 수축에 이미 포함되어 있다. 특히 냉각으로 수성의 표면에 많은 엽상 절벽이 형성되었다. 만약 평원의 분지가 후기의 현무암으로 채워졌다면, 이전에 형성된 충돌 분지에 최근의 화산 활동이 관찰되어야 한다. 2010년대 초, 수성 궤도 탐사선 메신저

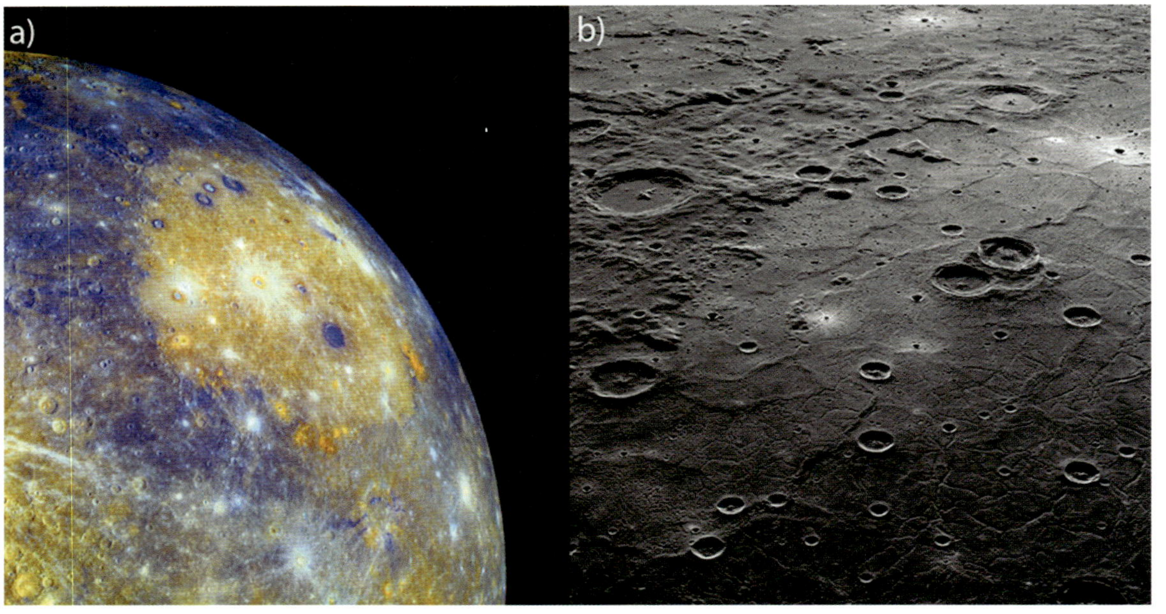

그림 7.4 (a) 메신저(MESSENGER) 우주선이 촬영한 지름 1,500 km의 칼로리스 분지 (Caloris Basin) 의 가색 영상. 분지의 가장자리와 내부를 푸른색과 오렌지색으로 보정하였다. 칼로리스 분지 남쪽 가장자리의 가장 밝은 오렌지색 부분은 고해상도 이미지에서 화산체로 식별되었다 (Murchie et al., 2008). (b) 메신저 우주선이 사선 방향으로 촬영한 칼로리스 분지의 내부 확대 영상 (너비: ~330 km)이다. 분지 내부를 뒤덮은 화산 분출물 중심부에서 습곡과 단열 구조가 관찰된다. 출처: NASA/Johns Hopkins University Applied Physics Laboratory/Carnegie Institution of Washington.

(MESSENGER)는 이 논쟁의 종지부를 찍는 자료를 확보하여, 후기 범람 현무암 분출설의 타당성을 입증했다(Self et al., 2015).

지역적으로 관찰되는 충돌구와 현무암 분지 채우기 이외에도 엄청난 용암 분출의 기록이 수성에서 발견된다 (그림 7.4). 북극 주변 지역에서 수성 전체 표면의 약 6%를 차지하는 매끄러운 평원 지역이 확인된다. 북극 주변 지역의 평원은 점성이 낮아 유동성이 큰 용암이 과거에 형성된 고대 화구 지형을 1 km 이상 채우며 형성되었다(Head et al., 2011). 궤도선의 X선 분광계 측정 자료를 통해 북극 주변 지역 평원의 구성 암석은 지구의 코마티아이트 (komatiite)와 유사한 초고철질 암석이다 (Hofmeister, 2019). 참고로 지구의 코마티아이트는 지구 상부 맨틀의 온도가 지금보다 훨씬 고온이던 초기 원생대에 생성된 초고철질 암석이다. 충돌구 밀도 분포를 토대로 계산한 수성 북극 주변 지역 초고철질 암석의 연대는 약 37~38억 년 전이다. 이는 중폭격기 말에 수성 내부의 열적 진화에 대한 중요한 단서를 제공한다. 물론 달과 유사하게, 최근 1억 년 전까지도 지속된 수성의 화산 활동 증거가 라흐마니노프(Rachmaninoff) 분지에서 관찰된다 (그림 7.5).

화성의 발레스 마리네리스 (Valles Marineris) 계곡에서 관찰되는 층층이 쌓인 화성암 노두는 광범위하게 분포하는 범람 현무암의 증거이다. 화성의 노아키아기 말기에 두 지역에 형성된 범람 현무암의 중심은 타르시스 고원 (Tharsis Montes)과 엘리시움 평원 (Elysium Planitia)이다. 타르시스 고원과 엘리시움 평원 하부에 초기 중폭격기에 생성된 거대 표토층이 발견된다. 주름 능선은 화성의 충돌 분지와 달의 바다에서 모두 관찰된다. 달의 바다에서처럼 주름 능선은 범람 현무암 상부에 있는 지각의 냉각으로 발생한 균열과 변형으로 생성된다. 지난 20년간 화성을 공전하는 궤도선이 장착한 초고해상도 영상 촬영 장비로 표면 구조를 자세히 조사하여, 범람 현무암의 분출 범위와 용암의 표면 이동 속도를 파악하였다. 물론 화성 표면의 직접 관찰이 아직 불가능하여, 지구에서 측정된 범람 현무암 용암의 표면 이동 속도 자료를 바탕으로 (Keszthelyi et al., 2006) 화성의 환경으로 외삽하는 분석을 사용한다 (Dundas et al., 2019).

화성의 표면에서 활동하는 로버가 놀랍게도 단순한 현무암이 아닌 다양한 화학 조성의 화성암을 확인했다 (Filiberto, 2017). 다양한 조성의 알칼리 화산암 (그림 7.2)은 열수에 의한 변성 교대작용을 받은 맨틀의 부분 용융, 부분 용융 정도가 높은 저압 형성 마그마, 얕은 마그마방에서 분별 작용이 발생한 사방휘석 (orthopyroxene) 이 풍부한 용암 등, 다양한 경로를 통해 생성된다 (Sautter & Payre, 2021).

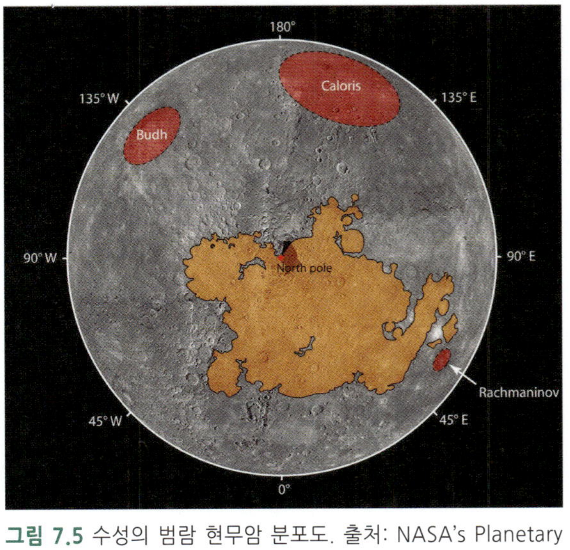

그림 7.5 수성의 범람 현무암 분포도. 출처: NASA's Planetary Image Archive 15190, NASA/Johns Hopkins University Applied Physics Laboratory/Carnegie Institution of Washington, Head et al. (2011).

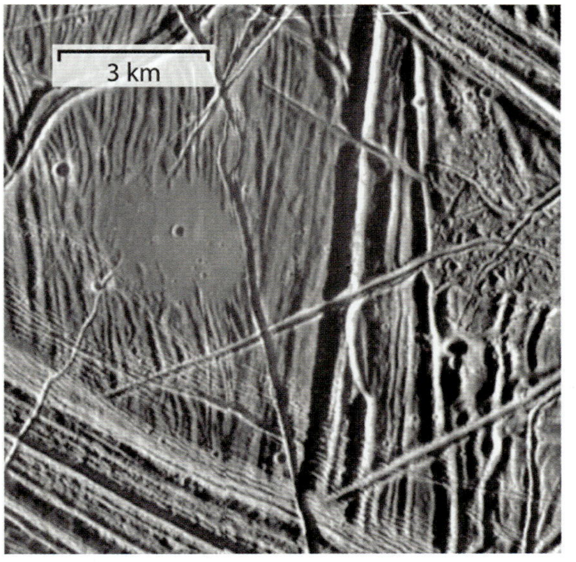

그림 7.6 갈릴레오 (Galileo) 탐사선의 고해상도 영상에서 유로파의 극저온 얼음 분출물의 범람이 확인된다. 약 30 km^{2}에 해당하는 기존의 능선 지형 일부를 뒤덮은 점성이 낮은 극저온 얼음 분출물이 저지대의 연못 지형을 형성한다. 출처: NASA/JPL/Arizona State University.

목성의 위성 가니메데의 바다는 얼음으로 뒤덮여 있다 (그림 6.10). 가니메데 얼음 표면의 3분의 2에 해당하는 영역은 소수의 화구가 관찰되는 밝은 지형이다 (Schenk, 2009). 액체 상태의 물과 얼음 슬러시로 구성된 분출물은 확장형 골짜기를 채운다. 고립된 칼데라도 보이는데, 이는 지구대 형성 이전에 생긴 것으로 보인다 (그림 6.11). 홍수 발생 이후 지각의 확장으로 밝은 지형에 홈이 파인 지형이 발달한다.

점성이 낮은 얼음물의 분출이 목성의 위성 유로파에서 관찰된다 (그림 7.6). 유로파의 매끄러운 평원은 능선의 발달로 크게 변형된다 (Lesage et al., 2021). 해왕성의 위성 트리톤 역시 점성이 낮은 얼음물의 분출로 표면이 광범위하게 재형성되었다. 1989년 보이저 2호가 촬영한 트리톤 남반구의 영상 자료 (그림 7.7)에서 루아흐 평원(Ruach Planitia)과 투오넬라 평원 (Tuonela Planitia)의 분지 범람

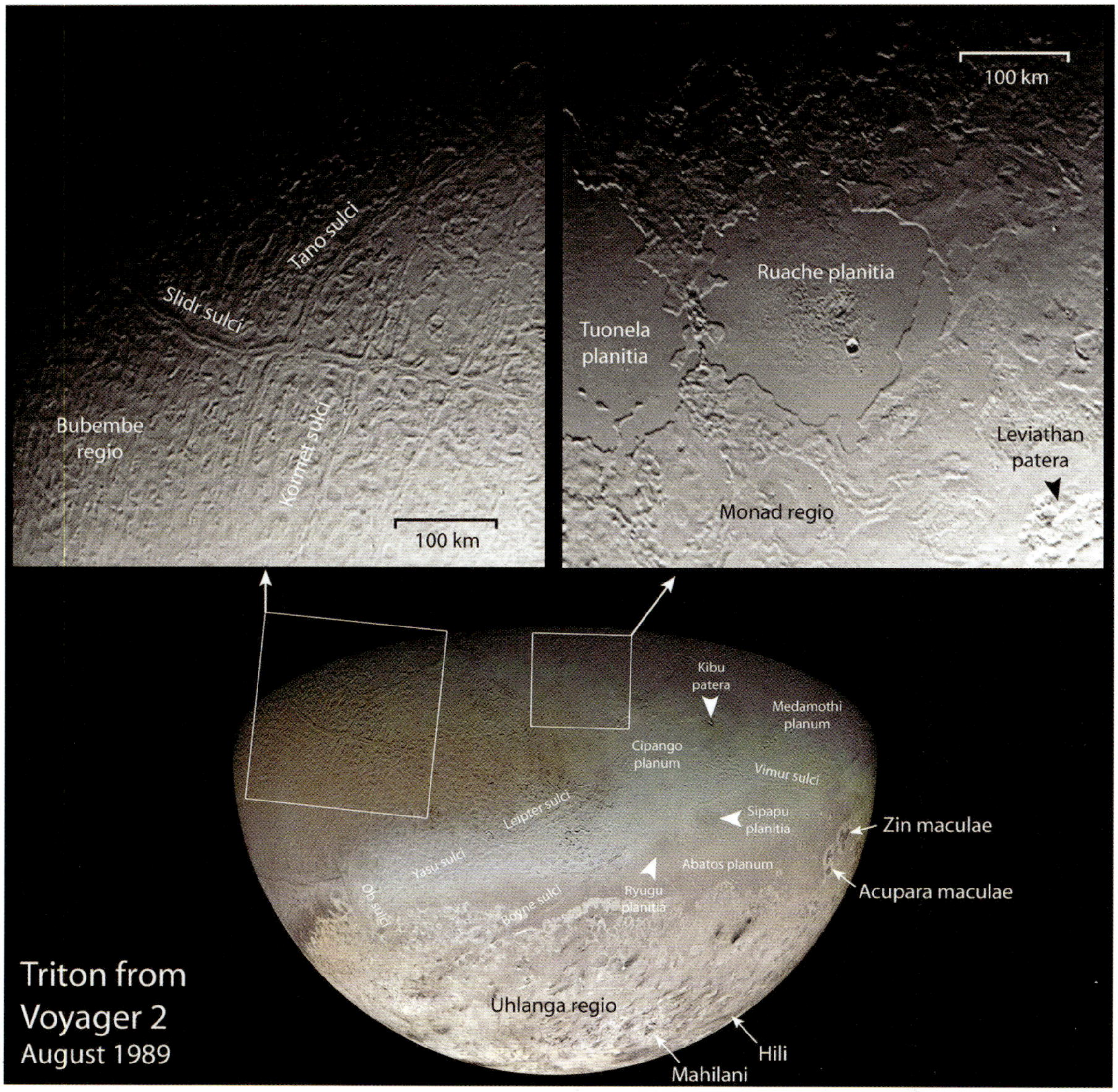

그림 7.7 보이저 (Voyager) 2호의 통과 비행 중에 촬영한 트리톤의 남반구 영상이다. 활성화된 두 개의 열점 마힐라니 플룸 (Mahilani plume)과 힐 플룸 (Hill plume)은 그림 7.17에서 자세히 소개한다. 출처: NASA's Planetary Image Archive 00317, 1537, and 01538, NASA/JPL/United States Geological Survey (USGS).

이 뚜렷하게 관찰된다 (그림 7.7). 이전에 생성된 충돌구의 바닥을 덮는 매끄러운 퇴적물이 두 평원에서 모두 확인된다. 루아흐 평원 중앙의 얼룩덜룩한 지역은 극저온 화산의 얼음재 퇴적물로 해석된다. 시파푸 평원 (Sipapu Planitia)과 류구 평원 (Ryugu Planitia)은 트리톤의 또 다른 범람 분지이다. 루아흐 평원 동쪽에는 극저온 화산 칼데라 레비아탄 파테라(Leviathan Patera)와 키부 파테라 (Kibu Patera)에서 흘러내린 매끄러운 얼음 지형이 관찰된다. 루아흐 평원 서쪽과 부벰베 지역 (Bubembe Regio)은 조개껍질과 유사한 '캔탈루프' (cantaloupe, 캔탈루프 과일의 껍질과 유사) 지형이다. 트리톤의 캔탈루프 지형은 목성의 위성 유로파에서 관찰되는 렌즈 지형과 유사한 기원으로 설명된다 (그림 10.4). 트리톤의 캔탈루프 지형에서 유로파의 얼음 해령 (그림 6.9)과 유사한 특징들이 관찰된다 (Culha & Manga, 2016). 충돌구의 결여와 테두리가 없는 작은 침강 구덩이의 발달로 미루어 볼 때, 이 지형은 극저온 화산암 분출물로 재포장되었음을 시사한다.

용암류

단일 용암류의 길이는 마그마 분출량과 용암의 유동학적 특성에 의해 결정된다. 온도가 감소하며 휘발성 물질이 방출되면 마그마의 점성은 증가한다 (그림 7.8). 반면, 감람석과 같은 광물이 결정화되는 과정에서 방출하는 잠열에 의해 냉각이 지연되는 경우 마그마의 점성이 낮아지기도 한다. 용암의 열 손실은 주로 대류 운동 때문에 발생하며 대기로의 전도, 하부 암석으로의 전도, 주변으로의 복사도 열 손실의 요인이다(Wilson & Head, 1983). 중력 가속도가 낮은 행성체의 용암류 두께와 길이는 더 두껍고 긴 경향이 있지만, 단일 용암류의 최대 길이는 용암이 분출하는 균열의 폭에 더 큰 영향을 받는다. 흐르는 용암의 표면에 얇게 발달한 껍질층이 효과적인 단열을 유지하면, 껍질 내부에 용암이 지속해서 흐르는 용암 동굴이 형성된다 (Bruno & Taylor, 1995).

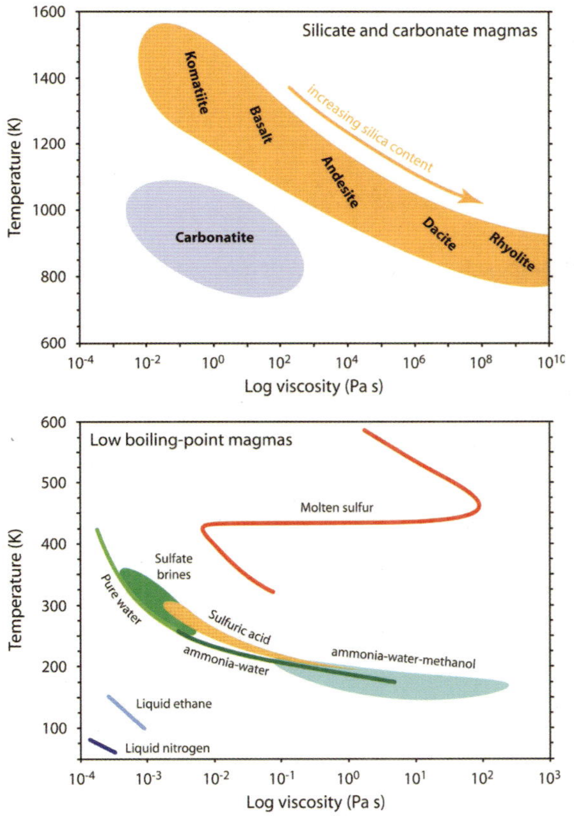

그림 7.8 (a) 조성이 서로 다른 용암의 유효 점성을 비교한 자료이다. 용암의 점성 변화는 분출 화산체의 기하학적 형태를 좌우하기 때문에 원격으로 탐지된 자료를 분석하는데 중요하다. (b) 행성 이미지를 해석할 때 휘발성 물질 (황, 암모니아, 메타놀)의 영향을 고려해야 한다. 위 아래 그림에서 수평 축적이 다름에 유의. 출처: Kargel et al. (1991), Rumble (2023).

금성 표면에서의 고온 환경으로 인한 비효율적 냉각 때문에 용암은 다른 행성체에서보다 적어도 2 ~ 3배 먼 거리까지 흐르게 된다. 또한, 표면의 높은 온도는 상승하는 마그마의 냉각을 최소화하여 용

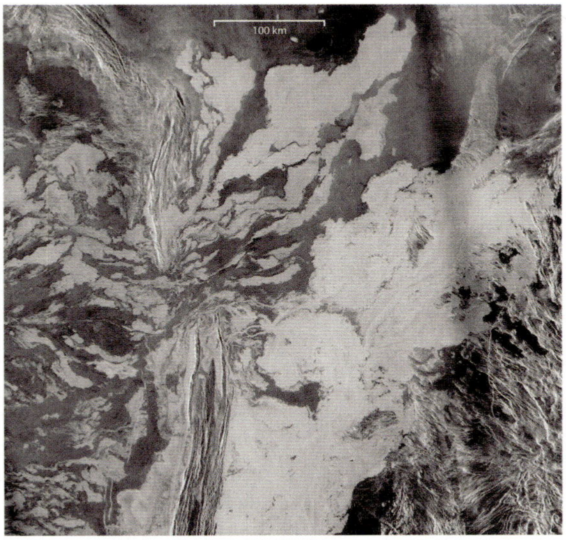

그림 7.9 금성의 마일리타 플럭터스 (Mylitta Fluctus)의 용암류. 이 손가락이 겹쳐 보이는 용암류는 서쪽의 아마바루 칼데라 (Amavaru caldera)에서 발원하여 300 km 이상 뻗쳐있다.
베네라 (Venera)와 베가 (Vega) 우주선의 측정에 의하면 금성 평원은 현무암이 지배적이다 (그림 7.2). 금성의 표면은 고온 (750 K)이지만, 이산화탄소 조성의 고압 (92 bar) 대기는 빠르게 냉각하게 하며 지각 형성을 증진한다. 또한 고지대에서의 활동을 저지한다. 활동적인 균열이 없어 열구 용암류의 전체 부피가 제한된다. 출처: NASA.

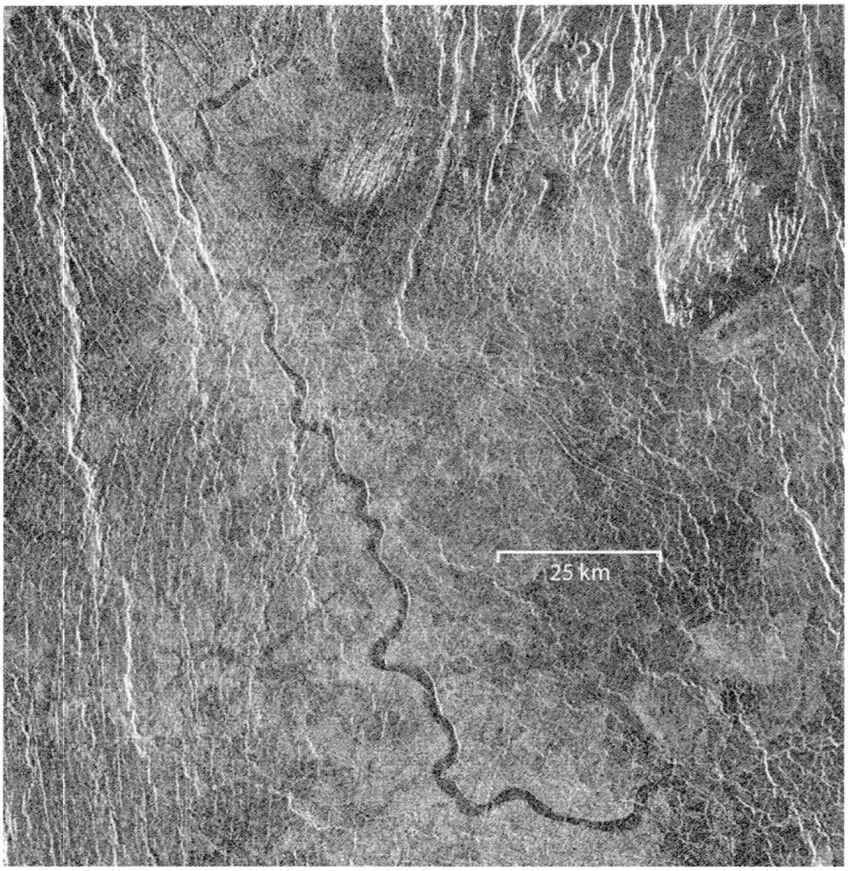

그림 7.10 금성의 바티스 계곡 (Batis Valli)은 태양계에서 가장 긴 계곡이다. 바티스 계곡의 폭은 1.8 km이고, 길이는 무려 7,000 km 이다. 높은 표면 온도와 건조한 환경 때문에 금성의 침식은 유일하게 용암 또는 점성이 낮아 잘 흐르는 카보너타이트 (carbonatite) 용암이 의해 진행되었다고 믿어진다. 물론, 동위원소 분석이 증거하는 과거 습윤하던 시절에 이 지형의 모양은 물이 흘러 침식되었을 가능성을 배제할 수 없다. 출처: NASA.

그림 7.11 아폴로 15호 우주비행사 제임스 어윈(James Irwin)이 하들리 함몰 용암굴 (Hadley Rille) 입구로 향하는 영상이다. 하들리 함몰 용암굴의 폭은 1.5 km, 깊이는 300 m, 길이는 120 km이다. 함몰 용암굴 (rilles)은 개방된 용암류나 용암굴 천정이 붕괴되어 형성되며. 대부분 달의 바다에서 관찰된다. 출처: NASA.

암 분출 속도의 증가를 유발한다. 많은 금성 충돌구에서 용암 유출 지형이 관찰된다. 충돌로 생성된 용융물은 침식형 유출 지형을 형성하고, 용융물과 결합한 기화 물질과 유동화 고체 파편은 퇴적형 유출 지형을 형성한다. 용암 유출 지형을 형성한 마그마의 점성은 10^{-1} 에서 10^{6} Pa · s 범위로 추정되는데, 작은 점성 값은 충돌 용융에 해당하고, 큰 값은 액체화된 파편과 기화 물질이 용융물에 섞인 경우에 해당한다.

구소련 베네라(Venera)의 감마선 분광기와 베가(Vega)의 X선 형광 측정 자료는 금성 용암류가 주로 현무암 조성임을 보인다 (그림 7.9). 밀도가 높은 금성의 대기는 휘발성 물질의 체류에 유리하나, 대류 냉각을 촉진하는 양면성을 지닌다. 따라서 같은 분출 속도를 가정하면 금성 용암류의 길이가 지구 용암류의 길이보다 20% 이상 연장되기 어렵다. 금성의 구불구불한 용암 채널은 매우 유동적인 고온 마그마의 장기간 대량 분출 과정에서 발생한 용암 침식의 결과이다 (그림 7.10). 고온 마그마의 일부는 지구에서 드물게 관찰되는 탄산염이 풍부한 카보너타이트 (carbonatite) 용암이라 여겨진다 (Bussey et al., 1995; Baker et al., 1997). 얼음 위성에서 표면의 물은 용암처럼 흐르듯이, 금성의 표면에서는 용암이 물처럼 거동한다.

달의 일부 지역에서 발견된 긴 용암류는 최대 10m 너비의 확장 균열 때문에 생성된다. 구불구불한 함몰용암굴 (rilles)의 존재 (그림 7.11)는 마그마의 높은 방출량 때문에 형성된 난류에 의해 발생한 용암 침식으로 해석된다 (Wilson & Head, 1983).

용암류의 조성에 대한 분광학적 자료나 화학 분석 데이터가 없는 경우, 용암류의 기하학적 구조는 마그마의 조성과 물리적 특성에 대한 정보를 제공할 수 있다. 지구에서의 체계적인 연구를 통해 개발한 모델을 사용하여 달과 화성의 용암류의 규모를 용암류의 크기, 경사도, 제방의 폭으로부터 추정할 수 있다. 여기서 용암이 유한한 탄성한계점을 가진 소성체처럼 반응한다고 가정한다. 원격 탐사 자료만 존재하는 경우, 속도 측정 자료가 없어 용암의 점성 추정이 사실상 불가능하다. 단열 상태를 유지하는 용암동굴은 노출된 용암류보다 길어진다. 달의 구불구불한 함몰용암굴 (rilles)과 화성의 몇몇 용암 채널은 천장 껍질이 사라진 용암 동굴로 보인다.

점성과 탄성한계점 사이의 상관관계가 명확히 정립된 지구의 자료가 화성과 달의 용암류에 어느 정도 성공적으로 확대 적용되었다. 물론 내재한 많은 불확실성을 참작하면서, 화성의 용암은 고철질이나 초고철질 조성의 현무암의 특징에 해당하는 낮은 탄성한계점과 낮은 점성을 가진다고 추정된다 (표 7.1, 그림 7.2).

보이저 1호와 2호의 화상 자료로 만든 이오의 지형도에서, 총면적의 10%에 해당하는 층상 평원이 최대 1,700 m 높이의 절벽으로 둘러싸여 있다. 이오 표면의 40%에 해당하는 부분은 화산 분화구 사이의 평원이다. 갈릴레오 우주선이 획득한 열 방출 측정 자료로 확인된 고온 (700~1,800 K) 마그마의 존재와 수 km 높이의 산을 지탱할 만큼 견고한 지각은 이오의 화산 활동이 일부 규산염 마그마에 의한 것임을 보인다. 태양계 탐사 초기부터 이오의 화산은 황 화산 활동 (sulfur volcanism)의 산물로 인식되었다. 온도에 따라 흰색, 노란색, 주황색, 갈색, 검은색으로 변하는 황의 특성을 이용하여 추정한 황화물 마그마의 분출온도는 380~700 K이다 (Keszthelyi et al., 2004). 비소 같은 금속 불순물의 함유는 황화물 마그마의 색상을 극적으로 변화시킬 수 있으므로, 이오의 영상 해석에 각별히 유의해야 한다.

화산체와 관입

화산의 형태, 조성, 규모는 행성체의 열적 진화와 동적 변화를 반영하는 중요한 지시자이다. 화산체의 경사는 용암의 점성, 용암 분출 속도, 휘발성 물질의 함량에 의해 결정된다. 화산체의 규모는 정수평형과 행성 역학에 의해 좌우된다. 고온 화산의 마그마는 규산염, 황 화합물, 탄산염으로 구성되며, 극저온 화산의 마그마는 얼음물이다. 마그마는 표면으로 분출하기도 하고, 지하에서 고결되기도 한다. 마그마의 종류와 무관하게 마그마의 고화는 행성체 표면의 지형 변화를 유발한다.

큰 점성의 마그마는 볼록한 형태의 화산을 형성한다. 금성에서 관찰된 약 145개의 팬케이크 돔은 전형적인 볼록한 형태의 화산체 (그림 7.12)로 지름이 10~100 km이고 높이가 최대 4,500 m에 달한다 (McKenzie et al., 1992c). 금성의 팬케이크 돔과 가장 유사한 지구의 볼록한 형태 화산체는 부피가 ~1 km^3인 석영안산암-유문암(dacitic-rhyolitic) 돔이다. 섬록암-유문암 돔은 수렴경계, 발산경계, 판 내부에 생성되는 대형 칼데라, 열곡과 같은 다양한 지구조 환경에서 관찰된다. 물론 금성의 팬케이크 돔은 지구의 섬록암-유문암 돔보다 100~1,000배 가량 부피가 크다. 초기에 생성된 지각의 하부에서 지속된 변형의 증거가 발견된 점과 현재의 기후와 대기 조건을 고려하면, 금성의 팬케이크 돔은 현무암질 조성으로 판단된다. 만약 유문암 (rhyolitic) 용암 위에 형성된 지각이라면 금성의 팬케이크 돔은 이미 큰 덩어리들로 쪼개졌어야 한다. 그럼에도 불구하고, 돔의 단면 곡선은 [10^{14}~10^{17} Pa · s]의 점성을 가진 유문암질 조성의 뉴턴 유체와 흡사하다.

금성의 화산은 중력에 의해 붕괴할 정도로 크게 성장하지 않는다. 특히 높은 대기 밀도는 폭발적인 분출을 유발하는 휘발성 물질의 용리 작용을 억제한다. 해안가에 분포하는 지구의 대형 화산 일부는 경사 불안정으로 대규모 암설류가 발생하며 쓰나미를 유발한다고 의심된다. 실제 대규모 암설류의 발생은 카나리아 (Canary) 제도에서 확인된다. 화산 붕괴는 지구와 화성에서 빈번하게 발생하는 현상이다. 1980년 5월 18일 미국 워싱턴주 세인트 헬렌스 (Saint Helens)에서 발생한 화산 붕괴는 마그

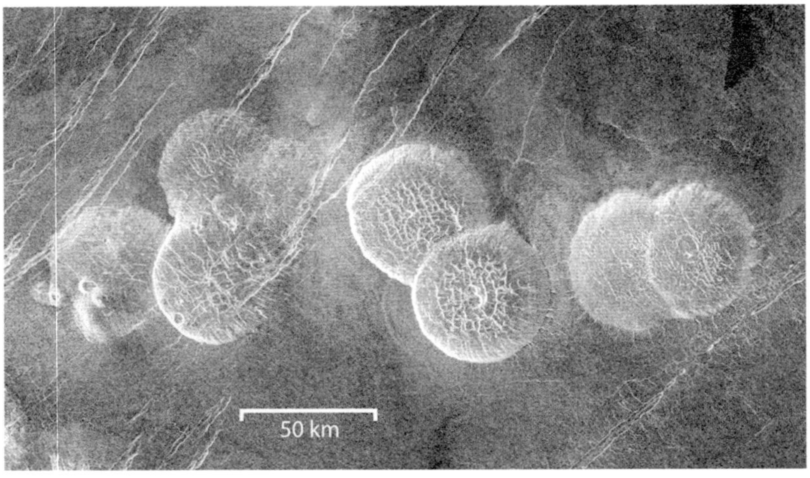

그림 7.12 금성의 팬케이크 돔(Pancake dome). 대부분 금성의 화산은 점성이 낮은 현무암으로 구성된 순상화산이다. 일부 화산체는 점성이 높고 저지대에서 돔 형태로 작은 군집을 형성한다. 돔은 수십 km의 너비와 1 km의 높이를 가진다. 용암의 후퇴에 따른 냉각으로 발생한 균열이 팬케이크 돔의 표면에서 관찰된다. 출처: NASA.

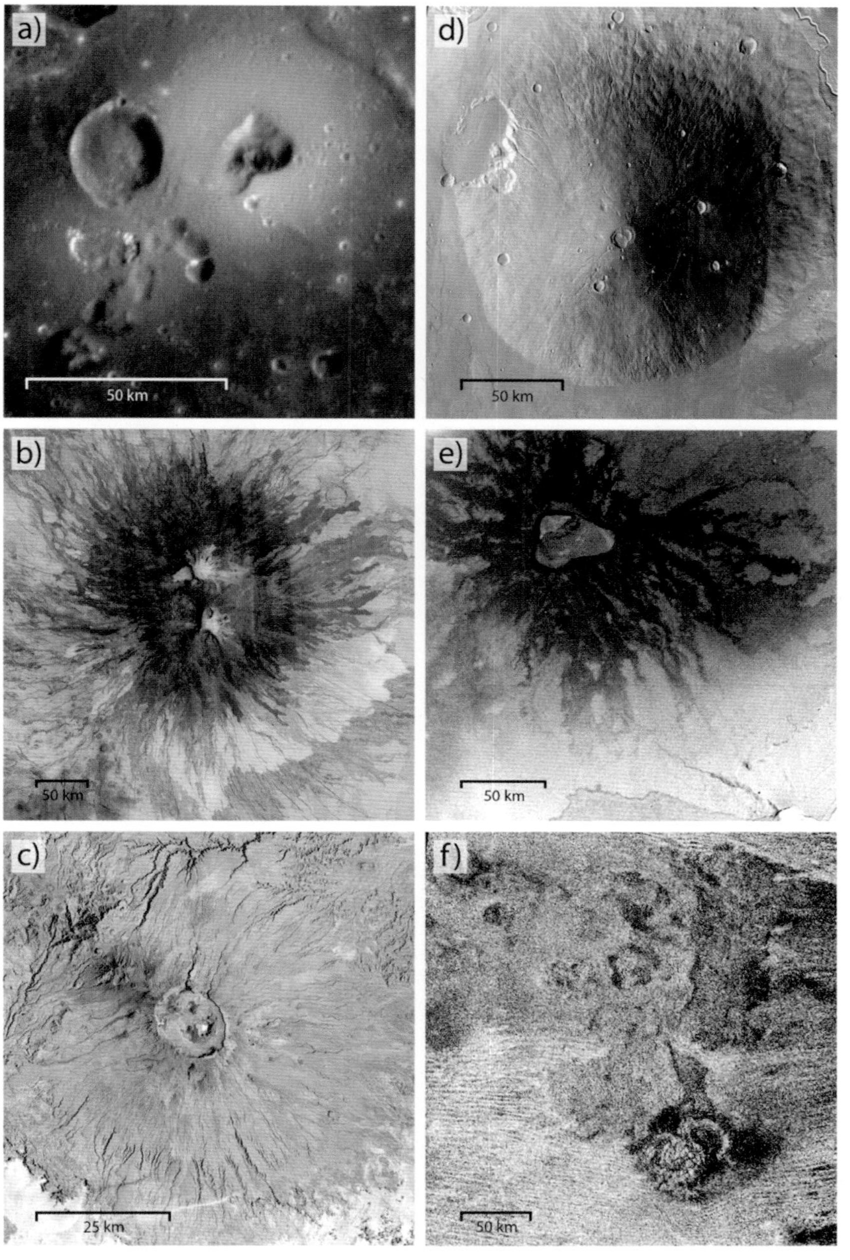

그림 7.13 태양계의 칼데라와 방패 모양 화산체들. (a) 수성. 밝은 세립질 화산쇄설물로 채워진 분지 내부에 방패 형태의 함몰대가 관찰된다. 출처: NASA/JPL/JHUAPL/Carnegie Institute of Washington/United States Geological Survey (USGS). (b) 금성의 사파산 (Sapas Mons)은 대형 화산 구조물인데, 정상부의 칼데라, 동심원 형태의 균열, 손가락 모양의 방사상 용암류, 화산의 측면을 따라 발달한 다수의 화산 언덕이 관찰된다. 출처: NASA. (c) 아프리카 차드 (Chad)의 티베스티 (Tibesti) 산맥의 에미 쿠시 (Emi Koussi)산에서 화산 쇄설물 (pyroclastic)이 방패 모양으로 축적된 순상화산이다. 부서지기 쉬운 미고결 화산재층을 절단하는 화산쇄설물 구조가 확인된다. 출처: NASA/JSC. (d) 화성의 엘리시움 산(Elysium Mons) 인근의 헤카테스 톨루스산 (Hecates Tholus)은 용암과 화산재 복합 축적으로 이루어진 순상화산이다. 분화구 밀도 연대 결정 분석 결과, 이 산은 수천만 년 전에 형성된 젊은 화산체이다. 출처: NASA/JPL. (e) 이오의 마사우 파테라 (Maasaw Patera)는 높이 1 km의 순상화산이다. 내부에 있는 넓고 평탄한 용암 호수는 방사상으로 뻗어가는 손가락 모양 용암류의 기원지이다. 용암류는 추출된 규산염과 황 기반 액체이다. 출처: NASA/JPL. (f) 소트라 파테라(Sotra Patera)는 타이탄에서 확인한 유일한 극저온 화산체 후보이다. 적외선 반사도 레이다 영상에서 동남쪽의 어두운 부분은 극저온 화산의 칼데라 (깊이 1.5 km)이다. 칼데라를 둘러싸는 지형은 1 km 높이의 둠산 (Doom Mons)이다. 칼데라의 엽상류 (lobate flow) 분출이 북서쪽에 집중되어 모히니 플럭터스 (Mohini Fluctus)를 형성한다. 밝게 관찰되는 선구조는 종사구 (longitudinal dunes)이다. 레이다 영상 (b, f)는 가시광/근적외선 영상에 비교하여 밝기가 반전되어 있음에 유의할 것. 출처: NASA/JPL-Caltech/United States Geological Survey (USGS)/University of Arizona.

마의 관입으로 촉발되었다. 물론 지진이나 침식도 화산 붕괴의 원인으로 고려된다.

맥스웰 산 (Maxwell Montes)은 금성의 최대 화산체로 낮은 경사, 800 km의 지름, 11 km 높이의 순상화산이다 (그림 7.13). 이를 순상화산이라 부르는데 주저하는 연구자들도 있다. 태양계에서 가장 큰 순상화산은 화성에서 관찰된다. 화성의 올림푸스산(Olympus Mons)은 태양계에서 가장 높은 화산이지만, 화성의 아르시아산 (Arsia Mons)은 태양계에서 가장 부피가 큰 화산이다. 지구의 하와이와 갈라파고스 화산체처럼 일련이 현무암 용암류에 의해 축적된 완만한 볼록 구조체이다. 올림푸스산은 주변 평원보다 24 km 높고, 지름은 거의 600 km이다. 인접한 세 개의 순상화산 아르시아산, 아스크라에우스산 (Ascraeus Mons), 파보니스산 (Pavonis Mons)과 주변의 고도가 높은 지역이 타르시스 고원 (Tharsis Montes)을 형성한다. 타르시스 고원의 돌출부 북쪽 끝에 있는 알바산 (Alba Mons)의 지름과 높이는 1,500 km와 6 km이다. 참고로 하와이 마우나로아 (Mauna Loa)의 지름과 해저로부터의 높이는 120 km와 9 km이다.

충돌구 개수 밀도로 추정한 올림푸스산의 생성 연대는 25억 년 전에서 15억 년 전으로 화성의 화산 활동이 종료된 시기에 해당한다. 그러나 화성 정찰 궤도선(Mars Reconnaissance Orbiter)와 마스 오디세이(Mars Odyssey)의 영상 분석에서 충돌구가 없는 광범위한 화산 평원이 발견되었다. 따라서 화성의 화산 활동이 최근까지 지속되었음을 암시한다. 또한, 화성의 순상화산들이 약 100만 년 동안 활성화되었고, 그 후 약 1억 년 동안 휴지기를 맞이한 증거도 제시되었다 (Wilson et al., 2001). 즉, 개별 화산체의 활성화 시기는 지역별로 큰 차이가 난다.

폭발형 화산체의 기하학적 형태 변화에 가장 큰 영향을 미치는 요소는 화산의 분출 규모이다. 분출물 입자의 입도와 조성이 비슷한 경우에도, 대기의 역할과 휘발성 물질의 손실로 인해 다양한 형태의 폭발형 화산체가 생성된다. 지구의 폭발형 화산체 관찰 자료를 다른 위성의 폭발형 화산체와 직접 대비하여 해석하기는 어렵다. 예를 들어, 격렬한 플리니언(Plinian) 분출 과정에서 마그마 파편으로 가득 찬 가열된 대기는 화성에서 지구보다 5배 높은 대류 플룸을 형성한다. 지구의 화쇄류 (pyroclastic) 퇴적물보다 입자 크기가 100배 작은 화성의 화쇄류 퇴적물은 낮은 대기압으로 인해 큰 규모의 대류 플룸을 형성한다. 분출구 근처 분출 속도의 제곱에 비례하는 화쇄류의 최대 이동 거리는, 화성이 지구보다 3배 정도 멀다.

화산에서 분출되는 입자의 궤적은 탄도 이동과 대기의 저항력을 모두 고려해야 한다. 고체가 아닌 휘발성 물질과 액체로 분출물이 구성된 경우 궤적의 추적은 더욱 어렵다. 목성의 위성 이오에서 두 가지 유형의 분출이 제안되었다 (Glaze & Baloga, 2000). 이산화황을 분출하는 프로메테우스 (Prometheus)형 분출은 400 K의 온도와 [0.5 km s^{-1}]의 분출 속도를 가정할 때, 높이 50~120 km의 플룸과 지름 200~600 km의 퇴적물을 형성한다. 주로 황을 분출하는 펠레 (Pele)형 분출은 대략 [1 km s^{-1}]의 분출 속도를 가정할 때, 높이 300 km의 플룸과 지름 1,000~15,000 km의 퇴적물을 형성한다. 대안으로 더 높은 온도에서 생성된 규산염 마그마 조성의 화산 활동으로 해석하기도 한다. 이산화황 일부는 응결되어 화산 주변에 흰색 고리를 형성하고, 잔여 이산화황은 표면에서 응결되기 전에 수백 km 거리를 이동하기도 한다.

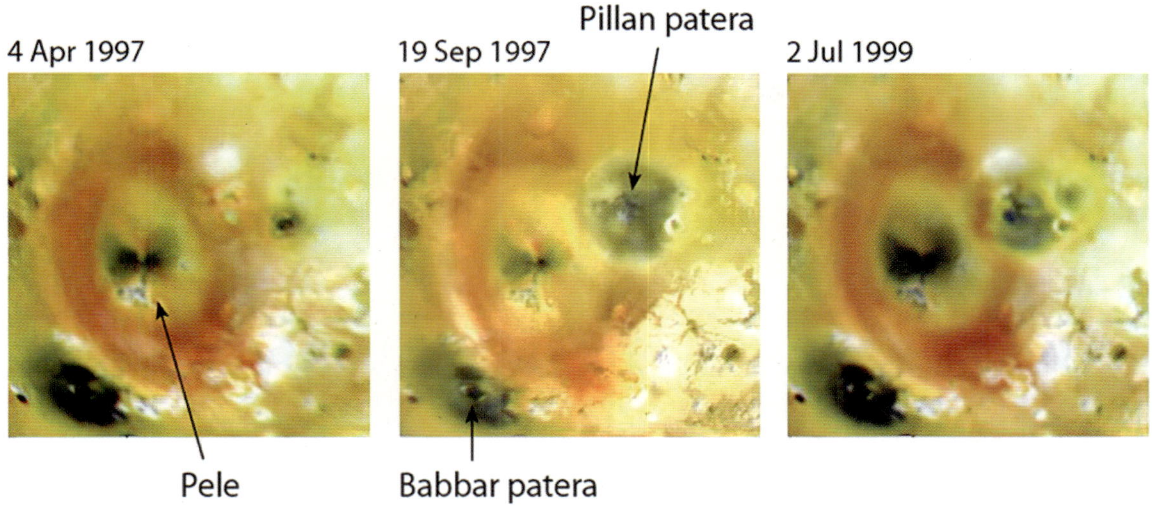

그림 7.14 1997년 4월 4일 이오에서 어두운 순상화산 펠레(Pele)를 황이 풍부한 밝은 노란색 고리가 감싸는 장면이 포착되었다. 노란색 고리는 화산 분출물로 구성된 방출 제트로 300~400 km 고도까지 도달해 우산 모양의 화산재 플룸을 형성한다. 냉각된 방출 제트는 궁극적으로 지표로 가라앉는다. 몇 달 후 펠레 인근의 순상화산 필란 파테라 (Pillan Patera)가 분출하였다. 필란 파테라의 어두운색 분출물이 펠레의 오렌지 고리 일부를 뒤덮는다. 꾸준히 방출된 펠레의 방출 제트가 필란 파테라의 분출물을 다시 뒤덮은 결과가 1999년 7월 2일의 영상에서 확인된다. 출처: NASA/JPL.

자외선 영상 관찰 결과, 이오에서 최소한 한 개의 플룸 중심부는 화쇄류 (응결된 황 액체 방울)로 판단되며, 그 밖의 부분은 미세 먼지나 가스로 구성된 것으로 보인다. 활발한 화산 활동 때문에 이오 표면은 매우 빠르게 변화한다. 보이저 1호와 보이저 2호의 근접 통과 시차 4개월 사이에 상당한 변화가 확인된다. 갈릴레오 우주선의 궤도 이동 과정에서도 이오의 지표 변화가 관찰되었다 (그림 7.14). 지구 기반 망원경 관측 기술의 발전으로 이제 장기적인 화산 활동 모니터링 (그림 7.15)이 가능하다 (de Pater et al., 2021). 이오 표면에 충돌구의 부재가 지시하는 빠른 지표 변화와 단층 절벽과 칼데라 형성에 필요한 탄성임계점을 고려하면, 규산염 화산 활동이 이오의 지표 변화의 주요 원인으로 해석된다.

화성의 칼데라는 지형적으로 선명하게 구분된다. 이는 얕은 마그마방의 활성화 때문인데, 칼데라의 측면 분출과 암맥 형성이 도움을 주었다. 지표 아래 수 km 깊이에 생성된 암맥군은 화성의 타르시스 지역에서 지구대를 형성한다. 방사상으로 분포하는 암맥군은 네 개의 수렴 점이 식별되었으며, 그 위치는 점차 북쪽으로 이동한다. 목성의 위성 유로파의 뚜렷한 어두운 띠 (그림 6.10)는 화성과 유사한 인장 균열 때문에 표면이 채워지며 형성된다.

금성에서 관찰되는 대규모 돔과 유사한 크기의 돔은 북아메리카 서부의 옐로스톤(Yellowstone) 칼데라이다. 분출되는 동안 용해된 물거품에 의해 형성되는 응력은 금성의 돔 형성 응력의 10^{-3}~10^{-4}에 해당하여, 매우 낮은 용암 파편화가 발생한다. 금성의 팬케이크 돔과 지구의 하와이 해저 화산 사이에는 휘발성 용출의 감소라는 유사점이 있는데, 동태평양 융기 (East Pacific Rise)에서의 해저 압력은 25 MPa 이다. 해저 화산의 진화는 부력 증가, 수직적으로 누적된 용암류의 빠른 냉각, 불연속적 분출, 파동 침식의 영향을 받는다 (Bulmer & Wilson, 1999). 달에는 지름 3~20 km의 순상 화산이 약 50

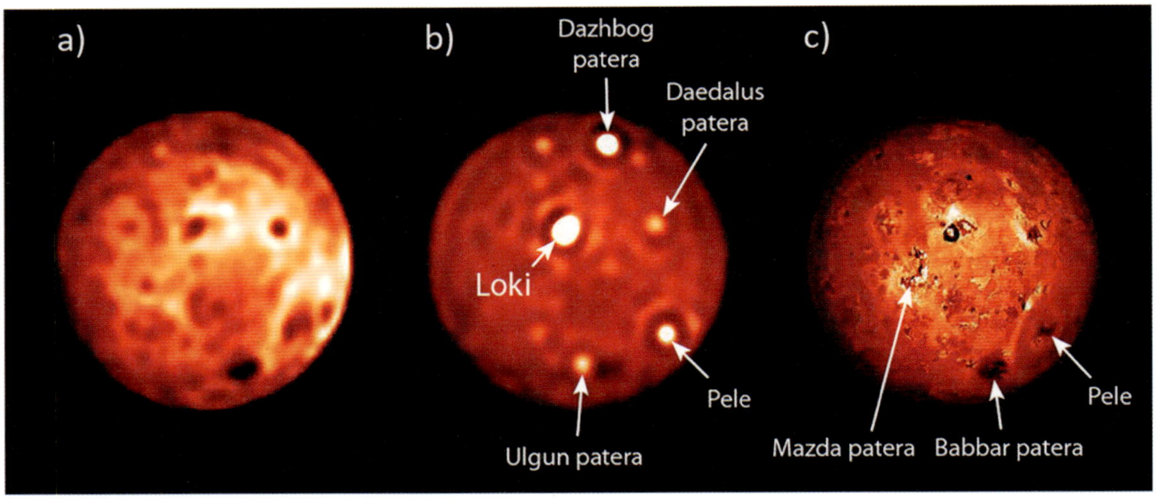

그림 7.15 지구 기반의 Keck-II 망원경으로 (a) K-밴드와 (b) L-밴드를 사용하여 2010년 촬영한 이오의 영상. (c) 갈리레오(Galileo) 탐사선 촬영 영상. 반사도 지형과 화산 중심에서 열적 분출들이 뚜렷이 보이기에, 이오의 화산 활동을 이제 지상에서 추적할 수 있다. 출처: ESO/CfAO.

개 알려져 있다.

금성에는 폭이 수 km에 달하는 방사형의 얕은 지구대가 존재한다. 금성의 지구대는 대부분 팽창 응력이나 암맥군 무리에서 부분적으로 철수된 마그마 때문에 형성된 함몰 구조이다 (McKenzie et al., 1992a; Ernst et al., 2001). 금성의 고지대에 발달한 지구대는 방사형으로, 저지대에 발달한 지구대는 단방향으로 분포한다. 지구대의 반지름은 수백 km에 달하며, 일부 지역에서 2,000 km를 상회한다. 아프로디테 테라(Aphrodite Terra) 고원에서 최대 수평 응력 방향은 지형에 수직이다. 이는 암권 평형 보상(isostatic compensation)이나 맨틀 류(mantle flow)와 암석권의 상호작용에 의한 것으로 보인다.

원형(또는 타원형)으로 성장한 금성의 코로나(coronae)는 다양한 크기 (지름: 65~2,100 km)로 관찰된다. 코로나는 융기된 중앙부, 융기된 가장자리, 외부 해자로 구성된다. 대부분의 코로나는 융기 단계의 화산 활동으로 이해되며, 열도처럼 집중되어있다. 코로나는 거미줄 지형(arachnoids) 와 방사성 균열구조 (novae)와 함께 나타나는데, 이는 코로나의 전조로 생각된다. 이런 전조 지형과 함께 코로나가 널리 분포하는 것은 맨틀 플룸과 그 주변의 엽렬 구조가 금성 열 손실의 주요 통로이며 금성 전체 열 예산의 25%를 담당함을 시사한다 (Smrekar & Stofan, 1997; Adams et al., 2023).

현실적인 맨틀 유동이 고려된 컴퓨터 열역학 시뮬레이션은 맨틀 플룸과 암석권 사이의 상호작용, 지형과 중력의 변화, 지형 변화의 활성화 여부 판단의 기반 자료를 제공한다(Gülcher et al., 2020). 코로나의 지형 굴곡을 이용하여 추정한 코로나 지역의 암석권의 평균 탄성 두께는 [11±7 km]이고 평균 열류량은 [0.101±0.088 W m^{-2}]으로, 지구의 중앙해령에서 관찰되는 열류량과 유사하다. 이는 금성의 지체구조 발달이 플루토닉-스퀴시 (plutonic-squishy) 뚜껑 지체구조 단계임을 지지한다 (Smrekar et al., 2023). *참고로 플루토닉-스퀴시 뚜껑 지체구조 단계의 특징은 섭입이 발생하지 않고*

암석권이 얇으며 판의 이동속도가 매우 빠르다. (역자 주)

카시니(Cassini) 우주선에 탑재된 합성 개구 레이더에 의해 타이탄의 주황색 안개 장막을 뚫고, 타이탄 표면의 50% 가량을 픽셀당 1 km 이상의 해상도로, 표면의 75%가량을 1~5k m의 해상도로 촬영하였다. 표면의 약 14%에서 스테레오 영상화를 위한 반복 관측이 진행되었고, 표면의 약 7%에서 레이더 고도 측량 자료를 획득하였다. 타이탄 표면 해석에 레이더 산란계 데이터, 수동 복사계, 근적외선 영상화, 분광학 자료도 동원되었다 (Lopes et al., 2019). 모든 자료를 취합한 결과 충돌구의 밀도가 매우 낮은 타이탄의 지표는 비교적 최근에 형성되었다 판단된다. 갑작스러운 내부의 변화가 유발한 광범위한 극저온 화산의 분출로 타이탄의 표면이 재형성된다는 해석이 유력한 가설로 받아들여진다. 표면의 재형성이란 관점에서 타이탄과 금성의 지질학적 역사는 매우 유사하다. 실제 금성의 표면은 8~10억 년 전에 분출한 범람 현무암으로 재형성되었다고 믿어진다. 반면, 만약 금성의 코로나가 고대의 충돌 구조라면, 금성의 표면 나이는 달의 표면 나이와 유사할 것이다 (Vita-Finzi et al., 2004; Hamilton, 2007).

타이탄의 화산 지형 구분은 예상보다 어렵다. 이는 전적으로 얼음 표면에서 레이더 빔의 반응에 대한 오차, 극저온 화산 구조물의 형태에 대한 불확실성, 레이더 공간 분해능의 한계 때문이다. 과거에는 지름 180 km인 가네사 마큘라 (Ganesa Macula)의 원형 지형을 순상화산이나 경사가 급한 돔으로 해석하였다 (Lopes et al., 2007). 그러나 최근의 지형 판독에서 울룩 볼록한 형태로 확인되었다. 지구에서 드물게 보이는 화쇄류암(ignimbrite)이 고도로 침식된 지형처럼, 가네사 마큐라는 얼음재로 구성된 침식 지형으로 볼 수 있다. 좀 더 그럴듯한 극저온 화산 지형 후보로서 소트라 파테라 (Sotra Patera)와 (그림 7.13) 호테이 플럭터스 (Hotei Fluctus)가 꼽힌다 (Soderblom et al., 2009; Lopes et al., 2013). 소트라 파테라는 깊이 1,700 m의 칼데라가 약 1,500 m 높이의 둠산 (Doom Mons, 소설 '반지의 제왕'에 나오는 산이름을 따서)에 위치하고, 넓게 퍼진 용암류로 구성된 모히니 플럭터스 (Mohini Fluctus)를 포함하는 복합 화산체이다.

크고 작은 호수로 광범위하게 덮인 타이탄 북극 지역의 폐쇄된 함몰부는 지구의 마르 (maar)와 형성 과정이 비슷한 극저온 화산의 붕괴 분화구로 해석된다 (Wood et al., 2010). 극저온 화산의 붕괴 분화구가 타이탄의 북극 지역에서 관찰되는 이유는 지각의 두께가 고위도 지역에서 더 얇기 때문이다. 타이탄의 극지역 함몰 지형은 남아메리카 파타고니아 (Patagonis) 지역의 내륙배수 분지 (endoheic depression), 특히 라고 카르디엘 (Lago Cardiel)과 닮았다. 지구의 극 지역 함몰부는 빙하 퇴적물의 지하 침식으로 현무암 덮개가 붕괴하는 곳에서 관찰된다. 이 이론에 따르면, 타이탄은 수억 년 전까지 질소와 메탄 얼음으로 이루어진 광대한 극관을 보유한 차가운 빙하 상태를 유지했다고 본다 (Castillo-Rogez & Lunine, 2010). 과거의 극관 우세 상태가 현재의 극관 소멸 상태로 전환하는 과정에서 범람 극저온 마그마의 분출이 발생했다. 투과성이 더 높은 빙력토층을 통한 액체 탄화수소의 흡수로 지역적인 붕괴와 함몰이 발생하여, 극지방 전역에 걸쳐 빈 호수와 채워진 호수가 혼합된 현재의 형태로 진화하게 되었다. 극저온 화산의 실제 특성과 활성화 여부는 다가오는 우주 탐사에서 검증되리라 예상한다.

2015년 뉴 호라이즌스가 명왕성을 근접 통과하며 다른 얼음 행성체에서는 관찰된 적 없는 새로운 형태의 극저온 화산 활동 증거를 포착하였다 (Moore et al., 2016; Cruickshank et al., 2019). 밝은 스푸트니크 평원 (Sputnik Planitia) 남쪽에, 깊은 구덩이가 중앙부에 위치하는 거대하고 넓은 돔 지대가 발견된다. 이 중 가장 큰 돔인 라이트산 (Wright Mon)은 150 km의 지름, 4~5 km의 높이에 같은 깊이의 칼데라를 가지고 있다. 스푸트니크 평원은 10,000 km^3 이상의 얼음 물질이 분출되며 형성된 여러 개의 분출 돔이 겹쳐진 구조이다 (Singer et al., 2022). 한편, 명왕성의 위성 카론에서 광범위한 열곡의 존재가 확인된다. 이는 아마도 지하 바다의 동결의 결과일 것이다. 벌컨 평원 (Vulcan Planitia)의 비교적 매끄러운 엽상류는 지하에 존재하는 바다가 얼음물의 형태로 분출되며 생성된 지형이다 (Desch & Neveu, 2017).

이색 지형들 (Exotica)

철화산 (ferrovolcanism)은 용융 철의 분리로 생성되는 화산으로 아직은 가설 단계의 존재로서, 분화된 소행성에서 앞으로 그 증거가 관찰되기를 기대한다 (Keil & Wilson, 1993; Abrahams & Nimmo, 2019; Johnson, B. C. et al., 2020). *작은 크기로 인해 지구와는 전혀 다른 핵의 분화 과정이 소행성의 외핵에서 진행된다. 지구보다 현격히 낮은 온도-압력 조건 때문에, 소행성의 내핵은 외핵 경계부에서 생성되기 시작하며 행성체의 중심부 방향으로 성장한다(Williams, 2009; Doddset al., 2025). (역자 주)* 금속 핵이 중심부 방향으로 순수 철을 결정화하면 잔류 액체 핵에 황의 상대적 함량이 증가하게 된다. 이로 인해 내부의 액체 핵은 내핵 껍질보다 가벼워져 부력이 작동한다. 액체의 초과압력은 내핵 껍질을 파쇄하고 용융 상태의 핵이 마그마처럼 암맥 형태로 내핵 껍질에 관입하거나, 심지어 내핵 껍질을 뚫고 분출하게 된다. 팔러사이트 (Pallasite) 운석은 태양계 진화 초기에 금속 소행성에서 발생한 철화산의 증거일 가능성이 크다. 용융 철의 유동 특징은 금속 퇴적물에 의해 형성되는 지형 해석의 기반 자료를 제공한다 (Soldati et al., 2021).

지난 몇 년간의 이론과 컴퓨터 모델링의 발전, 고해상도 기기를 활용한 실험, 분화 운석의 조성 분석 자료를 토대로 철화산 개념의 필요성이 제안되었다. 물론 실제 우주 탐사를 통해 철화산의 존재 여부가 검증되어야 한다. 미항공우주국이 추진한 소행성 프시케(16-Psyche) 탐사선은 2023년 10월 발사되어 금속성 철 기반암을 가진 것으로 예상되는 주 소행성대의 소행성을 탐사할 계획이다 (Landsman et al., 2018).

이미 수천 개가 발견된 외계행성에서 화산 활동 가능성을 연구하려는 관심이 증가하고 있다. 외계행성의 열 방출이 대기로 분출되는 화산 가스는 성간 거리에서도 탐지 가능하기 때문이다. 화산 활동이 최고조에 이르면 행성체의 표면 전체가 마그마 바다를 형성한다 (Chao et al., 2021). 태양계 암석형 행성의 진화 초기에 마그마 바다가 지배했다. 그러나 지금까지 발견된 외계행성의 상당수가 모항성과 매우 가까운 거리에 위치하여 표면의 평형 온도가 규산염 광물의 용융점보다 훨씬 높을 것으로 예상된다. 그림 7.16은 최근에 발견된 외계행성들의 궤도장반경과 유효 온도, 모항성 표면 온도를 보여준다. 모든 행성들의 표면 유효 온도가 1,000K 이상이다. 자료에서 검은색으로 표시된 외계행성들은 제임스 웹 우주 망원경 (James Webb Space Telescope)의 초기 운용 기간 집중 연구 대상으로 선정되어, 앞으로 표면 상태에 대한 더 자세한 정보 확보가 기대된다. 55 칸크리 이 (55 Cancri e)로 알려진 얀센 (Janssen)은 집중 연구 대상으로 선정된 외계행성으로, 주계열성을 공전하는 것으로 밝혀진 최초의 슈퍼지구 (super-Earth)이다. 얀센의 반지름은 지구의 약 1.9배이고 질량은 약 8배에 해당한다. 그러나 얀센은 매우 작은 290만 km의 궤도장반경과 17.67시간의 짧은 공전 주기로 인해 조석으로 고정된 동주기자전이 발생할 가능성이 농후하다. 스피처 우주 망원경 (Spitzer Space Telescope)의 관측을 통해 얀센의 낮 온도는 3,500 K 이상, 밤 온도는 1,300 K 이상으로 추산된다 (Mercier et al., 2022). 얀센의 마그마 바다 보유 가능성과 더 나아가 규산염 행성인지 아닌지를 판단하기에는 아직 자료가 부족한 실정이다. 얀센이 탄소가 풍부한 행성일 가능성이 제시되었고, 이 경우 3,100 K를 상회하는 탄화규소의 높은 녹는점으로 인해 훨씬 더 단단한 표면이 형성될 수 있다. 외계행성의 다양한 마그마 분출 방식은 깊은 마그마 바다의 형성, 조석 활동으로 인한 지각의 두께 증가, 소규모 화산 활동의 활성화를 모두 포함한다 (그림 7.16). 이들은 모두 초기 지구의 진화를 반영하며, 차세대 망원경으로 연구할 대상들이다.

가스 방출

행성체의 열 손실을 좌우하는 화산 활동은 대기가 보유하는 휘발성 물질의 제공원이다. 우주선 방문 시점들 간의 금성의 대기 중 이산화황 (SO_2) 농도 변화는 지속적인 화산 활동의 결과라 여겨졌지만, 충돌구 밀도가 낮은 지역을 제외하고 이를 뒷받침할 증거가 관찰되지 않는다. 지구의 이산화탄소는 화산 활동, 유기물 분해, 화석 연료 연소 등으로 생성되며, 풍화 작용과 광합성을 통해 석회암으로 재활용된다. 지구의 물은 혜성 기원이 포함되었다고 여겨지나, 화산 활동이 주요 원천이다. 지구의 질소는 거의 전적으로 화산 기원이다. 물론 지구의

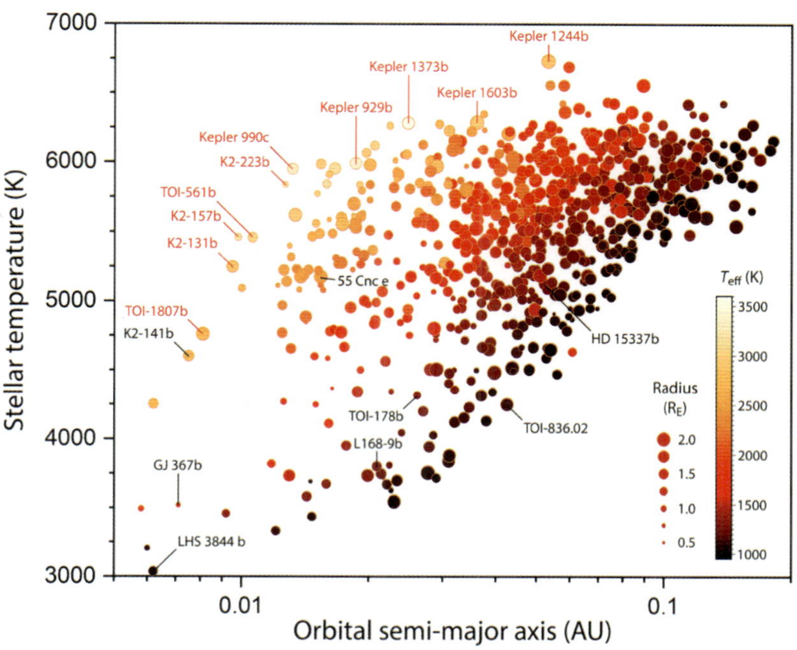

그림 7.16 단주기 외계행성의 궤도장반경과 모성의 온도를 비교하였다. 각 원의 크기는 행성 반경을 색깔은 표면 유효온도를 나타낸다. 모든 자료의 유효 온도가 1,000 K 이상이기 때문에 외계행성은 용암 세계에 해당한다. 몇몇 행성은 이름이 주어졌고, 검은 원은 제임스 웹 우주 망원경(James Webb Space Telescope)의 집중 연구 대상이다. 55 Cancri e 와 GJ367은 국제천문연맹 (IAU)에 의해 Janssen과 Tahay로 명명되었다. 출처: Zilinskas et al. (2022).

진화 과정에서 화산 가스의 분출 속도와 조성은 계속 변화했다. 지구의 진화 초기 5억 년 동안 주요 화산 가스 조성은 메탄 (CH_4)과 암모니아 (NH_3)이다. 분화로 핵이 형성되며 주요 화산 가스 조성은 이산화탄소와 질소 (N_2)로 변했다. 만약 지구의 증착열이 예상보다 낮은 경우라면, 장기 방사성 동위원소에 의해 지구 내부가 충분히 가열될 때까지 휘발성 물질의 방출이 지연된다. 물론 증착 과정에서 휘발성 물질의 방출이 최고조에 이른다는 상반된 견해도 있다. 진화 초기의 격변적 기체 방출에 대한 근거는 중앙해령 현무암의 ^{40}Ar과 ^{129}Xe 연구에서 나온다.

지구의 진화 초기에 화산 활동으로 방출된 일부 가스는 우주 공간으로 사라졌다. 남은 가스들은 지각의 암석, 얼음, 바다에서 화학적 결합했다. 이 과정에서 지난 40억 년 동안 지구상에 상당한 양의 바다가 존재했을 가능성이 제기된다. 해저 화산 활동은 맨틀과 지표 사이의 화학적 교환 경로이다. 특히 중앙해령에서 해수와 뜨거운 해양 지각의 활발한 상호작용이 관찰된다. 스트론튬과 산소 동위원소 측정 자료를 바탕으로 추정한 중앙해령에서 순환되는 해수의 양은 매년 약 10^{14} kg이다. 지구의 중앙해령에서 화산 활동으로 방출된 휘발성 물질은 시원 (primordial) 조성이다. 지각과 해저 퇴적물이 함유한 휘발성 물질은 섭입 과정에서 맨틀로 운반되며, 화산 활동을 통해 다시 대기로 되돌아간다. 따라서 지체구조의 영향으로부터 자유로웠던 행성체들은 기본적으로 원시 성운과 유사한 조성을 가질 것이다. 물론 행성 내에서 작동하는 반응으로 왜곡되긴 하지만.

휘발성 물질의 재활용이 어려운 측면에서 화성의 대기는 지구의 대기와 다른 진화 양상을 보인다. 따라서 화성의 경우 최초로 형성된 1세대 기체의 조성이 매우 중요하다. 가스 방출 과정에서 방출된 물은 화성에 1 km 깊이의 바다를 형성했을 것이다. 추가적으로 화산체들이 결정화되는 동안 20 m 깊이에 해당하는 양의 휘발성 물질을 방출했을 것이다. 현재 대부분 물과 일부 이산화탄소는 얼음의 형태로 저장되어 있고, 아마도 광물 표면에 흡착되어 온도-압력 조건의 변화가 발생하면 화성의 대기로 재방출될 것이다. 이오의 매우 낮은 SO_2 대기 밀도는 화산 기원일 것이다.

화산 가스 분출은 얼음 위성의 진화에 큰 영향을 준다. 토성의 작은 위성인 엔셀라두스와 해왕성의 위성 트리톤에서 가스 분출이 관찰된다. 엔셀라두스는 남극을 중심으로 10 GW 정도의 열원을 보유한다. 남극 주변의 고랑을 가로지르는 일련의 V형 균열에서 [500 m s^{-1}]이상의 속도로 분출하는 얼음과 수증기 플룸이 엔셀라두스에서 관찰된다. 얼음과 수증기 플룸은 엔셀라두스의 약한 중력에서 벗어나 토성 주위를 공전하며 토성의 희박한 E-고리를 형성한다. 카시니 우주선이 플룸을 직접 채취하여 분석한 결과, 메탄, 암모니아, 이산화탄소, 질소, 무기염들이 발견되었다. 암석 핵과 바다 물의 상호작용으로 유기물이 생성되는 지하의 바다가 엔셀라두스 플룸의 근원으로 해석된다.

목성의 위성 유로파 주변에서 훨씬 낮은 강도의 얼음물 플룸이 허블 우주 망원경(Hubble Space Telescope) 관측을 통해 2012년, 2014년, 2016년에 확인되었다 (Roth et al., 2014; Sparks et al., 2016). 허블 우주 망원경의 검출 한계로, 얼음물의 조성 파악하지 못했으나, 과학자들은 이전 갈릴레오 탐사 자료를 재분석하여 유로파에 존재하는 물의 증거를 제시하였다 (Jia et al., 2018; Arnold et al., 2019).

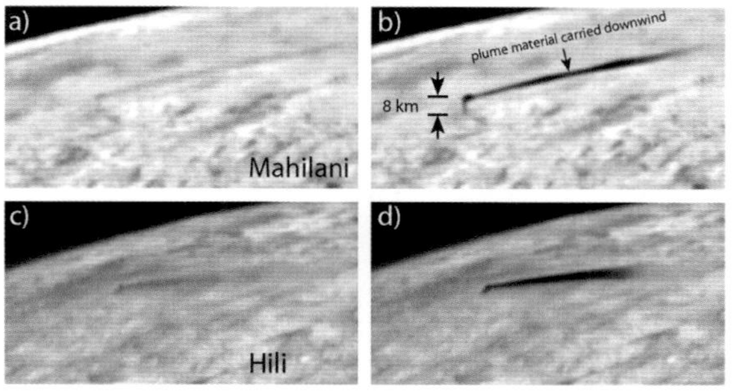

그림 7.17 트리톤의 극저온 화산 플룸으로 추정되는 지형을 보이저(Voyager) 2호가 1989년 촬영하였다. (a, b) 마힐라니 플룸(Mahilani plume), (c, d) 힐 플룸 (Hill plume), (a, c) 보정 전 영상, (b, d) 보정 후 영상. 보정 이후 어두운 먼지 플룸 물질이 더 뚜렷이 관찰된다 (그림 7.7 참조). 출처: NASA/JPL.

현재 유로파로 향하는 목성의 얼음 위성 탐사선(JUpiter ICe moons Explorer, JUICE)와 유로파 클리퍼(Europa Clipper)가 2030년대 초에 새로운 관측 자료를 제공하리라 기대한다.

보이저의 입체 영상은 해왕성의 위성 트리톤에서 높이 약 8 km, 너비 1 km 미만, 길이 150 km 규모의 어두운 플룸들을 발견했다 (그림 7.17). 트리톤의 플룸들은 일차적으로 화산 활동의 결과로 해석된다. 발견된 트리톤의 플룸들은 모두 태양 직하점으로부터 남쪽으로 49°~60° 사이의 각거리에서 위치하기 때문에 태양 복사열에 의해 방출된 질소 화합물일 가능성이 매우 크다. 그러나 트리톤의 플룸들이 지구의 온천이나 분기공 (fumaroles)과 유사한 화산 활동으로 생성되었을 가능성도 존재한다. 트리톤이 해왕성에 포획되는 과정에서 조석열은 최고조에 달했다. 포획 이후 트리톤은 역행 궤도를 공전하며 점점 해왕성으로 다가가고 있다 (Agnor & Hamilton, 2006).

타이탄에 가스 방출은 확실하다. 이는 2005년 1월 타이탄의 표면에 낙하산으로 착륙한 호이겐스(Huygens) 탐사선이 타이탄의 대기에서 ^{40}Ar을 검출했기 때문이다. 방사성 동위원소인 ^{40}K가 붕괴하며 생성된 ^{40}Ar은 타이탄의 암석 핵에 격리되거나 지하 바다에 부분적으로 용해되었을 것이다. 타이탄 대기의 메탄은 높은 적외선 불투명도를 제공하여, 약 10 K의 표면 온도 상승을 유발한다. 타이탄의 메탄은 맨틀과 지각의 메탄 수화물의 방출로 생성된다. 메탄 수화물의 방출이 없었다면 타이탄의 대기는 전체적으로 더 냉각되었을 것이다. 화산 활동은 얼음 행성체의 기후 변화와 대기 유지에 큰 역할을 한다.

지구의 진화 과정에서 반복되는 화산 활동은 대기 조성의 변화를 통해 기후 변화를 유발한다. 백악기-고진기 멸종 당시, 데칸 범람 현무암(Deccan flood basalts) 분출로 방출된 휘발성 물질은 지구의 냉각, 해양의 화학 조성 변화, 오존층 파괴할 만큼 충분했을지 모른다. 그러나 이 분출 사건의 심각성은 아직 불확실하다. 폭발적인 분출 과정에서 대기로 방출된 황은 황산으로 변해 태양 복사의 후방 산란을 유도하고 산성비를 생성한다.

약 7만 4천 년 전 인도네시아 수마트라의 토바(Toba) 분출에서 생성된 화산재가 태양빛을 차단하여 기온을 하강시켰다고 생각된다. 토바 분출은 가장 최근의 빙하기를 유도한 원인으로 고려되는데, 당시 로렌타이드 빙상 (Laurentide ice sheet)이 발달했어야 할 지역에서, 고기후 지시자를 통해 2~3년간 12°C의 연평균 여름 기온 하강이 관찰된다.

1815년 4월 10일 인도네시아 탐보라 (Tambora) 화산 분출로 100 km^3의 화산재가 대기로 방출되어 연평균 지구 기온이 약 0.5°C 감소했다. 탐보라 화산 분출의 여파로 지구 곳곳에서 1816년은 사라진 여름의 해로 기록된다. 실제 유럽 본토와 영국에서 기온이 평년보다 3~4°C 낮아져 농업 생산의 지장이 초래되었고, 식량 폭동과 발진티푸스 유행병이 확산하였다. 1982년 멕시코 엘 치촌 (El Chichón) 화산 폭발로 약 [10^7 t]의 이산화황이 성층권까지 이르렀다. 이산화황의 성층권 확산으로 하와이 지역의 직사광선은 7% 감소했다. 가장 최근에는 2022년 1월 15일 태평양의 해저 화산 훙가 통가 훙가 하파이(Hunga Tonga-Hunga Ha'apai)가 매우 격렬하게 폭발하였다. 훙가 통가 훙가 하파이 폭발로 약 [1.5×10^8 t]의 해수와 [4.0×10^7 t] 이상의 이산화황이 성층권으로 유입되었고, 지구 성층권의 수증기 함량이 약 5% 증가했다 (Vömel et al., 2022). 이 분출 후 몇 달 만에 남반구 성층권의 4°C 냉각이 관찰되었다 (Schoeberl et al., 2022). 다행히 전반적인 성층권의 냉각과 다르게, 성층권 하부 대류권의 온도 증가가 예측된다 (Jenkins et al., 2023). 이는 지상 화산 분출이 대체로 냉각효과를 주는 것에 반하기에, 해저 화산 분출의 특이성을 증언한다.

지구의 냉각은 일반적으로 해수면 하강으로 이어진다. 그러나 빙하의 직접적 영향권에 놓인 지역에서는 정수 침강 (isostatic depression)으로 인해 오히려 해수면 상승이 발생할 수 있다. 실제 스칸디나비아와 캐나다 북부에서 암권 평형에 의한 융기가 일반적인 해양침식을 초과하여 해수면 상승이 관찰된다. 이는 암권 평형의 당연한 결과로, 사라진 빙하의 하중에 대한 반작용이 유발하는 융기 때문이다.

일부 화산 지역에서는 해수면 변동에 따른 지각의 하중 변화가 화산 분출을 더욱 가속한 요인으로 고려된다 (McGuire et al., 1997). 지중해 분지에서는 지난 8만 년 동안 해수면 변화의 가속화와 화산재 퇴적량의 증가가 같은 시기에 발생한 기록이 세 차례 관찰된다. 중첩된 화산 분출 기록은 낙하 화산재를 기준으로 개별 화산 활동의 누적으로 구분한다. 화산 퇴적물의 방사성 연대 측정을 통해 화산 활동의 순서와 빈도를 검증한다. 이런 방법은 동아프리카에 적용되어 기후 변화 역사와 이와 연관된 인류의 진화 규명에 기여했다. 동아프리카의 넓은 화산재 평원은 K/Ar 연대측정과 핵분열 비적 연대측정이 이루어졌다. 전지구 규모에서는 현무암의 K/Ar 연대 측정이 지자기 시간 규모와 해저 확산을 정량화하는데 중요한 역할을 했다.

결론적으로 화산활동에 대한 대기 반응의 복잡성은 화산 연대 측정이 기후 연대기연구에 대한 기여를 어느 정도 상쇄시킨다. 다음 장의 주제인 운석 충돌의 역할은 행성간 지질학적 교환에 중요한 요소로서 인식되기 시작했다 (Bogard, 1983).

chapter 8

충돌과 충돌체

행성체는 물리적인 크기와 화학적인 조성에 무관하게 외부 공간으로부터 온 물체의 충돌을 경험한다. 행성체 별로 다르게 관찰되는 지체구조 특징이나 화산 활동과 달리, 행성체의 충돌 특징은 서로 유사하다. 행성체의 충돌과 관련된 물체의 크기는 μm에서 수백 km까지 다양하다. 충돌체의 이동 속도는 초속 수 km을 상회하여 높은 운동에너지를 수반한다. 충돌 사건들은 행성체의 궤도, 표면 구성, 대기, 지형을 충분히 변화시킬 수 있다. 지구에서의 충돌 사건은 지구 생태계에 심대한 영향을 미쳤고, 지구 역사에 나타나는 멸종의 원인으로 지목되기도 한다. 그중 가장 널리 알려진 백악기와 고

그림 8.1 (위) 미국의 애리조나주에 있는 미티오 충돌구 (Meteor crater)의 북쪽 가장자리에서 촬영한 영상이다. 충돌구 오른쪽의 하얀 건물은 충돌구 안내소와 박물관이다. (아래) 미티오 충돌구의 항공 사진에서 다각형 형태가 선명하게 드러난다. 미티오 충돌구가 화산 분화구가 아니라는 두 가지 증거가 관찰된다. 첫째, Canyon Diablo 운석이 충돌구 내부의 각력암층에서 발견되었다. 둘째, 다양한 충격 변형의 특징 (표 8.1)이 관찰된다. 출처: NASA Earth Observatory.

진기의 경계인 6,600만 년 전에 발생한 충돌은 공룡을 비롯한 많은 육상 생물과 해양 생물 멸종의 직접적인 원인이다. 반면 유기물이 풍부한 혜성과 탄소질 운석의 충돌은 생명의 기원에 필요한 성분을 지구에 제공한다. 현재에도 이어지는 충돌의 위협에 대비하기 위해 인류는 지구 근접 물체에 대한 판별과 추적에 노력하고 있으며, 우주 탄도체를 더 안전한 궤도로 전환시키는 시도도 같이 진행 중이다. 1994년 슈메이커-레비 9 (Shoemaker-Levy 9) 혜성과 목성의 충돌 (그림 2.10)에 대한 직접 관측, 화성에서 발견된 최근 충돌구의 흔적, 지구 대기에서 자주 목격되는 유성체의 낙하는 실존하는 충돌의 위험을 상기시킨다.

충돌구에 관한 지질학적 연구는 비교적 최근에 진척되었는데, 이는 지구의 표면에 보존된 충돌구의 수가 적기 때문이다. 또한, 역사적으로 달의 분화구가 화산기원이라는 고전적인 견해가 충돌구 연구의 걸림돌이 되었다. 유진 슈메이커 (Eugene Shoemaker)가 미국의 애리조나주에 있는 미티오 분화구 (Meteor Crater)에서 수행한 연구 결과가 인정되며, 충돌구 연구는 획기적인 전환점을 맞이하였다 (그림 8.1). 해양 지각의 표면에 존재하던 과거의 충돌구 기록은 반복되는 해양 지각의 생성과 섭입으로 지구 표면에서 대부분 사라졌다. 대륙 지각의 표면에 존재하던 충돌구는 대륙 지각의 변형, 침식, 퇴적 작용으로 많이 파괴되었다. 지상의 충돌구 형성과 진화를 이해하기 위해 광물 충격 실험, 모의 충돌체 실험, 핵실험 폭발 실측 자료가 활용된다. 퇴적물이 기록하는 이리듐 농도 증가와 쓰나미 퇴적물의 발견과 같은 지질학적 근거와 충돌 분화구 주변에서 관찰되는 중력 이상과 자기 이상과 같은 지구물리학적 특징을 종합하여, 보존 상태가 서로 다른 충돌구조들을 지구 전체에서 거의 200개 발견하였다.

충돌체

지구나 행성체를 충돌하는 충돌체 또는 유성체 대부분은 소행성과 혜성의 파편이다. 대기의 고온 증발을 견뎌내고 지표에 도달한 충돌체를 운석이라 한다. 운석의 구성물은 함수 광물과 유기물을 함유한 밀도가 낮은 암석질 물질부터 철과 니켈이 풍부한 밀도가 높은 금속질 물질까지 다양하다. 혜성 물질은 대부분 얼음으로 구성되어 지구에 충돌하는 과정에서 유성 낙하가 발생하지 않아 상대적으로 덜 알려져 있다. 1950년 당시 프레드 휘플 (Fred Whiple)은 혜성을 더러운 눈덩이로 인식했지만, 발달된 지상 원격 관측 및 우주선 현장 측정으로 혜성에 대해 더 많은 지식이 축적되었다. 혜성이 근일점에 접근하면 일반적으로 밤하늘에서 밝게 보이지만, 이는 혜성 표면에서는 초당 수십 톤의 휘발성 기체와 얼음 결정이 방출되기 때문이다. 혜성의 핵은 탄소질 콘드라이트에서 발견되는 것과 유사한 유기 잔류물로 덮여 검은색이다 (Norton, 2002).

2014년부터 2016년까지 추류모프-게라시멘코 (67P/Churyumov-Gerasimenko) 혜성 (그림 1.7b)의 핵 주위를 공전했던 로제타 (Rosetta) 우주선은 글리신 (glycine)을 포함한 다양한 단순 아민 (armines)을 검출했다. 이를 통해 2006년 스타더스트(Stardust) 탐사선이 빌트 (81P/Wild) 혜성에서 채취하여 논란이 되었던 아민의 검출을 재확인하였다 (Altwegg et al., 2016). 혜성은 얼음과 유기물뿐만 아니라 많은 양의 규산염 먼지를 함유한다. 1986년 지오토(Giotto) 우주선이 핼리 (1P/Halley)

혜성에서 마그네슘, 철, 규소를 검출했고 (Lawler et al., 1989), 1994년 슈메이커-레비 9 혜성과 목성의 충돌로 생성된 대기교란 영역에서도 같은 원소들이 분광학적으로 확인되었다 (Noll et al., 1995). 또한, 스타더스트 탐사선이 빌트 혜성에서 채취한 시료에서 원시 행성 원반 내부 1,000°C 이상의 고온 환경에서 형성되는 결정질 규산염 입자를 발견하였다 (Keller et al., 2006).

혜성의 핵이 근일점을 여러 차례 통과하는 과정에서 휘발성 물질을 모두 소진하면 어두운 타르 유기물로 덮인 비활성 규산염 덩어리만 남게 된다. 이처럼 소멸 단계에 접어든 혜성의 핵은 지구의 근접 궤도에 있는 소행성 집단의 작은 일부 (약 5%)를 차지한다. 결국, 시간이 지날수록 혜성과 소행성의 구분은 점점 더 모호해진다 (Jewitt & Hsieh, 2022). 이런 세부적인 변화가 태양계의 형성과 진화에 대한 결정적인 단서를 제공하기도 한다. 그러나 행성체 충돌의 관점에서는 물리적 파쇄 강도를 좌우하는 소행성과 혜성의 구성 물질이다. 결합이 느슨하고 솜털처럼 부드러운 눈덩이로 구성된 충돌체는 충돌 과정에서 쉽게 파쇄되어 운동에너지가 분산된다. 반면 단단히 고화된 금속이 우세한 충돌체는 충돌 순간 표면에 운동에너지를 집중시킬 가능성이 매우 높다.

우주 환경에서 충돌체의 실제 반응을 관찰하기 위해 고안된 미항공우주국의 2005년 딥임팩트 (Deep Impact) 임무에서 100 kg의 구리 구체가 [10 km s^{-1}]의 속도로 템펠 1 혜성 (Tempel-1)의 핵과 인위적으로 충돌하였다. 템펠 1 혜성의 핵은 얼음보다 낮은 밀도 [600 kg m^{-3}]와 65 Pa 이하의 매우 낮은 파쇄 강도를 가짐이 확인되었다. 또한, 충돌 축출물에서 다양한 유기 분자가 식별되었다 (A'Hearn et al., 2005).

최근에 미항공우주국은 이중 소행성 방향 전환 실험 (Double Asteroid Redirection Test, DART)을 통해 소행성의 물리적 파쇄 강도를 측정하고, 지구 접근체의 궤도 변경 가능성을 시험하였다. DART에서 발사된 충돌체는 2022년 9월 소행성 65803 디디모스 (65803 Didymos)의 작은 위성인 디모르포스 (Dimorphos, 지름: 180 m)에 [6 km s^{-1}]의 속도로 충돌하였다. 충돌체는 느슨하게 다져진 돌무더기에 불과한 디모르포스에 수십 m의 충돌구를 생성하였다. 충돌 직후 우주로 축출된 물질의 양은 약 1,000 t 정도였고, 디모르포스의 공전주기는 11시간 55분에서 11시간 22분으로 단축되었다. 지구 충돌체에 대한 선제적 방어의 관점에서 이중 소행성 방향 전환 실험의 성공은 매우 고무적이다 (Cheng et al., 2023). 디디모스-디모르포스계의 추가 관측을 위해 유럽우주국의 헤라(Hera) 탐사선이 2024년 10월 7일 발사되었다.

외계 행성체와의 충돌 위험을 평가하려면 우선 현재 위협적인 궤적을 가진 행성체에 대한 정밀 모니터링이 중요하다. 또한, 충돌구와 유성 잔해에 대한 분석 자료의 축적도 필요하다. *대기에서 매우 밝게 타버리는 거대한 폭발 화구 (bolide)를 화구 (fireball)라 한다. (역자 주)* 미항공우주국의 지구 접근체 (near Earth objects, NEO) 프로그램은 향후 100년간 지구 접근 소행성 (그림 8.2)과 근일점 거리가 1.3 AU 이내이고 공전주기가 200년 이하인 지구 접근 혜성의 충돌 가능성을 평가하기 위해 설계되었다. 지구 접근 소행성의 목록은 계속 업데이트되고 개별 행성체의 크기, 최대 근접 거리, 상대 속도, 충돌 위험도가 체계적으로 평가된다. 이런 노력에도 불구하고 충돌 위험도 평가의 사각지대가

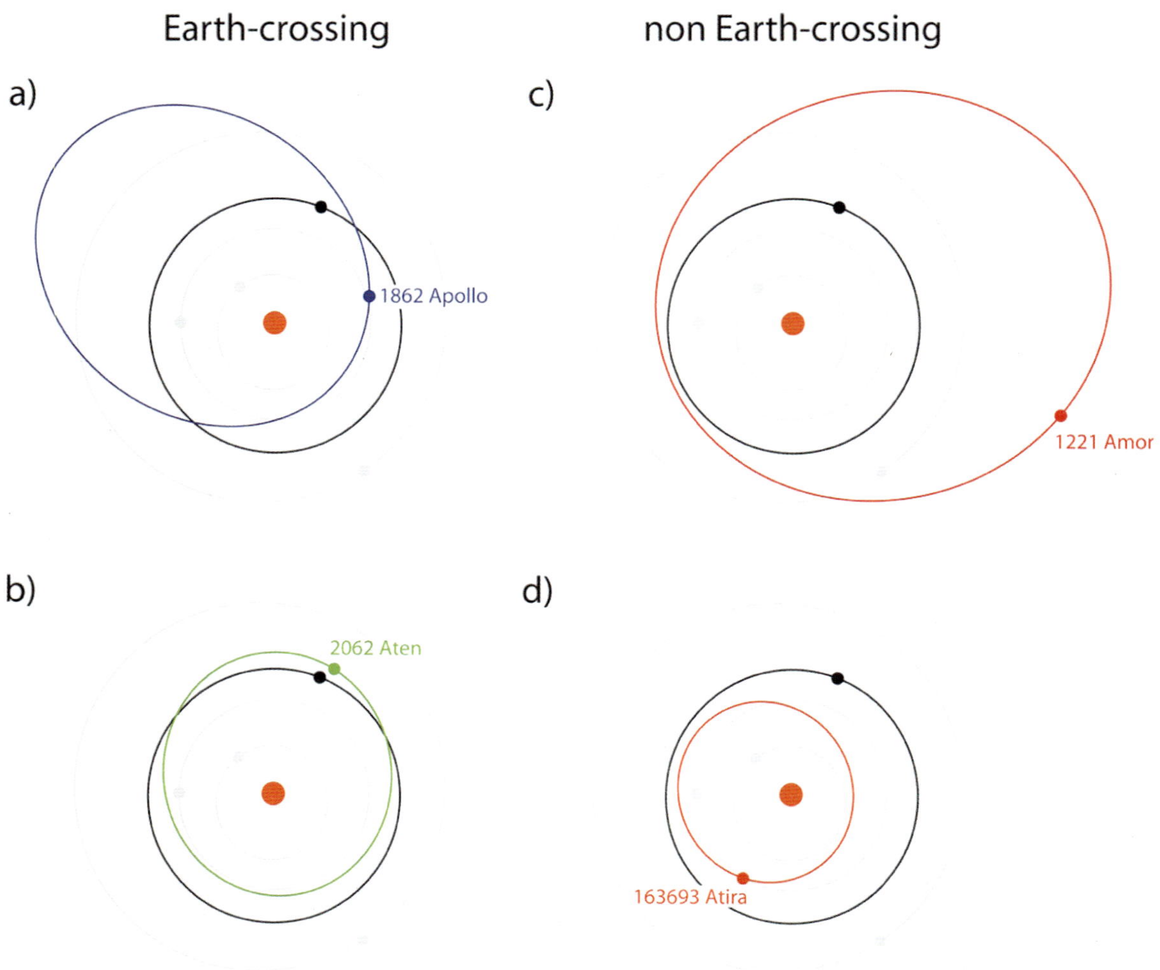

그림 8.2 네 그룹의 지구 근접 소행성 (near Earth Asteroids, NEA) 궤도. (a) 아폴로 (Apollos, $a > 1.0$ AU; $q < 1.017$ AU). (b) 아텐 (Atens, $a < 1.0$ AU; $Q > 0.983$ AU). (c) 아모르 (Amors, $a > 1.0$ AU; 1.017 AU $< q <$ 1.3 AU). (d) 아티라 (Atiras, $a < 1.0$ AU; $Q < 0.983$ AU). 궤도장반경(a), 근일점 거리(q), 원일점 거리(Q). 아폴로와 아텐은 지구 궤도를 통과한다. 아모르는 지구 궤도 외부를 공전한다. 아티라는 지구 궤도 내부를 공전한다. 2025년 1월을 기준으로 아폴로 21,083개, 아텐 2,966개, 아모르 15,175개, 아티라 34개가 발견되었다. 또한, 혜성 지구 접근체 122개도 확인된다. 자료 출처: Minor Planet and Comet Ephemeris Service(https://minorplanetcenter.net/). 그림 출처: Solar System Live (www.fourmilab.ch/cgi-bin/Solar).

존재한다는 사실이 2013년 2월의 예기치 않은 충돌 사건에서 드러났다.

2012년 초 스페인 천문학자들은 30 m 너비의 소행성 2012 DA14를 처음 발견되었다. 정밀한 궤도 계산 결과 2013년 2월 16일 2012 DA14는 지구 근거리 28,000 km까지 접근하여 1/3000의 충돌 확률이 예상되었다. 그러나 같은 날 16시간 전, 당시에 발견되지 않았던 10~20 m 너비의 충돌체가 시속 ~18 km의 속도로 대기권으로 진입하여, 러시아 첼랴빈스크 (Chelyabinsk) 지역에 화구 (fireball)로 출현했다. 화구는 약 [4×10^{5} t]의 TNT에 해당하는 에너지를 방출하고, 충격파로 인해 1,500명 이상의 부상자가 발생했다 (Gorkavyi et al., 2019). 1988년 이후 감지된 약 1,000개의 폭발 화구(https://cneos.jpl.nasa.gov/fireballs/) 가운데 첼랴빈스크 사건은 규모가 가장 크다. 물론 첼랴빈스크 화구도 1908년

6월 발생한 퉁구스카 (Tunguska) 화구에 비하면 강도가 미약한 편에 속한다. 퉁구스카의 경우 화구가 동부 시베리아 상공에서 폭발하여 약 5~10메가톤의 TNT 폭발에 해당하는 에너지를 방출한 것으로 추정된다. 퉁구스카 화구의 폭발은 다행히 비거주 지역에서 발생하여 직접적인 피해가 적었으나, 피해 지역 접근성이 떨어져 당시에는 정확한 사건 경위조차 파악하기 어려웠다. 화구의 공중 폭발로 인해 실제 충돌구가 생성되지 않은 상황에서 목격자의 구술에 의존하던 당시의 피해 추산 방식도 신뢰도가 부족하다. 퉁구스카 화구에 대한 종합적인 분석은 2018년 저널 Icarus (Morrison & Robertson, 2019) 특별 호에서 상세히 소개되었다.

시간이 지날수록 모호해지는 화구의 피해 규모를 다음 두 사례가 잘 보여준다. 첫 번째 사례는 3,600년 전 요르단의 작은 마을인 탈 엘-하맘 (Tall el-Hamman)이 화구에 의해 파괴되었다는 주장 (Bunch et al., 2021)으로, 제시된 증거의 상당 부분에 의문이 제기되었다 (Jaret & Scott Harris, 2022). 두 번째 사례는 12,800년 전 시리아 아부 헤레야 (Abu Hereya)에서 발생한 것으로 추정되는 화구의 폭발이다 (Moore et al., 2020). 이는 영거 드라이아스 (Younger Dryas) 기후 변화를 초래한 같은 시기 다른 충돌체의 흔적과 연관되나 (Sweatman, 2021), 이에 대한 반박 의견도 만만치 않다 (Holliday et al., 2023).

뚜렷한 충돌구가 존재하더라도 충돌체의 피해에 대한 해석은 여전히 논쟁의 대상이다. 페름기 (2억 8천만 년 전)에 생성된 지름 10~70 m 규모의 충돌구 수십 개가 미국 와이오밍주에서 발견되었다. 연구 초기, 대기 중에서 분열한 폭발 화구 때문에 생성된 군집 충돌구라는 가설이 제기되었다. 지름 50~65 km의 1차 충돌구가 형성되고 1차 충돌구에서 150~200 km 떨어진 지역에 소규모의 2차 군집 충돌구가 되었다는 연구 결과가 최근에 제시되었다 (Kenkmann et al., 2022). 화구 (fireballs), 대기 중 폭발 (airburst), 지면 충돌 모두 피해를 주지만, 그 규모에 대한 해석이 사실이라고 받아들이는 데에는 신중해야 한다.

폭발 화구의 크기는 매우 다양하다. 약 100 μm에서 3 mm의 매우 작은 유성체는 지구의 대기에서 마찰열에 의해 증발한다. 현재까지 알려진 가장 큰 철 운석의 무게는 60 t이며 가장 큰 콘드라이트의 무게는 4 t이다 (Norton, 2002). 대기의 마찰열에 의해 발생하는 표면의 삭마(ablation)를 고려하면 운석 모체의 크기는 운석의 크기보다 훨씬 크다. 지구근접천체 (NEO)의 조사에서 1937년 이후 지구와 달 사이 거리의 두 배 이내 근접 궤도로 지구를 스쳐 간 물체들의 크기는 6 m에서 1,000 m에 범위이다. 1990년부터 2000년까지 탐지된 충돌체의 크기는 2 m에서 39 m에 달하지만, 분명 누락된 충돌의 기록이 존재한다. 점점 촘촘한 충돌체 모니터링으로 지구 근접 소행성 (near Earth Asteroids, NEA)의 수가 1995년 334개에서 2024년 36,000개 이상으로 증가하였다 (https://cneos.jpl.nasa.gov/). 제시된 자료의 3σ 불확도는 시간으로 3일이며 거리로는 0.1 AU이다.

지구로 날아드는 유성체와 운석으로 인해 지구의 질량은 끊임없이 증가한다. 망원경, 위성, 기구, 지상 관측을 종합하여 추정된 운석에 의한 지구의 질량 증가는 [3.4×10^8 kg yr^{-1}]이며 혜성에 의한 질량 증가는 운석에 의한 질량 증가의 절반 정도이다 (Ceplecha, 1992). 전용 항공기, 위성, 관정, 해양 퇴적물 시추, 얼음 코어 시추의 먼지 수집 자료

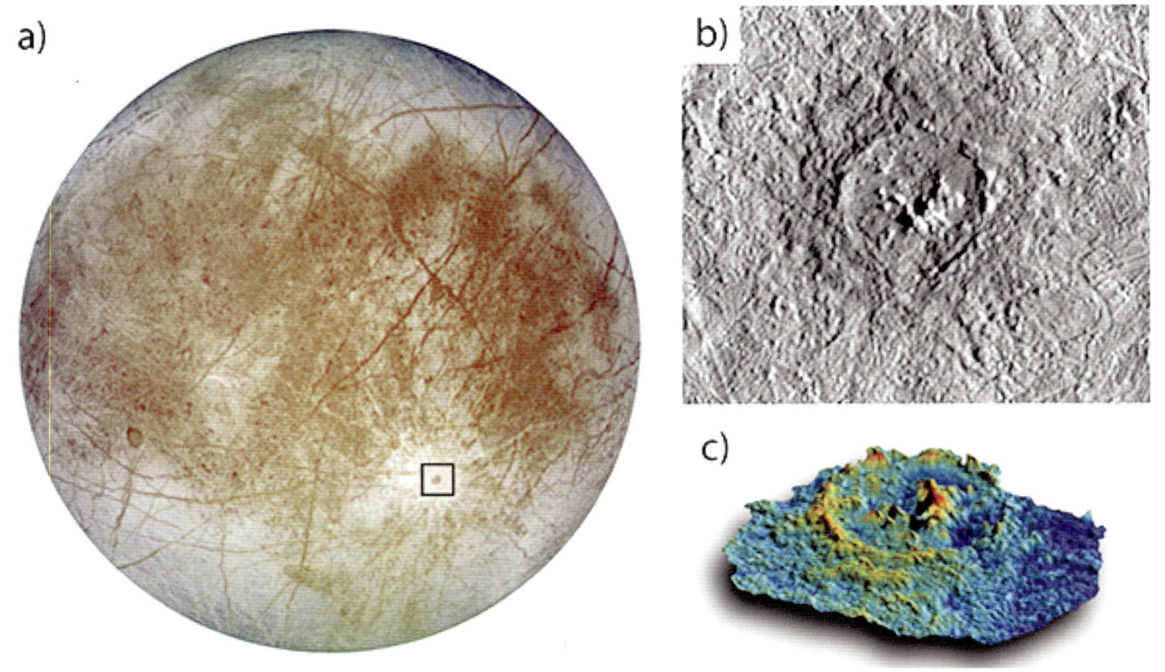

그림 8.3 (a) 최근에 생성된 유로파의 프윌 충돌구 (Pwyll crater, 지름: 26 km). 주변에서 밝은 얼음 축출물 피복이 확인된다. (b) 극심한 점성 이완으로 충돌구 내부에 평평한 지형이 발달한다. (c) 프윌 충돌구의 3차원 지형 모델에서 600 m 높이의 중앙 봉우리가 드러난다. 점성 이완으로 발생한 침강으로 충돌구 가장자리 벽이 중앙 봉우리보다 낮아졌다. 출처: NASA/JPL/ASU/DLR.

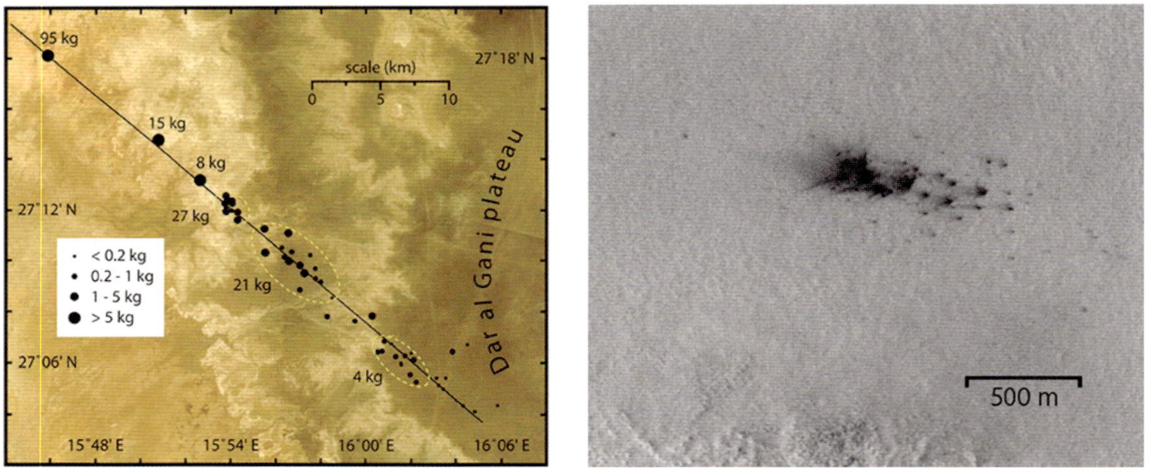

그림 8.4 (a) 리비아 중부의 다르 알 가니 평원 (Dar al Gani plateau)에서 회수된 CO3 운석의 분포는 운석의 낙하 궤적을 반영한다. 지표 충돌 이전에 대기권에서 폭발하며 분해된 운석이 발견되는 영역을 스트룬 필드 (strewn field, 노란색 점선)라 한다. 발견된 운석의 총량은 2021년 7월 기준 869조각 687 kg이다. 지도 출처: SaharaMet. (b) 대기에서 분해된 화구 파편의 충돌 기록이 2008년 6월 4일부터 8월 10일까지 화성의 아르카디아 평원 (Arcadia Planitia)에서 촬영한 자료에서 확인된다. 출처: NASA/JPL/Malin Space Science Systems.

를 바탕으로 추정된 행성 간 먼지 입자 (그림 1.1)에 의한 질량 증가는 $[4\times10^{7}$ kg yr$^{-1}]$이다. 남극의 돔 C (Dome C) 코어에서 발견된 2,000개 이상의 미세 운석을 바탕으로 추정한 충돌체에 의한 질량 증가는 연간 5,200 t이다. 이를 대기권 진입 이전의 질량으로 환산하면 연간 15,000 t이다 (Rojas et al., 2021). 미세 운석의 80%는 혜성 기원이고, 나머지 20%는 소행성 기원이다. 미세 운석의 유입 과정이 지구 유기물의 총량에 미치는 영향은 12장에서 소개한다. 우주 먼지의 유입은 진화 초기의 지구에 아미노산과 같이 탄소가 풍부한 화합물의 주요 공급원 역할을 한다.

충돌체의 속도를 정확히 추산하려면 [29.9 km s^{-1}]의 속도로 반시계방향으로 공전하는 지구 궤도 속도와 [20~60 km s^{-1}]의 속도로 이동하는 충돌체의 이동 속도와 이동 방향을 상대적으로 비교해야 한다. 충돌체가 지구로 진입하기 위한 전제 조건으로, 충돌체의 상대 속도가 지구의 탈출 속도 [11.2 km s^{-1}]보다 빨라야 한다. 충돌체 접근의 근본적인 가정은 궤도가 태양의 중력에 의해 좌우되는 태양계 물질에만 적용된다.

태양의 중력과 무관하게 이동하는 성간 물체의 존재가 확인되었고, 그중 가장 유명한 사례가 오우무아무아 (Oumuamua)이다. 지구 접근체 화구 목록의 최근 조사에 의하면, 2014년 1월 태평양 상공에서 관찰된 성간 운석 IM1 (interstellar meteorite)은 이동 속도가 매우 빨라 성간 기원으로 해석된다 (Siraj & Loeb, 2022). 2024년 여름 해저에서 IM1의 파편을 회수하기 위해 진행된 해양 지구물리 탐사에서 금속 구체 더미가 발견되었다. 발견된 금속 구체 더미를 대상으로 주원소 분석과 동위원소 분석을 수행하였다. 주원소 분석 결과 CI 콘드라이트보다 1,000배 이상 풍부한 베릴륨, 란타넘, 우라늄이 측정된다 (Loeb et al., 2024). 동위원소 분석 결과 철 동위원소의 질량 분별이 관찰된다 (Loeb et al., 2024). IM1의 독특한 조성을 설명하기 위해서는 태양계 밖 행성체 내부에 존재하는 고도로 분화된 마그마 바다의 물질을 고려해야 한다. 물론 IM1의 조성이 일반 석탄재나 정원 석탄재와 유사하다는 반론도 있다 (Gallardo, 2023).

피 충돌체와 대기의 역할

현재 지구의 대기는 질량을 기준으로 10^5 kg 미만의 석질 운석, 10^7 kg 미만의 탄소질 운석, 10^{11} kg 미만인 혜성의 진입에 효과적인 방어막 역할을 담당한다. 충돌체 별로 나타나는 진입 장벽의 질량 차이는 충돌체의 밀도와 공극률 차이 때문이다. 충돌체 분열(impactor break-up)은 기체역학적 압력이 충돌체의 파쇄 강도를 초과할 때 발생한다. 충돌체 분열이 발생한 첼랴빈스크 화구의 파편 일부가 소규모 충돌구를 형성하였다. 물론 충돌의 결과는 충돌 당시 피 충돌체의 특성에 따라 다르게 전개된다.

가장 간단한 예로 피 충돌 영역의 구조가 충돌구의 형태를 결정한다. 미국 아리조나 바링거 충돌국 (Barringer Crater)는 충돌로 생성된 정단층이 충돌구의 기하학적 형태를 결정하는 가장 중요한 요소임을 보여준다 (그림 8.1). 충돌구의 형태는 암석으로 구성된 행성체와 얼음으로 구성된 행성체에서 매우 다르게 관찰된다. 이런 차이는 얼음 압축 강도가 암석 압축 강도의 1% 정도로 매우 낮기 때문이다 (그림 8.3). 피 충돌 암석의 수분 함량도 충돌분화구의 형태에 영향을 준다. 실험 결과, 젖은 모래와 점토는 같은 폭발 에너지로 건조한 모래에서보다 3~10배 큰 충돌구를 형성한다. 건조한 바람에 날린 실트 (silt)나 황토 (loess)에 충돌하면, 운동 에너지가 열에너지로 급격히 전환되어 유리질 구체 텍타이트 (tektite)가 생성된다.

얼음 위성의 표면에 존재하는 얼음의 화학적 조성 변화에 따라 충돌의 결과가 달라진다. 1 mm 지름의 발사체를 [5 km s^{-1}]속도로 충돌시킨 결과, 이산화탄소 얼음보다 물 얼음에서 더 큰 충돌구가 생성되었다 (Burchell et al., 1998). 특히 물 얼음

(100~253 K)의 존재가 예상되는 목성의 위성 유로파, 가니메데, 칼리스토의 경우 충돌구의 크기와 규모는 피 충돌 지역의 온도에 크게 좌우된다 (Grey & Burchell, 2003).

지구의 해양 지각에서 관찰되는 매우 희귀한 해양 충돌구의 존재를 설명하는 데 해양 충돌 모델링이 활용된다. 컴퓨터 모델링 결과 심도 5 km의 해양에 10 km 지름의 소행성이 [20 km s^{-1}]의 속도로 충돌하면, [0.5 km s^{-1}]의 속도로 이동하는 쓰나미가 생성되어 해저를 휩쓸고 최종적으로 해변에 쓰나미 퇴적물을 형성한다 (van der Bergh, 1989). 이때 방출된 에너지는 리히터 규모 12.4의 지진에 해당하며, 이는 인류가 경험한 최대 규모 지진인 리히터 규모 9.5의 1960년 칠레 지진보다 30,000배 이상 강력하다. 모델링 자료에 의하면 폭발 과정에서 소행성 충돌체의 일부와 피 충돌체인 지구의 지각과 물 일부가 고온 증발한다. 고온 증발의 양은 10^{16} kg이고, 10^5 km^3 규모의 지각 굴착이 발생한다. 이 가운데 80%의 질량에 해당하는 물질이 축출물 피복의 형태로 충돌화구 주변에 떨어지며, 나머지 물질은 수개월 동안 대기에 남아 지구의 평균 반사도를 증가시켜 약 40°C 정도 지구 냉각화를 유발한다. 기화된 물질에서 미세 텍타이트가 형성되고, 대기의 충격 가열로 인해 아질산과 질산이 생성된다.

대기의 존재는 유입되는 폭발 화구의 부분적이거나 완전한 파괴를 유발한다. 대기권 진입 속도가 빠르고 진입 각도가 큰 경우 폭발 화구의 감속이 뚜렷하게 관찰된다. 작은 유성체는 더 높은 고도에서 충분히 감속되어, 큰 것보다 더 빠른 종단속도를 유지한다. 항력은 대기의 충차압 (ram pressure)에 비례하며, 폭발 화구의 파쇄 강도를 초과하면 폭발 화구가 파괴되어 궤도에 흩어진다 (그림 8.4). 특정 크기 이상의 충돌체는 지면 충돌시 까지 대부분의 진입 속도를 유지한다. 지구의 경우, 이 임계 지름은 약 50 m 내외이다. 1908년 관찰된 퉁구스카 폭발 화구는 지름 약 30 m의 소행성이 대기권 10~20 km 고도에서 폭발한 것으로 추정된다 (Chyba et al., 1993).

금성 고밀도 대기의 단위 면적당 질량은 1 km 깊이 지구 바다의 단위 면적당 질량과 비슷하다. 이로 인해 50 km 미만의 작은 충돌구가 금성 표면에 생성되지 않는다. 대신해서, 공중 폭발의 충격파에 의해 생성된 헤일로, 반점 지형들과 지름 1 km 미만의 충돌체가 분해되어 생성된 화구 군집이 금성 표면에서 관찰된다 (McKinnon et al., 1997). 타이탄의 대기 밀도는 지구보다 작은 중력 때문에 고도에 따라 더 느리게 감소한다. 따라서 타이탄의 대기를 통과하는 유성체는 매우 높은 고도에서 발화되며 나트륨, 철, 마그네슘과 같은 내화성 원소를 상층 대기로 방출하여 대기 연무의 응축 핵 역할을 할 수 있다 (Ip, 1990).

행성체의 대기는 충돌 과정에서 튕겨 나온 입자인 충돌 축출물의 분포에 영향을 준다. 대기가 충분한 경우 (지구, 금성, 화성, 타이탄), 충격 압축 과정에서 발생하는 압력 증가로 분자 융합과 기화가 촉진된다 (Brackett & McKinnon, 1992). 더 큰 규모 현상으로, 운동량이 충돌체에서 대기로 전달되는 과정에서 행성 대기의 일부가 터져 나가 손실될 수 있다. 충돌에 의한 대기 손실로 화성 표면의 대기압은 진화 초기 14억 년 동안 0.7 bar에서 현재의 0.007 bar로 감소하였을 수 있다 (Melosh & Vickery, 1989; Ahrens, 1993). 따라서, 고에너지 충돌에 의한 행성 진화의 증착 모델을 설정하는 경우 반드시 충돌에 의한 대기 손실을 고려해야 한다

(Schlichting et al., 2015).

1994년 슈메이커-레비 9 혜성이 목성에 충돌하는 과정에서 충돌 지점 주변에서 화학적 변화가 확인된다. 당시의 혜성 충돌 충격으로 일산화탄소, 일황화탄소, 사이안화수소 생성이 검출되었다 (Moreno et al., 2003). 대기를 통과하며 발생하는 삭마 때문에 운석이 포함한 물, 이산화탄소, 메탄과 같은 휘발성 물질이 행성 대기로 유입될 수 있다 (Sephton & Court, 2010).

지구의 가장 오래된 충돌 구조는 호주 서부의 야라부바 (Yarrabubba) 충돌구이다. 야라부바 충돌구는 대략 22억 년 전에 형성된 지름 70 km의 대형 충돌구이다. 야라부바의 충돌체가 대륙의 빙하와 충돌하여 약 [8.7×10^{13}~5.0×10^{15} kg]의 수증기를 대기 중으로 방출하여 고원생대 빙하기의 종말을 초래했다는 가설이 제기되었다 (Erickson et al., 2020). 지구의 가장 추웠던 시기 (7.17 ~ 6.6 억년 전)의 눈덩이 지구 (snowball Earth)를 끝낸 일련의 온난화 과정도 충돌의 영향이라 해석된다 (Lan et al., 2022).

상대적으로 대기 밀도가 낮은 화성의 경우, 대기에 의한 충돌체의 감속은 적지만, 충돌 축출물의 속도를 크게 유지하게 한다. 축출물의 크기에 따라 다양한 유형의 충돌 축출물이 생성된다. 초기의 화성은 지금보다 더 높은 대기 밀도, 최대 5 bar의 이산화탄소 대기로 추정되나, 이 정도의 대기 밀도는 충돌 속도의 유의미한 변화를 유발하지는 않는다. 반면, 화성 대기압의 작은 변화도 충돌 축출물이 형성하는 독특한 축출물 분포 형태를 좌우한다. 대기압이 증가하며 축출물의 분포 형태가 탄도형 (0.06~0.3 bar), 유동 로브 (0.3~0.7 bar), 방사형 (〉0.8 bar)으로 변화한다.

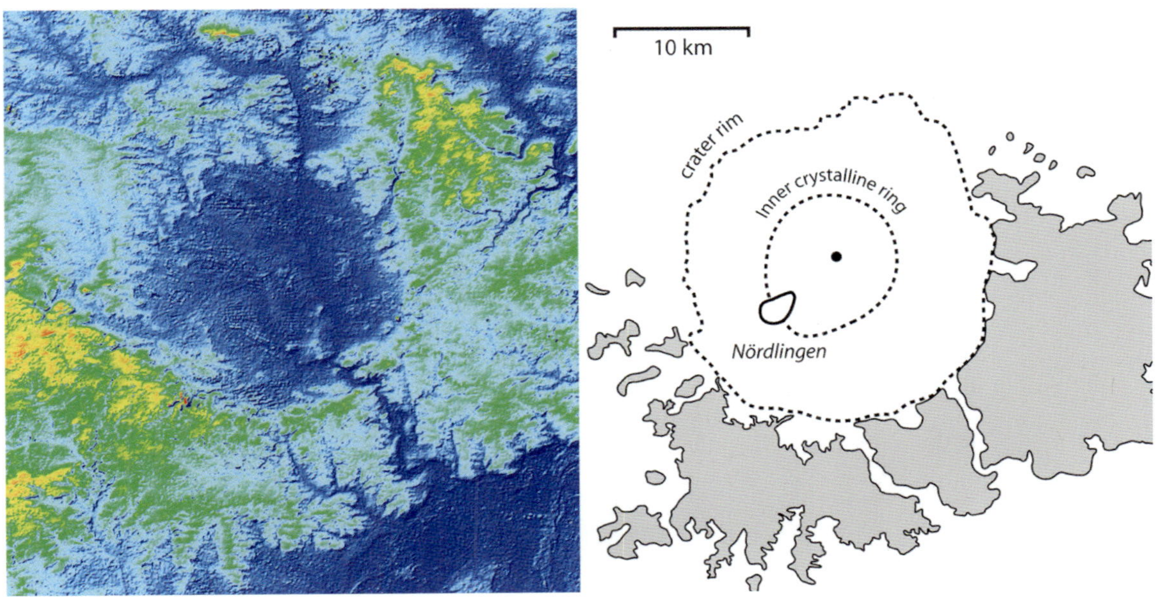

그림 8.5 (a) 대략 1,500만 년 전에 두 개의 석질 운석이 지구와 충돌하여 리스 충돌구 (Ries crater, 지름: 25 km)와 슈타인하임 충돌구 (Steinheim crater, 지름: 3 km)가 형성되었다. 시간이 지나며 채워진 호성 퇴적물의 침식으로 화구 형태가 변형되었다. (b) 지질도의 회색 영역은 분트 (Bunte) 각력암이 발견된 지역이다. 분트 각력암은 충돌구 중심으로부터 남동쪽으로 35 km 떨어진 지역에서도 발견된다. 충돌 초기의 각력암은 아마 방사 방향으로 흩어졌을 것이다. 충돌 충격으로 용융된 물질이 고속으로 분출되어 유리 방울로 응결하여 몰다바이트 (Moldavites)를 생성한다. 몰다바이트는 ~400 km 떨어진 체코에서 발견된다. 중세 도시 Nordlingen 이 리스 충돌 분지 내에 위치한다. 출처: NASA.

추가적으로 화성의 충돌 축출물 형태는 축출물의 입자 크기와 휘발성 물질 함량 뿐만 아니라 지하 함수율에 의해 결정됨을 고려해야 한다 (Schultz, 1992). 축출물의 대기 중 이동 거리는 공기 밀도의 변화에 따라 달라진다. 수성의 2차 충돌 분화구는 달의 2차 충돌 분화구보다 1차 충돌 분화구 가장자리에 더 가까이 위치하는데, 이는 수성이 달보다 더 높은 중력 가속도를 가지기 때문이다. 고에너지 충돌 과정에서 축출된 물질은 축출물이 대기 밖으로 이동하는 경우를 제외하고, 상대적으로 제한된 궤적을 형성한다 (Osinski et al., 2011).

충돌구의 형성

행성체의 표면을 변형시키는 다양한 원인 가운데, 가장 강력한 요인은 충돌구의 형성이다. 그러나 큰 행성체의 경우 빠른 속도로 진행되는 지질학적 표면 변형 작용으로 충돌구 형성의 중요성이 상대적으로 가려지기도 한다 (Melosh, 2011). 달의 화구를 충돌의 결과물로 인식하기까지 꽤 오랜 시간 논쟁이 이어졌다. 충돌 기원을 뒷받침하는 망원경 기반 관찰 증거가 이미 수십 년 전에 제시되었음에도 불구하고, 달의 화구 (crater)를 화산기원으로 이해하던 (*'분화구' 용어의 기원임: 역자 주*) 주장은 1950년대까지 이어졌다. 이런 늦은 인식은 충돌구의 형성과 진화가 충돌 에너지, 중력가속도 (g)의 지역적 변화, 피 충돌 지역의 구성 물질과 구조, 대기의 영향, 붕괴, 침식, 퇴적등 에 의해 영향을 받는 복잡성에 기인한다. 더구나 운석 충돌이 그렇게 자주 발생할 것이라고 받아들여지지 않았기 때문이기도 하다.

그림 8.6 독일 슈타인하임 충돌구 (Steinheim crater, 지름: 3 km) 주변의 쥐라기 석회암층에서 발견된 파쇄추 (shatter cone). 파쇄추는 핵실험 폭발 (예: Sedan 핵 실험, 104 kt)에서 관측되는데, 2~20 GPa의 충격 압력 조건에서 형성된다. 줄무늬 모양의 균열인 파쇄추는 수 mm부터 수 m까지 다양한 크기로 관찰된다. 출처: Ludovic Ferriere (Natural History Museum, Vienna).

대략 1,500만 년 전에 형성된 독일의 리스 (Ries) 충돌구는 충돌 용융과 충격 변성 작용의 산물이 축출물에서 검증된 후에 비로소 충돌 화구로 인정되었다. 리스 충돌구는 지름 24 km, 깊이 240 m의 이중 고리 (double-ring) 충돌구로 내부고리 영역과 외부고리 영역으로 구분되며, 더 작은 스타인하임

그림 8.7 가나 보섬트위 충돌구 (Bosumtwi crater)의 석영에서 관찰되는 평면 변형 요소(planar deformation features). 평면 변형 요소는 파쇄추, 석영의 동질이상인 코에사이트(coesite), 스티쇼바이트 (stishovite)와 같이 충격 변성 작용의 지시자로 활용된다. 이 구조는 핵실험 사이트에서 관측되었는데, 충격 압력 > 5 GPa 의 실험실에서도 생성될 수 있다. 출처: Ludovic Ferriere (Natural History Museum, Vienna).

(Steinheim) 화구 (지름 = 2.5 km, 깊이 = 100 m)를 이웃으로 두고 있다 (그림 8.5). 이 화구에서 충돌 용융과 충격 변성 작용의 결과로 생성된 파쇄추 (shatter cone) (그림 8.6), 체코 공화국까지 퍼져 나간 폭발물의 잔해인 충돌 용융 유리 몰다바이트 (moldavite), 화구 주변의 암석에 포함된 각력암 (breccia), 충격 용융 결정질을 포함하는 복성 각력암인 수에바이트 (suevite)가 확인된다 (Engelhardt et al., 1987). 실제 리스 충돌구 화구 내부에 있는 뇌르틀링겐 (Nördlingen) 지역의 세인트 조지 (St. George) 성당은 수에바이트로 지은 건축물이다. 그러나 용융 특성은 화산 기원이고, 화구는 물을 포함한 용암의 폭발 등의 다양한 지질학적 과정으로 형성되었다고 오랫동안 간주되었었다.

1960년 수에바이트에서 석영의 고압 동질이상인 코에사이트 (coesite)가 발견되자 비로소 리스 충돌구가 충돌의 산물로 받아들여졌다 (Shoemaker & Chao, 1961). 후속 연구를 통해 수에바이트에서 코에사이트보다 고압에서 형성되는 석영의 초고압 동질이상인 스티쇼바이트 (stishovite)와 흑연의 초고압 동질이상인 다이아몬드가 발견되었다. 충돌 과정에서 발생한 충격파는 석영을 고압 형태인 코에사이트와 스티쇼바이트 (~40 GPa)로 변형시키고, 유기물 연소 과정에서 생성된 탄소를 다이아몬드로 변화시킨다. 그보다 낮은 약 7.5~30 GPa의 압력에서 석영과 다른 광물의 결정은 평면 변형 요소 (planar deformation features)과 충격층 (shock lamellae)를 생성한다 (그림 8.7). 평면 변형 요소와 충격층은 주사 전자 현미경이나 투과 전자 현미경을 사용하여 관찰할 수 있다. 주사 음극선 발광 영상 (scanning cathodoluminescence imaging)은 충격으로 형성된 구조와 지질학적 변형으로 생성된 구조를 구별하는 데 매우 유용하게 사용된다 (표 8.1).

표 8.1 충격 변성 작용의 지시자[a]

광물	지시자	압력(10^9 Pa)
미립질	파쇄추(Shatter cones)	2~6
석영	변형 쌍정 (Mechanical twinning)	5~20
	평면 변형 요소 (Planar deformation features)	10~35
	→ Diaplectic glass	30~40
	→ 스티쇼바이트 (Stishovite)	15~40
	→ 코에사이트 (Coesite)	30~60
	용융 (Melting)	> 60
사장석	평면 변형 요소 (Planar deformation features)	13~30
	→ Maskelynite	30~45
	용융 (Melting)	45~65 ?
감람석	평면 변형 요소 (Planar deformation features)	5~50
	Mosaicism	10~50
	→ 링우다이트 (Ringwoodite)	> 35
	재결정 (Recrystallization)	50~65
	용융(Melting)	> 70
단사휘석	평면 변형 요소 (Planar deformation features)	5~40 ?
	→ Maskelynite	13.5
	Planar elements	30~45
	용융 (Melting)	45~65 ?
지르콘	평면 변형 요소 (Planar deformation features)	20~40
	→ Reidite	30~50
	→ Baddeleyite	> 90
방해석	평면 변형 요소 (Planar deformation features)	0~45
	전위 (Dislocations)	> 15
	성분 분리 (Decomposition)	> 45
흑연	Kink bands	5~30
	→ 입방 다이아몬드 (Cubic diamond)	30~60
	→ 육방 다이아몬드 (Hexagonal diamond)	70~140

[a] Nierenberg (1992); 화살표는 고체 상태의 반응/변화.

파쇄추는 대략 2~5 GPa의 압력에서 형성되며 작은 입자로 구성된 암석에서 빈번하게 관찰된다 (그

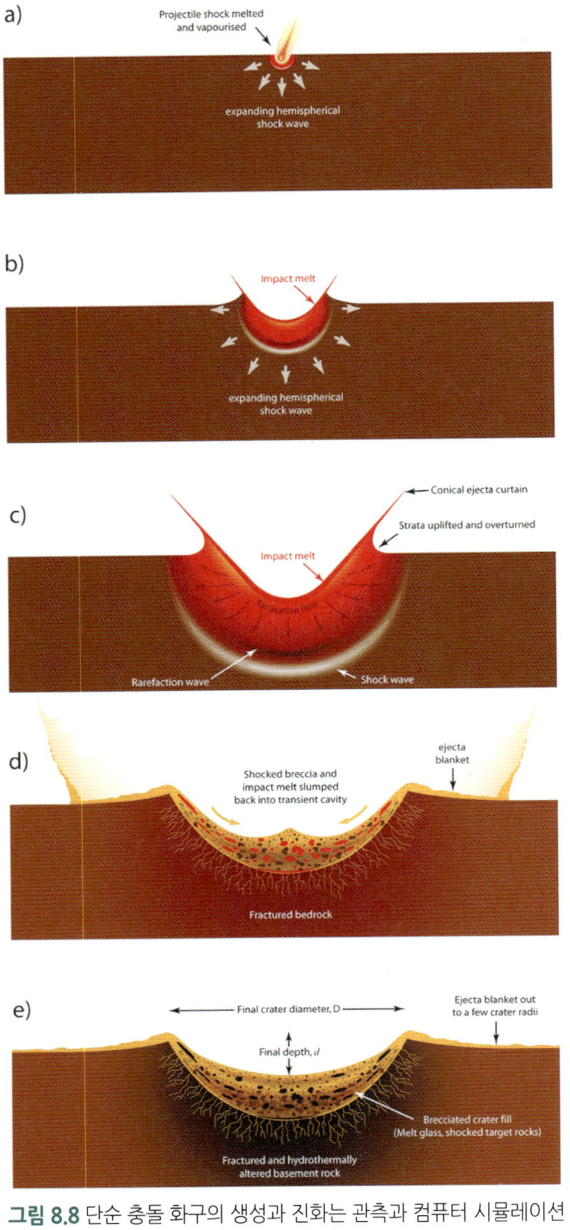

그림 8.8 단순 충돌 화구의 생성과 진화는 관측과 컴퓨터 시뮬레이션으로 이해될 수 있다. 출처: Melosh (1989).

림 8.6). 충돌의 증거로 인정되는 줄무늬 모양의 균열인 파쇄추는 수 mm부터 수 m까지 다양한 크기로 관찰된다. 파쇄추는 때때로 지하 핵폭발의 충격파 로 인해 발견되기도 하며, 따라서 충돌의 보조 지시자로 가치가 있다. 상대적으로 규모가 작은 슈타인하임 충돌구와 바링거 충돌구처럼 충돌구로 완전히 인정받지 못하고 있다. 2003년까지도 리스 충돌구가 지역적인 지각 변동과 화산 활동의 산물이라는 주장이 제기되었다. 게다가 코에사이트가 일부 맨틀 암석에서 관찰되며 코에사이트의 존재 자체를 충격 지시자로 사용할 수 없게 되었다. 유사한 충격 지시자 논쟁은 풀러렌(fullerene)으로 번져 나갔다. 과거 충돌의 지시자로 사용되던 풀러렌 (C60)은 남중국의 페름기-트라이아스기 경계와 덴마크의 백악기-팔레오세 경계의 시료 추출 과정에서 발생한 부산물로 보고되었다 (Carrasquillo et al., 2016).

일반적으로 충돌구의 생성과 발달은 (1) 접촉과 압축, (2) 굴착, (3) 변형의 3단계로 구분된다 (그림 8.8). 접촉과 압축 단계에서 충격파가 방사상으로 발산되고 충돌체의 운동에너지 대부분이 피 충돌체로 전달된다. 충격파의 후방에서 형성되는 방출파 (release wave)는 표면 물질을 바깥쪽으로 밀어내는 역할을 한다. 굴착 단계에서 일시적인 공동의 형성, 충격 용융물 생성, 축출물 피복, 화구 가장자리의 형성이 진행된다. 피 충돌 암석은 용융, 증발, 파편화의 과정을 겪는다. 변형 단계에서 화구벽이 붕괴하며 화구 근처에 분포하던 축출물이 각력암의 형태로 공동으로 빨려 들어간다. 이 과정에서 추가적인 질량 이동과 침식이 발생하고, 암권 평형에 의한 반등이 뒤따른다 (Melosh, 1989). 지름이 1 km 미만인 충돌체의 경우 접촉과 압축 단계의 지속 시간은 1초 미만이다. 굴착 단계는 수 초 또는 수 분 동안 지속된다. 변형 단계는 최초 충돌 이후 수백 년 또는 수천 년 동안 지속된다.

지표와 지하의 휘발성 물질을 함유한 대기의 존재는 화구 형태의 극적인 변화를 유발한다. 리스 충돌구와 슈타인하임 충돌구 모두 오랜 기간 화구 호수를 형성했다 (그림 11.13). 화성의 많은 충돌

그림 8.9 화성의 바콜로르 충돌구 (Bacolor crater, 지름: 20 km) 주변에서 축출물 피복이 관찰된다. 축출물의 최대 두께는 60~70 m이고 충돌구 지름만큼 밖으로 뻗어있다. 축출물 피복은 뜨거운 각력암 슬러리와 얼음이 녹은 진흙의 혼합물이다. 충돌 직후 형성된 충돌 대기 기둥이 충분히 상승하지 못하고 붕괴하는 과정에서 수증기와 먼지가 축출물 피복 위에서 밖으로 몰려 나가면서 방사상으로 쓸림 흔적들이 생성된다. 출처: NASA/JPL-Caltech/ASU.

구가 이와 유사한 진화를 겪었다는 증거가 제시되었다. 더구나, 화성의 지하 얼음이 녹거나 끓는 과정에서 뜨거운 진흙으로 형성된 축출물 피복 (그림 8.9)이 형성된다.

공동의 크기와 형태는 충돌체의 크기, 조성, 속도, 피 충돌체의 특성에 의해 좌우되는 매우 복잡한 난제이다. 충돌체의 지름과 충돌 화구의 지름을 결정하는 기본적인 요소는 변형 단계의 변동성 부분이다. 문제의 핵심은 화구의 규모를 좌우하는 가장 중요한 요소가 충돌구의 크기가 증가하며 피 충돌체의 파쇄 강도에서 중력으로 바뀐다는 부분이다. 화구의 붕괴가 시작되기 전에 형성된 공동과 일부 축출물이 유입되기 전에 해당하는 임시적인 충돌구 (transient crater)의 크기만 고려하면, 변형 단계의 변동성을 어느 정도 피할 구 있는데, 지름 1 km 미만의 충돌구로 한정하면, 실험실의 소규모 모의 충돌 실험 결과와 지하 핵폭발 실험의 결과는 상당히 일치한다. 그러나 충돌 화구의 지름 (D)을 기준으로 충돌 에너지 (W)를 계산하는 전통적인 관계식을 사용하면 ($W \propto D^{3.4}$), 전파 오류가 약 40배 증폭되기 때문에 매우 부정확하다 (Melosh, 1989).

컴퓨터 수치 모델링 분석 결과, 충돌체의 구성 성분은 임시적인 충돌구 지름의 크기를 결정하는 중요한 요소이다. 수치 모델 분석에 사용한 충돌체

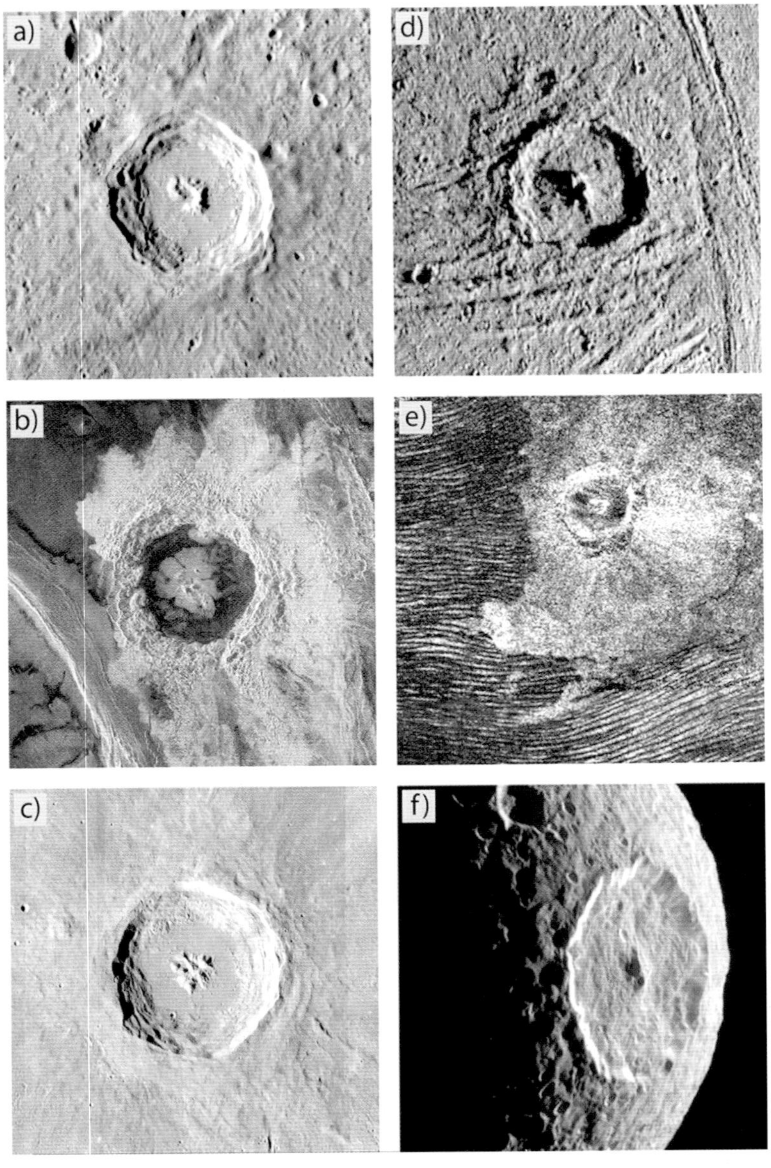

그림 8.10 복합 충돌 화구. (a) 수성의 무명 충돌구 (지름: 42 km). (b) 금성의 딕킨슨 충돌구(Dickinson crater, 지름: 69 km). (c) 달의 아리스틸루스 충돌구 (Aristillus crater, 지름: 55 km). (d) 목성의 위성 가니메데의 굴라 충돌구(Gula crater, 지름: 40 km). (e) 토성의 위성 타이탄의 크사 충돌구 (Ksa crater, 지름: 29 km). (f) 토성의 위성 미마스의 허셜 충돌구(Herschel crater, 지름: 130 km). 출처: NASA/JPL/Caltech/JHUAPL/DLR/SSI/Carnegie Institute of Washington/Arizona State University and the Lunar Reconnaissance Orbiter Team.

의 조건은 지름 100 m와 속도 [15 km s^{-1}]이고 피충돌체의 조건은 밀도 [3,000 kg m^{-3}]이다. 암석과 유사한 밀도 [3,000 kg m^{-3}]의 충돌체는 지름 1.8 km의 충돌구를 형성한다. 금속과 유사한 밀도 [8,000 kg m^{-3}]의 충돌체를 고려하면 충돌구의 지름이 2.4 km로 늘어난다 (Norton, 2002). 평균 밀도가 얼음과 비슷한 충돌체의 결과는 예상하기 어렵다. 충돌체의 낮은 밀도는 수분 증발의 폭발 효과로 부분적으로 상쇄될 여지가 있다. 외태양계 (outer solar system)의 행성에서 충돌구 생성 빈도의 변화 연구는 혜성 기원의 충돌체를 우선적으로 고려하나 (Zahnle et al., 2003), 혜성의 규산염 성분이 주요 충돌 원소임을 간과하지 말아야 한다.

충돌구는 크기와 형태와 따라 다음과 같이 구분된다. 첫째, 단순 충돌 화구(simple crater)는 대부분의 행성체에서 폭 대비 깊이의 비가 1:3 ~ 1:5이다. 단순 충돌 화구는 충돌 초기에 발달하는 임시적인 충돌구와 유사하지만, 충돌 축출물 파편의 미

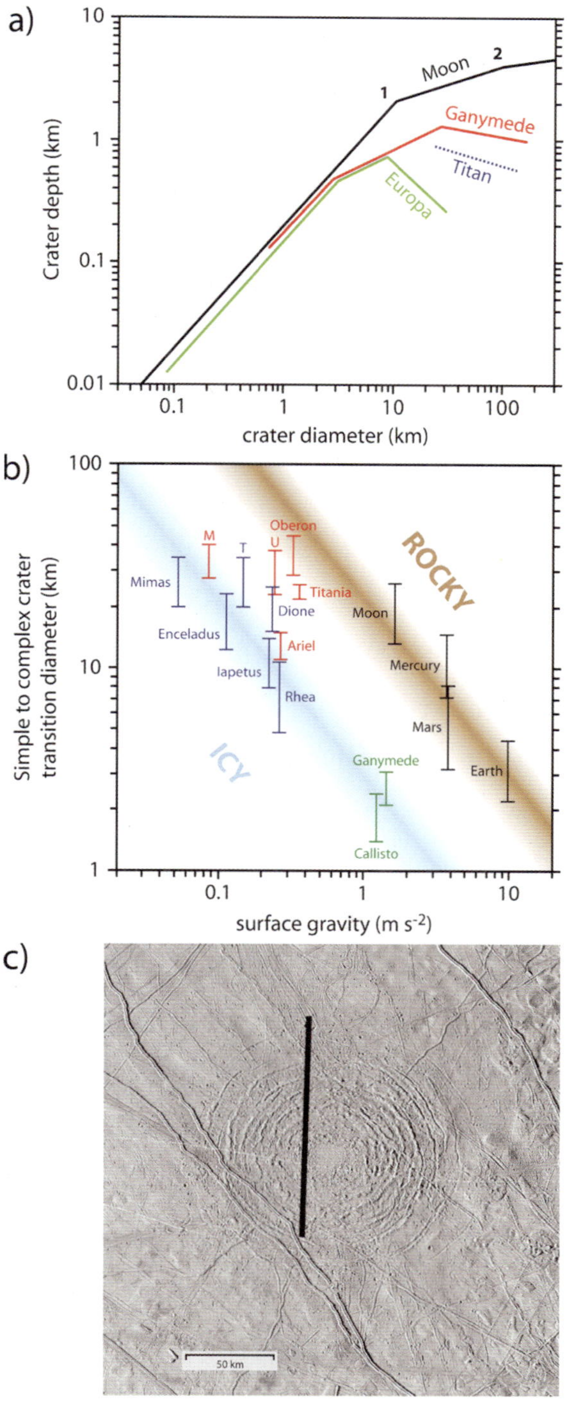

그림 8.11 (a) 충돌구 지름 대 깊이 관계. 본문 설명 참조 (b) 단순 충돌구에서 복합 충돌구로 전이하는 지름과 표면 중력 가속도와의 관계. 본문 설명 참조. (c) 유로파의 타이레 충돌구 (Tyre crater)에서 보이는 희미한 동심원 형태의 능선과 골. 이 충돌구는 깊이 대비 지름의 비율이 매우 낮은데, 이는 충돌체가 얼음을 관통했음을 시사한다. 본문 설명 참조. 출처: NASA/JPL/ASU.

끄러짐으로 약간의 변형이 발생한다. 단순 충돌 화구의 크기는 토성의 위성 팬 (Pan)과 목성의 위성 아말티아 (Amalthea)에서 수 cm에서 90 km에 이른다 (Melosh, 1989). 둘째, 복합 충돌 화구 (complex crater)는 임계 크기 이상의 충돌구이다 (그림 8.10, 8.11). 복합 충돌 분화구의 주요 특징은 계단식 화구 벽, 평평한 바닥, 중앙 봉우리, 동심원 형태로 발달한 높은 융기부이다. 셋째, 다중 고리 충돌 분화구 (multi-ring crater)는 여러 행성체에서 발견되며, 유체 연약권 위에 존재하는 얇은 탄성 암석권에 발생한 충돌에 의해 형성된다 (Melosh, 1989). 금성에서 관찰되는 4개의 대형 고리형 분지인 이사벨라 (Isabella), 클레노바 (Klenova), 리제 마이트너 (Lise Meitner), 미드 (Mead)는 달의 동쪽의 바다 (Mare Orientale)와 유사하다. 고리형 분지가 형성될 당시 금성은 달보다 큰 중력과 온도 구배로 연약권이 발달했을 것이다. 이후 내부로 향하는 점성 유동으로 증가한 방사형 응력 때문에 정단층이 생성되었다 (Alexopoulos & McKinnon, 1994). 유로파의 타이어(Tyre) 충돌구는 얼음 위성에 보이는 유사한 얕은 다중 고리 충돌구의 사례이다 (그림 8.11c). 금성에서 지름 300 km 이상의 충돌구가 관찰되지 않는다. 유로파의 타이어 충돌구나 칼리스토의 발할라 (Valhalla) 충돌구처럼 현재 지표에서 희미하게 관찰되는 충돌구 탐사가 최근 주목받는 연구 주제이다. 동심원 형태의 단층 분지 복합체인 하스트체바드 테세라 고리 복합체 (Haasttse-baad Tessera Ring Complex, 지름: ~1,500 km)는 진화 초기 금성에 존재했던 규산염 마그마 '연못' (pond) 위의 얇은 지각에 발생한 두 차례의 충돌 증거라 여겨진다 (López et al., 2024). 이 추론이 사실이라면, 하스트체바드 테세라 고리 복합체가 금성의 가장 큰 충돌

그림 8.12 목성의 위성 가니메데에서 관찰되는 부토 파쿨라(Buto Facula) 겹쳐진 충돌구 흔적들인 팔림프세스트 (palimpsest, 지름: 290 km). 팔림프세스트는 원래 재사용된 양피지에 과거의 기록들이 희미하게 남아있음을 뜻한다. 대형 충돌구가 점성류, 얼음 채우기, 침식, 퇴적 작용으로 충돌구 흔적이 희미해지며 팔림프세스트를 형성한다. 출처: NASA/JPL/DLR.

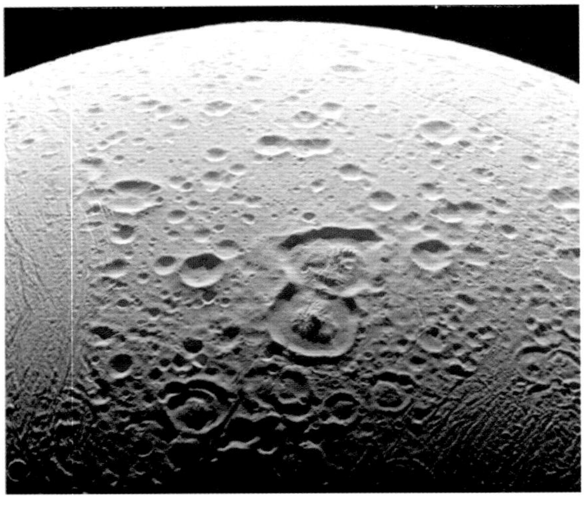

그림 8.13 카시니(Cassini) 우주선이 촬영한 엔세라두스 북반구 영상. 점성 이완으로 경계가 희미해진 충돌구 지형이 보이며, 영상 중심부의 겹친 충돌구는 위의 앨라배마 충돌구 (Alabama crater, 지름: 39 km)와 아래의 알라딘 충돌구(Aladdin crater; 지름: 37 km)이다. 두 충돌구 모두 화구 가장자리보다 높은 금이 간 돔이 내부에서 관찰된다. 영상의 오른쪽 아래에 내부 해자와 융기부가 거의 평평해진 충돌구의 흔적이 보인다. 이러한 지형의 이완을 설명하기 위해서는 강한 열 플럭스, 0.15 W m^{-2}이 필요하다. 출처: NASA/JPL/SSI, Bland et al. (2017).

구조이다.

충돌로 형성된 충돌구의 가정적 신선한 형태가 시간이 지날수록 변형되는 정도를 이용한 상대적 연대 측정법이 개발되었다 (Roberts et al., 2021). 물론 충돌구의 변형은 생성 연대와 별개로 바람, 물, 미소 유성체, 중력에 의한 퇴락 (degradation)에 따른 불확실성 있다. 그러나 관찰된 충돌 화구의 밀도가 너무 낮은 지역에서 유용하게 사용되는 상대적 연대 측정 방법이다. 크레멘타인 (Clementine) 탐사선의 데이터를 사용하여 지름 1~3 km인 달의 충돌구 퇴락을 평가하고, 방사성 연대 측정으로 절대 연령이 알려진 지역의 자료와 비교하여 상대 연령을 보정하는 방식으로 달 뒷면의 연대를 추정했다 (Craddock & Howard, 2000). 이런 상대적 연대 측정은 기존의 지구 기반 화구 밀도 관측, 미국의 아폴로 (Apollo) 탐사, 구소련의 루나 (Luna) 탐사, 중국의 창어 (Chang'E) 탐사에서 제외된 달의 영역을 탐구하는 유일한 현실적 대안이다. 화구의 퇴락 자료를 이용하여 계산한 임브리움기 (38.5~3.2 억년 전) 이후 달 전체의 평균 침식률은 [$2\pm1\times10^{-7}$ mm yr^{-1}]이다.

얼음 행성체에서 과거의 충돌 흔적이 허물어지고 새로운 충돌 구조로 지형이 재형성되는 이유는 껍질층의 점성 이완 때문이다. 가니메데에서 관찰되는 팔림프세스트(palimpsests) 지형들은 이미 과거의 지형적 특징이 거의 사라졌지만 충돌구 벽의 독특한 반사율에 의해 눈에 다 (그림 8.12). (*팔림프세스트(palimpsests)는 양피지에 과거의 글을 지우고 새글을 덧 쓴 문서: 역자 주*) 점성 이완은 가니메데 내부의 열 흐름에 중요한 제한조건을 제공한다 (Bland et al., 2017). 토성의 위성 엔셀라두스 북반구의 충돌구들에서 관찰되는 돌출부와 함몰부 역시 점성 이완 작용의 결과로 해석된다 (그림 8.13). 점성 이완으로 경계가 희미해진 충돌구 지형을 유지하는 데 필요한 엔셀라두스의 열류량은 [~0.015 W m^{-2}] 이상으로 추정된다 (그림 8.13). 태양계에서 지체구조 운동은 충돌구를 변형하거나 파괴하는 역할을 한다 (그림 8.14). 지체구조 운동은 충돌구

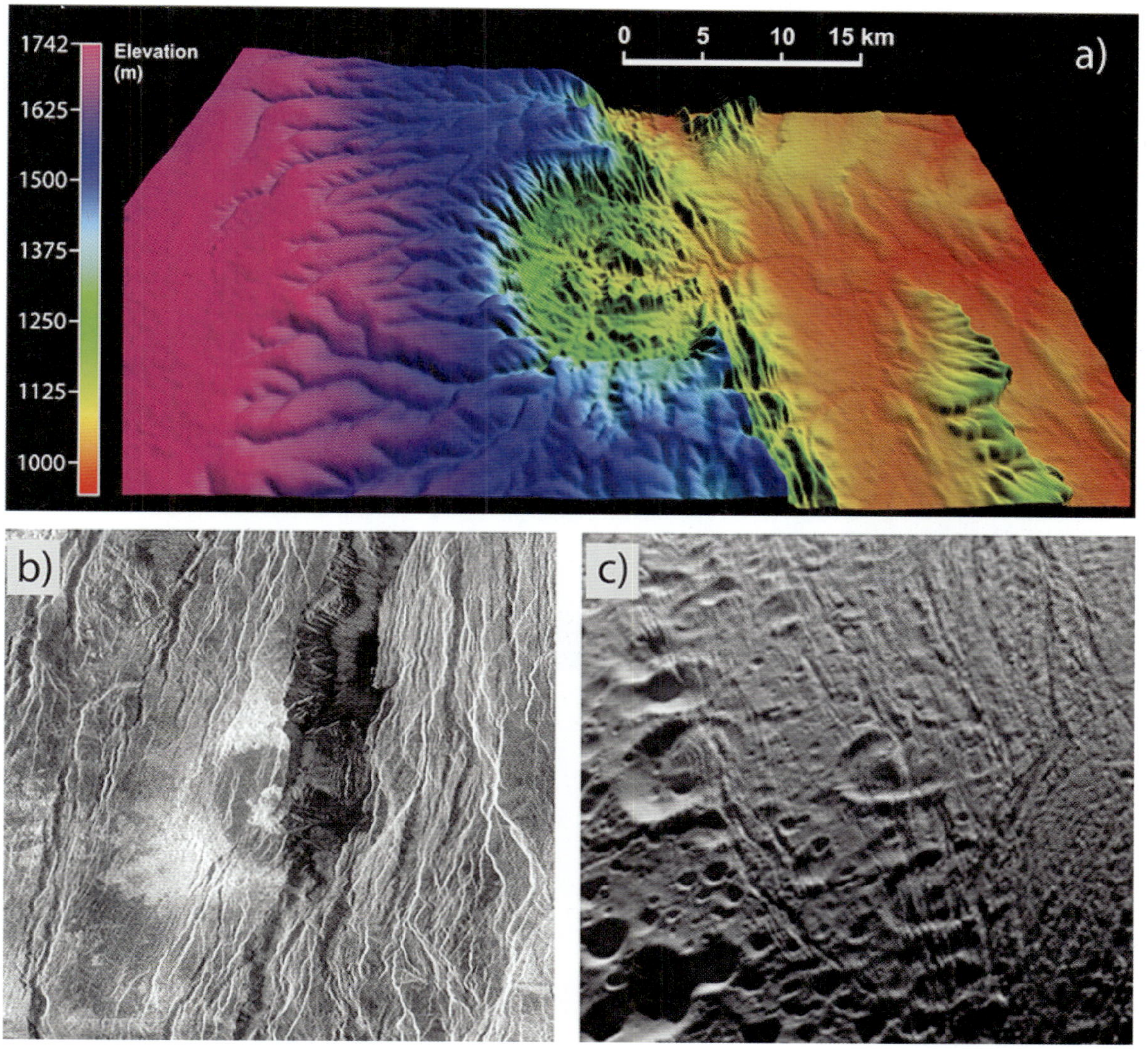

그림 8.14 지체구조 운동으로 희미해지는 충돌구 지형. (a) 콩고의 루이지 충돌구 (Luizi crater, 지름: 17 km). 동아프리카 열곡대의 확장으로 형성된 정단층이 충돌구 동부 지형을 변형시킨다. (b) 금성의 발치 충돌구 (Balch crater, 지름: 40 km). 충돌구를 관통하는 정단층이 데바나 함몰대(Devana Chasma)를 형성한다. (c) 토성의 위성 엔셀라두스의 사마르칸트 술쿠스 (Samarkand Sulcus) 지역. 얼음 확장 구조가 충돌구의 형태를 교란하여, 영상 중앙의 페리바누 충돌구 (Peri-Banu crater, 지름: 18 km)가 동서 방향으로 신장되었다. 출처: NASA/JPL/SSI.

생성과의 선후 관계 정립에 유용하며, 행성체의 심부를 이해하는 기회를 제공한다 (그림 8.15).

충돌구의 너비와 깊이는 서로 비례하여 증가하는 경향이 관찰된다. 행성체 별로 확보된 모든 충돌구 크기 자료를 취합하여 충돌구의 깊이와 지름 도표를 작성하면 기울기가 급변하는 구분 점 (breakpoints) 두 개가 관찰된다. 첫 번째 구분 점은 단순 충돌 화구와 복합 충돌 화구의 경계이고, 두 번째 구분 점은 복합 충돌 화구와 다중 고리 충돌 화구의 경계이다 (그림 8.11a). 얼음 위성에서는 이 구분 점이 더 작은 지름에서 일어나는데, 이는 표면의 약한 파쇄 강도에 기인한다. 더욱이 이 관계는 큰 지름에서 뒤집어 진다 (turn over). 이 역전 현상은 가니메데에서 보다 유로파에서 더 두드러지는데 액체 물 대양 때문으로 생각된다. 유로파와 같이 얇은 얼음 표면에 큰 충돌이 일어나면 껍질을 관

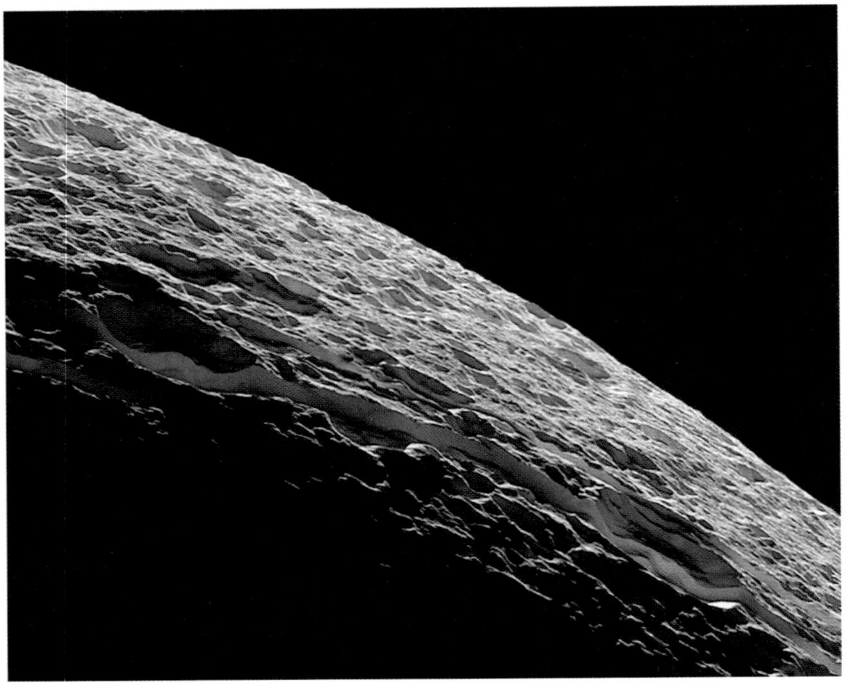

그림 8.15 토성의 위성 디오네(Dione)의 측면 조명 영상. 중앙에 있는 두 충돌구 사이를 가로지르는 단열대 (fracture zone)가 보인다. 이 가로지르는 지형은 충돌 시점에 대한 정보뿐만 아니라 표면 아래의 구조에 대한 귀중한 자료를 제공한다. 출처: NASA/JPL/SSI.

통하게 되고, 이후 빠르게 정수압 조정이 일어나서 충돌구의 깊이를 감소시킨다. 타이탄의 제한적인 표면 자료는 가니메데와 유사한 경향을 보이나 좀 더 얕은 깊이를 가진다. 이는 퇴적물에 의한 메몰 때문으로 생각된다 (그림 8.11a). 단순 충돌구에서 복합 충돌구로의 전이는 피 충돌구의 파쇄 강도에 의해 좌우되지만, 물질의 기본 성질과 중력 모두에 의해 결정된다. 따라서 이 전이 지름과 중력과의 상관 관계가 암석형 행성체와 얼음형 행성체에 다르게 나타난다. 그림 8.11b에서 천왕성 위성들이 암석형과 얼음형 행성체의 경향들 사이 값을 가지는 것은 토성 위성에 비해 더 낮은 온도로 인한 얼음의 강도 차이를 반영하는 것으로 보인다. 유로파의 타이레 (Tyre) 충돌 구조는 극단적으로 얕은 다중 고리 분지인데, 지워진 동심원 능선과 계곡으로 구성되어 있다 (그림 8.11c). 이 충돌 구조의 작은 깊이 대 지름 비는 그림 8.11a에서 보였듯이, 충돌체가 표면 아래 액체 대양으로 뚫고 들어갔음을 시사한다.

유로파, 가니메데, 칼리스토의 경우, 두 번째 구분 점은 충돌구의 크기와 불규칙한 형태의 충돌구가 관찰되는 경계부를 나타내며 온도에 의존하는 유동학적 변화의 결과로 해석된다. 충돌구 깊이가 지름에 비해 상대적으로 급격히 감소하는 세 번 째 구분점이 있다. 충돌구에서의 저속 미끄러짐 (creep)이 이 효과를 설명하기에는 충돌구 나이가 너무 어리고, 아마도 대규모 바다의 영향으로 설명된다 (10장 참조). 충돌구 깊이와 지름 사이의 상관관계를 토대로 추정한 유로파 얼음의 최소 두께는 19~25 km이다 (Schenk, 2002). 충돌구 내부의 중앙 봉우리의 존재로부터 컴퓨터 시뮬레이션은 충돌구 형성 당시의 유로파 얼음의 최소 두께는 3~4 km로 추정했었다. 유로파 얼음 충돌구의 90%를 형성한 목성형 혜성의 평균 이동 속도 [26.5 km s^{-1}]를 가정한 컴퓨터 시뮬레이션은 증발과 용융의 효과도 함께 고려한다 (Turtle & Pierazzo, 2001).

또한, 균열이 발생해도 융기 부분의 물질이 일관되게 움직였다는 관찰 결과 역시 컴퓨터 시뮬레이션에 반영하였다 (Turtle & Pierazzo, 2001). 명왕성과 그 위성 카론처럼 행성체의 전반적인 분화구 분포 자료가 파악되지 않아 부분적인 지형 모델만 알려진 경우, 충돌구의 깊이와 지름 도표에서 뚜렷한 구분 점 판별이 어렵다 (Robbins et al., 2021; Villaça et al., 2021).

얼음 위성인 타이탄에서 지구와 유사한 바람, 물, 미세 유성체, 중력에 의한 퇴락으로 충돌구 밀도의 변화가 감지된다. 다른 얼음 행성체처럼 점성 이완과 더불어 지각 변동, 극저온 화산 활동, 풍성 침식, 하천 침식, 대기에서 침전된 유기 퇴적물에 의한 퇴적 작용 등이 타이탄에서의 충돌구 변형 과정에 포함된다. 카시니 탐사 자료로부터 90개의 충돌로 형성된 구조를 파악하였다 (Hedgepeth et al., 2020). 이처럼 낮은 충돌구 밀도는 타이탄의 표면이 지질학적으로 매우 젊어, 분명히 10억년보다 더 오래되지 않고 아마도 2억 년 이내에 재형성되었음을 나타낸다. 타이탄 표면의 충돌구 밀도는 지역별로 매우 큰 차이가 있다. 제너두(Xanadu) 지역에서 평균보다 두 배 이상 높은 충돌구 밀도가, 선도 반구 (leading hemisphere)와 고위도 지역에서도 평균보다 높은 충돌구 밀도가 관찰된다. 타이탄의 표면 지형 자료는 제한적이지만, 충돌구/깊이 특성은 가니메데와 분명히 다르다. 가니메데는 크기와 내부 특성이 타이탄과 유사하나, 단 대기가 없다. 타이탄의 얼음 충돌구는 얕기 때문에 상당한 양의 퇴적물 매몰 가능성이 예상되며, 메탄 강우로 일정 수준의 물리적 침식과 화학적 풍화도 발생한다(Neish et al., 2015).

충돌구 밀도

지구의 표면에 눈에 띄는 충돌구가 거의 없다는 사실 (그림 8.16, 표 8.2, 표 8.3, 표 8.4, 표 8.5, 표 8.6, 표 8.7)과 충돌구의 기원에 대한 오랜 논쟁으로 충돌구의 연령 분포에 대한 통계적 분석은 아폴로 달 착륙과 더불어 비교적 최근에 완성되었다. 현재까지 지구의 표면에서 확인된 충돌구는 약 190개로, 오래되고 퇴적 작용이 활발하지 않아 충돌구의 형태가 지표로 드러나기 쉬운 육상 지역에서 주로 관찰된다 (그림 8.16a). 대륙에 생성된 지구의 충돌구는 지체구조 운동, 침식, 퇴적 작용의 영향으로 흔적이 표면에서 서서히 사라진다. 판의 운동으로 상대적으로 짧은 시간에 맨틀로 재순환되는 해양 지각의 특성 때문에 해양에 생성된 충돌구는 거의 발견되지 않는다. 대부분의 해양 지각은 2억 년 이내에 생성되었다. 예외적으로 오래된 약 3억 4천만 년 전에 형성된 해양 지각 일부가 지중해에서 관찰된다. 이와 유사하게 타이탄에서 저지대 충돌구 밀도가 낮은 이유는 진화 초기의 타이탄에 현재보다 더 광범위한 저지대 습지가 존재했기 때문이다. 또한, 얕은 해양 환경의 충돌은 단단한 얼음 껍질 환경의 충돌보다 훨씬 더 희미한 충돌 구조를 생성한다 (Neish & Lorenz, 2014). 화성의 이분 경계를 기준으로 화구 밀도가 높은 남반구와 낮은 북반구가 뚜렷하게 구분된다 (그림 8.16b). *남반구와 북반구의 서로 다른 진화 시기와 발달 경로 때문에 분화구 밀도, 지형, 지각의 두께 차이가 화성에서 관찰된다(그림 8.16b). 무작위에 가까운 상대적으로 균질한 충돌구 분포는 8~10억 년 전의 범람 현무암 생성으로 금성의 지표가 재형성되었기 때문이다 (그림 8.16c). (역자 주)*

달 충돌구 지형의 일부는 지역적으로 표면을 재

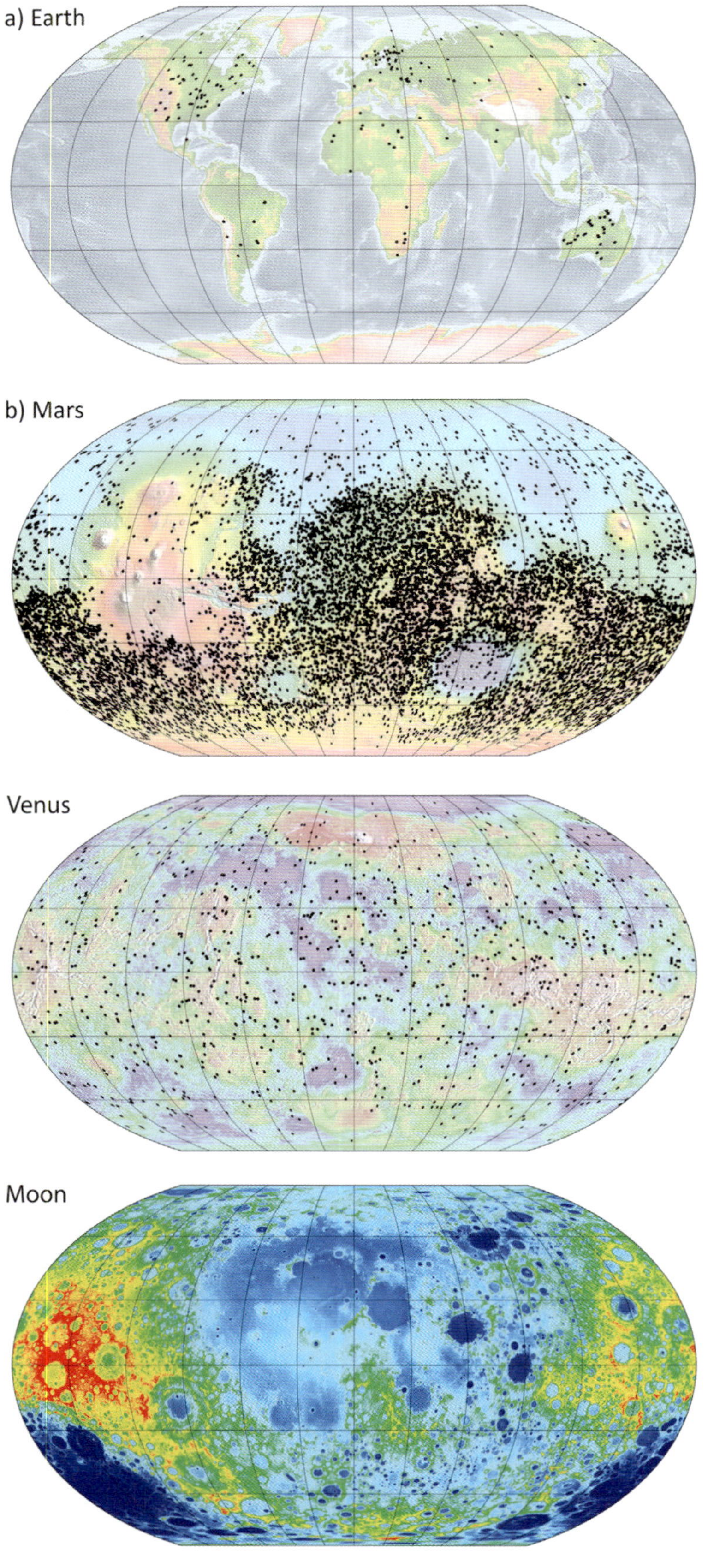

그림 8.16 지구형 행성의 충돌구 분포도. (a) 지구의 188개 충돌구 (표 8.2, 표 8.3, 표 8.4, 표 8.5, 표 8.6, 표 8.7 참조). 분포가 육지로 편향되어있으나, 대양 지각이 2.5억년 나이 이내로 젊고 대륙은 수십억 년의 충돌 자국을 간직하고 있음을 시사한다. 자료 출처: Earth Impact Database. 지도 출처: National Oceanic and Atmospheric Administration (NOAA). (b) 화성의 10,888개 충돌구(지름 20km 이상). 남북반구의 뚜렷 이분 분포는 지형과 지각 두께의 차이와 일치한다. 자료 출처: Robbins Crater Database, Robbins & Hynek (2012). 지도 출처: NASA/JPL/ United States Geological Survey (USGS). (c) 금성의 937개 충돌구. 전구에 걸친 균일한 분포는 ~8억년 전에 금성 표면이 재포장되었음을 시사한다. 자료 출처: Herrick et al. (1997); Venus Crater Database (www.lpi.usra.edu/resources/vc/vchome.html). 지도 출처: NASA/JPL. (d) 달의 지형도. 고도 범위는 Kaguya 레이저 고도계가 결정한 표준구 (반지름 1737.4 km)로부터 -9.14 km (청색)에서 +10.72 km (적색)이다. 출처: Japan Aerospace Exploration Agency (JAXA).

표 8.2 아프리카의 충돌 분화구[a]

구분	국가	위경도	지름(km)	연대(백만 년)
Amguid	Algeria	N 26°05′ E 4°24′	0.45	< 0.1
Ouarkziz	Algeria	N 29°01′ W 7°33′	3.5	> 66
Talemzane	Algeria	N 33°19′ E 4°02′	1.75	0.5~3
Tin Bider	Algeria	N 27°36′ E 5°07′	6	50~66
Kgagodi	Botswana	S 22°29′ E 27°35′	3.4	< 180
Gweni-Fada	Chad	N 17°25′ E 21°45′	22	< 355
Aorounga	Chad	N 19°06′ E 19°15′	16	< 355
Luizi	DR Congo	S 10°10′ E 28°00′	17	< 573
Kamil	Egypt	N 22°01′ E 26°05′	0.045	0.003
Osumtwi	Egypt	N 6°30′ W 1°25′	10.5	1.07
BP Structure	Libya	N 25°19′ E 24°19′	3.4	< 120
Oasis	Libya	N 24°35′ E 24°25′	18	< 120
Aouelloul	Mauritania	N 20°14′ W 12°40′	0.39	3.1
Tenoumer	Mauritania	N 22°55′ W 10°24′	1.9	1.52
Agoudal	Morocco	N 31°59′ W 5°31′	2.8	> 0.3
Roter Kamm	Namibia	S 27°46′ E 16°17′	2.5	< 5
Kalkkop	South Africa	S 32°43′ E 24°26′	0.64	0.25
Morokweng	South Africa	S 26°28′ E 23°32′	70	145
Tswaing	South Africa	S 25°25′ E 28°05′	1.13	0.22
Veredefort	South Africa	S 27°00′ E 27°30′	275	2023

[a] 출처: Earth Impact Database, Planetary and Space Science Centre, University of New Brunswick, Canada (www.passc.net/EarthImpactDatabase/index.html), Kenkmann (2021), Osinski et al. (2022).

표 8.3 아시아와 러시아의 충돌 분화구[a]

구분	국가	위경도	지름(km)	연대(백만 년)
Baijifeng	China	N 41°33′ E 126°07′	1.4	150~172
Xiuyan	China	N 40°22′ E 123°28′	1.8	0.05
Yilan	China	N 46°23′ E 129°19′	1.85	> 0.01
Dhala	India	N 25°18′ E 78°09′	12	1,700~2,500
Lonar	India	N 19°59′ E 76°31′	1.88	0.57
Ramgarh	India	N 25°20′ E 76°37′	10.2	164.8
JWS[b]	Jordan	N 31°03′ E 36°48′	6.1	< 37
Bigach	Kazakhstan	N 48°35′ E 82°01′	8	~ 5
Chiyil	Kazakhstan	N 49°11′ E 57°50′	5.5	~ 46
SHunak	Kazakhstan	N 47°13′ E 72°45′	2.8	< 34
Zhamanshin	Kazakhstan	N 48°22′ E 60°56′	14	0.75~1.10
TKO[b]	Mongolia	N 44°08′ E 109°39′	1.3	145~163
BS[b]	Russia	N 71°03′ E 121°41′	8	< 66
Chukcha	Russia	N 75°42′ E 97°51′	6	< 70
El′gygytg yn	Russia	N 67°30′ E 172°04′	18	3.58
Gusev	Russia	N 48°29′ E 40°32′	3	50.4
Jänisjärvi	Russia	N 61°59′ E 30°57′	16	682

Kaluga	Russia	N 54°30′ E 36°12′	15	395
Kamensk	Russia	N 48°21′ E 40°30′	25	50.4
Kara	Russia	N 69°05′ E 64°20′	65	70.3
Karia	Russia	N 54°57′ E 47°57′	10	< 5
Kursk	Russia	N 51°42′ E 36°00′	6	~ 280
Logancha	Russia	N 65°30′ E 95°57′	14	23~66
Macha	Russia	N 60°05′ E 117°39′	0.3	0.0073
Mishina Gora	Russia	N 58°35′ E 28°05′	2.5	< 359
Popigai	Russia	N 71°38′ E 111°11′	100	35.7
PK[b]	Russia	N 56°58′ E 43°43′	40	192~196
Ragozinka	Russia	N 58°42′ E 61°48′	9	50
Sikhote Alin	Russia	N 46°10′ E 134°39′	0.026	0.000072
Sobolev	Russia	N 46°18′ E 137°52′	0.053	0.000175
Sterlitamak	Russia	N 53°36′ E 55°35′	0.0094	0.000029
Suavjärvi	Russia	N 63°07′ E 33°22′	16	2090~2700
Saqqar	Saudi Arabia	N 29°35′ E 38°42′	34	70~410
Wabar	Saudi Arabia	N 21°30′ E 50°28′	0.116	0.000029
Hapcheon	South Korea	N 35°32′ E 128°16′	7	1.3
Kara-Kul	Tajikistan	N 39°04′ E 73°26′	52	5~50

[a] 출처: Earth Impact Database, Planetary and Space Science Centre, University of New Brunswick, Canada (www.passc.net/EarthImpactDatabase/index.html), Kenkmann (2021), Osinski et al. (2022).
[b] JWS: Jabel Waqf as Suwwan; TKO: Tabun-Khara-Obo; BS: Bayenchime-Salaatin; PK: Puchezh-Katunki.

표 8.4 호주의 충돌 분화구[a]

구분	주	위경도	지름(km)	연대(백만 년)
Amelia Creek	Northern Territory	S 20°51′ E 134°53′	20	600~1660
Boxhole	Northern Territory	S 22°37′ E 135°12′	0.17	0.0177
Cleanskin	Northern Territory	S 18°10′ E 137°56′	15	540~1400
Foelsche	Northern Territory	S 16°40′ E 136°47′	6	541~981
Gosses Bluff	Northern Territory	S 23°49′ E 132°18′	22	142.5
Goyder	Northern Territory	S 13°29′ E 135°02′	3	150~1400
Henbury	Northern Territory	S 24°34′ E 133°08′	0.18	0.0042
Kelly West	Northern Territory	S 19°56′ E 133°57′	14	> 541
Liverpool	Northern Territory	S 12°24′ E 134°03′	2	540~1000
Matt Wilson	Northern Territory	S 15°30′ E 131°11′	7.5	1400~1500
Strangways	Northern Territory	S 15°12′ E 133°34′	40	~ 650
Lawn Hill	Queensland	S 18°41′ E 138°39′	20	472
Tookoonooka	Queensland	S 27°07′ E 142°50′	66	128
Acraman	South Australia	S 32°01′ E 135°27′	90	580
Crawford	South Australia	S 34°43′ E 139°02′	8.5	32~38
Flaxman	South Australia	S 34°37′ E 139°04′	10	32~38
Mount Toodina	South Australia	S 27°57′ E 135°22′	4	66~144
Connolly Basin	Western Australia	S 23°32′ E 124°46′	9	55~75
Dalgaranga	Western Australia	S 27°38′ E 117°17′	0.024	0.27

Glikson	Western Australia	S 23°59′ E 121°33′	19	< 508
Goat Paddock	Western Australia	S 18°20′ E 126°41′	5	56~64
Hickman	Western Australia	S 23°02′ E 119°41′	0.26	0.02~0.10
Lake Raeside	Western Australia	S 28°45′ E 120°57′	11	< 295
Piccaninny	Western Australia	S 17°26′ E 128°26′	7	< 360
Shoemaker	Western Australia	S 25°52′ E 120°53′	30	1630
Spider	Western Australia	S 16°44′ E 126°05′	13	600~900
Veevers	Western Australia	S 22°58′ E 125°22′	0.07	0.012
Wolfe Creek	Western Australia	S 19°10′ E 127°48′	0.88	0.120
Woodleigh	Western Australia	S 26°03′ E 114°40′	60	265~318
Yallalie	Western Australia	S 30°27′ E 115°46′	12	83.6~89.8
Yarrabubba	Western Australia	S 27°11′ E 118°50′	30	2246

[a] 출처: Earth Impact Database, Planetary and Space Science Centre, University of New Brunswick, Canada (www.passc.net/EarthImpactDatabase/index.html), Kenkmann (2021), Osinski et al. (2022).

표 8.5 유럽의 충돌 분화구[a]

구분	국가	위경도	지름(km)	연대(백만 년)
Logoisk	Belarus	N 54°16′ E 27°47′	17	29.7
Ilumetsä	Estonia	N 57°58′ E 27°24′	0.08	0.0066
Kaalijärv	Estonia	N 58°22′ E 22°40′	0.11	0.0035
Kärdla	Estonia	N 58°58′ E 22°47′	4	455
Newgrund	Estonia	N 59°20′ E 23°31′	8	535
Iso-Naakkima	Finland	N 62°12′ E 27°08′	3	900~1200
Karikkoselkä	Finland	N 62°13′ E 25°15′	1.4	230~260
Keurusselkä	Finland	N 62°08′ E 24°37′	30	1151
Lappajärvi	Finland	N 63°08′ E 23°41′	23	77.8
Lumparn	Finland	N 60°08′ E 20°08′	7	450~1250
Paasselk	Finland	N 62°09′ E 29°25′	10	228.7
Sääksjärvi	Finland	N 61°25′ E 22°23′	6	520~600
Saarjijärvi	Finland	N 65°18′ E 28°24′	1.5	560
Söderfjärden	Finland	N 63°00′ E 21°35′	6.6	520~600
Summanen	Finland	N 62°39′ E 25°22′	2.6	< 1880
Suvasvesi North	Finland	N 62°40′ E 28°10′	4	85
Suvasvesi South	Finland	N 62°36′ E 28°14′	3.8	> 710
Rochechouart	France	N 45°49′ E 0°47′	23	201
Ries	Germany	N 48°52′ E 10°35′	26	14.8
Steinheim	Germany	N 48°41′ E 10°04′	3.8	14.8
Dobele	Latvia	N 56°34′ E 23°17′	4.5	260~340
Mizarai	Lithuania	N 54°01′ E 23°54′	5	520~560
Vepriai	Lithuania	N 55°05′ E 24°35′	7.5	162~174
Gardnos	Norway	N 60°38′ E 9°01′	5	546
Mjølnir	Norway	N 73°48′ E 29°40′	40	142
Ritland	Norway	N 59°14′ E 6°25′	2.7	500~540
Morasko	Poland	N 52°29′ E 16°54′	0.096	0.0057

Alhama de Almeria	Spain	N 36°57′ E 2°35′	5	8
Dellen	Sweden	N 61°51′ E 16°41′	20	1403.8
Granby	Sweden	N 58°25′ E 14°56′	2	470
Hummeln	Sweden	N 57°22′ E 16°15′	1.2	~ 460
Lockne	Sweden	N 63°00′ E 14°49′	7	~ 460
Målingen	Sweden	N 62°55′ E 14°34′	0.85	~ 460
Lien	Sweden	N 56°25′ E 14°51′	9	119
Siljan	Sweden	N 61°01′ E 14°56′	65	~ 390
Tvären	Sweden	N 58°46′ E 17°26′	3.2	~ 460
Boltysh	Ukraine	N 48°57′ E 32°14′	24	65.2
Ilyinets	Ukraine	N 49°07′ E 29°06′	8.5	445
Kamenetsk	Ukraine	N 47°46′ E 32°21′	1.1	250~540
Obolon	Ukraine	N 49°36′ E 32°54′	18	169
Rotmistrovka	Ukraine	N 49°08′ E 31°45′	2.7	95~145
Ternovka	Ukraine	N 48°08′ E 33°31′	11	280
Zapadnaya	Ukraine	N 49°44′ E 29°03′	3.2	165
Zeleby Gai	Ukraine	N 48°53′ E 32°48′	3.5	80

[a] 출처: Earth Impact Database, Planetary and Space Science Centre, University of New Brunswick, Canada (www.passc.net/EarthImpactDatabase/index.html), Kenkmann (2021), Osinski et al. (2022).

표 8.6 북아메리카의 충돌 분화구[a]

구분	주	위경도	지름(km)	연대(백만 년)
Wetumpka	Alabama	N 32°31′ W 86°10′	7	84.4
Avak	Alaska	N 71°15′ W 156°30′	12	90~94
Eagle Butte	Alberta	N 49°42′ W 110°30′	1	< 66
Steen River	Alberta	N 59°30′ W 117°38′	22	108
Whitecourt	Alberta	N 54°00′ W 115°36′	0.036	< 0.0011
Tunnunik	Arctic Canada	N 72°28′ W 113°55′	25	430~450
Barringer	Arizona	N 35°02′ W 111°01′	1.18	0.049
Hiawatha	Greenland	N 78°45′ W 66°15′	31	58
Des Plaines	Illinois	N 42°03′ W 87°52′	8.8	< 280
Glasford	Illinois	N 40°36′ W 89°47′	10	455
Kentland	Indiana	N 40°45′ W 87°24′	12.5	< 107
Decorah	Iowa	N 43°19′ W 91°46′	5.6	460~483
Manson	Iowa	N 42°35′ W 94°33′	35	74.1
Haviland	Kansas	N 37°35′ W 99°10′	0.017	0.02
Middlesboro	Kentucky	N 36°37′ W 83°44′	6	290~300
Saint Martin	Manitoba	N 51°47′ W 98°32′	40	227.4
West Hawk	Manitoba	N 49°46′ W 95°11′	2.4	~ 350
Calvin	Michigan	N 41°50′ W 85°57′	8.5	450
Crooked Creek	Missouri	N 37°50′ W 91°24′	7	323~348
Decaturville	Missouri	N 37°54′ W 92°43′	6	< 300
Beaverhead	Montana	N 44°36′ W 112°58′	75	< 900
Mistantin	Newfoundland	N 55°53′ W 63°19′	28	36.6

Santa Fe	New Mexico	N 35°44′ W 105°51′	9.5	350~1200
Newporte	North Dakota	N 48°58′ W 101°58′	3	500
Red Wing	North Dakota	N 47°36′ W 103°33′	9	200~220
Bloody Creek	Nova Scotia	N 44°45′ W 65°15′	0.4	?
Montagnais	Nova Scotia	N 42°53′ W 64°13′	45	50.5
Haughton	Nunavut	N 75°23′ W 89°39′	23	39
Nicholson	NW Territories	N 62°40′ W 102°42′	12.5	~ 390
Pilot	NW Territories	N 60°17′ W 111°00′	6	445
Serpent Mound	Ohio	N 39°02′ W 83°24′	8	256~290
Ames	Oklahoma	N 36°15′ W 98°12′	15	470
Brent	Ontario	N 46°04′ W 78°29′	3.8	453
Holleford	Ontario	N 44°28′ W 76°38′	2.35	> 485
Slate Islands	Ontario	N 48°39′ W 87°01′	30	436
Sudbury	Ontario	N 46°36′ W 81°11′	200	1849.3
Wanapitel	Ontario	N 46°45′ W 80°45′	7.5	37
Charlevoix	Quebec	N 47°32′ W 70°21′	55	~ 450
Clearwater East	Quebec	N 56°03′ W 74°05′	24	460~470
Clearwater West	Quebec	N 56°12′ W 74°30′	32	286
Couture	Quebec	N 60°08′ W 75°18′	8	~ 425
Ile Rouleau	Quebec	N 50°41′ W 73°53′	4	< 300
La Moinerie	Quebec	N 57°26′ W 66°35′	8	~ 400
Manicougan	Quebec	N 51°23′ W 68°41′	100	214
Pingualuit	Quebec	N 61°17′ W 73°40′	3.4	1.4
Presue'ile	Quebec	N 49°43′ W 74°50′	22	< 500
Carswell	Saskatchewan	N 58°25′ W 109°31′	39	481.5
Deep Bay	Saskatchewan	N 56°24′ W 102°59′	13	95~102
Elbow	Saskatchewan	N 50°58′ W 106°45′	8	201~358
Gow	Saskatchewan	N 56°27′ W 104°29′	5	250
Maple Creek	Saskatchewan	N 49°48′ W 109°06′	6	< 75
Viewfield	Saskatchewan	N 49°35′ W 103°04′	2.5	190
Flynn Creek	Tennessee	N 36°17′ W 85°40′	3.8	382
Wells Creek	Tennessee	N 36°23′ W 87°40′	12	70~325
Marquez	Texas	N 31°17′ W 96°18′	15	58
Odessa	Texas	N 31°45′ W 102°29′	0.17	0.0635
Sierra Madera	Texas	N 30°36′ W 102°55′	12	< 100
Upheaval Dome	Utah	N 38°26′ W 109°56′	6	66~100
Chesapeake Bay	Virginia	N 37°17′ W 76°01′	85	35.2
Glove Bluff	Wisconsin	N 43°58′ W 89°32′	10	455~459
Rock Elm	Wisconsin	N 44°43′ W 92°14′	9	200~220
Cloud Creek	Wyoming	N 43°11′ W 106°42′	7	190
Douglas	Wyoming	N 42°40′ W 105°28′	0.1	280

[a] 출처: Earth Impact Database, Planetary and Space Science Centre, University of New Brunswick, Canada (www.passc.net/EarthImpactDatabase/index.html), Kenkmann (2021), Osinski et al. (2022).

표 8.7 중앙아메리카와 남아메리카의 충돌 분화구[a]

구분	국가	위경도	지름(km)	연대(백만 년)
Campo del Cielo	Argentina	S 27°38′ W 61°42′	0.08	0.004
Rio Cuarto	Argentina	S 32°52′ W 64°11′	4.5	< 0.114
Araguainha	Brazil	S 16°47′ W 52°59′	40	252~259
Cerro de Jarao	Brazil	S 30°12′ W 56°32′	13	< 137
Colônia	Brazil	S 23°52′ W 46°42′	3.6	5~36
Novos Colinas	Brazil	S 7°10′ W 46°06′	5	< 300
Riachão Ring	Brazil	S 7°43′ W 46°39′	4.1	< 300
Santa Marta	Brazil	S 10°10′ W 45°14′	10	< 93
SMT[b]	Brazil	S 5°38′ W 41°23′	21	< 300
SC[b]	Brazil	S 8°05′ W 46°51′	13.7	< 300
Varge o Dome	Brazil	S 26°49′ W 52°10′	12.4	< 137
Vista Alegre	Brazil	S 26°57′ W 52°41′	9.5	111~134
Monturaqui	Chile	S 23°56′ W 68°16′	0.36	0.663
Chixulub	Mexico	N 21°20′ W 89°30′	180	66
Pantasma	Nicaragua	N 13°33′ W 85°57′	14	0.815
Carancas	Peru	S 16°40′ W 69°03′	0.014	0.000012

[a] 출처: Earth Impact Database, Planetary and Space Science Centre, University of New Brunswick, Canada (www.passc.net/EarthImpactDatabase/index.html), Kenkmann (2021), Osinski et al. (2022).
[b] SMT: Sao Miguel do Tapuio; SC: Serra da Cangalha.

형성한 화산 활동과 높은 밀도의 충돌구 겹침 효과 때문에 희미해지거나 사라졌다 (그림 8.16d). 그럼에도 달 표면의 분화구 밀도 변화는 지난 45억 년 동안의 대형 충돌 사건의 시간에 대한 믿을만한 안내자이다. 아폴로 임무 중 수집된 월석의 방사성 절대 연령 측정과 중국의 창어 탐사선이 최근 회수한 월석의 자료를 종합 (Yue et al., 2022)하여 누적 충돌구 밀도 (D)와 충돌구 생성 연대 (t) 사이의 보정 곡선이 완성되었다 (그림 8.17). 보정 곡선은 현재 충돌구 생성 연대 (t)를 기준으로 보정된 누적 충돌구 밀도 (D)로 표현된다. 물론 연대 측정의 오차를 고려할 때 보정 곡선은 차츰 보완되어야 한다. 또한, 지구로 회수한 월석이 주로 표토 물질로 구성되어 있어 월석 회수 지역 인근에 존재하는 충돌구와 같은 시기에 형성된 물질이 아닐 가능성도 고려해야 한다.

아폴로 탐사의 초기 해석 자료를 바탕으로 1977년에 제시된 보정 곡선에서 서수를 사용하여 충돌 플럭스와 상대적 연대를 동시에 추정한다. 서수, C_s는 충돌 플럭스와 상대 나이의 척도인데, 충돌구 밀도의 정상 상태 곡선 ($N= 101.9/D^2$)과 누적 확률 분포도의 교차점에 해당한다. *아폴로 탐사 6곳과 루나 탐사 5곳에서 확보한 월석의 절대 연령 자료를 바탕으로 보정 곡선의 변곡점 위치를 조절한다. (역자 주)* 그후 11개 월석 회수 지역에 대한 달 정찰 궤도선 (Lunar Reconnaissance Orbiter)의 고해상도 충돌구 밀도 판별을 종합하여 재해석된 보정 곡선은, 최초에 제시된 보정 곡선과 시기에 따라 최대 10억 년 정도 편차를 보인다 (Robbins, 2014). 보정 곡선에서 매우 높은 누적 충돌구 밀도 증가가 관찰되는 시점은 약 39억 년 전으로 후기 중폭격 시기에 해당한다. 누적 충돌구 밀도는 후기 중폭격 시기 이후 30억 년 전까지 급격히 감소하다가, 그 후 완만한 선형 감소 추세를 보인다 (그림 8.17).

충돌구 형성에 대한 체계적인 이론의 제시와 컴퓨터 시뮬레이션의 발전은 보정 곡선의 가치를 향상시켰다. 예를 들어 달의 고원에서 관찰되는 충돌구의 수는 충돌 포화 상태를 지시하는데, 충돌구를 형성한 충돌체의 종족 (population)이 주 소행성대의 종족과 유사하다. 주 소행성대의 질량은 후기 중폭격 시기를 거치며 많이 감소하였지만, 충돌구 밀도와 크기 사이의 관계는 여전히 유지하는 것으로 보인다 (Richardson, 2009).

대부분의 행성체에서 충돌구 생성률은 충돌구의 크기와 충돌의 주기에 대해 10배 이내의 비율로 특정할 수 있다 (Hartmann, 1977). 예를 들어, 지구와 금성의 충돌구 생성률은 달의 약 1~2배, 수성은 약 0.8~5배, 화성은 약 1~6.8배로 계산된다 (Hartmann, 1977). 수성의 용암 평원과 칼로리스 분지(Caloris basin)의 충돌구 밀도는 달의 바다에서 관찰된 충돌구 밀도와 비슷하다. 이는 수성과 달의 충돌구 밀도는 매우 비슷하지만, 수성의 용암 평원과 칼로리스 분지는 달의 바다보다 훨씬 최근에 생성되었음을 시사하기도 한다.

지구의 공전 궤도를 통과하는 소행성 가운데 수성의 공전 궤도를 통과하는 소행성은 20% 미만이다. 그러나 이들 소행성은 수성과 태양 사이의 좁은 공간에서 교차하며 '궤도 혼잡' (orbital congestion, *좁은 공간에 많은 소행성 존재하기에 수성에 충돌 가능성이 높아짐: 역자 주*)이 발생한다. 궤도 혼잡과 더불어 태양의 중력 가속도로 인해 증폭된 충돌 에너지 때문에, 더 큰 충돌구가 수성에 형성된다. 지구 궤도를 통과하는 혜성 가운데 수성 궤도를 통과하는 혜성은 1/3 정도이다. 소행성과 같은 궤도 혼잡으로, 수성의 혜성 충돌 화구 생성률은 지구보다 30% 정도 높게 추정된다.

궤도 혼잡을 고려한 수성의 충돌구 형성을 금성에 적용하면, 금성의 소행성 충돌구 생성률은 지

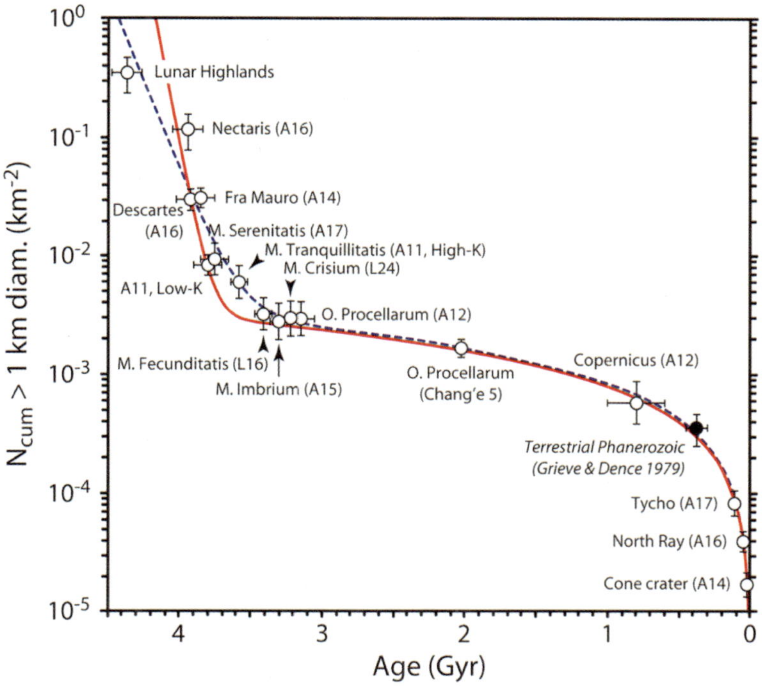

그림 8.17 달의 누적 충돌구 밀도와 충돌구 생성 연대의 보정 곡선은 충돌 빈도의 급격한 변화를 반영한다. 이 곡선은 Apollo 우주인이 채취한 달 암석을 방사성 연대 측정 나이로 보정하였기에 유일한 가치를 가진다. 달의 고원은 빈번한 충돌로 매우 높은 충돌구 밀도가 관찰된다. 반면, 달의 바다는 30~40억 년 전 사이의 충돌 빈도 감소를 나타낸다. 점선: Neukman et al. (2001); 실선: Le Feuvre & Wierzorek (2011); 자료 출처: Hartmann (1977); Grieve & Dence (1979); Yue et al. (2022).

구와 비슷하며 혜성 충돌구 생성률은 지구보다 약 14% 높게 추정된다. 지화성의 충돌구 생성률을 지구 달의 것과 비교하기는 어렵다. 이는 화성 충돌구를 생성하는 소행성들은 지구 궤도를 통과하지 않기 때문이다. 지름 20 km를 초과하는 충돌구의 생성을 기준으로 삼는다면, 소행성과 혜성으로 인한 화성의 충돌구 생성률은 지구의 거의 두 배로 추산된다. 만약 지구의 충돌구 생성률이 화성과 같다면, 지구에 지름 1,000 km를 초과하는 충돌구가 100개 이상 관찰되어야 한다. 내행성의 충돌구 생성률은 10배 이내의 차이로 확인되지만, 오차를 고려하여 세심한 비교 분석이 필요하다 (그림 8.18). 예를 들어, 화성의 타르시스 고원 (Tharsis Montes)과 일부 지표 유동 구조는 보정 곡선의 예상보다 훨씬 젊은 연대로 확인된다. 화성의 올림푸스산 (Olympus Mons) 생성 시기도 과거에는 25억 년 전으로 추정되었지만, 최근에는 최소 6,000만 년 전에서 최대 6억 년 전으로 재해석된다.

원격 탐사 기술의 발전은 충돌구 형성 연대의 급격한 수정으로 이어진다. 행성체 표면의 상대 연령 측정에서 충돌구 밀도 차이는 표면의 생성 연대 차이로 해석된다. 대표적인 예가 화성의 이분 경계로, 충돌구 밀도가 높은 남반구와 낮은 북반구가 뚜렷이 구분된다. 화성의 이분 경계를 설명하기 위해, 진화 초기 화성에 발생한 거대 충돌 모델이 제시되었었다 (Leone et al., 2014). 북부 저지대의 얇은 퇴적물 층 아래에서 화성 궤도선 레이저 고도계 (Mars Orbiter Laser Altimeter, MOLA)가 지름 50 km 이상이 넘는 충돌구 644개를 발견했다 (Frey et al., 2001). 이는 바이킹 궤도선 (Viking orbiters)이 같은 지역에서 관찰한 충돌구 90개의 7배 이상이다 (Frey et al., 2001). 이로써 화성의 이분 구조는 유지되긴 하지만, 두 반구 모두 화성 역사에 좀더 이른 시기에 형성되었을 것으로 해석하게 되었다. 따라서 충돌구 생성률은 그것을 유도한 자료에 매우 의존함을 유의해야 한다.

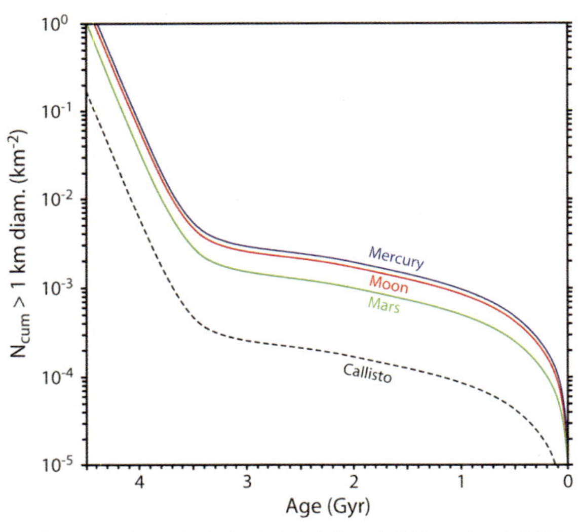

그림 8.18 수성, 금성, 화성, 가니메데의 누적 충돌구 밀도와 충돌구 생성 연대의 보정 곡선 비교. 각 행성체에 대한 보정은 주로 태양 거리 차이에 근거하는데, 이는 충돌체 종족을 반영한다. 궤도 차이는 충돌 속도 범위의 차이도 반영한다. 출처: Kneissl et al. (2011).

이런 한계를 인식하면서, 거대 행성의 얼음 위성들은 달의 충돌구 생성률의 10% 빈도의 충돌을 경험하는 것으로 추산된다. 이런 추산된 충돌구 생성률도 얼음 위성들에게는 중요하다. 왜냐면 충돌의 흔적이 사라지거나 희미해짐은 얼음 행성체 내부의 지질학적 활동을 나타내는 지시자이기 때문이다. 또한, 대규모 반복 충돌로 생성된 열에 의한 용융으로 일부 표면이 새로운 얼음으로 재형성된다. 토성의 위성 엔셀라두스는 역동적인 얼음 위성으로, 표면의 화구 밀도는 중폭격기 이후 최소 한 번 이상의 표면 재형성이 발생했음을 시사한다 (그림 3.8). 이는 엔셀라두스에 압축과 팽창이 교대로 반복되어 형성되는 균열과 능선의 존재와 조화되는 결론이다. 얼음의 조성은 표면 재형성에 직접적인 영향을 준다. 예를 들어, 암모니아 수화물과 두

겹고 단열성이 뛰어난 표토는 용융을 촉진한다. 동주기자전도 얼음 행성체의 운석 플럭스에 영향을 준다. 실제 타이탄의 선회 반구에서 후회 반구보다 높은 충돌구 밀도가 관찰된다 (Wood et al., 2010).

충돌위험도 평가

지구의 진화 과정에서 다행히 재앙적인 충돌은 매우 드물게 발생한다. 그러나 발견된 충돌구를 토대로 추적한 충돌의 역사는 인류가 당면한 자연재해로 받아 들여 진다 (Morrison et al., 1994). 충돌 재해의 평가를 위해 충돌체의 수, 주변 행성체의 충돌 관찰, 지구 대기권 진입 유성체에 관한 체계적인 접근이 필요하다. 지난 10년 동안 판 스타즈 (Panoramic Survey Telescope And Rapid Response System, Pan-STARRS)나 소행성 지구 충돌 최종 경보 시스템 (Asteroid Terrestrial-impact Last Alert System, Atlas)과 같은 망원경 기반 관측과 지구 접근 행성체 광대역 적외선 탐사선(Near Earth Object Wide-field Infrared Survey Explorer, NEOWISE)과 같은 우주 기반 탐사로, 지구에서 5천만 km 이내로 진입 가능한 30,000개 이상의 지구 접근체를 감시 중이다 (Harris & Chodas, 2021). 이와 같은 노력으로 지구 접근체의 크기 분포와 궤도 특성을 파악하여 지구 접근체의 지구 충돌 확률을 계산한다. 지난 수십 년 동안 고해상도 영상 촬영을 통해 달과 화성의 표면에 추가로 형성되는 새로운 충돌구를 감지하여, 지구형 행성 궤도의 충돌구 생성률을 지속적으로 점검한다. 이를 통해 지구의 전반적인 충돌 가능성을 평가하고, 장차 주변 행성체 유인 탐사 과정에서 충돌의 위험에 대비하는 기반 자료로 활용한다.

지난 25년 동안 화성의 궤도 영상 자료에서 확인된 새로운 충돌은 1,200회 이상이며, 새 충돌구의 지름은 최대 150 m이다 (그림 8.19). 특히 거의 60%의 새로운 충돌은 군집을 형성하는 특징이 관찰된다 (Daubar et al., 2022). 새로운 충돌 가운데 4회는 인사이트 (InSight) 착륙선이 지진파 신호로 감지하였다 (Garcia et al., 2022). 2010년대 초반의 연구에서 지름 3.9 m 이상의 충돌구 생성률은 [1.65 $\times10^{26}$ km^{-2} yr^{-1}]로 제시되었다 (Daubar et al., 2013). 따라서, 달의 일반적 충돌구 생성률로 구한 모델 나이 (그림 8.18)와 비교하여 화성의 충돌률로 구한 모델 나이가 3~5배 젊게 해석된다 (Daubar et al., 2013). 물론 충돌구 생성률 계산 과정에서 화성의 충돌구 군집 형성과 같은 오차 요인을 충분히 고려

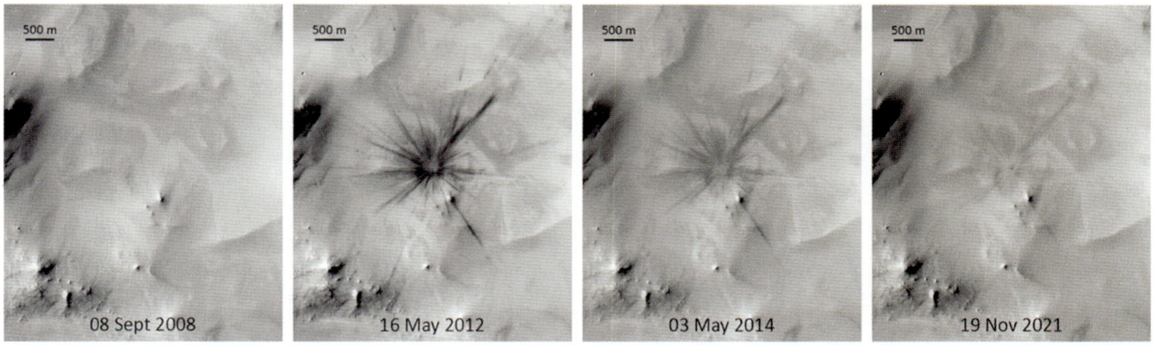

그림 8.19 화성 정찰 궤도선 (Mars Reconnaissance Orbiter)의 컨텍스트 카메라 (CTX)가 2008년 9월 8일부터 2021년 11월 19일까지 촬영한 일부 영상에서 충돌과 축출물 피복이 관찰된다. 2012년 영상에서 충돌이 관찰된 이후 시간이 지날수록 풍성 작용으로 밝은 먼지가 축출물 피복을 덮어 충돌의 흔적이 점진적으로 희석된다. 출처: HiRise camera onboard MRO, Image ESP_034285_1835_RED; NASA/JPL-Caltech/University of Arizona.

해야 한다.

달 정찰 궤도선 (Lunar Reconnaissance Orbiter)의 영상 자료에서 2009년 이후 형성된 500개 이상의 새로운 작은 충돌구가 확인된다 (Speyerer et al., 2020). 이 새로운 충돌구는 0.5 m에서 100 m 사이의 크기이며, 이와는 별도로 미세 유성체가 달 표토에 충돌하여 생긴 수만 개의 반점도 발견된다 (McEwen et al., 2017). 추가적으로 충돌로 생성되는 섬광과 아폴로 시대 설치된 지진계가 감지한 충돌 기록도 존재한다 (Oberst et al., 2012). 이 자료로부터 도출된 누적 충돌구 밀도 (D)와 충돌구 생성 연대 (t) 도표에서 달은 화성보다 높은 기울기로 관찰된다. 화성보다 높은 달의 충돌 빈도는 충돌체 종족의 실제 차이, 관측 편향, 얇은 대기가 제공하는 화성의 유성체 방어 능력 등에 기인할 것이다.

2011년부터 2015년까지 확보된 메신저 (MESSENGER) 우주선의 촬영 영상 분석 결과, 수성의 작은 반사도 변화가 감지된다. 반사도 변화의 직접적인 원인은 작은 충돌로 형성된 유리질 충격 축출물의 피복 때문이다 (Speyerer et al., 2022). 베피콜롬보(BepiColombo) 탐사선의 고해상도 영상 촬영 자료가 수성 충돌구 생성률에 관한 더 자세한 정보를 조만간 제공하리라 기대한다.

행성체의 충돌구 생성률 비교와 이에 관한 연구들은 지난 수억 년 동안 지구형 행성의 충돌 플럭스가 일정하게 유지되었음을 제안한다 (Lagain et al., 2022). 지구에서 충돌체 폭발의 피해 추정에 첼리아빈스크 화구 (Chelyabinsk fireball)가 유용한 기준점을 제시했다. 그전에는 냉전 시대의 대기 중 핵실험 자료를 기반으로 피해를 추정했다. 이 과정을 통해 피해 추정이 과장되었음이 발견되었고, 따라서 대기로 유입되는 수십 m 지름의 유성체 플럭스가 약 10 배 정도 상향 조정되었다 (Brown, P. G. et al., 2013). 진입하는 화구 (fireball)를 가시 관측하거나, 유성체의 공중 폭발을 탐지하기 위해 전 지구적 초저주파 모니터링 네트워크를 활용한다 (Silber & Brown, 2019). 이를 통해 지구 대기에 진입하는 작은 물체의 플럭스를 상당히 정확하게 추산하는데, 지름 5 m에 약 10 kt의 에너지를 방출하는 비교적 작은 충돌체가 평균 1년에 한 번 정도 지구를 강타하는 것으로 알려졌다. 반면 첼랴빈스크 규모의 충돌은 대략 50년마다, 퉁구스카 규모의 충돌은 대략 500~1,000년마다 발생할 것으로 추정된다. 그러나 지름 60 m에서 200 m에 달하는 충돌체가 10~100 Mt 규모의 에너지를 방출하는 충돌은 1,000~10,000년의 시간 단위에서 발생할 것으로 추정된다.

지름이 370 m인 소행성 99942 아포피스 (99942-Apophis)는 2029년과 2036년 지구에 접근하며 지구와 충돌할 확률이 3%로 예측되어 지난 20년 동안 철저한 감시의 대상이었다. 최근의 정밀 관측을 통해 소행성 99942 아포피스의 궤도가 수정되어 2029년 4월 13일 32,000km까지 지구에 접근하며, 2036년 3월 27일 4,600만 km 거리에서 지구를 벗어날 것으로 예상한다. 통계적 관점에서 3,600년 전의 탈 엘-하맘과 1,280년 전의 아부 헤레야 같은 파괴적 충돌 피해는 앞으로도 발생할 가능성이 매우 농후하다. 또한, 대략 12,800년 전에 발생한 영거 드라이아스 (Younger Dryas) 기후 변화와 충돌의 관련성은 매우 합리적인 추론이다. 물론 현대 사회는 인구, 식량, 연료, 상품의 생산과 유통과 관련된 전 지구적인 상호 의존성으로 인해 충돌체 피해에 더욱 취약하다. 세계 대부분의 산업 지역에 수 메가톤급 공중 폭발이 발생한다면 수십만 명이 사망

하고 심각한 경제적 손실이 전 세계적으로 확대될 것이다 (Rumpf et al., 2017).

충돌체의 피해 위험에 대한 행성 방어 전략에서 망원경 탐지를 활용한 충돌체 추적 기술의 개선은 가장 저렴하며 효과적인 선택이다. 행성 방어의 가장 큰 어려움은 첼랴빈스크 유성체와 같이 태양 방향에서 지구로 접근하여 탐지가 어려운 행성체의 존재이다. 지름 30~50 m의 소행성 2023 TN1은 태양 방향에서 다가와 2023년 10월 12일 170,000 km까지 (지구-달 거리의 1/4) 지구에 접근하였다. 문제는 최대 근접점을 스쳐 지나간 이틀 뒤에야 비로소 소행성 2023 TN1을 발견한 대목이다. 만약 2023 TN1이 지구에 충돌했다면 1 Mt 이상의 에너지가 방출되었을 것이다. 최근의 연구에 따르면 2023 TN1 규모의 행성체에 미사일을 명중시켜 분쇄하는 것이 수 시간 정도의 늦은 발견 시 인류가 취할 수 있는 유일한 방어 수단이다 (Bailey et al., 2023; Lubin & Cohen, 2023).

훨씬 더 복잡하고 천문학적 비용이 소모되는 방법에는 우주선을 이용한 소행성 궤도 변경이 거론된다. 소행성 궤도 변경 역시 망원경을 이용한 조기 탐지가 반드시 선행되어야 한다. 탐지 시간이 넉넉할수록 방향 전환에 필요한 시간과 에너지가 줄어들어 궤도 변경의 성공 가능성이 커지기 때문이다. 소행성 궤도 변경과 같은 우주 방어는 당연히 전 세계적인 공조와 정책 수립이 필요하다 (Kofler et al., 2019; Marks, 2022; Ravan et al., 2022). 이를 위해 소행성 99942 아포피스가 지구에 접근하는 2029년을 국제 행성 방위의 해로 지정하였다.

행성체의 충돌은 다량의 현무암 분출, 판의 교란과 편향, 자전과 공전의 변화를 유발한다. 물, 가스, 유기물, 생존할 수 있는 생명체의 운반체로서 운석과 혜성에 관한 관심이 증가하고 있다. 가장 큰 충돌은 퇴적 지층 구조의 극적인 변화로 관찰되며, 전 지구적 멸종을 초래하기도 한다. 지난 수십 년간 충돌구의 생성, 변형, 진화에 관한 물리적 이해가 빠르게 발전하였지만, 충돌의 위협은 현대 문명의 취약성이라는 불편한 인식으로 상존한다. 그러나 지구의 진화사를 살펴보면 대규모 충돌을 견디며 진화하여 살아남은 생명체의 존재가 확인된다. 또한 충돌의 잠재적 재앙 가능성과 그 결과를 완화할 수 있는 인류의 능력이 희망을 가지게 한다.

chapter 9

대기

주요 행성 8개 모두와 다수의 소행성 및 많은 위성은 상대적으로 얇은 기체 외피, 즉 대기로 둘러싸여 있으며, 그 성분과 밀도는 매우 다양하다. 대기는 일반적으로 희박함과 모체에 비해 미미한 질량에도 불구하고, 화학 및 동위원소 성분과 화학적 풍화(예: 산화 또는 환원) 또는 기계적 풍화(예: 침식 및 퇴적)의 방식으로 표면과의 상호작용을 매개하는 정도에 따라 행성의 진화와 다양한 태양 및 기타 외부 힘의 기여에 대한 중요한 정보를 제공한다. 대기는 행성/위성 표면 환경의 열 균형에 영향을 미치며, 이는 다시 액체 및/또는 고체 휘발성 물질의 안정성에 영향을 준다. 지구, 화성, 그리고 아마도 타이탄에서 대기는 바다, 대양, 그리고 시간에 따라 생성 소멸되는 빙관이 포함된 시너지 시스템의 일부를 형성한다. 기후의 진화는 암석 기록과 가능한 경우 기후 지시자로 통칭되는 동위원소 비율의 변동으로부터 해독될 수 있다. 이러한 문제는 대기 오염과 기후 변화의 생태학적 결과에 대한 불안감으로 인해 즉각적인 관심을 끌었다. 최근 몇 년 동안 기후 변화는 최선의 의도와는 달리 위험할 정도로 정치화되었으며, 과학에 대한 불신과 사회 양극화의 심화와 맞물려 이 주제는 오해를 받고 궁극적으로 대중으로부터 외면당할 위험에 처해 있다. 이러한 문제는 객관적인 토론과 지구의 대기와 기후를 다른 세계와 함께 맥락에 놓아야만 바로잡을 수 있다고 생각된다. 최근 수십 년 동안 수천 개의 외계 행성이 발견되었고, 그중 상당수는 자체 대기가 있을 가능성이 커서 우리의 시야를 넓히는 데 도움이 될 수 있다. 또한, 이러한 대기는 태양계 밖에 외계 생명체가 존재한다면 이를 탐지할 수 있는 열쇠를 쥐고 있을 수도 있다(12장 참조).

이 장에서는 현대 행성 대기의 성분과 구조(Mackwell et al., 2013)에 초점을 맞추고 있는데, 이는 10장과 11장에서 행성 대기가 유지하는 휘발성 물질 저장고와 대기 시스템에 의해 제어되는 지질학적 과정을 분석하기 위한 서막이다.

기원

행성 대기의 화학 성분을 크게 두 가지로 정의할 수 있다. 첫 번째는 원시 태양 성운 자체에서 파생되어 현재까지 비교적 변함없이 유지되는 가스로 구성된 일차 대기로, 주로 H_2와 He이다. 그러나 거대 기체 행성을 제외한 모든 행성에서 이 물질은 제거되고 이차 대기로 대체되었는데, 이는 일반적으로 화산 가스 배출로 인한 것이지만 다른 원인도 있다. 일차 대기는 주로 중력에 의해 유지되기 때문에 질량이 작은 내 행성들은 원시 수소와 헬륨을 유지할 수 없다. 반면 질량이 큰 거대 행성의 대기에는 이 두 가지 가스가 풍부하다.

두 부류의 행성 대기 차이(표 9.1)와 태양에서 풍

표 9.1 주요 행성체의 대기 조성[a]

행성체	표면온도(K)[a]	표면 압력(bar)	주요 대기 조성
거대 가스 행성(목성형 행성)			
목성	165	1	H_2 [89.8%], He [10.2%], CH_4 [0.3%], NH_3 [0.03%]
토성	134	1	H_2 [96.3%], He [3.25%], CH_4 [0.4%], NH_3 [0.01%]
천왕성	76	1	H_2 [82.5%], He [15.2%], CH_4 [2.3%]
해왕성	72	1	H_2 [80%], He [19%], CH_4 [1.5%]
두꺼운 대기 보유			
지구	288	1.013	N_2 [78.08%], O_2 [20.95%], Ar [0.93%], CO_2 [390 ppm], Ne [18 ppm], He [5 ppm], CH_4 [1.8 ppm]
금성	740	92	CO_2 [96.5%], N_2 [3.5%], SO2 [150 ppm], Ar [70 ppm], H_2O [20 ppm], CO [17 ppm], He [12 ppm], Ne [7 ppm]
화성	223	0.006	CO_2 [95.3%], N_2 [2.7%], Ar [1.6%], O_2 [0.13%], H_2O [0.03%], Ne [2.5 ppm]
타이탄	94	1.47	N_2 [94.2%], CH_4 [1.4%], H_2 [0.099%], Ar [0.00043%]
얇은 대기 보유(Leighton-Murray 유형[b])			
트리톤	38	$15 \sim 40 \times 10^{-6}$	N_2 [~100%] (극소량의 CH_4, CO)
명왕성	43	$8 \sim 10 \times 10^{-6}$	N_2 [~99.7%], CH_4 [0.25%], CO [~0.1%]
외기권(Exosphere)			
달	120~380	3×10^{-15}	He, Ar, Na, K
수성	100~700	10^{-14}	H_2, H, O_2, O, He, Na, K, Ca, Mg, Ar
칼리스토	~ 150	$\sim 7.5 \times 10^{-12}$	CO_2와 10~100배 더 많은 O_2
가니메데	~ 125	$\sim 10^{-11}$	O_2
유로파	~ 100	$\sim 10^{-12}$	O_2 (극소량의 Na, K)
이오	~ 100	$0.3 \sim 3 \times 10^{-9}$	SO_2, SO, NaCl, KCl
레아	~ 75	-	O_2, CO_2
세레스	~ 165	-	H_2O

[a] 1기압 조건.
[b] Leighton & Murray (1966).
[c] 출처: Shirleey & Fairbridge (1997); Beatty et al. (1999).

부한 가벼운 원소와의 비교는 중력 외에 다른 요인이 작용하고 있음을 보여준다. 다른 두 가지 요인은 초기 태양과의 상대적 거리와 행성 중심부의 온도 및 압력이다. 천왕성과 해왕성 대기의 특징은 현대의 목성과 토성보다 태양과 원시 태양 성운에 훨씬 더 가까운 헬륨 풍부도이다(표 1.2). 목성과 토성의 헬륨 고갈은 압력이 1,000 GPa를 초과하는 깊은 내부에서 일어나는 과정을 반영하는 것으로 생각된다. 이러한 높은 압력에서 수소는 금속이 되고, 온도가 매우 높으면 헬륨은 이 액체 금속과 혼합되어 용액을 형성한다. 행성 내부가 냉각되면 이 혼합물은 안정성을 잃고 성분별로 분리되며, 헬륨 방울은 섞이지 않고 금속 수소를 통해 행성의 중심부를 향해 헬륨비가 쏟아져 내린다. 이 과정에서 중력 위치 에너지가 열에너지 방출되어 열 플럭스에 크게 기여한다(그림 3.10 참조). 토성은 목성보다 반지름이 작고 결과적으로 내부 압력과 온도가 낮아 헬륨이 섞이지 않는 데 유리한 조건이기 때문에 가장 바깥쪽 대기에서 헬륨이 더 많이 고갈된다(Mankovich & Fortney, 2020). 헬륨과 매우 잘 혼합되는 가스인 네온도 헬륨 비에 용액 상태로 섞여 중심부로 운반되며 고갈된다.

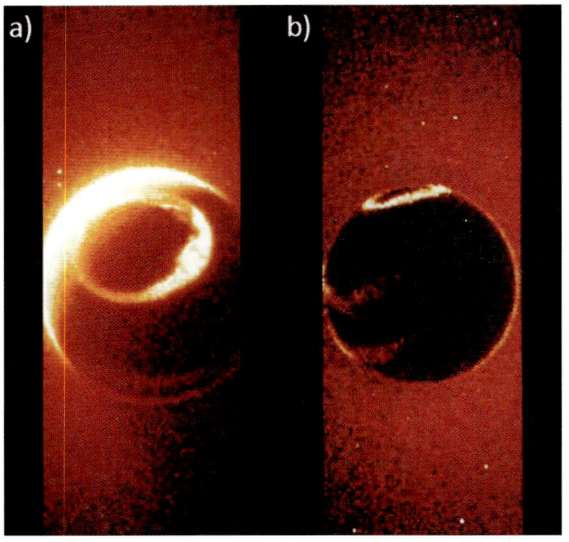

그림 9.1 1981년 10월(극지방 관측, 왼쪽)과 1982년 2월(적도 관측, 오른쪽)에 다이내믹스 익스플로러 1호(Dynamics Explorer 1) 위성에서 촬영한 지구의 자외선 영상. 두 영상 모두 오로라에서 방출되는 자외선과 들뜬상태가 된 산소와 질소에서 방출되는 대기광을 보여준다. 지구 가장자리 너머의 퍼진 빛은 지구 주위에 널리 분포하는 수소 '지오코로나(geocorona)'에 의해 산란된 라이만 알파 방출선(λ = 121 nm)이다. 출처: Louis Frank, University of Iowa.

작은 행성들의 일차 대기 손실은 다양한 메커니즘에 기인하며, 이러한 메커니즘은 오늘날에도 어느 정도 작동한다(Shizgal & Arkos, 1996). 대표적인 대기 손실 메커니즘은 진스 탈출(Jeans escape)이라 알려진 열 탈출이다. 원자와 분자는 온도에 따라 일정량의 운동 에너지를 가지고 있으나, 특정 기체 덩어리에서는 구성 입자들이 다양한 속도로 움직인다. 이러한 속도의 분산을 볼츠만 분포라고 하며, 대부분의 입자가 운동하는 평균값으로 특징지울 수 있다. 그런데 볼츠만 분포의 극히 일부분은, 매우 높은 온도(예: 1,000 K)에서 H와 He과 같은 가장 가벼운 기체가 행성의 탈출 속도를 초과하는 열운동을 한다(표 5.2).

지구의 현대 대기의 경우 진스 탈출로 인해 초당 수 kg의 수소와 초당 수십 g의 헬륨이 손실된다. 대기 상층부에서 손실된 수소의 넓게 퍼진 구름은 지구(그림 9.1)와 화성(그림 9.2)의 자외선 이미지에서 선명하게 볼 수 있다.

대기 최하층에 콜드 트랩이 존재하지 않았다면(아래 참조), 수증기가 대기 상층부로 운반되어 햇빛에 의해 분해(광분해)되어 H_2와 O를 형성(추가로 반응하여 O_2와 O_3를 형성)한 후, 수소 (H_2)가 진스 탈출을 통해 우주로 손실되기 때문에 지구의 물 재고는 이미 많이 고갈되거나 완전히 사라졌을 것이다. 이는 성층권 콜드 트랩이 없는 금성과 화성이 현재 건조한 표면을 가지고 있는 이유를 설명할 수 있다. 메탄의 광분해 해리와 수소의 진스 탈출의 결과로 명왕성을 감싸고 있는 확장된 대기의 원인도 같은 과정으로 설명할 수 있다(Chaufray, 2021). 이러한 메커니즘이 지질학적 시간에 걸쳐 어느 정도 활성화되었는지는 동위원소 비율을 통해 추론할 수 있다. 맥스웰 분포의 속도 정점은 V=(2RT/

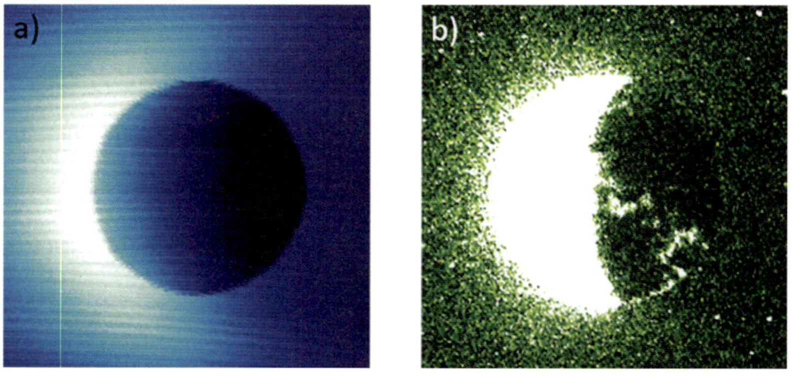

그림 9.2 2021년 4월 화성 궤도를 도는 아랍에미리트 호프 우주선(Hope spacecraft) 미스바 알-아말(Misbar Al-Amal)이 촬영한 화성의 자외선 이미지. (a) 130.4 nm 파장으로 관측한 왼쪽 영상에서 산소 대기광과 확실히 구불구불한 오로라(이 우주선이 처음 발견)가 발견된다. (b) 121.6 nm에서 획득한 오른쪽 영상에서 수소 코로나가 뚜렷하게 관찰된다. 출처: EMM SDC.

$M)^{1/2}$ 방정식에서 결정되며, 여기서 R은 기체 상수 (8.3145 J K^{-1} mol^{-1})이고 M은 분자, 원자, 이온의 몰 질량이다. 같은 원소라 하더라도 동위원소 별로 질량이 다르기 때문에 다른 속도 분포를 보일 것이며, 따라서 다른 속도로 빠져나간다. 수소(H)와 무거운 동위원소인 중수소(D)의 경우 이 질량비가 매우 크기 때문에 진스 탈출률의 차이도 커서 시간이 지남에 따라 H는 우선적으로 손실되고 D는 유지된다. 대기 D/H 비율을 측정하고 원시(태양) 값과 비교하면 대기 질량 손실이 상당하다는 것을 알 수 있다.

다른 현대적 손실 메커니즘은 태양풍과 행성 대기, 특히 행성 자기장에 의해 보호되지 않는 행성 대기의 상호작용과 관련이 있다. 하전 입자는 자기장 선을 따라 나선형 운동으로 전파되며, 지구와 같은 쌍극자장과 같이 자기장 선이 닫혀 있는 곳에서는 이러한 이온이 극과 극 사이를 왔다 갔다 하며 갇혀 있다. 태양에서 태양풍에 실려 온 개방된 자기력선이 행성의 전리층을 관통하는 경우, 하전 입자는 자기력선을 따라 행성 간 공간으로 이동할 수 있다. 이러한 비열적 손실 메커니즘으로 인해 금성, 화성, 타이탄의 대기는 초당 최대 3 kg까지 손실된다. 오늘날 우리는 행성 대기의 이온 유출을 직접 시각화할 수 있다. 예를 들어, 현재 진행 중인 화성 대기 탐사선(Mars Atmosphere and Volatile EvolutioN, MAVEN) 임무는 궤도 우주선에 탑재된 영상화 및 입자 분광기를 사용하여 화성과 태양풍의 상호작용과 우주로의 이온 유출의 특성을 모두 도출한다(그림 9.3). 매우 강력한 태양풍이 태양계를 휩쓸던 태양의 아주 젊은 시절 (T-타우리 단계로 알려짐)에는 이 과정이 훨씬 더 효과적이었을 것이며(Vita-Finzi, 2013), 특히 내부 다이너모가 붕괴된 후 화성의 질량 손실이 증가했을 것이다(Jakosky et al., 2018).

태양계 역사의 초기 단계에서 더 중요한 것은 아마도 큰 운석 충돌에 의한 침식이지만, 이런 침식은 지구형 행성의 이차 대기의 주요 물 공급원인 혜성과 미행성체의 충돌 때문에 유입된 휘발성이 풍부한 규산염과 얼음의 증착 때문에 상쇄된다. 또한, 타이탄 대기의 질소 대부분은 암모니아의 충돌 해리에서 비롯된 것이지만, 상당량의 가스도 충돌 침식 때문에 손실되었다. 이 두 가지 경향 사이의 균형은 중력과 방사능 열에 의한 행성 층리화로 생기

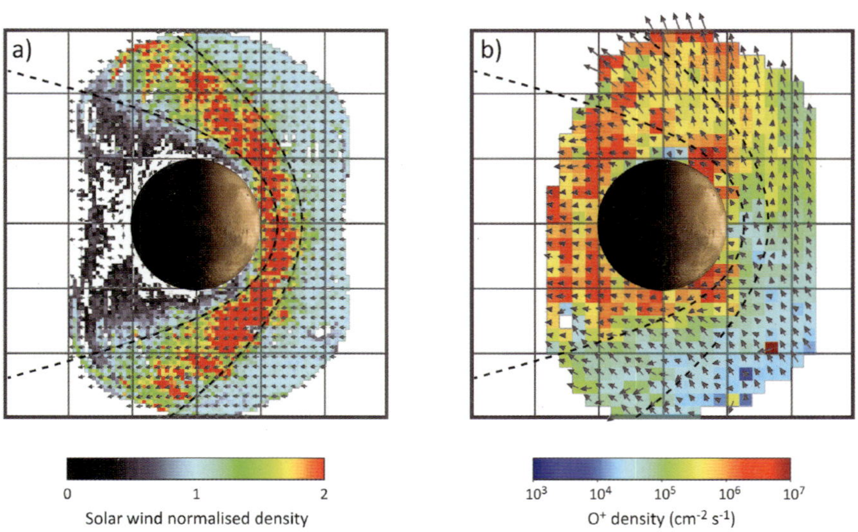

그림 9.3 화성 대기 탐사선(Mars Atmosphere and Volatile EvolutioN, MAVEN)의 데이터는 화성 주변의 태양풍의 밀도와 그 흐름(왼쪽)을, 대기 상층에서 행성 간 공간으로 휩쓸어져 유입되는 O^+ 이온의 밀도(오른쪽)를 보여준다. 점선은 뱃머리 충격파(바깥)와 자기권계면(안쪽)을 나타내며, 이 둘 사이 공간에서 태양풍의 속도가 느려지고 밀도가 증가한다. 출처: NASA Scientific Visualization Studio and the MAVEN Science Team.

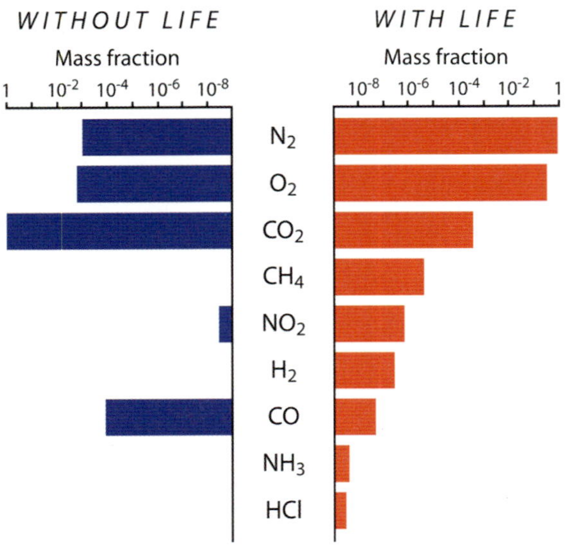

그림 9.4 생물학적 과정이 없을 때(왼쪽)와 생명체가 있을 때(오른쪽) 예상되는 지구 대기의 성분을 나타내는 히스토그램. 1993년 갈릴레오(Galileo) 우주선이 목성을 근접 비행했을 때 확인된 지구 생명체의 네 가지 지표 중 두 가지는 반응성이 높은 기체 산소의 풍부도 20%와 메탄의 존재 2 ppm이다. 나머지 두 가지는 엽록소와 협대역 전파 전송이었다. 출처: Matthias Tomczak의 자료를 바탕으로 재작성.

는 가스 배출이 점차 우위를 차지하게 된다.

대기는 추가적인 물리 화학적 변화를 겪는데, 그 중에는 화산 및 기타 지질학적 과정이나 대기와 행성 표면과의 상호작용이 태양과 행성의 에너지 플럭스에 대한 반응의 변화를 초래한다. 특히 지구의 경우, 곧 설명하겠지만 생명체의 존재로 인해 대기의 성분이 개조되었다(그림 9.4 참조). 표 9.1은를 대기의 성분과 열 구조에 대한 분석에 유용하도록 세분화했다. 이차 대기를 입자들이 자주 상호 충돌하여 그 과정에서 운동 에너지를 교환(즉, 열을 전달)할 수 있을 만큼 밀도가 큰 대기와 너무 희박하여 그러한 충돌이 일어나지 않는 대기로 나누어, 충돌 그룹과 비충돌 그룹으로 구분할 수 있다. 기술적으로 모든 대기는 고도가 상승함에 따라 상호 충돌이 일어나지 않을 만큼 밀도가 낮아지는데, 이 고도 이상의 대기 부분을 외기권이라고 한다. 표면에서 사실상 외기권인 매우 희박한 비충돌 대기가 다수의 행성체에 존재한다(표 9.1).

충돌 대기 중에서도 '두꺼운' 대기와 '얇은' 대기를 더 구분할 수 있다. 후자는 표면에 고체와 증기압 평형 상태에 있는 것으로 정의된다. 매우 얇지만, 여전히 외기권보다 몇 자릿수 배나 두껍고, 충돌하기 때문에 뚜렷한 열 구조로 되어 있다. 특히 대기의 두께는 표면으로의 응결에 따라, 즉 응결물이 액체 또는 고체이냐에 따라, 달라진다. 화성은 대기의 주요 성분인 CO_2가 극지방에서 상당량 응결되어 대기압에 큰 영향을 미친다. 실제로 화성 CO_2의 응결은 표면의 추가 냉각을 방지하는 잠열 완충 역할을 한다.

국부적이거나 매우 일시적인 외기권을 가진 행성체를 추가할 수 있으며, 많은 대형 카이퍼대 행성체가 외기권의 범주에 속할 것이다. 이러한 천체는 일반적으로 표면에 질소와 메탄으로 이루어진 고체 얼음을 가지고 있으며, 표면 온도가 30~50 K에서 10^{-8} bar 정도의 증기압 평형 상태에 도달하여 현재의 지구 기반 관측 방법으로는 거의 감지할 수 없다. 이러한 천체 중 일부는 궤도 이심률이 높아서 근일점 근처에서 상당한 일시적 대기가 감지될 수 있다. 또는 주기적인 운석 충돌로 인해 일시적인 대기가 생성되기도 한다(Stern et al., 2015).

다음 절에서 볼 수 있듯이, 지구에서의 경험에 따르면 표 9.1에 포함되기에는 양적으로 너무 미미한 성분도 대기의 특성이나 화학적 진화에 비례에 벗어난 영향을 미칠 수 있다.

성분

지구의 대기는 78%의 질소와 21%의 산소로 구성되어 있으며, 미량의 물, 아르곤, CO_2, 메탄 및 기타 여러 가스가 포함되어 있다. 지구 대기는 생명체와 관련된 과정으로 인해 안정된 성분을 갖지 못한다(그림 9.4). 실제로 고대 퇴적층에 보존된 광물의 산화 상태로 판단하면, 초기 지구 첫 20억 년 역사 동안 산소의 양이 상당히 부족했다. 산소는 광합성의 산물로 바다에 축적되어 대기로 유출되는 데는 상당한 시간이 걸렸다(Lyons et al., 2014). 오늘날 산소는 주로 해양 식물성 플랑크톤에 의해 이산화탄소가 산소로 전환되는 광합성에 의해 유지되는 깨지기 쉽지만, 필수적인 대기 성분이다. 혐기성(anaerobic) 환경에서는 메탄 생성 유기체도 마찬가지로 CO_2를 소비하여 매년 5억 t의 메탄을 부산물로 방출한다. 그러나 산소는 표면 광물의 산화에 의해 쉽게 격리되고, 햇빛이 있으면 메탄과 O_2가 반응하여 CO_2와 물을 생성한다. 이러한 불균형 상태는 매우 취약하여 지구상의 모든 생명체가 사라진다면 단 10,000년 만에 대기 중 산소가 완전히 고갈될 것이다. 이것은 태양의 광도가 증가함에 따라 지금으로부터 불과 10억 년 후 지구의 피할 수 없는 운명이다(Ozaki & Reinhard, 2021). O_2와 관련된 대기 광화학의 주요 생성물은 오존(O_3)이다. 오존의 축적은 자연적이든 인공적이든 오염 물질의 유입으로 인해 쉽게 깨질 수 있는 또 하나의 섬세한 균형을 말해준다. 해발 약 20~40 km 상공의 성층권 오존 (O_3) 층은 고에너지 태양 자외선 (280~315 nm)으로부터 지구상의 생명체를 보호할 뿐만 아니라 온실가스 역할을 한다(Young et al., 2021). 오존에 흡수된 에너지는 성층권을 따뜻하게 하여 온도 반전을 일으켜 물(얼음 형태)이 대기 상층에 도달하여 파괴되는 것을 방지하는 콜드 트랩(cold trap)을 만든다. 그러나 극지방 성층권 구름 형태의 얼음 결정은 황산, 질산, 염산이 오존을 파괴할 수 있는 반응성 표면을 제공하며, 이는 남극에서 자연적인 오존 파괴를 일으키는 주요 요인으로 작용한다.

더욱이 냉매와 스프레이 캔 추진제에 사용되는 인간이 만든 염화불화탄소(CFC)의 염소 원자가 결국 남극 상공의 성층권 오존을 극도로 고갈 (소위 '오존 구멍') 시켰다 (북극 상공에서는 그 정도가 덜하게). 1987년에 체결된 국제 몬트리올 의정서를 통한 CFC 생산 통제는 효과적인 것으로 입증되었지만(McKenzie, 2019), 2020년과 2021년에 일련의 자연재해로 인해 그 효과가 약간 되돌려졌다(Yook et al., 2022).

금성의 대기는 지구보다 약 100배 더 거대하므로 지상 천문학자들이 금성 대기를 조기에 발견할 수 있었다. 미하일 로모노소프(1711-1765)가 금성이 태양 원반을 드물게 통과할 때 태양 빛의 대기 굴절에 기인하는 특징을 보고하여 금성의 대기를 처음 감지한 것으로 일반적으로 알려져 있다(Lomonosov, 1761; Shiltsev, 2014). 로모노소프가 이 현상을 볼 수 있었는지는 상반된 견해가 있는데, 단순히 망원경 광학 장치 때문에 생성된 인공물을 잘못 인식한 것일 수 있다는 주장이 있다 (Pasachoff & Sheehan, 2012). 금성의 대기는 실제 존재하며 표면의 공기 밀도는 64.8 kg m^{-3} 으로, 지구 해양 수심 900 m에서 수압과 같은 92 bar의 평균 압력을 금성 표면에 가한다. 표면 온도는 약 740 K이며, 이 온도에서 많은 금속이 증기 형태로 존재한다. 금성의 대기는 CO_2가 완전히 지배하고 있다. 50~100 km 고도에서 CO_2, H_2, SO_2 및 소량의 염화수소 (HCl)의 광분해는 CO, OH, O, SO, Cl 및 H를 생성하며, 이는 기체상에서 반응하여 삼산화황 같은 종을 생성하고, 이는 다시 수증기와 반응하여 황산 물방울을 생성한다. 이러한 방울은 반사율이 높으며 50~60 km 상공의 구름층을 구성하는 주요 성

그림 9.5 금성 대기의 구름은 구름층에 황을 함유한 자외선 흡수체가 존재하기 때문에 자외선에서 가장 쉽게 관찰된다. 이 이미지는 2016년 12월 일본 아카츠키 궤도선(Akatsuki orbiter)이 283 nm와 365 nm에서 얻은 영상을 더하여 합성하였다. 출처: Japan Aerospace Exploration Agency (JAXA)/ISAS/DARTS and Kevin M. Gill.

분이다(그림 9.5). 현재 성분이 알려지지 않은 에어로졸로 구성된 연무(haze)도 있다. 에어로졸이 액체 방울이 아닌 결정체라는 사실과 염소의 X-선 검출을 종합하여 헤이즈가 염소의 산화물과 옥시산으로 구성되어 있다고 제안되었다. 황산 방울은 황산이 분해되는 온도에 도달할 때까지 아래로 떨어진다. 표면 근처의 수증기는 CO_2와 반응하여 탄산을 생성할 수 있다. 금성 표면에 액체 상태의 바다가 존재했었는지는 여전히 불확실하며, 한때 금성에 존재했던 물은 대기 중 극소량의 수증기로 줄어들어 있다(Kasting & Harman, 2021). 최근 몇 년 동안 금성 대기에서 20 ppb의 포스핀 (PH_3)이 검출된 것으로 알려지면서 어느 정도 관심을 끌었는데, 인은 환원된 형태가 아니라 산화되어 빠르게 광분해로 파괴되리라 예상된다(Greaves et al., 2021). 포스핀은 알려진 지질학적 또는 기타 비생물학적 화학 공급원이 없는 상황이기 때문에, 지표면보다 압력과 온도가 더 쾌적한 구름층에서 생물체에 의해 생성되고 있다는 논리적 추론이 제시되었다(Bains et al., 2021; Cleland & Rimmer, 2022). 다른 연구자들은 금성 대기에서 포스핀의 특징을 재현하는 데 실패했으며, 이미 행성 과학자들이 금성의 인 화학에 대한 불확실성을 재평가하도록 자극하고 있고, 원래 관측의 진실성에 관한 논쟁이 계속되고 있다(Wunderlich et al., 2023).

화성에 대기가 존재한다는 사실은 19세기 초 천문학자들이 황색과 백색 구름을 망원경으로 감지하면서 확인되었다. 또한, 간접적인 증거로 극관(polar cap)의 강화와 약화, 그리고 어둠의 파동 무늬로 알려진 표면 알베도의 변화가 관측되었다. 1894년, 1896년, 1924년에 걸쳐 많은 중요한 연구가 이루어졌는데, 그 결과로 구름의 특징을 추적하여 지표면 온도 분포도와 바람 자료를 제작하였다. 이 기간에 일부 관측자들은 화성이 지구와 매우 유사한 대기가 있으며 초목과 지적 생명체가 존재할 수 있다고 믿었다. 이탈리아의 천문학자 지오반니 스키아파렐리(Giovanni Schiaparelli, 1835~1910)는 1870년대 후반 화성의 곡선형 지형 네트워크를 매핑하여 카날리(canali)라고 명명했는데, 이는 영어로 운하로 해석되면서 지적 존재가 설계했음을 암시했다. 퍼시벌 로웰(Percival Lowell)은 이 운하를 극지방의 물을 메마른 저위도 지역으로 가져오는 장치로 설명했다(Lowell, 1896). 당시 학계에서는 비판을 받았지만, 로웰의 연구는 1938년 올슨 웰스(Orson Wells)가 각색한 라디오 소설『세계들의 대전』(1898)에 영감을 준 것으로 알려져 있으며, 이 소설은 미국에서 화성 침공에 대한 광범위한 공포를 촉발한 것으로 알려져 있다. 그러나 스키아파렐리는 화성 극관의 계절적 변동에 대해 논의한 후,

이 선형 구조가 지구에서 볼 수 있으려면 선의 폭이 최소 100~200 km 이상이어야 하며 초목으로 가득 찬 넓은 함몰 지대일 가능성이 크다고 썼다. 로웰과 마찬가지로 그는 이 지형들을 『가난한 화성인(i poveri Marziali)』의 작품으로 보았고, 운하 건설의 수력 공학 사업을 뒷받침할 수 있는 일종의 협동조합 또는 정치 체제에 대해 고민했다.

1954년 측정 결과로 화성 평균 지표면 압력은 0.2 bar를 넘지 않고, 아마도 0.9~1.0 bar이며, 어둠의 파동 무늬는 식물의 전진과 후퇴가 아니라 어두운 화산 암반 위로 옅은 먼지가 이동하는 것으로 해석되었다. 1964년 화성에서 이산화탄소가 분광학적으로 검출되었고, 그 압력은 약 0.006 bar로 생명체가 존재할 수 없는 것으로 나타났다. 수증기도 감지되었는데, 이는 행성 전체에 걸쳐 15 μm 깊이의 액체 물층에 해당하는 양이었다.

화성에 도달한 최초의 미국 우주선은 1964년 마리너(Mariner) 4호였다. 화성에서 지구로 향하는 우주선에서 화성의 대기를 통과하는 전파 원격위치 신호의 굴절과 감쇠(radio occultation)를 분석하여, 얻은 표면 압력은 0.004~0.005 bar이다. 이 정도의 낮은 압력에서는 액체 상태의 물이 표면에 존재할 수 없고 물 얼음만 안정적으로 존재한다. 이후 마리너 6호와 7호의 화성 비행과 1971년 궤도 우주선 마리너 9호의 측정 결과, 낮은 표면 압력이 확인되었다. 산소, 아르곤, 크립톤, 질소, 크세논이 소량 검출되었는데, 이는 과거에 더 풍부했던 대기의 잔류물일 수 있으며, 화성이 태양풍에 의해 많은 휘발성 물질을 우주로 잃었음을 시사한다.

화성 거주 가능성에 대한 오랜 관심은 화성 대기의 과거와 현재의 메탄(CH_4) 함량 분석에 있었다. 모든 형태의 대기 성분에 대한 정보는 순수한 지식이든 자원 추출이 목적이든 화성 및 다른 내행성에 대한 성공적인 로봇과 인간 탐사의 전제 조건이다. 그러나 금성 대기의 포스핀을 연상시키는 이야기처럼 화성 대기에서 메탄의 검출 의미는 계속되는 불확실성과 새로운 연구들로 퇴색되었다. 지구에서 관측한 결과 10~50 ppbv(부피당 10억분의 1) 수준의 CH_4가 국지적으로 검출된 것이 처음 보고되었고(Mumma et al., 2009), 이 결과는 마스 익스프레스(Mars Express) 궤도선(Geminale et al., 2008)에 의해 확인되었다. 이러한 검출은 화성에서 메탄이 수백 년 동안 지속되고 균일하게 혼합되어야 하는 조건과 조화되기 어렵다.

게일 충돌구(Gale crater)에서 큐리오시티(Curiosity) 로버가 수집한 현장 데이터 (Webster et al., 2015)는 상당히 낮은 수준 (1 ppbv 미만)의 메탄 존재를 확인했으며, 최대 21 ppbv까지 급격히 증가하는 계절적 변화에 대한 증거와 화구 바닥의 북서쪽 지역으로부터 매우 국지화된 배출이 있음을 확인했다(Luo et al., 2021). 사문암화작용(serpentinization)과 같은 비생물학적 메탄 생성 메커니즘이 분명히 존재하지만, 잠재적 생물학적 기원에 관한 많은 추측이 아직 배제되지 않고 있다(Yung et al., 2018).

한편, 엑소마스 미량 가스 궤도선 (ExoMars Trace Gas Orbiter)은 화성 어디에서도 메탄을 감지하지 못해 농도 상한선을 0.05 ppbv로 설정했기에(Korablev et al., 2019), 연구자들은 현장 측정에 의문을 제기하고 있다. 한편 메탄이 자외선으로 활성화된 과염소산염 (perchlorate salts)과의 반응으로 빠르게 제거될 수 있다고 제안되었는데, 이 반응으로 메탄의 수명을 수 세기에서 며칠로 단축할 수 있다(Zhang et al., 2022).

메탄은 타이탄 대기의 초기 탐사에서 중추적인

역할을 했다. 타이탄의 대기는 1908년 가시 원반 가장자리에서 대기를 통과하는 광선 경로가 길어져 발생하는 현상인 주연 감광(limb darkening)으로 처음 발견되었다(Comas i Solà, 1908). 이후 타이탄의 대기는 위성 전체 내부 구조와 표면 지형을 이해하는데 중심적 역할을 했다. 타이탄은 태양계 위성 중 유일하게 매우 두꺼운 대기가 있지만, 그 특성을 밝히는 데는 수십 년이 걸렸다. 1980년대 이전에 타이탄의 대기를 연구하려던 천문학자들이 직면했던 어려움은 오늘날 외계 행성 대기의 세부 사항을 파악하려는 천문학자들이 직면한 어려움을 어느 정도 반영하고 있으므로, 이 이야기는 면밀히 살펴볼 필요가 있다. 대기의 평균 분자 질량에 대한 하한은 진스(Jeans,1925)가 표면 온도 60~100 K로 추정하여 태양계 나이와 같은 열 방출 시간 척도를 사용하여 계산하였다. 이 하한에 맞는 그럴듯한 성분 중 암모니아는 고체 상태일 것이고, Ar와 Ne 같은 단원자 기체는 적외선 흡수 특성이 없으며(상대적으로 약한 방출선 만 존재), N_2 같은 분자 기체는 약한 적외선 흡수체이다. 따라서 유일한 강력한 적외선 흡수체인 메탄은 1943~1944년 겨울에 분광학적 방법을 사용하여 먼저 검출되었으며, 초기 기둥 농도는 860 m amg(=3.5692×10^4 mol m^{-2})로 추산되었고(Kuiper, 1944), 나중에 200 m amg(=8.923×10^3 mol m^{-2})까지 감소했다(Kuiper, 1952). 참고로 아마가(amg 또는 Am으로 표기)는 1기압과 0°C에서 단위 부피당 이상 기체 분자의 수로 정의된다. 에밀 아마가(Émile Amagat) 이름을 따서 지어진 아마가는 1 amg = 44.615 mol m^{-3}으로 환산된다. 이후 연구에서 제러드 카이퍼(Gerard Kuiper)는 타이탄 원반의 주황색에 대해 언급하며, 『화성의 주황색 요인으로 추정되는 산화와 유사한 방식으로 표면에서 대기가 작용했기 때문』이라 설명했다. 타이탄에서 산란된 빛의 편광은 맑은 대기가 아니라 광학적으로 두꺼운 구름으로 가득 찬 대기를시사하였고(Harris, 1961; Veverka et al., 1973), 대기 중 메탄이 더 복잡한 유기 에어로졸로 전환되어 붉은 오렌지색 구름층이 생성되어야 한다는 개념이 빠르게 발전했다(Sagan, 1971; 1973; 1974; Khare & Sagan, 1973).

타이탄 대기에 얼마나 많은 CH_4가 존재하는지는 격렬한 논쟁의 대상이었는데, 이는 메탄 흡수 대역의 폭에 대한 서로 다른 해석에 근거하여 크게 두 진영으로 의견이 나뉜다. 한편에서는 대기의 표면 압력이 0.2 bar이고 온도가 86 K인 경우 90%가 메탄일 수 있으며, 고도가 높은 에어로졸에 의한 산란의 결과로 밴드가 넓어진다고 주장한다. 반면에 타이탄 표면 압력이 20 bar이고 온도가 200 K인 훨씬 더 거대한 분자 질소 대기가 있고, 이 대기 내에서 메탄은 매우 미미한 성분인데, 메탄 흡수선이 넓어지는 것은 전적으로 대기의 정역학 압력 때문일 수 있다고 한다. 궁극적으로 타이탄의 전파 밝기 관측을 통해 추론된 온도는 대기는 N_2가 지배적이라 CH_4는 미량이며, 표면 압력이 2 bar에 가깝고 온도가 약 90 K이라는 가설을 뒷받침했다(Jaffe et al., 1979). 그 이후로 광범위한 지상 기반 다중 파장 연구, 두 차례의 보이저(Voyager) 1호, 2호 우주선 비행, 카시니(Cassini) 토성 궤도선(2004~2017년), 2005년 초에 표면으로 배치된 호이겐스(Huygens) 탐사선에 의한 장기간의 현장 모니터링이 이루어졌다.

현재 타이탄 대기 전체에서 메탄의 농도는 1.4%이다. 또한, 표면 압력은 1.5 bar, 온도는 95 K이고 지표면 근처에서 메탄의 농도가 5~6%로 증가한다.

광화학 반응은 타이탄 대기에 심대한 변수로 작용한다. 즉, 태양 자외선, 토성으로부터 오는 고에너지 입자, 주변 우주선 입자, 그리고 운석 충돌로 인한 충격파 등에 의해 메탄이 분해되어 반응성이 높은 분자(radical) CH, CH_2, CH_3가 생성되고, 그 결과 수소가 빠져나가 토성 주변에 큰 가스 토러스(torus)를 형성한다(Tseng et al., 2013). 이 라디칼은 서로, 그리고 소량의 산소 함유 화합물(CO 및 CO_2)과 반응하여 복잡한 유기 화합물을 합성하는 매우 놀라운 화학 생산 설비의 기초를 형성한다. 유기 화합물은 응축되어 광학적으로 두꺼운 에어로졸 헤이즈를 형성하여 주황색을 띠지만, 푸르스름한 고도의 분리된 헤이즈 층도 발생한다(그림 9.6). 헤이즈는 스펙트럼의 가시 영역에서 위성 표면을 완전히 가리기 때문에, 카시니 궤도선은 여러 적외선 '창

그림 9.6 카시니(Cassini) 궤도선이 바라본 토성의 가장 큰 위성 타이탄의 초승달 모양. 타이탄의 표면은 주황색 광화학 연무(haze) 때문에 완전히 가려져 있다. 매우 높은 분자량의 유기 분자가 생성되는 고도 300~500 km에 이르는 푸르스름한 가장자리 헤이즈의 퍼진 층을 주목하시오. 출처: NASA/JPL/Space Science Institute.

(window)'과 전파 파장을 통해 표면을 관측하는 장비를 가지고 갔다.

타이탄의 대기 광화학 생성물은 에탄(C_2H_6), 아세틸렌 (C_2H_2), 시안화수소 (HCN)가 지배적이지만 헥사메틸렌네테트라민 ($C_6H_{12}N_4$)을 포함한 많은 복합 화합물도 생성된다. 이 마지막 물질은 물이나 수성 암모니아에서 가수분해될 때 아미노산과 뉴클레오베이스 등 우주 생물학적으로 중요한 다양한 프리바이오틱 분자를 생성하기 때문에 중요하다. 이 정도면 타이탄의 대기는 고전적인 밀러-우레이(Miller-Urey) 합성(12장)의 매혹적인 냉동 상태의 유사체이며, 따라서 지구의 가상 원시 대기에 대한 그럴듯한 아날로그이다. 1983년 미항공우주국에 전한 칼 세이건(Carl Sagan)의 언급은 카시니-호이겐스(Cassini-Huygens)의 위대한 성공 이후에도 여전히 유효한데, 그는 N_2/CH_4 대기에서 생성된 복잡한 유기 고체는 아마도 지구의 원시 대기에서 생성된 유기 분자와 매우 유사할 것이라고 언급했다(Hörst, 2017).

현재의 파괴 속도로 판단할 때, 타이탄에 현재 존재하는 메탄은 수천만 년 안에 완전히 소비될 것이며, 아마도 지금까지 알려지지 않은 출처에서 보충되고 있을 것으로 추정된다. 1980년대와 1990년대 보이저호 이후 초기 모델에 따르면 타이탄의 메탄은 CH_4와 N_2를 용액으로 함유한 액체 에탄의 타이탄 전체의 바다에서 공급되고 있는 것으로 추정되었다. 이러한 대양이 조석 작용으로 소멸할 수 있음을 역학적 고려할 때, 대양의 깊이가 수 km에 달해야 한다 추론되었다. 1990년대에 지구 기반 망원경으로 적외선과 전파 파장으로 타이탄 표면을 관측한 결과, 표면의 알베도 변화가 타이탄 전체의 대양 모델과 일치하지 않는다. 이후 카시니-호이겐스

탐사선은 타이탄의 표면에 몇 개의 큰 바다와 극 주변에 액체 에탄으로 이루어진 작은 호수가 많다는 사실이 밝혀졌다(그림 11.7).

현재까지 축적된 증거에 따르면 메탄의 궁극적인 기원은 불분명하지만, 아마도 빙하 화산 활동 때문에 내부에서 메탄이 배출된 것으로 추정된다(7장 참조). 태양 성운에서 직접 메탄이 축적되어 타이탄 얼음 맨틀의 수화물에 갇히거나, 이산화탄소가 있는 상태에서 핵의 규산염 암석이 수화되어 비생물적으로 합성되거나, 그럴듯하지는 않지만, 해저 바다에 사는 메탄 생성 유기체 집단에 의한 생물학적 합성 가능성 등이 있다(Fortes, 2000).

상당한 대기를 가진 이 네 가지 세계 외에도 가장 희박한 기체 외피를 가진 다양한 천체들이 발견되었다. 이들 대부분은 태양풍에서 직접 포집된 이온과 태양풍 입자에 의해 표면 물질이 스퍼터링(sputtering) 된 원자로 구성되어 있다. 달의 대기는 지구보다 약 10^{14}배 더 희박하여 총 질량이 10 t을 넘지 않는데, 아폴로(Apollo) 착륙 모듈이 표면에 머무는 동안 이보다 약 6배의 가스가 방출하였다. 달의 대기는 태양풍에 의해 운반되어 표토에 주입된 헬륨, 네온, 수소로 구성되는데, 여기서 헬륨, 아르곤, 라돈은 방사능 붕괴로 인해 달 내부에서 배출되는 가스이다. 흥미롭게도 이 장의 지속적인 주제를 반영하듯, 최근 달 정찰 궤도선(Lunar Reconnaissance Orbiter)의 관측 결과 달 대기에서 아르곤과 네온을 감지하지 못했지만(Cook et al., 2013), 인도의 찬드라얀 1호(Chandrayaan-1) 탐사선은 아폴로 시대의 탐사와 같은 수준의 네온을 발견했다(Das et al., 2016). 달 대기에서도 소량의 나트륨과 칼륨이 검출되었는데, 아마도 표면 광물에서 유래한 것으로 추정되며, 입방 센티미터당 수십 개의 원자 수준으로 존재한다(Potter & Morgan, 1988).

1950년대와 1960년대 초에 수성의 대기는 화성의 대기와 밀도가 비슷할 것으로 생각되었다. 1974년과 두 차례의 추가 방문에서 마리너 10호는 수성

그림 9.7 수성 대기에서 흘러나오는 나트륨 이온은 꼬리를 형성하기 때문에, 적절한 협대역 필터를 사용하면 지구에서 그 발광을 관측할 수 있다. 지구에서 2022년 4월에 협대역 필터로 관측된 수성이 혜성처럼 보인다. 수성 위의 플레이아데스성단(Pleiades star cluster)이 함께 보인다. 출처: Sebastian Voltmer.

그림 9.8 목성의 자기권으로부터 들어온 이온이 이오의 대기와 폭포처럼 충돌하여 촉발된 이오의 대기 방출(오로라). 1998년 갈릴레오(Galileo) 우주선이 촬영한 영상. 원반의 왼쪽과 오른쪽 가장자리에 있는 밝은 파란색 영역은 화산 가스 기둥. 출처: NASA/JPL/University of Arizona.

의 대기가 화성보다 10^9배 더 얇고, 다른 많은 태양계 천체처럼 표면을 바로 둘러싼 외기권임을 증명하였다. 자외선 분광기는 수소, 산소, 헬륨을 확인했으며, 이중 헬륨은 표면 가스 배출로 인한 것으로 추정된다. 나트륨과 칼륨 증기는 지상 분광학으로 검출되었으며 미세 운석 충돌과 태양풍에 의해 표면 물질에서 파생된 것으로 추정된다. 메신저(MESSENGER) 우주선의 영상 플라즈마 분광기를 통해 얇은 대기가 태양풍에 의해 형성되고 물질 공급을 받아 수성 하류 2천만 km까지 길게 뻗은 꼬리를 형성하고 있으며, 그 안에서 Na, Ca, Mg의 방출선들이 관측되었다. 실제로 수성의 나트륨 꼬리는 지구에서 선명하게 볼 수 있으며, 협대역 필터를 사용하여 589 nm의 황색 방출선을 포착하면 수성은 암석 행성이라기보다는 이국적인 혜성처럼 관찰된다(그림 9.7).

위성의 대기 성분은 위성의 내부처럼 태양계에서의 위치나 위성군 내에서 위치로 쉽게 예측할 수 없다. 예를 들어, 이오 주변 대기에 대한 첫 번째 증거는 목성에 가려진 후 약 10분 동안 이오가 밝아지는 현상을 1964년에 관측함으로써 나왔다(그림 9.8). 이는 휘발성 대기 성분이 목성식 동안 밝은 표면 서리로 응결되어 나타난 현상이다. 대기는 희박하며 추론된 최대 표면 압력은 약 10^{-7} bar이다. 주성분은 이산화황으로, 타이탄 대기의 메탄과 마찬가지로 이산화황은 광분해로 파괴되기 때문에 화산 가스 배출로 보충되어야 하며, 표면 서리의 승화와 응결 때문에 농도의 변화가 완화된다(Lellouch, 2005). 이산화황 서리의 표면 범위가 심하게 변하기 때문에, 이오의 대기압이 몇 자릿수 배에 걸쳐 극적인 변화할 것으로 예상한다. 이러한 강한 기압 변화는 초음속 바람을 일으킬 수 있다. 이오의 대기는 목성 자기권에서 이온화된 황과 나트륨으로 이루어진 도넛 모양의 이오 플라즈마 토러스와의 상호작용으로 인해 더욱 복잡해진다. 이오의 대기압은 주요 화산 분출에 따라 상당히 증폭되기도 했다.

가니메데와 유로파는 모두 주로 분자 산소로 구성된 매우 얇은 대기가 있는데, 이는 목성 자기권 양성자와 전자가 얼음 표면 스퍼터링 결과로 추정된다. 칼리스토는 또한 이산화탄소로 이루어진 대기가 있는 것으로 밝혀졌다(Liang et al., 2005). 1996년 유로파 대기에서 나트륨이 확인되었는데, 이는 이오에서 표면에 주입된 나트륨의 스퍼터링에서 비롯된 것으로 추정되지만, 표면에서 탄산나트륨으로 보이는 물질이 검출된 것은 내부의 염수에서 분출된 것으로 보인다. 이 나트륨 중 일부는 유로파 자체에서 유래한 것으로 추정된다.

1979년 지상에서 메탄이 감지됨으로써 트리톤 대기가 최초로 제안되었다. 이에 따라 몇 바의 표면 압력을 가진 대기 모델이 제안되었고, 심지어 트리톤에는 액체 질소로 이루어진 바다와 강이 있을 것이라는 생각도 있었다. 이제 우리는 트리톤이 보이저 2호 비행 당시 표면 압력이 약 1.4×10^{-5} bar에 해당하는 극도로 얇은 대기가 있었으며, 38 K로 태양계에서 가장 차가운 물체 중 하나라는 사실을 알게 되었다. 이 온도에서 가능한 유일한 대기는 질소와 메탄으로 구성되어 표면 고체 얼음과 평형을 이루는 상태이다. 트리톤의 대기에서는 최대 30 km 고도에서 구름과 헤이즈가 관측된다. 이들은 아마도 응결된 메탄과 메탄 광분해 생성물(더 무거운 탄화수소와 니트릴)의 에어로졸로 구성된다. 관측된 표면의 줄무늬는 바람의 발생을 나타낸다. 최소 두 개의 극저온 화산 분출이 대류권계면에서 바람에 의해 교란된다. 해왕성에 대한 궤도와 해왕성 자체의 특성으로 인해 트리톤은 계절에 따라 태양 일사량의 극심한 변화를 경험하며(2장 참조), 대기는 표면 얼음과 증기압 평형 상태에 있으므로 대기 밀도와 성분에 상당한 계절 변화가 있을 것으로 예상해야 한다. 원격 천체의 주기적인 모니터링은 항성 엄폐 관측을 통해 이루어진다. 이를 통해 보이저 2호 통과 비행 이후 10년간 대기 밀도가 증가했고 이후 정체되었음이 알려졌다(Oliveira et al., 2022).

명왕성의 대기는 여러 면에서 트리톤의 대기와 매우 유사하다. 고체 상태의 메탄은 1980년에 처음으로 분광학적으로 검출되어 대기 증기압을 유추할 수 있었고, 이후 여러 차례의 항성 엄폐 관측을 통해 비교적 상세한 모니터링이 가능했다. 그러나 명왕성의 가스 외피는 대기 최하층에서 다소 극단적인 온도 역전 현상을 보이며, 이는 신기루와 유사한 효과를 만들어 대류권을 효과적으로 시야에서 가려 오랜 세월 동안 표면 압력과 온도뿐만 아니라 명왕성의 실제 반경과 밀도에 대한 이해를 방해했다. 오늘날 우리는 2015년 7월 뉴 호라이즌스(New Horizons) 호의 명왕성 접근을 통해 명왕성의 대기 화학 및 구조에 대해 자세히 이해할 수 있게 되었다(Gladstone & Young, 2019). 트리톤과 마찬가지로 명왕성의 대기는 질소, 메탄, 일산화탄소의 표면 고체와 증기압 평형 상태이며, 바람 속도는 승화와 응결로 제어된다. 메탄의 광화학적 과정으로 인해 광범위한 연무(haze)층이 형성되며, 이 연무층은 최대 200 km 고도까지 확장된다(그림 9.9). 앞서 언급했듯이 메탄의 파괴로 인해 수소 대기가 팽창하여 최대 1,500 km까지 확장된다. 그러나 명왕성 상층 대기는 극도로 온도가 낮아 질소가 열운동으로 인해 우주로 손실되는 것을 억제한다. 실제로 명왕성에는 가파른 온도 반전을 보이는 얇은 대류권이 존재하며, 표면의 압력 최대 0.01 bar, 온도 최대 45 K로 정점에 이른다.

온실 효과

행성 대기의 표면 온도와 고도에 따른 온도 변화

그림 9.9 2015년 뉴 호라이즌스(New Horizons)의 통과 비행 중 촬영된 명왕성의 가장 인상적인 이미지 중 하나. 표면 위로 수백 km에 이르는 세밀한 층으로 이루어진 광화학 헤이즈와 험준한 얼음 산으로 둘러싸인 남부 스푸트니크 평원(Sputnik Planitia)의 얼음 평야가 드러난다. 출처: NASA/JHUAPL/SwRI.

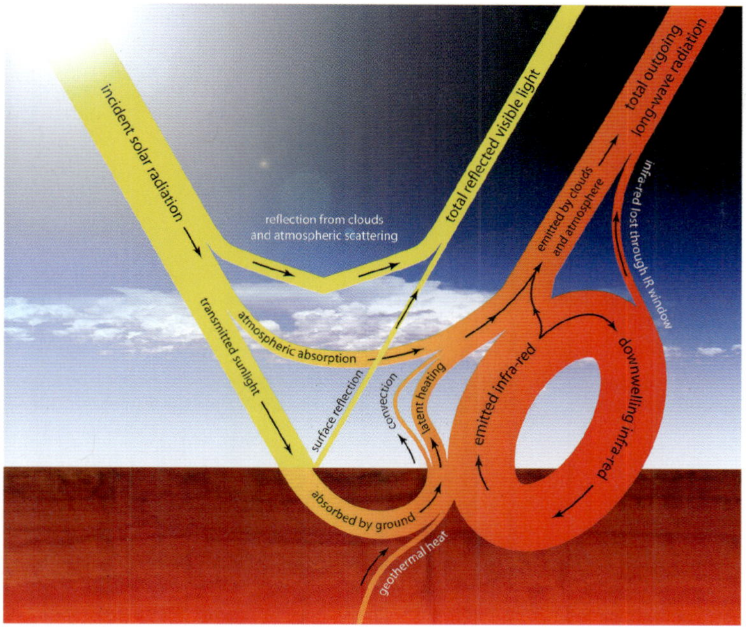

그림 9.10 반사, 산란, 흡수, 방출의 상대적 기여도를 보여주는 전형적인 행성 대기의 복사 균형을 보여주는 도식. 행성 표면의 온도와 대기의 구조는 들어오는 복사와 나가는 복사 사이의 평형에 따라 달라진다.

는 에너지의 투과와 흡수 사이의 평형 때문에 결정되며, 이를 일반적으로 기후라고 한다. 짧은 공간적, 시간적 규모로 평형으로부터의 벗어나는 차이가 '날씨'를 나타낸다. 에너지 균형은 그림 9.10에 설명되어 있다. 지구를 정량적 예로 들면, 햇빛의 형태로 들어오는 에너지인 I_{Sun}은 ~1,366 W m^{-2}이다. 이 중 일부는 공기 자체에 의해 산란되거나 나머지는 구름과 지구 표면에 의해 반사되며, 산란 및 반사된 총량은 본드 알베도(Bond Albedo), A_B로 정량화된다. 따라서 대기와 지구 표면이 흡수하는 에너지는 간단히 $I_{Sun}(1-A_B)$이다. 지구의 본드 알베도를 0.306으로 가정하면 흡수된 에너지는 948 W m^{-2}이다. 한 번에 한 반구만 조명이 비치고 조명 각도가 수직에서 수평까지 다양하다는 점을 염두에 두면 전 세계 평균값은 이 양의 1/4인 237 W m^{-2}이다. 지구 내부에서 흘러나오는 열의 총량인 지열 기여도는 0.1 W m^{-2} 미만이므로 이 예에서는 무시해도 되지만, 3장에서 설명한 것처럼 가스 거대 행성의 경우 대기 열 균형에서 매우 중요한 요소이다(그림 3.10). 흡수된 태양 에너지는 대기와 지구 표면을 따뜻하게 만들어 더 긴 파장의 열 적외선을 방출한다. 지구 대기는 태양으로부터 오는 가시광선에는 매우 투명하지만(그림 9.11), 복사가 우주로 빠져나갈 수 있는 일부 파장대를 제외하고는 지표에서 나오는 열적외선 복사에 대해서는 불투명도가 높다. 이 불투명도는 대기 하층에 열을 가두어 표면을 더 가열하는 추가적인 열적외선을 아래로 향하게 한다. 아래로 들어오는 복사를 가장 많이 흡수하는 물질은 H_2O와 O_3(20 km에서 80 km 사이의 대기를 가열하는 역할을 함)이며, 밖으로 나가는 복사는 H_2O와 CO_2에 의해 흡수된다. 물과 이산화탄소의 역할은 미국의 선구적인 과학자 유니스 푸트(Eunice Foote, 1819~1888)가 수은 온도계를 장착한 유리 실린더에 다양한 기체를 주입하는 실험을 수행하면서 처음 인식되었다(Foote, 1856). 그녀의 실험은 장바티스트 푸리에(Jean-Baptiste Fourier, 1768-1830)의 초기 가설을 뒷받침했지만, 몇 년 후 아일랜드 물리학자 존 틴달(John Tyndall,

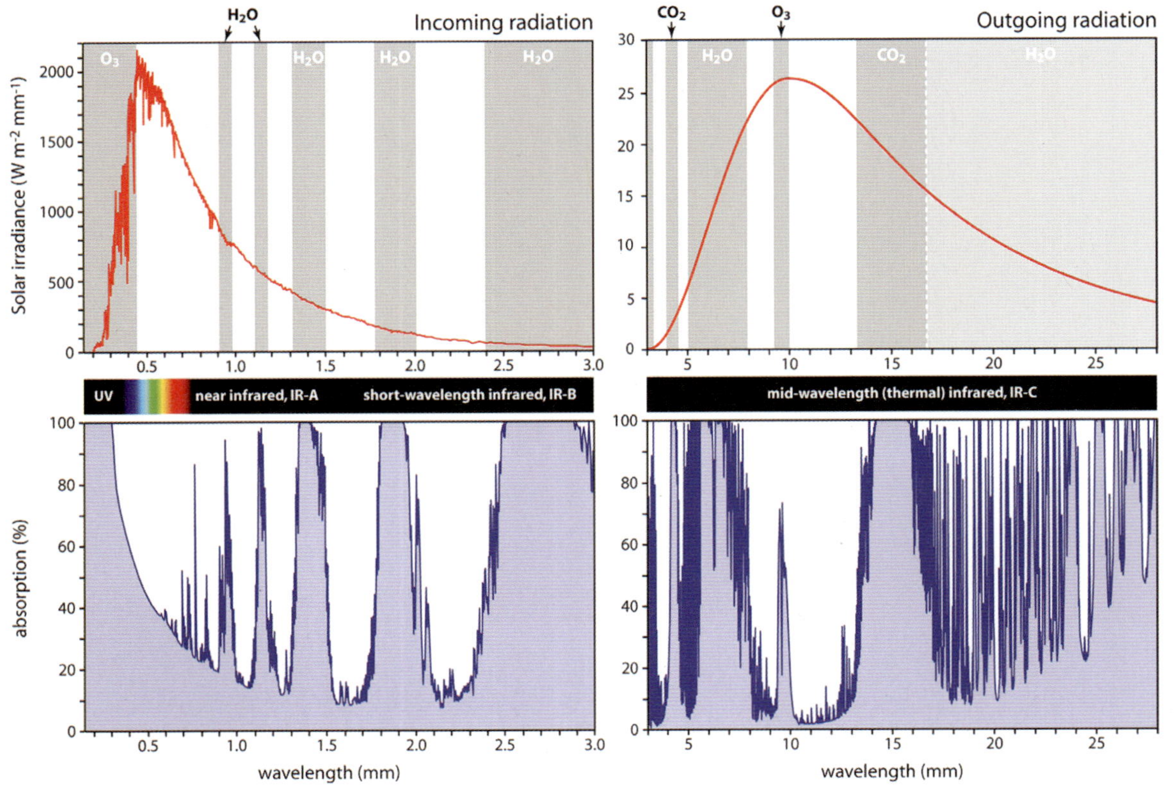

그림 9.11 행성 대기의 복사 균형은 들어오고 나가는 복사가 다양한 기체에 흡수되는 정도에 달려있다. 위쪽 두 패널의 주황색 선은 입사 태양광 스펙트럼(왼쪽, 0.5 μm 전후의 가시광선 범위에서 정점을 이루는)과 방출된 열복사 스펙트럼(오른쪽, 10 μm 전후의 열 적외선에서 정점을 이루는)을 보여준다. 아래쪽 두 패널은 이 두 파장 범위에 걸친 지구 대기의 흡수를 나타내며, 스펙트럼에서 특히 불투명한 부분은 위쪽 패널의 회색 띠로 표시하고, 그 흡수를 담당하는 분자 종이 쓰여 있다. 대기의 불투명도는 입사 태양 복사의 약 1/4만 가리지만(즉, 주황색 곡선 아래 영역을 가리고), 나가는 복사의 70~80%를 차단한다. 이렇게 나가는 열복사를 차단함으로써 하층 대기를 따뜻하게 한다.

그림 9.12 토성의 위성 타이탄의 계절 변화는 구름 형성의 변화를 유발한다. 타이탄의 하층 대기에서 메탄 폭풍 구름은 일반적으로 여름극 주변의 고위도로 국한된다. 고위도 지역에서 태양 일사량이 가장 활발하게 대류 상승을 구동한다. 2009년 8월 춘분 직후 이 대류 상승 활동이 북쪽으로 이동하기 시작하여 2010년 9월에는 적도의 넓은 대역을 덮고 있는 것을 볼 수 있었다. 이 근적외선 이미지에서 어둡게 보이는 '모래 바다(sand seas)'는 수 지구 년(Earth years) 만에 처음으로 폭우를 경험하고 있을 수 있다. 출처: NASA/JPL/Space Science Institute.

표 9.2 태양계 주요 행성체의 복사 특성, 평형 온도, 온실가스 효과

행성체	평균 일사량($W\ m^{-2}$)	본드 반사도	계산된 평형 표면온도(K)	관측된 표면 온도(K)	온실가스 효과(K)
수성	9,116	0.068	440	100~700	-
금성	2,611	0.90	229	740	+ 510
지구	1,366	0.306	254	288	+ 34
달	1,366	0.11	271	100~390	-
화성	588	0.25	210	223	+ 13
세레스(왜소행성)	179	0.042	164	?	-
목성	50.4	0.343	110	126	-
이오	50.4	0.52	102	90~130	-
유로파	50.4	0.62	96	50~130	-
가니메데	50.4	0.35	110	70~150	-
칼리스토	50.4	0.13	118	80~160	-
토성	14.9	0.342	81	97	-
타이탄	14.9	0.29	83	94	+ 11
천왕성	3.7	0.30	58	59	-
해왕성	1.5	0.29	47	59	-
트리톤	1.5	0.65	39	38	-
명왕성(왜소행성)	0.89	0.50	37	43	-
하우메아(왜소행성)	0.73	0.70	31	?	
마케마케(왜소행성)	0.65	0.78	28	?	-
에리스(왜소행성)	0.30	0.86	21	?	-

1820-1893)이 근적외선 복사의 흡수를 확립할 때까지 물리적 메커니즘은 인식되지 못했다(Tyndall, 1860). 푸트의 연구는 대기 중 이산화탄소의 양이 역사상 어느 시점에 더 많았다면 지구의 표면 온도가 더 높았을 것이라는 점을 지적하면서 대기 중 이산화탄소 수준과 지구 온도 사이의 첫 번째 연결 고리를 제시하였다.

이산화탄소는 수백 ppm 수준에 불과하지만, 장파장 적외선을 강력하게 흡수하여 정원의 온실과 거의 같은 방식으로 열을 가두기 때문에 '온실가스'로 분류된다. 평형 상태에서는 시스템에서 나가는 에너지의 양과 시스템으로 들어오는 에너지의 양이 같아야 한다. 가상의 '완벽한' 방출체(소위 '흑체')가 방출하는 에너지는 스테판-볼츠만 법칙을 사용하여 계산할 수 있는데, 여기서 방출되는 에너지($W\ m^{-2}$)는 σT^4 인데, σ는 스테판-볼츠만 상수 ($5.670 \times 10^{-8}\ W\ m^{-2}\ K^{-4}$)이고 T는 온도(K)이다. 복사 에너지를 흡수 에너지와 같게 하고 (앞서 지구의 경우 237 $W\ m^{-2}$로 계산한 것을 기억할 것) T를 풀면 평형 표면 온도 254 K를 구할 수 있다. 이는 지구의 실제 평균 표면 온도 288 K 보다 훨씬 낮다. 이런 34 K의 차이는 온실가스가 나가는 열복사를 가두어 발생하는 온난화의 양이다. 표 9.2에는 다양한 행성 대기의 에너지 균형이 요약되어 있다. 일부 행성에서는 표면 액체의 증발(또는 고체의 승화)과 대기의 대류를 일으키면서 에너지가 다른데 사용되는 중요하고도 미묘한 차이로 볼 수 있다. 지구에서 기상 시스템을 구동하는 데 투입되는 에너지의 총량은 약 115 $W\ m^{-2}$이며, 멀리 떨어진 타이탄에서는 1 $W\ m^{-2}$ 미만이다. 그렇다고 해서 타이탄에 날씨가

없다는 것은 아니며, 구름과 폭풍우가 분명히 존재하지만(그림 9.12), 지구보다 훨씬 적고 강도가 약할 수 있다.

현재 지구의 온실 효과는 쾌적한 표면 온도를 유지하고 있지만, 46억 년 전에는 지금보다 태양이 20%~30% 덜 밝았을 것으로 생각된다. '희미한 젊은 태양'의 역설은 희미한 태양 광도로 인해 초기에 지구 표면 온도가 상당히 낮았을 것임에도 불구하고 액체 물과 생명체가 적어도 35억 년 전에, 액체 물만으로는 43억 년 전까지 존재했었다는 분명한 불일치가 확인된다(Feulner, 2012). 지구 역사 초기에 지열의 기여가 더 컸을 가능성이 있고 어린 달의 근접으로 인한 조석 가열로 인한 에너지의 양(~10 W m^{-2})이 표면 온도를 5 K까지 올렸을 수 있다(Heller et al., 2021). 그러나 이 역설에 대한 단순한 설명은 강화된 온실 효과로 볼 수 있다. 온실 기체로 암모니아, 메탄, 수소, 이산화탄소 등 다양한 흡수 후보가 제안되었지만, 최근 모델링에 따르면 이산화탄소가 관측치와 가장 잘 맞는 것으로 나타났다(Charnay et al., 2020). 하지만 실제로 문제가 해결될지는 아직 지켜봐야 할 것이다.

이산화탄소는 지질 역사상 그 어느 때보다 지구 대기 중 최저 수준에 근접해 있지만, 인간 활동, 특히 탄소 함유 연료의 연소로 인해 농도가 많이 증가하고 있다. 빙하 코어를 통해 측정한 홀로세 시대의 산업화 이전 CO_2 농도는 약 275 ppmv였지만 오늘날에는 400 ppmv가 넘으며 매년 약 2 ppmv의 속도로 증가하고 있다. 이로 인해 1750년 이후 약 1 K의 순온난화가 발생했다는 증거가 우세하며, 2 K 이상이면 인류 문명에 심각한 영향을 미치리라는 것이 일반적인 견해이다(Forster et al., 2023). 최근 역사의 온난화에 대해 인간과 자연 메커니즘의 균형에 대해 표면적으로 합의가 이루어진 것처럼 보이지만, 실제로 과학계에서는 활발한 논쟁이 벌어지고 있다(Connolly et al., 2021; Connolly et al., 2023; Richardson & Benestad, 2022; Soon et al., 2023; Dentelski et al., 2023). 이 책의 독자들은 이러한 논쟁의 모든 측면을 냉정하게 검토하고 스스로 결론에 도달할 것을 촉구한다.

오늘날 전 세계 인위적 이산화탄소 배출량은 약 375억 t에 달하며, 이 중 중국에서만 127억 t이 배출되고 있다. 그러나 일반적으로 국내 여행을 위해 자동차와 항공기에 의존하거나 냉방에 상당한 양의 에너지를 사용하는 인구가 많고 밀도가 적은 국가에서는 1인당 기준으로 더 심각한 문제가 발생하는데, 미국, 캐나다, 호주는 각각 1인당 연간 15~20t의 CO_2를 배출하고 있는 것으로 나타났다. 여러 국가가 대체 에너지원으로 성공적으로 전환하고 배출량을 줄이고 있으며, 브라질과 영국은 현재 CO_2 배출량을 연간 5% 이상 줄이고 있고, 영국의 배출량은 1970년대 정점을 찍은 이후 50% 감소하여 1880년대 수준으로 돌아가고 있다.

화석 연료 사용의 극적인 감소를 가정하는 모델은 향후 몇 세기 동안 600~800 ppm으로 정점을 찍을 것으로 예상하지만, 대기 중 CO_2 농도가 2,000 ppm 이상으로 정점을 찍는 '평소와 같은 비즈니스'를 기반으로 한 극단적인 모델(Meinshausen et al., 2020)도 존재한다. 위에서 언급했듯이 산업화 이전 수준은 최대 275 ppm이었으며, 가장 최근의 빙하기에는 200 ppm에 가까웠었다(해수면이 현재보다 100 m 이상 낮았음). 그러나 신생대 대부분은 상당히 높은 기온과 그에 따른 높은 대기 중 이산화탄소 농도를 특징으로 한다. CO_2 농도가 1,000 ppm을 초과하는 급등은 대략 1,500만 년 전에,

2,000 ppm을 초과하는 급등은 대략 5,000만 년 전에 발생했다(Rae et al., 2021). 이러한 에피소드는 극지방의 온대~열대 동식물에 대한 화석 기록과 현재보다 최대 50 m 높은 해수면 관측 결과와 상관성이 있다. 이와 같은 조건이 빠른 시간 규모로 부과되면 현재 형태의 인류 문명에는 분명히 유리하지 않을 것이다.

금성의 CO_2 대기는 흡수 스펙트럼에 대한 압력의 효과로 열 복사를 더 효과적으로 가두며, 소량의 수증기 및 SO_2와 함께 강력한 온실 효과를 일으켜 평균 표면 온도를 약 500 K에서 730 K까지 상승시킨다. 그림 9.10을 참조하면, 태양 에너지가 겨우 17 W m^{-2}만 금성 지표에 도달하더라도 대기 하층에 갇힌 열복사의 상승 및 하강 순환은 17,000 W m^{-2}의 엄청난 에너지를 순환시키고 있다. 그러나 먼 과거에는 수증기가 더 중요했을 수 있다. 금성 대기의 D/H 비율은 지구 대기의 약 150배로, 상당한 양의 물이 손실되었음을 시사한다.

얇은 화성의 대기는 약 10 K의 온실 효과 온난화를 일으킨다. 화성 대기의 중수소 대 수소 비율은 지구 대기의 비율보다 약 5배 더 높으며, 이는 화성이 우주로 물을 일부 잃었음을 의미한다. 중수소 비율은 최근 우주선 관측을 통해 입증된 사실이다(그림 9.3). ^{15}N과 ^{14}N의 비율도 지구의 값과 매우 다르며, 화성 내부에서 배출된 휘발성 물질의 총량은 질소 0.1 bar, CO_2 10 bar, 물 500 m로 추정되는데, 이는 북부 저지대에 상당한 규모의 바다를 유지하기에 충분하다는 것을 시사한다. 현재 대기는 이 총량의 약 1%에 불과하다. 10 bar의 이산화탄소 중 약 절반은 탄산염 암석과 바다에 갇혀 있었을 것이고, 나머지 5 bar는 대기 중에 잔류했을 것이다. 따라서 화성의 화석 하천 시스템이 암시하는 더 따뜻하고 습한 화성은 과거에 더 뚜렷했던 온실 효과로 설명할 수 있다. 이 개념은 지구인들이 화성에 거주할 수 있게 하려고 개발된 계획 중 일부의 기초가 되는 것으로, 처음에는 테라포밍(의도적인 기후 변화)으로 알려진 과정으로 미생물이 생존할 수 있도록 대기에 충분한 이산화탄소를 방출하는 것이 제안되었다.

타이탄은 온실 효과와 반 온실 효과를 모두 경험하고 있는 것으로 의심된다. 전자는 적외선에서 N_2, CH_4, H_2가 압력에 의해 불투명해지는 현상이고, 후자는 태양 가시광 파장에서는 흡수되지만, 적외선 파장에서는 투명한 고고도 안개층이 존재하기 때문이다(McKay et al., 1991). 열 진화 모델은 타이탄 대기의 메탄이 지질학적으로 최근의 과거, 아마도 10억 년보다 훨씬 짧은 과거에 표면에서 분출되었다고 가정한다. 기후 모델링에 따르면 메탄이 처음에 얇은(트리톤과 같은) N_2 대기에서 눈으로 표면에 내려서 100 m 두께의 극지방 만년설을 만들었다; 극지방 만년설은 10 Myr 전에 녹았을 수 있다(Tokano & Lorenz, 2021). 현재 메탄의 재고가 광분해에 의해 완전히 소비된다면, 기존의 열평형이 파괴되고 타이탄은 트리톤과 같은 상태로 돌아갈 가능성이 크다. 트리톤의 얼어붙은 고체 질소 껍질에 온실 효과가 있다는 가설도 있다. 햇빛이 얼음을 수 미터까지 투과할 수 있고, 이 햇빛은 보이저 2호가 관측한 가스 분출을 구동하는 데 필요한 가스 압력을 생성하도록 승화에 충분한 열을 공급할 수 있다(그림 7.17).

대기 구조

행성 대기의 표면 온도와 고도에 따른 온도 변화를 열 구조라고 하며, 이를 통해 대류권, 성층권, 중

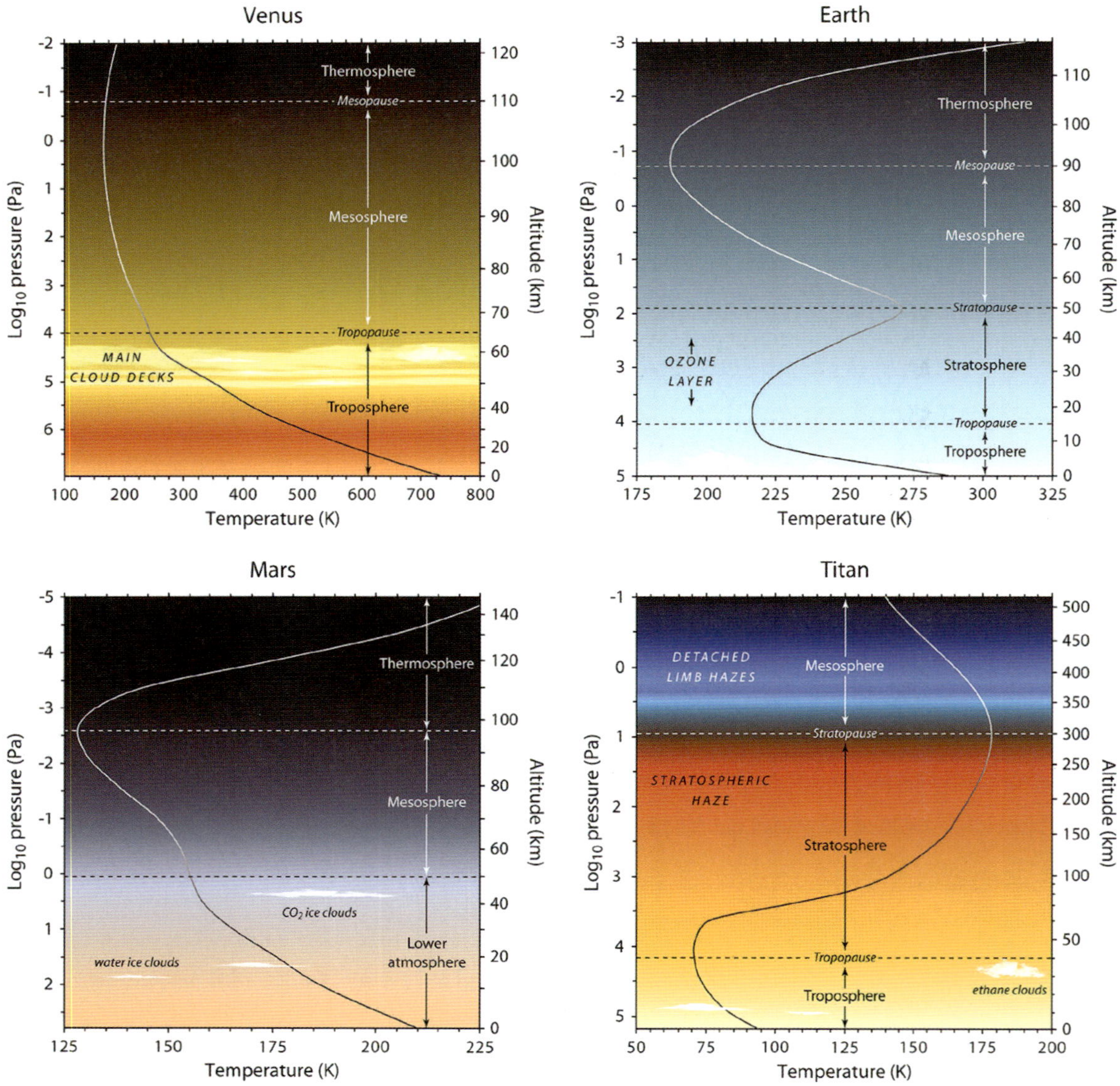

그림 9.13 금성, 화성, 지구, 타이탄 대기의 열 구조. 이 프로파일은 태양 복사의 흡수 높이에 따른 변화를 반영하며, 그 차이는 행성 진화의 차이, 특히 지구의 생물학적 요인과 온실 효과(특히 금성)에서 비롯된다. 따라서 지질학적 시간에 걸쳐 프로파일은 계속 변화한다. 출처: 다양한 참고문헌에서 발췌.

간권, 열권, 외기권으로 구분한다. 각 영역 사이의 경계는 대류권계면, 성층권계면, 중간권계면이다.

열 구조는 두꺼운 대기를 가진 행성마다 상당히 다양한다(그림 9.13). 대류권은 일반적으로 높이에 따라 온도가 떨어지는 것이 특징인데, 이는 행성 표면이나 부유 먼지 입자가 태양 에너지를 재복사하기 때문이다. 또는 거대 행성의 경우 행성 내부에서 올라오는 열에 의해 대류권에서 온도가 높이에 따라 감소한다. 행성 대류권의 특징인 순환(아래 참조)과 난류 혼합은 화학 성분과 열에너지의 수직 및 측면으로의 이동을 초래한다. 응결된 휘발성 물질(구름)은 일반적으로 대류권에 국한된다. 금성의 대류권은 표면에서 구름 꼭대기까지이고, 이 구간에서 약 7.7 K km^{-1}의 온도 변화율을 가지는데, 이는

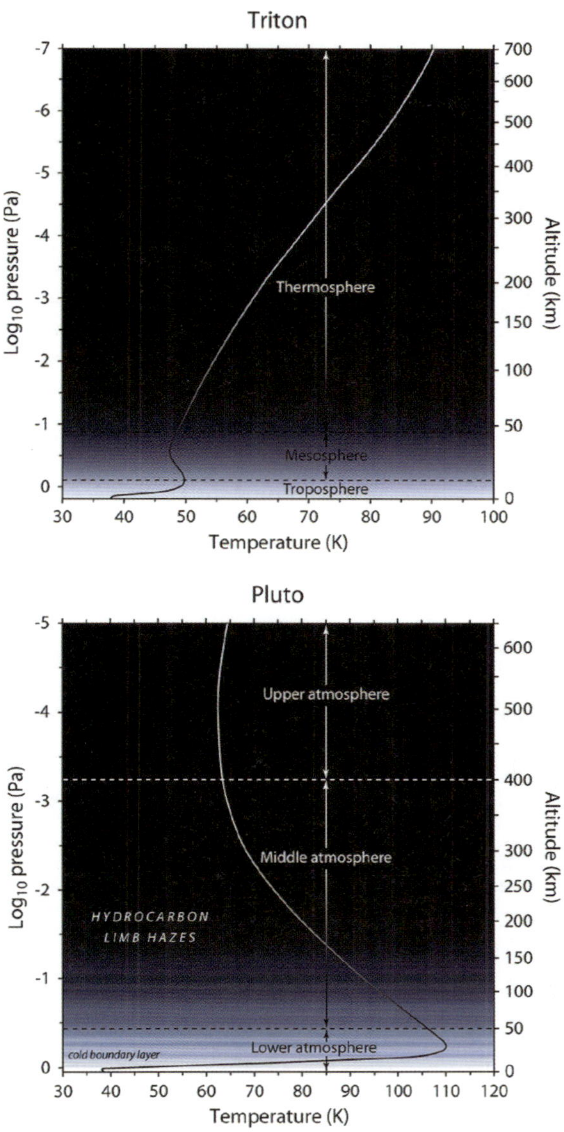

그림 9.14 해왕성의 위성 트리톤과 명왕성 대기의 열 구조는 비슷한 화학적 구성에도 불구하고 상당히 다르다. 출처: Strobel & Zhu (2017)을 바탕으로 재작성.

단열 변화율인 8.9 K km^{-1}에 매우 근접한다. 앞서 언급한 것처럼 금성 전체를 덮고 있는 구름층의 두께로 인해 가시광선 파장에서는 불투명하다. 그러나 전파에는 지구 대기의 물구름보다 더 투명하므로 마젤란(Magellan) 레이더 지형도 작성 임무와 러시아 우주선의 유사한 노력이 성공할 수 있었다. 거대 행성의 대류권에서의 열 균형은 압력에 의한 H_2-H_2 및 H_2-He 쌍의 불투명도가 중요한 기여를 한다.

반면 성층권은 수직 혼합이 거의 일어나지 않고 화학적으로 층리화된다. 성층권은 일반적으로 온도 구배가 반전되어 역전(고도에 따라 온도가 상승하는 현상)을 보이는데, 지구에서는 오존에 의한 자외선 흡수 때문에 발생하지만 다른 많은 행성에서는 메탄이 그 원인이다. 열권은 점차 희박해져 우주 공간으로 볼 수 있는 외기권까지 연장되어 있는데, 고도에 따라 온도가 더욱 뚜렷하게 상승한다. 이는 주로 자외선 및 X-선 복사의 형태로 태양 에너지를 흡수하기 때문이다. 지구 열권의 낮 기온은 1,000°C까지 올라갈 수 있다. 명왕성과 트리톤(그림 9.14)은 성분, 표면 압력 및 온도 측면에서 매우 유사하지만 상층 대기 구조가 극적으로 다르다.

고도 45 km까지 뻗어 있는 화성의 하층 대기는 지상과의 열 교환에 많은 영향을 받으며, 들어오는 태양 복사를 흡수하는 먼지에 의해 강하게 가열된다. 먼지는 높이에 따른 온도 감소를 국지적으로 역전시켜 안정 구역을 만들 수 있지만, 그 정도는 계절적, 지역적, 일시적으로 달라진다. 중간권은 45 km에서 110 km까지 연장되며, 패스파인더(Pathfinder)는 이산화탄소가 종종 고도가 높은 구름으로 응결되는 고도 80 km에서 92 K의 온도 최저점을 감지했다. 낮은 대기에서 온도 반전(고도 16.5~10 km 사이) 구간에서 온도가 200 K에서 181 K로 떨어지는데, 이 고도에서 물-얼음 구름이 형성되는 것으로 여겨진다.

화성 대기의 질량이 작으므로 계절별 기온 변화는 태양 직하점을 매우 가깝게 따라간다. 그 결과 태양이 지평선 아래에 오랫동안 머무는 겨울 반구의 극지방 기온은 매우 빠르게 떨어진다. 온도 강하는 CO_2의 응결점(-125°C, 0.006 bar)에 도달하면서 대기의 상당량이 극지방으로 응결되며 결정화로 잠열이 방출될 때만 멈춘다. 화성 대기의 총 수증기량은 지구 성층권의 수분 함량과 비슷한 1~2 km^{3}의 물 얼음에 해당한다(지구 대기 전체에는 13,000 km^{3}에 해당하는 수분이 포함되어 있다). 그러나 지구 성층권의 상대 습도는 다소 낮지만, 화성 대기는 항상 포화 상태에 가깝다.

순환

모든 행성 대기는 궤도와 자전축의 경사, 알베도에 의해 변조되는 태양 에너지에 반응하는데(표 9.2), 그 결과로써 광해리, 하전 입자 충돌, 주기적인 응결, 그리고 다양한 순환 패턴 등의 변화를 보인다. 특히 순환 패턴은 일일 및 계절의 규칙성에 세부적 카오스 현상이 결합하여 변화한다. 몇 개의 주요 매개변수를 사용하는 행성 순환의 단순화 모델이 외계 지구형 행성의 거주 가능성을 조사하기 위해 사용되었다(Wang & Read, 2012).

규모와 파워는 매우 다르지만 다양한 대기는 위도와 고도에 따른 열 구역화와 행성의 자전으로 인한 몇 가지 공통된 특성이 있다. 태양열, 기타 열원 및 흡수원, 일부 화학 반응은 대기의 층리화 안정 상태 정착을 방해한다.

태양계 대부분 행성에서 적도는 황도에 가깝고, 따라서 가열이 가장 큰 태양 직하점은 행성의 적도에 가깝다. 따라서 따뜻한 공기는 적도 근처에서 상승하여 식은 후 대류권계면에서 극쪽으로 이동하여 다시 가라앉았다가 다시 적도 쪽으로 흘러가는데, 이 패턴은 해들리 세포(Hadley cell)로 알려진 반구형 위도 순환 패턴을 형성한다. 금성처럼 행성이 천천히 자전한다면 반구당 하나의 해들리 세포만 존재할 수 있지만(Taylor et al., 2018), 타이탄에서는 양쪽 반구에 걸쳐 한 극에서 다른 극으로 확장된 해들리 세포가 하나만 존재할 수 있다(Tokano, 2007). 화성에서는 실질적인 대류권이 없어서 해들리와 유사한 순환이 약한 것으로 보인다(Read et al., 2015). 지구 대기에서 위도에 따른 흐름은 열대지방에 국한된 해들리 세포와 중위도에서의 순환은 소위 페렐 세포(Farrel cell), 고위도에서는 극 세포(polar cell)로 구분되는 일련의 대류 흐름으로 나

그림 9.15 (a) 2000년 12월 토성으로 향하던 카시니(Cassini) 탐사선이 지나가면서 촬영한 목성의 합성 영상. 3세기 동안 목성의 얼굴은 대적반(오른쪽 아래)이 지배적이었고, 이웃한 무수히 많은 흰색 반점들이 왔다 갔다 했다. 왼쪽의 어두운 점은 유로파의 그림자. 출처: NASA/JPL/University of Arizona. (b) 1979년 보이저(Voyager) 1호가 촬영한 대적반의 협시야 몽타주로, 파동과 소용돌이의 두드러진 패턴이 관찰된다. 출처: NASA/JPL/Björn Jónsson.

뉜다. 이 셀들 사이에는 수렴 구역이 존재하는데, 예를 들어, 열대 해들리 셀로부터 극 쪽으로 흐르는 따뜻하고 습한 공기가 중위도 페렐 셀의 적도 쪽으로 흐르는 차고 건조한 공기와 만나 응결되어 구름을 형성하고 폭풍우 활동이 활발해지는 수렴 구역이 있다. 상층 성층권에서 제트 기류, 즉 빠르게 흐르는 동서 흐름이 대류권 대류 세포 사이의 수렴 구역을 나타내기도 한다. 매우 빠른 동서 흐름은 비교적 흔한 현상이다. 금성에서는 구름 꼭대기 부근의 대기가 행성 표면의 자전 주기(243일)에 비해 빠른 4일 주기로 자전하는데, 이는 풍속 ~100 m s^{-1}에 해당한다(Sánchez-Lavaga et al., 2017). 타이탄에서도 비슷한 초회전(super-rotation) 양상으로 성층권에서 100 m s^{-1}의 풍속이 발생한다(Sumi et al., 2022). 초회전 대기의 전형적인 특징은 구름 응결체가 종종 모이는 극 소용돌이이다.

거대 기체 행성의 회전은 대류 운동에 다소 극단적인 영향을 미치며, 지구 외핵의 흐름과 정확히 유사한 방식으로 방사형 흐름(radial flow)을 자전축 정렬 기둥으로 변형시킨다. 이러한 현상은 표면에서 위도에 평행한 작은 수평 띠로 나타나며, 목성에서 가장 뚜렷하게 나타난다. 다른 거대 행성에서는 고도가 높은 안개층으로 인해 수평 띠의 식별이 어렵다. 이 동서 띠의 기원에 대해 수십 년 동안 얕은 흐름과 깊은 흐름으로 나뉘어 논쟁을 벌여왔다. 컴퓨터 시뮬레이션은 깊은 기둥 대류 모델을 뒷받침했지만, 최근 주노 탐사선의 중력 데이터를 통해 모델을 테스트하고 수천 킬로미터 깊이의 기둥 흐름이 실제로 동서 띠의 기원임을 보여주는 것이 가능해졌다(Kulowski et al., 2021). 카시니 탐사선은 토성에서도 비슷한 결과를 얻었다(Kaspi et al., 2020).

보다 일반적으로 행성 자전의 효과는 코리올리 힘에 의해 단순한 위도 순환 패턴을 수정하여 진행 중인 행성의 바람을 북반구에서는 오른쪽으로, 남쪽에서는 왼쪽으로 편향시키는 것이며, 역행 자전에서는 그 효과가 역전된다. 그 결과 사이클론과 반사이클론 시스템이 생성된다. 전자는 저기압 중심을 중심으로 바람이 시계 반대 방향(북반구)으로 이동하는 반면, 후자는 그 반대이다. 사이클론 기상 시스템은 보통의 북대서양 강수량의 정기적인 공급원으로 영국과 아일랜드 주민들에게 상당히 친숙하다. 이러한 종류로 가장 잘 알려진 시스템은 거대 기체 행성에서 발견되는데, 이곳에서 훨씬 더 큰 시간적 안정성을 보인다. 대적반(Great Red Sport)은 목성의 반사이클론 시스템으로, 최대 크기가 40,000 km × 15,000 km이며(그림 9.15), 3세기 이상 견고성을 유지하면서 행성 좌표계 기준으로 상당히 떠돌아다니고 있다. 이와 대조적으로 다른 행성 대기에서의 양상은 계절에 따라 뚜렷한 변화를 보이며 더 일시적인 것으로 밝혀졌다. 1989년 보이저 2호 비행 당시 해왕성에서 목성의 대적반과 유사한 대형 흑반이 관측되었지만(그림 9.16a), 이후 사라지고 결정화된 메탄으로 이루어진 광범위한 백색 구름으로 대체되었다(그림 9.16b-d). 천왕성은 지난 30년 동안 대기 활동에서 비슷한 진화를 보이는데(그림 9.17), 그중 일부는 토성의 극 주변에서 볼 수 있는 대류 구름과 유사하다(그림 9.18). 목성과 토성의 사이클론 및 반사이클론 시스템의 안정성은 컴퓨터 시뮬레이션을 통해 각 행성의 고유 자기장을 구동하는 깊은 대류 다이너모와 연결하여 탐구되었다(Yadav et al., 2020). 목성의 대기 순환에 대한 자세한 내용은 수백 km 깊이까지 소량 종의 함량을 추산할 수 있는

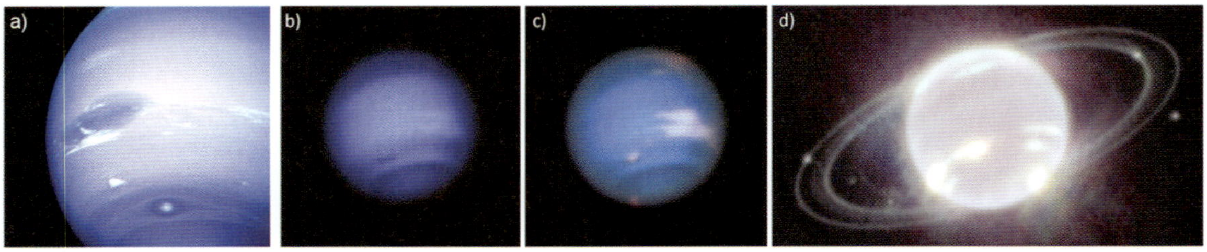

그림 9.16 (a) 1989년 보이저(Voyager) 2호가 촬영한 해왕성의 대흑반(가운데 왼쪽). 이 모양은 13,000 km × 6,000 km의 크기였었는데, 1990년대 초 허블 우주 망원경(Hubble Space Telescope)으로 해왕성 이미지를 처음 촬영했을 때 사라졌다. 깃털처럼 보이는 흰 구름은 반사이클론 폭풍 시스템을 나타낸다. 오른쪽 아래는 작은 흑반이며 두 흑반 사이의 밝은 무늬는 빠르게 움직이는 공기 분출에 휩싸인 모습이라서 스쿠터(Scooter)라고 불렀다. 출처: NASA/JPL. (b) 2016년 5월 허블 우주 망원경으로 촬영한 광대역 청색광 이미지에서 길이 4,800 km에 달하는 새로운 흑반이 나타난다. (c) 그러나 이 흑반에 관련된 고고도 메탄 구름을 감지하는 데는 가시 스펙트럼의 녹색 및 적색 부분의 빛이 필요하다. 고고도 메탄 구름이 분홍색으로 관찰되는데, 이는 구름의 메탄-얼음 결정이 가시 스펙트럼의 빨간색 끝부분의 빛을 반사하고 나머지 원반은 메탄가스가 빨간색 빛을 흡수하기 때문에 파란색으로 보인다. 출처: NASA, ESA, M. H. Wong and J. Tollefson, University of California, Berkeley. (d) 제임스 웹 망원경(James Webb Telescope)의 근적외선 카메라(NIRCam)는 2022년에 0.6 μm에서 5 μm 사이의 파장에서 해왕성을 촬영했다. 여기서도 구름에서 메탄 얼음 결정의 반사율이 높아 위도 방향의 띠와 폭풍 시스템의 지속성이 확인된다. 출처: NASA/ESA/CSA/STScI.

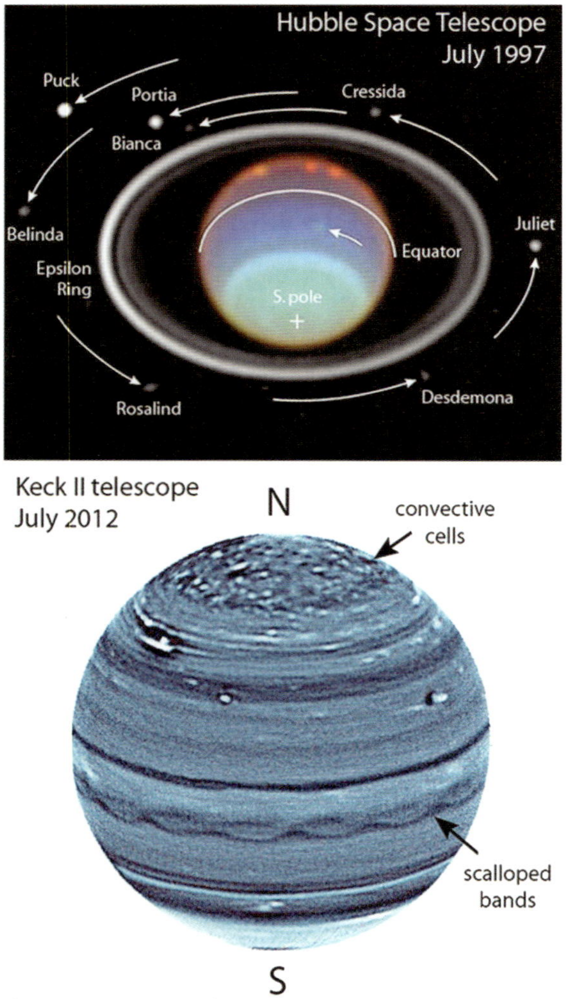

그림 9.17 천왕성의 극심한 자전축 경사는 대기 활동을 극한으로 변하게 한다. 1986년 보이저(Voyager) 2호가 통과 비행할 당시 천왕성 남극이 태양을 향하고 있었고, 목성과 토성의 띠 모양으로 폭풍이 많은 대기와 비교했을 때 천왕성의 밋밋한 원반은 실망감을 안겨주었다. (a) 1997년 7월 허블 우주 망원경(Hubble Space Telescope)으로 관측한 결과 천왕성에서 구름 활동이 증가하고 있다는 증거가 발견되었다. 2007년 춘분 무렵 천왕성은 밝은 줄무늬와 어두운 반점이 있는 해왕성과 닮았다. (b) 2012년에 천왕성 북극이 지구에서 보이게 되면서 활발한 대류 활동을 비롯한 놀라운 세부 사항들이 나타났다(그림 9.18 참조). 영상출처(위): NASA/JPL/Space Science Institute. 영상출처(위): W. M. Keck Observatory/NASA/L. A. Sromovsky and P. M. Fry, University of Wisconsin-Madison, I. de Pater, University of California, Berkeley, and H. B. Hammel, AURA.

마이크로파 측정기가 탑재된 주노(Juno) 우주선에 의해 탐구되고 있다. 암모니아의 수직 분포에 관한 최근 연구에 따르면 목성의 뇌우 구름에서 슬러시 암모니아 우박이 발생하고 하강기류 지역에서 암모니아가 고갈되는 과정이 밝혀졌다(Guillot et al., 2020).

외계 행성 대기

새로운 관측 기술과 더 강력한 망원경 덕분에 지난 10년 동안 외계 행성 대기에 관한 연구는 극적으로 확장되었다. 한 가지 중요 발전은 천문학자들

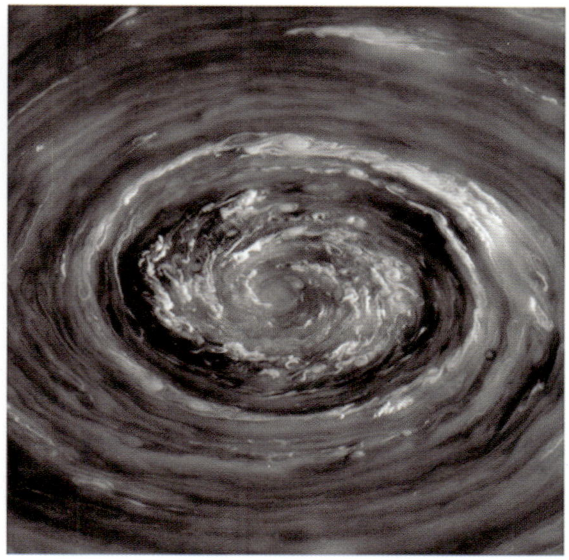

그림 9.18 (a) 2013년 7월 카시니(Cassini) 궤도선이 관측한 토성의 북극 지역은 밝은 구름으로 가득 차 있으며, 각 구름은 대류성 상승기류의 머리 부분을 표시하고 있다. 소위 '팝콘'이라고 불리는 이 모습은 그림 9.17에 표시된 천왕성의 얼룩덜룩한 북극관을 해석하는 데 유용한 지침이 된다. 토성의 북극 지역에서 가장 눈에 띄는 모양은 중앙 구름 소용돌이를 포함하는 25,000 km 너비의 육각형 무늬이다. 출처: NASA/JPL/Space Science Institute/Kevin. M. Gill. (b) 토성의 극 소용돌이를 확대한 영상에서 허리케인 같은 형태가 관찰되며, 초속 100 m 이상의 풍속이 확인된다. 출처: NASA/JPL-Caltech/SSI.

이 행성이 별 앞을 지날 때 행성의 대기를 통해 걸러진 빛을 측정하는 통과 분광법을 통해 대기를 분석할 수 있게 된 것이다(Charbonneau et al., 2002). 현재까지 발견된 5,000여 개의 외계 행성 중 상당수는 기체 거대 행성이며, 우리는 이들이 최소한 원시 수소와 헬륨의 두꺼운 대기에 둘러싸여 있는 것으로 보고 있다. 특히 모 항성에 가까운 궤도를 도는 뜨거운 거대 행성의 경우, 자세한 추가 성분에 더 관심을 두고 있다. 이 중 WASP-96b는 스피처 우주 망원경(Spitzer Space Telescope), 허블 우주 망원경(Hubble Space Telescope), 제임스 웹 우주 망원경(James Webb Space Telescope)을 통해 행성 대기에서 규산염과 금속 산화물 구름이 존재한다는 사실이 밝혀진 뜨거운 토성 크기 행성이다(Samra et al.,). 이후 제임스 웹 우주 망원경 스펙트럼을 통해 풍부한 물, 이산화탄소, 칼륨을 얻을 수 있게 되었다(Taylor et al., 2023). 마찬가지로 뜨거운 목성 크기 행성인 WASP-17b의 경우, 제임스 웹 우주 망원경의 중적외선 스펙트럼은 대기가 석영 나노결정으로 구성된 고고도 구름을 포함하고 있음을 시사한다(Grant 외, 2023). 뜨거운 목성의 아날로그인 LTT 9779b는 반사율이 높은 금속과 규산염 구름이 풍부한 대기를 보유하고 있어서, 이들에 의한 높은 알베도가 온도를 조절하여 대기의 탈주를 방지하는 것처럼 보인다(Hoyer et al., 2023). 이러한 행성은 또한 극단적인 열 탈출을 감지할 수 있는 훌륭한 후보이기도 하다. 뜨거운 해왕성 크기의 행성체 GJ-436b는 초당 100~1,000 t의 질량 손실률을 나타내는 거대한 수소 외기권 구름을 가지고 있는 것으로 밝혀졌다(Ehrenreich et al., 2015). GJ-436b의 현재 공식 명칭은 아오할리(Awohali)이다. 현재 아오할리의 대기는 산화된 탄소가 매우 풍부해 보이는데(Moses et al., 2013), 제임스 웹 우주 망원경의 집중 연구를 통해 탄소 농집의 이유가 밝혀지기를 기대한다.

극도로 팽창된 대기를 가진 외계 행성은 구어체로 퍼프볼 또는 슈퍼 퍼프라고 불리는 완전히 새로운 종류의 행성체를 형성한다. 퍼프볼이라는 용어는 거의 40년 전으로 거슬러 올라가는데, 원래는 팽창된 수소와 초임계수 대기에 휩싸인 슈퍼 가니메데 크기의 원시 행성을 설명하기 위해 사용되었는데, 이러한 천체의 존재는 이론적으로 목성과 토성 형성의 짧은 증착 시간을 설명하기 위해 가정된 것이다(Stevenson, 1984). 오늘날 이러한 천체는 천문학자들이 매우 낮은 밀도(100~300 kg m^{-3})의 거대 외계 행성을 발견하면서 그 존재가 분명해졌다. 일반적인 이론은 이러한 천체가 별 주위의 원시 행성 성운의 멀고 차가운 지역에서 형성되어 안쪽으로 이동한 다음 팽창되었다는 것이다(Lee & Chiang, 2016). 이러한 이동에 대한 증거는 공명과 별 통과 타이밍 변화의 형태로, 한 예로 TOI-126 시스템에서 발견되었다(McKee & Montet, 2023). 지금까지 조사된 이러한 슈퍼 퍼프의 대기는 분광학적으로 무늬가 없는 것으로 밝혀졌는데, 이는 광화학적으로 생긴 헤이즈 (연무)가 높은 고도에 존재함을 시사한다(예: Libby-Roberts et al., 2020).

그러나 진정한 최우수상은 암석으로 이루어진 지구 크기의 행성이나 슈퍼지구의 대기나, 특히 물의 흔적이나 불균형 화학의 징후를 발견할 때 주어질 것이다. 이것은 어려운 작업이며, 대부분의 관측이 단순히 두꺼운 수소와 헬륨 대기의 존재를 솎아내는데 한정되어 있다(Wordsworth & Kreidberg, 2022). 외계 행성에서 수소/헬륨 외의 다른 종을 탐지하기는 어렵지만, 우리 태양계에서도 10억 분의 1 수준의 종을 탐지하는데 같은 어려움을 겪었다. 한 가지 사례로 GJ-1132b에서 메탄과 HCN의 존재에 대한 증거가 보고되었지만(Swain 외, 2021), 이후에는 재현할 수 없었다(Libby-Roberts 외, 2022).

최근 몇 년 동안 가장 흥미로운 조사 대상은 아마도 40광년밖에 떨어져 있지 않고 7개의 암석 행성이 알려진 트라피스트 1(Trappist 1) 시스템일 것이다. 그중 일부는 잠재적으로 거주할 수 있는 것으로 알려져 있다. 지금까지 제임스 웹 우주 망원경의 예비 관측에 따르면 트라피스트 1b에 대기가 없고(Greene et al., 2023), 트라피스트 1c에 두꺼운 CO_2 대기가 있을 수 없지만, 얇은 대기는 아직 배제할 수 없다(Zieba et al., 2023). 이들은 가장 안쪽에 있는 행성들이지만, 거주 가능 영역에 놓여있는 더 흥미로운 후보는 트라피스트 1d, 1e, 1f이다. 이 행성들이 가질 수 있는 대기의 성분을 결정하기 위해 여러 관측이 필요하다.

우리 태양계와 다른 행성의 풍부한 대기 화학 및 구조를 살펴보았으니, 다음 장에서는 태양 에너지, 궤도 역학, 행성 내부 및 대기 특성의 상호작용을 설명하는 데 도움이 되는 행성 표면 (및 그 아래)에 있는 물의 두 가지 주요 징후인 바다와 빙하에 대해 알아본다.

chapter 10

바다와 만년설

이전 장에서 우리는 많은 행성체를 감싸고 있는 휘발성 물질의 얇은 껍질층에 대해 배웠고, 그 일부가 표면에서 액체 또는 고체로 응결된다는 사실을 발견했다. 태양계의 작은 암석질 행성에서 가장 풍부한 응결성 휘발 물질은 단연 물이다. 대부분 행성에서 물은 표면의 일부 또는 전부를 덮고 있는 얼음 형태로 존재하거나 표토 안에 영구 동토층으로 격리되어 있다. 오늘날의 지구에서만 물이 지표면에 액체로 안정되어 판구조론에 따라 생성된 분지를 채우며 바다를 형성한다. 우주에서 바라본 지구는 광대한 지표면 바다 덕분에 칼 세이건(Carl Sagan)이 『창백한 푸른 점』(그림 10.1)으로 표현한 대로 독특하게 푸른색을 띠고 있다. 지구의 바다와 만년설(ice caps)은 여러 측면에서 배터리와 같은 역할을 하는 기후 시스템의 필수적인 부분으로, 한 곳에서 생산된 에너지(및 용존 물질)를 저장하고 해양 순환 시스템을 통해 전 세계로 재분배한다. 따라서 9장에서 논의한 기후 및 생태 변화의 문제는 해양 및 빙하 환경과도 밀접한 관련이 있다.

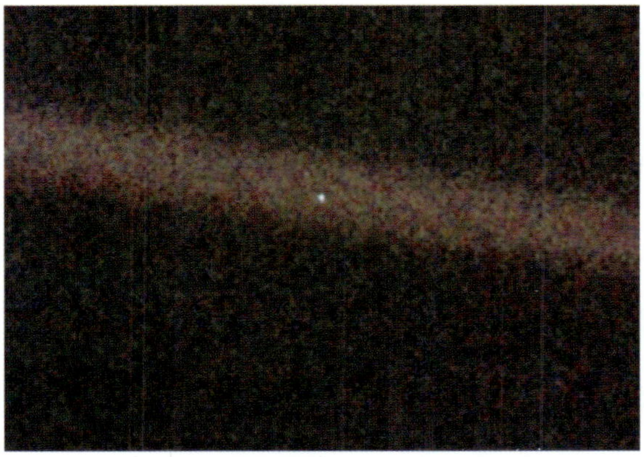

그림 10.1 칼 세이건(Carl Sagan)은 이 영상을 본 후 지구를『창백한 푸른 점』이라고 불렀다. 1990년 2월 14일, 보이저(Voyager) 1호가 60억 km 거리에서 진로의 반대 방향으로 돌아 태양계를 촬영하였다. 지구는 그중 한 개 협각 프레임의 10분의 1픽셀에 불과하다. 출처: NASA/JPL.

태양계 탐사를 통해 우리는 금성과 화성에도 먼 과거에 표면 바다가 있었을 수 있으며, 극심한 기후 변화와 우주로의 물 손실에 의한 희생양이 되었을 가능성이 존재한다. 현재의 화성은 광범위한 영구 동토층과 수수한 크기의 만년설을 보유하고 있다. 놀랍게도 수성과 달 모두 극지 주변의 그늘진 충돌구 영역에 얼음이 퇴적되어 있다. 가장 주목할 만한 사실은 많은 얼음 천체(대부분 거대 기체 행성의 위성)가 표면 아래에 바다를 품고 있을 가능성이 매우 농후하다. 수 km에서 50 km 이상의 두께를 가진 얼음 등껍질 아래 10~100 km 깊이에 바다의 존재가 예상된다. 바다의 존재는 얼음 행성체의 물리적 진화를 이해하는 데 매우 중요하며, 태양계 어디에서나 잠재적으로 거주 가능한 가장 큰 생명체 발현 가능성이 높아 우주생물학자들에게도 깊은 관심을 받는 곳이다. 얼음 행성체의 내부에 있는 바다는 우주에서 가장 흔한 거주 가능 환경일지도 모른다. 예외적으로 타이탄은 메탄과 에탄이 표면에 응결되어 이국적인 수많은 바다와 호수를 형성하고 있다. 새로 발견되는 수많은 얼음 행성체를 살펴보면, 기대되는 물/해양 세계 행성체 가운데 더 많은 탄화수소 기반 해양 세계가 발견될 가능성이 크다. 이 장에서는 태양계의 주요 물/얼음 행성체를 살펴보고, 그 분포가 어느 정도까지 안정된 것으로 간주할 수 있는지, 그리고 지구과학자들이 기후 변화를 조사하는 데 어떤 역할을 할 수 있는지 살펴본다.

기원

지구의 바다에는 약 13억 4천만 km^3 염수가 포함되어 있는데, 이는 전 지구 물 총량의 96.5%에 해당하며 염도는 약 3.5% (대부분 용해된 NaCl의 형태)이다. 나머지 중 2.5%는 담수이며, 대부분은 만년설, 해빙, 영구 동토층에 저장되어 있다. 담수의 0.001% 미만이 대기중에 존재하는데, 이는 해수면에서 증발하여 다른 곳으로 비와 눈으로 강수 되기에 때문에 담수를 운반하는 가장 중요하고 빠른 매개체이다.

지구 물의 기원을 밝히는 것은 지구 과학계의 오랜 숙제였다. 동위원소 비율은 일반적으로 기원을 추적하는 수단으로 사용되며, 특히 물의 중수소 대 수소 비율 (D/H)이 유용하다. 지구 물의 D/H 비율은 약 1.56×10^{-4}이며, 아마도 지질학적 시간에 걸쳐 증가했을 것이다. H가 D보다 진스 탈출(Jeans escape)로 우주로 더 쉽게 손실되기 때문에(9장), 원시 지구의 D/H 비율은 지금의 절반 수준이었을 것이다. 그러나 태양 성운을 대표하는 것으로 여겨지는 태양의 D/H 2×10^{-5}보다 여전히 4배 정도 크기 때문에, 지구의 물이 태양 성운으로부터 직접 획득되지 않았음은 분명하다.

원시 태양 부근의 온도가 너무 높아 물이 응결될 수 없었다. 따라서 물은 얼음이 형성될 수 있을 만큼 온도가 낮았던 결빙선(snow line or frost line)너머, 더 멀리 떨어진 곳에서 기원했을 것으로 추정된다. 오늘날 결빙선은 약 5 AU에 위치하지만, 원시 행성 성운의 증착 시기에는 태양의 빛이 약했고 물질이 가스와 먼지로 이루어진 불투명한 구름에 묻혀있었기 때문에 얼음은 약 2.7 AU 거리에서도 먼지 알갱이 표면에 안정적으로 존재했을 것으로 추정된다. 새로 형성된 거대 행성들이 바깥쪽으로 이동하면서 상당수의 얼음 보유 미행성체들이 내행성 방향으로 교란 진입되어, 성장하는 지구형 행성에 증착되면서 물과 이산화탄소 및 질소와 같은 휘발성 물질을 전달했을 것이다(Raymond & Izidoro, 2017). 혜성은 물과 얼음이 주이기 때문에 내행성들에 물을 공급하는 중요한 역할을 하였을 것이다. 그러나 혜성의 D/H 비율은 일반적으로 지구의 바닷물보다 최소 두 배 이상 높다. 추류모프-게라시멘코(67P/Churyumov-Gerasimenko) 혜성을 공전하는 로제타(Rosetta) 탐사선이 관측한 D/H 비율은 5.3×10^{-4}로, 지구의 물 중 극히 일부만이 혜성 충돌로 인해 획득되었을 수 있음을 시사한다(Altwegg et al., 2015). 반면, 지구 바다의 물과 매우 유사한 콘드라이트 운석의 D/H가 관찰된다(Alexander, 2017). 탄소질 콘드라이트를 구성하는 함수 광물에서 결정학적으로 결합된 물 외에, 명목상 비함수 광물도 표면에 물 분자를 흡착하거나(de Leeuw et al., 2010) 결정 입자 내부의 결함에 물을 가두어 둘 수 있다. 감람석과 휘석과 같은 지구 내부의 명목상 비함수 광물에는 수천 ppm의 물(OH^- 형태)이 포함되어 있으며, 이는 지구 표면 해양 전체에 포함된 물 질량의 약 20배에 달한다(Peslier et al., 2017). 태양 성운의 이러한 명목상 비함수 입자가 지구형 행성의 물 보유량 기여를 예상했지만, 최근

콘드라이트와 아콘드라이트의 감람석과 휘석 입자에 관한 연구에서 검출 한계(~10 ppm) 이상의 물이 발견되지 않았다(Harries et al., 2023).

물의 유입 시기에 대한 의문이 남아 있는데, 대부분 물은 행성 증착이 완료된 후, 약 45~38억 년 전의 후기 중폭격 기간(heavy bombardment period) 동안 지구로 전달되었다는 가설이 제시되었다. 물 껍질층의 형성에 대한 지구화학적 증거가 극심하게 건조한 달에서 발견되었다. 지구화학적 자료를 설명하려면, 달과 지구가 건조한 환경에서 형성되었고 휘발성 물질이 형성 후에 전달되어야 한다. 달 암석의 루비듐과 스트론튬 동위원소 분석에 따르면 거대한 달 형성 충돌이 지구-달 시스템의 휘발성 원소를 크게 고갈시키지 않았음을 시사한다(Borg et al., 2022). 다른 증거들은 물이 지구형 행성의 증착 생성 과정 초기에 들어왔다는 개념(Sarafian et al., 2014)과 지구 물의 약 10%만이 후기 중폭격 시대에 최종 단계의 껍질층으로 전달되었다는 개념을 지지한다(Morbidelli et al,, 2010).

지표 해양

지구의 바다는 지표면의 71%를 평균 수심 약

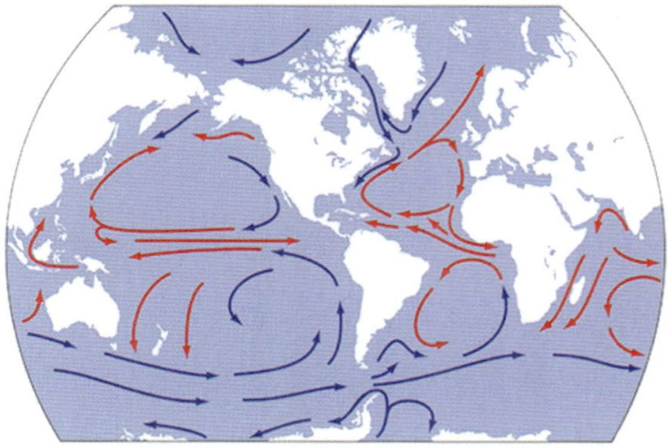

그림 10.2 지구 표면 해양 순환의 주요 양상(파란색 선은 주로 한류, 빨간색 선은 난류)을 유사 원형 환류(gyres)와 구불구불한 경계 해류로 세분화한 모습.

3,700 m까지 덮고 있으며, 가장 깊은 해구에서는 수심이 11,000 m 이상에 이른다. 대기와 마찬가지로 바다는 지구의 자전, 조석, 바람의 영향을 받아 끊임없이 움직이며 열과 성분의 구배에 의해 수평 및 수직 해류의 시스템을 만들어낸다(그림 10.2). 열대 지방의 가열, 중위도의 냉각, 특히 고위도의 해빙이 녹으면서 저밀도 담수가 유입되는 열염순환이라고 불리는 흐름의 상당 부분은 온도와 염분의 변화가 주도한다. 극지방의 차갑고 밀도가 높은 바닷물은 적도 쪽으로 깊숙이 가라앉아 흐른다. 적도 근처의 더 따뜻하고 밀도가 낮은 바닷물은 극쪽으로 흘러 가라앉은 물을 대체한다. 이러한 전복 운동은 열, 용존이온 및 기체를 운반하고 해양 환경의 영양분 순환을 유지한다. 각 반구에는 아열대 환류(subtropical gyres)와 경계 해류라는 두 가지 주요 지표 순환 시스템이 있다. 아열대 환류는 위도 약 30°~60°에서 우세하며 북대서양 해류, 남대서양 해류, 북태평양 해류, 인도양 해류를 포함한다. 북반구에서는 시계 방향으로, 남반구에서는 시계 반대 방향으로 흐르며 따뜻한 물을 극지방으로 운반한다.

경계 해류는 대양의 가장자리를 따라 극쪽으로 흐르는 빠르고 좁은 해류이다. 주요 서쪽 경계 해류로는 북대서양의 걸프 스트림(그림 10.3), 북태평양의 쿠로시오 해류, 아프리카 남동쪽 해안의 아굴라스(Agulhas) 해류 등이 있다. 동부 경계 해류는 대양의 동쪽 가장자리를 따라 적도 쪽으로 흐르며 고위도로부터 더 차가운 물을 운반한다. 주요 동부 경계 해류로는 캘리포니아 해류, 카나리아 해류, 벵골 해류가 있다.

다른 해양 순환 양상으로는 바람이 표층수를 연안에서 밖으로 밀어내어 더 깊고 차갑고 영양분이

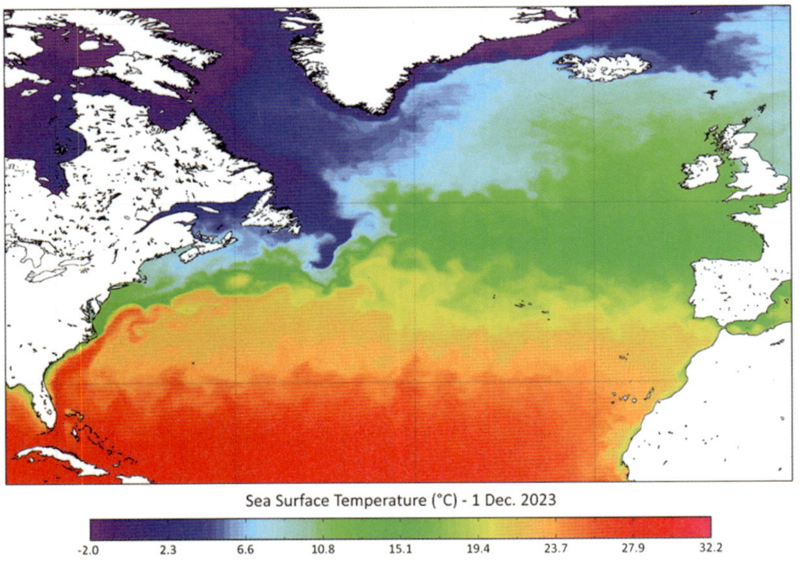

그림 10.3 극궤도 운영 환경 위성(Polar-orbiting Operational Environmental Satellites, POES)이 획득한 북대서양 전역의 해수면 온도. 플로리다 끝을 돌아 미국 동부 해안으로 퍼져나가는 따뜻한 물의 좁은 해류 걸프 스트림(Gulf stream)은 북유럽 연안 해역을 다른 지역보다 따뜻하게 유지하는 역할을 담당하는 따뜻한 물의 '강'이다. 차가운 물의 좁은 해류는 그린란드(Greenland)에서 뉴펀들랜드(Newfoundland) 해안 주변으로 남하한다. 출처: National Oceanic and Atmospheric Administration (NOAA).

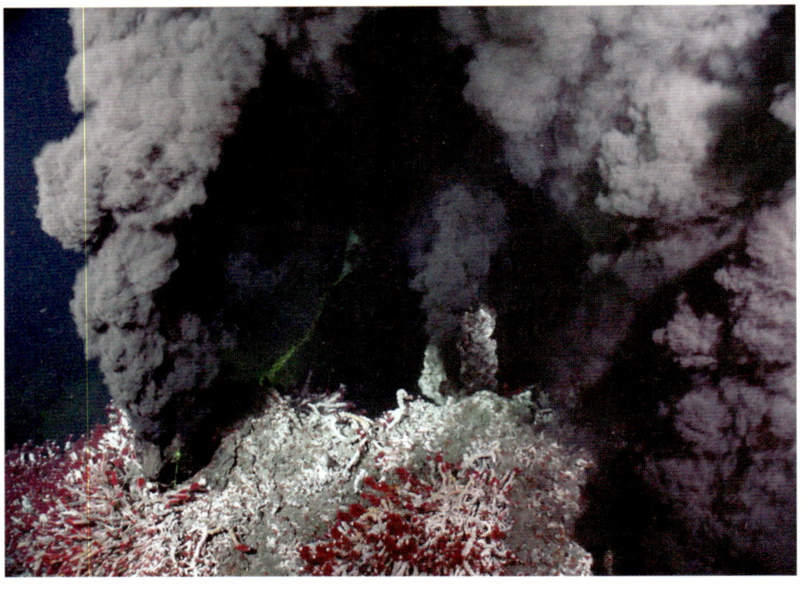

그림 10.4 북서 태평양 해저 중앙해령 인근에서 관찰된 블랙 스모커(black smoker). 해수는 마그마방과 접촉하여 가열되고 납과 구리와 같은 금속 이온이 풍부해진다. 이 유체가 차가운 바닷물과 만나면 황화물 미네랄이 침전되어 굴뚝을 형성한다. 냉각 배출구에서는 바륨과 황산칼슘이 풍부한 화이트 스모커(white smoker)가 발생한다. 이러한 현상은 중앙해령의 특징이다. 출처: National Oceanic and Atmospheric Administration (NOAA).

풍부한 바닷물이 해안을 따라 올라오는 연안 상승 해역이 있다. 이러한 상승 해역에서 기후적으로 중요한 주기성이 나타나는데, 가장 중요한 것은 엘니뇨/라니냐 쌍이다. 엘니뇨 현상은 남미 연안의 따뜻한 물이 적도 태평양을 가로질러 확산하는 것으로 기후 혼란 및 폭풍 활동 증가와 관련이 있으며, 라니냐 현상은 평소보다 차가운 물이 태평양을 가로질러 확산하는 것으로 정상적인 기상 패턴으로 변화시키는 특징이 있다. 이러한 변동은 대략 5년마다 발생하며 1~2년 동안 지속되며, 적어도 마지막 빙하기(약 13,000년 전) 말기부터 발생한 것으로 판단된다.

뉴턴 시대까지 거슬러 올라가는 이론에 따르면, 지구 해양의 염분은 알칼리성 대륙 암석의 풍화 작용으로 강에서 바다로 운반되기 때문에, 시간이 지날수록 증가한다. 그러나 대륙에는 증발한 바닷물의 잔류물일 가능성이 있는 염분이 많은 지하수와 해양에서 증발한 물이 광범위하게 퇴적되어 있다. 이는 대륙 육지의 발달로 대양에서 염분이 격리되었고, 고대 해양은 실제로 오늘날보다 1.5~2배 더 염분이 많았음을 암시한다(Knauth, 1998). 30억 년 된 열수 석영 결정의 유체 포유물을 분석한 결과, 지구 해양의 염분은 지질학적 시간에 걸쳐 일정하게 유지되었음을 시사한다(Marty et al., 2018).

해양 화학의 변조는 해저의 나머지 부분보다 중앙해령을 통한 열 흐름의 작용을 통해 몇 배나 크게 계속된다(Schwarzenbach & Steele-MacInnis, 2020). 뜨거운 해수는 용액에 용해된 다양한 금속 이온을 빨아들여, 이온들이 해저에 굴뚝처럼 쌓이고, 이 굴뚝의 열수 배출구에서 열수 유체가 배출된다(그림 10.4). 굴뚝 자체는 철, 아연, 구리 황화물로 구성되며 렌즈 모양의 경석고(anhydrite)가 함께 있다. 검은색 연기는 황화철 입자로 구성되어 있다.

해수는 해양 지각의 상부를 변성시키고 수분을 공급하는 데 중요한 역할을 한다. 해저와 오피오라이트(ophiolite, 해양 지각 일부가 대륙 지각 위로 올라와 쌓인 암석 복합체)에서 채취한 샘플에는 종종 함수 광물이 포함되어 있다. 차가운 바닷물과 뜨거운 현무암의 상호작용으로 점토 광물이 일차적으로 생성된다. 순환하는 해수는 알칼리 금속이 고갈되어 용액에 금속이 많이 함유된 해저 온천과 간헐천으로 솟아난다. 이 변성기는 비교적 수명이 짧아 지각 형성 후 수백만 년 이내에 끝난다. 그 후 약 천만년 동안 칼슘은 해저 현무암으로부터 침출되어 궁극적으로 지각의 상부 500 m에서 탄산염으로 가라앉는다. 해저 현무암의 광물 화학, 특히 물의 추가와 미량 원소 특성의 변화는 호상 열도에서 분출된 용암의 화학에 그 특징이 보존된다. 대기로부터의 이산화탄소 흡수도 해양 화학 지시자에 흔적이 기록된다(Feely et al., 2009).

이전 장에서 살펴본 금성의 동위원소 데이터는 금성 표면에 한때 수역이 있었을 수 있음을 시사한다: 현대 금성 대기의 D/H 비율은 지구의 1:1000에 비해 1:10이다. 이에 대한 보수적인 해석은 물의 대기 중 이탈과 화산 가스 배출이나 혜성에 의한 재공급 사이의 균형에서 비롯된 결과라는 것이다. 지구와 금성의 초기 비율이 비슷했으나, 태양의 극심한 자외선이나 충돌 침식으로 대기 상층부의 물이 해리된 후 금성에서 가벼운 동위원소 (H)가 더 빠르게 손실되었다는 가정이 종종 제기된다. 재평가가 필요한 D/H 비율 외에 다양한 측면에서의 연구를 통해 금성이 30억 년 이상 지표수를 보유했을 것이라는 생각이 확산하고 있다. 그러면 초기 바다가 조석 마찰로 인해 금성의 자전 속도에 영향을 미쳤고, 따라서 구름 형성이 훨씬 수월했을 것이다(Way & Del Genio, 2020).

물론 이러한 추정은 다양한 기기의 제한된 측정과 행성의 진화에 대한 상충하는 설명에 의존한다. 1989년 국제 자외선 탐사선(International Ultraviolet Explorer)은 1978년 파이오니어 금성 대형 탐사선(Pioneer Venus Large Probe)이 얻은 것보다 3~8배 작은 D/H 비율을 얻었는데, 이는 아마도 층화된 대기에서 다른 고도를 샘플링했기 때문일 것이다(Bertaux & Clarke, 1989). D/H의 분화 시기와 속도는 태양 조도의 변동에 영향을 받았을 것이지만, 극자외선이 분해할 수 있는 이산화탄소의 양이나 잔류 산소를 통합할 신선한 화산암이 부족하지는 않았을 것이다(Donahue, 1995).

희미한 젊은 태양의 가설이 타당하다 하더라도 (Charnay et al., 2020), 금성의 태양에 가까운 궤도는 금성 기온이 높고 자외선이 6억 년 정도의 짧은 시간 내에 대양을 없앨 만큼 수소를 제거할 수 있는 충분한 속도를 보장한다. 이 결론은 금성의 운하가 지구 대륙붕에서 발견되는 밀도류 채널(density-current channels)과 유사하다는 제안을 지지하는데, 이는 수중 흐름만으로도 채널의 길이와 규칙성을 설명할 수 있기 때문이다(Jones & Pickering, 2003). 금성의 일부 운하에서 나타나는 불규칙한 긴 프로파일(그림 7.10)은 보통 화산의 용암에 의한 것이라는 모델로 설명하는데, 물흐름에 의한 것이라는 가설도 똑같이 적용된다. 왜냐면 이후 지각의 변형을 겪었을 수 있기 때문이다. 세 번째 가능성인 하상 침식의 가능성은 11장에서 고려되는데, 이 시점에서 해저 기원은 금성의 저지대가 부분적으로 밀도류에 의해 퇴적물이 쌓이고 테세라(Tessera) 고원 지역이 하천 침식을 받았다는 것을 의미한다는 점에 주목하면 충분하다(Khawja et al., 2020).

화성도 과거에는 지형학적으로 볼 때 헤스페리아기와 초기 아마조니아기에 북부 저지대의 일부 또는 전부를 차지했던 상당한 규모의 바다를 가지고 있었다는 증거가 발견된다(그림 10.5). 주로 형태학적인 증거이지만(Di Achille & Hynek, 2010), 과거 어느 시점에 액체 상태의 물이 오랫동안 지표면 위로 흘렀다는 개념이(오랜 저항 끝에) 널리 받아들여진 덕을 보고 있다(Redd, 2020). 그러나 지금도 운석 충돌이나 화산 폭발로 녹은 지표면 근처의 물 얼음이 그 해답일 수 있다는 주장이 자주 제기되고 있다.

화성 표면 바다의 주요 증거는 해안 침식을 반영

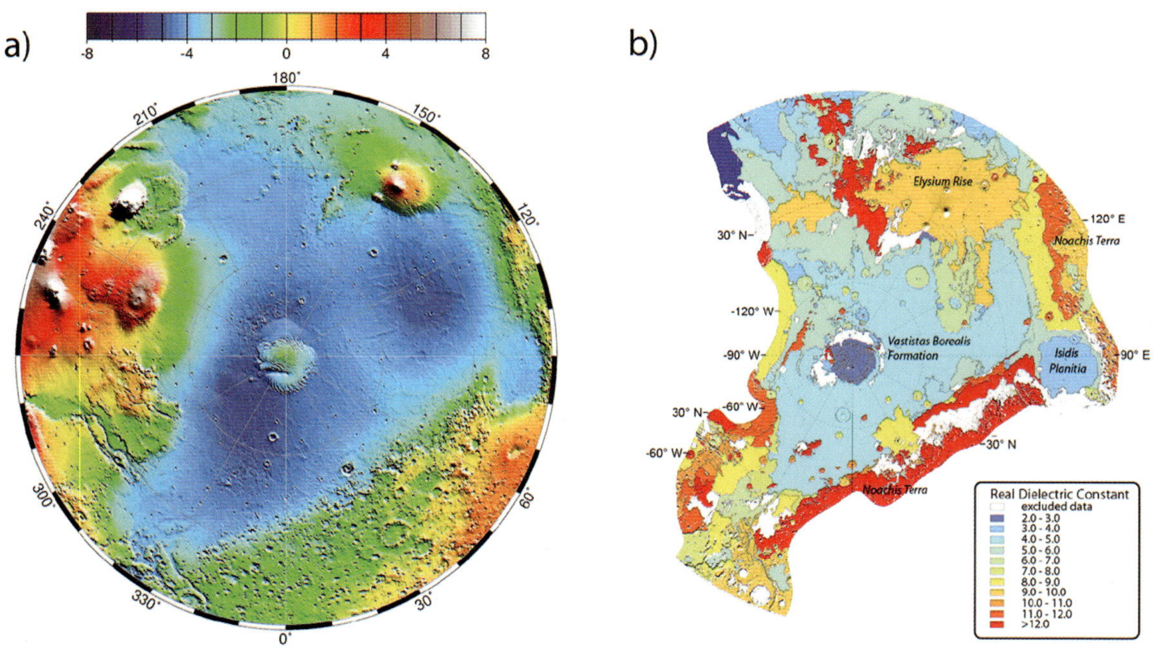

그림 10.5 화성의 헤스페리아기 후기에 존재했을 것으로 추정되는 바다의 가장자리 위치는 지형 지도(a)와 표면 물질의 물리적 특성 지도(b)에서 분명하게 드러난다. (a) 바다의 최대 범위에 대한 제안된 해안선은 대략 고지대(레이저 고도 측정지도에서 녹색, 노란색, 빨간색)와 저지대(하늘색, 진한 파란색) 사이의 경계에 있다. 다른 모델에서는 훨씬 더 제한된 바다를 상정하는데, 고도 지형도의 해안선 지형 중 일부가 실제로 주름 능선임을 시사한다. 출처: NASA/JPL/GSFC. (b) 유럽우주국의 마스 익스프레스(Mars Express) 우주선에 탑재된 MARSIS 장비로 측정한 표면 물질의 유전 상수(dielectric constants). 북쪽 저지대 내 퇴적물에서 관찰된 작은 값들은 저밀도 퇴적물과 얼음으로 해석되며, 이는 바다의 존재와 일치한다. 출처: Mouginot et al. (2012).

하는 지형과 북부 평원을 거의 완전히 둘러싸고 있는 적어도 두 개의 해안선이 확인된 지형이다. 평원은 약 100 m의 수성 퇴적물(현재는 탈수된)이나 얼음과 혼합된 퇴적물의 저밀도 퇴적물로 덮여 있다(Mouginot et al., 2012). 광범위한 고인 물을 생성하는 데 필요한 액체의 양은 유역으로 유입되는 주요 수로 시스템에 의해 암시되는 배출량과 비슷하다. 고대 해안선의 지각 변형은 타르시스(Tharsis) 화산 지역의 성장을 암시한다(Perron et al., 2007). 바다가 존재했음을 뒷받침하는 형태학적 증거에도 불구하고, 그것이 완전히 액체인지 또는 얼어붙은 고체인지 관계없이 오랫동안 안정성을 유지할지에 관한 의문이 남아 있다(Turbet & Forget 2019; Schmidt et al., 2022). 중국 천원(Tianwen) 1호 착륙선과 주롱(Zhurong) 로버의 최근 관찰 자료는 두 주장을 뒷받침하는 것으로 보인다(Xiao et al., 2023; Liu et al., 2023).

금성과 마찬가지로 관측 데이터와 동위원소 측정 자료를 바탕으로 화성 물의 역사를 해석한다. 예를 들어, SNC 운석에서 추출한 D/H 비율은 지구의 D/H비 보다 5배 높고, 지구에서 분광학적으로 측정한 화성의 현재 대기와 거의 비슷하다. 이는 무엇보다도 수소 손실 때문에 D/H 비율이 설정되었으며 SNC 운석의 물은 대기에서 유래되었거나, 또는 대기와 어느 정도 상호 교환되었음을 시사한다. 활성 열수 시스템을 통해 지각과 대기 사이에서 물을 순환시키는 상호 교환이 발생했을 것이다(Donahue, 1995). 현재의 대기 질량 손실률은 헤스페리아 기 해양의 소멸을 설명하기 어렵다. 그렇다면, 과거 자전축 경사가 증가했던 시기에 대기 손실률이 더 높았거나, 아니면 화성 지각 내부에 대기와 동위원소 교환이 불가능한 상당한 미확인 물 저장소의 존재를 가정해야 한다(Carr & Head 2019; Scheller et al., 2021).

지하 바다

태양계의 수많은 얼음 행성체들은 지하 깊은 곳에 액체 상태의 물이 저장된 지하 해양을 보유할 가능성이 높다(Nimmo & Pappalardo, 2016). 목성의 위성 유로파에 지구의 바다를 능가하는 부피를 가진 지하 해양의 존재가 지형 분포도 작성, 열유량 측정, 중력 탐사, 자력 탐사 결과에서 추정된다. 실제로 지하 해양은 우리 은하계의 흔한 존재로, 오히려 표면 해양보다 우주 생명체에 잠재적으로 더 유리하다고 여겨진다(Stern, 2021). 유로파의 지형은 전체적으로 평탄하며 충돌구가 거의 없고 일부 큰 충돌구는 점성 이완으로 형태가 희미해진 충돌구가 관찰된다. 모든 지형의 특징이 따뜻하고 약한 암석권의 존재를 암시한다. 다중 고리형 충돌 구조인 유로파의 타이어(Tyre) 충돌구와 칼라니시(Callanish) 충돌구는 가니메데의 팔림프세스트(palimpsests)와 형태가 유사하다(그림 8.11c와 8.12 비교). 이들은 충돌구의 일시적 공동에서 예외적인 응력을 경험한 따뜻한 얼음일 수 있지만, 약 6~15km 깊이의 점성이 낮은 층을 관통한 것으로 보인다. 층서학적 관점에서 유로파의 가장 젊은 지형(그림 10.6)에 속하는 지름 7~15 km의 원형~타원형 분지와 돔형 렌즈 지형은 선형 암맥에 의해 공급되는 것보다 더 무작위로 분포되어 있어 일종의 다이아피어 형(diapiric, 지하의 점성이 높은 물질이 상대적으로 낮은 밀도의 물질을 뚫고 상승하는 과정) 침투 과정으로 여겨진다. 다이아피어 얼음층 바닥에서 따뜻한 물에 의해 구동되었다면, 그 두께는 모델링을 통해 최대 40 km로 추산되었다.

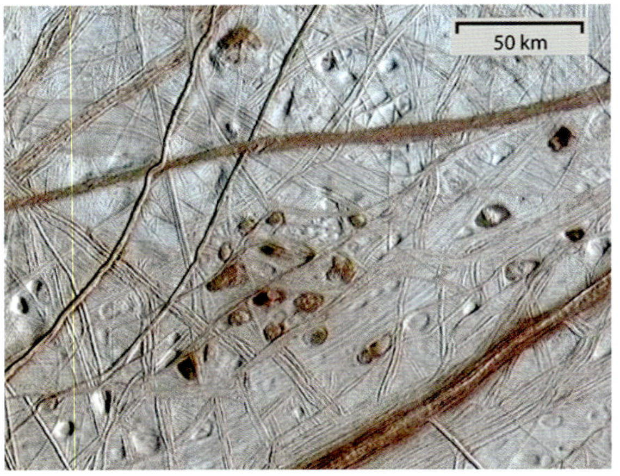

그림 10.6 유로파의 렌즈 지형(Lenticulae), 지름 약 10 km의 붉은 반점. 이 반점은 따뜻한 얼음 또는 부분적으로 녹은 슬러시의 다이아피어가 얼음 지각을 통해 솟아오르는 위치로 예상된다. 능선 띠와 렌즈 지형 모두가 붉은색으로 연관되어있는 것은 아마도 지하 바다에서 일부 불순물이 올라와 표면에 퇴적되었음을 시사한다. 출처: NASA/JPL/University of Arizona/University of Colorado.

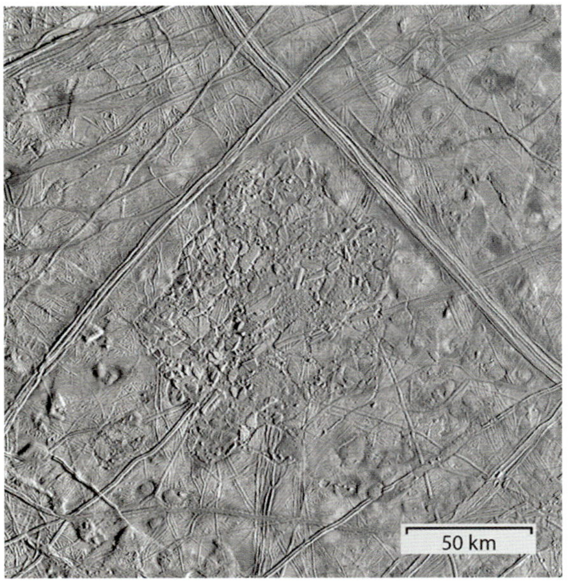

그림 10.7 유로파의 코나마라 카오스(Conamara Chaos)는 약 100 km에 달하는 얼음 블록이 산발적으로 흐트러진 지역이다(X자형 능선 띠 아래 중앙 부분). 지형 분석에 따르면 카오스 지역은 주변 지형보다 약 100 m 정도 높은 곳에 있다. 이 발견은 상승하는 따뜻한 얼음 플룸이 지표에서 수 km 이내에 지역적으로 녹은 물의 렌즈를 생성하여, 그곳으로 위에 있는 지각 블록이 붕괴하였음을 시사한다. 이후 심성암 본체가 다시 얼면서 블록 덩어리와 얼어붙은 기둥 간 염수가 주변 수준 위로 밀려 올라간다는 것을 암시한다 (Schmidt et al., 2011). 출처: NASA/JPL/ASU.

갈릴레오(Galileo) 우주선이 유로파를 네 차례 탐사하며 획득한 도플러 중력 자료에 의하면 유로파에는 암석 맨틀과 금속 핵 위에 약 150~200 km 두께의 저밀도 층(얼음 또는 얼음+물)이 존재한다(그림 3.17). 이 맥락에서 더 중요한 것은 시간에 따라 변하는 목성의 외부 자기장에 대한 강한 유도 자기 반응으로, 이는 표면에 가까운 곳에 전기 전도성 액체층이 존재한다는 것을 나타낸다. 따라서 용질이 풍부한 지하 물 바다가 존재함에 의심의 여지가 없다.

다른 여러 가지 증거로 다른 설명이 가능하기는 하지만, 이 증거들도 지하 바다, 특히 산소가 풍부한 바다를 지지한다(Hesse et al., 2022). 매우 매끄러운 표면 퇴적물을 형성하기 위한 액체 물의 압출은 지표 근처 저수지를 가리키며(그림 7.6), 반면에 카오스 지형(그림 10.7)은 지하수와 에너지 및 용존 물질의 교환을 암시한다. 6장에서 언급한 능선 구조는 지구의 양측 대칭으로 퍼져 있는 열곡과 유사하여 일종의 연약권 존재를 암시하지만, 물이 아니라 연성 얼음일 가능성도 존재한다. 해빙 효과 역시 지역적 또는 부분적 용해에 불과할 수 있다. 유로파 표면 온도(~100 K)에서 표면 얼음의 점성은 10^{21} Pa · s이나, 용융 온도에 가까워진 연성 얼음의 점성은 10^{13}~10^{15} Pa · s에 불과하다. 염분이 존재하면 273 K 이하의 온도에서 액체 상태가 유지될 수 있다(Culberg et al., 2022).

이에 따라 연성 얼음이 차가운 상부 암석권을 H_2O 껍질의 하부와 분리할 수 있는지 계산하려는 시도가 있었다. 취성-연성 전이가 발생하는 깊이는 약 1~2 km이다. 취성-연성 전이는 대류 얼음으로 이루어진 연역권 내에서 전도에 의한 열 손실의 크기에 따라, 약 6~40 km 두께의 얼음 껍질에 의해 제공될 수 있다. 물론 당겨져 분리된 지형이 암시하는 분리가 생기기 위해서는 갑작스러운 강도 감소가 필요하다. 껍질의 두께는 필연적으로 장소마다 다를 수밖에 없다. 따라서 카오스 블록들이 실제로 부력으로 이동하는 경우, 그 두께는 0.5~3.0 km로 제안되었다.

방사성 물질의 충분한 열과 증착의 운동 에너지가 100 km 이상 깊이의 초기 표층 바다를 만들었고, 한 계산에 따르면 약 1억 년 후에 얼어붙었으나, 조석 마찰이 완전 동결을 막았다고 추정할 수 있다. 현재 유로파의 이심률은 0.05 W m^{-2}의 열류량을 생성할 수 있는데, 이는 10~30 km 두께의 얼음층에 해당한다. 실제 조석 스트레스에 의한 비동기 회전과 일주기 휘어짐은 지하 대양에 의해 암석 내부와 얼음 껍질이 분리됨으로써 크게 촉진될 수 있다(Walker & Rhoden, 2022). 연약권이 따뜻한 얼음이라면, 비동기 자전은 점성 이완의 시간 척도(1~10억 년)에서 작동할 것이다.

우리는 6장에서 비동기 회전과 일치하는 방식으로 선형성 지형이 이동했다는 몇 가지 증거가 있음을 보았다. 보이저(Voyager)와 갈릴레오 이미지 사이 17년 동안 측정 가능한 변화가 없다는 점에서 비동기 자전 주기에 대한 하한선을 10,000년으로 설정할 수 있지만, 물과 따뜻한 빙하를 구별하기에는 여전히 충분하지 않다. 그러나 일일 조석 스트레스에 대한 주향이동(strike-slip) 운동의 증거는 부유 얼음 껍질에 유리하다.

자기 유도 증거에 근거하여 가니메데와 칼리스토 내부에도 지하 바다의 존재가 의심된다. 그러나 최근 가장 많은 논의를 불러일으킨 것은 엔셀라두스와 타이탄 내부의 바다 존재이다(그림 10.8). 이는 유기 화합물의 확실한 존재와 그에 따른 생물학적(또는 적어도 생물 활동 이전의) 활동의 의미 때문이다. 2005년 카시니(Cassini) 탐사선이 처음 관측한 엔셀라두스에서 쏟아지는 수증기와 얼음 분출은 상당한 열 이상 현상과도 관련이 있다(그림 3.11). 이 제트는 초당 수백 m의 속도로 방출되며 매초 약 200 kg의 수증기가 손실된다. 2009년 분석에 따르면 이 제트에는 나트륨과 칼륨이 풍부한 염류가 포함되어 있는데, 이는 지하에 있는 액체 물

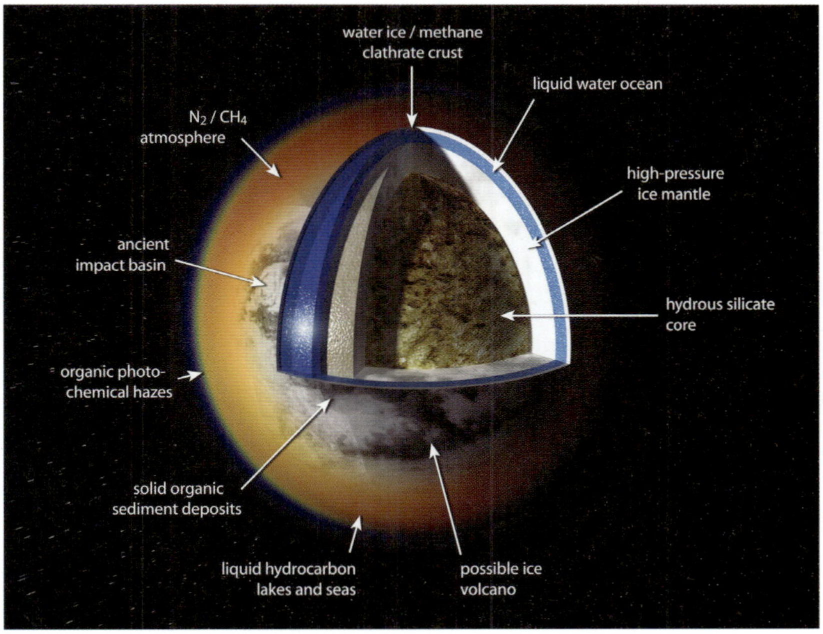

그림 10.8 카시니(Cassini) 중력 데이터에서 얻은 높은 유체 러브 수(Love numbers, 천체의 강도를 나타내는 수치, 조석력에 의한 변형 취약성)로 알 수 있는 타이탄의 낮은 강성 내부(Iess et al., 2012). 액체 상태의 물바다는 위에 떠 있는 물 얼음 또는 메탄 클래스레이트(clathreate)의 외피와 더 깊은 고압의 얼음 층 사이에 끼어 있는 것으로 보인다. 데이터는 바다가 존재한다는 것을 강력하게 나타내지만, 화학적 특성에 관한 제한 조건은 거의 없다(즉, 암모니아 또는 다른 용존 물질을 포함하고 있는지). 그러나 비교적 밀도가 높고 염분이 클 가능성이 크다는 증거가 일부 있다.

저장소에서 유래한 것으로 추정되지만(Postberg et al., 2011), 현재는 물이 비교적 지역적이고 얕은 얼음주머니에서 유래한 것으로 여겨지고 있다(Meyer et al., 2022).

엔셀라두스의 작은 질량은 초기 용융을 일으킬 만하더라도 에너지원으로서 방사성 물질은 배제한다. 조석 가열은 미마스에서 작동하는 것보다 1/25로 추정되며, 주로 디오네와의 공명에서 비롯된다(Varga et al., 2009). 또한, 표층 얼음에 있는 극지방 균열 금을 따라 이동하면서 발생하는 마찰열도 기여할 수 있다(Nimmo et al., 2007). 액체 물이 가스 하이드레이트(hydrate)로 구성된 포획암(xenoliths)에 포함되어 표면으로 운반되었다는 또 다른 모델이 제안되었다. 하이드레이트는 저압에서 분해되어 가스를 물에 실어서 매우 불안정한 거품을 생성하여 초당 수백 미터의 속도로 출구에서 분출될 수 있다(Fortes, 2007).

카시니 궤도선이 타이탄 주위를 통과 비행하며, 타이탄의 고체 몸체에 토성의 조석 작용으로 인한 왜곡이 너무 커서 내부에 액체층이 있어야 한다는 것을 보여주었다(Iess et al., 2012; Mitri et al., 2014). 이러한 관측은 2005년에 타이탄 표면에 착륙한 호이겐스(Huygens) 탐사선의 측정 결과와 일치한다. 이 착륙선은 전기 전도성 지하 대양으로 인한 것으로 생각되는 공명 전파(Beghin et al., 2009)를 감지했으며, 지하 대양의 순환 패턴으로 인한 열 플러스의 수평 변화로 생각되는 장파장 지형의 변조 (Kvorka et al., 2018)를 측정했다.

이러한 지하 해양의 순환은 지구 해양의 순환과 유사하지 않을 것이나, 지구 외핵이나 거대 행성의 대기에서 발견되는 흐름 패턴과 더 유사할 수 있다. 시뮬레이션에 따르면 지하 해양의 흐름은 내부 핵 접선 원통으로 배열되어, 반-자전 자오선 띠 또는 제트의 발달을 촉진하는 것으로 나타났는데(Soderlund, 2019; Bire et al., 2022), 염분은 이러한 액체가 층화되는지 여부에 중요한 요인이 될 수 있다(예: Zeng et al., 2021).

만년설과 영구 동토층

만년설(ice caps)은 대기의 성분과 순환에 대한 귀중한 길잡이이다. 한 세기 전 화성에 대해 알프레드 윌리스(Alfred Wallace)가 지적했듯이, 만년설은 공전궤도 특성과 대류과 산맥의 배치 때문에 영향을 받아 커지기도 작아지기도 한다. 뒤따라서 얼음의 질량은 행성의 각운동량과 자전 속도에 영향을 미칠 수 있다. 실용적인 면에서 보면, 지표면 근처의 얼음은 연료 전지를 작동할 수 있는 물, 산소, 수소의 저장소를 제공함으로써 경제적으로 실행 가능한 우주 탐사의 열쇠를 쥐고 있을 수 있다. 얼음을 일시적으로 또는 계절에 따라 극지방에서 떨어진 심토에 저장할 수도 있다.

지구의 대표적인 현대 빙상은 남극(1.37×10^6 km^2)과 그린란드 빙상(1.71×10^6 km^2)이다. 물론, 산악 지형과 관련된 더 작은 빙상이 있으며, 빙상은 지구의 3%를, 해빙은 계절에 따라 7%를 덮고 있다. 남극 빙산의 $2.4\text{~}2.9\times10^7$ km^3의 얼음이 모두 녹는다면 60~72 m의 해수면 변화가 예상되며, 이는 해안 거주가 주를 이루는 인류 문명에 재앙이 될 것이다. 앞서 언급했듯이 해빙의 면적은 계절에 따라 크게 달라지는데, 북극의 경우 겨울과 여름에 각각 $1.4\text{~}1.6\times10^7$ km^2과 $7\text{~}9\times10^6$ km^2, 남극은 $1.7\text{~}2.0\times10^7$ km^2과 $3\text{~}4\times10^6$ km^2로 다양한다. 독자들이 이미 예상할 수 있듯이, 이러한 특성은 계절의 익숙한 주기보다 더 긴 시간대에 걸쳐 다양하게 변화할 수

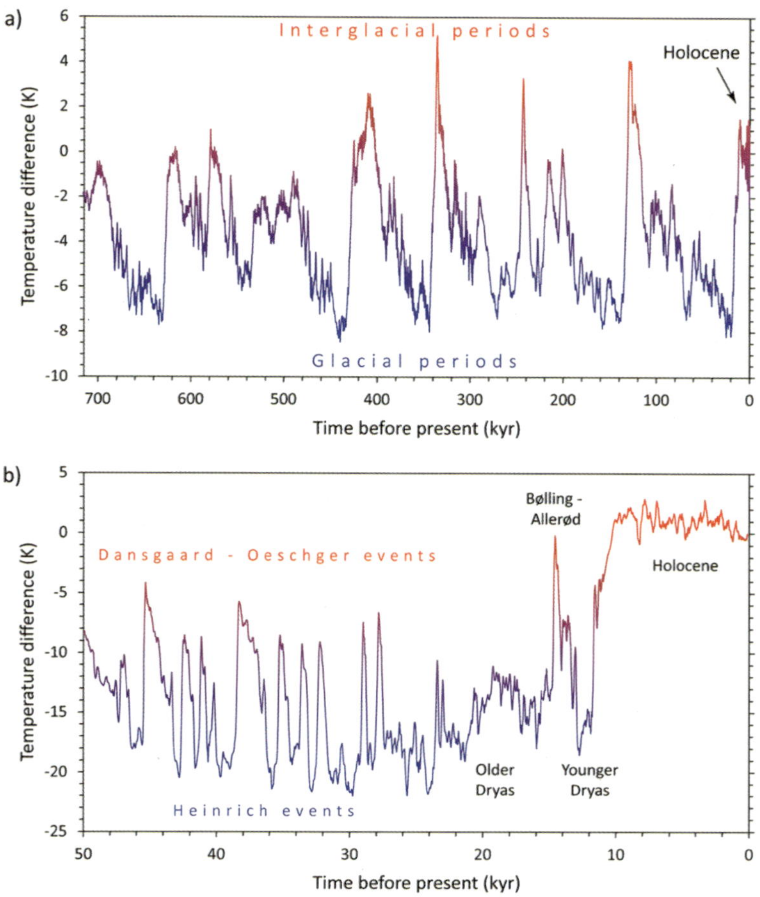

그림 10.9 (a) 지구 남극 돔 후지(Dome Fuji)의 빙핵에서 깊이에 따른 산소 동위원소 비율의 변화로부터 도출한 표면 온도의 시간 변화(Kawamura et al., 2007). 이 기록은 마지막 주요 빙하기(약 12,000년 전)의 끝과 이전의 빙하기들(예: 150,000년 전, 270,000년 전), 따뜻한 간빙기(예: 120,000년 전)를 포함하여, 지난 350,000년 동안 지구 기후의 상당한 변화를 보여준다. 자료출처: National Oceanic and Atmospheric Administration (NOAA) and Kenji Kawamura. (b) 그린란드의 GISP-2 빙하 시추공에서 깊이에 따른 산소 동위원소 비율의 변화로부터 도출된 표면 온도의 시간 변화. 이 기록은 마지막 빙하기의 끝과 기록 역사 기간 경험한 따뜻한 시기와 추운 시기의 혼합을 포함한다. 자료출처: World Data Center for Climatology, National Oceanic and Atmospheric Administration (NOAA).

있는데, 부분적으로는 자연적인 순환성에 의해 주도되지만, 인위적인 기후 변화의 영향이 점점 더 커지고 있다.

극지방은 지난 40억 년의 약 10%의 기간 동안 상당한 양의 만년설이 존재했다. 지형학적 및 동위원소 증거에 근거하면, 지구는 역사상 적어도 다섯 차례의 주요 빙하기를 겪었으며, 그중 하나가 오늘날 우리가 사는 빙하기라고 추론할 수 있다. 가장 이른 빙하기는 시생누대 중기의 퐁골라(Pongola, 29억 년 전~27억 8천만 년 전) 빙하기로 극지방의 만년설이 중위도까지 확장된 것으로 추정된다(Young et al., 1998). 전기 원생대의 휴로니안(Huronian, 24억 년 전~21억 년 전) 빙하기는 지구 대기 중 산소 수준이 급격히 증가하고 온실가스 농도가 감소하여 지구가 냉각되고 지구 표면이 빙상으로 완전히 덮이는 소위 눈덩이 지구(Snowball Earth)와 대산화사건(Great Oxidation Event)과 관련이 있을 것으로 추정된다(Young, 2019). 7억 1,700만 년 전~5억 4,700만 년 전 전인 신원생대에 일련의 빙하기가 발생했는데, 이 중 가장 오래된 빙하는 스튜어트(Sturtian, 7억 1,500만 년 전~6억 8,200만 년 전) 빙하기와 마리노안(Marinoan, 6억 5,000만 년 전~6억 3,000만 년 전) 빙하기인데, 두 빙하기 모두 눈덩이 지구 현상의 지질학적 증거가 관찰된다(Rooney et al., 2015). 고생대의 주요 빙하기는 안데스-사하라(Andean-Saharan, 4억 5,000만 년 전~4억 2,000만 년 전) 빙하기와 카루(Karoo, 3억 6,000만 년 전~2억 8,900만 년 전) 빙하기이다.

마지막으로 신생대 후기빙하기(Late Cenozoic Ice Age, 3,400만 년 전~현재) 빙하는 극지방 빙상의 전진과 후퇴가 반복되었다.

남반구에서 빙하는 남극 대륙의 빙상이 성장하면서 시작되었으며, 약 2,000만 년 전에 걸쳐 현재 크기로 발달했고, 1,400만 년 전에 상당한 성장 급등(growth spurt)이 발생했다(Leutert et al., 2020). 3백만 년 전부터 그린란드에 빙상이 나타나기 시작했고, 빙상은 북반구의 넓은 지역을 덮을 정도로 확장된 후 간헐적으로 후퇴했다. 마지막 빙하 최대기에는 수 km 두께의 얼음이 펜노스칸디안(Fennoscandian) 빙상이 유라시아 북서부를 로랑타이드(Laurentide) 빙상과 코딜레란(Cordileran) 빙상이 북아메리카 대부분을 뒤덮었다. 최근 빙하의 발달 경향(그림 10.9)은 해양의 동위원소 성분으로 판단할 때 주로 공전궤도 변수에 의해 제어되는 것으로 보이지만(Barker et al., 2022), 빙하가 아닌 조건의 우세는 여전히 문제가 되고 있다.

지구의 빙하 역사에 대한 많은 모델은 천문학적, 지질학적, 생물학적 그룹으로 분류할 수 있다. 다수 의견은 지구 궤도 요인과 대륙 이동의 결합 효과를 선호한다. 대륙 이동 효과는 때때로 한 극 또는 다른 극 위로 광범위한 대륙 지역을 가져오기도 한다. 아마도 두 가지 요인 모두 따뜻한 해류의 남북 이동을 방해하여 눈과 얼음이 축적되는 데 유리한 지형을 만들었을 것이다(Gibbard & Hughes, 2021).

해수면 변동, 화산 활동, 태양의 변동은 때때로 이러한 경향을 강화하기도 하고 때로는 약화하기도 했다. 예를 들어, 페름기-석탄기 시대에 아프리카는 남극에 걸쳐 있었기 때문에 두꺼운 빙상이 쌓이는 데 필요한 높은 위도, 고도 및 대륙 조건을 제공했다. 같은 방식으로 산악지대인 남극 대륙은 제3기 후반에 남극으로 이동했으며, 얼마 지나지 않아 이집트에서 터키로 연결되는 테티스해(Tethys Sea)와 파나마 지협(Isthmus of Panama)이 폐쇄되면서 동서 난류가 차단되고 대서양의 시원한 남북 해류가 득세했다. 반면 심해 시추에 따르면 남극 대륙에 얼음이 쌓이기 시작한 것은 2,300만 년 전의 냉각 이후 약 3,400만 년 전인 에오세(Eocene)이고, 해빙은 대륙붕을 가로질러 여러 차례 확장되었다가 후퇴했다(Gulick et al., 2017). 에오세 중반에 시작된 인도-호주판과 유라시아 판의 충돌로 인한 티베트 고원의 융기는 대량의 규산염 암석을 풍화(및 침식)에 노출해 대기에서 CO_2를 빨아들여 온실효과 영향을 감소시켰을 수 있다.

빙하기 동안과 그 이후에 발생하는 암권 평형에 의한 융기와 침하의 정도와 시기는 지각과 맨틀의 탄성 및 점성 특성을 측정할 수 있는 척도를 제공한다. 산맥의 작은 만년설도 등방성 효과를 생성하여 맨틀 유동학(rheology)의 귀중한 자료를 제공한다. 암석권이 하역에 반응하는 데 걸리는 시간은 맨틀 점성 연구에서 특히 중요하다(Paxman et al., 2022). 북미와 펜노스칸디안의 융기된 해안선은 매우 상세하게 알려져, 하역에 반응하는 조정 속도의 변화를 밝힐 수 있다. 그러나 이러한 추산은 빙하 녹은 물의 방출로 인해 복잡해지는데, 이는 빙하가 녹는 시기에 육지에서 빙하의 하중을 줄이지만 해저에는 하중을 더하기 때문이다.

빙상은 해양과 함께 지구의 기후를 조절하는 데 중요한 역할을 한다. 이는 빙상이 들어오는 일사량의 최대 90%를 반사하는 것이 주원인이며, 또한 빙상이 담수를 격리 또는 방출하여 해수면과 해양 순환에 영향을 미치기 때문이다. 지속적인 기후 변화

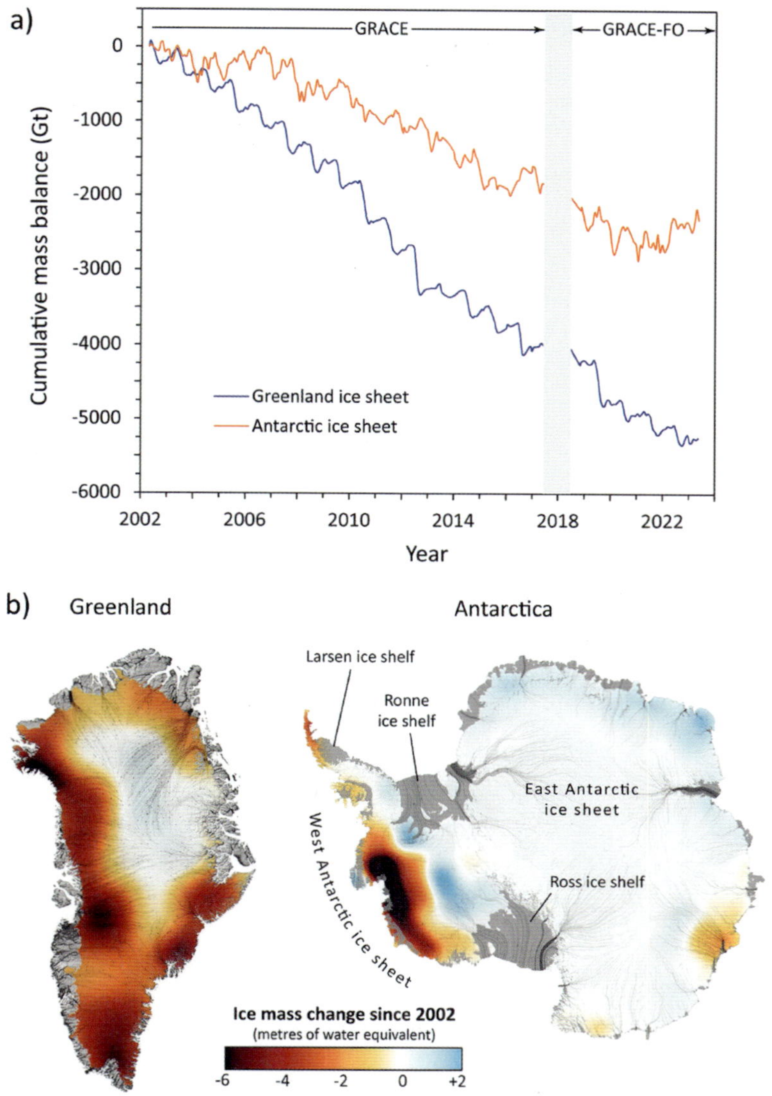

그림 10.10 (a) 달의 중력과 기후 실험 탐사선(Gravity Recovery And Climate Experiment, GRACE)가 도출한 지난 20년간 그린란드와 남극 빙산의 질량 손실 기록. (b) 그린란드에서 대부분의 질량 손실이 광범위하게 분포되어 있지만, 특히 서부와 남동부 해안 주변에서 가장 많이 발생하였다. 대조적으로 남극에서는 질량 손실이 거의 전적으로 더 작은 서남극 빙상으로 제한된다. 출처: NASA/JPL/Caltech.

(9장)의 결과로 극지방 만년설의 질량이 줄어들고 있으며, 특히 북반구에서 반사율이 높은 해빙이 반사율이 낮은 바다로 바뀌면서 온난화가 가속화될 수 있는 피드백 메커니즘을 제공하고 있다. 2002년 이후 그린란드는 연평균 2.35×10^{11} t의 얼음이 사라졌고(그림 10.10), 남극 대륙은 연평균 1.18×10^{11} t의 얼음이 사라졌다.

육상 얼음이 녹는 것은 전 세계 해수면 상승의 중요한 원인이다. 마지막 빙하기 말기에는 전 세계적으로 해수면이 ~120 m까지 상승하여 대륙 가장자리의 광활한 지역이 침수되었다. 현재 빙상의 감쇄는 다소 미묘하며, 그 영향은 궤도 위성에 탑재된 고도계로 얻은 해수면 높이의 지속적이고 매우 정확한 측정을 통해 모니터링된다. 1993년 이후 해수면은 선형적으로 약 3.4 mm yr^{-1} 상승했으며, 이 중 3분의 1은 해양의 온난화에 따른 열팽창에 기인하고 나머지 3분의 2는 그린란드와 남극 빙산에서 녹은 물이 추가되었기 때문이다. 해수면 상승은 전 세계적으로 균일하지 않으며, 실제로 해수면이 약간 낮아진 지역을 포함하여 지역별로 매우 큰 편차가 있다(그림 10.11). 차가운 담수의 유입은 열염순환(thermohaline circulation)을 방해하는데, 걸프 스트림과 같은 경계 해류를 효과적으로 차단하여 고위도로의 열 수송을 감소시켜 유럽의 기후에 심각한 영향을 미칠 수 있다는 우려가 있다(Liu et al., 2017). 대서양 해류 차단 현상은 대기 중 CO_2가 1990년 수준에서 두 배의 증가를 요구하는데, 이는 배출량이 변함없이 지속될 때 200년이 더 걸릴 것이다(Liu et al., 2017). 그러나 대서양 순환이 지금까지 생각했던 것보다 담수의 추가에 훨씬 덜 민감하다고 제안한 사람들도 있다(He & Clark, 2022).

이와 관련하여, 마지막 빙하기 동안 기후가 크게 변했다는 증거가 있는데, 이는 빙상의 불안정성으로 인해 대량의 담수가 열염순환 경로상 북대서양 구간에 유입한 것이 적어도 부분적 원인이다. 소위 하인리히 사건(Heinrich event)(그림 10.9b)은 급격한 냉각 현상인데, 이는 단스가드-외슈거 사건(Dansgaard-Oeschger event)으로 알려진 단기간의 급격한 온난기 이후에 나타났다. 이들은 해양 퇴적물에 얼음에 휩쓸린 파편들이 존재하는 것으로 특징 지워지는데, 이런 해양 퇴적물은 빙상으로부터 찢어진 빙하 얼음이 북대서양으로 대량 유입되었음을 증언한다(Heinrich, 1988). 이러한 변동의 기원에 대해서는 논란이 있지만, 최근의 빙하기는 수백 년의 시간 규모에서 극적인 평형 변동들이 분명히 기록되어 있어, 시스템이 아주 작은 환경 변화에 매우 민감하게 반응한다는 것을 시사한다.

화성은 현재 북극과 남극에 빙상이 존재하며, 계절에 따라 큰 변화가 있기는 하지만 일 년 내내 지속된다. 북극의 가장 큰 만년설은 북반구에 있으며(고도가 낮기 때문일 가능성이 크다), 가로 길이가 약 1,100 km, 최대 두께가 약 3 km에 달하며 북극 만년설은 주로 물 얼음으로 이루어져 있다. 더 작은 남극의 만년설은 지름이 약 400 km, 두께가 2.5 km이며, 마찬가지로 대부분 물 얼음으로 구성되어 있다. 이 두 빙체를 합치면 약 300만 km^3로, 수심 20 m까지 전체 표면을 덮을 수 있는 양의 물로 구성되어 있다. 북극관 위의 대기에서 D/H 비율을 측정한 결과, 지구의 해양에 비해 약 8배 농축된 것으로 나타났다(Villanueva et al., 2015). 이는 큐리오시티(Curiosity) 탐사선이 게일 충돌구(Gale Crater)의 3억 년 전에 형성된 이암에서 현장 측정한 값의

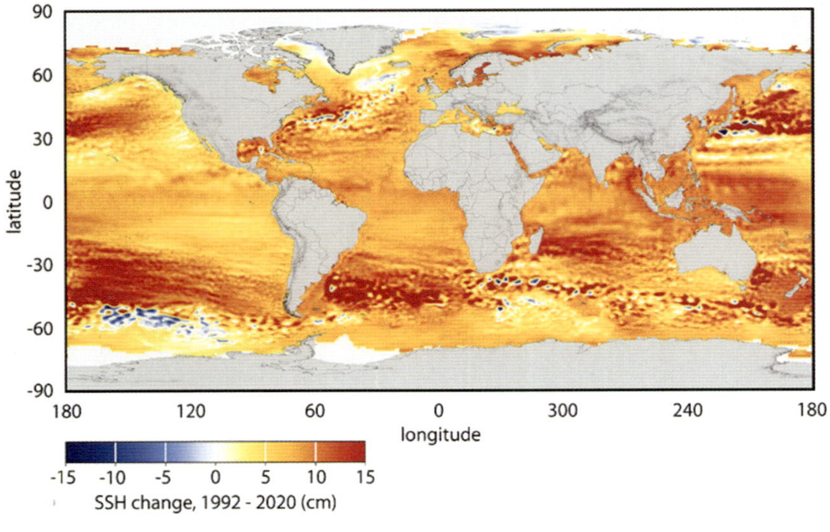

그림 10.11 토펙스/포세이돈(TOPEX/Poseidon) 임무와 제이슨 우주선(Jason) 1호, 2호가 수집한 자료를 바탕으로 도출된 1992~2020년 해수면 높이(sea surface height, SSH) 변화 추세. 이 기간에 전 세계 해수면 상승은 연평균 3.4 mm이지만 지역별로 상당한 편차가 있으며, 상승은 빨간색과 노란색으로 표시되고, 진한 파란색은 하락을 나타낸다. 출처: NASA's Scientific Visualization Studio, NASA/GSFC.

5~6배에 해당한다(Alsaeed & Jakosky, 2019). 또한, 미항공우주국의 미량 가스 궤도선(Trace Gas Orbiter)의 새로운 원격 감지 데이터에 의해 뒷받침된다(Villanueva et al., 2022). 이를 종합하면 화성에 한때 깊이 전 표면을 130 m 이상으로 덮을 만한 물이 존재했으며, 이는 제안된 헤스페리아기 해양을 설명할 만큼 충분하다.

두 극지방 모두 겨울철에 CO_2 흡수원으로 작용하여 대기 중 CO_2의 상당 부분(~15%)을 고체 얼음 즉 드라이아이스로 응결시킨다. 북극의 계절별 드라이아이스 층의 두께는 최대 1 m인 반면, 남극은 10 m에 가깝고 최대 1 m 두께의 표면 CO_2 얼음이 50°S까지 뻗어 있다. 정상에서 벗어난 잠재적인 고대 CO_2 얼음이 남극관 근처의 층상 물 얼음 퇴적물 아래에 묻혀있는 것이 확인되었다. 부피가 ~10,000 km^3 (계절 CO_2 부피의 30배)인 이 퇴적물이 승화하면 대기압을 두 배로 증가시켜서 표면에 안정적인 액체 물을 허용하기에 충분한 온실 온난화를 일으킬 수 있다(Phillips et al., 2011). 화성의 자전축 경사각이 지난 10^7년 동안 0°에서 60°까지 변화했기 때문에, 대기로의 이산화탄소 방출량과 관련된 온실 효과도 비례적으로 변화했을 수 있다(Joseph et al., 2022). 지표 투과 레이더로 관측된 만년설 내 지층(그림 10.12)은 이러한 일련의 기후 진동을 기록하는 것으로 보인다(Vos et al., 2022).

화성에 관한 밀란코비치 모델의 논의(Lapotre et

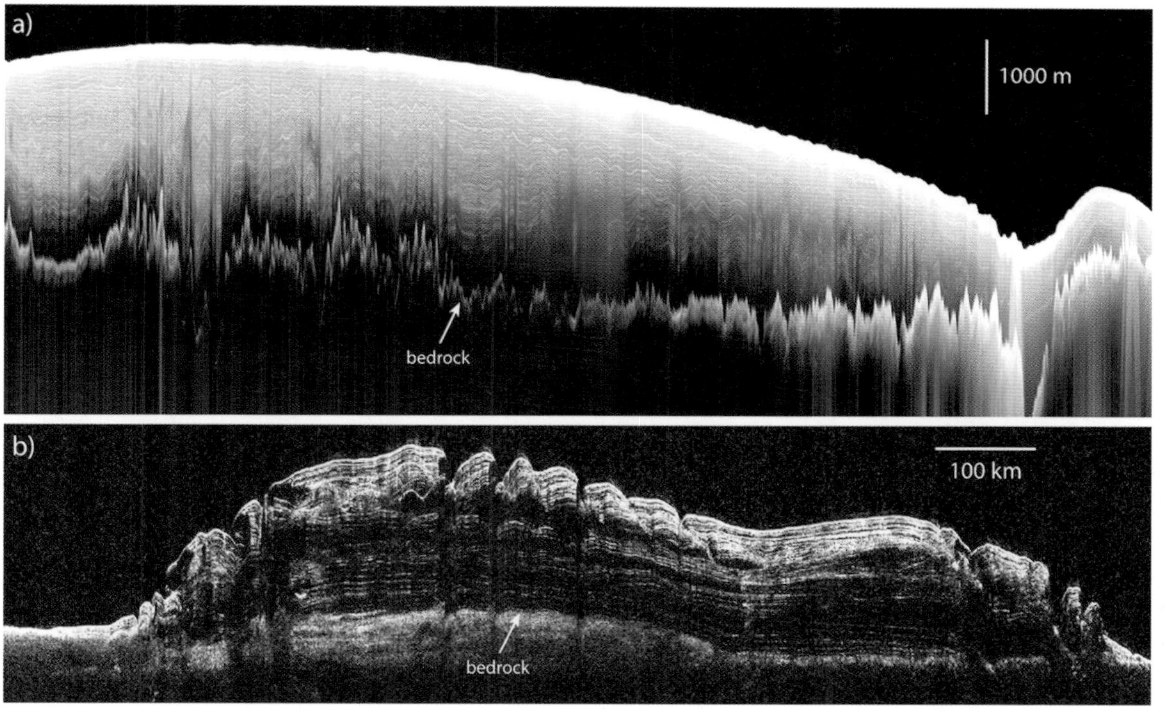

그림 10.12 극지방 만년설의 내부 구조에 대한 정보를 얻기 위해 지구(a)와 화성(b)에서 레이더 탐사를 사용한다. 두 이미지 모두 같은 수평과 수직 축척으로 표시된다. (a) 남극 대륙 위를 비행하는 공중 레이더 탐사는 얼음과 암반 사이의 경계 판별하고, 빙상의 내부 층을 구분한다. 출처: NASA/University of Texas Institute for Geophysics. (b) 화성 정찰 궤도선(Mars Reconnaissance Orbiter)의 천부 레이더 음향기(SHAllow RADar sounder, SHARAD) 장비가 화성 북극 만년설 위를 가로지르며 우주선 레이더 탐사를 수행한다. 지구 남극의 빙산과 마찬가지로 얼음 내부의 층과 기반암 경계면이 뚜렷하게 구분된다. 실제로 만년설은 얼음과 먼지가 층층이 쌓인 네 개의 뚜렷한 묶음으로 이루어져 있으며, 각 묶음은 레이더로 관측된 어두운색의 깨끗한 얼음 띠로 구분된다. 이 다발은 화성의 자전축 경사와 궤도 이심률의 변화로 인해 약 100만 년 주기의 순환적 기후 변화를 반영한다. 출처: NASA/JPL-Caltech/University of Rome/South-West Research Institute.

al., 2020)는 과거와 현재의 대비로서 제시된다. 즉 과거 밀도가 높은 대기가 지표수를 지탱할 수 있었던 온화한 간빙기와 춥고 건조한 현재의 조건 간의 대비이다. 그러나 지층 기록은 다양한 빙하의 강도에 대한 증거로도 해석될 수 있는데, 즉 얼음으로 형성된 지형과 녹은 물에 의한 지형 모두를 포함하는 지형 집합체가 확인되었다. 이런 복합 지형은 지구의 빙하 지역에서 자주 나타난다. 한 추정에 따르면 얼음이 최대 화성 남반구의 18% (남방빙상, 지구 남극 면적 비율의 두 배)와 북반구의 알려지지 않은 면적을 덮었다고 한다. 이 관점에 따르면, 유수 작용으로 추정되는 수로 중 일부는 물얼음 빙하 또는 CO_2 클래쓰레이트 수화물에 의해 침식된 지형이다(Galofre et al., 2020).

빙상의 성장과 후퇴, 주요 수역 분포의 변화, 극지방의 얼음이나 대기가 아닌 지하 토양에 보유되는 물의 비율 변화는 행성의 관성 모멘트에 어느 정도 영향을 미칠 것이다. 관성 모멘트는 이 들 변화에 직접 영향을 받거나, 이들 변화가 초래하는 극지방 평탄화가 강화되거나 감소하면서 간접적으로 영향받는다. 지구에서 고위도로의 질량 이동은 전세계적인 해수면 하락 때문에 강화되지만, 등압 평형으로 다소 지연된 후 다시 감소한다. 다시 말해, 빙하의 동적 효과는 처음에는 얼음 축적 때문에 결정되고, 이후에는 연약권의 반응 시간에 따라 달라질 것이다.

화성에서는 이러한 효과가 매년 그리고 장기적으로 작용하는 것으로 생각된다. 매년 겨울에는 대기 중 CO_2가 한쪽 또는 다른 극으로 상당히 동결되고, 매년 여름에는 CO_2가 대기로 되돌아간다. 그 결과 화성의 관성 모멘트의 주기적 변화로 인해 화성의 태양 토크가 평탄화 효과와 위상이 반대로 걸

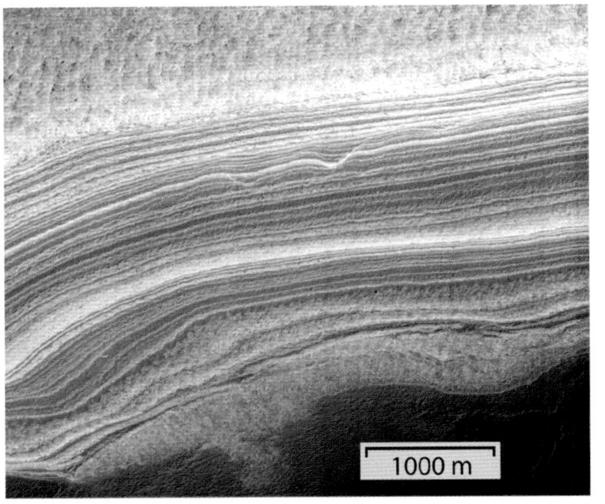

그림 10.13 화성 남극관 주변의 경사면에 드러난 복잡한 지층. 각 층의 밝기 변화와 침식에 대한 저항은 먼지 함량에 의해 제어되는 것으로 보인다. 이 층들은 미래의 화성 기후학자들이 활용할 수 있는 중요한 기후 기록을 제공한다. 출처: NASA/JPL/University of Arizona.

려, 일 년 내내 순 토크가 발생한다. 이로 인해 화성의 자전축 경사각이 증가하며, 태양계 생성 이후 누적 변화는 1°에서 2°로 추정된다. 빙하/간빙기 교대가 경사각 주기에 의해 주도된다는 점을 고려할 때, 낮은 경사각에서는 10^{18} kg의 물이 지각을 떠나 극관을 형성하여 평탄화를 수정하고 따라서 세차운동 속도를 수정한다. 북쪽 화성 만년설의 가장 위쪽 500 m에 먼지가 많은 층은 큰 경사각(자전축이 아래로 기울어질 때)에서 여름 동안 얼음 증발이 증가한 효과와 축 경사각의 변화로 인한 먼지 축적의 변동이 결합된 효과를 나타내는 것으로 보인다(Hvidberg et al., 2012)(그림 10.12 및 10.13). 지구의 빙하 기록도 비슷한 메커니즘을 구현할 수 있다.

맨틀이 점성이 높아 세차운동 주기가 자전축 경사각 주기와 위상이 맞지 않아서, 평균 자전축 경사각이 증가한다. 남극 지역의 보상되지 않은 특성에서 암시하듯이, 맨틀이 105년 자전축 경사각 시간 척도에서 경성이면 만년설 변화가 태양 강제력에 뒤처지고 그 결과 자전축 경사각이 누적하여 감소

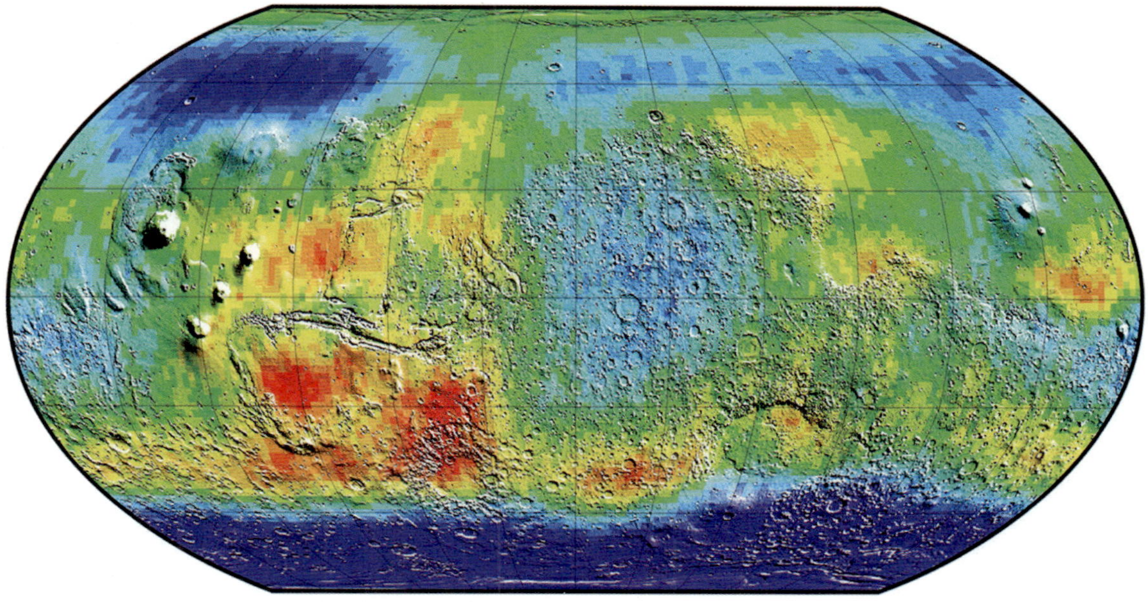

그림 10.14 중성자는 표면 근처 물 분포의 원격 탐사에 유용한 도구를 제공한다: 우주선이 표면 근처 표토와 충돌하여 방출되는 고에너지 중성자를 수소가 효과적으로 조절한다; 따라서 표층 준 열적 중성자(epithermal neutron, 열적 중성자보다 약간 높은 에너지의 중성자) 플럭스가 감소한 지역은 수소 농도가 높은 지역에 해당하는데, 수소는 대부분 물 얼음의 형태로 존재할 가능성이 크다. 화성 오디세이 우주선에 탑재된 중성자 분광기로 제작한 이 지도는 화성 표면의 준열적 중성자 플럭스를 보여준다. 진한 파란색 영역(낮은 중성자 플럭스)은 표토의 가장 위쪽 1 m에 약 50%의 얼음이 풍부한 지역에 해당하며, 예상대로 이러한 지역은 주로 북위와 남위가 높은 곳에 있으며 영구 동토층에 기인한다. 그러나 적도 근처 위도에도 H2O(옅은 파란색)가 강화된 지역이 있다. 이 지역에서는 물-얼음이 불안정한 것으로 생각되기 때문에, 물이 함수 광물에 결합하여 있을 가능성이 크다. 즉, 얼음 같은 황산염인 메리디아나이트(meridianiite, MgSO4-11H2O)를 포함할 수 있다. 출처: NASA/JPL/University of Arizona/Los Alamos National Laboratories.

한다. 자전축 경사각이 클 때는 극지방에 더 많은 일사량이 있었기 때문에 각 자전축 경사각 주기마다 더 작은 빙관이 생성되었고, 대기 중 휘발성 성분이 더 적었으며, 극 주위 지역의 지층이 거의 또는 전혀 축적되지 않았다. 그런데도, 수반되는 강력한 빙하기 체제와 층상 지형의 활발한 퇴적을 통하여 자전축 경사각이 현재 값으로 감소하는 경향이 있었을 것이다. 측면으로 광범위한 얼음 퇴적의 사이클은 저위도 영구 동토층 또는 궤도선에서 원격 탐사로 감지할 수 있는 고도로 수화된 광물 퇴적물의 형태로 잔류물을 남길 수 있다(그림 10.14).

태양계에서 발견되는 이색적인 빙상 중 하나는 명왕성의 스푸트니크 평원(Sputnik Plantia)(그림 2.7)이다. 이 지역은 약 1,000 km에 걸쳐 높은 알베도와 매우 매끄러운 지형이 특징이다. 다른 만년설과 달리 스푸트니크 평원 적도에 위치하여 고대 충돌 분지일 수 있는 지형적 함몰을 채우고 있다. 분지를 수 km 깊이까지 채우고 있는 얼음은 주로 고체 질소로 이루어져 있으며, 나머지는 메탄과 일산화탄소로 균형을 이루고 있다. 이들은 모두 대기의 응결된 성분이다. 빙상의 표면은 일반적으로 고체 상태 대류의 증거로 여겨지는 다각형 세포로 세분되어 있다(White et al., 2017). 빙상의 열 상태 모델링에 따르면 대류 세포의 측면 치수를 설명하기 위해서는 3~6 km의 두께가 필요하지만, 최근에는 바닥 가열보다는 표면 승화가 다각형 대류 세포의 기원일 수 있다고 제안되고 있다(Morison et al., 2021). 시뮬레이션을 통해 빙상의 계절적 승화와 응결은 행성 자전 경사각의 변조가 명왕성의 기후에 영향을 미치는 것으로 나타났다(Johnson et al., 2021).

달과 수성처럼 사실상 공기가 없는 행성체에 얼음이 존재할 수 있다는 생각은 놀랍게 보일 수 있지만, 이러한 행성체에 극지방 영구동토층이 존재한다는 증거가 존재한다. 수성의 극지방 얼음에 대한 초기 징후는 레이더 후방 산란에서 나왔는데, 얼음이 주변의 규산염 암석보다 훨씬 더 강한 레이더 반향을 내기 때문이다. 이러한 강한 반향은 극지방 근처의 패치에 집중된 것으로 나타났으며, 이것이 충돌구에 해당한다는 가설이 제기되었다.

수성의 경사각이 0.1°이기 때문에 극지방의 충돌구는 영구적인 그늘에 있을 가능성이 크며, 모델링을 통해 125 K의 낮은 온도를 유추할 수 있다. 위 레이더 관측은 2011년에 메신저(MESSENGER) 우주

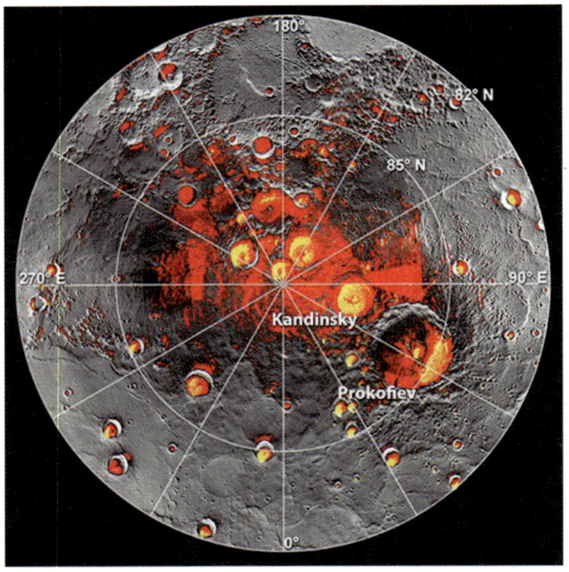

그림 10.15 수성의 북극, 물 얼음이 존재할 것으로 추정되는 지역을 보여준다. 빨간색은 메신저(MESSENGER) 지형 데이터에서 추출한 영구적으로 그늘진 지역을 나타내고, 노란색은 지구의 전파 망원경으로 영상화한 레이더로 밝게 보이는 퇴적물의 위치를 나타낸다. 출처: NASA/John Hopkins University APL/Carnegie Institution of Washington/National Astronomy and Ionosphere Center, Arecibo Observatory.

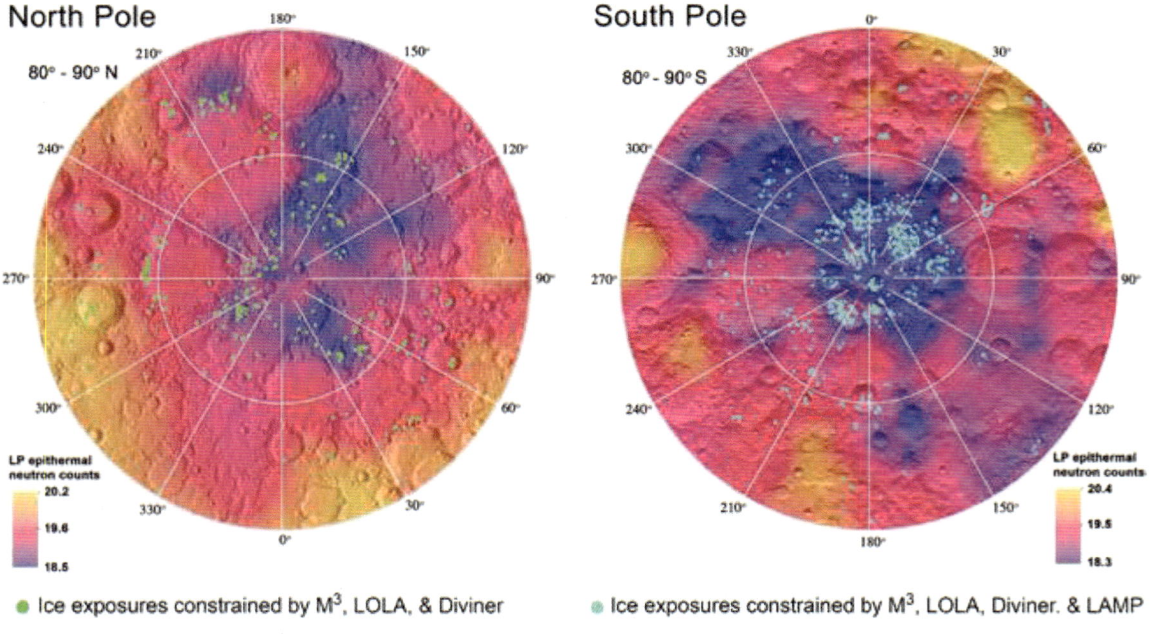

그림 10.16 달의 북극과 남극을 중성자 분광학 데이터(색상 채우기)와 찬드라얀 1호(Chandrayaan-1)의 M3와 달 정찰 궤도선(Lunar Reconnaissance Orbiter)의 Diviner을 포함한 다양한 우주선 장비에서 얻은 적외선 스펙트럼으로부터 얻은 물 얼음 노출 위치를 결합한 지도(Li et al., 2018; Li et al., 2023). 출처: Shuai Li, University of Hawaii at Manoa.

선에 탑재된 중성자 분광기로 수집한 데이터를 통해 뒷받침되었으며, 이를 통해 어두운 물질 층 아래에 수 미터 두께의 물 얼음층이 존재한다는 증거가 밝혀졌다(Chabot et al., 2012)(그림 10.15). 수성의 극지방 얼음 퇴적물에 있는 물의 총량은 지구 남극의 빙산보다 수만에서 수십만 배 적은 10^{11}~10^{12} t에 달한다. 이는 혜성 충돌 때문에 전달될 수 있는 범위 내에 있지만, 일부 저자들은 태양풍의 H^+ 이온과 지표 광물의 OH^- 이온의 결합이 이 물의 기원이라는 설명을 제안하기도 했다(Jones et al., 2020). 이 과정을 통해 30억 년 전에 10^{10} t의 얼음이 축적된다. 수성의 극지방 얼음에 대한 나이 추정치를 도출한 결과, 단일 충격원으로부터 왔을 확률의 균형을 고려할 때 아마도 3억 3천만 년 이내에 형성된 젊은 얼음이라고 결론지었다(Deutsch et al., 2019).

달의 자전축은 황도면과 수직인 방향에서 1.5°밖에 벗어나지 않는다. 결과적으로 두 극지방 일부는 50 K까지 낮은 온도로 추정되는 영구 암흑 상태에 있으며, 이 지역에 얼음이 보존될 수 있다는 이론이 1960년대 초에 제기되었다. 수성과 마찬가지로, 이 물의 기원으로 태양풍의 수소에 의한 표토의 금속 산화물 환원, 혜성, 운석 및 행성 간 먼지에 의한 운반 등 다양한 메커니즘이 제안되었다. 낮은 온도는 어떤 물이라도 수십억 년 동안 승화에 저항할 수 있지만, 미세 운석에 의한 침식이나 에너지 입자에 의한 스퍼터링(sputtering)은 견딜 수 없을 것이다.

달 극지방의 물 얼음에 대한 첫 번째 증거는 달 표면에서 산란된 전파를 지구에서 탐지한 크레멘타인(Clementine) 탐사선에서 나왔다(두 개의 안테나가 관련되어 있으므로 소위 바이 스테틱 관측이라고 함). 이를 통해 그늘진 극지방 충돌구의 얼음에서 발생하는 특징적인 에코와 편광 비율이 밝혀졌다. 그 이후로 중성자, 감마선, 근적외선 분광기를 이용한 수많은 후속 연구가 진행되어 퇴적물의 수평 및 수직 범위를 확대하기 위해 노력하였다(그림 10.16). 일부러 임무를 중단한 탐사선을 극지방에 충돌시켜 물 얼음이 포함된 파편을 관측하려는 시도가 몇 차례 있었지만, 지금까지 별다른 성과를 거두지 못했다. 지난 15년 동안 인도의 챤드라얀 1호(Chandrayaan-1) 궤도선은 적외선 분광법을 사용하여 고위도에서 화학적으로 결합된 광범위한 수산화 이온과 노출된 물얼음 퇴적물의 증거를 밝혀냈다(Li et al., 2018). 챤드라얀 1호는 소형 합성 개구 레이더(synthetic aperture radar, SAR)를 탑재하여 그늘진 달 분화구에서 수 미터 두께의 비교적 집중된 순수 얼음이 존재한다는 것을 확인했다. 미항공우주국의 달 정찰 궤도선(Lunar Reconnaissance Orbiter)도 몇 년 후 유사한 중성자, 적외선 및 레이더 관측을 수행했다(Spudis et al., 2013). 영구적으로 그늘진 충돌구 내의 표토 속 물의 양을 추정하면 남쪽의 경우 2.4×10^8 t, 북쪽의 경우 6.2×10^7 t에 달한다(Honniball et al., 2021).

행성 탐사를 위한 이러한 퇴적물의 잠재적 가치를 고려할 때, 중성자 데이터만으로는 수소와 물 얼음을 구분할 수 없다는 점은 유감이다. 그러나 관측된 패턴은 두 가지 이유로 충분히 가치가 있다. 수소 손실 또는 파괴가 공급량보다 적다는 것을 보여주고(모든 출처에서 달로 전달되는 총량에 대한 추정치는 10^{13}~10^{14} t), 저위도와 중위도에서 온 수소가 극지방의 대규모 퇴적물에 효율적으로 집중됨을 보여준다.

태양계 외의 바다와 얼음 세계

해양 행성체는 표면이나 얼음 껍질 아래에 액체

형태의 물이 상당량 존재할 것으로 추정되는 외계 행성이다. 이 범주에 속하는 행성의 식별은 행성의 크기와 질량을 모두 식별할 수 있는 능력에 달려있다. 행성 크기는 천체 통과 탐지 방법의 직접적인 결과지만, 행성 질량은 케플러의 제3 법칙(2장)을 사용하거나 항성계 무게 중심(barycenter)을 도는 모성의 흔들림을 감지하는 데 의존한다. 외계 행성의 밀도를 결정하면 행성이 암석으로만 이루어져 있는지, 아니면 얼음과 같은 저밀도 물질이 상당량 섞여 있는지를 밝혀내어 가능한 전체 덩어리 구성을 유추할 수 있다. 태양계에는 질량의 상당 부분이 물얼음 형태로 이루어진 천체가 분명히 존재하지만, 그중 가장 큰 천체는 수성보다 약간 큰 정도이다. 외계 행성 탐사는 지구 크기 또는 슈퍼 지구 크기의 유사 지구가 존재할 수 있다는 희망을 품고 있다. 규산염과 금속 핵에 도달하기 전에 고압 얼음 맨틀(예: 얼음 6장, 7장, 8장) 위에 액체 물로 이루어진 바다를 가질 수 있지만(Journaux et al., 2020), 얼음에 메탄과 같은 불순물이 존재하는지에 따라 다양한 이색적인 구조와 과정이 발생할 수 있다(Levi et al., 2014). 많은 외계 행성이 모행성과 매우 가까운 궤도를 돌기 때문에 일부 해양 행성체는 뚜렷한 해수면이 없는 초임계 수중 바다로 변하는 거대한 증기 대기를 가질 수 있다(Pierrehumbert, 2023); 이러한 행성을 습식 거인(wet giants)이라 부르는 것이 가장 적절할 수 있다. 후자의 범주에 속하는 후보 행성 중 하나는 Kepler-68b(Gilliland et al., 2013)이다. 이와 유사한 종류의 해양 행성체는 소위 하이시안(Hycean) 행성으로, 수소와 해양의 합성어로 물의 바다와 수소 대기를 가진 행성체를 지칭한다. 이러한 외계 행성 중 하나는 K2-18b로, 지구 질량의 약 8.5배에 달하는 이 천체는 밀도가 약 2,700 kg m^{-3} 로 지구의 절반 정도이지만 해왕성보다 약 60% 밀도가 높다. 이런 종류의 온화한 해왕성은 현재 알려진 외계 행성 집단에서 많이 나타나고 있으며, 생물학적 징후를 발견할 수 있는 유망한 후보이다. 허블 우주 망원경(Hubble Space Telescope) 관측으로 수증기를 가지면서 수소가 풍부한 대기의 존재가 감지되었지만(Madhusudhan et al., 2020), 이 행성체의 바다가 초임계 상태(따라서 표면이 분리되지 않음)인지, 아니면 일반 액체 상태인지 계산으로 구분할 수 없었다. 제임스 웹 우주 망원경(James Webb Space Telescope)의 새로운 데이터에 따르면 K2-18b는 대기 중에 메탄과 이산화탄소가 약 1%의 농도로 존재하며 암모니아에 대한 증거가 없다는 점과 함께, K2-18b가 비교적 얇은 H_2 대기 아래에 뚜렷한 표면을 가진 진정한 액체 바다임을 강력하게 시사한다(Madhusudhan et al., 2023). 가장 흥미로운 점은 K2-18b의 대기에서 디메틸 설파이드(dimethyl sulfide)가 ppm 수준으로 잠정적으로 검출되었다는 점이다. 이것은 지구상의 해양 생물에서 생성되는 일반적인 화학 물질이며 바다 냄새의 주요 성분 중 하나이다. 디메틸 설파이드는 잠재적인 바이오마커(biomarker)로 간주되며, 이것이 대기에서 검출된 것은 가까운 미래에 더 흥미로운 발견을 예고할 수 있다.

외계 행성에서 증거가 쌓이면서 창백한 푸른 점, 즉 지구의 독특함에 대한 의문이 점점 더 커지고 있으며, 지구와 같은 온대 해양 행성체가 확인되는 것은 시간문제일 뿐이다. 그동안 화성과 금성의 기후 역사에 대해 계속 알아가고 있으며, 2030년대 이후에는 태양계에서 얼음 표면 아래에 바다를 가진 해양 행성체에 관한 새로운 탐사 물결이 일어나길 기대한다.

chapter 11

퇴적물과 층서학

행성체 표면에 발생한 충돌로 인해 단단한 기반암이 파쇄되며 다양한 크기의 파편으로 구성된 표토를 형성한다. 거대한 바위에서 미세한 먼지까지 다양한 크기의 표토는 이동과 퇴적을 거치며 퇴적물로 변형된다. 퇴적물은 입자의 크기와 밀도에 따라 분급된다. 대기가 없는 행성체에서 표토의 변형은 유일한 퇴적물의 공급원이며, 표토의 유일한 이동 방법은 중력이다. 소행성과 혜성에서도 모래와 먼지 크기의 입자는 중력에 의해 퇴적물로 분급된다. 대기가 존재하여 휘발성 물질이 표면에서 액체 또는 연성 고체로 응결될 수 있는 행성체에서는 물리적 마모로 퇴적물이 형성된다. 부유 상태의 미립자 물질이 흐르는 공기, 물, 얼음에 의해 이동하는 과정에서 발생하는 마모로 침식 지형이 형성된다. 부유 물질이 퇴적되는 과정에서 유체 흐름의 변화는 분급된 입자로 구성된 새로운 퇴적 지형을 형성한다. 퇴적물은 시간이 지날수록 순차적으로 퇴적되며 수질, pH, 동위원소 비율, 유속과 같은 퇴적 환경 변화를 기록한다. 궁극적으로 퇴적물은 화학적 침전이나 매몰 과정에서 열과 압력의 작용으로 고화되며 퇴적암을 형성한다.

궤도 촬영과 현장 영상을 통해 행성체 표면의 다양한 퇴적 환경 구분이 가능하다. 화성의 표면에 착륙한 큐리오시티 (Curiosity) 로버와 퍼시비어런스 (Perseverance) 로버는 다양한 퇴적물을 탐사하는 과정에서 노두의 층리를 발견하고 퇴적물의 구조와 화학적 조성을 성공적으로 조사하여, 과거 화성의 표면에 존재했던 물의 흐름을 복원하기 위해 매진하고 있다.

물론 물이 물질의 침식과 운반을 담당하는 유일한 유체 이동 수단은 아니다. 바람에 의한 풍성 작용 또한 물질의 침식과 운반에 기여한다. 실제 토성의 위성 타이탄의 강에 액체 탄화수소, 메탄, 에탄이 흐르리라 예상한다. 또한, 과거에는 메탄 빙하가 서서히 이동하며 타이탄의 표면을 뒤덮었을 것이다.

오래된 지형 위에 새롭고 신선한 물질이 퇴적되는 현상은 층서학의 기본 원리이다. 층서학은 퇴적물을 포함하는 다양한 지층 사이의 중첩 관계를 바탕으로 상대적인 생성 순서를 파악하고 해당 지층, 지역, 지구 전체의 지질학적 역사를 해석하는 지층 주상도를 제시한다.

퇴적물의 기원

퇴적물은 태양계 내 행성체의 위치에 따라 규산염 암석이나 얼음의 풍화와 침식으로 생성되고, 중력, 바람, 물, 얼음에 의해 이동하며 새로운 위치에 퇴적된다. 퇴적물의 입자 크기는 매우 다양하다 (그림 11.1). 퇴적물의 생성, 이동, 퇴적은 행성 표면의 변화를 유발하는 근본적인 과정이다. 퇴적

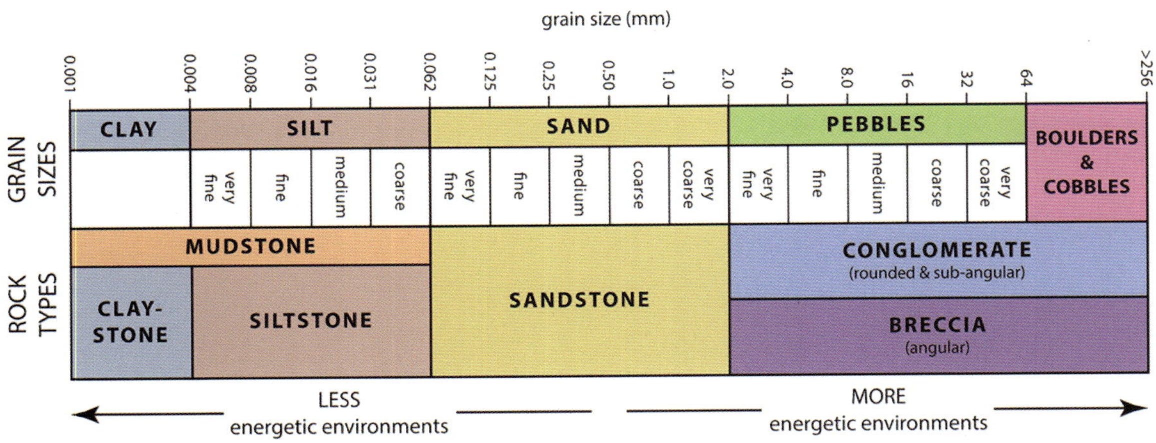

그림 11.1 퇴적물의 입자 크기와 원마도를 기준으로 삼는 우덴-웬트워스 (Udden-Wentworth) 분류법으로 퇴적암을 분류한다 (Wentworth, 1922). 점토/클레이 (clay); 작은 모래/미사/실트(silt); 모래 (sand); 작은 자갈 (pebbles); 큰 자갈 (cobbles); 바위 (boulders); 점토암 (claystone); 미사암 (siltstone); 이질암 (mudstone); 사암 (sandstone); 역암 (conglomerate); 각력암 (breccia). 이 분류는 퇴적암이나 퇴적물을 생성하는 이동과 퇴적과정의 성질과 에너지를 추정할 수 있게 한다.

물은 지구에서 지표로 이동하는 모든 고체 물질의 약 75%를 차지하며, 지질학적 시간 척도에서 지형의 진화와 변형을 주도한다. 퇴적물의 주요 공급원은 지표에 노출된 암석의 물리적 풍화와 화학적 풍화이다. 시간이 지남에 따라 퇴적물이 쌓이는 주요 장소는 하상 퇴적 환경에 해당하는 충적선상지, 범람원, 삼각주, 해변, 사구와 해양 퇴적 환경에 해당하는 심해저 평원, 해저 선상지이다.

충돌 화구 생성은 행성체의 주요 퇴적물 공급원 역할을 한다. 물질의 파쇄와 분해를 통해 충돌 축출물이 형성된다. 각력화된 충돌 축출물은 충돌구 주변으로 흩어진다. 진화 초기 태양계의 중폭격 시기 (heavy bombardment period)에 모든 행성 표면은 충돌구로 가득 차 수 km 두께의 알갱이가 거친 거대 표토층이 형성되었다. 거대 표토층은 달이나 수성처럼 대기가 없는 행성체에서 현재까지 보존되었다 (Wiggins et al., 2019; Egea-González & Ruiz, 2014). 지속적인 소규모 충돌과 미운석의 충돌로 거대 표토층의 최상부가 미세한 먼지로 분해되며 표토 평탄화 (gardening)가 진행된다 (Hörz, 1977).

화산 활동 역시 행성체의 중요한 퇴적물 공급원이다. 화산 활동의 부산물인 화산재, 화산력, 용융구체가 달의 표면에서 발견되었고, 향후 다른 행성체의 탐사에서 발견되리라 예상한다. 실제로 목성의 위성 이오의 매우 가변적인 표토 특성은 지역 화산 활동에 의한 영향으로 해석된다 (Simonelli et al., 1997). 물과 암석의 상호작용이 발생하는 곳에서는 고철질 용암이 빠르게 연질 점토와 분말 형태의 산화물로 변한다. 충돌, 화산 활동, 지구조 운동은 붕괴하기 쉬운 가파른 경사면을 형성한다. 경사면 붕괴는 암석 사태 (rock avalanches)로 이어지며 줄무늬가 있는 앞치마 모양의 엽상류를 형성한다. 낮은 경사면을 따라 분급이 진행되며, 암석 사태는 매스웨이스팅 (mass wasting)으로 진화한다 (De Blasio, 2011). *매스웨이스팅은 중력에 의해 퇴적물이 사면의 아래로 이동하는 현상이다. (역자 주)*

지구에서는 동결-해동 순환, 열팽창, 소금 결정 성장, 생물학적 활동과 같은 물리적 풍화 작용이 기반암을 분해하여 표토를 형성한다. 물론 기반암의 구조, 기후, 기복 구배가 표토 형성에 영향을 준다. 기계적 풍화 작용에 의해 작은 조각으로 분해된 암석은 공기, 흐르는 물, 얼음을 따라 이동하며, 추가적인 침식을 유발하고 새로운 퇴적물을 생성한다. 용해된 이온이 이동하며 발생하는 화학적 풍화 작용은 퇴적물 부하를 증가시키는 점토와 같은 이차 광물을 생성한다. 육상의 화학적 풍화 작용은 열대 지방의 따뜻하고 습윤한 기후에서 더욱 가속화된다. 이는 고온의 높은 강수량이 장석과 같은 규산염 광물의 용해를 촉진하기 때문이다. 단단하고 마모에 강하며 화학적으로 불활성 광물인 석영과 지르콘은 지질시대를 거쳐 오랜 기간 보존되어 가장 흔한 퇴적 알갱이로 남는다.

얇은 표토로 구성된 가파른 고지대는 침식이 빠르게 진행되어 퇴적물 생산량이 증가한다. 기복의 영향으로 산악 지대와 고지대의 강은 물리적 침식과 산사태로 상당한 양의 퇴적물을 생성한다. 지구의 다른 중요한 퇴적물 공급원은 생물학적 활동이다. 생물학적 활동은 육지 식물과 바이오매스의 풍화 작용, 플랑크톤 껍질로 구성된 석회질 연니(oozes)와 규질 연니가 해저에 축적되는 과정을 포함된다. 생물학적 활동 또한 퇴적물 생성을 촉진한다. 예를 들어, 굴을 파는 생물은 기반암을 분쇄하여 토양을 형성하고, 분쇄된 토양은 더 쉽게 침식된다. 생성된 퇴적물은 중력, 바람, 물, 빙하에 의해 이동한다. 각각의 퇴적물 이동 요소는 침식과 퇴적 과정을 거쳐 특징적인 지형을 형성한다.

중력

중력에 의해 퇴적물이 경사로 이동하는 과정을 매스웨이스팅 (mass wasting) 이라 총칭하는데, 이론 퇴적물의 이동은 굴림, 튐, 미끄러짐, 토양 포행,

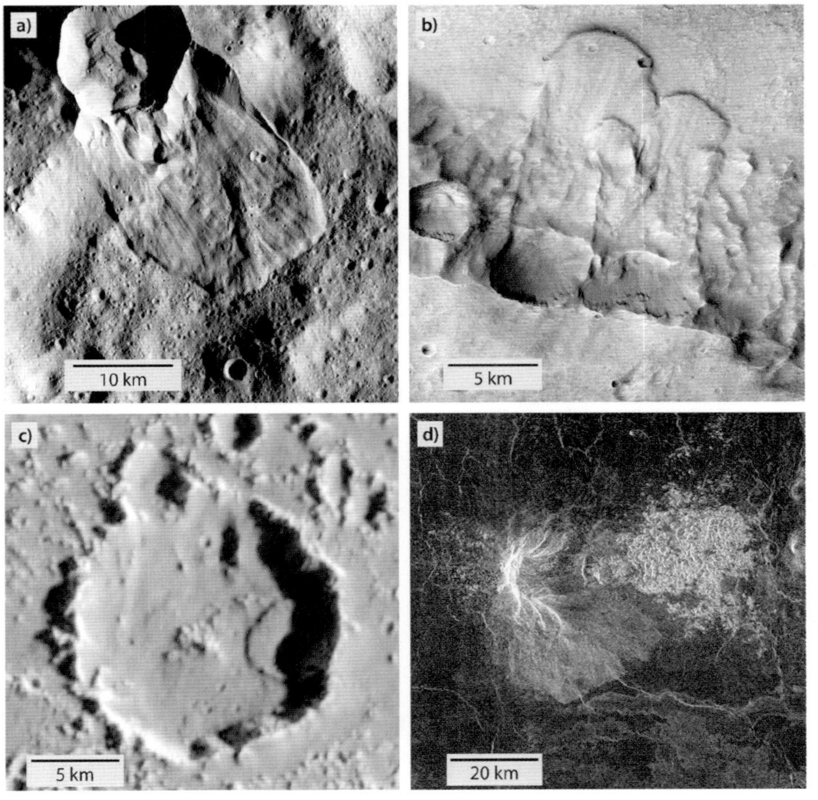

그림 11.2 중력에 의한 사면 붕괴의 예. (a) 소행성 세레스 가난 (Ghanan) 충돌구의 북동쪽 가장자리 붕괴로 형성된 엽상 퇴적물. 이 퇴적물에 대한 지질 분석은 Ruesch et al. (2018)에 되어있다. 영상 출처: NASA's Planetary Image Archive 21471. NASA/JPL-Caltech/UCLA/MPS/DLR/IDA. (b) 화성의 이름이 없는 충돌구 가장자리의 사면 붕괴. 영상 출처: Mars Reconnaissance Orbiter CTX image B09_013197_1442_XN_35S213W. 출처: NASA/JPL/ASU. (c) 목성의 위성 칼리스토의 아스가르드 (Asgard) 충돌구 가장자리의 사면 붕괴. 영상 출처: NASA's Planetary Image Archive 01095. 출처: NASA/JPL/ASU. (d) 마젤란 우주선 레이다로 관측한 금성 카웰루 평원 (Kawelu Planitia) 동부의 화산 사면 붕괴. 산사태 이후 발생한 사면 붕괴로 화산의 동쪽 측면을 따라 조개껍질 모양의 엽상류 지형이 생성되었다. 영상 출처: NASA's Planetary Image Archive 00264. 출처: NASA/JPL.

그림 11.3 화성 (71°S)의 충돌구 가장자리를 도랑들이 얇게 자르고 있다. 가장자리 바깥쪽의 밝은 부분(오른쪽 위 방향)은 드라이아이스 서리 퇴적물이다. 남쪽으로 경사진 충돌구 가장자리의 역암층에서 시작된 좁은 수로가 남쪽 경사면을 따라 도랑을 형성한다. 출처: NASA/JPL-Caltech/University of Arizona.

그림 11.4 화성의 북극 주변에서 경사면 붕괴에 의해 발생한 200 m 지름의 눈(산)사태 먼지구름. 이런 대량 이동은 화성에서 꽤 흔해서 고해상도 궤도선 영상에 다수 포착되었다. 출처: NASA/JPL-Caltech/University of Arizona.

암설류, 지진과 강한 강우로 인한 산사태를 포함한다. 시간이 지남에 따라 행성체의 화구 벽, 절벽, 가파른 경사면의 침식이 진행된다. 미고결 충돌구 축출물을 구성하는 충돌 파편이 사면 아래로 이동하며 줄 무늬 엽상류 (striated apron-like features)를 형성한다 (그림 11.2).

화성에서 보이는 산사태 지형과 테일러스 (talus, 애추, *절벽아래 고깔 모양으로 싸인 흙더미: 역자주*) 퇴적물은 화구 벽과 협곡 경사면의 지속적 변화를 유발하는 질량 이동이 상당히 있음을 시사한다. 화성의 적도 협곡 지대는 가장 큰 퇴적물 유출 수로의 상류에 위치하지만, 지각 운동과 매스웨이스팅의 복합적인 부산물로 해석된다. 표면에서 액체 흐름의 증거는 없지만, 지하수가 돌출된 노두로 스며 나와 침식하는 절벽 침식 (cliff sapping) 작용으로, 계곡 측면의 가파른 경사가 발달한다.

매몰된 대수층과 영구동토층의 지역적인 소진 (sapping)은 현재 화성의 활발한 도랑 형성 기작으로 알려졌다 (Dundas et al., 2010). 북위 30°와 남위 30° 이상의 위도에서 경사면이 좁은 수로 형태의 절개 지형을 많이 가지는데, 절개면의 일부는 계절에 따라 형태가 변화한다 (그림 11.3). 절개면의 변화로 인한 경사 불안정성 증가는 경사면 붕괴로 이어지며, 궤도 영상에서 산사태의 형태로 포착된다 (그림 11.4). 화성의 경사면 붕괴와 유사한 현상을 지구에서 관찰하기 위해, 염분 풍화로 발생하는 사막 지역의 침식이 고려되었지만 아무런 연관성을 찾지 못했다. 오히려 지구의 고위도 해안 지역에서 관찰되는 절벽 후퇴 현상이 화성의 절개면 변화와 더 유사하다. 예를 들어, 암석 파편의 이동과 지표 얼음의 침하로 북아메리카 북극 연안 일부 지역은 [15 m yr^{-1}]로 후퇴 중이다.

금성에서 고지대 지형과 관련된 이상 레이더 반응은 가파른 산악 경사면에서 발생한 매스웨이스팅으로 생성된 표토의 다중 산란 효과로 해석된다 (Campbell et al., 1999). 마젤란 (Magellan) 탐사선의 합성 개구 레이더 영상에서 측면 붕괴로 생성된 화산쇄설 암설류가 다수 포착되었다 (López et al.,

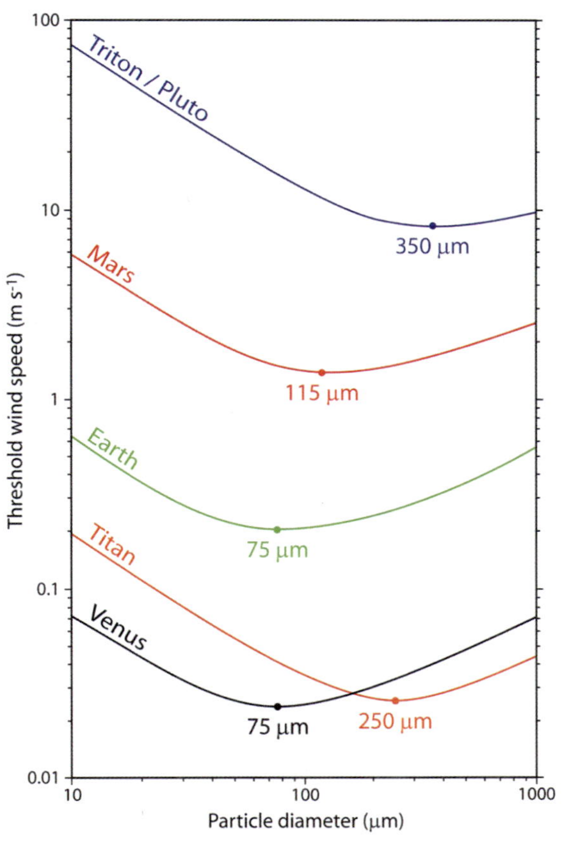

그림 11.5 풍력 가능 대기를 가진 행성체들에서 입자 비산에 필요한 임계 속도. 바람에 의해 이동할 수 있는 입자의 평균 크기를 바탕으로 행성체의 평균 풍속을 추정한다. 역으로 행성체의 평균 풍속을 측정하면, 풍성 이동 입자의 평균 크기를 추정할 수 있다. 물론, 표면의 습기, 대기 밀도의 차이, 표면 거칠음 정도 등이 해석을 어렵게 한다. 출처: Lorenz et al. (1995).

2022). 금성의 능선과 변형된 테세라 (Tessera) 지형도 시간에 따른 중력 침하를 시사한다. 결국, 행성체 별로 다른 중력 가속도는 침식의 유형과 침식 속도의 차이를 결정한다.

바람

대기를 통해 퇴적물의 이동이 가능한 행성체에서 모래, 실트 (silt), 점토는 풍성 작용으로 사구와 황토 퇴적층을 형성한다. 풍성 지형의 존재는 행성체의 지질학적 진화, 대기과학적 변화, 현재 진행 중인 표면 작용을 모두 반영한다 (Greeley & Iversen, 1985). 풍속과 공기 밀도 정보가 파악된 경우, 실험실과 현장 연구 자료를 바탕으로 부유 입자의 평균 크기를 가늠할 수 있다. 또한, 특정 시점에 특정 행성체에 풍성 작용 으로 화구 벽이나 협곡 경사면을 변화시킬 수 있는지 여부도 판단할 수 있다 (Bagnold, 1941).

바람에 의해 이동이 발생할 만큼 두터운 대기를 지닌 입자 이동 임계속도는 행성체 별로 다르게 관찰된다 (그림 11.5). 입자의 크기에 따른 이동 속도 변화 곡선에서 관찰되는 최저점이 이동가능 입자의 최소 지름이다 (그림 11.5). 지름이 큰 굵은 입자는 바람에 의해 이동하기 너무 어렵고, 지름이 작은 미세 입자는 서로 뭉치는 경향이 있다. 지구형 행성들의 광범위한 대기압 범위에서, 바람에 의해 가장 쉽게 이동되는 입자 크기는 75~180 μm이다 (Zimbelman, 2008). 그러나 풍동 실험은 타이탄과 일부 외계행성에서 예상되는 두꺼운 대기, 낮은 중력, 낮은 퇴적물 조건을 모델링했을 때 퇴적물의 도약 이동이 가능한 임계 풍속을 결정이 제한적임을 보여준다 (Burr et al., 2015). *입자 이동 임계속도 해석에서 지표의 수분 함량, 대기 밀도의 변화, 표면 거칠기도 함께 고려해야 한다. (역자 주)*

거시적인 관점에서 금성의 짙은 대기는 항력을 증가시켜 풍성 작용을 촉진하는 역할을 한다. 반면, 미시적인 관점에서 높은 대기 밀도는 입자의 운동을 제어하여 풍성 작용을 억제하는 역할도 담당한다. 금성에서의 임계 풍속은 지구와 비슷한 입자 지름에서 최소가 되지만, 지구의 경우 보다 거의 10배 느린 속도를 가진다 (그림 11.5). 금성의 마젤란 탐사선 레이더 영상에서 풍성 작용으로 형성된 풍맥 (wind streaks)이 많이 발견되는데, 이는 행성 표면에서 가장 흔하게 발견되는 지형 중 하나이다

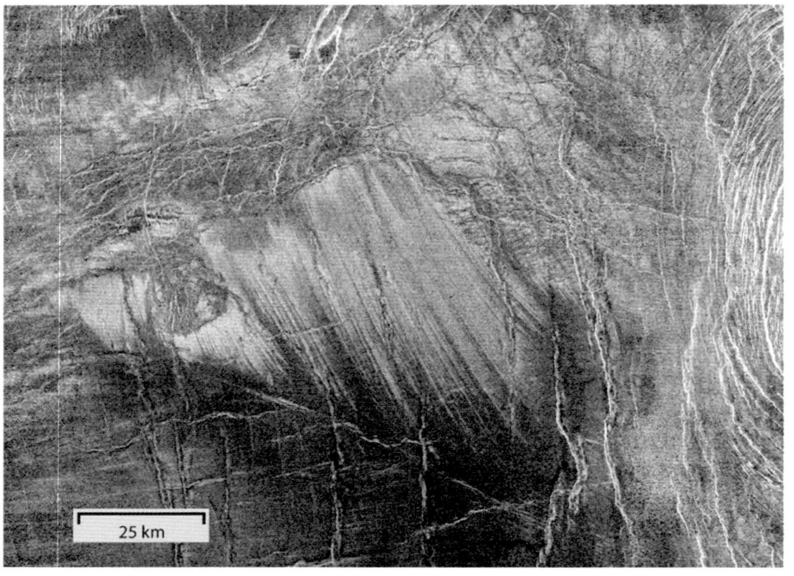

그림 11.6 금성의 미드 충돌구 (Mead crater) 북동부에 발달한 풍맥 또는 야르당 (yardang). 영상의 북서쪽에서 바람에 의해 유입된 입자가 어둡게 보이는 오래된 평원 (아마도 현무암)에 쌓여 레이더 영상에서 밝게 관찰된다. 출처: NASA/United States Geological Survey (USGS).

(그림 11.6). 금성의 풍맥은 남위 17°~30°, 북위 5°~53° 사이의 평야에 집중적으로 분포한다. 금성의 풍맥 형성은 크기가 적당한 약 60~2,000 μm인 미세한 입자의 공급에 주로 의존한다 (Cohen-Zada et al., 2017).

금성에서 사구는 전체 표면 면적의 0.004% 만 차지하는데, 이런 모이는 풍성 지형의 결핍은 마젤란 레이더 영상의 해상도를 고려하더라도 모래 공급의 부족과 적절한 풍속 유지의 어려움을 나타낸다 (Weitz et al., 1994). 메나트 운데 (Menat Undae)와 알-우짜 운데 (Al-Uzza Undae)는 널리 알려진 금성의 사구 분포 지역이다. 알-우짜 운데 지역의 사구는 길이 0.5~10 km, 간격 0.5 km의 호상 능선으로 8개월의 시차를 두고 촬영한 영상에서 형태나 규모의 변화가 전혀 감지되지 않았다. 그러나 이는 실제로 변화하지 않았다기보다 영상의 해상도가 좋지 않기 때문일 가능성이 더 높다.

금성에서 풍성 작용에 의한 퇴적물의 주요 이동 방식은 요동 (wobbling), 굴림 (rolling), 도약 (saltation)이지만 현탁 (suspension)과 충격 포행 (impact creep)도 완전히 배재할 수 없다. 지구의 경우 15~20 cm 높이에서 최대가 되는 암석 노두의 하방침식이 금성의 표면에서는 1 cm 높이에 해당한다. 이런 하방침식의 높이 차이는 금성의 고밀도 대기가 퇴적물 입자를 운반하는 과정에서 장애물 주변을 우회하는 경로를 택하기 때문이다 (Marshall et al., 1991). 또 다른 금성의 차별점은 도약과 현탁의 경계에 해당하는 입자의 지름이 30 μm 정도로 매우 작아, 이차 유동과 충격으로 생성된 증기가 입자를 매우 먼 거리까지 이동시킬 수 있다 (그림 11.5). 그렇다 하더라도 도약은 지구의 3~20배 정도 제약될 가능성이 크다. 이는 이론적 임계속도와 실제 추정 마찰속도의 차이 때문이다.

금성의 실제 대기를 구현한 압력 95 bar, 온도 737 K, 밀도 [65 kg m^{-3}]인 이산화탄소 대기에서 도약 플럭스는 도약 임계 속도의 약 3배까지 속도의 세제곱에 비례하여 증가한다 (Marshall & Greeley, 1992). 도약이 완전히 활성화되면 풍속과 입자 지름에 따라 다양한 층상 구조가 관찰된다. 대기압을 5~40 bar 범위로 변화시키면 금성에서 고도 차이 효과의 가능성을 연구할 수 있다. 예를 들어 고도에 높아짐에 따라 대기 밀도가 감소하기 때문에, 미세 사구는 능선과 파도 형태로 변조되고, 결국 평탄한 층으로 대체된다. 금성에서 대기 저항으로 운석 충돌 속도가 낮음에도 불구하고, 현무암 입자는 바람 터널에서 둥근 형태로 깎이게 되어, 미세 실트의 추가 공급원이 된다.

풍동 실험에서 최소 유입 속도는 이론적 추정치인 32~34 μm 크기 입자에서가 아니라 2배 이상 큰 75 μm 입자에서 관찰된다. 반면, 높은 대기 밀도 때문에 금성의 입자 이동에 필용한 임계속도는 약 [2 cm s^{-1}]로, 지구의 [20 cm s^{-1}]와 화성의 [200 cm s^{-1}]보다 매우 낮다. 참고로 베네라 (Venera) 착륙선과 파이오니어 (Pioneer) 탐사선이 측정한 금성의 표면 풍속은 [2 m s^{-1}] 미만이다.

지구 풍화 작용으로 형성된 황토는 잘 분급된 석영 실트로 구성된다. 가장 널리 알려진 황토의 예는 중국의 고지대에서 수백 m 두께로 관찰되는 황토층이다. 금성의 이동 임계속도에 영향을 주는 응집력 변화는 중국 황하의 황토 절벽에서 뚜렷하게 관찰된다. 퇴적물은 종종 방해석 ($CaCO_3$)에 의해 지엽적으로 고결되지만, 황토의 응집력은 주변을 둘러싸는 입자들 사이의 근거리 인력인 반데르발스 힘(van der Waals)으로 결정된다. 근거리 인력

그림 11.7 짙은 색깔의 모래 (아마도 현무암질)로 구성된 사구들이 화성의 번지 (Bunge) 충돌구 기저부에 리본 지형을 형성. 영상 출처: NASA's Planetary Image Archive 06813. 출처: NASA/JPL/Malin Space Science Systems.

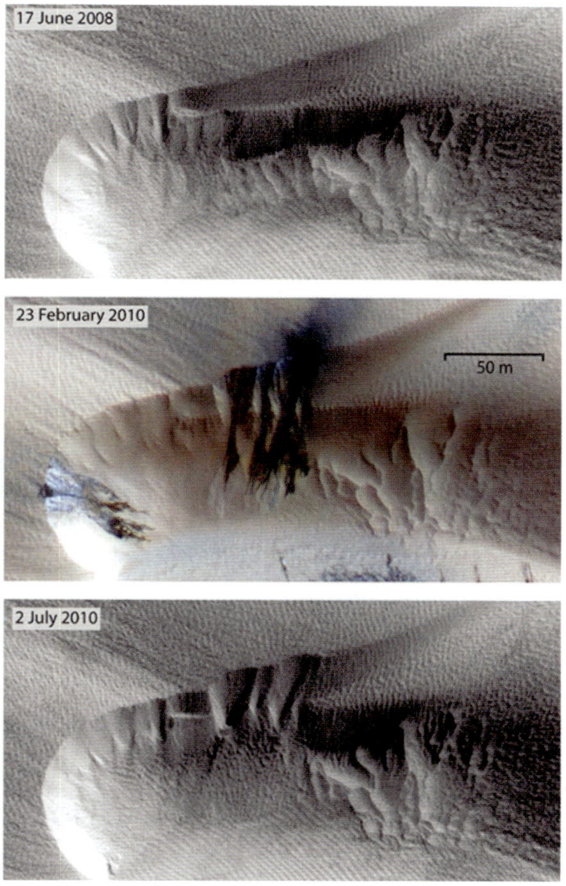

그림 11.8 계절에 따라 사구의 모래 사태가 발생하고 표면의 연흔 (ripples) 구조가 변화한다. 영상 출처: HiRISE camera on the Mars Reconnaissance Orbiter. 출처: NASA/JPL/University of Arizona.

이 붕괴하면 황토의 결합력은 급격하게 감소한다 (Smalley & Krinsley, 1979).

황토의 기원은 여전히 많은 논쟁의 여지가 있다. 사막 황토와 극지 황토는 오랜 기간 서로 다른 지질 물질로 인식되었다. 그러나 다양한 실험과 현장 측정 결과, 생성량과 무관하게 실트를 생성하는 유일한 방식은 도약하는 입자 사이의 충돌로 밝혀졌다(Smalley & Vita-Finzi, 1968). 지구에서 황토의 주요 공급원은 빙하의 분쇄이지만, 빙하 융해수에 의해 퇴적된 황토는 바람을 타고 먼 거리를 이동할 수 있다. 결국, 주요 황토 퇴적물의 대부분은 빙하 시대의 산물이다. 물론 퇴적 평원에 처음으로 실트가 축적된 시기와 황토 생성 시기 사이에는 상당한 시차가 존재한다 (Sun, 2002).

1809년 망원경 관측으로 처음 확인된 화성의 노란색 구름은 이제 먼지폭풍으로 인식된다. 먼지폭풍은 화성의 근일점에서 가장 활성화된다. 먼지폭풍은 바람에 날린 먼지로 구성되며 마리너(Mariner) 9호의 첫 번째 근접 통과에서 확인되었다. 1971년 당시 먼지폭풍은 3개월간 화성 표면을 뒤덮어서 실망스럽게도 소수의 충돌구만 확인할 수 있었다.

화성의 표면에 광범위하게 분포하는 사구는 도약에 의한 입자 이동의 중요성을 시사하며 다양한 퇴적물의 공급원 역할을 한다 (그림 11.7). 바람에 의한 이동에 편승 가능한 입자는 주로 충돌과 풍화작용으로 분해된 현무암 파편에서 온 결정들이다 (O'Hara-Dhand et al., 2010). 현무암 파편들이 미사와 점토 크기의 입자로 분쇄되고 정전기에 의해 뭉쳐져 모래 크기의 응집체를 형성한다 (Greeley et al., 1982). 지구보다 얇은 대기로 인해 화성의 입자 도약 임계 속도는 지구보다 빠르다. 화성의 풍성 지형 발달은 지구보다 충돌구 축출물과 화산 기원 파쇄물의 양이 풍부하고, 퇴적물을 가두고 저장할 바다와 호수가 없기 때문이다.

화성 정찰 궤도선 (Mars Reconnaissance Orbiter)은 시차를 두고 발생하는 고위도 사구의 변화를 관찰했다 (그림 11.8). 이는 화성의 사구가 과거 바람이 더 강했던 시기에 형성되어 현재까지 유지된 지형이라는 기존의 견해와 어긋나는 관측 결과이다. 실제로 사구의 모래 사태가 발생하고 연흔 형태의 변화가 관찰되는 계절적 영향이 뚜렷하다. 메리디아니 평원 (Meridiani Planum) 지역에서 [0.4~1 m yr^{-1}]의 사구 이동 속도가 기록되었다. 먼지 소용돌이의 이동을 추적한 결과 풍속은 [20~30 m s^{-1}]에서 최대 [45 m s^{-1}]로 파악된다 (Newman et al., 2022).

지구의 사막에서 관찰되는 풍식 (wind abrasion)은 침식 현상으로, 액체 물의 활동이 없는 행성체에서도 중요한 침식 과정이다. 바람은 모래 입자들을 운반하여 모래 분사 (sand blasting)와 공동화 (caviatation) 과정을 통해 노출된 표면을 침식한다. 지구의 사막에서 관찰되는 대표적인 풍식 지형은 길쭉한 능선인 야르당과 마모와 공동화로 윤이 나는 암석인 풍식력 (ventifacts)이다. 지구의 먼지 폭풍은 퇴적물의 빠른 침식을 유발한다. 화성은 훨씬 큰 규모의 먼지 폭풍이 발생하는데, 이는 얇은 대기, 미세한 퇴적물 공급, 강한 계절풍의 영향이다. 화성의 전구적인 먼지폭풍은 풍식 작용으로 화성 표면의 침식을 촉진한다. *야르당은 풍식 작용으로 발달한 유선형 암석 구릉이다 (그림 11.9, 역자 주).* 야르당은 화성의 여러 지역에서 발견된다. 가장 큰 야르당 분포 지역은 화성의 적도 부근에 있는 아마조니스 평원(Amazonis Planitia)이다. 이들은 상대적으로 잘 부서지고 비교적 느슨하게 굳은 퇴적물인 화산쇄설 강하 화산재, 화쇄류암, 이류에서 주로 발달한다 (Ward, 1979). 화성의 야르당 배열은 생성 당시의 바람 방향을 반영하여 현재와 다른 바람 방향이 관찰되기도 한다.

풍식 지형인 야르당이 금성 미드 충돌구 (Mead crater) 북동쪽의 얕은 침강 지역에서 관찰된다. 야르당을 만든 풍맥의 방향은 남풍을 시사하는데, 이 바람은 아프로디테 테라 (Aphrodite Terra) 고원에 의해 남서쪽으로 휘어진다.

지구에서 대표적인 야르당은 차드 (Chad) 북부 티베스티 (Tibesti) 지역에서 관찰된다. 이곳에서 매년 대략 8개월 정도 북동쪽에서 불어오는 강력한 모래바람으로 제4기 호수 퇴적물이 침식되어 야르당은 형성한다 (Grove, 1960). 위성 영상에서 티베스티 산맥에 의해 무역풍이 휘어짐이 뚜렷하게 보인다. 다른 곳에서는 바람에 의한 마모와 퇴적이 단지 노두의 분포와 절리의 형태를 강조하는데 그친다 (Pelletier, 2018; Pelletier et al., 2018). 서기 4세기에 형성된 중앙아시아의 야르당은 물에 의한 침식과 염분 풍화의 기여가 없다는 가정하에 최대 [20 m kyr^{-1}]의 풍식을 암시한다. 빠른 속도의 풍식 발생은 호수 퇴적물에만 국한되지 않고, 화강암과 규암 (quartzite) 지역에서도 풍식력이 [10 m kyr^{-1}] 정도로 빠르다.

타이탄에서 사구 (dunes)가 전체 표면의 약 15%를 차지하며, 사구의 최대 높이 차이는 120m 정도이다 (Radebaugh, 2013; Lopes et al., 2019). 타이탄의 사구는 대부분 적도 지역에 밀집되어 있고, 그 형태가 토성의 조석력에 의해 발생하는 부드러운 바람에 의해 형성되었음을 시사한다 (그림 11.10, 11.11). 타이탄의 대기 순환 모델은 조석력에 의해 서쪽에서 동쪽으로 부는 바람 때문에 사구가 형성된다는 가설을 뒷받침한다. 또한, 이 모델은 시간에 따라 사구의 형태를 변화시키는 바람의 계절적 변화도 예측한다. 사구는 생성 당시의 바람 방향을 나타내는 지시자로서, 대기 순환 모델을 검증하는 기준 자료로 활용된다 (Ewing & Haynes, 2015).

레이더 산란 특성과 적외선 스펙트럼 자료에 근

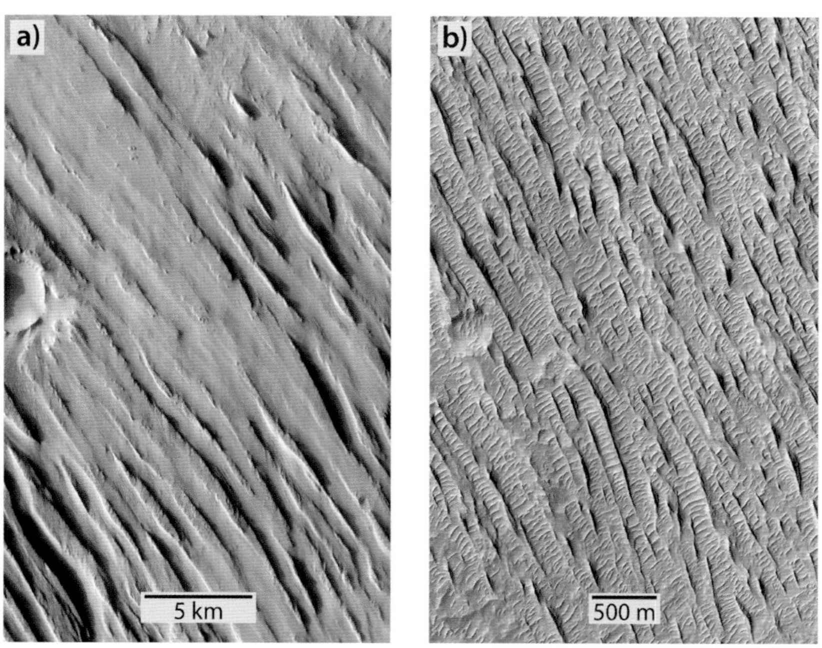

그림 11.9 (a) 마스 오디세이 (Mars Odyssey) 궤도선이 촬영한 아마조니스 평원 (Amazonis Planitia) 메두사 함몰대(Medusa Fossae)의 야르당. 화성에서 가장 넓은 야르당 지형. 영상 출처: NASA's Planetary Image Archive 04464. 출처: NASA/JPL/ASU. (b) 마스 글로벌 서베이어 (Mars Global Surveyor)가 촬영한 엘리시움 평원 (Elysium Planitia) 아이올리스 능선 (Aeolis Serpens)의 야르당. 영상 출처: NASA's Planetary Image Archive 07333. 출처: NASA/JPL/Malin Space Science Systems.

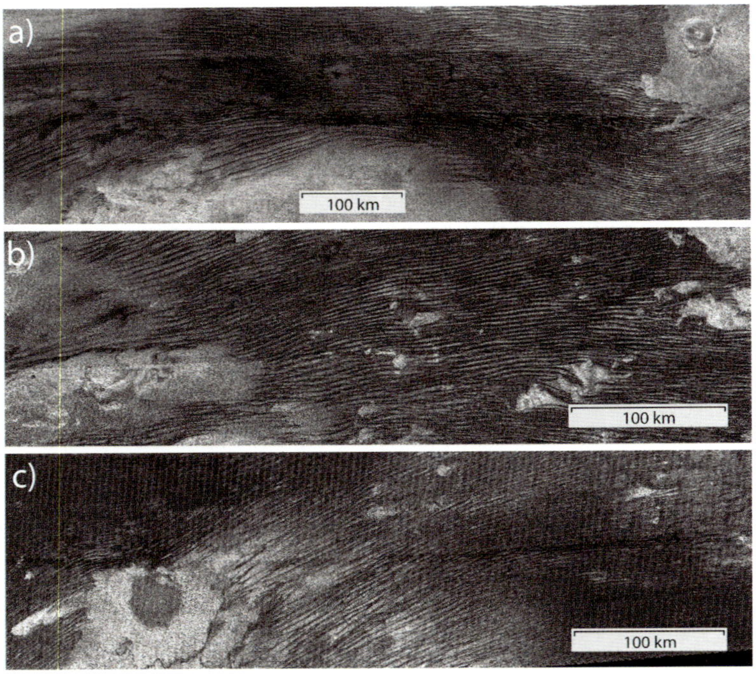

그림 11.10 카시니 (Cassini) 우주선의 레이더로 관측한 타이탄의 종사구 (longitudinal dunes). (a) 펜살 (Fensal) 지역(2011년 6월 20일 T77 플라이바이). 영상 오른쪽 끝부분의 분지는 크사 (Ksa) 충돌구. (b) 벨렛 모래 바다 (Belet sand sea) 지역 (2009년 8월 25일 T61 플라이바이). (c) 샹그릴라 (Shangri-La) 지역 (2008년 12월 5일 T48 플라이바이). 영상 왼쪽 원형 구조는 시코쿠 파큘러 (Shikoku Facula)의 북부. 사구의 성분은 알려지지 않았지만, 타이탄의 성층권에서 형성된 탄화수소 연무 집적물로 추정된다. 출처: NASA/JPL.

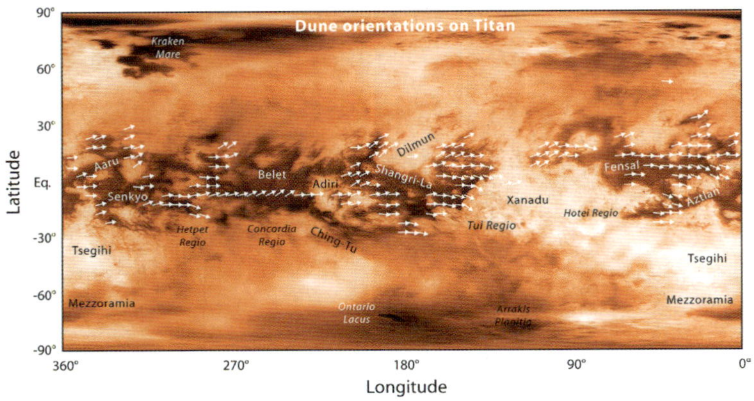

그림 11.11 타이탄 적도 부근에 발달한 모래 바다 (근적외선 촬영에서 어두운 부분)와 고해상도 레이더 자료로 관찰한 바람의 이동 (하얀 화살표). 바람의 이동은 타이탄의 저층 대기의 순환을 이해하는데 기여한다. 출처: NASA/JPL-Caltech/ASI/Space Science Institute.

거하여, 타이탄의 사구는 대기 중 메탄 분자의 광화학적 반응으로 생성된 유기물질로 구성되었다고 판단된다. 이 유기물질이 고체 연무 입자로 타이탄 표면에 침착되어 사구를 형성한다 (Rodriguez et al., 2014). 타이탄 사구의 화학 조성은 매우 다양한데, 일부 지역의 사구에서 많은 물얼음의 노출이 확인된다 (Bonnefoy et al., 2016). 타이탄의 사구를 구성하는 모래 입자는 정전기를 발생시켜 바람에 의한 도약의 방식과 도약 임계속도를 제한하여 지구 사구의 모래 입자보다 훨씬 끈끈하다고 생각된다 (Lorenz, 2014). 이론 모델들은 타이탄의 사구를 구성하는 모래 입자의 도약이 연속적이지 않고 간헐적이라고 예상한다 (Comola et al., 2022).

물과 기타 액체

대부분의 퇴적물은 하성 작용에 의해 강바닥을 따라 굴러가는 밑짐 (bedload)과 부유로 떠다니는 뜬짐 (suspended load)의 형태로 이동한다. 일반적으로 기복, 방출량, 유역 크기, 침식률이 증가하면 퇴적물의 유량도 증가한다. 강의 하류에서는 입자의 점진적인 마모와 분쇄로 퇴적물의 유량이 감소한다. 퇴적물은 충적 수로에서 사주와 제방 상부 퇴적물의 형태로 저장된다.

시간이 지날수록 운반된 퇴적물이 축적되며 다양한 지형학적 특징이 강, 호수, 바다에서 관찰된다. 예를 들어, 지구와 화성의 산맥을 따라 산악 유역에서 침식된 하천 퇴적물은 충적선상지 (alluvial fans)를 형성한다. 부유 하천의 퇴적 작용으로 형성된 지형의 대표적인 예가 미시시피강의 범람원과 삼각주이다. 해변, 사주, 갯벌, 습지는 해안선을 따라 파도와 조수에 의해 운반된 퇴적물의 저장소 역할을 한다. 대륙붕과 대륙사면의 퇴적물은 저탁류에 의해 심해평원으로 이동하는 과정에서 해저 선상지를 형성한다. 대양 바닥의 심해 평원도 퇴적물의 주요 종착지이다.

물은 현재 지구와 과거의 다른 행성체에서 가장 강력한 침식의 원인이다. 물은 수력 작용, 마모, 공동화, 용해 과정을 통해 침식 지형을 형성한다. 수력 작용은 흐르는 물이 암석과 토양을 뜯어내고 분해하는 침식 과정이다. 물의 운동 에너지와 난류는 마모를 통해 퇴적물을 서로 분해한다. 수압에 의해 형성된 폭발적인 거품이 퇴적물의 표면에 부딪혀 붕괴하는 현상을 공동화라 한다. 물과 가용성 암석의 화학 반응에서 용해가 발생한다. 물과 기반암 사이의 상호작용은 수로와 배수망과 같은 특징적인 지형을 형성한다.

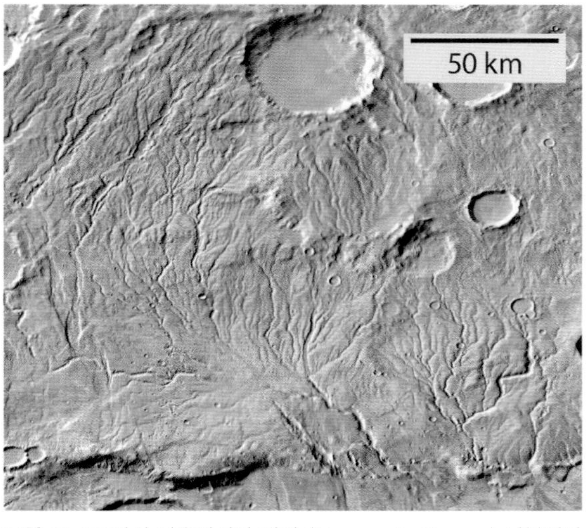

그림 11.12 화성 타우마시아 평원 (Thaumasia Planum) 남부에서 기원하는 워레고 (Warrego) 계곡의 수지상 (dentritic) 지형과 배수계 (drainage network). 이 지형은 마리너 9호가 1970년대에 처음 발견했다. 영상 출처: Mars Odyssey THEMIS-IR Day Global Mosaic 100m v12 dataset. 출처: NASA/JPL/ASU/United States Geological Survey (USGS); Edwards et al. (2011).

지구외의 행성체에서 물에 의한 침식의 증거는 과거 물 순환에 대한 중요한 단서를 제공한다. 화성의 계곡과 수로망은 한때 화성 표면에 활발하게 흐르던 물이 존재를 시사한다 (그림 11.12). 화성의 침식 양상은 빙하가 아닌 비나 녹은 눈에 의해 형성된 특색을 보인다. 얇은 대기로 인해 액체 상태의 물은 현재 화성 표면에 존재할 수 없다. 그러나 얼음은 동결과 융해 침식을 통해 화성의 지형적 변화를 유발한다. 최근까지 물에 의한 침식과 퇴적은 현재와 과거의 지구와 화성에서만 고려되었다. 특히 강수의 침식 효과는 훨씬 더 제한적으로 고려되었다. 화성에서 강수 침식보다 지하수로 공급되는 흐름에 의한 침식으로 받아들여졌다. 그러나 2009년경부터 과거 습한 기후 가능성이 심각하게 고려되면서, 지구의 빙하 주변 지역의 낮은 강수 침식률과 유사하게 화성고원의 화구 침식 속도가 추산되었다. 이는 화성에서 과거의 강수 침식 가능성을 제기한다. 지구에서 강수 침식의 주요 변수인 빗방울 크기와 최종 낙하속도는 강수 강도에 의해 좌우된다. 빗방울 크기와 최종 낙하속도를 고려할 때, 강수 침식은 빈번한 대류성 강수의 기상 조건과 맨땅의 지표 조건을 모두 충족하는 반건조 열대 지역에서 가장 빈번하게 관찰된다.

표면의 유체 흐름에 대한 정량적인 자료를 바탕

으로 하천 체계의 형태 계측 분석(Leopold, 1994)이 개발되어, 유량과 수로의 폭, 하천의 깊이와 물의 속도, 배수 면적과 하천의 수, 하천의 길이와 경사 사이의 통계적 연관성이 정립되었다. 이런 다양한 통계적 변수와 더불어 구불구불한 사행천의 폭과 굴곡과 같은 복잡한 변수도 원격 탐사 자료의 보강으로 통계 분석에 포함된다. 그러나 형태 계측 분석이 모든 문제의 해답을 제시할 수는 없다. 배수 밀도는 단위 면적당 전체 수로의 길이로 정의되는데, 지구의 배수 밀도 분포도에서 두 개의 강수량 최대값이 확인된다. 하나는 강수량이 [100~300 mm yr^{-1}]인 반건조 지역이고, 다른 하나는 강수량이 식생의 보호 효과를 상쇄할 만큼 충분한 지역 (일반적으로 [700 mm yr^{-1}] 이상)이다. 따라서, 배수 밀도를 강수량으로 단순 변환하여 사용할 수는 없다. 그래도 배수 밀도 비교는 대체로 유사한 두 지역이나 두 행성체 사이의 기후 역사 차이를 들어낼 수 있다 (Chen et al., 2021).

하천 체계의 형태 계측 분석이 성공적으로 적용된 예가 금성의 수로이다 (Komatsu et al., 1992). 금성의 수로는 카날리 (Canali)로 불리며 해저 밀도류나 흐르는 용암에 의한 침식이 확인된다 (그림 7.10). 금성 카날리의 파장, 곡률 반지름, 폭 간의 상관관계는 지구의 하천 시스템과 비슷하다 (Khawja et al., 2020). 실제로 일부 카날리는 절단된 사행천, 망상 하천, 포인트 바 (point bars), 삼각주 지형을 포함한다. 금성의 수분 손실에 대한 동위원소 증거는 이 지형들이 하천 기원임을 배제하지 않는다 (Jones & Pickering, 2003). 그러나 지형 형태 자체는 수로 기하와 배출 양상 사이에 평형을 이루었었다는 것만 보여준다. 이런 평형은 빙하 용융수로와 대양 해류에서도 하천과 해저 수로에서도 마찬가지로 일어날 수 있다.

그러나 수리 기하학 (hydraulic geometry)은 하상 침식의 지역적 변화를 나타내는 지시자로 사용된다. 시간 경과에 따른 침투 감소나 강수 강도 증가는 배수 밀도 증가에 의해 생생하게 나타난다. 특히 화석화된 절단 사행천과 하안 단구는 과거의 유출량과 계절적 흐름의 변화 양상을 기록한다. 예를 들어 약 1,000년 전에 형성된 하천 매립지가 아시아, 아프리카, 유럽, 북아메리카에서 발견된다 (Leopold & Vita-Finzi, 1998). 이는 북반구 중위도 지역의 강수 양상이 제트 기류의 변화에 의해 일시적으로 왜곡되었음을 시사한다. 하상 구조의 변화는 계절적인 문제를 넘어 전 지구적 기후 변화를 반영한다. 레이더 영상 관측을 통해 오만의 와히바 사막과 사하라 사막 (Zaki et al., 2021)에서 화석 하천이 발견되었다. 호주 내륙에서 관찰된 화석 하천의 분포를 통해 사행천 형성 당시의 높은 유출량을 추정할 수 있다. 충적선상지는 빙하 지역과 반건조 지역에서 모두 형성될 수 있어, 수리 기하학에 의존한 기후 변화 해석은 주의를 필요로 한다.

마리너 9호가 처음 발견한 다양하고 광범위한 화성 수로의 기원은 궤도선과 착륙선의 자료가 축적된 현재에도 활발한 논쟁의 주제이다. 화성 수로의 기원 규명은 환경 변화의 본질과 범위, 행성의 내부 구조와 대기의 진화, 과거와 미래의 생명 유지 가능성과 같은 근본적인 문제의 해결에 영향을 준다. 지구와 금성처럼 모양과 크기가 매우 다양한 수로가 화성에서 관찰된다. 화성의 충적 계곡, 선상 퇴적물, 삼각주는 초기 지표 유출과 물에 의한 퇴적물 이동을 나타낸다 (Irwin et al., 2005). 화성의 수로는 협곡 (canyons), 유출 수로 (outflow channels), 도랑 (gullies)으로 분류한다. 첫 번째 유형인 협곡은 녹티스 라비린투스 (Noctis Labyrinthus) 미로 지형과 발레스 마리네리스(Valles Marineris) 계곡을 연결하는 동서 방향 협곡이 대표적인데, 그 길이 2,400 km이고, 각 협곡의 폭 200 km, 깊이 7 km이다 (그림 6.10). 유출 수로로는 발레스 마리네리스 계곡과 크리세 평원 (Chryse Planitia) 사이에 주변의 함몰대와 혼돈 지형을 가로지르는 길이 3,000 km, 깊이 2.5 km의 유출 수로가 대표적이다 (그림 11.13). 화성의 표면에는 작은 계곡과 도랑도 널리 분포하며, V자형 수로와 U자형 수로도 관찰된다. 일부 작은 계곡과 도랑은 조개껍데기 모양의 프레티드 계곡 (fretted valley)을 형성한다.

대부분의 화성 온실 기체 모델은 지하수의 지속적인 침식이 노아키아기 (Noachian) 후기와 헤스페리아기 (Hesperian)에 집중되었다 추정한다. 노아키아기 후기와 헤스페리아기는 상대적으로 온난하여 기온이 영하 이하로 크게 떨어지지 않았고 지표 얼음의 두께가 얇던 시기이다. SNC 운석의 동위원소 데이터와 화성 대기의 비활성 기체 함량 자료들은 화성 가스 분출량 정도에 따라 0.1~10 bar 범위의 이산화탄소 대기압을 시사한다. 계곡과 지표면의 얼음 분포는 이보다 훨씬 더 많은 이산화탄소의 손실을 암시한다. 이런 대기압 수치들 차이를 설명하기 위해, 화성 역사 초기에 빈번한 운석 충돌로 대규모 대기 손실이 있었다고 제안되었다. 추가적으로 잔류한 이산화탄소 일부는 탄산염으로 고정되었으며, 결국 온실 효과가 정지되며 화성 표면의 액체 수분이 모두 사라졌다.

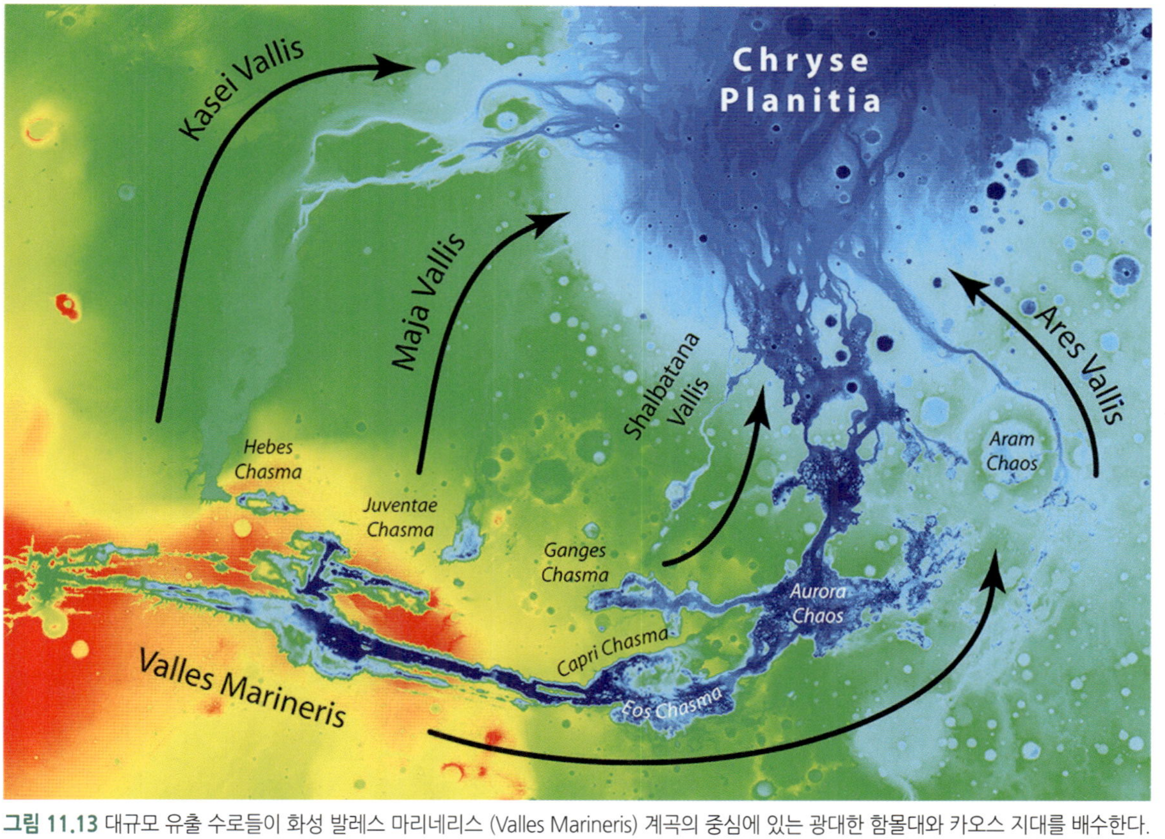

그림 11.13 대규모 유출 수로들이 화성 발레스 마리네리스 (Valles Marineris) 계곡의 중심에 있는 광대한 함몰대와 카오스 지대를 배수한다. 가장 큰 수로는 이 MOLA 지형도 (청색은 낮은 고도 황색과 적색은 높은 고도) 왼쪽의 카세이 계곡 (Kasei Valles)은 헤베스 함몰대 (Hebes Chasma)으로부터 배수한다. 출처: NASA/United States Geological Survey (USGS).

금성의 수로에서처럼 화성의 수로와 지구의 배수계 사이의 유사성 고찰은 주의해야 한다. 즉, 흐르는 물 이외의 다른 요인으로 화성의 수로가 형성될 수 있기 때문이다. 물 이외에 화성의 수로를 형성할 수 있는 물질은 액체 알케인 (alkane), 액체 이산화탄소, 고체 이산화탄소, 진흙, 바람, 다양한 종류의 용암이다. 카세이 계곡 (Kasei Valles)을 비롯한 화성의 많은 수로는 빙하에 의해 깎인 지구의 남극 계곡의 형태와 매우 유사하다 (Luchitta, 2001; Sam et al., 2022). 20세기 후반에 들어서 화성의 계곡망 대부분은 물의 침식 작용으로 형성되었다고 일반적으로 받아들여졌으나, 침식을 유발하는 하천의 특성은 불확실하다. 최초의 마리너 탐사에서 화성의 수로와 지구의 반건조 지형 사이의 놀라운 유사성이 확인되었다. 지구의 사막은 돌발 홍수가 주요 침식의 원인이다. 화성의 수로는 얼음이 많은 건조한 환경에 있기에 지구처럼 돌발 홍수인지 단언하기 어렵다.

미국 워싱턴주 동부의 용암지대는 18,000년 전부터 14,000년 전 사이 미줄러 빙하호 (Glacial Lake Missoula)에서 여러 차례 분출된 용암과 플라이스토세 동안의 홍수 퇴적물이 섞여 형성되었다고 최근에 해석되었다 (Baker, 2010). 워싱턴 동부 용암지대의 최대 유량은 화성의 큰 수로에서 추정된 유량 [10^7~10^9 m^3 s^{-1}]과 거의 비슷하다. 일부 화산체의 예외적인 경우를 제외하면, 화성의 배수 밀도가 지구의 배수 밀도보다 일반적으로 100~1,000배 낮게 관찰된다. 지구와 화성의 유사한 암석 구성과 배수 밀도 차이를 고려할 때, 화성의 계곡은 지구의 계곡보다 짧은 기간에 형성되어야 한다. 형성 시기가 헤스페리아 초기에 해당하는 화구의 삼각주는 호수의 지속 기간이 수천 년 이내임을 시사한다 (Ori et al., 2000).

행성 탐사 임무는 상대적으로 짧은 기간에 완료된다. 따라서, 행성체 표면의 장기간 누적 변화 탐지는 인류가 앞으로 해결해야 할 과제이다. 물은 행성체의 표면에서 중요한 지표 변화의 요인이다. 물에 의한 지구의 표면 변화 관찰에 적어도 수십 년 동안 축적된 자료가 필요하다 (Vita-Finzi, 2012). 황하의 지류인 황보천 (皇甫川)에서 뜬짐 (suspended load)의 최대값 [50,000 t km^{-2} yr^{-1}]이 측정되었다. 모든 대륙의 침식 물질 총량은 [2.7~4.6 km^3 yr^{-1}]이며, 그 중 [1.1 km^3 yr^{-1}]의 침식 물질은 히말라야에서 발원한다. *밑짐과 뜬짐의 총량과 핵분열 비적 연대 측정을 바탕으로 계산한 신생대 전체의 침식률은 [1~5,000 m Myr^{-1}]이다. (역자 주)*

타이탄에서 H_2O 강수는 단지 메탄 강수의 침식 작용을 측정하는 척도로 사용될 뿐이고, 실제 타이탄에서 일어나는 메탄 강수의 침식은 메탄 빗방울의 질량과 최대 속도를 고려해야 한다 (Lorenz & Lunine, 1996; Loftus & Wordsworth, 2021). 많은 메탄 빗방울이 지면에 닿기 전에 증발할 가능성을 전혀 고려하지 않더라도, 두꺼운 대기와 낮은 표면 중력으로 타이탄의 침식 속도는 지구 침식 속도의 ~1% 수준인 [1 m Myr^{-1}]이다. 그럼에도 액체 탄화수소에 의한 기계적 침식 작용으로 추정컨대 얼음 기반암 위에 형성된 하천 배수망이 존재한다. 깊은 협곡에 발달한 일부 하천의 원인이 절개 때문인지 아니면 기존의 지각 구조에 흐르던 유체의 흐름 때문인지를 현 단계에서는 구별할 수 없다 (Poggiali et al., 2016).

대부분의 활동적인 수로는 고위도에 분포하여 극지방의 큰 바다부터 작은 호수까지다양한 크기의 액체 저장소로 배수된다 (그림 11.14). 이 중 가장 큰 것인 크라켄 바다 (Kraken Mare)는 지구의 카스피해보다 표면적이 더 넓고 깊이가 수백 m에 이르는 탄화수소 바다이다 (Lorenz et al., 2014). 건조한 수로는 중위도와 저위도에 분포하며 폭우로 인해 메워진 임시 상태이거나, 과거 표면에 액체가 더 고르게 분포되었던 타이탄 초기를 반영한다 (Hayes, 2016). 타이탄 기후 변화는 태양의 복사열과 궤도 주기에 의해 조절되는 대기 중 메탄 농도의 장기적 감소의 결과일 것이다 (Hayes et al., 2018). 호이겐스 (Huygens) 착륙선이 둥근 얼음 자갈로 덮인 타이탄의 퇴적 평원에 착륙하는 과정에서 인근 지형의 수로를 포착했다. 이런 둥근 얼음 자갈은 상대적으로 강한 유체 이동을 시사한다. 타이탄 하천의 침식률 추정은 다음 세대의 몫으로 남아 있다 (Jaumann et al., 2008; Tewelde et al., 2013).

빙하

빙하는 기저부 침식, 빙하 파편, 빙하 융해수를 통해 퇴적물을 생성하고 운반한다. 빙하가 남긴 퇴적물인 빙하 표류물은 다양한 형태로 관찰된다. 빙성 퇴적물 (till)은 빙하가 녹으며 직접 떨어져 나와 층상 구조가 발달하지 않은 퇴적물이다. 빙성 퇴적물은 크고 작은 쇄설성 입자가 섞여 입자의 분급도가 매우 낮다. 빙성 퇴적물은 빙하 아래에 퇴적되는 기저 빙성 퇴적물과 빙하 가장자리에 퇴적되는 삭마 퇴적물로 나뉜다. 빙하 융해수가 빙하 내부와 아래로 흐르면서 입자의 크기가 큰 퇴적물이 퇴적된다. 입자의 크기가 큰 퇴적물은 빙하가 후퇴한 후 구불구불한 능선으로 관찰되는 에스커 (eskers)를 형성한다. 빙퇴구는 빙하의 흐름이 빠른 지역에서 생성된 짧은 타원형의 빙성 퇴적물 능선이다. 빙퇴석 (moraines)은 빙하가 후퇴한 후 빙하의 가장자리와 계곡 바닥에 능선, 둔덕, 빙상 형태로 형성된 빙성 퇴적물이다. 빙하의 이동 과정에서 측벽 침식으로 측벽 방향에 길게 형성된 측퇴석과 기저면 침식으로 하부에 얇고 넓게 형성된 저퇴석이 발달한다. 만약 두 개의 빙하가 합류하면 두 개의 측퇴석이 모여 중앙퇴석으로 진화한다. 종퇴석과 후

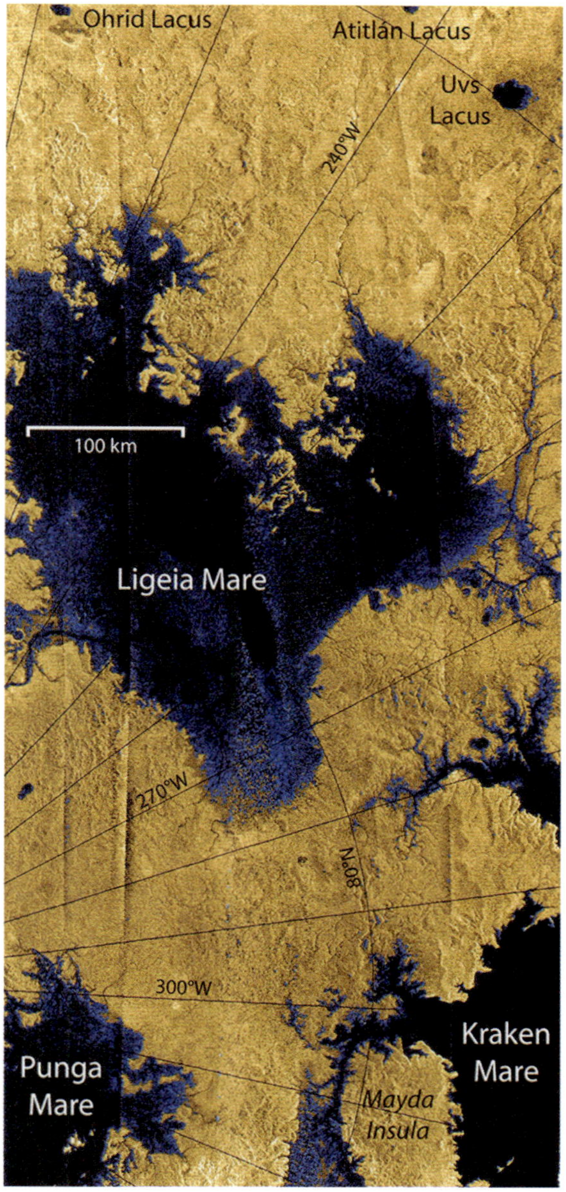

그림 11.14 탄화수소 비가 하천 망을 따라 흘러 타이탄 북극 근처의 호수와 바다에 당도한다. 에탄과 메탄으로 구성된 호수와 바다의 깊이는 수백 m이고, 넓이는 북아메리카 오대호보다 넓다. 출처: NASA/JPL/United States Geological Survey (USGS).

퇴 빙퇴석은 빙하의 후퇴, 정지, 전진을 나타낸다.

지구와 화성의 고대 빙하를 가장 대표하는 지형이 빙퇴석과 에스커이다. 빙하를 벗어나면 빙하 융해수 하천이 퇴적물을 생성한다. 퇴적 선상지와 평원은 하류 방향으로 경사진 층을 이루며 점토에서 자갈을 포함하는 입자의 분급이 발달한다. 하천을 따라 이동한 빙하 하성 퇴적물은 호수에 이르러 빙하 호수 퇴적물로 침전된다. 빙하 호수 퇴적물은 얇은 실트와 점토로 구성되며, 녹은 빙산에서 떨어져 나온 낙석이 간헐적으로 포함된다. 빙붕에서 떨어져 나온 빙산이 해류에 의해 근원지에서 수천 km 떨어진 곳으로 이동하는 예도 관찰된다.

강력한 침식 작용은 빙하의 이동 과정에서 발생한다. 빙하의 두께는 수백 m에서 수 km에 이른다. 빙하 침식의 가장 큰 원인은 얼음의 엄청난 무게 때문이다. 빙하 침식은 마모 (abrasion), 뜯어내기 (plucking), 빙하 굴식 (quarrying), 빙하 하부 융해수 침식을 모두 포함한다. 빙하 얼음이 기반암을 침식하는 가장 직접적인 방법은 마모와 뜯어내기다. 빙하가 기반암 위를 미끄러지며 이동하는 과정에서 얼음 바닥의 암석 파편과 퇴적물이 기반암을 서서히 긁어서 깎아낸다. 마모와 뜯어내기 과정에서 빙하 흐름의 방향에 평행하게 빙하조선과 빙하찰흔이 형성된다. 뜯어내기는 움직이는 얼음의 힘으로 균열이 발생한 기반암 덩어리 일부를 뜯어 끌어당기는 과정이다. 뜯어내기는 동결-융해 작용으로 더욱 강화되어 표면 아래에서 암석 덩어리를 떼어낸다. 빙하 기저부의 빙하 융해수는 빙하의 미끄러짐을 가속하는 역할을 한다. 빙하 융해수는 수압으로 얼음을 바닥에서 들어 올려 기반암의 공동 부분을 채운다. 고압의 빙하 수로와 격렬한 빙하 융해수의 흐름으로 공동화와 마모가 발생하여 기반암의 침식이 가속화된다.

이런 모든 빙하 침식 기작은 매우 독특한 지형을 형성한다. U자형 계곡은 기존의 V자형 하곡을 따라 빙하가 측면을 뜯어내고 아래를 침식하는 과정에서 형성된다. 현곡(hanging valleys)은 주 U자형 빙하 계곡 위에 걸려 있는 이전 지류이다. 빙하의 상부에 가파른 빙벽이 깎여 원형극장 모양의 분지인 권곡 (cirques, 또는 corries)과 작은 빙하 동굴을 형성한다. 권곡과 권곡이 만나는 뾰족한 봉우리를 호른 (horns), 톱니 모양의 능선을 아레트 (arestes)라 한다. 빙하 침식은 남극, 그린란드, 알래스카, 북유럽, 히말라야 지역에서 지형 조각과 기복 형성을 주로 담당한다.

화성의 빙상은 현재 극지방에 분포한다. 현재는 사라졌지만, 과거에 존재했던 빙상의 흔적이 화성의 중위도와 저위도 지역에서 관찰된다 (Kargel & Strom, 1992). 극 지역을 제외한 지역에서 화성 표면의 얼음과 눈은 승화로 사라진다. 그러나 먼지층이나 조립질 퇴적물로 덮여 있는 경우, 두꺼운 얼음층이 꽤 저위도까지 유지될 수 있다. 따라서 극 지역의 빙하는 반사도 높은 얼음의 형태로 발견되지만, 극 지역을 제외한 곳에서 발견된 빙하는 표토로 덮인 더러운 형태로 관찰된다 (Head et al., 2006; Head et al., 2010). 표토로 덮인 빙하 지역에서 계곡에서 나오는 앞치마 모양의 엽상 쇄설물 (lobate debris apron, LDA), 점성 유동으로 형성된 선상 계곡 채우기 (lineated valley fill, LVF), 빙퇴석과 유사한 변연 퇴적물이 발달한다. 이런 세 가지 형태의 빙성 퇴적물은 헬라스 (Hellas) 충돌구에서 뚜렷하게 관찰된다. 특히 엽상 쇄설물은 충돌구 가장자리에서 흔하게 관찰된다 (Baker et al., 2010). 엽상 쇄설물 (LDA)과 선상 계곡 채우기 (LVF)는 북

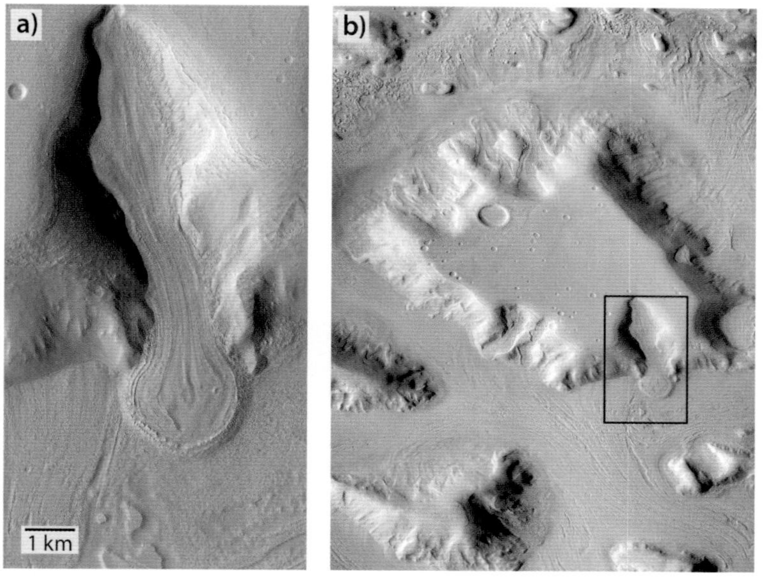

그림 11.15 (a) 암석으로 덮인 빙하가 화성의 프로토닐루스 멘사 (Protonilus Mensae) 지역의 메사 (mesa) 구조로 깎인 계곡에서 나오고 있다. 전형적인 빙하 침식 구조인 선형의 빙하조선과 종퇴석이 확인된다. 영상 출처: MRO HiRise image ESP_018857_2225. (b) 프로토닐루스 멘사는 화성의 이분 구조 경계에 있는 어지러운 지형 ('fretted terrain')의 대표적인 예이다. 이 지역은 수많은 절벽과 넓은 계곡이 산재한 메사들로 구성되어 있다. 이 지역은 전체적으로 메사 주위에 더 큰 빙하 흐름 지형들을 드러낸다.
영상 출처: MRO CTX image P22_009653_2224_XN_42N309W. 출처: NASA/JPL/ASU.

부 이분 경계 단층 절벽과 특히 이스메니아 함몰대 (Ismenia Fossae)에서 아름답게 발견된다 (그림 11.15). 암석 파편으로 덮인 얼음 렌즈가 방사상 유동으로 분화구를 메운 동심원 형태의 분지 채우기 (concentric crater fill, CCF)도 관찰된다. 상부의 얇은 쇄설물 잔해층 흐름은 주로 하부의 얼음의 이동이라고 추정된다. 이는 화성 정찰 궤도선에 탑재된 천부 레이더 탐사기의 자료 분석 (Putzig et al., 2024)과 분지의 사면을 절개한 도랑 관측 (Butcher et al., 2024)으로 확인된다.

1,200개 이상의 빙하 추적 결과를 토대로 추정한 화성 빙하의 부피는 [500~1,600 km^3]이고 무게는 [$0.46 \sim 1.46 \times 10^{12}$ t]이다 (Brough et al., 2019). 화성 빙하의 부피는 그린란드 빙상의 약 0.03%에 해당한다. 이 정도의 화성의 빙하는 대략 1만 년에 축적될 수 있는데, 이 시간 규모는 화성의 자전축 경사 주기 (2만~4만 년)의 범위 내에 해당한다 (Brough et al., 2019). 따라서 빙하가 극에서 저위도로 이동할 시간이 된다.

현재보다 더 광범위한 여러 차례의 빙하기가 과거에 존재했음을 지시하는 빙하 침식의 증거가 화성의 표면에서 관찰된다. 거대한 빙상 아래에 퇴적되었던 에스커가 화성 남반구의 도르사 아르헨테아층 (Dorsa Argentea Formation)에서 확인된다. 에스커의 발견은 당시의 상부 빙상이 차갑지 않아 기저 용융이 발생하지 않았다는 증거이다. 기저 용융이 발생하지 않으려면 당시의 표면 온도가 현재보다 약 25~50°C 높은 환경이어야 한다. 이는 빙하 퇴적물 생성 시기인 노아키아기-헤스페리아기의 적도 기온이 흐르는 물과 열린 호수가 안정적으로 유지될 정도로 매우 온난했음을 의미한다 (Fastook et al., 2012). *효율적인 빙하 배수로를 보유한 화성에서 에스커와 빙퇴구 같은 지형이 형성될 확률은 지극히 낮다 (Galofre et al., 2022). (역자 주)* 낮은 중력 가속도의 영향으로 화성의 습윤 기반 빙하는 지구의 건조 기반 빙하와 근본적으로 다른 성장 과정을 겪는다는 주장도 간과하지 말아야 한다.

아마조니아기 후기 (1천만 년 전~2억 년 전)에 타르시스 고원 (Tharsis Montes)의 일부를 덮었던 거대한 빙상의 증거가 화성의 북반구에서도 확인된다. 타르시스 고원의 빙상 중 가장 큰 빙상은 아르카디아 산 (Arcadia Mons) 서쪽 측면을 따라 450 km에 걸쳐 관찰되며, 빙상의 면적은 약 180,000 km^2이다 (Fastook et al., 2008). 더 작은 규모의 빙상이 파보니스산 (Pavonis Mons) 북서쪽 (75,000 km^2)과 아스크라에우스산(Ascraeus Mons) 서쪽 (14,000 km^2)에서 관찰된다. 이 빙하 퇴적물은 수십 개의 아치형 능선, 둥근 언덕 지형, 부드러운 지형이 포함된 약하게 능선을 가진 지역적 특성이 있다. 아치형 능선은 기저 빙성 퇴적물이 아니라 상부 표면에 존재하던 빙하 낙하 물질로 형성된 낙하빙퇴석이다. 여러 갈래의 아치형 능선은 빙하가 전진과 후퇴가 반복했음을 증언한다. 둥근 언덕 지형은 얇은 암석 파편으로 덮인 빙상의 불균질한 승화로 형성된 '흙 원뿔' ('dirt cones')이다. 부드러운 지형은 빙하 피복 최종 단계의 잔유물이다 (Shean et al., 2005). 타르시스 빙상 퇴적물은 레이더 반사가 매우 낮아 1980년대 후반 지구 기반 전파 망원경의 고해상도 레이더 관측에서 쉽게 발견되었다 (Muhleman et al., 1991).

행성체 표면을 변화시키는 다양한 침식 과정은 각 행성체의 고유한 환경을 반영한다. 물, 바람, 얼음, 화산 활동, 충돌, 중력은 행성체 표면의 지형 침식을 유발한다. 대기, 온도, 중력 가속도, 표면 조성은 행성마다 다른 침식 유형과 침식 속도의 원인이다. 침식 양상에 관한 지속적인 연구는 각 행성체의 지질학적 진화와 역동적인 표면 변화를 이해하는데 큰 도움이 된다.

분출 (Extrusions)

태양계에서 발견되는 가장 흥미로운 퇴적물 축적의 결과는 진흙 화산의 형성이다(Mazzini & Etiope, 2017). 진흙 화산은 일반적인 화산 분출물과 크게 두 가지 관점에서 다르다. 첫째, 일반적인 화산체와 달리 부분 용융이 전혀 발생하지 않는다. 둘째, 분출된 물질이 물과 퇴적물의 차가운 혼합물을 구성된다. 진흙 화산은 지구에서 비교적 흔하게 관찰된다. 진흙 화산은 세립질 미고결 퇴적물이 밀도가 높은 퇴적물 아래로 빠르게 매몰되는 과정에서 공극 유체에 과도한 압력이 발생하여 가압된 진흙이 균열을 통해 지표면으로 분출되는 현상이다. 진흙 화산은 섭입 해구를 가로지르는 부착 프리즘 (accretionary wedges)에서 자주 발견된다. 지하 환경에서 생성된 350개 이상의 진흙 화산이 아제르바이잔의 고부스탄 (Gobustan) 국립공원에서 관찰된다.

지구의 진흙 화산은 크기가 수 m에서 700 m로 다양하며, 수 km에 달하는 진흙 흐름을 생성한다. 진흙 화산의 분출물은 최대 95%의 물을 포함한 미세한 암석 입자의 혼합물이다. 아제르바이잔의 진흙 화산처럼 석유나 가스전이 연관된 경우 진흙 화산의 분출물은 기체 탄화수소를 포함한다. 기체 탄화수소가 농축된 상태에서 발화원에 노출되면 발화가 발생한다. 대부분의 진흙 화산 분출은 비교적 조용하게 진행되지만, 발화가 발생하는 경우 수백 m 상공으로 분출물을 뿜어내며 격렬한 폭발이 발생하기도 한다. 아제르바이잔의 진흙 화산은 매년 약 [$3{\sim}9\times10^5$ t]의 메탄을 배출한다 (Etiope et al., 2004). 진흙 화산의 메탄 방출량은 인류의 인위적인 활동으로 방출되는 메탄 배출량 [3.5×10^8 t]에 비하면 매우 적다.

진흙 화산은 화성과 타이탄의 표면에서도 생성될 수 있다. 화성의 진흙 화산에 대한 최초의 잠재적 증거는 1970년대 후반 바이킹 궤도선

(Viking orbiters)의 관측에서 발견되었다. 이 관측은 아시달리아 평원 (Acidalia Planitia)과 시도니아(Cydonia) 지역에서 고립된 작은 원뿔 지형과 원뿔 군집 지형을 발견했다. 원뿔 군집 지형에 대한 당시의 해석은 화산재 원뿔, 뿌리 없는 원뿔형 화구, 핑고 (pingoes, *영구 동토층에서 발견되는 돔 모양의 마운드: 역자 주*), 진흙 화산으로 다양한 의견이 분분했다 (Komar, 1991). 마스 글로벌 서베이어(Mars Global Surveyor)의 영상 분석과 열적 관성 측정 자료를 통해, 원뿔 군집 지형이 화성의 진흙 화산으로 판명되었다(Farrand et al., 2005). 화성 정찰 궤도선의 고해상도 영상 촬영과 근적외선 영상 분광법의 조합으로, 아시달리아 평원 남부에서 최대 지름 1 km, 최대 높이 180 m에 달하는 18,000개 이상의 원형 언덕을 확인했다 (Oehler & Allen, 2010). 헤스페리아기 북부 해양 충돌구 형성 과정에서 발생한 쓰나미 퇴적물이 아시달리아 평원의 진흙 화산과 연관된다는 주장이 최근에 제기되었다 (Di Pietro et al., 2021). 아시달리아 평원과 유사한 둔덕과 구멍난 원뿔 (pitted cones)이 유토피아 평원 (Utopia Planitia)을 포함한 여러 지역에서 관찰된다. 이들 모두 금이 간 지형과 연관이 있는데, 이는 지하 진흙의 관입 (Skinner & Tanaka, 2007)과 진흙 분출로 인한 지표 유동 (Cuřín et al., 2023)의 결과로 해석된다. 중국의 주룽 (Zhurong) 탐사선은 2021년 남부 유토피아 평원에 착륙했다. 천원 (Tianwen) 1호 궤도선이 주룽 탐사선이 제작한 착륙 지점의 세밀한 지형도는 앞의 진흙 화산 해석을 지지한다 (Wang et al., 2023). 발레스 마리네리스 계곡, 테라 시레눔 (Terra Sirenum) 지역, 아라비아 테라 (Arabia Terra) 지역의 진흙 화산 퇴적물은 철이 풍부한 논트로나이트 (nontronite) 점토이다 (Dapremont & Ray, 2023).

진흙 흐름은 예상보다 훨씬 더 최근에 액체 상태의 물이 화성 표면에 존재했음을 보여주는 증거이다. 진흙 화산 활동은 급격한 자외선 분해에도 불구하고 대기에 메탄이 안정적으로 유지되는 이유를 설명할 수 있게 한다. 전체적으로 진흙 화산의 발견은 화성이 지질학적으로 매우 활동적이며, 따라서 과거에 거주 가능해서 생명 탐색에도 잠재적 중요성을 제공한다.

2005년 카시니(Cassini) 우주선의 레이더 영상 자료가 확보된 후 타이탄의 진흙 화산 활동 가능성이 제기되었다. 이 영상 자료는 타이탄의 표면에서 광활하고 매끄러운 사구와 같은 퇴적 지형을 보여준다. 일부 지역의 매끄러운 준원형 지형은 극저온 화산이나 진흙 화산을 암시한다 (Fortes & Grindrod, 2006). 액체 탄화수소로 포화된 얼음 표토를 가정한 컴퓨터 모델링에서 퇴적층의 밀도 차이와 분출된 슬러리의 점성에 따라 높이 수백 m, 폭 수 km에 달하는 진흙 구조물 형성이 재현되었다.

진흙 화산 분출에 필요한 밀도 역전은 다음과 같은 다섯 가지 환경에서 발생할 수 있다. 밀도가 낮은 유기 퇴적물 위에 밀도가 높은 얼음이 존재하는 경우, 운석 충돌로 인해 많은 양의 얼음 지각이 굴착되어 주변 표토 위를 덮는 경우, 극저온 화산 폭발로 유기 퇴적물 위에 두꺼운 암모니아 수화물 (ammonia hydrate)이 쌓이는 경우, 하천 활동으로 유기 퇴적물 위에 얼음이 풍부한 삼각주 또는 선상지 물질이 퇴적되는 경우, 대량 와류 (mass wasting)로 인해 유기 퇴적물 평원 위에 얼음 파편이 쌓이는 경우가 이에 해당한다. 현재까지 타이탄에 진흙 화산이 존재한다는 명확한 증거는 발견되지 않았으며, 2030년대와 2040년대의 현장 탐사가

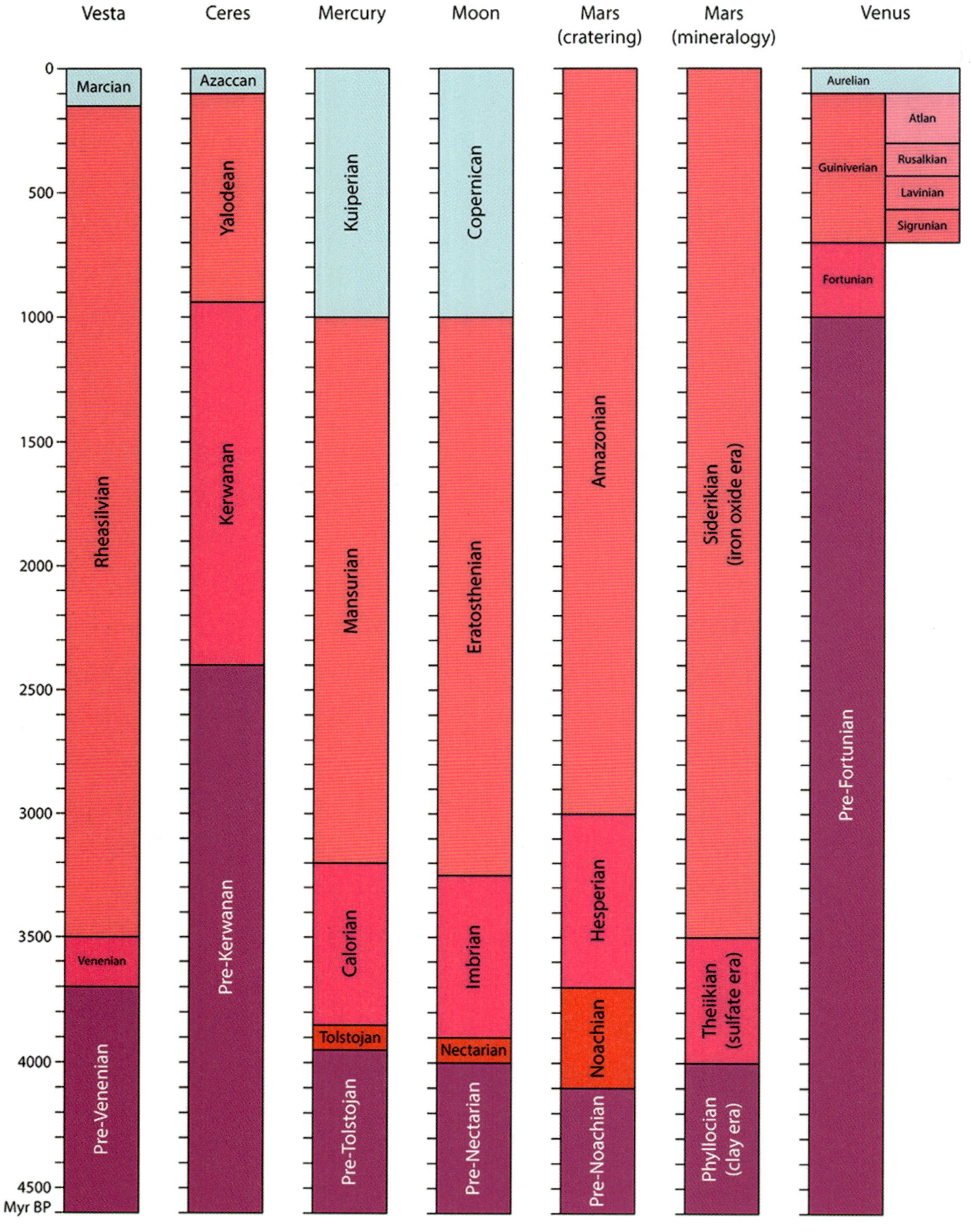

그림 11.16 수성, 금성, 달, 화성(충돌구 기준), 화성(광물 기준), 소행성 세레스, 소행성 베스타의 지질연대표. 금성 연대표는 8~10억 년 전에 분출한 범람 현무암이 금성의 지각을 재형성하였음을 전제로 한다. 지구와 달을 제외한 행성체의 연대는 충돌구 밀도 변화를 기준으로 완성되었다. 화성의 경우 표면 물 조성의 변화로 인한 광물학 변화에 기초한 새로운 연대표가 최근 소개되었다. 도표의 색은 세계 지질도 위원회(Commision for the Geological Map of the World)의 지구 층서학 표준을 따랐다. 출처: Cohen et al. (2013, 2023), 다양한 참고문헌에서 발췌.

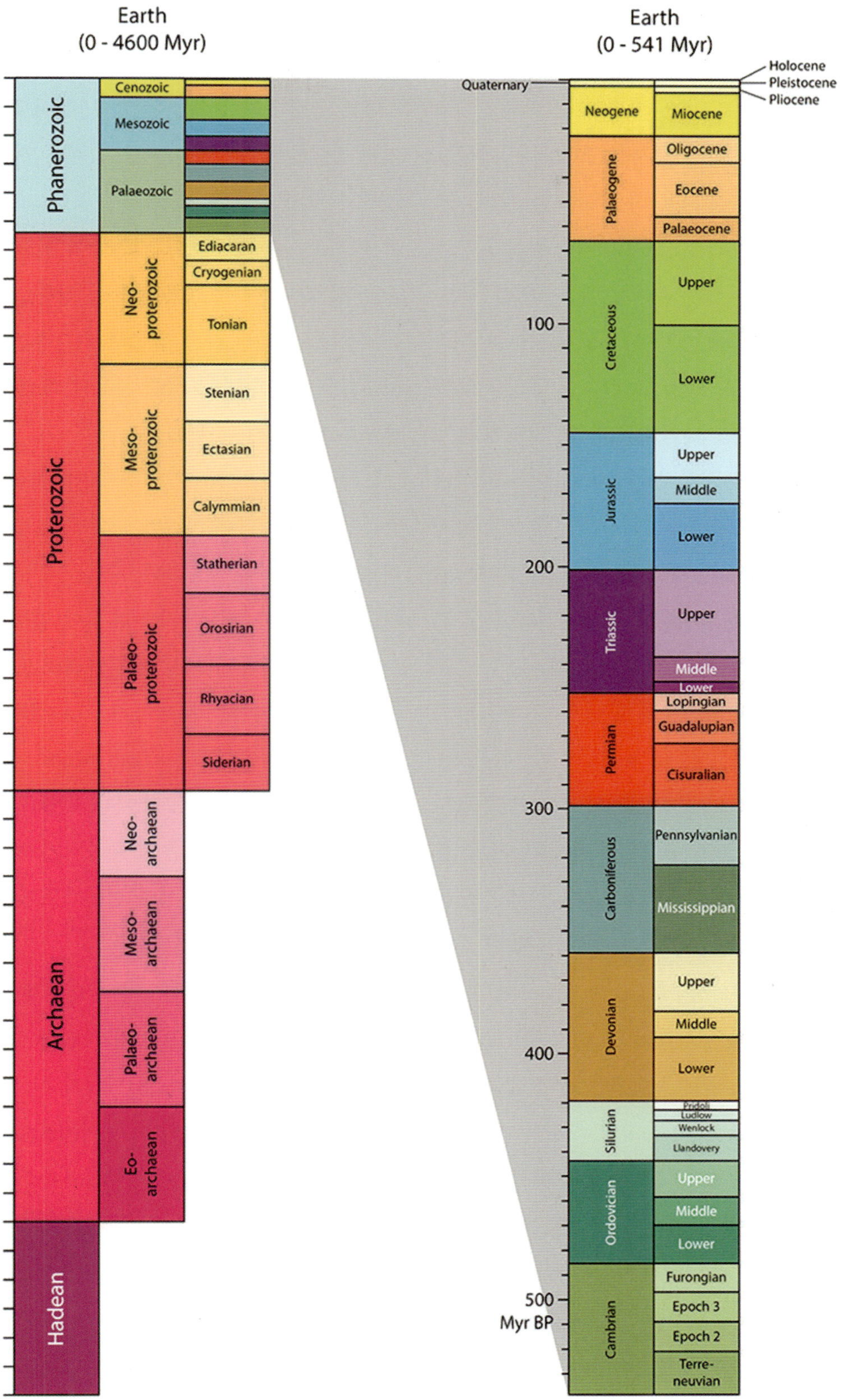

그림 11.16 지구 지질연대표. 출처: Geological Map of the World.

우리의 궁금증을 해소해 주리라 기대한다.

행성 층서학

지질학은 지구 진화의 역사를 규명하는 학문으로 연대기적 구조를 사용한다. 특히 현대적인 기술이 없어 대안이 부족했던 19세기에, 층서학은 실용적인 현장형 세부 학문 분야로 대두되었다 (Vita-Finzi, 1974). 층서학은 생성 시기를 지시하는 동식물 화석, 암석의 화학 조성, 동위원소 특성을 포함하는 연속적인 지층을 파악하고, 여러 지역에 분포하는 다른 노두들 사이의 상관관계를 이용하여 지층의 선후 관계를 구분하는 학문이다. 층서학의 기본 자료에 방사성 연대 측정을 통해 얻은 절대 연령 자료를 추가하여 지질연대표를 완성한다 (그림 11.16).

지질시대는 주로 생명체의 발달과 대기에 미치는 영향을 기준으로 누대 (eons)로 구분한다. 지구 탄생부터 40억 3천만 년 전까지의 시기에 해당하는 명왕누대 (Hadean eon)는 지구와 달의 기원, 중폭격기 (heavy bombardment period), 지체구조 운동의 서막을 포함한다. 40억 3천만 년 전부터 25억 년 전에 해당하는 시생누대 (Archean eons)의 특징은 환원성 대기의 형성과 해양 생명체의 발달이다. 25억 년 전부터 5억 3천 8백만 년 전에 해당하는 원생누대 (Proterozoic eon)의 특징은 대기 산소화의 진행과 풍부하고 복잡한 동물과 식물의 출현이다. 5억 3천 8백만 년 이후의 시기를 현생누대 (Phanerozoic eon)라 한다. 현생누대는 운석 충돌이나 대형 화성암체로 인한 멸종과 같은 전 지구적 사건에 의한 퇴적상의 주요 변화를 기준으로 대, 기, 세로 나뉜다. 마지막 빙하기가 끝난 이후의 홀로세 (Holocene)는 인류의 역사를 포함한다 (그림 11.16). 홀로세는 현생누대를 확장하여 표현한 띠의 상단에 겨우 한 줄 정도이다.

다른 행성체의 경우, 지구의 지질연대표에 적용되는 세밀한 지질 구분이 어렵고 절대 연령 측정 자료가 현저히 부족한 실정이다. 또한, 대부분의 다른 행성체들은 지구보다 지질학적 활동이 상대적으로 적게 발생하였고 생물학적 영향으로부터 자유로웠다. 따라서 다른 행성체의 지질연대표는 상대적으로 단순하며, 충돌구 분포와 화산 활동을 기준으로 완성된다 (그림11.17).

물론 달의 경우 회수 암석의 절대 연령 측정으로 충돌구 밀도 변화에 의존한 연대 측정 방법의 연대 추정 오차 보정이 가능하다. 충돌구 밀도가 정점에 이르는 후기 중폭격 시기의 흔적이 일부 행성체에서 공통으로 관찰된다. 달의 넥타리스기 (Nectarian period), 수성의 톨스토이아기 (Tolstokan period), 화성의 노아키아기 (Noachian period)가 후기 중폭격기에 해당한다. 마그마 바다 위에 형성된 시원 지각의 흔적을 간직한 후기 중폭격기 이전 시기를 달의 선넥타리스기, 수성의 선톨스토이아기, 화성의 선노아키아기라 부른다.

중폭격이의 충돌의 빈도가 줄어들면서, 마지막 주요 충돌구 분지 형성 시기가 외인성 작용에서 내인성 작용으로 전환하는 새 시대의 시작을 구분한다. 따라서 달의 임브리움 분지 (Imbrium basin)를 생성한 충돌은 비의 바다 (Mare Imbrium)를 형성한 임브리아기의 시작을 나타낸다. 그후 연달아서 달의 앞면에 분지들이 바다 현무암으로 채워졌다. 수성의 칼로리아기는 칼로리스 분지 (Caloris basin)의 형성과 범람 현무암의 분출을 기준으로 설정되었다. 세레스의 케르와나기는 케르완 충돌분지 (Kerwan basin)와 평원의 생성을 기준으로 설정되었다. 화성의 지질시대 명명법은 수성, 달, 세레스와 약간 다른 방식이 적용되었다. 화성의 헤스페리아기 (Hesperian period)는 충돌 분지가 아닌 화산 평원을 기준으로 명명되었다. 화성에서 마지막 대규모 충돌 분지가 생성된 후, 타르시스 고원과 엘리시움 평원 (Elysium Planitia)과 같은 활발한 화산 활동이 화성의 지질 변화를 주도했다. 물론 광범위한 빙하, 하천, 호성, 해양 활동의 기여도 화성에서 관찰된다.

대부분의 행성체는 다양한 지질 경련 활동 이후 휴면기로 접어든다. 휴면기의 행성체는 매우 간헐적인 내생적 활동과 외생적 작용의 특색이 두드러진다. 지질 활동이 감소하는 시기, 지질 활동이 전혀 없는 시기, 지질 활동이 재활성화되는 시기를 기준으로 연대가 구분되기도 한다. 예를 들어 세레스는 충돌 활동이 감소하는 얄로데아기 (Yalodean period)와 지질 활동이 재활성화된 아자카기 (Azaccan period, 20 ~ 200 Myr 전)로 구분된다. 세레스의 아자카기는 지표 아래에서 염분이 많은 액체가 분출되어 오카토르 충돌구 (Occator crater) 내부에 반사도가 매우 높은 퇴적물을 형성한 시기이다 (Williams et al., 2018).

금성의 지층 기록은 현재 단계에서 훨씬 더 불분명하다. 금성의 독특한 지형 조합이 행성 진화의 연속적인 단계를 대변한다는 의견이 제시되었다. 예를 들어, 금성의 가장 오래된 지질 단위는 충돌구 밀도를 기준으로 8억 년 전에서 10억 년 전에 형성된 지역이다. 이 시기를 포츄니아기 (Fortunian period)라 부르는데, 테세라 지역의 교차하는 능선과 계곡이 이 시기의 특색이다. 금성의 가장 젊은 지질시대는 아우렐리아기 (Aurelian period)로, 풍성 작용과 대기의 공중 폭발로 인해

그림 11.17 화성의 스키아파렐리 (Schiaparelli) 충돌구 내부의 층상 퇴적물은 호성 퇴적물로 해석된다. 물론, 대기에 의해 형성된 퇴적물이 침식으로 노출되었을 가능성도 고려해야 한다. 출처: NASA/JPL/Malin Space Science Systems.

어두운 포물선 구조가 형성된 시기이다 (Basilevsky & Head, 2002). 포츄니아기와 아우렐리아기 사이에 해당하는 기니비리아기 (Guiniverian period)는 지체구조 운동과 화산 활동이 활성화된 시기이다. 이시기의 세부 구분은 활동 사건의 지질학적 궤적으로 나눌 수 있다. 물론, 화산 활동과 지체구조 운동이 금성의 서로 다른 지역에서 서로 다른 시간에 발생한 통시적인 현상이라는 주장도 제기되었다 (Guest & Stofan, 1999).

화성에는 로봇 탐사선에 의해 현장 연구가 가능한 잘 노출된 화성암과 퇴적암 기록들이 분명히 많이 있다. 2004년 구세프 충돌구 (Gusev crater)에 착륙한 스피릿 (Spirit) 로버, 2004년 메리디아니 평원 (Meridiani Planum)에 착륙한 오퍼튜니티 (Opportunity) 로버, 2012년 게일 충돌구 (Gale crater)에 착륙한 큐리오시티 로버, 2021년 제제로 충돌구 (Jezero crater)에 착륙한 퍼시비어런스 로버

그림 11.18 큐리오시티 (Curiosity) 로버는 2012년 8월 6일 화성의 게일 충돌구 (Gale crater, 지름: 96 km)에 착륙하였다. 지도의 이동 궤적을 따라 기저 역암, 현무암질 모래가 형성한 사구, 층상 이질암, 사암, 적철석 (hematite)이 발견된 베라 루빈 능선 (Vera Rubin Ridge)을 통과하였다. 2024년 말 로버는 게디즈 계곡 (Gediz Vallis)를 통과하여 아이올리스 산 (Aeolis Mons)를 덮고 있는 황산염이 풍부한 암석에 도달하고 있다. 점선으로 표시된 경로는 2025년 탐사 예정 경로이다. 2025년 8월 6일 기준 큐리오시티 로버의 이동 거리는 35.56 km이다. 출처: NASA/JPL.

는 다수의 화성암과 퇴적암 노두를 발견하고 현장 지질 조사를 수행하였다. 로버의 현장 지질 조사를 통해 일부 충돌구, 협곡의 벽 (그림 11.17), 빙관 지역의 지층 구분에 성공하였다. 게일 충돌구와 제제로 충돌구에서 하성 기원 물질과 풍성 기원 물질이 혼합된 퇴적물의 축적이 확인된다. 이런 혼합 퇴적층의 발견은 화성의 지질학적 진화를 해석하는 중요한 자료로 활용된다.

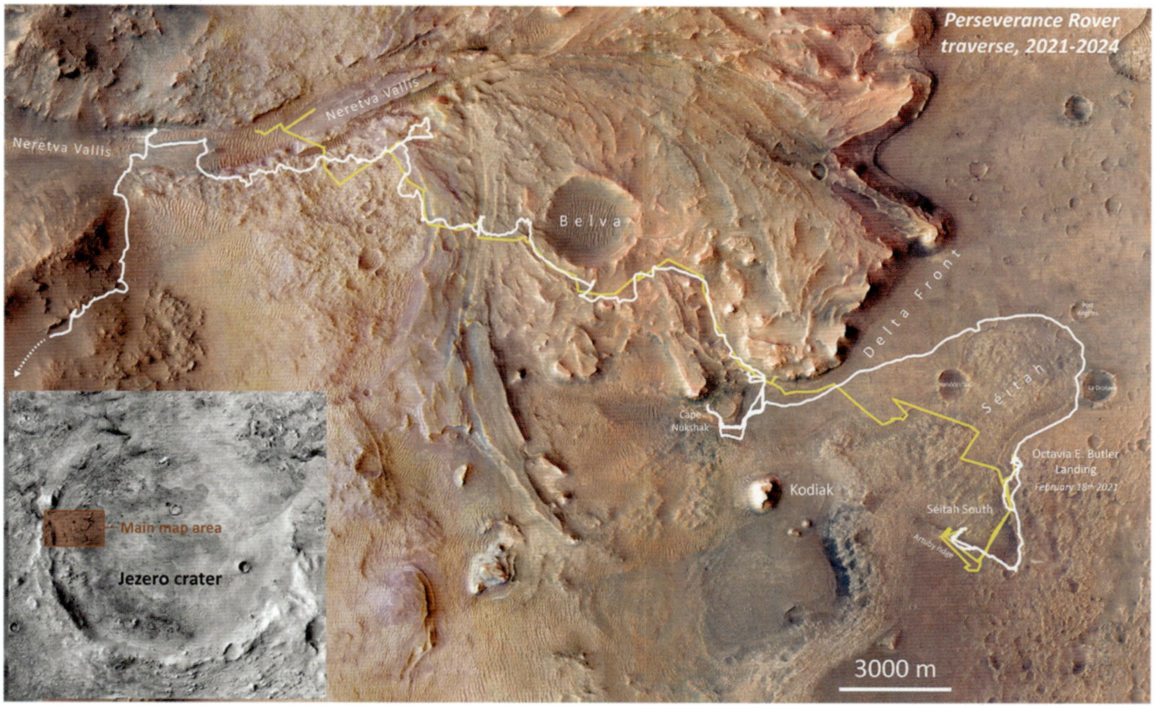

그림 11.19 퍼시비어런스 (Perseverance) 로버는 2021년 2월 18일 화성의 제제로 충돌구 (Jezero crater, 지름: 45 km)에 착륙하였다. 2025년 8월 6일 기준 퍼시비어런스 로버의 이동 거리는 36.29 km이다. 소형 로봇 헬기 인저뉴어티(Ingenuity)는 본체인 퍼시비어런스 로버와 같이 이동하며 주변의 지형을 관찰한다. 퍼시비어런스 로버의 이동 궤적은 흰색으로, 인저뉴어티의 궤적은 노란색으로 구분하였다. 인저뉴어티는 71회 비행에 성공하였고 17 km 이상의 거리를 비행하였다. 안타깝게도 2024년 1월 18일 72번째 비행 과정에서 프로펠러가 부러지며 인저뉴어티의 임무가 종료되었다. 점선은 퍼시비어런스 로버의 2025년 탐사 예정 경로이다. 출처: NASA/JPL.

2012년 이후 큐리오시티의 이동 거리는 2025년 8월을 기준으로 35.56 km이며, 착륙 지점을 기준으로 800 m 이상 고도가 상승한 위치에 도달했다 (그림 11.18). 게일 충돌구를 채우는 퇴적물로 아이올리스산 (Aeolis Mons)이 형성되었다 (Rampe et al., 2020; Vasavada, 2022). 큐리오시티 로버에는 지층의 암석 화학 조성과 광물의 절대 연령 측정 (K/Ar 이용)이 가능한 지구화학/광물학 실험실이 장착되어 있다 (Cohen et al., 2019). 또한, 우주 기원 핵종 연대측정을 병행하여, 생성 이후 암석의 지표 노출 시간도 결정할 수 있다 (Cohen et al., 2019). 게일 충돌구의 노출 연대는 화성 초기 표면에서 물의 화학 작용의 주요 변화를 암시하기에 중요하다. 물의 화학작용 변화와 동반되는 퇴적물의 화학 작용 변화, 즉 철이 풍부한 점토에서 황산염을 거쳐 산화철로 변화하는 퇴적물의 화학적 변화를 이해할 수 있다. 이런 화학적 변화는 화성의 진화를 필로시아기 (Phyllocian), 테이키아기 (Theiikian), 시더리키아기 (Siderikian)로 구분하는 광물학적 대체 층서학의 근거로 사용된다 (Bibring et al., 2006). 충돌구를 기반으로 하는 기존의 화성 지질연대와 광물학적 구분을 기반으로 하는 대체 화성 지질연대는 상호 보완적인 역할을 한다 (그림 11.16).

최근 퍼시비어런스는 제제로 충돌구의 서부를 통과해 화석화된 삼각주 지형에 도착 (그림 11.19)하여 지층을 조사하고 퇴적물의 화학 조성 자료를 확보했다 (Bell et al., 2022; Simon et al., 2023). 퍼시비어런스의 임무는 두 가지 이유에서 매우 중요하다. 첫째, 로버는 장차 암석을 수거하여 지구로 가져올 샘플을 채집하는 것이다. 둘째, 로버는 여러 지역을 비행하는 소형 로봇 헬기 인저뉴어티(Ingenuity)와 동반한다. 인저뉴어티는 지구 이외의 행성에서 최초의 동력 비행을 선보였고, 퍼시비어런스에 중요한 항해 영상을 제공한다. 앞으로 몇 년 동안 퍼시비어런스는 제제로 충돌구에서 더 높은 고도로 이동하며 각력화된 분화구 가장자리의 물질을 채취할 계획이다.

큐리오시티와 퍼시비어런스의 궁극적인 목표는 화성 물의 역사를 추적하여 지구 밖 생명체의 잠재적 거주 가능성을 확인하는 일이다. 지구 밖 생명체 탐사는 인류와 생명체의 근원에 대한 근본적인 질문의 핵심이다.

chapter 12

행성 생물학

생물학과 지질학은 서로 뗄 수 없는 관계이다. 우리가 아는 한 생명체 탄생은 우주적으로 미약하지만, 물질과 에너지가 농축된 행성에서만 가능하므로 생명체의 기원에 중요한 행성의 특징을 파악해야 한다. 일단 생명체가 형성되면 생명체는 환경에 의해 수정되기도 하고 환경을 수정하기도 한다. 예를 들어, 지구에서는 생명체의 에너지 생성 과정인 신진대사 부산물이 원시 대기와 해양의 화학을 변화시켰고, 나아가 분자 산소의 생성을 통해 기후를 변화시켰다. 오늘날 지구의 유일한 기술 지능인, 인간은 자체 에너지 생성 과정의 부산물을 CO_2와 CH_4 형태로 대기에 추가하여, 다양한 방식으로 기후에 영향을 미친다. 죽은 생물의 유해는 수 km 깊이의 퇴적암 지층을 형성하고, 그 암석의 유기 물질이 맨틀 깊숙이 가라앉아 다이아몬드로 압축되어 수억 년 후 화산 활동으로 분출하면, 유령 같은 존재의 흔적이 화석처럼 동위원소 비율로 확인된다.

지각 변동과 화산 활동은 소행성/혜성 충돌과 같은 외생적 과정과 함께 생명체의 개체군을 형성하는 데 중요한 역할을 한다. 이들은 한편으로는 생명의 나무에서 가지를 잘라 내기도 하고, 다른 곳에서는 새로운 싹이 뿌리를 내릴 수 있는 비옥한 땅을 만들어 주기도 한다. 따라서 지구의 역사는 크고 작은 멸종 사건으로 점철되었으며, 그 잿더미에서 새로운 형태의 생명체, 궁극적으로는 지능이 출현했다.

우주의 다른 곳에서 생명체가 발생했는지에 대한 질문은 가장 중요한 철학적 미답의 질문 중 하나이다. 이 문제를 해결하려는 우주생물학자(또는 외계생물학자)는 30년 전 행성계 형성을 이해하고자 했던 천문학자들과 같은 딜레마에 직면하게 되는데, 바로 지구 생명체라는 단 하나의 예만 있다는 점이다. 지구 생명체에 대한 풍부한 지식에도 불구하고 우주생물학자들은 생명체를 정의하는 개념, 생명체를 찾는 방법, 심지어 생명체의 증거가 발견되었을 때 이를 인식하는 방법까지 어려움을 겪고 있다. 이러한 근본적인 한계에도 불구하고 행성 과학자들은 태양계와 그 너머에서 생명체 또는 우리가 알고 있는 생명체에 도움이 될 수 있는 환경을 찾기 위해 활발히 활동하고 있다. 지난 45년 동안 화성, 목성, 토성을 향한 수많은 로봇 탐사를 통해 화성의 고생대 호수, 유로파, 타이탄, 엔셀라두스의 지하 바다 등 생명체 발달에 '친화적'인 것으로 여겨지는 고대 및 현대 환경의 증거를 확보할 수 있었다. 화성의 퍼시버런스(Perseverance) 탐사선, 목성 얼음 위성 탐사선(JUpiter ICe moons Explorer, JUICE), 타이탄 드래곤플라이(Dragonfly) 탐사선 등과 추진 중인 상세 후속 임무는 더 넓은 행성 탐사 분야에서 거주 가능한 환경과 생명체의 흔적을 찾는 것이 얼마나 중요한지를 보여준다.

원시 행성 원반과 먼 별을 도는 성숙한 행성계에 관한 최근의 발전된 연구들은 외계 생명체를 찾는 데 새로운 목표를 제공할 뿐만 아니라, 우주적 맥락에서 지구에 대한 우리의 이해를 향상한다. 태양과 같은 별을 도는 우리 행성과 같은 행성이 드물다는 생각은 이제 버릴 수 있으며, 이러한 요소는 정량화되고 다른 확률로 개조되어 다른 곳에서 지적 생명체가 진화했을 가능성을 추정하는 데 사용될 수 있다. 정말로 공상 과학 소설의 전유물이었던 아주 이국적인 형태의 생명체가 지구와 전혀 다른 행성에 존재할 가능성은 이제 진지하게 고려해야 할 대상이 되었다.

외계 지적 생명체 탐사에 대한 학계의 의심도 마침내 사라지고 있다. 오랫동안 진행되어 온 일련의 외계 지성 탐사(Search for ExtraTerrestrial Intelligence, SETI) 프로그램에서 아직 우주에서 온 외계 지능의 전파 신호는 확인되지 않았지만, 갈릴레오(Galileo) 프로젝트와 같은 새로운 보완적인 이니셔티브는 인간이 아닌 다른 지능이 만든 기술의 잠재적인 물리적 증거를 확인하고자 한다. 이러한 인공물은 그것을 만든 문명보다 더 오래 지속될 수 있다는 점을 고려하면 그것들이 보존되어 발견될 가능성은 더욱 커진다.

인류는 이미 보이저(Voyager) 우주 탐사선처럼 태양의 영향력이 미약한 경계를 넘어서는 기술을 보내고 있으며, 언젠가는 다른 지적 존재가 우리의 신호를 발견할 수도 있다. 지구에서는 지질 시대 내내 생명체가 그랬던 것처럼 우리는 환경을 변화시키고 있으며, 태양계 내 다른 행성의 환경을 지구 생명체에 더 적합하도록 변화시키려는 덜 위해적인 테라포밍의 과정을 제안하고 있다. 화성과 금성에 숨 쉴 수 있는 대기와 쾌적한 기후를 조성하는 것은 현재 기술 수준으로는 수 세기 또는 수천 년의 시간이 걸리더라도 충분히 가능한 일로 보인다. 더 진보된 존재는 행성이나 행성계를 이동, 분해, 재구성할 수 있을 것이며, 갈릴레오와 같은 프로젝트가 발견하고자 하는 것이 바로 이런 환상적인 공학의 증거다. 따라서 행성 생물학은 이전 장에서 탐구한 주제와 겹치고 포괄하는데, 이는 우리가 본질적으로 무기물이라고 생각했던 행성 지질학 입문 탐사의 결론으로 적절하다.

생명과 그 부산물의 정의

지구 생명체의 기원을 탐구하고 다른 곳에서 생명체를 찾는 방법을 생각하기 전에 생명체가 무엇인지에 대한 유용한 정의가 있어야 한다. 그러나 생명에 대한 '유용한' 과학적 정의는 성문화하기가 매우 어렵다. 논의의 유용한 출발점을 제공하는 기준 체계가 제안되었는데, 생명은 어느 정도의 조직적 복잡성을 보이고, 환경으로부터 에너지를 이용하여 (신진대사) 내부 자기 조절(항상성, homeostasis), 외부 자극에 대한 반응, 성장 및 번식과 같은 다양한 생리적 과정을 수행하며, 유기체의 일생은 물론 세대에 걸쳐 환경 적응 (학습과 진화)을 목적으로 정보를 저장하고 전달한다는 특성들을 보유해야 한다.

이중적 특성을 가지는 개체들은 이러한 정의의 적용에 문제를 일으킨다. 예를 들어 바이러스는 생명체의 한 형태이지만 대사하지 않는다. 반대로 불꽃이나 결정체와 같이 우리가 생명체라고 생각하지 않는 물체도 성장, 번식, 물질이 에너지로 변환되는 등 생명체의 일부 특성을 나타낸다. 마찬가지로, 우리는 이러한 특성 중 일부를 인간의 시간 척도로 관찰하기 어렵거나 불가능한 이색적인 생명체, 예를 들어 천 년에 한 번만 번식하는 유기체를 상상할 수 있다.

유기체의 본질적인 특성에 초점을 맞추기보다는 생명의 더욱 일반적인 효과를 인식하는 데 기반한 다양한 대안이 제안되었다. 그중 하나는 생명체의 열역학에 초점을 맞춘 것으로, 고도로 조직화된 자생 시스템의 자발적인 생성은 주변 환경의 조직화 정도, 즉 엔트로피를 희생하면서 발생한다는 점에 주목한다. 에르빈 슈뢰딩거(Erwin Schrödinger)는 이를 음의 엔트로피라고 불렀다(Schrödinger, 1944). 최근에는 엔트로피 생산이 생명체의 우연한 결과가 아니라 애초에 생명체가 생겨난 이유라는 주장이 제기되고 있다(Michaelian, 2022). 생명체는 엔트로피 생성을 가속하며, 그 궁극적인 종착점은 우주의 소위 열사(heat death), 즉 우주가 궁극적인 무질서 상태 (즉 최대 엔트로피)에 도달하여 더는 일을 할 수 없는 상태이다. 이는 강수량의 육상 수송과 지표면의 침식 속도를 높이기 위해 강 수로와 같은 조직적인 지형 구조가 형성되는 것과 유사하다. 이는 생명은 우주의 근본적인 기능이며 조건이 허락하는 한 언제 어디서든 자연적으로 발생한다는 것을 의미한다. 이를 더 추론하면 지능이 훨씬 더 웅장하고 목적이 있는 규모의 작업을 가능하게 하므로 지능도 우주의 근본적인 기능일 수 있다는 것이다. 의식을 가진 관찰자의 역할은 생명 및 지능과 관련이 있다고 할 수 있는데, 이는 양자역학에 대한 코펜하겐 해석의 핵심에 있다. 이 해석은 이후 현실의 본질과 의식과의 관계에 대한 다양한 고급 이론으로 발전했다(예: Bohm, 1980; Langan, 2020). 따라서 지적 생명체의 출현은 의식적 우주의 자기실현의 필연적 결과일 수 있다.

더욱 전통적인 화학의 세계로 돌아가서, 또 다른 대안은 생명체가 생성하는 화학 물질로 생명을 정의하는 것이다. 이러한 소위 바이오마커에는 일반적으로 환경에서 빠르게 파괴되어 지속적인 재공급이 필요한 물질과 알려진 비생물학적 과정으로는 생성할 수 없는 매우 복잡한 물질이 포함된다. 바이오마커 연구는 모호성으로 가득 차 있으며, 익숙한 생화학의 기본 가정에 의해 감추어지는 경우가 많다.

지구상에서 가장 명확한 바이오마커는 신진대사와 항상성 등 생물학적 기원과 활동을 명확하게 나타내는 복잡한 유기 분자와 구조이다. 예를 들면 복합 탄화수소, 키랄(chiral) 유기 분자, 지질(lipids), 탄수화물, 단백질, 뉴클레오베이스(nucleobases), 케로겐(kerogen)과 같은 생체 고분자, 형태학적 화석 등이 있다(Jahnke et al., 2008; Eigenbrode et al., 2008). 이러한 유기 분자 화합물에는 왼손잡이 아미노산과 오른손잡이 당이 우세하며, 이는 비생물학적 과정에서는 열역학적으로 선호되지 않는 키랄(손 비대칭성) 신호이다. 그러나 일부 비생물학적 화학 반응은 비정상적인 조건에서 약간의 거울상 이성질체(enantiomeric) 과잉을 생성하여 약한 키랄 비대칭을 증폭시킨다(Modica et al., 2014). 약간의 L-거울상 이성질체 과잉을 가진 아미노산을 포함하는 운석은 그러한 비생물학적 과정을 암시한다(Glavin et al., 2006). 또한, 다른 외계 생명체는 익숙한 탄소 기반 화학이 아닌 완전히 다른 분자 빌딩 블록을 사용할 수 있다. 탄소는 복잡한 구조를 형성하는 능력 등 생명체에 고유한 장점이 있지만, 실리콘이나 인과 같은 다른 원소도 생물학적 잠재력을 가지고 있다. 외계 생명체가 대체 생화학 시스템을 활용한다면 표준 바이오마커로는 인식할 수 없을 수도 있다. 예를 들어, 탄소를 기반으로 하지 않는 생명체는 물이 아닌 용매, 다른 원소, 대체 분자 구조, 신기한 생체 고분자 및 대사 과정을 활용할 수 있다. 암모니아 또는 불화수소는 특정 조건에서 물의 대체 용매가 될 수 있으며(Bains, 2004), 실리콘, 인, 질소, 황은 잠재적인 대체 원소이다. 다른 가능성으로는 유전자 분자로서 DNA/RNA 대신 이인산염(diphosphates)이 있다(Benner et al., 2004). 현재 알려진 모든 생명체는 액체 물에서 탄소 기반 화학을 활용하기 때문에 이러한 유형의 이색 화학 물질은 당연히 추측에 불과하다. 그러나 실리콘과 같은 원소가 자연적으로 풍부하므로 이를 배제해서는 안 될 것이다(Schulze-Makuch & Irwin, 2008).

동위원소 분화는 내재적 모호성을 지닌 또 다른 잠재적 생물학적 특징이다. 지구에서 생물학적 과정은 더 가벼운 동위원소를 우선적으로 사용하며, 잔여 기저 물질은 더 무거운 동위원소가 농축된 상태로 남게 되는데, 이는 생명을 나타내는 불균형 신호이다. 그러나 증발, 승화 또는 확산과 같은 화학적 또는 물리적 과정의 다양한 비생물 동위원소 효과는 생물학적으로 생기는 동위원소 분화를 모방할 수 있다. 예를 들어, 자외선 광화학은 초기 동위원소 비율의 무작위적 확률분포를 변화시켜 생물학적 특징과 유사한 질량과 무관한 분화를 만드는 것으로 나타났다. 또한, 외계 생화학은 지구 생화학과는 다른 특징적인 동위원소 특징을 나타낼 수 있다.

대사 부산물은 또 다른 생물 존재 신호를 제공하지만, O_2, CH_4, N_2O와 같은 대사 산물은 비생물적으로도 발생할 수 있다. 9장에서 살펴본 것처럼 지구의 대기는 약 25억 년 전 해양에서 광합성 생물이 발달하면서 산소가 풍부해졌고, 생명체가 존재하지 않는다면 지표 광물과의 반응으로 산소가 급속히 고갈될 것이다. 따라서 O_2와 O_3가 풍부한 대기가 지구와 같은 생명체를 가진 신호라고 생각할 수 있을 것이다. 하지만 반드시 그런 것은 아니다. 물의 광분해(수소는 탈출하고)에 의해 O_2가 생성될 수 있다는 사실은 오랫동안 알려져 왔지만, O_2가 상당한 농도로 축적되기 위해서는 지구 성층권처럼 콜드 트랩이 작동해야 한다. 하지만 대기 중에 N_2나 아르곤과 같은 다른 기체의 농도가 낮은 경우에는 그렇지 않다. 예를 들어 순수한 수증기 대기에서는 순전히 비생물학적 과정의 결과로 O_2가 대기의 주요 구성 성분이 될 수 있다(Wordsworth & Pierrehumbert, 2014). 다른 모델에서는 생물학적 공급원 없이도 CO_2 광분해만으로 O_2가 높은 수준으로 축적될 수 있음을 보여준다(Harman et al., 2015).

메탄 영양생물(methanotrophs)의 소비로 인한 메탄 생산은 지구에서 강력한 생물 존재 신호를 제공하지만, 다른 행성체에서는 사문석화 작용 또는 자외선 광화학에 따라 구동되는 비생물학적 메탄 순환이 가설로 제기되고 있다(Oze & Sharma, 2005). 화성에서 최근 메탄 검출이 생명체의 존재를 암시한다고 주장되었는데, 이는 메탄이 메탄 생성 유기체에 의해 생성될 수 있고 또한 태양 자외선에 의해 빠르게 파괴되기 때문이다. 그러나 메탄은 감람석이 풍부한 암석의 사문석화 과정에서 쉽게 생성되기에 화성의 메탄이 생물학적 기원이라고 분명히 말할 수 없다. 반면, 최근 논란이 되는 금성 대기 중 포스핀(phosphine) 검출은 화산과 번개로는 추정되는 양을 생성할 수 없으므로 생물학 이외의 다른 방법으로는 설명하기 어렵다(Bains et al., 2021). 그러나 9장에서 설명한 것처럼 포스핀 관측을 재현하지 못한 연구가 있었기 때문에 금성 포스핀의 존재는 확실하지 않다. 검출된 신호는 대기의 다른 미량 성분에 해당하거나, 아니면 포스핀이 실제로 존재하지만, 우리가 알지 못하는 비생물학적 메커니즘에 의해 생성되고 있을 수 있다. 마찬가지로, 외계 행성 K2-18b의 대기에서 디메틸황화물(dimethyle sulfide)의 존재는 생물학적 기원일 가능성이 크지만, 검출 확실성은 낮으며 확인을 위해서는 추가 연구가 필요하다(Madhusudhan et al., 2023).

다른 행성에서 바이오마커를 직접 탐지한 결과들은 흥미롭지만 궁극적인 결론을 내릴 수 없다. 바이킹(Viking) 1호, 2호 화성 착륙선에는 통제된 조건에서 표토에 존재하는 모든 생물체의 잠재적 대사 산물을 측정하도록 설계된 간단한 화학 실험실이 탑재되어 있다. 바이킹 착륙선의 가스 교환 실험(Gas Exchange Experiment)은 불활성 헬륨 환경에서 유기 영양소와 무기 영양소의 액체 혼합물에 표토 샘플을 노출하는 것으로 시작된다. 만약 대사하는 유기체가 있다면 바이킹 착륙선의 가스 크로마토그래프 질량 분석기(Gas Chromatograph Mass Spectrometer, GCMS)로 감지할 수 있는 기체 부산물 생성을 예상했다. 열분해 방출 실험(Pyrolytic Release Experiment)은 동위원소 표지 $^{14}CO_2$와 ^{14}CO를 화성 대기 샘플에 첨가한 다음 화성의 토양과 함께 배양하여 탄소 동화 감지를 시도하였다. 유기체는 방사성 ^{14}C을 흡수하여 유기 화합물에 고정할 것이므로, 토양 샘플을 구워 유기물이 증발한 후에 ^{14}C의 검출을 예상한다. 마지막으로 바이킹 착륙선의 표지 방출 실험(Labelled Release Experiment)은 ^{14}C이 표지된 유기 영양분을 젖은 화성 토양에 첨가하여 유기체가 이를 소비하고 이후 $^{14}CO_2$로 배설하는 과정을 추적하는 실험이다. 표지 방출 실험 결과 긍정적인 지표와 부정적인 지표가 혼합되어 나타나 일부 연구자들은 화성 토양에 생명체가 존재한다 믿게 되었지만, 모든 결과는 생명체의 개입 없이 재현 가능했다. 또한, 가스크로마토그래프 질량 분석기는 10억 분의 1 수준에서 클로로메탄(chloromethane)과 디클로로메탄(dichloromethane)외의 유기 화합물을 검출하지 못했는데, 이들은 모두 기기의 제조 및 조립 과정에서 사용된 세척액으로 설명할 수 있다. 특히 바이킹 착륙선의 표지 방출 실험에서 나타난 상반된 결과 중 일부는 토양에 슈퍼옥사이드(superoxides)가 존재하기 때문일 수 있다. 2008년 피닉스(Phoenix) 화성 탐사선은 착륙 지점의 암석에서 고도로 산화되는 과염소산염(perchlorates)의 특징을 발견했다. 아이러니하게도 과염소산염은 바이킹 착륙선의 표지 방출 실험 결과를 설명하기에는 충분하지 않지만, 최대 0.1% 농도까지 유기 분자를 완전히 파괴할 만큼 충분히 산화한다. 바이킹 실험은 부정적이거나 기껏해야 결정적이지 않다는 것이 일반적인 견해이지만, 화성에 현존하는 생명체를 나타내는 것으로 믿는 사람들도 있으며(Levin & Straat, 2016), 실제로 토양의 높은 산화 특성은 화성 생물학이 혹독한 환경 조건에 적응한 것을 반영한다고 보는 의견도 있다(Houtkooper & Schulze-Makuch, 2007).

물론 이 모든 것은 원격 감지 기술로 평가되는 먼 세계이기 때문에 어느 정도의 불확실성은 예상해야 한다. 바이오마커 분야에서 가장 큰 문제는 우리가 증거를 손에 쥐고 가장 강력하고 예민한 실험실 도구로 조사할 수 있는 능력을 갖추고 있어도 여전히 모호성이 존재한다는 것이다. 가장 명확한 예는 1984년 남극에서 발견된 화성 운석 ALH84001(그림 12.1)이다. 이 운석을 잘라서 조사한 결과, 지구에서 발견되는 박테리아 미세 화석과 비슷한 미세한 구조가 발견되었는데, 크기는 약 100배 정도 작았다(그림 12.2). 그 외에도 이 운석에서 여러 가지 다른 화학적 및 광물학적 바이오마커가 발견되었다(McKay et al., 1996). 첫째, 파쇄 표면에서 다환 방향족 탄화수소(polycyclic aromatic hydrocarbons, PAH)가 발견되었는데, 이는 행성 간 먼지 입자에서 볼 수 있는 다환 방향족 탄화수소와 충분히 달라 생물학적 기원을 시사한다. 둘째, 적당한 온도와 물의 존재를 나타내는 지름 약 50 μm의 탄산염 구가 있었다. 셋째, 탄산염 소구 내부에서 망간과 황화철, 자철석과 자류철석의 코어가 관찰된다. 생물 기원 철 산화물과 옥시하이드록사이드(oxyhydroxides)는 다섯 생물 왕국(원핵생물계, 원생생물계, 균계, 식물계, 동물계) 모두에 존재하며 함수 철산화 광물인 페리하이드라이트(ferrihydrite)와 자철석은 각각 세 번째와 네 번째로 가장 흔한 생물 기원 광물이다. 당시 이러한 증거의 조합은 빌 클린턴(Bill Clinton) 미국 대통령이 외계 생명체의 증거를 발견했다고 발표하는 매우 극적인 기자회견을 열기에 충분하다고 여겨졌다. 그 이후 추가 연구를 통해 ALH84001의 모든 특징이 측정 과정에서 오염된 인공물이거나 비생물학적 현상으로 설명할 수 있다는 사실이 밝혀졌다(McSween, 2019). ALH84001에 대한 연구는 다른 운석과 관련 연구에 많은 자극을 주었다. 운석이 화성에서 지구에 도달할 수 있다면 반대 방향으로도 똑같이 활발한 이동이 있었을 수 있다. 곧 보게 될 것처럼, 이런 연구들이 지구상 생물체가 그 여정에서 살아남아 화성(또는 그 반대)에 정착할 수 있

그림 12.1 1984년 12월 말 남극의 앨런 힐스 (Allan Hills) 지역에서 발견된 1.93 kg의 사방휘석암(orthopyroxenite) 조각인 화성 운석 ALH84001. ALH84001은 가장 오래된 화성 기원 운석의 대표 주자이다. ALH84001의 모체는 약 40억 9천만 년 전에 화성의 지각에서 형성되었고, 약 1,700만 년 전에 발생한 화성 표면의 충돌 과정에서 튕겨 나와 우주를 배회하다 약 13,000년 전에 지구에 운석으로 낙하하였다. ALH84001은 1996년에 화성의 과거 생명체를 암시하는 흥미로운 바이오마커(biomarker)가 관찰된다는 발표로 주목을 받았다. 출처: NASA/JSC.

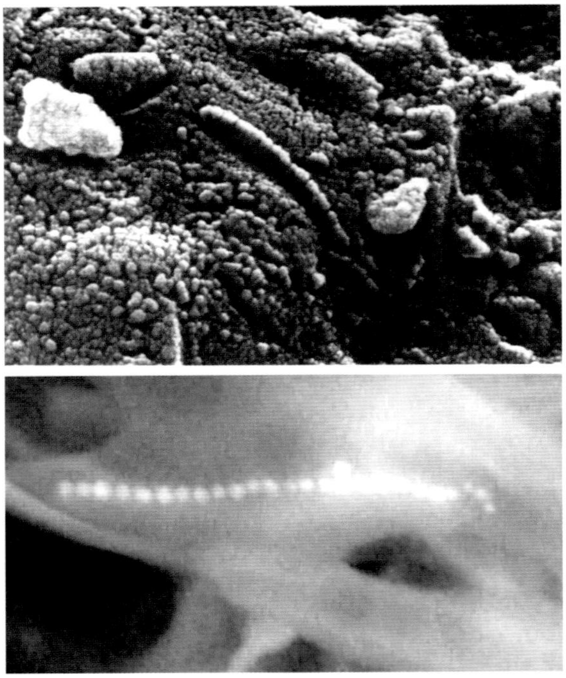

그림 12.2 ALH84001에 보존된 화성의 과거 생명체에 대한 증거로 인용되는 자료에는 화석화된 박테리아를 연상시키는 모양(위)과 (비록 알려진 대부분의 지상 미생물 형태보다 훨씬 작은 규모이긴 하지만) 자철석 결정의 사슬구조(아래)가 유명하다. 자철석 사슬구조(개별 자철석 결정의 크기: ~1 μm)는 지구의 호성/해성 퇴적물의 주자성(magnetotactic) 박테리아에서 흔하게 발견된다. 자철석 사슬구조의 발견은 진화 초기 화성의 강한 내부 기원 고유 자기장에 대한 증거로 여겨진다(4장 참조). 출처: NASA.

다는 기대를 상기시키기도 했다.

생명의 기원

지구에 생명체가 어떻게 생겨났는지에 대한 질문은 해당 시대의 지층 암석 기록을 발견하지 못하였기 때문에 확답하기 어렵다. 운이 좋다면 생명체가 어떻게 생겨났는지 설명할 수 있는 실험실의 유사체가 하나 이상 개발될 수 있지만, 물리적 증거 없이는 이러한 유사체를 테스트할 수 없다. 우리 태양계의 다른 행성(또는 그 너머)에서 생명체의 기원에 대한 기록이 발견되더라도 초기 지구에서 같은 메커니즘이 작동했는지 확신할 수 없을 것이다. 실제로 다른 곳에서 발견된 생명체의 생화학과 추정 기원 사이의 심오한 유사성은 행성 간 또는 성간 '씨 뿌리기'로 더 잘 설명될 수 있다. 현대 과학 시대에 생명체가 다른 곳에서 시작되어 지구에 씨앗을 뿌렸다는 개념은 독일의 물리학자 헤르만 리히터(Hermann Richter, 1865)로부터 시작되었으며, 헤르만 폰 헬름홀츠 (Hermann von Helmholtz, 1821-1894)와 같은 동시대 저명인사들에 의해 지지가 되었다. 스반테 아레니우스(Svante Arrhenius, 1908)는 포자가 태양 빛의 미세한 힘으로 추진되어 새로운 세계를 만날 때까지 우주를 여행할 수 있다고 제안하면서 이 아이디어를 발전시켰다. 소행성과 혜성의 형태로 더욱 실용적인 생명체 전달 방법이 제시되었다(Hoyle & Wickramasinghe, 1981). 오우무아무아(Oumuamua)의 예에서 보듯 성간 방문객이 우리 태양계를 통과한다는 것을 알고 있으므로, 한 항성계의 보존된 생물학적 '씨앗'이 다른 항성계로 옮겨질 가능성은 실현 가능한 영역에 속하다. 이 아이디어의 변형은 외계 문명에 의해 식민지화 또는 멸종에 대한 보험의 한 형태로 생명체가 의도적으로 분산되는 것으로 묘사하는 데까지 나아간다(Crick & Orgel, 1973; McKay et al., 2022). 이러한 종류의 이론을 통칭하여 범종설(Panspermia, 생명체 우주 기원설)라고 부르지만, 현대적으로 상당한 관심을 받는 지극히 합리적인 가설임에도 불구하고(예: Gobat et al., 2021; Schulze-Makuch & Fairén, 2021), 근본 메커니즘을 설명하기보다는 생명의 기원에 대한 질문을 다른 시간과 장소로 밀어버리는 역할만 할 뿐이다.

생명의 기원에 대한 문제는 무생물에서 최초의 원시 생명체로의 전환, 즉 비생물 발생 (abiogenesis)을 설명하는 것이다. 이 문제에 대한 두 가지 근본적 접근법이 있다. 상향식 접근법은 훨씬 더 복잡한 유기 화합물을 조립하는 데 필요한 비생물학적 화학을 고려하고, 하향식 접근법은 현대 생물학의 도구를 사용하여 알려진 모든 육상 생명체에 공통된 가장 원시적인 유전자 마커를 해독하여 이론적 마지막 우주 공통 조상(Last Universal Common Ancestor, LUCA)의 특성을 규명하는 것이다. 문제는 이 두 가지 접근법이 공통점을 찾지 못한다는 점이며, 그 간극을 어떻게 메울지에 대한 논의가 활발하게 이루어지고 있다.

생명체를 생성하기 위해 원소 빌딩 블록이 어떻게 조립되어야 하는지를 그림 12.3은 매우 단순하게 표현하였다. 우주는 수소, 탄소, 질소, 산소, 인 원소가 풍부하며, 이들이 결합하여 물, 암모니아, 메탄, 이산화탄소 등과 같은 풍부한 분자 종을 형성하는데, 이는 앞서 행성 형성과 행성 대기에 대한 논의에서 접한 바 있다. 마찬가지로, 우리는 카이퍼 벨트 천체의 표면 얼음과 타이탄의 대기에서 발생하는 것처럼 고에너지 방사선이 이러한 물질을 처리하여 흔히 톨린으로 통칭되는 더 복잡한 물질

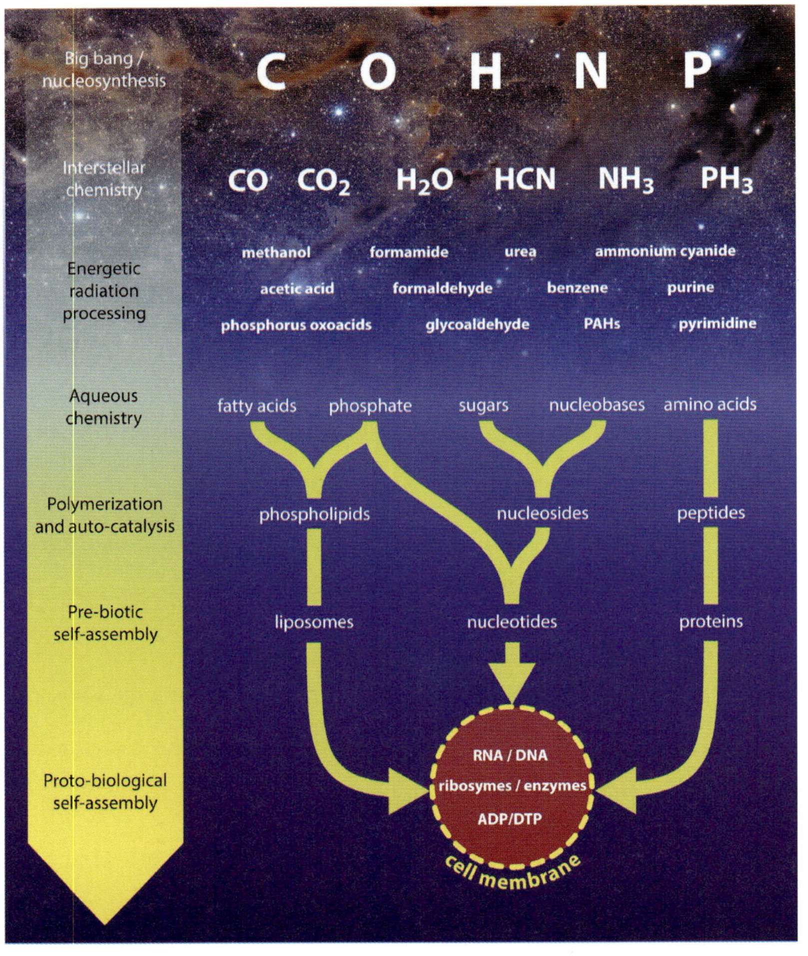

그림 12.3 몇 가지 간단한 원소만 조립하면 프로토셀(protocell)을 생성하는 방법을 보여주는 도식 그림. 탄소, 산소, 수소, 질소, 인으로 시작하여 초기 기체상 반응을 통해 단순한 분자를 형성하고, 고체 얼음으로 응결하고, 방사선 분해 과정을 거쳐 보다 복잡한 유기 및 무기 물질을 생성한다. 이러한 무생물의 과정은 궁극적으로 생명의 빌딩 블록(아미노산, 뉴클레오베이스 등)을 생성하며, 이들은 중합되어(일반적으로 촉매의 존재 하에서) 매우 복잡한 분자와 구조체를 형성한다.

을 형성할 수 있는 예를 보았다. 원시 지구에서 이 과정에 대한 최초의 추측은 지구의 원시 대기가 수소, 메탄, 암모니아, 수증기로 구성되었다고 제안한 알렉산드르 오파린(Aleksandr Oparin, 1894~1980)의 연구에서 비롯되었다(Oparin, 1924). 존 홀데인(John Haldane, 1892-1964)은 원시 대기가 N_2, CO_2, 수증기로 구성되었다고 가정했다(Haldane, 1929). 오존이 없는 경우, 두 가지 변종 모두 강렬한 자외선 조사에 노출되어 단순한 유기 단량체(organic monomers) 스펙트럼을 생성하고, 유기 단량체 고분자로 발전하여 결국 살아있는 세포의 생물학적 메커니즘을 구성하는 집합체로 진화한다(Bernal, 1967).

스탠리 밀러(Stanley Miller)와 해럴드 우레이(Harold Urey)는 생명의 기원과 관련된 가장 초기적이고 상징적인 실험을 수행하였다(Miller, 1953). 오파린의 원시 대기 구성 성분인 물, 메탄, 암모니아, 수소를 가열하고 전극이 있는 유리 체임버를 통해 지속적으로 순환시키는 장치를 설계하여 초기 지구에 흔했을 것으로 추정되는 번개 폭풍을 모방했다(그림 12.4). 일주일 동안 실험을 진행한 후 시스템에 메탄이 고갈되고 반응 용기에 단백질의 빌딩 블록인 당, 지방산, 아미노산이 혼합되어 있다는 사실을 발견했다. Miller-Urey 실험은 유기 분자가 무기 전구체(inorganic precursors)에서 자발적으로 생성된다는 사실을 입증한 획기적인 실험이었다.

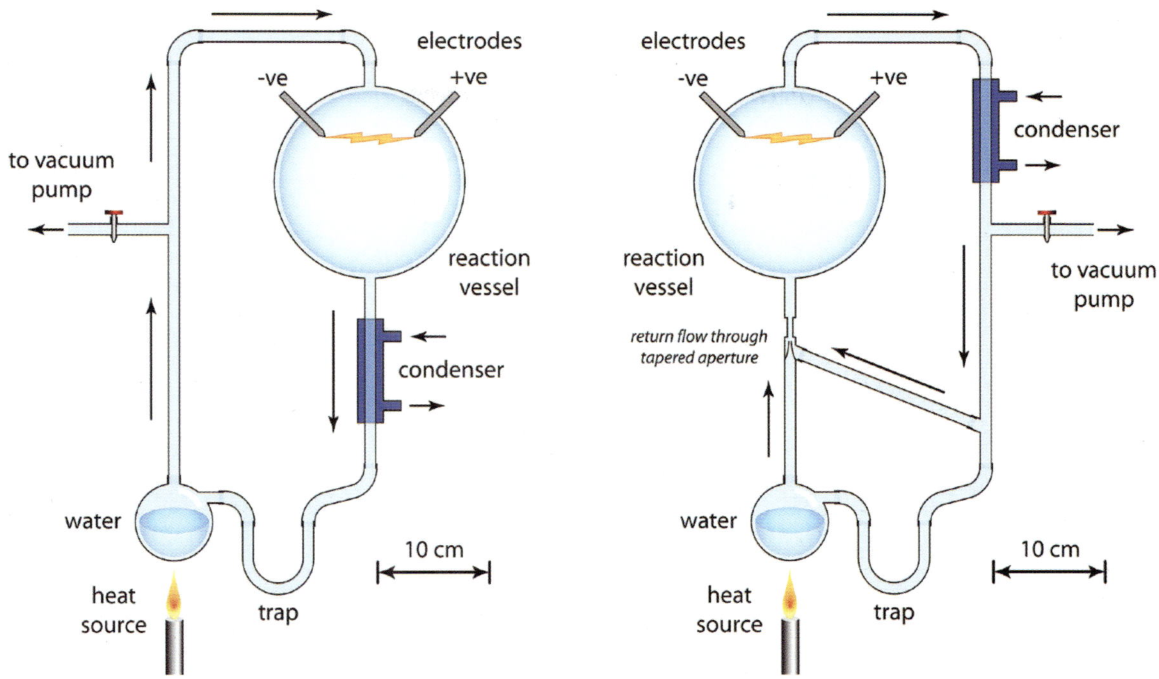

그림 12.4 (왼쪽) 고전적인 밀러-우레이(Miller-Urey) 실험 설정의 도식화. (오른쪽) 미발표된 실험 설정으로, 테이퍼 유리 구멍을 통해 공기 흐름을 증가시켜 결과적으로 원래 설정보다 더 넓은 범위의 아미노산 및 기타 유기 분자를 생성했다(Johnson et al., 2008).

스탠리 밀러의 미공개 노트에 따르면 그는 뜨거운 물안개를 사용하여 고전적인 실험보다 더 다양한 아미노산을 생성하는 화산 변종 장치를 테스트했다(Johnson et al., 2008). 그러나 행성학적 맥락에서 특별한 의미가 있는 것은 원래 연구에 사용된 유리 플라스크의 실리카 바탕 물질이 촉매 역할을 했다는 발견으로, 자연환경의 규산염 광물 표면이 복잡한 프리바이오틱스 분자의 생산을 촉매하는 데 비슷한 역할을 했을 수 있다는 생각을 지지한다. 암석의 역할은 반응로 벽에 숨겨져 있었다고 비유할 수 있다(Criado-Reyes et al., 2021).

이후 원래의 장치는 최신 분석 장비와 절차로 업데이트되고 그 결과물이 면밀히 조사되었다. 예를 들어, 초기 지구의 프리바이오틱스 화학 공장과 유사한 저온 환경인 타이탄의 대기에서 유기 분자가 생성되는 것을 모방하기 위해 Miller-Urey 실험의 변형이 개발되었다. 이 반응기에서 생성된 톨린을 순수한 물 또는 수성 암모니아로 가수분해하면 아미노산 및 뉴클레오베이스(nucleobases)와 함께 상당한 양의 요소(urea)가 생성된다 (Poch et al., 2012; Hörst et al., 2012; He & Smith, 2014). 현재 타이탄에는 자유 수분(free water)이 존재하지 않지만, 초고속 운석 충돌 후 오래 지속되는 용융 연못이나 극저온 용암류(예: 11장에서 언급한 모래 언덕)에는 액체 물이 존재해서, 이들 표면에 퇴적된 유기 연무 입자의 가수분해가 일어날 수 있다. 타이탄에 대한 드래곤플라이 임무의 목표 중 하나는 셀크(Selk) 충돌구로, 이곳의 얼어붙은 운석 충돌 용융물 껍질은 타이탄의 프리바이오틱스 화학에 대한 기록을 가지고 있을 수 있다(Hedgepeth et al., 2022). 이외에도 운석이 고속으로 대기에 진입하면서 생기는 충격파, 에어 버스트, 큰 충돌로 인한 화염 등에 의해 유기 분자가 합성될 수 있으며, 또한 유기 분자가 혜성, 탄소질 운석 및 행성 간 먼지 입자에 의해 유입되었을 수도 있다. 지구 역사 초기에 이러한 원천들의 상대적 중요성은 대기의 구성에 따라 크게 달라진다. 환원성이 강했다면 대기 충격파가 주요 원인이었을 것이고, 중성이었다면 자외선에 의한 유기 합성 및 행성 간 먼지 입자에 의한 유기 분자의 전달이 주요 원천이었을 것이다. 지구 이외의 행성에서 이러한 유기물의 전달 및 생산 메커니즘의 성공 여부는 지역적 상황뿐만 아니라 시기에 따라 달라질 것이다. 타이탄 대기에서 운석 충돌 충격에 의한 유기물 생산은 모델링과 실험을 결합하여 입증되었다(Flowers & Chyba, 2023). 이 메커니즘에 의한 생산 속도는 태양 자외선에 의한 생산 속도의 1% 수준이지만, 그 최대치는 대기의 훨씬 더 깊은 가시 연무가 있는 고도에서 발생한다(그림 9.13d 참조).

탄소질 콘드라이트 운석에서 아미노산, 뉴클레오베이스, 당, 지방산 지질을 포함한 복잡한 유기 분자가 발견되면서 지구 밖에서 프리바이오틱 화학이 널리 퍼져 있음을 확인했다(Sephton, 2002; Furukawa et al., 2019; Koga et al., 2024). 최근 탄소 소행성 류구(Ryugu)의 표면에서 가져온 샘플에서 지구 오염을 배제하고, 아미노산, 카르복실산(carboxylic acids), 알킬아민(alkylamines), 이미다졸(imidazoles), 뉴클레오베이스가 발견되었다(Oba et al., 2023). 따라서 초기 지구에서 이러한 과정이 일어나지 않았더라도 이런 분자들이 충돌 때문에 지구 표면으로 전달되었을 수 있다. 마찬가지로 생명의 구성 요소가 우주적으로 풍부하다는 것은 의심의 여지가 없으며, 적절한 재료와 조건이 우세한 곳에서는 화학이 생물학의 방향으로 진행되는 것으로 보인다.

뉴클레오베이스가 무기 인산염(phosphate)과 단당류인 리보스(ribose) 또는 데옥시리보스(deoxyribose)와 결합하여 리보핵산염 또는 데옥시리보핵산염을 형성하는 조립은 유전 정보의 암호화, 세포 대사 및 세포 신호와 같은 중요한 생물학적 기능의 개발을 위한 필수 다음 단계이다. 뉴클레오시드(nucleosides)와 뉴클레오타이드(nucleotides, DNA, RNA의 기본 단위)의 비생물적 합성에 대한 경로가 확립되어 있지만(Yadav et al., 2020), 이러한 반응이 일어날 수 있는 환경 조건은 여전히 의문으로 남아있다. 인산염을 유기 인산염(organophosphates)과 뉴클레오타이드에 통합하는 촉매제로서 요소의 중요성이 강조되고 있으며, 이는 따뜻한 수용액에서 요소의 집중 때문에 촉진된다(Burcar & Menor-Salván, 2022). 또는 초기 지구가 상대적으로 추웠다는 희미한 젊은 태양 가설에 더 부합할 수 있는 이론인 다결정 얼음 속 입자 경계 액체의 박막에서 요소 집중이 발생할 수 있으며 (Menor-Salván & Marín-Yaseli, 2012), 액체 SO_2의 저온에서 펩타이드(peptide, 아미노산이 펩타이드 결합으로 연결된 작은 사슬 분자)도 우선적으로 형성되었을 수 있다는 가설과도 일치한다(Sauer et al., 2021).

뉴클레오타이드가 올리고머(oligomers, 몇 개의 반복 단위로 구성된 거대 분자 복합체)로 자가 조립되어 궁극적으로 서로 완전히 연결되어, 즉 폴리머가 되어, RNA/DNA가 되는 것은 에너지적으로 선호되지 않는다. 이를 가능하게 하는 다양한 비생물학적 메커니즘이 확인되었지만(주로 유기 활성제 또는 점토와 같은 무기 템플릿을 포함하는), 그 현실성에 대한 의문이 다시 제기되고 있다. 탄소질 콘드라이트에서 추출한 종류의 지방산 지질은 소낭(vesicles)이라고 알려진 주머니에 자발적으로 모일 수 있으므로 오랫동안 RNA를 형성하는 데 필요한 성분을 캡슐화하고 농축하는 매력적인 메커니즘으로 여겨져 왔다(Deamer, 2017; Chatterjee, 2023). 또한, 캡슐화된 유기 잔류물의 주기적인 동결-해동 주기가 자기 복제의 기원으로 거론되어 왔다(Salibi et al., 2023; Peter & Schwille, 2023). 그러나 일단 형성된 RNA는 유전 정보의 저장소이자 RNA 리보 효소(ribozymes) 형태의 고도로 복잡한 생물학적 활동을 위한 촉매 역할을 할 수 있는 매우 다재다능한 생체 고분자이다. 이로 인해 일부 연구자들은 가장 원시적인 원시 세포가 RNA 리보 효소에 의존하여 대부분의 세포 기능을 수행했으며, 나중에 효소(enzymes)로 알려진 단백질 기반 등가물이 이를 대체했다는 RNA 세계 가설을 주장하기도 했다(Gilbert, 1986; Orgel, 1998). 이후 RNA 리보 효소는 더욱 안정적인 DNA 분자를 기반으로 하는 유전자 코드의 개발에 중요한 기능을 수행할 수 있는 것으로 밝혀졌다(Samanta & Joyce, 2017). RNA 세계 이론은 지구 생명체의 기원에 대해 가장 잘 개발된 그럴듯한 모델이지만(예: Fine & Pearlman, 2023), 문제가 없는 것은 아니다(예: Le Vay & Mutschler, 2019). 대표적인 대안으로 최초의 원시 세포는 자기 복제를 하기 전에 환경으로부터 에너지와 자원을 수확할 수 있는 화학 시스템이었을 것이라는 가설, 즉 생명체와 유사한 화학 네트워크가 시간이 지나면서 복잡해졌다가 나중에야 자기 복제 기능을 통합한 이른바 대사 우선 가설이 제기되고 있다. 이러한 대사 우선 모델 중 하나는 철-황 이론으로, 환경으로부터 에너지와 자원을 포집할 수 있는 촉매 철-황 클러스터를 중심으로 생명체가 발생했다는 가설이다(Wächtershäuser, 1990). 다른 모델에서는 해당 과정(glycosis)이나 시트리 산 회로(citric acid cycle, 세포 호흡의 한 과정 생체 내에서 에너지를 생산하는 데 중요한 역할을 함)와 같은 반응에 관여하는 유기 화합물의 네트워크를 고려한다. 대사 우선 모델은 매우 단순한 화학 네트워크도 항상성 및 성장과 같은 생명체와 유사한 특성을 나타낼 수 있다는 점을 강조한다.

유기체의 유전적 계보를 추적하여 생명체의 나무에서 가장 이질적인 가지들 사이에서도 공유되는 특징을 파악하면 지구에 초기 생명체가 형성된 후의 특성에 대한 몇 가지 단서를 찾을 수 있다(그림 12.5). 지구상의 생명체를 가장 간단하게 분류하면 세 가지 영역이 있다. 진핵생물은 세포에 핵이 있는 유기체로, 이 범주에는 모든 동물, 식물, 균류와 조류가 포함되며, 세포핵이 없는 유기체는 원핵생물로, 박테리아와 고세균(archaea)의 두 영역으로 나뉜다. 후자는 세포막의 지질 화학적 차이와 다른 대사 경로의 채택으로 구별된다. 많은 고세균은 극한의 온도, 빛의 부재, 높은 염분 및 기타 까다로운 조건이 특징인 서식지에 서식하기 때문에 극한 환경 생물(extremophiles)로 분류된다(표 12.1). 이 세 영역은 아마도 35~38억 년 전의 마지막 우주 공통 조상으로부터 진화한 것으로 추정된다. 마지막 우주 공통 조상 (LUCA)는 핵이나 막으로 둘러싸인 소기관(organelles)이 없는 단순한 단세포 생물로, DNA 복제 및 단백질 합성과 같은 핵심 대사 기능을 암호화하는 약 500개의 유전자를 가진 작은 게놈을 가지고 있었던 것으로 간주한다(Koonin, 2003). LUCA는 열수구 근처의 높은 온도와 낮은 산소 농도에 적응한 호열성 혐기성 세균이었을 가능성이 크며, 화학 에너지를 수확하여 신진대사를 추

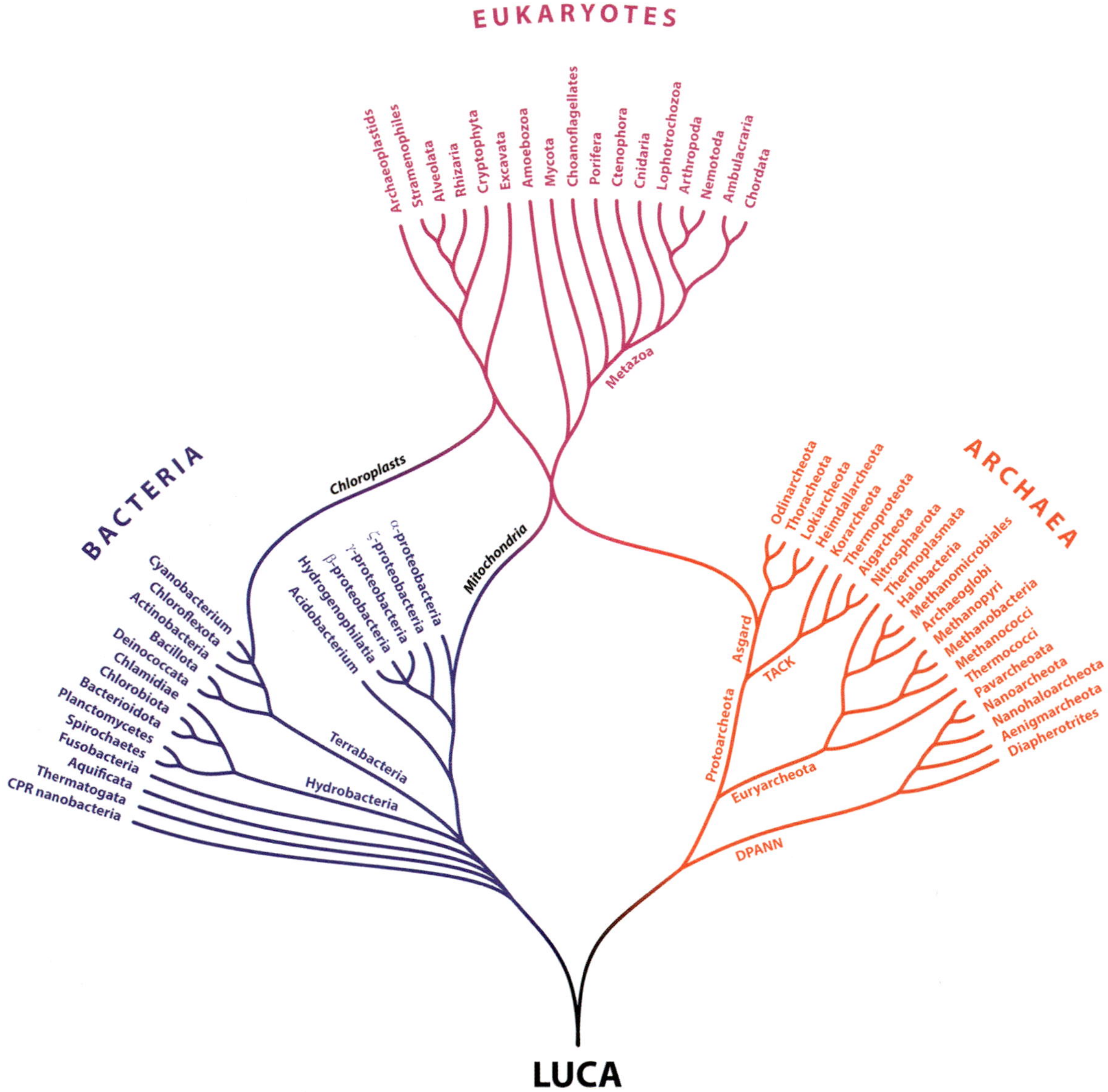

그림 12.5 오늘날 인식되는 생명 나무의 주요 세 가지는 아마도 마지막 우주 공통 조상(Last Universal Common Ancestor, LUCA)으로 불리는 공통 혈통을 공유할 가능성이 크다. 우리는 이미 α-프로테오박테리아(α-protobacteria)와 고세균(archaea)의 한 갈래인 아스가르다르케오타(asgardarcheota)가 공생하여 미토콘드리아를 포함하는 세포를 생산함으로써 복잡한 다세포 유기체(진핵생물, eukaryote)가 생겨났다는 것을 알 수 있다. 마찬가지로 원시 바이콘트(bikont, 편모를 가진) 진핵생물과 시아노박테리아 사이의 공생 관계가 발전하면서 광합성 조류와 식물(archaeoolastida)이 출현하게 되었다. 마지막 우주 공통 조상이 출현하기 전에 상당한 수평적 유전자 이동과 공생 관계의 발전이 있었을 가능성이 크지만, 이 추정 미생물은 현존하는 지구상 생명체의 기원에 대한 가장 설득력 있는 정보를 제공한다. 출처: 다양한 참고문헌에서 발췌.

진했을 것으로 추정된다(Weiss et al., 2016). 이 시기에는 영역 간에 상당한 유전자 이동이 있었기 때문에 LUCA의 특성은 단일 조상 세포가 아니라 이질적인 생물 군집의 형질이 융합된 것일 수 있다고 일반적으로 받아들여지고 있다. 최초의 우주 공통 조상(First Universal Common Ancestor, FUCA)이 신진대사자였든 자기복제자였든 간에 최초의 우주 공통 조상과 마지막 우주 공통 조상 사이의 간극은 여전히 넓으며 지속적인 논쟁의 대상이 되고 있다.

표 12.1 극한 환경에 서식하는 유기체[a]

구분	환경	정의	예
온도	초고온 (Hyperthermophile)	T > 80℃	Geogemma barossii (T = 130℃), Methanopyrus kandleri (T = 122℃)
	고온(Thermophile)	T = 45~80℃	
	중온(Mesophile)	T = 20~45℃	
	저온(Psychrophile)	T < 20~45℃	Planococcus halocryophilus (T = −15℃), Deinococcus geothermalis (T = −25℃)
pH	초염기성 (Hyperalkaliphile)	pH > 11	Plectonema nostocorum (pH = 13), Serpentinimonas sp. (pH = 12.5)
	염기성(Alkaliphile)	pH > 9	
	중성(Neutrophile)	pH = 5~9	
	산성(Acidophile)	pH < 5	
	초산성 (Hyperacidophile)	pH < 3	Cyanidium caldarium (pH = 0), Picrophilus oshimae (pH = −0.06)
염도	초고염(Extreme halophile)	> 2.5 M NaCl	Halarsenatibacter silvermanii (6 M NaCl)
	고염성(Halophile)	> 1.5 M NaCl	Haloferax mediterranei (1.7~5.5 M NaCl), Debaryomyces hansenii (2.4 M NaCl)
	내염성(Halotolerant)	0.2~1.5 M NaCl	
	무염성(Non-halophile)	< 0.2 M NaCl	
압력	초고압 (Hyperpiezophile)	P > 50 MPa	Thermococcus piezophilus (P = 125 MPa), Halomonas salaria (P > 100 MPa)
	고압(Piezophile)	P = 10~50 MPa	
	내압(Piezotolerant)	P = 0.1~10 MPa	
탈수	내건성(Xerophile)	수분활성도 aw < 0.7	Trichosporonoides nigrescens (물 없이 10년 이상 생존) Chroococcidiopsis sp. (건조 대기에서 4년 생존) Holarchaea (a_w =0.635) Deinococcus radiodurans
전리방사선	내방사성 (Radiotolerant)	> 10 Gy 노출에 생존	Deinococcus radiodurans (10 kGy) Chroococcidiopsis sp. (15 kGy) Thermococcus gammatolerans (30 kGy)
독성	내독성(Toxitolerant)	독성 원소 노출에 생존	Mesobacillus boroniphilus (B)
	금속성(Metallophiles)		Ferroplasma acidarmanus (Cu^{2+}) Ralstonia sp. (Hg^{2+}) Arthrobacter crystallopoietes (Cr^{6+})
산소	혐기성(Anaerobe)	산소 노출 불가	Methanocaldococcus jannaschii
진공			Deinococcus radiodurans Tardigrade

[a] 출처: Merino et al. (2019); Schultz et al. (2023).

우주의 다른 곳에서 생명체 찾기

다른 행성에 생명체가 존재할 가능성은 20세기 이전에도 크리스티안 호이겐스(Christian Huygens, 1629-1695), 윌리엄 허셜(William Herschel, 1738-1822), 칼 프리드리히 가우스(Carl Friedrich Gauss, 1777-1855) 등 저명한 과학자를 포함하여 널리 받아들여졌다. 때로는 과학과 신앙이 충돌하는 심각한 결과를 초래하기도 했다: 1600년 태양과 같은 별과 거주 행성이 다수 존재한다는 주장으로 인해 조르다노 브루노(Giordano Bruno)가 장기간 고문과 처형당하는 사건이 발생하기도 했다. 19세기 말과 20세기 초에 퍼시벌 로웰(Percival Lowewll)은 조반니 스키아파렐리(Giovanni Schiaparelli)가 화성에서 처음 발견한 곡선형 지형이 가뭄에 시달리던 화성 원주민이 만든 관개수로라는 주장을 펼쳤다. 존 오길비(John Ogilvie)의 『유용한 정보 백과사전(Encyclopaedia of Useful Information, 1893)』은 생명체가 우주에 널리 퍼져 있다는 광범위한 가정을 예시하는 동시에, 다양한 행성의 『주민에 대한 추측』이나 『식물과 동물의 특질』은 먼 거리 때문에 제한된다는 점을 지적하면서 당시의 한계를 인식하고 있었다, 이 책에서 『토성에 사람이 살고 있는지에 대한 추측은 토성의 형태가 토양의 격변으로 인해 실제 정착민에게 불편을 주는 방식으로 변화하는 것으로 알려져 있으므로 그러한 믿음에 반대한다.』라고 명시하기까지 했다. 이 작품과 다른 작품들은 태양계 내 다른 행성의 거주 가능성, 다른 곳의 더 이국적인 형태의 외계 생명체에 대해 고찰하고 우주에서 생명(특히 의식)의 근본적인 역할에 대해 추측한 프랑스 천문학자 카미유 플라마리옹(Camille Flammarion, 1842~1925)의 저작에 영향을 받은 것은 의심할 여지가 없다.

행성 과학과 천문학의 발전과 지구 밖 생명체의 존재에 대한 구체적인 정보를 제공할 수 있는 도구가 등장함에 따라 이러한 관점은 더욱 분석적으로 변했다. 천문학자 프랭크 드레이크(Frank Drake, 1930~2022)가 제안하여 현재까지도 유용한 논의의 틀은 1961년에 열린 워크숍에서 은하계 다른 곳에 있는 비인간 문명의 신호를 찾기 위해 전파 망원경을 사용하자는 제안을 계기로 등장했다(Morrison & Cocconi, 1959). 드레이크 방정식은 우리 은하계에서 현재 우리가 통신할 수 있는 외계 문명의 수를 추정하는 확률론적 방법으로, 다음과 같이 정의된다(Drake, 1965).

$$N = R^* \cdot F_P \cdot N_{Hab} \cdot F_L \cdot F_I \cdot F_C \cdot L$$

여기서 N은 우리 은하계에서 우리가 통신할 수 있는 문명의 수, R^*은 우리 은하의 별 생성율, F_P는 행성을 가진 별의 비율, N_{Hab}은 생명체를 유지할 수 있는 별당 행성 수, F_L은 생명체가 출현할 수 있는 적합한 행성의 비율, F_I는 지적 생명체가 출현한 생명체 보유 행성의 비율, F_C는 우주로 신호를 보낼 수 있는 기술을 개발하는 문명 비율, L은 통신 문명의 생존 기간이다.

이러한 매개변수 중 일부는 비교적 상세히 알려져 있다. 우리 은하의 별 생성율은 1년에 약 2개의 태양 질량으로 비교적 잘 알려져 있으며, 지난 25년 동안 수행된 외계 행성 조사에 따르면 대부분 별이 적어도 하나의 행성을 가지고 있는 것으로 나타났다. 다른 많은 변수는 추측의 대상이지만, 외계 생명체와 비인간 지능에 대한 생산적인 사고와 연구를 자극하는 역할을 하며, 이러한 변수들을 통계적으로 제한하려는 노력이 계속되고 있다(Frank & Sullivan, 2016). 드레이크 방정식은 다양한 추정치를 도출하기 위해 여러 가지 방법으로 공식화할 수 있으며, 예를 들어 행성 대기에서 바이오마커 가스를 찾는 데 적용하거나(예: Seager, 2018) 외계 인공물 탐색을 안내하는 데 사용할 수 있다(Benford, 2021). 우리에게 드레이크 방정식은 N_{Hab}과 거주 가능성의 개념을 시작으로 외계 생명체 탐사의 다양한 행성학적 측면에 대한 논의의 틀을 잡는 장치 역할을 한다.

거주 가능 구역

거주 가능 구역의 전통적인 정의는 행성 표면에 액체 물이 존재할 수 있는 별 주변을 말하는데, 액체 물은 우리가 알고 있는 생명체에 필수적인 것으로 간주하기 때문이다. 거주 가능 영역의 현대적 개념은 천문학자 수슈 황(Su-Shu Huang)이 생물권(biosphere)으로 처음 제안했지만(Huang, 1959), 태양이나 다른 별 주변의 온대 영역에 대한 개념은 17세기까지 거슬러 올라가는 풍부한 역사가 있다(Lingam, 2021). 거주 가능 구역은 일반적으로 해당 행성이 지구와 같은 대기와 궤도 특성이 있다고 가정하는 1차원 기후 모델을 사용하여 계산된다. 기존 거주 가능 구역(conventional habitable zone) 안쪽 가장자리는 행성의 평형 온도가 금성에서와 같이 온실 효과가 폭주하는 지점에 의해 결정되고, 바깥쪽 가장자리는 대기에 이산화탄소를 더 많이 추가해도 평형 온도가 상승하지 않는 지점인 온실 한계에 의해 결정된다. 말할 필요도 없이 거주 가능 영역의 경계는 별의 특성에 따라 달라진다(그림 12.6). 더 차가운 별은 거주 가능 영역이 더 가까운 곳에 있지만, 더 뜨거운 별은 거주 가능 영역이 더 멀리 떨어져 있다. G형 주계열성인 우리 태양의 경

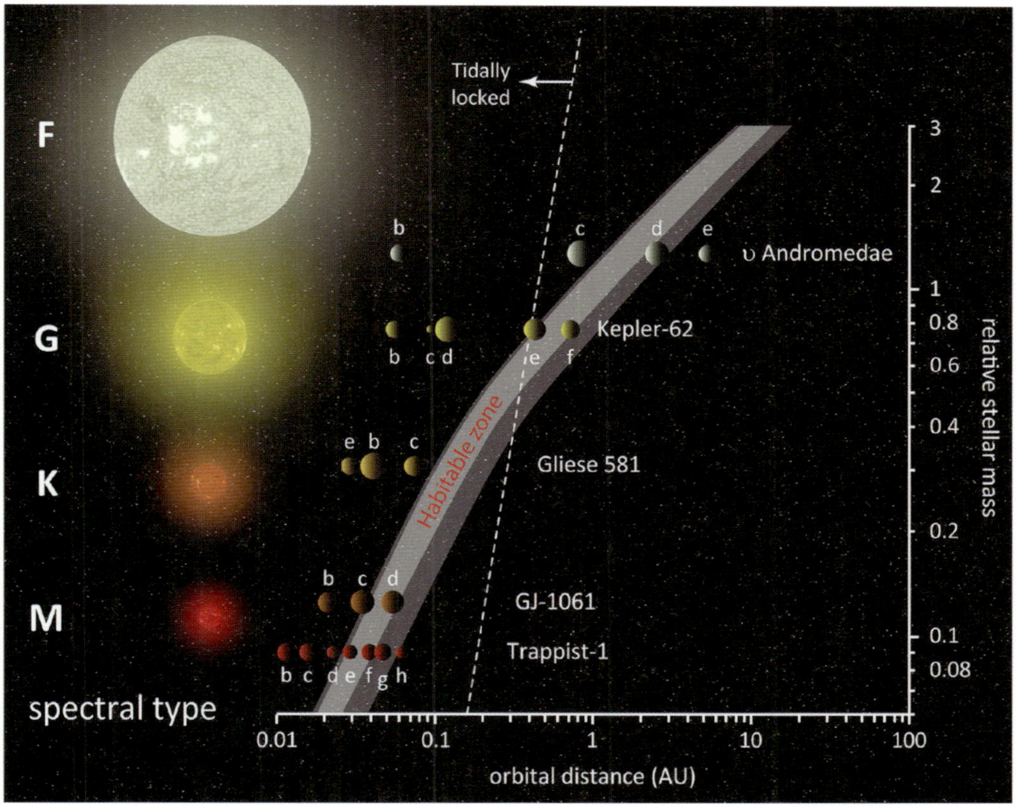

그림 12.6 거주 가능 영역은 전통적으로 궤도 거리와 항성 질량(또는 광도)에 따라 정의된다. 그림에서 대각선으로 뻗어 있는 흰색 띠가 이를 나타낸다. 띠의 밝은 안쪽 부분이 기존의 거주 가능 영역이고, 더 넓은 옅은 띠는 이산화탄소 이외의 기체로 인한 온실 효과에 따라 확장된 거주 가능 영역을 나타낸다. 적색왜성(분광 등급 M 및 K)은 조석력에 의해 공전하는 행성의 한쪽 면이 영구적으로 모항성 쪽으로 향하도록 고정되는 궤도 거리에서 거주 가능 영역을 가질 수 있다. 그러면 그러한 행성이 실제로 거주 가능한 것으로 간주할 수 있는지가 의문시된다. 우리 태양계와 비교하기 위해 몇 가지 대표적인 외계 행성계들을 표시하였다. 40광년 떨어진 M8V 적색왜성 궤도를 도는 트라피스트-1(Trappist-1)계에는 거주 가능 영역에 있을 가능성이 있는 여러 행성이 있다. 그러나 이 별에서 나오는 복사 스펙트럼의 정점은 근적외선 영역인 1.15 μm에 있음에 주의해야 한다.

우, 거주 가능 영역은 0.95~1.37 AU 사이에 있는 것으로 추정된다(Kopparapu et al., 2013). 이산화탄소만이 행성 표면의 온난화에 영향을 미칠 수 있는 기체가 아니며, 수소가 훨씬 더 풍부하고 액체 상태의 물이 2 AU의 궤도 반경까지 지속될 수 있으므로 기존 거주 가능 구역이 너무 제한적이라고 수년 동안 언급되어 왔다(Pierrehumbert & Gaidos, 2011; Mol Lous et al., 2022). 또한, 나중에 논의하겠지만 얼음 행성 내부의 지하 바다는 수십 AU의 궤도 거리에서도 생명체가 존재할 가능성을 제공한다. 이러한 상황에서는 기존 거주 가능 구역은 거의 무의미해진다. 그러나 지적 생명체의 탐지를 중심으로 탐사를 구성하려면 지표수와 노출된 지표면이 중요하기 때문에 모성의 광도에 대한 우려와 함께 기존 거주 가능 구역에 다시 의존하게 된다(Schwieterman et al., 2019).

그러나 항성의 광도만이 고려해야 할 유일한 요소는 아니다. 더 크고 더 빛나는 주계열성일수록 수소 연료를 불균형적으로 빨리 연소시킨다. 태양 질량의 30~40배에 달하는 매우 뜨거운 O형 별은 주계열성에서 단 100만 년을 보낸 후 팽창하여 청색 초거성이 되는데, 이는 태양의 수명이 100억 년인 것과 비교하면 매우 짧은 시간이다. 반대로, 태양 질량의 절반인 매우 차가운 M형 별은 주계열성에서 수조 년을 보낼 수 있다. 지구의 화석 기록을 근거로 생명체가 발달하는 데 최소 수억 년이 걸렸고 복잡한 동식물이 생성되는 데 거의 40억 년 걸렸다고 생각하기에 별의 수명은 중요하다. 물론 이 정도의 시간이 꼭 필요한지는 아직 알 수 없다. 분명한 것은 가장 광도가 높은 별은 수명이 짧으므로 적절한 행성을 품고 있더라도 생명체가 발달하기에는 적합하지 않다는 것이다. 어쨌든 더 뜨겁고 광도가 높은 별은 스펙트럼의 고에너지 자외선과 X-선 영역에서 더 많은 양의 빛을 방출하므로 생명체가 발달에 해로울 수 있다. 실제로 거주 가능성에 대한 논의는 분광 등급 F 이하의 별, 즉 태양 질량의 1.5배 이하이고 광도가 4배 이하이며 수십억 년의 기간 주계열에 머물 수 있는 별에 국한된다.

주계열의 반대편에 있는 적색왜성은 더 오래 생존하고 매우 많으므로 더 매력적으로 보일 수 있다. M형 왜성은 우리 은하에서 가장 흔한 별의 유형으로 전체별의 약 70%를 차지한다(Heath et al., 1999). 그러나 이 별들도 문제를 가지고 있다. 가장 희미한 M형 별은 광도가 태양의 1% 미만이기 때문에 거주 가능 영역의 경계가 별과 매우 가깝게 이동하는데, 이 영역에서는 조석력이 강하게 작용하여 궤도를 도는 천체를 1:1 스핀-궤도 공명에 갇히게 한다. 그 결과 대기나 바다가 열을 효과적으로 분배할 수 없다면 한 반구는 영구적으로 빛을 받아 매우 뜨거워지고 다른 반구는 영구적으로 어두워 매우 추워진다(Joshi, 2003; Yang et al, 2013). 이러한 환경에서 생명체가 생존하려면 더 온화한 지역으로 이동할 수 있어야 한다. 식물과 같은 생물은 안정적으로 일정한 낮을 이용할 수 있지만, 동물과 유사한 생물은 야행성으로 더위를 피하거나 조석력에 잠겨 있는 긴 밤의 '겨울' 동안 동면할 수 있어야 한다. 주야 경계선 주위처럼 온도가 적당한 지역이 중요한 서식지가 될 수 있다(Yang et al., 2014).

M형 왜성에서 방출되는 희미한 붉은 빛은 광 수확 메커니즘의 진화에 큰 영향을 미칠 수 있는데, 지구에서 광 수확 메커니즘은 에너지 생성(광합성)과 시각(광전달)이 중요하다. 호기성 광합성은 혐기성 광합성보다 약 20배 더 많은 에너지를 생산하지만, 이는 적색왜성의 스펙트럼 정점이 있는 근적

외선에서는 감도가 무시할 정도로 작은 엽록소 분자를 사용한다(Wolstencroft & Raven, 2002). 피코에리스린(phycoerythrin)과 피코시아닌(phycocyanin)과 같은 일부 분자는 가시광선 스펙트럼의 주황색-적색 부분을 잘 흡수하지만, 700~900 nm 파장 사이의 근적외선에서 감도가 좋은 최적의 광 흡수체는 박테리오클로로필(bacteriochlorophyll) A와 B이다(그림 12.7). 이들은 지구의 혐기성 환경을 점유하는 녹색 및 보라색 유황 및 비유황 박테리아에서 발생하며, 해저 열수구에서 지열로 생성되는 근적외선 빛의 희미한 꼬리를 이용해 심해에서도 광합성을 할 수 있는 놀라운 유기체이다(Beatty et al., 2005). 혐기성 대사로 제한하는 것은 적어도 이론적으로는 생태계에서 발견할 것으로 기대되는 생명체의 복잡성을 본질적으로 제한한다. 일부 메타동물(metazoans)은 혐기성 원핵생물과 공생 관계를 맺어 산소가 전혀 없는 환경에서 사는 것으로 알려져 있으며(Danovaro et al., 2010), 에디아카라기(Ediacaran period, 6.3 ~5.4 *억년전: 역자 주*) 특정 메타동물은 매우 낮은 산소 또는 심지어 무산소 환경에서 살았다는 증거가 제시되었다(Cherry et al., 2022).

문제는 적색왜성은 매우 가변적이고 폭발성이 강하며, X-선부터 전파까지 광범위한 스펙트럼

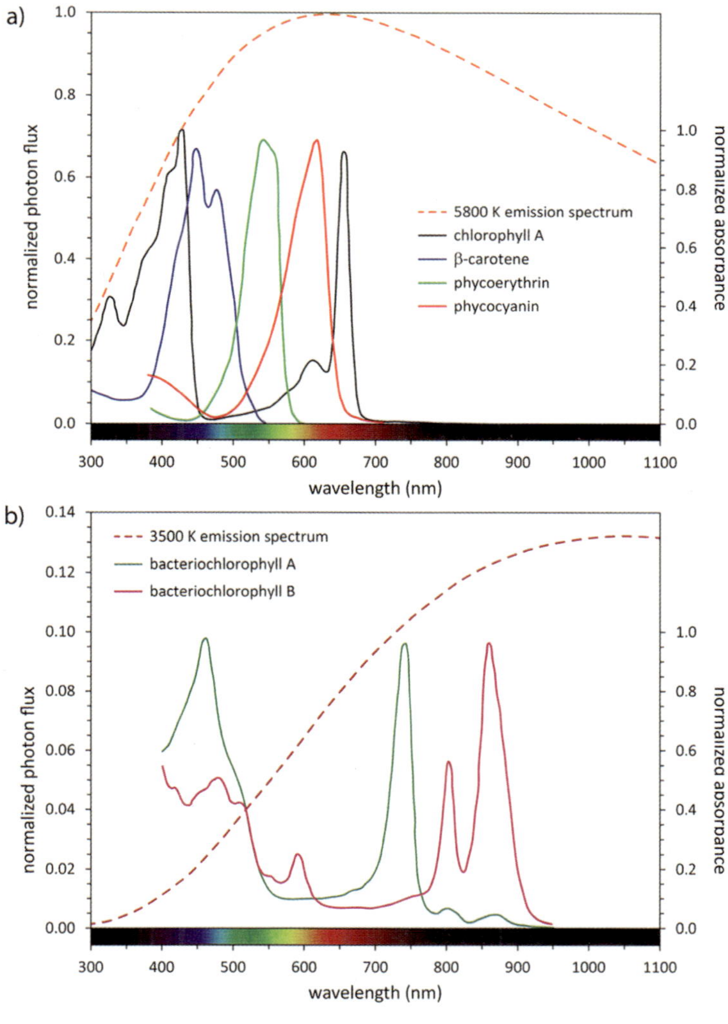

그림 12.7 (a) 엽록소와 다양한 카로티노이드(carotenoids)에 의한 빛의 흡수는 태양과 같은 G형 별의 복사 스펙트럼과 매우 잘 일치한다. (b) 차가운 적색왜성(예: 분광 등급 M3)의 복사 스펙트럼의 정점은 근적외선에 위치하여 유기체가 빛을 수확하는 데 어려움을 겪는다. 그러나 일부 지구상 혐기성 박테리아는 이 적외선 영역에서 잘 흡수하는 다양한 엽록소를 생산하는데, 이는 지구 생태계 변두리에서의 생물학을 연구하면 우주의 다른 곳에서 생명체가 존재할 가능성에 대한 이해를 높일 수 있다는 것을 보여주는 예이다.

에 걸쳐 강력한 플레어를 자주 방출한다는 점이다(Scalo et al., 2007; Cuntz & Guinan, 2016). 이러한 플레어는 강력한 자외선과 X-선으로 인근 행성을 폭발적으로 때려 대기 가스를 제거하고 적절히 보호되지 않은 생명체를 손상하거나 파괴할 수 있다(Airapetian et al., 2020). 이런 별 주위의 거주 가능 영역 내에서 궤도를 도는 행성은 상대적으로 안정적인 태양으로부터 지구에서 경험하는 것보다 최대 100배 더 강력한 플레어를 경험할 수 있다. 적색왜성의 변동성과 플레어 활동은 또한 장기간의 활동기와 비활동기를 반복하며 인근 행성의 기후 불안정을 초래할 수 있다(Shields et al., 2016). 예를 들어, 활동 기간 행성은 별의 복사가 증가하여 표면 온도가 상승할 수 있다. 그런 다음 별이 조용한 단계로 전환되면 온도가 급격히 낮아져 지질학적 시간 척도에서 온실과 빙하 조건 사이의 급격한 변화로 이어질 수 있다(Kasting et al., 1993). 또한, 잦은 플레어는 행성 주변에 형성된 대기를 주기적으로 제거할 수 있다.

주계열성에 초점을 맞추면 생명체가 살기에 부적합한 항성계가 주계열성을 벗어나면 생명체가 살 수 있게 될 가능성을 간과하게 한다. 별의 중심부에서 수소 연소 단계가 끝나면 별은 일반적으로 팽창하여 거대한 별이 된다. 지금까지는 추운 세계가 이 뜨거운 항성에 의해 따뜻해져 별의 노화 단계 동안 거주 가능한 영역으로 진입할 수 있다. 우리 태양계에서 타이탄은 대략 15억 년 후 태양이 적색거성으로 진화할 때, 수억 년 동안 거주 가능 환경으로 전환된다(Lorenz et al., 1997). 물론 지구는 점차 생명체가 살기에 부적합한 환경이 될 텐데, 모델에 따르면 미생물 생명체의 피난처는 고위도 지역에서 지금부터 약 28억 년 후까지 지속될 수 있다(O'Malley-James et al., 2013; O'Malley-James et al., 2014). 반면에 태양의 노화에 따른 화성의 온난화는 극지방과 지표 얼음에 저장된 물과 이산화탄소를 방출하여 잠재적으로 거주 가능한 생물권을 만들 것이다(Jakosky, 2024). 다른 별 주변에서는 주계열 후에도 분광형에 따라 2억~90억 년 동안 행성이 거주 가능할 수 있다고 모델들이 보여준다(Ramirez & Kaltenegger, 2016).

거주 가능성을 평가하는 또 다른 항성 요인은 금속성과 동반성의 존재 여부이다. 금속성은 지구와 같은 암석 행성을 형성하는 데 필요한 모항성(그리고 행성이 형성될 수 있는 원시 태양 성운)에 무거운 원소가 얼마나 풍부한지를 측정하는 척도이다(Johnson & Li, 2012). 금속성은 Fe 대 H 비율의 로그로 정의되는데, 지구형 행성을 생성할 수 있을 만큼 큰 값은 소위 2세대 별 (천문학자들은 '종족 I'으로 지칭)에서만 발생한다고 생각된다. 이런 금속 풍부 별들은 수소와 헬륨만 함유한 1세대 별 (종족 III)의 재에서 생성되는데, 이 재가 1세대 별의 생애 말기와 그 이후의 초신성 폭발 과정에서 생긴 무거운 원소를 포함하기 때문이다. 외계행성 연구에 따르면 다양한 범위의 금속성을 가진 2세대 별 주위에서 작은 암석 행성계가 발견되지만, 금속성이 가장 높은 별 주변에서 거대 행성이 우선적으로 형성된다(Buchhave et al., 2012; Swastik et al., 2023). 어쨌든 전자의 경우는 기존의 거주 가능 영역에 지구와 같은 세계가 존재할 수 있도록 하고, 후자의 경우는 거주 가능 영역 내의 거대 기체 행성 주위를 도는 지구와 같은 외계 달(exomoons) 또는 기존의 거주 가능 영역 밖의 거대 기체 행성 주변에 지하 해양을 가진 위성이 존재할 수 있도록 한다.

별의 약 85%(전체 태양형 별의 절반 정도)는 하

나 이상의 동반 별이 중력으로 결합하여 쌍성, 삼성 또는 그 이상의 다중성계를 형성한다. 따라서 태양처럼 동반 별이 없는 경우는 비교적 드물다. 두 개 이상의 별을 포함하는 시스템은 별 사이의 거리와 별의 스펙트럼 분류에 따라 거주 가능성에 추가적인 문제를 제기한다. 분명히 태양과 같은 별이 가까운 궤도에서 청색거성과 짝을 이루면 거주 가능 영역이 없으며, F, G, K 및 M형 별의 조합이 가장 거주 가능할 것으로 예상한다(Cukier et al., 2019). 다중 항성계의 모든 별이 개별적으로 적합하더라도 중력 상호작용으로 인해 어떤 행성의 궤도는 생명체가 발달할 수 없을 정도로 혼란스러워질 수 있다. 쌍성계가 매우 흔하므로 안정성을 선호하는 매개변수를 식별하여 잠재적인 거주 가능 영역에 대한 많은 생각을 불러일으켰다(Eggl et al., 2020). 대체로 쌍성계가 넓게 분리되어 있으면 각각의 별 주변에 별도의 거주 가능 영역이 안정적으로 유지되는 반면, 매우 가까운 쌍성은 시스템의 질량 중심 주위에 단일 거주 가능 영역이 존재할 수 있다. 이 두 극단 사이에는 거주 가능 영역이 불가능한 데드존(dead zone)이 있다(Moorman et al., 2020).

다른 대기 가스, 묻혀 있는 바다, 항성 동반자의 존재를 고려하여 기존 거주 가능 구역을 수정할 방법은 분명히 많다(예: Ramirez, 2018). 또한, 생명체 자체가 환경을 더 유리하게 만들기 위해 적응한다는 것도 중요한데, 이는 제임스 러브록(James Lovelock, 1919~2022)의 연구와 그의 가이아 가설(Gaia hypothesis)에서 처음 등장한 개념이다. 가이아 가설은 지구의 생물권, 수권, 대기, 그리고 지구의 단단한 암석체가 하나의 자기 조절 시스템을 형성하여 생물과 비생물 구성 요소가 항상성 피드백 루프에 참여한다는 가설이다(Lovelock & Margulis, 1974). 우리는 이미 광합성 생명체가 산소 농축을 통해 대기를 변화시켜 오존층과 성층권 콜드 트랩을 생성하여 물의 광분해 손실을 방지하는 방법을 살펴본 바 있다. 마찬가지로 지구상의 광물 다양성의 3분의 1은 생명체의 활동으로 인해 물질이 새롭고 잠재적으로 유용한 화합물로 농축된 결과이다(Hazen & Morrison, 2022). 외계 행성 거주 가능성에 대한 가이안 모델의 적용은 거주 가능 영역이 지금까지 예상했던 것보다 더 넓을 수 있음을 보여준다(Arthur & Nicholson, 2023).

2026년 행성 트랜짓과 별의 진동(PLAnetary Transits and Oscillations of stars, PLATO), 2029년 아리엘(Ariel) 등 향후 몇 년 내에 거주 가능한 지구와 유사한 외계 행성을 탐지하는 새로운 임무가 다수 발사될 예정이다. PLATO 임무는 별의 거주 가능 영역에서 최대 12개의 지구와 유사한 행성을 탐지하는 것을 목표로 여러 대의 카메라를 사용하여 25초마다 21억 픽셀의 고해상도 영상을 촬영하게 된다(Heller et al., 2022). 아리엘 임무는 주로 외계 행성 대기에 초점을 맞추고 있으며, 평형 온도가 500 K를 넘는 '뜨거운' 행성 쪽으로 편향되어 있지만, 평형 온도가 400 K에 가까운 더 차가운 행성을 연구할 수 있다(Tinetti et al., 2018; Encrenaz et al., 2022). 또한, 2030년대 후반에는 거주 가능한 외계 행성 관측소(Habitable EXoplanets observatory, HabEx)를 발사할 계획도 있다(Gaudi et al., 2020). 따라서 향후 1~2년 이내에 드레이크 방정식의 조건인 N_{Hab}과 심지어 F_L을 제한하는데 필요한 관측 정보를 확보할 가능성이 농후하다.

당분간은 매우 보수적으로 접근하여 동반성이 없고 금속성이 태양의 4분의 1 이상인 분광 등급 F, G, K, M의 주계열성 종족 I 별들로 검색을 제한하면 은하 전체별의 25% 미만만 남게 된다. 이 별의 4분의 1에 지구와 같은 행성이 있다고 가정하면 우리 은하계에서 복잡한 생명체가 존재할 가능성이 있는 행성을 가진 별의 수는 약 200억 개가 된다. 우리의 이런 추산은 잠재적으로 중요한 세부사항을 상당히 많이 간과하고 있으며, 이러한 다른 요인들에 관한 최근 연구에 따르면 우리 은하에서 거주 가능한 지구와 유사한 세계의 수는 이보다 세 배 이상 작아서, 아마도 50,000에서 250,000개 정도로 추정된다(Lammer et al., 2024: Scherf et al., 2024).

극한생물

거주 가능한 환경에 대한 우리의 개념을 뒷받침하기 위해 생명체가 견딜 수 있는 조건의 범위를 명확히 이해할 필요가 있다. 이 범위는 놀라울 정도로 넓은 것으로 밝혀졌는데, 이 매개변수 공간의 가장자리에서 신진대사와 번식으로 만족하는 것으로 보이는 유기체, 즉 총칭하여 극한성 유기체에 관한 많은 연구가 진행됐다. 극한 환경 생물은 주로 생명체에게 적합하지 않은 조건에서도 견디고 심지어 번성할 수 있으며, 명목상 스트레스를 주는 극한의 온도, 산도/알칼리도(pH), 염도, 수압, 이온화 방사선 및 물이나 산소 부족에서도 생존하고 번식할 수 있는 특수한 생화학, 생리 및 구조적 특징을 진화시킨 생물이다(Rothschild & Mancinelli, 2001; Seckbach et al., 2013).

일부 극한성 미생물(표 12.1)은 빙점 이하, 물의 끓는점 이상의 온도, 대부분의 생물체의 단백질과 핵산을 녹일 수 있는 극한의 산도 및 알칼리도, 포화된 염도, 가장 깊은 해구 바닥보다 높은 압력 조건에서 번식할 수 있다(Cavicchioli, 2002). 심지어 지하 깊은 곳의 암석 내부와 햇빛 같은 에너지원이 차단된 남극 빙상 내의 미세 균열에서도 미생물이 번성하는 것이 발견되었다.

우리가 알고 있는 지구의 가장 극한 환경과 태양계의 다른 행성에 존재하는 환경이 겹친다는 점을 고려하면, 극한생물 연구의 적용 가능성은 분명해

그림 12.8 스페인 남부의 리오 틴토 강(Rio Tinto river)은 고산성 하천 환경에서 극한생물이 발견된다. 물의 선명한 주홍색은 고대 황화물 광물 찌꺼기(ore tailings)의 풍화 작용으로 생성된 부유 광물 때문이다.

진다(Carré et al., 2022). 예를 들어 남극의 맥머도 드라이 밸리(McMurdo Dry Valleys)는 현재 화성의 표면 환경과 비슷한 저온과 건조 조건을 가지고 있다(Goordial et al., 2016). 다공성 암석에 서식하는 크립토엔돌리스균(cryptoendolithic fungi)과 같이 드라이 밸리에서 생존하고 번식할 수 있는 극한 생물은 액체 물, 산소, 에너지원이 거의 없는 틈새에서 서식지를 건설할 수 있는 생명체의 능력을 보여준다. 오늘날 화성과 유사한 조건을 견딜 수 있는 생명체의 능력은 과거 더 따뜻하고 습한 조건에서 화성에 생명체가 생겨났을 수 있으며, 지하 대수층(aquifer)과 같은 피난처에서 여전히 생존할 수 있다는 가능성을 강화한다(Boston et al,, 1992; Jakosky et al., 2003). 산성 미생물은 산도가 높은 조건에서 낮은 pH 수준 (0~3)에서 번성하며, 황산이 풍부한 연못, 호수, 강은 화산 유황 배출이나 황화 광물 퇴적물의 화학적 풍화, 인간의 산업 활동(예: 황화물 광석 채굴)으로 인한 폐기물 퇴적물의 풍화로 인해 자연적으로 발생한다. 스페인 남부의 리오 틴토 강(Rio Tinto river)은 적조와 녹조류가 혼합되어 있고 혐기성 박테리아가 서식하는 높은 산도 (pH = 2)를 가진 지구 하천 환경의 잘 알려진 예이다(그림 12.8). 이곳이 금성의 구름층 일부를 형성하는 황산성 방울의 조건과 유사한 점은 금성 대기 중 공중 미생물이 포스핀을 생산할 가능성을 시사한다(Bains et al., 2024).

마찬가지로 해저 열수 시스템의 고온, 무산소, 염분의 극한 환경에 사는 극한생물을 연구하면 태양계 외곽의 많은 대형 얼음 위성 내부와 같은 외계 지하 해양의 바닥에서 생명체를 찾는 데 필요한 정보를 얻을 수 있다(10장). 그러나 얼음으로 덮인 바다만이 생명체가 존재할 수 있는 곳은 아니며, 열과 빛, 산소가 부족하고 영양분이 부족할 수 있는 차가운 바닷물 자체가 태양계에서 가장 큰 거주 가능 환경이 될 수 있다. 외계 해양 세계의 거주 가능성에 대해 배울 수 있는 지구에서 가장 가까운 유사 환경은 빙하 하부 호수이다.

400개가 넘는 빙저 호수(subglacial lake)가 남극의 빙상에서 확인된다(그림 12.9). 이러한 독특한 수중 환경은 지구의 극한 환경에서의 생명체와 외행성 주변의 잠재적 유사 생명체에 대해 무엇을 밝혀낼 수 있는지로 최근 수십 년 동안 과학계의 높은 관심을 끌어왔다(Sievert et al. 2016). 남극의 빙저 호수에는 100,000 km^3 이상의 물이 포함된 것으로 추정되며, 지구상에서 가장 큰 습지 서식지 중 하나이다(Wright & Siegert, 2012). 남극에서 최초로 발견된 빙저 호수는 1996년에 발견된 보스토크(Vostok) 호수이다. 길이 250 km, 폭 50 km, 수심 500 m가 넘는 이 호수는 지구상에서 가장 큰 빙저 호수로 알려져 있다(Siegert et al., 2001). 보스토크 호수의 현장 탐사는 수 킬로미터에 달하는 얼음을 뚫고 그 밑의 깨끗한 환경을 오염시키지 않으면서 시추해야 하므로 기술적으로 큰 도전 과제였다. 1990년대와 2000년대 초기에 얼음을 빠르게 뚫고 빙하 아래 호수에 과학 장비를 배치할 수 있는 특수 온수 시추 기술을 개발하기 위해 노력했다. 2012년 2월, 러시아 과학자들은 10년이 넘는 계획과 세 차례의 현장 시추 작업 끝에 마침내 보스토크 호수의 물을 샘플링하는 데 성공했다. 이 샘플을 분석한 결과, 이전에는 발견되지 않았던 많은 종을 포함하여 추위와 고압, 영구히 어두운 환경에 적응한 다양한 미생물의 증거를 발견했다(Shtarkman et al., 2013).

보스토크 호수 탐사의 성공을 바탕으로 미국의

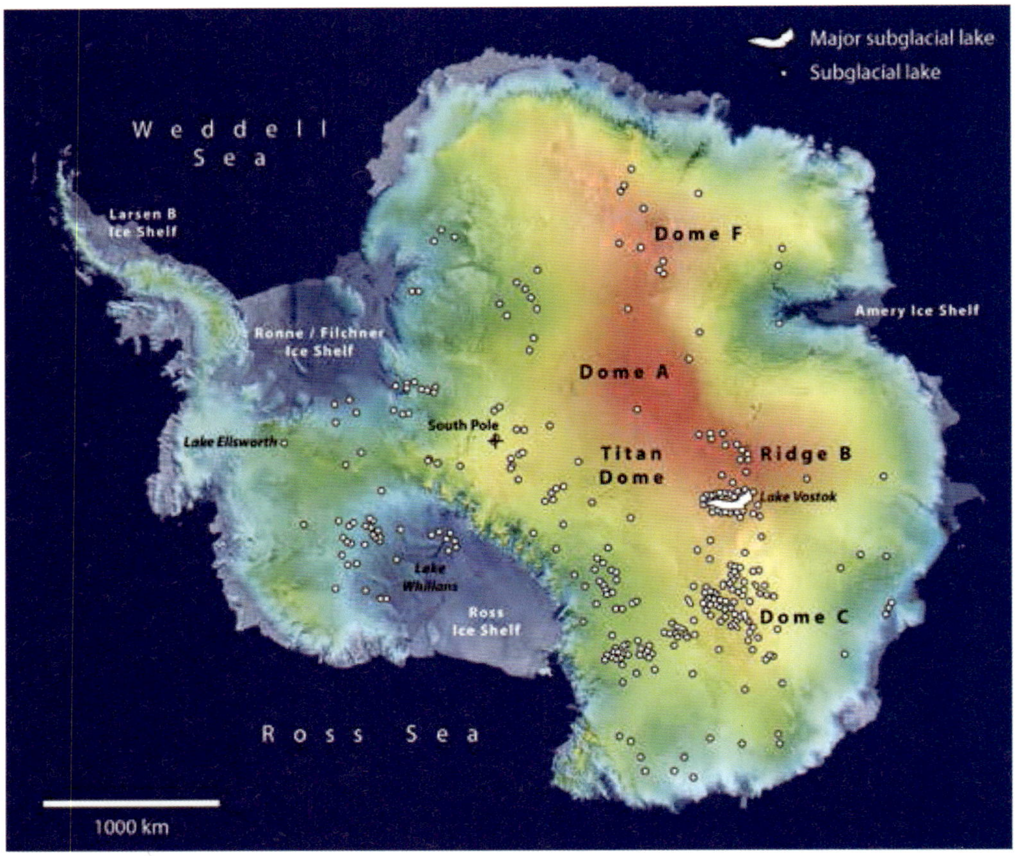

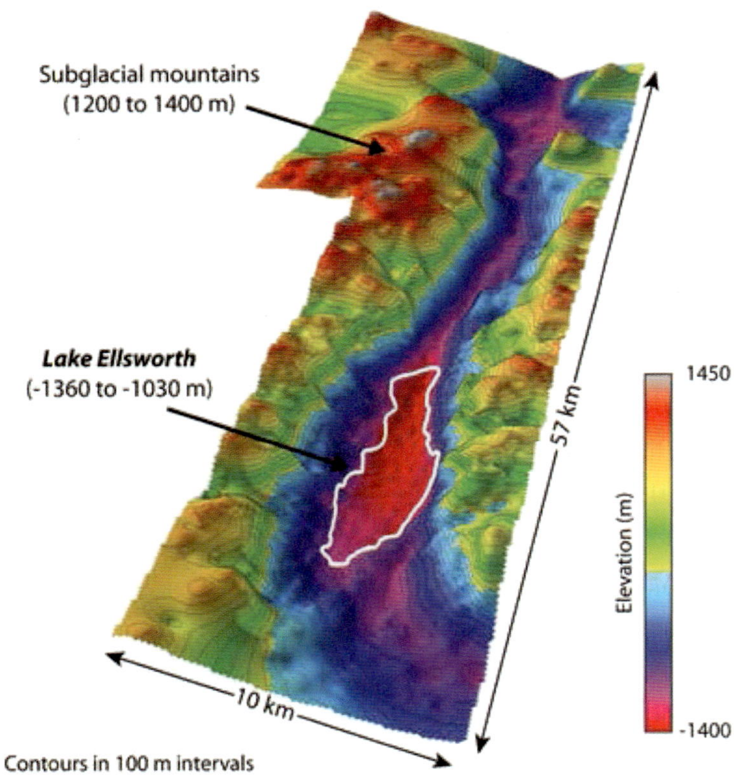

그림 12.9 (위) 남극의 빙산이 밑바닥 암반을 깎아내려 기저 용융수가 모일 수 있는 수많은 주머니를 만들었다. 왼쪽 위에 표시된 빙저 호수 중 일부는 100만 년 이상 외부 환경으로부터 고립되어 있다. 출처: Wright & Siegert (2012)을 바탕으로 재작성. (아래) 서남극의 엘스워스 호수(Lake Ellsworth)는 2 km의 얼음 아래 깊은 골짜기에 있다. 행성체 극한 환경에서 생명체 존재의 한계를 검증하기 위해 고안된 시추 프로그램의 대상으로 엘스워스 호수가 선정되었다. 출처: Neil Ross, University of Newcastle.

빙저 남극 호수 과학 접근(Subglacial Antarctic Lakes Scientific Access, SALSA) 시추 프로그램은 서남극의 머서 호수(Lake Mercer)를 대상으로 2018년 12월에 직접 샘플을 채취했다. 메타게놈(metagenomic) 분석 결과, 햇빛이 없는 곳에서도 복잡한 생태계를 유지할 수 있는 화학 영양성(chemoautotrophic) 박테리아와 메탄 영양성(methanotrophic) 박테리아를 포함한 다양한 미생물이 발견되었다. 과학자들은 직접적인 샘플링 노력 외에도 환경 DNA 분석 기술을 활용하여 미생물 생물 다양성의 특성을 파악했다. 남극 빙저 호수 윌런스(Lake Whillans) 위에 쌓인 얼음을 채취하여 2,300여 종 이상의 박테리아, 고세균, 진핵생물 분류군에서 DNA를 발견함으로써, 고립된 남극 빙하 환경에서도 풍부한 미생물 생태계가 지속될 수 있음을 보여주었다 (Christner et al., 2014; Achberger et al., 2016).

모두 어디에 있나요?

다시 드레이크 방정식으로 돌아가서, 보수적인 견해에서 별의 기존 거주 가능 구역에 있는 지구와 유사한 행성의 50%에서 생명체가 발생하고 그 중 1%에서만 지능이 발생한다고 가정해 보자. 물론 생명은 언제든 생겨날 수 있고 지능은 생명의 필연적인 결과이므로 두 확률이 각각 100%라고 주장할 수도 있지만, 우리는 더 낮은 확률을 고수할 것이다. 그러나 우리는 지능을 가진 종의 100%가 성간 거리에서 통신할 수 있는 수단을 개발한다고 가정할 것이다. 앞서 은하계에 약 200억 개의 거주 가능한 행성이 있다는 추론이면, 은하의 수명 동안 1억 개의 기술 문명이 발전했어야 한다는 것을 알 수 있다. 물론 은하계는 오랫동안 존재해 왔기 때문에 문명이 수십억 년 동안 생존할 가능성은 희박해 보인다. 따라서 드레이크 방정식 $R^* = 2\ yr^{-1}$를 사용하고 문명이 100,000년 동안 지속될 수 있다고 가정하면, 현재 은하계에는 65개의 기술 문명만 남게 된다. Scherf et al. (2024)이 도출한 보다 비관적인 거주 가능한 지구 유사체의 수를 적용하면, 현재 은하계에서 기술 문명은 우리만이 유일하다. 그러나 이어지는 논의를 위해 현존하는 문명을 65개로 추정하겠다. 성간 평균 간격이 약 5광년이라고 가정하면 각 문명은 약 8,000광년 떨어져 있다. 인간은 태양의 진화 45억 년 동안 불과 수십 년 동안만 성간 거리를 가로질러 통신할 수 있는 기술적 능력을 갖추었으므로, 비인간 지능이 우리만큼 원시적인 것은 극소수이고 대다수는 훨씬 더 발전했을 것은 타당하다. 성간 거리에서 탐지 가능성의 관점에서 이러한 고도로 발전된 문명이 어떤 모습일지에 대한 질문은 1964년 러시아의 천체 물리학자 니콜라이 카르다셰프(Nikolai Kardashev, 1964)에 의해 제기되었고, 그레이(Gray, 2020)에 의해 확장되었다. 카르다셰프 척도는 다섯 가지 범주로 나뉜다:

- 유형 0 문명은 최대 10^6 W에 달하는 에너지 자원을 활용할 수 있다. 이는 가장 큰 육상 동물의 신진대사 능력과 비슷하며 산업화 이전 사회의 전형적인 에너지 사용량이라고 할 수 있다.
- 유형 I 문명은 그들 행성에서 사용 가능한 모든 에너지(최대 10^{16} W)를 활용할 수 있다.
- 유형 II 문명은 모 항성의 모든 에너지(최대 10^{26} W)를 활용할 수 있다. 이는 별 주위를 도는 궤도에 거대 구조물을 건설하여 가용 에너지를 포착함으로써 달성할 수 있으며, 이러한 가상 구조물의 예로는 다이슨 구체(Dyson sphere)가 있다 (Dyson, 1960; Wright, 2020).
- 유형 III 문명은 고향 은하계의 모든 에너지(약

10^{36} W)를 활용할 수 있다.

- 유형 IV 문명은 관측 가능한 우주의 모든 에너지(약 10^{46} W)를 활용할 수 있다.

이 기준에 따르면 현재 인류의 문명은 카르다세프 척도에서 0.73에 해당하며, 수백 광년 거리까지 감지할 수 있는 비교적 강력하지만, 고도로 방향성이 좋은 무선 신호를 우주로 보낼 수 있는 능력을 갖추고 있으며, 성간 근접 공간에 물리적 하드웨어인 파이오니어(Pioneer)와 보이저(Voyager) 탐사선도 파견하였다. 인류가 쏘아 올린 탐사선에는 에칭 플라크가 장착되어 있으며 외계 구조팀에게 우리 행성에 대한 정보를 제공할 수 있는 기록이 있다(그림 12.10). 같은 수준의 기술 성숙도를 가진 비인간 문명이 우리와 같은 일을 하지 못할 것이라고 믿을 이유가 없다. 우리도 그들의 신호를 감지하거나 우연히 태양계를 통과한 인공물을 관찰할 수 있다(Ashtari, 2023). 더 진보된 생명체의 증거는 훨씬 더 쉽게 감지할 수 있을 것이다. 문명의 지속 기간이 일반적으로 제한적이라 하더라도, 문명이 남긴 우주 기술 인공물은 성간 공간의 진공 상태 혹은 공기가 없는 환경에 보존되어 수백만 년 동안 발견될 수 있으므로 탐지 가능성이 높아진다(Balbi & Ćirković, 2021; Wright, 2022). 하버드 대학교의 아비 로브(Avi Loeb)가 이끄는 갈릴레오 프로젝트의 주요 동기 중 하나는 이미 소멸했거나 현존하는 테크노 시그니처 (techno-signature)를 탐지하는 것이다. 취향에 따라 테크노 시그니처는 미확인 비행물체(Unidentified Flying Objects)와 미확인 이상현상(Unidentified Anomalous Phenomena)도 포함한다. 즉, 테크노 시그니처가 먼 별 주위에 있던지, 우리 태양계를 지나가던지, 아니면 근지구 환경에서 활동하고 있는지와 상관없이 모두 찾으려 한다.

우주는 지적 생명체로 가득 차 있어야 하고 그 대부분은 우리보다 훨씬 더 발전되어 있어야 하므로, 현존하는 수십 개의 문명 또는 1억 개의 소멸한 문명의 흔적이 전송, 탐사선, 우주선 또는 항성 거대 구조물의 형태로 모든 곳에서 분명하게 나타나야 한다. 선진 문명이 풍부하리라 예측할 때, 증거가 보이지 않는다는 사실은 『모두 어디에 있는가』라

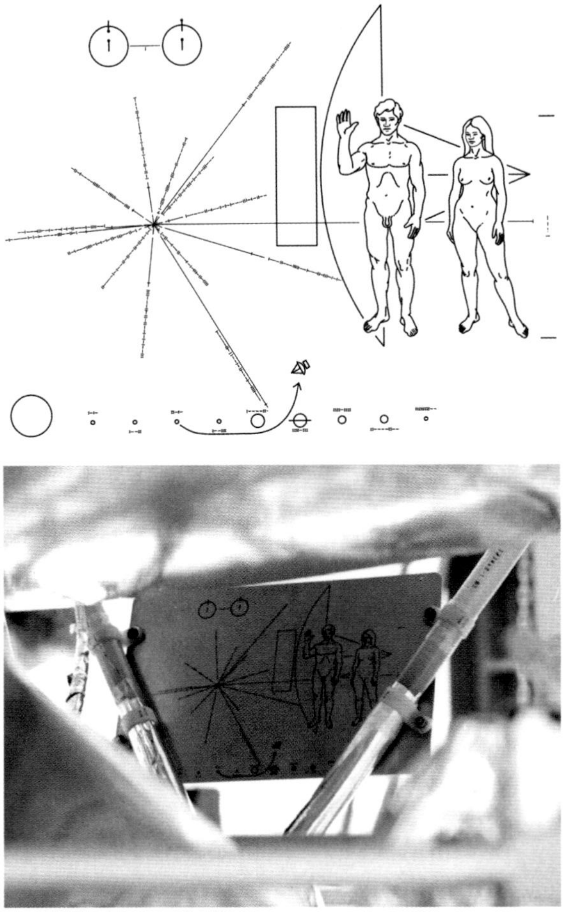

그림 12.10 1972년과 1973년에 발사된 파이오니어(Pioneer) 10호와 11호 우주선에는 탐사선의 기원지와 제조업체에 대한 유용한 정보가 새겨진 명판이 부착되어 있다. 위에는 개략적인 그림이, 아래에는 발사 전 사진에서 우주선에 장착된 모습이 나와 있다. 명판에는 우주에서 가장 풍부한 원소인 중성수소의 초미세 전이, 남자와 여자, 은하 중심에 대한 태양의 위치 및 14개의 펄서, 태양계를 통과하는 파이오니어의 궤적 등 기본적인 차원 정보(이진법)가 암호화되어 있다. 동물과 사람의 발성 등 다양한 자연의 소리로 구성된 『지구의 소리』 음성 자료가 보이저(Voyager) 우주선 1호와 2호에 추가되었다. 출처: NASA/JSC.

는 페르미 패러독스(Fermi Paradox)로 구조화될 수 있다. 페르미 패러독스에 대한 많은 잠재적 해결책이 있는데(Brin, 1983; Webb, 2015; Ćirković, 2018), 여기에는 지적 생명체는 물론 생명체의 발달이 우리가 제안한 것보다 훨씬 더 불가능할 수 있다는 점과 실제로 드레이크 방정식의 입력을 지구가 우주에서 유일한 생명체를 가진 행성이라는 방식으로 조작할 수 있다는 점 등이 포함된다. 마찬가지로, 우주가 지적 생명체로 가득 차 있지만, 아직 명확하지 않은 이유로 인해 쉽게 감지할 수 있는 카르다셰프 유형 II 또는 III 문명으로의 전환은 극복할 수 없을 수도 있다(Haqq-Misra & Baum, 2009). 아니면 다른 문명의 포식을 피하고자, 또는 개발 중인 종의 오염을 막기 위해 고도의 문명이 곳곳에 존재하지만, 조용히 지내는 것을 선택할 수도 있다. 스타트렉(Star Trek)에서처럼『프라임 디렉티브(Prime Directive)』가 적용되어 우리가 거의 또는 전혀 알지 못하는 고도로 발달한 외계 생명체가 우리를 면밀히 관찰하고 있을 수도 있다.

그러나 아마도 가장 그럴듯한 설명이자 지질학과 천문학이 결합된 책에서 가장 적절한 설명은 문명이 특정 발전 단계를 지나 성장하는 것을 막는 자연 장벽, 즉 행성에서 한 종 (또는 일반적인 생명체)의 발전을 제한하는 역할을 하는『위대한 필터(Great Filter)』라는 개념일 것이다. 생명의 기원, 다세포 생명체의 발달, 지능의 진화, 문명과 기술의 발전과 같은 사건을 우리는 운이 좋게도 통과했지만, 대부분의 외계 생명체는 통과하지 못했을 수 있다. 이런 위대한 필터가 우리 뒤에 있을 수 있다는 가설이 있다. 또는 필터가 우리보다 앞에 있을 수도 있다. 핵전쟁이나 생물학전, 치명적인 기후 변화, 자원 고갈, 인간에게 무관심하거나 적대적인 인공 지능의 개발 등 우리 문명이 스스로 만들어낸 실존적 위기에 직면할 수도 있다. 반면에 운석 충돌부터 범람 현무암 분출, 전 지구적 빙하기, 극심한 태양 활동 등 인류에게 위협이 되는 외부 요인도 적지 않으며, 그중 상당수는 앞 장에서 살펴본 바와 같이 현재 기술 발전 수준으로는 통제할 수 없는 것들이다. 지구의 화석 기록에는 이러한 요인들이 육상 생명체에 지대한 영향을 미쳐 때로는 지구 생물다양성의 상당 부분을 없애고 새로운 종의 진화가 빈 생태적 틈새를 채울 수 있도록 했다는 증거가 가득하다.

화석 기록의 공백으로 인해 더 먼 시기의 증거가 오염되었을 가능성이 있지만, 지구 역사의 약 10%에 해당하는 지난 5억 년 동안 대량 멸종과 소규모의 생물 다양성 감소가 여러 차례 확인된다(그림 12.11). 4억 4,500만 년 전에 발생한 후기 오르도비스기 대량 멸종(Late Ordovician mass extinction)은 해양 분류 속(genera)의 60% 이상이 사라진 것으로 알려져 있다(Benchley et al. 2003). 여러 증거에 따르면 빙하로 인해 해수면이 낮아지고 생태계 파괴와 해양 산소결핍이 해양 다양성을 감소시킨 주요 메커니즘으로 지목되고 있다. 후기 데본기 대량 멸종(Late Devonian mass extinction, 3억 7,200만 년 전~3억 5,900만 년 전)은 생명체 종속의 75% 이상이 사라진 가장 심각한 멸종으로 꼽힌다(McGhee, 1996). 이 시기의 암석에서 발견되는 외계 헬륨 동위원소가 매우 풍부하다는 것이 운석 충돌이 촉발 원인이라는 주요 증거이다. 그러나 다른 연구자들은 이 멸종이 범람 현무암 분출과 관련되어 있지만(Racki, 1998), 멸종 패턴이 기후 변화와 해수면 상승으로 인한 산소결핍을 더 잘 나타낸다고 주장한다(Bambach, 2006). 지질학적 기록에서 가장 큰

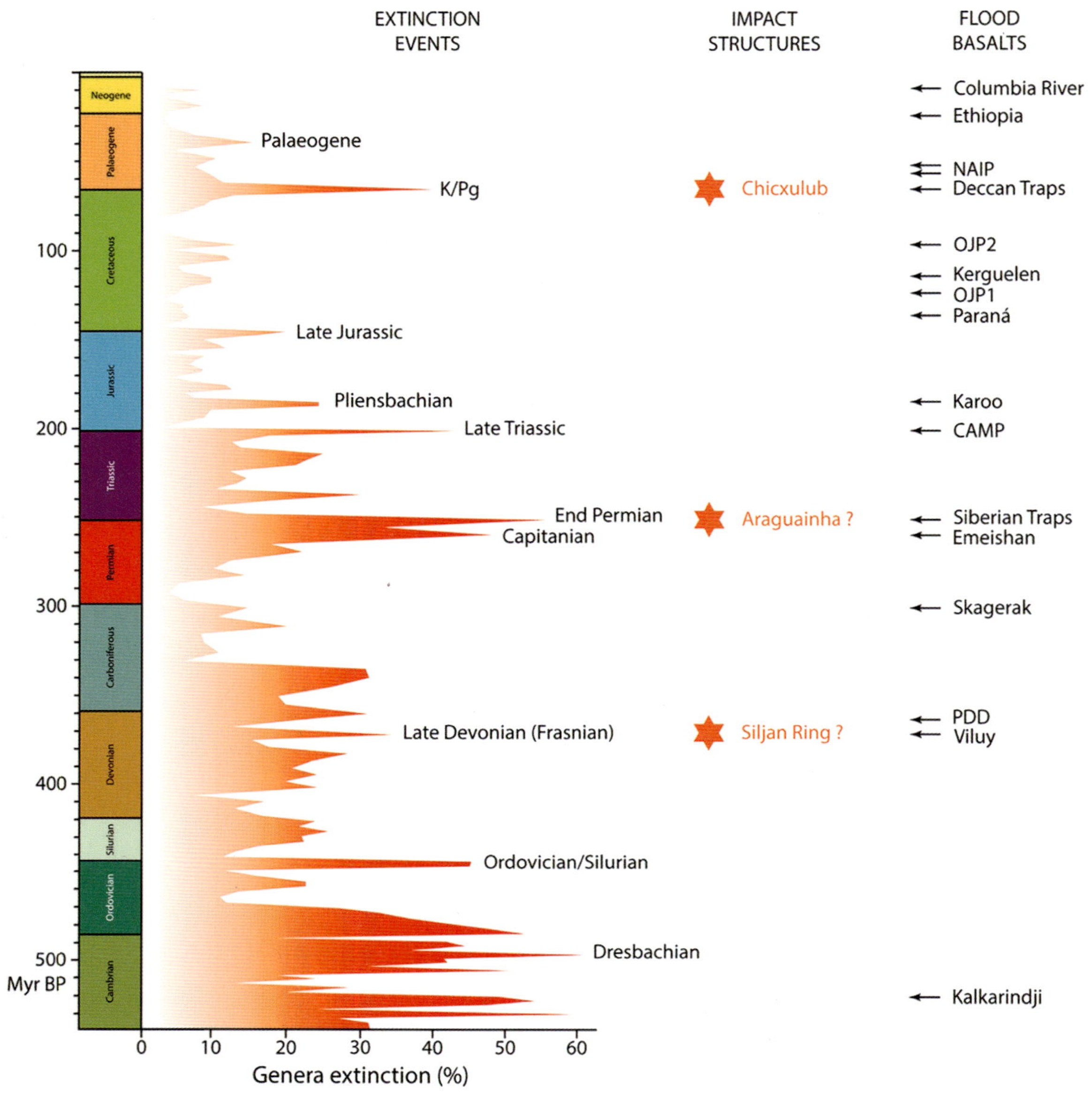

그림 12.11 시간에 따른 생물 다양성 변화 자료를 바탕으로 대량 멸종 발생 시기를 구별한다. 대량 멸종 시기의 일부는 운석 충돌구 생성 시기와 상관관계가 확인되고, 다른 일부는 대규모 범람 현무암 분출의 특징이 관찰되는 대형 화성암체(large igneous provinces, LIPs) 형성 시기와 상관관계가 관찰된다. 프리피야트-드니페르-도네츠 열곡대(Pripyal-Dnieper-Donets rift, PDD); 중앙 대서양 대형 화성암체(Central Atlantic Magmatic Province, CAMP); 온통-자바 해양 용암 대지(Ontong-Java Plateau); 북대서양 대형 화성암체(North Atlantic Igneous Province, NAIP). 출처: Bond & Grasby (2017)을 바탕으로 재작성.

대량 멸종은 약 2억 5,200만 년 전에 발생한 페름기-트라이아스기 대량 멸종(Permian–Triassic mass extinction)으로, 종을 기준으로 70~81%가 사라진 것으로 추산된다(Erwin, 2015). 운석 충돌, 시베리아 대형 화성암체(Siberian Traps) 형성 또는 두 가지 사건이 같은 시기에 발생하여 생물 다양성의 치명적인 손실을 초래했는지에 대한 논쟁이 계속되고 있다. 외계에서 온 헬륨과 풀러렌(fullerenes)의 존재 등이 운석 충돌에 대한 증거로 제시되고 있다(Becker et al., 2001). 그러나 지구 온난화, 해양 산소결핍, 산성비를 통해 생태계 교란을 일으키는 거대한 시베리아 대형 화성암체의 발달도 설득력을 얻고 있다(Payne & Clapham, 2012). 대부분 연구자는 운석 충돌이 화산 활동으로 이미 스트레스를 받고 있던 생태계에 치명적인 타격을 입혔다는 견해를 선호하다(White, 2002; Song et al., 2013). 약 2억 130만 년 전에 발생한 트라이아스기-쥐라기 대량 멸종(Triassic-Jurassic mass extinction)으로 약 75%의 종이 사라졌다(Tanner et al., 2004). 이 사건은 소행성이나 혜성의 영향과 관련이 있다는 강력한 증거가 있다(Olsen et al., 1987; Spray et al., 1998). 이 충돌의 지구 화학적 징후는 전 세계적으로 확인되었다(Tanner et al., 2004). 충돌로 인한 기후 교란과 중앙 대서양 마그마 지방의 대규모 화산 활동이 유력한 멸종 메커니즘으로 간주된다(Ruhl et al., 2010). 마지막으로 6,600만 년 전에 발생한 백악기-고진기 대량 멸종(Cretaceous-Paleogene mass extinction)으로 75% 이상의 종이 사라졌는데, 모든 비조류 공룡의 발달이 종결되어 원시 포유류가 채울 수 있는 생태 공간이 열렸다. 이 사건은 멕시코 유타칸 반도 칙술루브(Chicxulub)에 떨어진 10 km 크기의 소행성 충돌과 관련이 있다(Alvarez et al., 1980; Schulte et al., 2010). 충격파에 의해 고압 변성으로 형성된 석영의 동질이상, 이리듐 이상 증대, 대규모 산불은 전 세계적으로 백악기-고진기 경계에서 발견된다(Robertson et al., 2013). 인도의 데칸(Deccan) 범람 현무암 분출이 생태계에 스트레스를 주었을 수 있지만, 대부분 연구자는 칙술루브 충돌이 대량 멸종의 직접적인 주요 원인이라는 의견을 더 선호한다(Archibald et al., 2010; Richards et al., 2015).

'위대한 필터'에서 살아남기

인간종의 장기적인 생존과 다른 지적 생명체가 존재한다면 그들과 만날 기회는 우리가 한 행성에 갇혀 있다는 '단일 실패 지점'을 제거하는 데 달려 있다. 비교적 가까운 미래 (수백 년에서 수천 년)에는 태양계에서 다양한 환경적 문제를 안고 있는 다른 행성에 정착해야 할 가능성이 크다. 인간이 비교적 제약 없이 정착하려면 인간이 변하거나 환경이 변해야 한다. 전자는 이 연구의 범위를 벗어난 '트랜스 휴머니즘'의 영역에 속하며, 후자는 다른 행성을 지구처럼 만들기 위해 '테라포밍'하는 개념으로, 이전 장에서 논의한 과학적, 철학적 주제를 건드리는 지질 공학의 문제이다(Beech, 2009). 테라포밍과 관련된 공학적 과제는 엄청나지만, 과학과 기술의 발전으로 이러한 전망은 점점 더 그럴듯해 보인다. 실제로 대기 중 프레온가스(chlorofluorocarbons, CFC)와 이산화탄소 농도를 줄이기 위한 개선 프로젝트, 침식을 제어하고 기상 패턴을 바꾸며 해조류 번식을 촉진하는 작업은 모두 지구공학 분야에서 초기 단계의 노력으로 간주할 수 있다. 우주에 거대한 거울이나 차양을 만들어 행성 표면의 순 일사량을 증가시키거나 감소시키는 전략, 또는 알베도를 줄이기 위해 더 어두운 물질로 만년설에 먼지를 뿌리는 전략도 모두 실현 가능한 영역에 접어들고 있다.

화성은 태양계에서 가장 유망한 테라포밍 후보로 꼽힌다. 화성의 대기는 얇고 주로 이산화탄소로 구성되어 있지만, 지구와 비슷한 환경을 만드는 데 필요한 많은 원재료가 화성에 있다. 화성의 극지방과 중위도 영구 동토층에는 녹여서 지표수를 만들 수 있는 물 얼음이 있고, 이 물 얼음을 분해하여 산소를 생성할 수도 있다. 화성에는 지구와 비슷한 구성의 대기의 원천이 될 수 있는 질소 가스도 있다. 열을 가두는 대기가 두꺼워지면 화성의 평균 기온이 영상으로 올라갈 수 있다. 화성이 따뜻해지면 극지방의 얼어붙은 이산화탄소가 대기로 승화되어 온실 효과를 일으켜 화성을 더욱 따뜻하게 만들 것이다. 이 과정은 결국 화성의 물 얼음을 녹여 화성의 표면에 액체 상태의 물이 유지될 수 있게 한다(Jakosky & Edwards, 2018). 광합성 조류나 박테리아를 화성에 뿌려 대기를 변화시킬 수 있다. 시간이 지나면 더 많은 산소를 생성하기 위해 식물을 도입할 수도 있다. 물과 산소와 이산화탄소가 풍부한 대기가 조성되면 인간 식민지 개척자들은 결국 우주복 없이 화성을 걸을 수 있을지도 모른다. 그러나 중력이 낮고 보호 자기장이 없으므로 화성을 지구와 완전히 같은 환경으로 만드는 데 어려움이 있을 수 있다(McKay & Marinova, 2001). 그런데도 화성은 가장 유리한 전망을 제시하다.

금성은 테라포밍의 또 다른 가설적 대상이다. 하지만 금성의 조건은 훨씬 더 큰 도전 과제를 안고 있다. 금성에 사람이 살 수 있게 하려면 금성의 짙은 이산화탄소 대기를 질소와 산소로 전환해야 한다. 한 가지 제안은 이산화탄소를 산소로 전환할 수 있는 광합성 조류를 대기 상층부에 뿌리는 것이다. 이렇게 하면 온실 효과를 서서히 줄여 금성을 식힐 수 있다. 그러나 이 과정은 수백만 년이 걸릴 수 있으며, 금성에는 자기장이 없으므로 태양풍에 의해 새로운 대기가 제거될 수 있다.

전체 행성 환경을 엔지니어링하려면 인간의 능력을 훨씬 뛰어넘는 규모의 에너지가 필요하다. 대규모 테라포밍을 위한 일부 시나리오에는 열핵 기기를 설치하여 얼음 표면을 녹이거나, 혜성과 소행성을 행성 표면에 충돌하도록 방향을 전환하는 것이 포함된다(Fogg, 1995). 그러나 행성 간 거리에 걸쳐 필요한 대형 엔지니어링 프로젝트를 수행하려면 상당한 위험과 비용, 기술 장벽이 존재한다. 전체 환경을 완전히 개조하지 않고 다른 행성에 자립적인 거주 환경을 조성하는 데 초점을 맞춘 좀 더 점진적인 접근 방식이 제안되고 있다. 돔형 정착지는 현지에서 이용 가능한 자원에 의존하면서도 지구와 같은 작업 환경을 제공하도록 설계될 수 있다.

행성 규모의 엔지니어링의 윤리는 사회적, 철학적, 법적으로 매우 중요하다. 우주생물학자들은 다른 행성이나 위성의 혹독한 환경에 이미 생명체가 존재할 가능성을 추측하고 있으며, 테라포밍은 토착 생태계를 위태롭게 할 수 있다. 인간은 이미 토착 생명체의 권리와 자원을 짓밟아 환경에 더 큰 피해를 준 전력이 있다. 다른 세계의 기후와 생태를 바꾸는 것은 비록 지역적 규모일지라도 토착 생물들이 자연적으로 진화할 기회를 박탈하는 것이기도 하다. 테라포밍은 인류의 영역을 확장할 수 있지만, 이미 사람이 살 수 있는 지구의 환경을 유지하는 데 자원이 더 잘 사용되어야 한다는 주장도 있다.

화산, 운석 충돌, 극심한 태양 활동, 기후 변화로 인해 그 어느 때보다 취약해진 인류 문명의 위험 때문에 이러한 기술적, 윤리적 문제를 조속히 해결해야 할 필요가 있다. 이 책을 읽고 있는 새로운 세대의 행성 과학자들은 앞으로 수십 년 동안 이러한 어려움을 극복하는 데 모든 다학제적 도구를 활용해야 할 것이다. 이 책에서 강조하고자 했던, 내생적 행성 과정의 상호 연결성, 외생적 과정의 역할, 자연 주기성의 중요성, 외계 행성 연구에서 생성된 맥락을 모두 함께 인식해야만 진정으로 지속 가능한 인류의 미래를 달성할 수 있다.

참고문헌

Aalken, P. et al. (2021). International geomagnetic reference field: The thirteenth generation. *Earth, Planets and Space*, **73(1)**, 1-25.

Abrahams, J. N., & Nimmo, F. (2019). Ferrovolcanism: Iron volcanism on metallic asteroids. *Geophysical Research Letters*, **46(10)**, 5055-5064.

Achberger, A. M. et al. (2016). Microbial community structure of subglacial Lake Whillans, West Antarctica. *Frontiers in Microbiology*, **7**, 1457.

Adams, A. C. et al. (2023). Plume-induced delamination initiated at rift zones on Venus. *Journal of Geophysical Research: Planets*, **128**, e2023JE007879.

Agnor, C. B., & Hamilton, D. P. (2006). Neptune's capture of its moon Triton in a binary-planet gravitational encounter. *Nature*, **441**, 192-194.

Aguiar, B. A. et al. (2023). In situ resource utilization of lunar highlands regolith via additive manufacturing using digital light processing. *Ceramics International*, **49(11)**, 17283-17295.

Aharonson, O. et al. (2001). Statistics of Mars's topography from the Mars Orbiter Laser Altimeter: Slopes, correlations, and physical models. *Journal of Geophysical Research: Planets*, **106**, 23723-23735.

A'Hearn, M. F. et al. (2005). Deep impact: Excavating comet Tempel 1. *Science*, **310**, 258-264.

Ahrens, T. J. (1993). Impact erosion of terrestrial planetary atmospheres. *Annual Review of Earth and Planetary Sciences*, **21(1)**, 525-555.

Airapetian, V. S. et al. (2020). Impact of space weather on climate and habitability of terrestrial-type exoplanets. *International Journal of Astrobiology*, **19(2)**, 136-194.

Alexander, C. M. O. D. (2017). The origin of inner solar system water. *Philosophical Transactions of the Royal Society of London A*, **375**, rsta.2015.0384.

Alexopoulos, J. S., & McKinnon, W. B. (1994). Large impact craters and basins on Venus, with implications for ring mechanics on the terrestrial planets. In, *Large Meteorite Impacts and Planetary Evolution* (B. O. Dressier, R. A. F. Grieve, V. L. Sharpton, eds), Geological Society of America Special Paper 293, pp. 29-50.

Allen, C. C. et al. (1996). Oxygen extraction from lunar soils and pyroclastic glass. *Journal of Geophysical Research: Planets*, **101**, 26085-26095.

Alsaeed, N. R., & Jakosky, B. M. (2019). Mars water and D/H evolution from 3.3 Ga to present. *Journal of Geophysical Research: Planets*, **124**, 3344-3353.

Altwegg, K. et al. (2015). 67P/Churyumov-

Gerasimenko, a Jupiter family comet with a high D/H ratio. *Science*, **347**, 10.1126/science.1261952.

Altwegg, K. et al. (2016). Prebiotic chemicals - amino acid and phosphorus - in the coma of comet 67P/Churyumov-Gerasimenko. *Science Advances*, **2(5)**, e1600285.

Alvarez, L. W. et al. (1980). Extraterrestrial cause for the Cretaceous-Tertiary extinction. *Science*, **208**, 1095-1108.

Anderson, B. J. et al. (2011). The global magnetic field of Mercury from MESSENGER orbital observations. *Science*, **333**, 1859-1862.

Anderson, D. L. (1989). *Theory of the Earth*. Boston: Blackwell, pp. 384.

Anderson, E. M. (1905). The dynamics of faulting. *Transactions of the Edinburgh Geological Society*, **8(3)**, 387-402.

Andrews-Hanna, J. C. (2012a). The formation of Valles Marineris: 1. Tectonic architecture and the relative roles of extension and subsidence. *Journal of Geophysical Research: Planets*, **117**, E03006.

Andrews-Hanna, J. C. (2012b). The formation of Valles Marineris: 2. Stress focusing along the buried dichotomy boundary. *Journal of Geophysical Research: Planets*, **117**, E04009.

Andrews-Hanna, J. C. (2012c). The formation of Valles Marineris: 3. Trough formation through super-isostasy, stress, sedimentation, and subsidence. *Journal of Geophysical Research: Planets*, **117**, E06002.

Andrews-Hanna, J. C. (2020). The tectonic architecture of wrinkle ridges on Mars. *Icarus*, **351**, 113937.

Andrews-Hanna, J. C., & Broquet, A. (2023). The history of global strain and geodynamics on Mars. *Icarus*, **395**, 115476.

Andrews-Hanna, J. C. et al. (2008). Strike-slip faults on Mars: Observations and implications for global tectonics and geodynamics. *Journal of Geophysical Research: Planets*, **113**, E08002.

Anguita, F. et al. (2006). Evidences for a Noachian-Hesperian orogeny in Mars. *Icarus*, **185**, 331-357.

Archibald, J. D. et al. (2010). Cretaceous extinctions: Multiple causes. *Science*, **328**, 973.

Arkani-Hamed, J. (1998). The lunar mascons revisited. *Journal of Geophysical Research: Planets*, **103**, 3709-3739.

Arkani-Hamed, J. (2004). A coherent model of the crustal magneticfield of Mars. *Journal of Geophysical Research: Planets*, **109**, 2004JE002265.

Arnold, H. et al. (2019). Magnetic signatures of a plume at Europa during the Galileo E26 flyby. *Geophysical Research Letters*, **46(3)**, 1149-1157.

Arrhenius, S. (1908). *Worlds in the Making: The Evolution of the Universe*. New York: Harper & Bros.

Arridge, C. S., & Paty, C. (2021). Asymmetrical magnetospheres: Uranus and Neptune. In, *Magnetospheres in the Solar System*, pp. 515-534, Washington, DC: American Geophysical Union.

Arthur, R., & Nicholson, A. (2023). A Gaian habitable zone. *Monthly Notices of the Royal Astronomical Society*, **521(1)**, 690-707.

Ashtari, R. (2023). Detecting technosignatures from Earth-scale civilizations. *The Astrophysical Journal*, **957(1)**, 15.

Australian Transportation Safety Board (2017). *The Operational Search for MH370. Attractive*

Targeted Sugar Bait, Transport Safety Report AE-2014-054.

Bagnold, R. A. (1941). *The Physics of Blown Sand and Desert Dunes*. London: Methuen & Co. Ltd.

Bailey, B. K. et al. (2023). Asteroid 2023 NT1: A cautionary tale, arXiv preprint arXiv:2310.13112.

Bains, W. (2004). Many chemistries could be used to build living systems. *Astrobiology*, **4(2)**, 137-167.

Bains, W. et al. (2021). Phosphine on Venus cannot be explained by conventional processes. *Astrobiology*, **21(10)**, 1277-1304.

Bains, W. et al. (2024). Venus' atmospheric chemistry and cloud characteristics are compatible with Venusian life. *Astrobiology*, **24(4)**, 371-385.

Baker, V. R. (2010). Channelled scablands: A megaflood landscape. In, *Geomorphological Landscapes of the World* (P. Migon, ed.), pp. 21-28, New York: Springer.

Baker, V. R. et al. (1997). Channels and valleys. In, *Venus II: Geology, Geophysics, Atmosphere, and Solar Wind Environment* (S. W. Bougher, D. M. Hunten, R. J. Phillips, eds), pp. 757-793, Tucson: University of Arizona Press.

Baker, V. R. et al. (2010). Flow patterns of lobate debris aprons and lineated valley fill north of Ismeniae Fossae, Mars: Evidence for extensive mid-latitude glaciation in the Late Amazonian. *Icarus*, **207**, 186-209.

Balbi, A., & Ćirković, M. M. (2021). Longevity is the key factor in the search for technosignatures. *The Astrophysical Journal*, **161(5)**, 222.

Balme, M. R. et al. (2004). Experimental and theoretical fracture mechanics applied to fracture of the crust of Venus. *Journal of Geophysical Research: Planets*, **109**. E03005.

Bambach, R. K. (2006). Phanerozoic biodiversity mass extinctions. *Annual Review of Earth and Planetary Sciences*, **34**, 127-155.

Banerdt, W. B., & Sammis, C. G. (1992). Small-scale fracture patterns on the volcanic plains of Venus. *Journal of Geophysical Research: Planets*, **97**, 16149-16166.

Banks, M. E. et al. (2015). Duration of activity on lobate-scarp thrust faults on Mercury. *Journal of Geophysical Research: Planets*, **120**, 1751-1762.

Bard, E. et al. (2023). A radiocarbon spike at 14,300 cal yr BP in subfossil trees provides the impulse response function of the global carbon cycle during the Late Glacial. *Philosophical Transactions of the Royal Society of London A*, **381**, 20220206.

Barker, S. et al. (2022). Persistent influence of precession on northern ice sheet variability since the early Pleistocene. *Science*, **376**, 961-967.

Basilevsky, A. T., & Head, J. W. (2002). Venus: Timing and rates of geological activity. *Geology*, **30**, 1015-1018.

Basilevsky, A. T., & Head, J. W. (2007). Beta Regio, Venus: Evidence for uplift, rifting, and volcanism due to a mantle plume. *Icarus*, **192**, 167-186.

Beatty, J. T. et al. (1999). *The New Solar System* (4th ed.) New York: Cambridge University Press.

Beatty, J. T. et al. (2005). An obligately photosynthetic bacterial anaerobe from a deep-sea hydrothermal vent. *Proceedings of the National Academy of Sciences*, **102(26)**, 9306-9310.

Becker, H. N. et al. (2022). Surface features of Ganymede revealed in Jupiter-shine by Jun's stellar reference unit. *Geophysical Research Letters*, **49(23)**, e2022GL099139.

Becker, L. et al. (2001). Impact event at the Permian-Triassic boundary: Evidence from extraterrestrial noble gases in fullerenes. *Science*, **291**, 1530-1533.

Beech, M. (2009). *Terraforming: The Creating of Habitable Worlds* (vol. 1). New York: Springer.

Béghin, C. et al. (2009). New insights on Titan's plasma-driven Schumann resonance inferred from Huygens and Cassini data. *Physica Status Solidi*, **57**, 1872-1888.

Bell III, J. F. et al. (2022). Geological, multispectral, and meteorological imaging results from the Mars 2020 Perseverance rover in Jezero crater. *Science Advances*, **8(47)**, eabo4856.

Benford, J. (2021). A Drake equation for alien artifacts. *Astrobiology*, **21(6)**, 757-763.

Benisty, M. et al. (2021). A circumplanetary disk around PDS70c. *The Astrophysical Journal*, **916(1)**, L2.

Benneke, B. et al. (2019). Water vapor and clouds on the habitable-zone sub-Neptune exoplanet K2-18b. *The Astrophysical Journal*, **887(1)**, L14.

Benner, S. A. et al. (2004). Is there a common chemical model for life in the universe? *Current Opinion in Chemical Biology*, **8(6)**, 672-689.

Bernal, J. D. (1967). *The Origin of Life*. London: Weidenfeld & Nicholson.

Bertaux, J.-L., & Clarke, J. T. (1989). Deuterium content of the Venus atmosphere. *Nature*, **338**, 567-568.

Bertrand, T. et al. (2019). The CH_4 cycles on Pluto over seasonal and astronomical timescales. *Icarus*, **329**, 148-165.

Bertrand, T. et al. (2022). Volatile transport modeling on Triton with new observational constraints. *Icarus*, **373**, 114764.

Bertucci, C. (2021). Induced magnetospheres: Titan. In, *Magnetospheres in the Solar System*, pp. 407-425, Washington, DC: American Geophysical Union.

Bertucci, C. et al. (2011). The induced magnetospheres of Mars, Venus, and Titan. *Space Science Reviews*, **162**, 113-171.

Bethell, E. M. et al. (2022). Analysis of Venusian wrinkle ridge morphometry using stereo-derived topography: A case study from southern Eistla Regio. *Journal of Geophysical Research: Planets*, **127**, e2021JE006879.

Beyer, R. A. et al. (2017). Charon tectonics. *Icarus*, **287**, 161-174.

Beyer, R. A. et al. (2019). The nature and origin of Charon's smooth plains. *Icarus*, **323**, 16-32.

Bibring, J. P. et al. (2006). Global mineralogical and aqueous Mars history derived from OMEGA/ Mars Express data. *Science*, **312**, 400-404.

Biersteker, J., & Schlichting, H. (2017). Determining exoplanetary oblateness using transit depth variations. *The Astrophysical Journal*, **154(4)**, 164.

Bilotti, F., & Suppe, J. (1999). The global distribution of wrinkle ridges on Venus. *Icarus*, **139**, 137-157.

Bire, S. et al. (2022). Exploring ocean circulation on icy moons heated from below. *Journal of Geophysical Research: Planets*, **127**, e2021JE007025.

Biver, N. et al. (2019). Long-term monitoring of the outgassing and composition of comet 67P/ Churyumov-Gerasimenko with the Rosetta/

MIRO instrument. *Astronomy & Astrophysics*, **630**, A19.

Blair, D. M. et al. (2013). The origin of graben and ridges in Rachmaninoff, Raditladi, and Mozart basins, Mercury. *Journal of Geophysical Research: Planets*, **118**, 47-58.

Bland, M. T. et al. (2008). The production of Ganymede's magnetic field. *Icarus*, **198**, 384-399.

Bland, M. T. et al. (2017). Viscous relaxation of Ganymede's impact craters: Constraints on heat flux. *Icarus*, **296**, 275-288.

Bogard, D. (1983). A meteorite from the Moon. *Geophysical Research Letters*, **10(9)**, 773-773.

Bohm, D. (1980). *Wholeness and the Implicate Order*. London: Routledge.

Bond, D. P. G., & Grasby, S. E. (2017). On the causes of mass extinctions. *Palaeogeography Palaeoclimatology Palaeoecology*, **478**, 3-29.

Bonnefoy, L. E. et al. (2016). Compositional and spatial variations in Titan dune and interdune regions from Cassini VIMS and RADAR. *Icarus*, **270**, 222-237.

Bono, R. K. et al. (2019). Young inner core inferred from Ediacaran ultra-low geomagnetic field intensity. *Nature Geoscience*, **12(2)**, 143-147.

Borg, L. E. et al. (2022). The origin of volatile elements in the Earth-Moon system. *Proceedings of the National Academy of Sciences*, **119(8)**, e2115726119.

Borlina, C. S. et al. (2020). Reevaluating the evidence for a Hadean-Eoarchean dynamo. *Science Advances*, **6(15)**, eaav9634.

Borraccini, F. et al. (2005). Crustal extension in the Ceraunius Fossae, Northern Tharsis region, Mars. *Journal of Geophysical Research: Planets*, **110**, E06006.

Boston, P. J. et al. (1992). On the possibility of chemosynthetic ecosystems in subsurface habitats on Mars. *Icarus*, **95**, 300-308.

Boukaré, C.-É. et al. (2022). Deep two-phase, hemispherical magma oceans on lava planets. *The Astrophysical Journal*, **936(2)**, 148.

Bouley, S. et al. (2018). The revised tectonic history of Tharsis. *Earth and Planetary Science Letters*, **488**, 126-133.

Bouvier, L. C. et al. (2018). Evidence for extremely rapid magma ocean crystallization and crust formation on Mars. *Nature*, **558**, 586-589.

Brackett, R. A., & McKinnon, W. B. (1992). Cratering mechanics on Venus: Pressure enhancement by the atmospheric ocean. *Geophysical Research Letters*, **19(21)**, 2115-2118.

Brady, J. B. (2009). Magma in a beaker: Analog experiments with water and various salts or sugar for teaching igneous petrology. *The Canadian Mineralogist*, **47(2)**, 457-471.

Brehm, N. et al. (2021). Eleven-year solar cycles over the last millennium revealed by radiocarbon in tree rings. *Nature Geoscience*, **14(1)**, 10-15.

Brenchley, P. J. et al. (2001). Do all mass extinctions represent an ecological crisis? Evidence from the Late Ordovician. *Geological Journal*, **36(3-4)**, 329-340.

Breuer, D., & Spohn, T. (2003). Early plate tectonics versus single-plate tectonics on Mars: Evidence from magnetic field history and crust evolution. *Journal of Geophysical Research: Planets*, **108**, 5072.

Brin, G. D. (1983). The great silence: The controversy concerning extraterrestrial intelligent life. *Quarterly Journal of the Royal*

Astronomical Society, **24(3)**, 283-309.

Brough, S. et al. (2019). Area and volume of mid-latitude glacier-like forms on Mars. *Earth and Planetary Science Letters*, **507**, 10-20.

Brown, M. C. et al. (2021). Global archeomagnetic data: The state of the art and future challenges. *Physics of the Earth and Planetary Interiors*, **318**, 106766.

Brown, M. E., & Fraser, W. C. (2023). The state of CO and CO_2 ices in the Kuiper Belt as seen by JWST. *The Planetary Science Journal*, **4(7)**, 130.

Brown, M. E., & Schaller, E. L. (2007). The mass of dwarf planet Eris. *Science*, **316**, 1585.

Brown, P. G. et al. (2013). A 500-kiloton airburst over Chelyabinsk and an enhanced hazard from small impactors. *Nature*, **503**, 238-241.

Brown, S. et al. (2023). Microwave observations of Ganymede's sub-surface ice part I: Ice temperature and structure. *Journal of Geophysical Research: Planets*, **128**, e2022JE007609.

Brown, W. J. et al. (2013). Jerks abound: An analysis of geomagnetic observatory data from 1957 to 2008. *Physics of the Earth and Planetary Interiors*, **223**, 62-76.

Bruegge, R. W. V., & Head III, J. W. (1991). Processes of formation and evolution of mountain belts on Venus. *Geology*, **19(9)**, 885-888.

Bruegge, R. W. V. et al. (1990). Orogeny and large-scale strike-slip faulting on Venus: Tectonic evolution of Maxwell Montes. *Journal of Geophysical Research: Solid Earth*, **95**, 8357-8381.

Bruno, B. C., & Taylor, G. J. (1995). Morphologic identification of Venusian lavas. *Geophysical Research Letters*, **22**, 1897-1900.

Buchhave, L. A. et al. (2012). An abundance of small exoplanets around stars with a wide range of metallicities. *Nature*, **486**, 375-377.

Buhler, P. B. (2023). A 510,000-year record of Mars' climate. *Geophysical Research Letters*, **50(5)**, e2022GL101752.

Bulmer, M. H., & Wilson, J. B. (1999). Comparison of flat-topped stellate seamounts on Earth's seafloor with stellate domes on Venus using side-sonar sonar and Magellan synthetic aperture radar. *Earth and Planetary Science Letters*, **171**, 277-287.

Bunch, T. E. et al. (2021). A Tunguska-sized airburst destroyed Tall el-Hammam - a Middle Bronze Age city in the Jordan Valley near the Dead Sea. *Scientific Reports*, **11(1)**, 18632.

Burcar, B. T., & Menor-Salván, C. (2022). Prebiotic chemistry of nucleobases and nucleotides. In, *Prebiotic Chemistry and Life's Origin* (M. Fiore, ed.), pp. 215-268, London: Royal Society of Chemistry.

Burchell, M. J. et al. (1998). Hypervelocity impact experiments on solid CO_2 targets. *Icarus*, **131**, 210-222.

Burkhard, L. M. L. et al. (2024). Uncovering Ganymede's past: Tectonics at Nippur/Philus Sulci. *Icarus*, **408**, 115823.

Burr, D. M. et al. (2015). Higher-than-predicted saltation threshold wind speeds on Titan. *Nature*, **517**, 60-63.

Bussey, D. B. J. et al. (1995). Factors influencing the capability of lava to erode its substrate: Application to Venus. *Journal of Geophysical Research: Planets*, **100**, 16941-16948.

Butcher, F. E. G. et al. (2024). The internal structure of a debris-covered glacier on Mars revealed by gully incision. *Icarus*, **419**, 115717.

Byrne, P. K. et al. (2021a). The effects of planetary and stellar parameters on brittle lithospheric thickness. *Journal of Geophysical Research: Planets*, **126**, e2021JE006952.

Byrne, P. K. et al. (2021b). A globally fragmented and mobile lithosphere on Venus. *Proceedings of the National Academy of Sciences*, **118(26)**, e2025919118.

Calvin, W. (1998). Introduction to the special section: Remote sensing of planetary ices. *Journal of Geophysical Research: Planets*, **103**, E11, 25777.

Cameron, M. E. et al. (2018). Morphological mapping of Ganymede: Investigating the role of strike-slip tectonics in the evolution of terrain types. *Icarus*, **315**, 92-114.

Campbell, B. A., & Campbell, D. B. (2022). Arecibo radar maps of Venus from 1988 to 2020. *The Planetary Science Journal*, **3(3)**, 55.

Campbell, B. A., & Hensley, S. (2024). Detecting surface change on Venus from Magellan and VERITAS radar images. *Icarus*, **407**, 115773.

Campbell, B. A. et al. (1999). Surface processes in the Venus highlands: Results from analysis of Magellan and Arecibo data. *Journal of Geophysical Research: Planets*, **104**, 1897-1916.

Cang, R. et al. (2016). The angular momentum of the solar system. *Astronomy & Astrophysics*, **4(2)**, 33-40.

Cao, H. et al. (2020). The landscape of Saturn's internal magnetic field from the Cassini Grand Finale. *Icarus*, **344**, 113541.

Capriolo, M. et al. (2020). Deep CO_2 in the end-Triassic Central Atlantic Magmatic Province. *Nature Communications*, **11**, 1670.

Capriolo, M. et al. (2022). Anthropogenic-scale CO_2 degassing from the Central Atlantic Magmatic Province as a driver of the end-Triassic mass extinction. *Global and Planetary Change*, **209**, 103731.

Carr, M., & Head, J. (2019). Mars: Formation and fate of a frozen Hesperian ocean. *Icarus*, **319**, 433-443.

Carrasquillo, A. J. et al. (2016). Non-detection of C60 fullerene at two mass extinction horizons. *Geochimica et Cosmochimica Acta*, **176**, 18-25.

Carré, L. et al. (2022). Relevance of earth-bound extremophiles in the search for extraterrestrial life. *Astrobiology*, **22(3)**, 322-367.

Castillo-Rogez, J. C., & Lunine, J. I. (2010). Evolution of Titan's rocky core constrained by Cassini observations. *Geophysical Research Letters*, **37(20)**, 2010GL044398.

Cattermole, P. (1996). *Planetary Volcanism* (2nd ed.) Chichester: Wiley.

Cavicchioli, R. (2002). Extremophiles and the search for extraterrestrial life. *Astrobiology*, **2(3)**, 281-292.

Ceplecha, Z. (1992). Influx of interplanetary bodies onto Earth. *Astronomy & Astrophysics*, **263**, 361-366.

Chabot, N. L. et al. (2012). Areas of permanent shadow in Mercury's south polar region ascertained by MESSENGER orbital imaging. *Geophysical Research Letters*, **39**, L09204.

Chao, B. F. et al. (2020). Variation of Earth's oblateness J2 on interannual-to-decadal timescales. *Journal of Geophysical Research: Solid Earth*, **125**, e2020JB019421.

Chao, K. H. et al. (2021). Lava worlds: From early earth to exoplanets. *Geochemistry*, **81(2)**, 125735.

Charbonneau, D. et al. (2002). Detection of an extrasolar planet atmosphere. *The Astrophysical Journal*, **568(1)**, 377.

Charnay, B. et al. (2020). Is the faint young Sun problem for Earth solved? *Space Science Reviews*, **216(5)**, 1-29.

Chase, A. F. et al. (2011). Airborne LiDAR, archaeology, and the ancient Maya landscape at Caracol, Belize. *Journal of Archaeological Science*, **38(2)**, 387-398.

Chatterjee, S. (2023). The Lipid Membrane: Encapsulating Life. In, *From Stardust to First Cells: The Origin and Evolution of Early Life*, pp. 87-95, New York: Springer.

Chaufray, J. Y. (2021). Departure of the thermal escape rate from the jeans escape rate for atomic hydrogen at Earth, Mars, and Pluto. *Physica Status Solidi*, **198**, 105178.

Chavez, E. et al. (2023). Evolution of Neptune at near-infrared wavelengths from 1994 through 2022. *Icarus*, **404**, 115667.

Chen, H. et al. (2023). Sporadic spin-orbit variations in compact multi-planet systems and their influence on exoplanet climate. *The Astrophysical Journal*, **946(2)**, L32.

Chen, L. et al. (2021). Comparative study of the geomorphological characteristics of valley networks between Mars and the Qaidam Basin. *Remote Sensing*, **13(21)**, 4471.

Chen, R. et al. (2022). Low spin-axis variations of circumbinary planets. *Monthly Notices of the Royal Astronomical Society*, **515(4)**, 5175-5184.

Cheng, A. F. et al. (2023). Momentum transfer from the DART mission kinetic impact on asteroid Dimorphos. *Nature*, **616**, 457-460.

Cherry, L. B. et al. (2022). A diverse Ediacara assemblage survived under low-oxygen conditions. *Nature Communications*, **13(1)**, 7306.

Chivers, C. J. et al. (2023). Stable brine layers beneath Europa's chaos. *The Planetary Science Journal*, **4(9)**, 159.

Chorowicz, J. (2005). The east African rift system. *Journal of African Earth Sciences*, **43(1-3)**, 379-410.

Christensen, U. R. (2015). Iron snow dynamo models for Ganymede. *Icarus*, **247**, 248-259.

Christner, B. C. et al. (2014). A microbial ecosystem beneath the West Antarctic ice sheet. *Nature*, **512**, 310-313.

Chyba, C. F. et al. (1993). The 1908 Tunguska explosion: Atmospheric disruption of a stony asteroid. *Nature*, **361**, 40-44.

Ćirković, M. M. (2018). *The Great Silence: Science and Philosophy of Fermi's Paradox*. New York: Oxford University Press.

Cisowski, S. M. (1987). Magnetism of meteorites. In, *Geomagnetism* (vol. 2, J. A. Jacobs, ed.), pp. 525-534, London: Academic Press.

Citron, R. I., & Zhong, S. (2012). Constraints on the formation of the Martian crustal dichotomy from remnant crustal magnetism. *Physics of the Earth and Planetary Interiors*, **212**, 55-63.

Cleland, C. E., & Rimmer, P. B. (2022). Ammonia and phosphine in the clouds of Venus as potentially biological anomalies. *Aerospace*, **9(12)**, 752.

Cohen, B. A. et al. (2019). In situ geochronology on Mars and the development of future instrumentation. *Astrobiology*, **19(11)**, 1303-1314.

Cohen, K. M. et al. (2013; updated 2023). The ICS International Chronostratigraphic Chart.

Episodes **36**, 199-204 (www.stratigraphy.org).

Cohen-Zada, A. L. (2017). Earth aeolian wind streaks: Comparison to wind data from model and stations. *Journal of Geophysical Research: Planets*, **122**, 1119-1137.

Cole, H. M., & Andrews-Hanna, J. C. (2017). The anatomy of a wrinkle ridge revealed in the wall of Melas Chasma, Mars. *Journal of Geophysical Research: Planets*, **122**, 889-900.

Collins, G. C. et al. (2022). Episodic plate tectonics on Europa: Evidence for widespread patches of mobile-lid behavior in the antijovian Hemisphere. *Journal of Geophysical Research: Planets*, **127**, e2022JE007492.

Comas Solá, J. (1908). Observations des satellites principaux de Jupiter et de Titan. *Astronomische Nachrichten*, **179**, 289-290.

Comola, F. et al. (2022). Titan's prevailing circulation might drive highly intermittent, yet significant sediment transport. *Geophysical Research Letters*, **49(7)**, e2022GL097913.

Connerney, J. E. P. et al. (2022). A new model of Jupiter's magnetic field at the completion of Juno's prime mission. *Journal of Geophysical Research: Planets*, **127**, e2021JE007055.

Connolly, R. et al. (2021). How much has the Sun influenced northern hemisphere temperature trends? An ongoing debate. *Res. Astronomy & Astrophysics*, **21(6)**, 131.

Connolly, R. et al. (2023). Challenges in the detection and attribution of northern hemisphere surface temperature trends since 1850. *Research in Astronomy and Astrophysics*, **23(10)**, 105015.

Conrad, J. W. et al. (2021). Heat flux constraints from variance spectra of Pluto and Charon using limb profile topography. *Journal of Geophysical Research: Planets*, **126**, e2020JE006641.

Constable, C. et al. (2016). Persistent high paleosecular variation activity in southern hemisphere for at least 10,000 years. *Earth and Planetary Science Letters*, **453**, 78-86.

Cook, F. A., & Varsek, J. L. (1994). Orogen-scale decollements. *Reviews of Geophysics*, **32(1)**, 37-60.

Cook, J. C. et al. (2013). New upper limits on numerous atmospheric species in the native lunar atmosphere. *Icarus*, **225**, 681-687.

Cook-Hallett, C. et al. (2015). Global contraction/expansion and polar lithospheric thinning on Titan from patterns of tectonism. *Journal of Geophysical Research: Planets*, **120**, 1220-1236.

Corlies, P. et al. (2017). Titan's topography and shape at the end of the Cassini mission. *Geophysical Research Letters*, **44(23)**, 11-754.

Craddock, R. A., & Howard, A. D. (2000). Simulated degradation of lunar impact craters and a new method for age dating farside mare deposits. *Journal of Geophysical Research: Planets*, **105**, 20387-20401.

Crawford, I. et al. (2021). The lunar surface as a recorder of astrophysical processes. *Philosophical Transactions of the Royal Society of London A*, **379**, 20190562.

Criado-Reyes, J. et al. (2021). The role of borosilicate glass in Miller-Urey experiment. *Scientific Reports*, **11**, 21009.

Crick, F. H., & Orgel, L. E. (1973). Directed panspermia. *Icarus*, **19**, 341-346.

Crotts, A. P. (2009). Transient lunar phenomena: Regularity and reality. *The Astrophysical Journal*, **697(1)**, 1.

Cruikshank, D. P. et al. (2019). Recent cryovolcanism in Virgil Fossae on Pluto. *Icarus*,

330, 155-168.

Crumpler, L. S. et al. (1993). The Magellan volcanic and magmatic feature catalogue. *Lunar and Planetary Science Conference*, **24**, 361-362.

Cuffey, K. M., & Paterson, W. S. B. (2010). *The Physics of Glaciers*, 4th ed. London: Academic Press.

Cukier, W. et al. (2019). Habitable zone boundaries for circumbinary planets. *Publications of the Astronomical Society of the Pacific*, **131(1006)**, 124402.

Culberg, R. et al. (2022). Double ridge formation over shallow water sills on Jupiter's moon Europa. *Nature Communications*, **13(1)**, 2007.

Culha, C., & Manga, M. (2016). Geometry and spatial distribution of lenticulae on Europa. *Icarus*, **271**, 49-56.

Cunningham, W. D., & Mann, P. (2007). Tectonics of strike-slip restraining and releasing bends. *Geological Society, London, Special Publications*, 290(1), 1-12.

Cuntz, M., & Guinan, E. F. (2016). About exobiology: The case for dwarf K stars. *The Astrophysical Journal*, **827(1)**, 79.

Cuřín, V. et al. (2023). Mud flows in southwestern Utopia Planitia, Mars. *Icarus*, **389**, 115266.

Cziráki, K., & Timár, G. (2023). Parameters of the best fitting lunar ellipsoid based on GRAIL's selenoid model. *Acta Geodaetica et Geophysica*, **58(2)**, 139-147.

Danovaro, R. et al. (2010). The first metazoa living in permanently anoxic conditions. *BMC Biology*, **8**, 1-10.

Dapremont, A. M., & Wray, J. J. (2023). Mars mud volcanoes in color: A new approach to the study of subsurface sediment mobilization. *Icarus*, **406**, 115733.

Das, T. P. et al. (2016). Observation of Neon at mid and high latitudes in the sunlit lunar exosphere: Results from CHACE aboard MIP/Chandrayaan-1. *Icarus*, **272**, 206-211.

Daubar, I. J. et al. (2013). The current Martian cratering rate. *Icarus*, **225**, 506-516.

Daubar, I. J. et al. (2022). New craters on Mars: An updated catalog. *Journal of Geophysical Research: Planets*, **127**, e2021JE007145.

De Blasio, F. V. (2011). *Introduction to the Physics of Landslides: Lecture Notes on the Dynamics of Mass Wasting*. New York: Springer.

de Leeuw, N. H. et al. (2010). Where on Earth has our water come from? *Chemical Communications*, **46(47)**, 8923-8925.

de Pater, I., & Lissauer, J. J. (2001). *Planetary Sciences*. Cambridge: Cambridge University Press.

de Pater, I. et al. (2021). A 2020 observational perspective of Io. *Annual Review of Earth and Planetary Sciences*, **49**, 643-678.

de Vries, B. L. et al. (2012). Comet-like mineralogy of olivine crystals in an extrasolar proto-Kuiper Belt. *Nature*, **490**, 74-76.

Deamer, D. (2017). The role of lipid membranes in life's origin. *Life*, **7(1)**, 5.

Debras, F., & Chabrier, G. (2019). New models of Jupiter in the context of Juno and Galileo. *The Astrophysical Journal*, **872(1)**, 100.

Deitrick, R. et al. (2018). Exo-Milankovitch cycles. I. Orbits and rotation states. *The Astrophysical Journal*, **155(2)**, 60.

Delaygue, G., & Bard, E. (2011). An Antarctic view of Beryllium-10 and solar activity for the past millennium. *Climate Dynamics*, **36**, 2201-2218.

Dentelski, D. et al. (2023). Ninety-nine percent? Re-examining the consensus on the anthropogenic contribution to climate change. *Climate*, **11(11)**, 215.

Desch, S. J., & Neveu, M. (2017). Differentiation and cryovolcanism on Charon: A view before and after New Horizons. *Icarus*, **287**, 175-186.

Deutsch, A. N. et al. (2019). Age constraints of Mercury's polar deposits suggest recent delivery of ice. *Earth and Planetary Science Letters*, **520**, 26-33.

Di Achille, G., & Hynek, B. M. (2010). Ancient ocean on Mars supported by global distribution of deltas and valleys. *Nature Geoscience*, **3(7)**, 459-463.

Di Achille, G. et al. (2012). Mercury's radius change estimates revisited using MESSENGER data. *Icarus*, **221**, 456-460.

Di Pietro, I. et al. (2021). Evidence of mud volcanism due to the rapid compaction of Martian tsunami deposits in southeastern Acidalia Planitia, Mars. *Icarus*, **354**, 114096.

Dickson, L. H., & Sori, M. M. (2022). The origin of mascons on Ceres as constrained by crater morphology. *Icarus*, **382**, 115024.

Ding, M. et al. (2019). Variations in Martian lithospheric strength based on gravity/topography analysis. *Journal of Geophysical Research: Planets*, **124**, 3095-3118.

Dodds, K. H. et al. (2025) The direction of core solidification in asteroids: Implications for dynamo generation. *Icarus*, **425**, 116319.

Dohm, J. M. et al. (2023). Crustal features of the Claritas Rise region indicate a mobile lithosphere on early Mars (online preprint, doi:10.21203/rs.3.rs-2969593/v1).

Dombard, A. J., & McKinnon, W. B. (2001). Formation of grooved terrain on Ganymede: Extensional instability mediated by cold, superplastic creep. *Icarus*, **154**, 321-336.

Dombard, A. J. et al. (2013a). Flanking fractures and the formation of double ridges on Europa. *Icarus*, **223**, 74-81.

Dombard, A. J. et al. (2013b). On the origin of mascon basins on the Moon (and beyond). *Geophysical Research Letters*, **40(1)**, 28-32.

Donahue, T. M. (1995). Water on Mars and Venus. *AIP Conference Proceedings*, **341**, 154-166.

Donahue, T. M. et al. (1997). Ion/neutral escape of hydrogen and deuterium: Evolution of water. In, *Venus II: Geology, Geophysics, Atmosphere, and Solar Wind Environment* (S. W. Bougher, D. M. Hunten, R. J. Phillips, eds), pp. 385-414, Tucson: University of Arizona Press.

Dong, R. et al. (2018). The eccentric cavity, triple rings, two-armed spirals, and double clumps of the MWC 758 disk. *The Astrophysical Journal*, **860(2)**, 124.

Dong, X. et al. (2022). Venus volcano imaging and climate explorer mission [in Chinese]. *Chinese Journal of Space Science*, **42(6)**, 1047-1059.

Donini, A. et al. (2019). Neutrino tomography of Earth. *Nature Physics*, **15(1)**, 37-40.

Dougherty, M. K. et al. (2018). Saturn's magnetic field revealed by the Cassini Grand Finale. *Science*, **362**, eaat5434.

Drake, F. (1965). The radio search for intelligent extraterrestrial life. In, *Current Aspects of Exobiology* (G. Mamikunian, M. H. Briggs, eds), pp. 323-345, Oxford: Pergamon Press.

Drazkowska, J. et al. (2023). Planet formation theory in the era of ALMA and Kepler: From pebbles to exoplanets. In, *Protostars and Planets VII* (Shu-ichiro Inutsuka, Yuri Aikawa, Takayuki Muto, Kengo Tomida, Motohide Tamura, eds), Tucson: University of Arizona

Press.

Dubinin, E. et al. (2020). Impact of Martian crustal magnetic field on the ion escape. *Journal of Geophysical Research: Space Physics*, **125**, e2020JA028010.

Dundas, C. M. et al. (2010). New and recent gully activity on Mars as seen by HiRISE. *Geophysical Research Letters*, **37(7)**, L07202.

Dundas, C. M. et al. (2019). The flood lavas of Kasei Valles, Mars. *Icarus*, **321**, 346-357.

Durante, D. et al. (2019). Titan's gravity field and interior structure after Cassini. *Icarus*, **326**, 123-132.

Dwyer, C. A. et al. (2011). A long-lived lunar dynamo driven by continuous mechanical stirring. *Nature*, **479**, 212-214.

Dye, S. T. et al. (2015). Geo-neutrinos and Earth models. *Physics Procedia*, **61**, 310-318.

Dyment, J. et al. (2015). Global equivalent magnetization of the oceanic lithosphere, *Earth and Planetary Science Letters*, **430**, 54-65.

Dyson, F. J. (1960). Search for artificial stellar sources of infrared radiation. *Science*, **131**, 1667-1668.

Dziewonski, A. M., & Anderson, D. L. (1981). Preliminary reference Earth model. *Physics of the Earth and Planetary Interiors*, **25**, 297-356.

Edwards, C. S. et al. (2011). Mosaicking of global planetary image datasets: 1. Techniques and data processing for Thermal Emission Imaging System (THEMIS) multi-spectral data. *Journal of Geophysical Research: Planets*, **116**, E10008.

Egea-González, I., & Ruiz, J. (2014). Influence of an insulating megaregolith on heat flow and crustal temperature structure of Mercury. *Icarus*, **232**, 220-225.

Eggl, S. et al. (2020). Habitable zones in binary star systems: A zoology. *Galaxies*, **8(3)**, 65.

Ehrenreich, D. et al. (2015). A giant comet-like cloud of hydrogen escaping the warm Neptune-mass exoplanet GJ 436b. *Nature*, **522**, 459-461.

Eigenbrode, J. L. et al. (2008). Methylhopane biomarker hydrocarbons in Hamersley Province sediments provide evidence for Neoarchean aerobiosis. *Earth and Planetary Science Letters*, **273(3-4)**, 323-331.

Elkins-Tanton, L. et al. (2020). Observations, meteorites, and models: A preflight assessment of the composition and formation of (16) Psyche. *Journal of Geophysical Research: Planets*, **125**, e2019JE006296.

Ellery, A. (2020). Sustainable in situ resource utilization on the Moon. *Physica Status Solidi*, **184**, 104870.

Ellis, R., & Palmer, M. (2016). Modulation of ice ages via precession and dust-albedo feedbacks. *Geoscience Frontiers*, **30**, 1-19.

Emery, J. P. et al. (2024). A tale of 3 dwarf planets: Ices and organics on Sedna, Gonggong, and Quaoar from JWST spectroscopy. *Icarus*, **414**, 116017.

Emmett, J. A. et al. (2020). Obliquity dependence of the formation of the Martian polar layered deposits. *Physica Status Solidi*, **193**, 105047.

Encrenaz, T. et al. (2022). Observability of temperate exoplanets with Ariel. *Experimental Astronomy*, **53**, 375-390.

Engelhardt, W. V. et al. (1987). Origin of moldavites. *Geochimica et Cosmochimica Acta*, **51(6)**, 1425-1443.

Erickson, T. M. et al. (2020). Precise radiometric age establishes Yarrabubba, Western Australia, as Earth's oldest recognized meteorite impact structure. *Nature Communications*, **11(1)**, 300.

Ernst, R. E. et al. (2001). Giant dike swarms: Earth, Venus, and Mars. *Annual Review of Earth and Planetary Sciences*, **29(1)**, 489-534.

Ernst, R. E. et al. (2003). Graben-fissure systems in Guinevere Planitia and Beta Regio (264°-312°E, 24°-60°N), Venus, and implications for regional stratigraphy and mantle plumes. *Icarus*, **164**, 282-316.

Ernst, R. E. et al. (2021). Large igneous province record through time and implications for secular environmental changes and geological time-scale boundaries. In, *Large Igneous Provinces: A Driver of Global Environmental and Biotic Changes* (R. E. Ernst, A. J. Dickson, A. Bekker, eds), pp. 1-26, Washington, DC: American Geophysical Union.

Erwin, D. H. (2015). *Extinction: How Life on Earth Nearly Ended 250 Million Years Ago*. Princeton, NJ: Princeton University Press.

Etiope, G. et al. (2004). Methane emission from mud volcanoes in eastern Azerbaijan. *Geology*, **32(6)**, 465-468.

Evans, A. J., & Tikoo, S. M. (2022). An episodic high-intensity lunar core dynamo. *Nature Astronomy*, **6(3)**, 325-330.

Ewing, R. C., & Hayes, A. G. (2015). Sand dune patterns on Titan controlled by long-term climate cycles. *Nature Geoscience*, **8(1)**, 15-19.

Fairbridge, R. W. (ed.) (1967). *The Encyclopedia of Atmospheric Sciences and Astrogeology*. New York: Reinhold.

Fairbridge, R. W., & Shirley, J. H. (1987). Prolonged minima and the 179-yr cycle of the solar inertial motion. *Solar Physics*, **110**, 191-220.

Farrand, W. H. et al. (2005). Pitted cones and domes on Mars: Observations in Acidalia Planitia and Cydonia Mensae using MOC, THEMIS, and TES data. *Journal of Geophysical Research: Planets*, **110**, E05005.

Fastook, J. L. et al. (2008). Tropical mountain glaciers on Mars: Altitude-dependence of ice accumulation, accumulation conditions, formation times, glacier dynamics, and implications for planetary spin-axis/orbital history. *Icarus*, **198**, 305-317.

Fastook, J. L. et al. (2012). Early Mars climate near the Noachian-Hesperian boundary: Independent evidence for cold conditions from basal melting of the south polar ice sheet (Dorsa Argentea Formation) and implications for valley network formation. *Icarus*, **219**, 25-40.

Feely, R. A. et al. (2009). Present and future changes in seawater chemistry due to ocean acidification. *AGU Geophysical Monograph Series*, **183**, 175-188.

Fegan, E. R. et al. (2017). Late movement of basin-edge lobate scarps on Mercury. *Icarus*, **288**, 226-234.

Feldman, et al. (2000). HST/STIS ultraviolet imaging of polar aurora on Ganymede. *The Astrophysical Journal*, **535(2)**, 1085-1090.

Fernandes, I., & Mosegaard, K. (2022). High-resolution topography from planetary images and laser altimetry. *Physica Status Solidi*, **218**, 105514.

Feulner, G. (2012). The faint young Sun problem. *Reviews of Geophysics*, **50(2)**. RG2006.

Fielder, G. (1963). Four major strike-slip faults on the Moon. *Geophysical Journal International*, **8(2)**, 187-195.

Fielder, G. (1964). Strike-slip faulting in the Vaporum region of the Moon. *The Quarterly journal of the Geological Society of London*, **120(1-4)**, 275-279.

Filiberto, J. (2017). Geochemistry of Martian basalts with constraints on magma genesis. *Chemical Geology*, **466**, 1-14.

Filiberto, J. et al. (2020). Present-day volcanism on Venus as evidenced from weathering rates of olivine. *Science Advances*, **6(1)**, eaax7445.

Fine, J. L., & Pearlman, R. E. (2023). On the origin of life: An RNA-focused synthesis and narrative. *RNA*, **29(8)**, 1085-1098.

Finley, A. J. et al. (2019). Solar angular momentum loss over the past several millennia. *The Astrophysical Journal*, **883(1)**, 67.

Fleisch, D. A. (2020). *A Student's Guide to the Schrödinger Equation*. Cambridge: Cambridge University Press.

Flowers, E. E., & Chyba, C. F. (2023). Shock synthesis of organic molecules by meteoroids in the atmosphere of Titan. *The Planetary Science Journal*, **4(7)**, 127.

Fogg, M. J. (1995). *Terraforming: Engineering Planetary Environments*. Warrendale, PA: Society of Automotive Engineers.

Fogtmann-Schulz, A. et al. (2019). Variations in solar activity across the Spörer Minimum based on radiocarbon in Danish oak. *Geophysical Research Letters*, **46(15)**, 8617-8623.

Fogtmann-Schulz, A. et al. (2021). Changes in solar activity during the Wolf Minimum: New insights from a high-resolution ^{14}C record based on Danish oak. *Radiocarbon*, **63(1)**, 91-104.

Foote, E. (1856). Circumstances affecting the heat of the Sun's rays. *The American Journal of Science and Arts*, **22**, 383-384.

Forster, P. M. et al. (2023). Indicators of Global Climate Change 2022: Annual update of large-scale indicators of the state of the climate system and human influence. *Earth System Science Data*, **15(6)**, 2295-2327.

Forsythe, R. D., & Zimbelman, J. R. (1988). Is the Gordii Dorsum escarpment on Mars an exhumed transcurrent fault? *Nature*, **336**, 143-146.

Fortes, A. D. (2000). Exobiological implications of a possible ammonia-water ocean inside Titan. *Icarus*, **146**, 444-452.

Fortes, A. D. (2007). Metasomatic clathrate xenoliths as a possible source for the south polar plumes of Enceladus. *Icarus*, **191**, 743-748.

Fortes, A. D. (2012). Titan's internal structure and the evolutionary consequences. *Physica Status Solidi*, **60(1)**, 10-17.

Fortes, A. D., & Choukroun, M. (2010). Phase behavior of ices and hydrates. *Space Science Reviews*, **153**, 185-218.

Fortes, A. D., & Grindrod, P. M. (2006). Modelling of possible mud volcanism on Titan. *Icarus*, **182**, 550-558.

Fortes, A. D. et al. (2006). Using neutrino diffraction to study the Earth's core. *Astronomy & Geophysics*, **47(5)**, article 5-31.

Foster, A., & Nimmo, F. (1996). Comparisons between the rift systems of East Africa, Earth and Beta Regio, Venus. *Earth and Planetary Science Letters*, **143(1-4)**, 183-195.

Foulger, G. R. (2010). *Plates vs. Plumes: A Geological Controversy*. Oxford: Wiley-Blackwell.

Frank, A., & Sullivan III, W. T. (2016). A new empirical constraint on the prevalence of technological species in the universe. *Astrobiology*, **16(5)**, 359-362.

Frank, S. L., & Head, J. W. (1990). Ridge belts on Venus: Morphology and origin. *EMP*, **50**, 421-470.

Frey, H. V. et al. (2001). A very large population of likely buried impact basins in the northern lowlands of Mars revealed by MOLA data. *Lunar and Planetary Science Conference*, **32**, 1680-1681.

Friedson, A. J. (2020). Ice Giant seismology: Prospecting for normal modes. *Philosophical Transactions of the Royal Society of London A*, **378**, 20190475.

Fuller, M., & Cisowski, S. M. (1987). Lunar paleomagnetism. In, *Geomagnetism* (vol. 2) (J. A. Jacobs, ed.), pp. 333-450, London: Academic Press.

Furukawa, Y. et al. (2019). Extraterrestrial ribose and other sugars in primitive meteorites. *Proceedings of the National Academy of Sciences*, **116(49)**, 24440-24445.

Galea, C. et al. (2023). The Princeton field-reversed configuration for compact nuclear fusion power plants. *Journal of Fusion Energy*, **42(1)**, 4.

Gallardo, P. A. (2023). Anthropogenic coal ash as a contaminant in a micro-meteoritic underwater search. *Research Notes of the American Astronomical Society*, **7(10)**, 220.

Gallet, Y. et al. (2019). Extreme geomagnetic reversal frequency during the Middle Cambrian as revealed by the magnetostratigraphy of the Khorbusuonka section (northeastern Siberia). *Earth and Planetary Science Letters*, **528**, 115823.

Galofre, A. G. et al. (2020). Valley formation on early Mars by subglacial and fluvial erosion. *Nature Geoscience*, **13(10)**, 663-668.

Galofre, A. G. et al. (2022). Valley networks and the record of glaciation on ancient Mars. *Geophysical Research Letters*, **49(14)**, e2022GL097974.

Gao, P., & Stevenson, D. J. (2013). Nonhydrostatic effects and the determination of icy satellites' moment of inertia. *Icarus*, **226**, 1185-1191.

Garcia, R. F. et al. (2019). Lunar seismology: An update on interior structure models. *Space Science Reviews*, **215(8)**, 1-47.

Garcia, R. F. et al. (2022). Newly formed craters on Mars located using seismic and acoustic wave data from InSight. *Nature Geoscience*, **15(10)**, 774-780.

Garvin, J. B. et al. (2022). Revealing the mysteries of Venus: The DAVINCI mission. *The Planetary Science Journal*, **3(5)**, 117.

Gaudi, B. S. et al. (2020). The Habitable Exoplanet Observatory (HabEx) mission concept study final report. *arXiv preprint arXiv:2001.06683*.

Geminale, A. et al. (2008). Methane in Mrtian atmosphere: Average spatial, diurnal, and seasonal behavior. *Physica Status Solidi*, **56(9)**, 1194-1203.

Genova, A. et al. (2016). Seasonal and static gravity field of Mars from MGS, Mars Odyssey and MRO radio science. *Icarus*, **272**, 228-245.

Gerya, T. V. et al. (2015). Plume-induced subduction initiation triggered plate tectonics on Earth. *Nature*, **527**, 221-225.

Gerya, T. V. et al. (2021). Dynamic slab segmentation due to brittle-ductile damage in the outer rise. *Nature*, **599**, 245-250.

Giacomini, L. et al. (2020). Dating long thrust systems on Mercury: New clues on the thermal evolution of the planet. *Geoscience Frontiers*, **11(3)**, 855-870.

Gibbard, P. L., & Hughes, P. D. (2021). Terrestrial stratigraphical division in the Quaternary and its correlation. *Journal of the Geological Society*, **178(2)**, jgs2020-134.

Gilbert, W. (1986). Origin of life: The RNA world. *Nature*, **319**, 618.

Gilliland, R. L. et al. (2013). Kepler-68: Three planets, one with a density between that of Earth and Ice Giants. *The Astrophysical Journal*, **766(1)**, 40.

Gladstone, G. R., & Young, L. A. (2019). New Horizons observations of the atmosphere of Pluto. *Annual Review of Earth and Planetary Sciences*, **47**, 119-140.

Glavin, D. P. et al. (2006). Amino acid analyses of Antarctic CM2 meteorites using liquid chromatography-time of flight-mass spectrometry. *Meteoritics and Planetary Science*, **41(6)**, 889-902.

Glaze, L. S., & Baloga, S. M. (2000). Stochastic-ballistic eruption plumes on Io. *Journal of Geophysical Research: Planets*, **105**, 17579-17588.

Gobat, R. et al. (2021). Panspermia in a Milky Way-like Galaxy. *The Astrophysical Journal*, **921(2)**, 157.

Goordial, J. et al. (2016). Nearing the cold-arid limits of microbial life in permafrost of an upper dry valley, Antarctica. *The ISME Journal*, **10(7)**, 1613-1624.

Goossens, S. et al. (2016). A global degree and order 1200 model of the lunar gravity field using GRAIL mission data. *Lunar and Planetary Science Conference*, **47**, abstract 1903.

Gorkavyi, N. et al. (eds) (2019). *Chelyabinsk Superbolide*. Cham: Springer.

Gould, S. J. (1991). *Bully for Brontosaurus*. London: Hutchinson Radius.

Grant, D. et al. (2023). JWST-TST DREAMS: Quartz clouds in the atmosphere of WASP-17b. *The Astrophysical Journal*, **956(2)**, L29.

Gray, R. H. (2020). The extended Kardashev scale. *The Astrophysical Journal*, **159(5)**, 228.

Greaves, J. S. et al. (2021). Phosphine gas in the cloud decks of Venus. *Nature Astronomy*, **5(7)**, 655-664.

Greeley, R., & Iversen, J. D. (1985). *Wind as a Geological Process*. Cambridge: Cambridge University Press.

Greeley, R. et al. (1982). Rate of wind abrasion on Mars. *Journal of Geophysical Research: Solid Earth*, **87**, 10009-10024.

Greenberg, R. (2004). The evil twin of Agenor: Tectonic convergence on Europa. *Icarus*, **167**, 313-319.

Greene, T. P. et al. (2023). Thermal emission from the Earth-sized exoplanet TRAPPIST-1 b using JWST. *Nature*, **618**, 39-42.

Grey, I. D., & Burchell, M. J. (2003). Hypervelocity impact cratering on water ice targets at temperatures ranging from 100 K to 253 K. *Journal of Geophysical Research: Planets*, **108**, 5019.

Grieve, R. A. F., & Dence, M. R. (1979). The terrestrial cratering record: II. The crater production rate. *Icarus*, **38**, 230-242.

Grove, A. T. (1960). Geomorphology of the Tibesti region with special reference to western Tibesti. *The Geographical Journal*, **126**, 18-31.

Guerrero-Gonzalez, F. J., & Zabel, P. (2023). System analysis of an ISRU production plant: Extraction of metals and oxygen from lunar regolith. *Acta Astronautica*, **203**, 187-201.

Guest, J. E., & Stofan, E. R. (1999). A new view of the stratigraphic history of Venus. *Icarus*, **139**, 55-66.

Guillot, T. et al. (2004). The interior of Jupiter, In F. Bagenal, T. Dowling, & W. McKinnon

(Eds.), *Jupiter: The planet, satellites and magnetosphere*. Cambridge University Press.

Guillot, T. (2005). The interiors of ginat planets: models and outstanding questions. *Annual Review of Earth and Planetary Sciences*, **33**, 493-530.

Guillot, T. et al. (2020). Storms and the depletion of ammonia in Jupiter: II. Explaining the Juno observations. *Journal of Geophysical Research: Planets*, **125**, e2020JE006404.

Gülcher, A. J. P. et al. (2020). Corona structures driven by plume-lithosphere interactions and evidence for ongoing plume activity on Venus. *Nature Geoscience*, **13(8)**, 547-554.

Gulick, S. P. S. et al. (2017). Initiation and long-term instability of the East Antarctic Ice Sheet. *Nature*, **552**, 225-229.

Haldane, J. B. S. (1929). Origin of life. *The Rationalist Annual*, **148**, 3-10.

Halevy, I. et al. (2011). Carbonates in the Martian meteorite Allan Hills 84001 formed at 18 ± 4°C in a near-surface aqueous environment. *Proceedings of the National Academy of Sciences*, **108(41)**, 16895-16899.

Hall, D. T. et al. (1998). The Far-Ultraviolet oxygen airglow of Europa and Ganymede. *The Astrophysical Journal*, **499**, 475-481.

Hallis, L. J. et al. (2015). Evidence for primordial water in Earth's deep mantle. *Science*, **350**, 795-797.

Hamilton, W. B. (2007). An alternative Venus. In, *Plates, Plumes and Planetary Processes* (G. R. Foulger, D. M. Jurdy, eds), pp. 897-911, Boulder, CO: Geological Society of America, Special Paper 340.

Hamilton, W. B. (2019). Toward a myth-free geodynamic history of Earth and its neighbors, *Earth-Science Reviews*, **198**, 102905.

Hammond, N. P. et al. (2013). Flexure on Dione: Investigating subsurface structure and thermal history. *Icarus*, **223**, 418-422.

Hanmer, S. (2023). Basic structural geology of Venus: A review of the gaps and how to bridge them. *Earth-Science Reviews*, **237**, 104331.

Haqq-Misra, J. D., & Baum, S. D. (2009). The sustainability solution to the Fermi paradox. *Journal of the British Interplanetary Society*, **62(2)**, 47-51.

Harman, C. E. et al. (2015). Abiotic O_2 levels on planets around F, G, K, and M stars: Possible false positives for life? *The Astrophysical Journal*, **812(2)**, 137.

Harries, D. et al. (2023). Upper limits of water contents in olivine and orthopyroxene of equilibrated chondrites and several achondrites. *Meteoritics and Planetary Science*, **58(5)**, 705-721.

Harris, A. W., & Chodas, P. W. (2021). The population of near-earth asteroids revisited and updated. *Icarus*, **365**, 114452.

Harris, D. L. (1961). Photometry and colorimetry of planets and satellites. In, *Planets and Satellites* (G. P. Kuiper, B. M. Middlehurst, eds), Chicago: University of Chicago Press.

Hartmann, W. K. (1977). Relative crater production rates on planets. *Icarus*, **31**, 260-276.

Hartmann, W. K., & Davis, D. R. (1975). Satellite-sized planetesimals and lunar origin. *Icarus*, **24**, 504-515.

Hasterok, D. et al. (2022). New maps of global geological provinces and tectonic plates. *Earth-Science Reviews*, **231**, 104069.

Hauber, E., & Kronberg, P. (2001). Tempe Fossae, Mars: A planetary analogon to a terrestrial continental rift? *Journal of Geophysical Research: Planets*, **106**, 20587-20602.

Hauck, S. A., & Johnson, C. L. (2019). Mercury: Inside the iron planet. *Elements*, **15(1)**, 21-26.

Hauck, S. A. et al. (2004). Internal and tectonic evolution of Mercury. *Earth and Planetary Science Letters*, **222(3-4)**, 713-728.

Hauck, S. A. et al. (2006). Sulfur's impact on core evolution and magnetic field generation on Ganymede. *Journal of Geophysical Research: Planets*, **111**, E09008.

Haviland, H. F. et al. (2022). The Lunar Geophysical Network landing sites science rationale. *The Planetary Science Journal*, **3(2)**, 40.

Hayes, A. G. (2016). The lakes and seas of Titan. *Annual Review of Earth and Planetary Sciences*, **44**, 57-83.

Hayes, A. G. et al. (2018). A post-Cassini view of Titan's methane-based hydrologic cycle. *Nature Geoscience*, **11(5)**, 306-313.

Hazen, R. M., & Morrison, S. M. (2022). On the paragenetic modes of minerals: A mineral evolution perspective. *American Mineralogist*, **107(7)**, 1262-1287.

He, C., & Smith, M. A. (2014). Identification of nitrogenous organic species in Titan aerosols analogs: Implication for prebiotic chemistry on Titan and early Earth. *Icarus*, **238**, 86-92.

He, F., & Clark, P. U. (2022). Freshwater forcing of the Atlantic meridional overturning circulation revisited. *Nature Climate Change*, **12(5)**, 449-454.

Head, J. W. (1990). Formation of mountain belts on Venus: Evidence for large-scale convergence, underthrusting, and crustal imbrication in Freyja Montes, Ishtar Terra. *Geology*, **18(2)**, 99-102.

Head, J. W., & Wilson, L. (2022). Planetary volcanology: Progress, problems, and opportunities. *Bulletin of Volcanology*, **84(3)**, 23.

Head, J. W. et al. (2002). Evidence for Europa-like tectonic resurfacing styles on Ganymede. *Geophysical Research Letters*, **29(24)**, 2151.

Head, J. W. et al. (2006). Extensive valley glacier deposits in the northern mid-latitudes of Mars: Evidence for Late Amazonian obliquity-driven climate change. *Earth and Planetary Science Letters*, **241(3-4)**, 663-671.

Head, J. W. et al. (2010). Northern mid-latitude glaciation in the Late Amazonian period of Mars: Criteria for the recognition of debris-covered glacier and valley glacier land system deposits. *Earth and Planetary Science Letters*, **294(3-4)**, 306-320.

Head, J. W. et al. (2011). Flood volcanism in the northern high latitudes of Mercury revealed by MESSENGER. *Science*, **333**, 1853-1856.

Heath, M. J. et al. (1999). Habitability of planets around red dwarf stars. *Origins of Life and Evolution of Biospheres*, **29**, 405-424.

Hedgepeth, J. E. et al. (2020). Titan's impact crater population after Cassini. *Icarus*, **344**, 113664.

Hedgepeth, J. E. et al. (2022). Modeling the distribution of organic carbon and nitrogen in impact crater melt on Titan. *The Planetary Science Journal*, **3(2)**, 51.

Heinrich, H. (1988). Origin and consequences of cyclic ice rafting in the northeast Atlantic Ocean during the past 130,000 years. *Quaternary Research*, **29(2)**, 142-152.

Helled, R., & Fortney, J. J. (2020). The interiors of Uranus and Neptune: Current understanding and open questions. *Philosophical Transactions of the Royal Society of London A*, **378**, 20190474.

Heller, R. et al. (2021). Habitability of the early Earth: Liquid water under a faint young Sun facilitated by strong tidal heating due to a closer Moon. *PalZ*, **95(4)**, 563-575.

Heller, R. et al. (2022). Transit least-squares survey-IV: Earth-like transiting planets expected from the PLATO mission. *Astronomy & Astrophysics*, **665**, A11.

Herrera, V. M. V. et al. (2021). Does machine learning reconstruct missing sunspots and forecast a new solar minimum? *Advances in Space Research*, **68(3)**, 1485-1501.

Herrero-Gil, A. et al. (2023). Lithospheric contraction concentric to Tharsis: 3D structural modeling of large thrust faults between Thaumasia highlands and Aonia Terra, Mars. *Journal of Structural Geology*, **177**, 104983.

Herrick, R. R., & Phillips, R. J. (1994). Implications of a global survey of Venusian impact craters. *Icarus*, **111**, 387-416.

Herrick, R. R. et al. (1997). Morphology and morphometry of impact craters. In, *Venus II: Geology, Geophysics, Atmosphere, and Solar Wind Environment* (S. W. Bougher, D. M. Hunten, R. J. Phillips, eds), pp. 1015-1046, Tucson: University of Arizona Press.

Herrick, R. R. et al. (2023). Resurfacing history and volcanic activity of Venus. *Space Science Reviews*, **219(4)**, 29.

Hesse, M. A. et al. (2022). Downward oxidant transport through Europa's ice shell by density-driven brine percolation. *Geophysical Research Letters*, **49(5)**, e2021GL095416.

Hoffman, J. A. et al. (2022). Mars oxygen ISRU experiment (MOXIE): Preparing for human Mars exploration. *Science Advances*, **8(35)**, eabp8636.

Hofmeister, A. (2019). *Heat Transport and Energetics of the Earth and Rocky Planets*. Amsterdam: Elsevier.

Holliday, V. T. et al. (2023). Comprehensive refutation of the Younger Dryas Impact Hypothesis (YDIH). *Earth-Science Reviews*, **247**, 104502.

Holo, S. J. et al. (2018). Mars obliquity history constrained by elliptic crater orientations. *Earth and Planetary Science Letters*, **496**, 206-214.

Honniball, C. I. et al. (2021). Molecular water detected on the sunlit Moon by SOFIA. *Nature Astronomy*, **5(2)**, 121-127.

Hood, L. L. et al. (2021). A new large-scale map of the lunar crustal magnetic field and its interpretation. *Journal of Geophysical Research: Planets*, **126**, e2020JE006667.

Hooke, R. (1676). *A Description of Helioscopes and Some Other Instruments*. London: Royal Society.

Hoppa, G. V. et al. (1999). Formation of cycloidal features on Europa. *Science*, **285**, 1899-1902.

Hörst, S. M. (2017). Titan's atmosphere and climate. *Journal of Geophysical Research: Planets*, **122**, 432-482.

Hörst, S. M. et al. (2012). Formation of amino acids and nucleotide bases in a Titan atmosphere simulation experiment. *Astrobiology*, **12(9)**, 809-817.

Hörz, F. (1977). Impact cratering and regolith dynamics. *Physics of the Earth and Planetary Interiors*, **10**, 3-15.

Hosono, N. et al. (2019). Terrestrial magma ocean origin of the Moon. *Nature Geoscience*, **12(6)**, 418-423.

Houtkooper, J. M., & Schulze-Makuch, D. (2007). A

possible biogenic origin for hydrogen peroxide on Mars: The Viking results reinterpreted. *International Journal of Astrobiology*, **6(2)**, 147-152.

Howell, S. M., & Pappalardo, R. T. (2018). Band formation and ocean-surface interaction on Europa and Ganymede. *Geophysical Research Letters*, **45(10)**, 4701-4709.

Howell, S. M., & Pappalardo, R. T. (2019). Can Earth-like plate tectonics occur in ocean world ice shells? *Icarus*, **322**, 69-79.

Hoyer, S. et al. (2023). The extremely high albedo of LTT 9779 b revealed by CHEOPS. An ultra-hot Neptune with a highly metallic atmosphere. *Astronomy & Astrophysics*, **675**, A81.

Hoyle, F., & Wickramasinghe, N. C. (1981). *Evolution from Space*. London: J. M. Dent and Sons.

Huang, S. S. (1959). The problem of life in the universe and the mode of star formation. *Publications of the Astronomical Society of the Pacific*, **71(422)**, 421-424.

Hubbard, B. et al. (2011). Geomorphological characterization and interpretation of a mid-latitude glacier-like form: Hellas Planitia, Mars. *Icarus*, **211**, 330-346.

Humayun, M., & Clayton, R. N. (1995). Potassium isotope geochemistry: Genetic implications of volatile element depletion. *Geochimica et Cosmochimica Acta*, **59**, 2131-2148.

Hurford, T. A. et al. (2005). Flexure of Europa's lithosphere due to ridge-loading. *Icarus*, **177**, 380-396.

Hvidberg, C. S. et al. (2012). Reading the climate record of the Martian polar layered deposits. *Icarus*, **221**, 405-419.

Iess, L. et al. (2012). The tides of Titan. *Science*, **337**, 457-459.

Ip, W. H. (1990). Meteoroid ablation processes in Titan's atmosphere. *Nature*, **345**, 511-512.

Irwin III, R. P. et al. (2005). Interior channels in Martian valley networks: Discharge and runoff production. *Geology*, **33(6)**, 489-492.

Ivanov, M. A., & Head III, J. W. (2008). Formation and evolution of Lakshmi Planum, Venus: Assessment of models using observations from geological mapping. *Physica Status Solidi*, **56(15)**, 1949-1966.

Jaffe, W. et al. (1979). The brightness temperature of Titan at 6 centimeters from the very large array. *The Astrophysical Journal*, **232**, L75-76.

Jahnke, L. L. et al. (2008). Lipid biomarker and phylogenetic analyses to reveal archaeal biodiversity and distribution in hypersaline microbial mat and underlying sediment. *Geobiology*, **6(4)**, 394-410.

Jakosky, B. M. (2024). Mars' atmosphere, volatiles, and climate as the sun heats up over the next 6 billion years. *Icarus*, **410**, 115888.

Jakosky, B. M., & Edwards, C. S. (2018). Inventory of CO_2 available for terraforming Mars. *Nature Astronomy*, **2(8)**, 634-639.

Jakosky, B. M. et al. (2003). Subfreezing activity of micro-organisms and the potential habitability of Mars' polar regions. *Astrobiology*, **3(2)**, 343-350.

Jakosky, B. M. et al. (2018). Loss of the Martian atmosphere to space: Present-day loss rates determined from MAVEN observations and integrated loss through time. *Icarus*, **315**, 146-157.

Jaret, S. J., & Scott Harris, R. (2022). No mineralogic or geochemical evidence of impact at Tall el-Hammam, a Middle Bronze Age city in the Jordan Valley near the Dead Sea. *Scientific Reports*, **12(1)**, 5189.

Jasinski, J. M., et al. (2024). The anomalous state of Uranus's magnetosphere during the Voyager 2 flyby. *Nature Astronomy*, **9**, 66-74.

Jaumann, R. et al. (2008). Fluvial erosion and post-erosional processes on Titan. *Icarus*, **197**, 526-538.

Jeans, J. (1925). *Dynamical Theory of Gases*. 4th ed. Cambridge: Cambridge University Press.

Jenkins, S. et al. (2023). Tonga eruption increases chance of temporary surface temperature anomaly above 1.5°C. *Nature Climate Change*, **13(2)**, 127-129.

Jewitt, D., & Hsieh, H. H. (2022). The asteroid-comet continuum. In, *Comets III* (K. Meech, M. Combi, eds), Tucson: University of Arizona Press.

Jia, X. et al. (2018). Evidence of a plume on Europa from Galileo magnetic and plasma wave signatures. *Nature Astronomy*, **2(6)**, 459-464.

Johansen, A. et al. (2021). A pebble accretion model for the formation of the terrestrial planets in the solar system. *Science Advances*, **7(8)**, eabc0444.

Johnson, A. P. et al. (2008). The Miller volcanic spark discharge experiment. *Science*, **322**, 404.

Johnson, B. C. et al. (2017). Porosity and salt content determine if subduction can occur in Europa's ice shell. *Journal of Geophysical Research: Planets*, **122**, 2765-2778.

Johnson, B. C. et al. (2020). Ferrovolcanism on metal worlds and the origin of pallasites. *Nature Astronomy*, **4(1)**, 41-44.

Johnson, C. L. et al. (2015). Low-altitude magnetic field measurements by MESSENGER reveal Mercury's ancient crustal field. *Science*, **348**, 892-895.

Johnson, C. L. et al. (2020). Crustal and time-varying magnetic fields at the InSight landing site on Mars. *Nature Geoscience*, **13(3)**, 199-204.

Johnson, J. L., & Li, H. (2012). The first planets: The critical metallicity for planet formation. *The Astrophysical Journal*, **751(2)**, 81.

Johnson, P. E. et al. (2021). New constraints on Pluto's Sputnik Planitia ice sheet from a coupled reorientation-climate model. *The Planetary Science Journal*, **2(5)**, 194.

Johnson, R. E., & Jesser, W. A. (1997). O2/O3 micro-atmospheres in the surface of Ganymede, *The Astrophysical Journal*, **480**, L79-L82.

Jones, A. P., & Pickering, K. T. (2003). Evidence for aqueous fluid-sediment transport and erosional processes on Venus. *Journal of the Geological Society*, **160(2)**, 319-327.

Jones, A. P. et al. (2002). Impact induced melting and the development of large igneous provinces. *Earth and Planetary Science Letters*, **202**, 551-561.

Jones, B. M. et al. (2020). A new in situ quasi-continuous solar-wind source of molecular water on Mercury. *The Astrophysical Journal*, **891(2)**, L43.

Joseph, R. et al. (2022). Evolution of life in the oceans of Mars? Episodes of global warming, flooding, rivers, lakes, and chaotic orbital obliquity. *Journal of Astrobiology*, **13**, 14-126.

Joshi, M. (2003). Climate model studies of synchronously rotating planets. *Astrobiology*, **3(2)**, 415-427.

Journaux, B. et al. (2020). Large ocean worlds with high-pressure ices. *Space Science Reviews*, **216**, 1-36.

Journaux, B. et al. (2023). On the identification of hyper-hydrated sodium chloride hydrates, stable at icy moon conditions. *Proceedings of the National Academy of Sciences*, **120(9)**, e2217125120.

Kahan, D. S. et al. (2021). Mars precession rate determined from radiometric tracking of the InSight lander. *Physica Status Solidi*, **199**, 105208.

Kalkan, M. Y. et al. (2023). Predictions of solar activity cycles 25 and 26 using non-linear autoregressive exogenous neural networks. *Monthly Notices of the Royal Astronomical Society*, **523(1)**, 1175-1181.

Karasözen, E. et al. (2016). The formation of the South Tharsis Ridge Belt: Basin and range-style extension on early Mars? *Journal of Geophysical Research: Planets*, **121**, 916-943.

Kardashev, N. S. (1964). Transmission of information by extraterrestrial civilizations. *Soviet Astronomy*, **8**, 217-221.

Kargel, J. S., & Strom, R. G. (1992). Ancient glaciation on Mars. *Geology*, **20(1)**, 3-7.

Kargel, J. S. et al. (1991). Brine volcanism and the interior structures of asteroids and icy satellites. *Icarus*, **94**, 368-390.

Karlsson, R. et al. (2020). Implications of anomalous crustal provinces for Venus' resurfacing history. *Journal of Geophysical Research: Planets*, **125**, e2019JE006340.

Kaspi, Y. et al. (2020). Comparison of the deep atmospheric dynamics of Jupiter and Saturn in light of the Juno and Cassini gravity measurements. *Space Science Reviews*, **216**, 1-27.

Kasting, J. F., & Harman, C. E. (2021). Venus might never have been habitable. *Nature*, **598**, 259-260.

Kasting, J. F. et al. (1993). Habitable zones around main sequence stars. *Icarus*, **101**, 108-128.

Kattenhorn, S. A., & Hurford, T. (2009). Tectonics of Europa. In, *Europa* (R. T. Pappalardo, W. B. McKinnon, K. Khurana, eds), pp. 199-236, Tucson: University of Arizona Press.

Kattenhorn, S. A., & Prockter, L. M. (2014). Evidence for subduction in the ice shell of Europa. *Nature Geoscience*, **7(10)**, 762-767.

Kawamura, K. et al. (2007). Northern Hemisphere forcing of climatic cycles in Antarctica over the past 360,000 years. *Nature*, **448**, 912-916.

Kay, J. P., & Dombard, A. J. (2019). Long-wavelength topography on Mercury is not from folding of the lithosphere. *Icarus*, **319**, 724-728.

Keil, K., & Wilson, L. (1993). Explosive volcanism and the compositions of cores of differentiated asteroids. *Earth and Planetary Science Letters*, **117(1-2)**, 111-124.

Keller, L. P. et al. (2006). Infrared spectroscopy of comet 81P/Wild 2 samples returned by Stardust. *Science*, **314**, 1728-1731.

Kenkmann, T. (2021). The terrestrial impact crater record: A statistical analysis of morphologies, structures, ages, lithologies, and more. *Meteoritics and Planetary Science*, **56(5)**, 1024-1070.

Kenkmann, T. et al. (2022). Secondary cratering on Earth: The Wyoming impact crater field. *Geological Society of America Bulletin*, **134(9-10)**, 2469-2484.

Kenworthy, M. et al. (2023). A planetary collision afterglow and transit of the resultant debris cloud. *Nature*, **622**, 251-254.

Keszthelyi, L. et al. (2004). A post-Galileo view of Io's interior. *Icarus*, **169**, 271-286.

Keszthelyi, L. et al. (2006). Flood lavas on Earth, Io and Mars. *Journal of the Geological Society*, **163(2)**, 253-264.

Khan, A. et al. (2022). Geophysical and cosmochemical evidence for a volatile-rich Mars. *Earth and Planetary Science Letters*, **578**, 117330.

Khan, A. et al. (2023). Evidence for a liquid silicate layer atop the Martian core. *Nature*, **622**, 718-723.

Khare, B. N., & Sagan, C. (1973). Red clouds in reducing atmospheres. *Icarus*, **20**, 311-321.

Khawja, S. et al. (2020). Tesserae on Venus may preserve evidence of fluvial erosion. *Nature Communications*, **11(1)**, 5789.

Khurana, K. K. et al. (2011). Evidence of a global magma ocean in Io's interior. *Science*, **332**, 1186-1189.

Kiefer, F. et al. (2014). Two families of exocomets in the β Pictoris system. *Nature*, **514**, 462-464.

Kiefer, W. S., & Swafford, L. C. (2006). Topographic analysis of Devana Chasma, Venus: Implications for rift system segmentation and propagation. *Journal of Structural Geology*, **28(12)**, 2144-2155.

Kim, C., & Kim, J. (2020). Solar activity cycle of ~200 yr from mediaeval Korean records and reconstructions of cosmogenic radionuclides. *Monthly Notices of the Royal Astronomical Society*, **492(1)**, 384-393.

Kimura, J. et al. (2009). Size and compositional constraints on Ganymede's metallic core for driving an active dynamo. *Icarus*, **202**, 216-224.

King, G. C. P., & Vita-Finzi, C. (1981). Active folding in the Algerian earthquake of 10 October 1980. *Nature*, **292**, 22-26.

King, M. A. et al. (2010). Improved constraints on models of glacial isostatic adjustment: A review of the contribution of ground-based geodetic observations. *Surveys in Geophysics*, **31**, 465-507.

King, S. D. (2008). Pattern of lobate scarps on Mercury's surface reproduced by a model of mantle convection. *Nature Geoscience*, **1(4)**, 229-232.

Kivelson, M. G. et al. (2000). Galileo magnetometer measurements: A stronger case for a subsurface ocean at Europa. *Science*, **289**, 1340-1343.

Klaser, M. W. et al. (2019). Europa's ice tectonics: New insights from physical wax experiments with implications for subduction initiation and global resurfacing processes. *Icarus*, **321**, 593-607.

Klimczak, C. et al. (2013). Insights into the subsurface structure of the Caloris basin, Mercury, from assessments of mechanical layering and changes in long-wavelength topography. *Journal of Geophysical Research: Planets*, **118**, 2030-2044.

Knapmeyer-Endrun, B. et al. (2021). Thickness and structure of the Martian crust from InSight seismic data. *Science*, **373**, 438-443.

Knauth, L. P. (1998). Salinity history of the Earth's early ocean. *Nature*, **395**, 554-555.

Kneissl, T. et al. (2011). Map-projection-independent crater size-frequency determination in GIS environments: New software tool for ArcGIS. *Physica Status Solidi*, **59(11-12)**, 1243-1254.

Knudsen, M. F. et al. (2008). Variations in the geomagnetic dipole moment during the Holocene and the past 50 kyr. *Earth and Planetary Science Letters*, **272**, 319-329.

Koenig, E., & Aydin, A. (1998). Evidence for large-scale strike-slip faulting on Venus. *Geology*,

26(6), 551-554.

Kofler, R. et al. (2019). International coordination on planetary defence: The work of the IAWN and the SMPAG. *Acta Astronautica*, **156**, 409-415.

Koga, T. et al. (2024). Abundant extraterrestrial purine nucleobases in the Murchison meteorite: Implications for a unified mechanism for purine synthesis in carbonaceous chondrite parent bodies. *Geochimica et Cosmochimica Acta*, **365**, 253-265.

Komar, P. D. (1991). Mud volcanoes on Mars? NASA, Washington, *Reports of Planetary Geology and Geophysics Program*, **1990**, pp. 539-541.

Komatsu, G. et al. (1992). Canali-type channels on Venus: Some genetic constraints. *Geophysical Research Letters*, **19**, 1415-1418.

Konopliv, A. S. et al. (2014). The Vesta gravity field, spin pole and rotation period, landmark positions, and ephemeris from the Dawn tracking and optical data. *Icarus*, **240**, 103-117.

Konopliv, A. S. et al. (2018). The Ceres gravity field, spin pole, rotation period and orbit from the Dawn radiometric tracking and optical data. *Icarus*, **299**, 411-429.

Konopliv, A. S. et al. (2020a). Detection of the Chandler wobble of Mars from orbiting spacecraft. *Geophysical Research Letters*, **47(21)**, e2020GL090568.

Konopliv, A. S. et al. (2020b). The Mercury gravity field, orientation, love number, and ephemeris from the MESSENGER radiometric tracking data. *Icarus*, **335**, 113386.

Koonin, E. V. (2003). Comparative genomics, minimal gene-sets and the last universal common ancestor. *Nature Reviews Microbiology*, **1(2)**, 127-136.

Kopparapu, R. K. et al. (2013). Habitable zones around main-sequence stars: New estimates. *The Astrophysical Journal*, **765(2)**, 131.

Korablev, O. et al. (2019). No detection of methane on Mars from early ExoMars Trace Gas Orbiter observations. *Nature*, **568**, 517-520.

Kronberg, P. et al. (2007). Acheron Fossae, Mars: Tectonic rifting, volcanism, and implications for lithospheric thickness. *Journal of Geophysical Research: Planets*, **112**, E04005.

Kronrod, E. et al. (2022). Towards geochemical alternatives to geophysical models of the internal structure of the lunar mantle and core. *Advances in Space Research*, **69(7)**, 2798-2824.

Kruijver, A. et al. (2021). Carbon cycling and habitability of massive Earth-like exoplanets. *The Planetary Science Journal*, **2(5)**, 208.

Kryuchkov, V. P. (1989). A system of conjugate strike-slip faults in the ridge belts on Venus. *Lunar and Planetary Science Conference*, **20**, 546.

Ksanfomaliti, L. V. et al. (1982). Microseisms at the VENERA-13 and VENERA-14 landing sites. *Soviet Astronomy Letters*, **8**, 241.

Kuang, J. et al. (2023). Metamorphic constraints on Archean tectonics. *Precambrian Research*, **397**, 107195.

Kuiper, G. P. (1944). Titan: A satellite with an atmosphere. *The Astrophysical Journal*, **100**, 378-383.

Kuiper, G. P. (1952). *The Atmospheres of the Earth and Planets*. Chicago: University of Chicago Press.

Kulowski, L. et al. (2021). Investigating barotropic zonal flow in Jupiter's deep atmosphere using Juno gravitational data. *Journal of Geophysical*

Research: Planets, **126**, e2020JE006795.

Kuskov, O. L. et al. (2021). Physical properties and internal structure of the central region of the Moon. *Geochemistry International*, **59**, 1018-1037.

Kuwayama, Y. et al. (2022). Post-perovskite phase transition in the pyrolitic lowermost mantle: Implications for ubiquitous occurrence of post-perovskite above CMB. *Geophysical Research Letters*, **49(1)**, e2021GL096219.

Kvorka, J. et al. (2018). Does Titan's long-wavelength topography contain information about subsurface ocean dynamics? *Icarus*, **310**, 149-164.

Lagain, A. et al. (2022). Has the impact flux of small and large asteroids varied through time on Mars, the Earth and the Moon? *Earth and Planetary Science Letters*, **579**, 117362.

Lambrechts, M. et al. (2019). Formation of planetary systems by pebble accretion and migration: How the radial pebble flux determines a terrestrial-planet or super-Earth growth mode. *Astronomy & Astrophysics*, **627**, A83.

Lammer, H. et al. (2024). Eta-Earth revisited I: A formula for estimating the maximum number of Earth-like habitats. *Astrobiology*, **24(10)**, 897-915.

Lan, Z. et al. (2022). Did an asteroid impact cause temporary warming during snowball Earth? *Earth and Planetary Science Letters*, **581**, 117407.

Landsman, K. A. et al. (2018). Asteroid (16) Psyche: Evidence for a silicate regolith from Spitzer Space Telescope spectroscopy. *Icarus*, **304**, 58-73.

Langan, C. (2020). The reality self-simulation principle: Reality is a self-simulation. *Cosmos and History*, **16(1)**, 466-487.

Langlais, B. et al. (2019). A new model of the crustal magnetic field of Mars using MGS and MAVEN. *Journal of Geophysical Research: Planets*, **124**, 1542-1569.

Lapôtre, M. et al. (2020). Probing space to understand Earth. *Nature Reviews Earth & Environment*, **1(3)**, 170-181.

Laskar, J. et al. (1993). Stabilization of the Earth's obliquity by the Moon. *Nature*, **361**, 615-617.

Lathe, R. (2004). Fast tidal cycling and the origin of life. *Icarus*, **168**, 18-22.

Lauter, R. (2017). Diffraction of solar neutrinos at the Earth's solid core. *Astronomische Nachrichten*, **338(1)**, 111-116.

Lawler, M. E. et al. (1989). Iron, magnesium, and silicon in dust from comet Halley. *Icarus*, **80**, 225-242.

Le Feuvre, M., & Wieczorek, M. A. (2011). Nonuniform cratering of the Moon and a revised crater chronology of the inner solar system. *Icarus*, **214**, 1-20.

Le Vay, K., & Mutschler, H. (2019). The difficult case of an RNA-only origin of life. Emerging Topics in *Life Sciences*, **3(5)**, 469-475.

Lee, E. J., & Chiang, E. (2016). Breeding super-Earths and birthing super-puffs in transitional disks. *The Astrophysical Journal*, **817(2)**, 90.

Leighton, R. B., & Murray, B. C. (1966). Behavior of carbon dioxide and other volatiles on Mars: A thermal model of the Martian surface suggests that Mars's polar caps are solid carbon dioxide. *Science*, **153**, 136-144.

Lellouch, E. (2005). Io's atmosphere and surface-atmosphere interactions. *Space Science Reviews*, **116**, 211-224.

Lemoine, F. G. et al. (2014). GRGM900C: A degree

900 lunar gravity model from GRAIL primary and extended mission data. *Geophysical Research Letters*, **41(10)**, 3382-3389.

Lenardic, A. et al. (2004). Growth of the hemispheric dichotomy and the cessation of plate tectonics on Mars. *Journal of Geophysical Research: Planets*, **109**, E02003.

Leonard, E. et al. (2020). Ridged plains on Europa reveal a compressive past. *Icarus*, **343**, 113709.

Leone, G. et al. (2014). Three-dimensional simulations of the southern polar giant impact hypothesis for the origin of the Martian dichotomy. *Geophysical Research Letters*, **41(24)**, 8736-8743.

Leopold, L. B. (1994). *A View of the River*. Cambridge, MA: Harvard University Press.

Leopold, L. B., & Vita-Finzi, C. (1998). Valley changes in the Mediterranean and America and their effects on humans. *Proceedings of the American Philosophical Society*, **142(1)**, 1-17.

Lesage, E. et al. (2021). Constraints on effusive cryovolcanic eruptions on Europa using topography obtained from Galileo images. *Icarus*, **361**, 114373.

Lesage, E. et al. (2022). Simulation of freezing cryomagma reservoirs in viscoelastic ice shells. *The Planetary Science Journal*, **3(7)**, 170.

Lessel, J., & Putirka, K. (2015). New thermobarometers for Martian igneous rocks, and some implications for secular cooling on Mars. *American Mineralogist*, **100(10)**, 2163-2171.

Lesur, V. et al. (2016). Building the second version of the world digital magnetic anomaly map (WDMAM). *Earth, Planets and Space*, **68(1)**, 1-13.

Leutert, T. J. et al. (2020). Coupled Southern Ocean cooling and Antarctic ice sheet expansion during the middle Miocene. *Nature Geoscience*, **13(9)**, 634-639.

Levi, A. et al. (2014). Structure and dynamics of cold water super-Earths: The case of occluded CH_4 and its outgassing. *The Astrophysical Journal*, **792(2)**, 125.

Levin, G. V., & Straat, P. A. (2016). The case for extant life on Mars and its possible detection by the Viking labeled release experiment. *Astrobiology*, **16(10)**, 798-810.

Lewis, J. S. (1997). *Physics and Chemistry of the Solar System*. London: Academic Press.

Li, S. et al. (2018). Direct evidence of surface exposed water ice in the lunar polar regions. *Proceedings of the National Academy of Sciences*, **115(36)**, 8907-8912.

Li, S. et al. (2023). A possible solar wind origin of surface exposed water ice in the lunar permanently shaded regions. *Lunar and Planetary Science Conference*, **54**, abstract 2806.

Liang, M.-C. et al. (2005). Atmosphere of Callisto. *Journal of Geophysical Research: Planets*, **110**, E02003.

Libby-Roberts, J. P. et al. (2020). The featureless transmission spectra of two super-puff planets. *The Astrophysical Journal*, **159(2)**, 57.

Libby-Roberts, J. P. et al. (2022). The featureless HST/WFC3 transmission spectrum of the rocky exoplanet GJ 1132b: No evidence for a cloud-free primordial atmosphere and constraints on starspot contamination. *The Astrophysical Journal*, **164(2)**, 59.

Lillis, R. J. et al. (2022). First synoptic images of FUV discrete aurora and discovery of sinuous aurora at Mars by EMM EMUS. *Geophysical*

Research Letters, **49(16)**, e2022GL099820.

Lingam, M. (2021). A brief history of the term 'habitable zone' in the 19th century. *International Journal of Astrobiology*, **20(5)**, 332-336.

Littleton, J. et al. (2021). Thermal convection in the core of Ganymede inferred from liquid eutectic Fe-FeS electrical resistivity at high pressures. *Crystals*, **11(8)**, 875.

Liu, H. et al. (2023). Predicting the 25th and 26th solar cycles using the long short-term memory method. *Publications of the Astronomical Society of Japan*, **75(3)**, 691-699.

Liu, S.-F. et al. (2019). The formation of Jupiter's diluted core by a giant impact. *Nature*, **572**, 355-357.

Liu, W. et al. (2017). Overlooked possibility of a collapsed Atlantic Meridional Overturning Circulation in warming climate. *Science Advances*, **3(1)**, e1601666.

Liu, Y. et al. (2022). Aqueous alteration of the Vastitas Borealis formation at the Tianwen-1 landing site. *Communications Earth & Environment*, **3(1)**, 280.

Liu, Z. et al. (2016). The tectonics of Titan: Global structural mapping from Cassini RADAR. *Icarus*, **270**, 14-29.

Livermore, P. W. et al. (2020). Recent north magnetic pole acceleration towards Siberia caused by flux lobe elongation. *Nature Geoscience*, **13(5)**, 387-391.

Lock, S. J. et al. (2018). The origin of the Moon within a terrestrial synestia. *Journal of Geophysical Research: Planets*, **123**, 910-951.

Loeb, A. et al. (2024). Recovery and classification of spherules from the Pacific Ocean site of the CNEOS 2014 January 8 (IM1) Bolide. *Research Notes of the American Astronomical Society*, **8(1)**, 39.

Loftus, K., & Wordsworth, R. D. (2021). The physics of falling raindrops in diverse planetary atmospheres. *Journal of Geophysical Research: Planets*, **126**, e2020JE006653.

Lognonné et al. (2023). Mars seismology. *Annual Review of Earth and Planetary Sciences*, **51**, 643-670.

Lomonosov, M. V. (1761). Явление Венеры на Солнце, наблюденное в Санктпетербургской императорской Академии Наук майя 26 дня 1761 года [The Appearance of Venus on the Sun, Observed at the St. Petersburg Imperial Academy of Sciences on 26 May 1761]. Saint Petersburg: Academy of Sciences.

Loomis, B. D. et al. (2019). Improved Earth oblateness rate reveals increased ice sheet losses and mass-driven sea level rise. *Geophysical Research Letters*, **46(12)**, 6910-6917.

Lopes, R. M. C. et al. (2007). Cryovolcanic features on Titan's surface as revealed by the Cassini Titan radar mapper. *Icarus*, **186**, 395-412.

Lopes, R. M. C. et al. (2013). Cryovolcanism on Titan: New results from Cassini RADAR and VIMS. *Journal of Geophysical Research: Planets*, **118(3)**, 416-435.

Lopes, R. M. C. et al. (2019). Titan as revealed by the Cassini radar. *Space Science Reviews*, **215(4)**, 1-50.

López, I. et al. (2015). Evidence for two stages of compressive deformation in a buried basin of Mercury. *Icarus*, **254**, 18-23.

López, I. et al. (2022). The volcanology of Idunn Mons, Venus: The complex evolution of a possible active volcano. *Journal of Volcanology and Geothermal Research*, **421**, 107428.

López, I. et al. (2024). Haasttse-baad tessera ring

complex: A Valhalla-type Impact structure on Venus? *Journal of Geophysical Research: Planets*, **129**, e2023JE008256.

Lorenz, R. D. (2014). Physics of saltation and sand transport on Titan: A brief review. *Icarus*, **230**, 162-167.

Lorenz, R. D., and Lunine, J. I. (1996). *Erosion on Titan: Past and present*. Icarus, 122, 79-91.

Lorenz, R. D. et al. (1995). Prediction of aeolian features on planets: Application to Titan paleoclimatology. *Journal of Geophysical Research: Planets*, **100**, 26377-26386.

Lorenz, R. D. et al. (1997). Titan under a red giant sun: A new kind of habitable moon. *Geophysical Research Letters*, **24(22)**, 2905-2908.

Lorenz, R. D. et al. (2011). Hypsometry of Titan. *Icarus*, **211**, 699-706.

Lorenz, R. D. et al. (2014). A radar map of Titan Seas: Tidal dissipation and ocean mixing through the throat of Kraken. *Icarus*, **237**, 9-15.

Lourenço, D. M. et al. (2020). Plutonic-squishy lid: A new global tectonic regime generated by intrusive magmatism on Earth-like planets. *Geochemistry, Geophysics, Geosystems*, **21(4)**, e2019GC008756.

Lovelock, J. E., & Margulis, L. (1974). Atmospheric homeostasis by and for the biosphere: The Gaia hypothesis. *Tellus*, **26(1-2)**, 2-10.

Lowell, P. (1896). *Mars*. New York: Houghton, Mifflin & Co.

Lu, Y. et al. (2019). Young wrinkle ridges in Mare Imbrium: Evidence for very recent compressional tectonism. *Icarus*, **329**, 24-33.

Lubin, P., & Cohen, A. N. (2023). Asteroid interception and disruption for terminal planetary defense. *Advances in Space Research*, **71(3)**, 1827-1839.

Lucchitta, B. K. (2001). Antarctic ice streams and outflow channels on Mars. *Geophysical Research Letters*, **28**, 403-406.

Luhmann, J. G., & Russell, C. T. (1997). Entries on magnetic field and magnetosphere of Mars and Venus, In *Encyclopedia of Planetary Sciences* (J. H. Shirley, R. W. Fairbridge, eds), Dordrecht: Kluwer.

Luo, Z. et al. (2021). Mars methane sources in northwestern Gale crater inferred from back trajectory modeling. *Earth and Space Science*, **8(11)**, e2021EA001915.

Lyons, T. W. et al. (2014). The rise of oxygen in Earth's early ocean and atmosphere. *Nature*, **506**, 307-315.

McEwen, A. S. et al. (2017). New lunar impact splotches: Produced by meteoroid streams and secondary impacts. *Lunar and Planetary Science Conference*, 48, abstract 1964.

McGhee, G. R. (1996). *The Late Devonian Mass Extinction: The Frasnian/Famennian Crisis*. New York: Columbia University Press.

McGuire, W. J. et al. (1997). Correlation between rate of sea-level change and frequency of explosive volcanism in the Mediterranean. *Nature*, **389**, 473-476.

McIntyre, S. R. N. (2022). Tidally driven tectonic activity as a parameter in exoplanet habitability. *Astronomy & Astrophysics*, **662**, A15.

McKay, C. P., & Marinova, M. M. (2001). The physics, biology, and environmental ethics of making Mars habitable. *Astrobiology*, **1(1)**, 89-109.

McKay, D. S. et al. (1996). Search for past life on Mars: Possible relic biogenic activity in Martian meteorite ALH84001. *Science*, **273**, 924-930.

McKay, D. S. et al. (2022). Directed panspermia

using interstellar comets. *Astrobiology*, **22(12)**, 1443-1451.

McKee, B. J., & Montet, B. T. (2023). Transit depth variations reveal TOI-216b to be a Super-puff. *The Astrophysical Journal*, **165(6)**, 236.

McKenzie, D. P. et al. (1992a). Dike emplacement on Venus and on Earth. *Journal of Geophysical Research: Planets*, **97**, 15977-15990.

McKenzie, D. P. et al. (1992b). Features on Venus generated by plate boundary processes. *Journal of Geophysical Research: Planets*, **97**, 13533-13544.

McKenzie, D. P. et al. (1992c). Pancake-like domes on Venus. *Journal of Geophysical Research: Planets*, **97**, 15967-15976.

McKenzie, D. P. et al. (2019). Success of Montreal Protocol demonstrated by comparing high-quality UV measurements with 'World Avoided' calculations from two chemistry-climate models. *Scientific Reports*, **9(1)**, 12332.

Mackey, R. (2007). Rhodes Fairbridge and the idea that the solar system regulates the Earth's climate. *Journal of Coastal Research*, **50**, 955-968.

McKinnon, W. B. et al. (1997). Cratering on Venus: Models and observations. In, *Venus II: Geology, Geophysics, Atmosphere, and Solar Wind Environment* (S. W. Bougher, D. M. Hunten, R. J. Phillips, eds), pp. 969-1014, Tucson: University of Arizona Press.

Mackwell, S. J. et al. (eds) (2013). *Comparative Climatology of Terrestrial Planets*. Tucson: University of Arizona Press.

McSween, Jr., H. Y. (1999). *Meteorites and their Parent Planets* (2nd ed.) Cambridge: Cambridge University Press.

McSween, Jr., H. Y. (2019). The search for biosignatures in Martian meteorite Allan Hills 84001. In, *Biosignatures for Astrobiology* (B. Cavalazzi, F. Westall, eds), pp. 167-182, New York: Springer.

McSween, Jr., H. Y. et al. (2019). Differentiation and magmatic history of Vesta: Constraints from HED meteorites and Dawn spacecraft data. *Geochemistry*, **79(4)**, 125526.

Madhusudhan, N. et al. (2020). The interior and atmosphere of the habitable-zone exoplanet K2-18b. *The Astrophysical Journal*, **891(1)**, L7.

Madhusudhan, N. et al. (2021). Habitability and biosignatures of Hycean worlds. *The Astrophysical Journal*, **918(1)**, 1.

Madhusudhan, N. et al. (2023). Carbon-bearing molecules in a possible Hycean atmosphere. *The Astrophysical Journal*, **956**, L13.

Mahoney, J. J., & Coffin, M. J. (eds) (1997). *Large Igneous Provinces: Continental, Oceanic and Planetary Flood Volcanism*. Washington DC: American Geophysical Union.

Malamud, U. et al. (2017). The contraction/expansion history of Charon with implications for its planetary-scale tectonic belt. *Monthly Notices of the Royal Astronomical Society*, **468(1)**, 1056-1069.

Mamajek, E. E. (2009). Initial conditions of planet formation: Lifetimes of primordial disks. *AIP Conference Proceedings*, **1158(1)**, 3-10.

Man, C. M. et al. (2023). Widespread small grabens consistent with recent tectonism on Mercury. *Nature Geoscience*, **16**, 856-862.

Mankovich, C. R., & Fortney, J. J. (2020). Evidence for a dichotomy in the interior structures of Jupiter and Saturn from helium phase separation. *The Astrophysical Journal*, **889(1)**, 51.

Mankovich, C. R., & Fuller, J. (2021). A diffuse core in Saturn revealed by ring seismology. *Nature Astronomy*, **5(11)**, 1103-1109.

Marchi, S. et al. (2023). Long-lived volcanic resurfacing of Venus driven by early collisions. *Nature Astronomy*, **7**, 1180-1187.

Margot, J.-L. et al. (2007). Large longitude libration of Mercury reveals a molten core. *Science*, **316**, 710-714.

Margot, J.-L. et al. (2021). Spin state and moment of inertia of Venus. *Nature Astronomy*, **5(7)**, 676-683.

Markham, S., & Stevenson, D. (2018). Excitation mechanisms for Jovian seismic modes. *Icarus*, **306**, 200-213.

Märki, A. (2020). A critical review of the lunar laser ranging. *American Journal of Astronomy and Astrophysics*, **8(3)**, 39-44.

Marks, J. (2022). The worst case: Planetary defense against a doomsday impactor. *Space Policy*, **61**, 101493.

Marshall, J. R., & Greeley, R. (1992). An experimental study of aeolian structures on Venus. *Journal of Geophysical Research: Planets*, **97**, 1007-1016.

Marshall, J. R. et al. (1991). Adhesion and abrasion of surface materials in the Venusian aeolian environment. *Journal of Geophysical Research: Solid Earth*, **96**, 1931-1947.

Marty, B. et al. (2018). Salinity of the Archaean oceans from analysis of fluid inclusions in quartz. *Comptes Rendus Geoscience*, **350(4)**, 154-163.

Mason, B. J. (1966). *Principles of Geochemistry* (3rd ed.) New York: Wiley.

Massironi, M. et al. (2015). Lateral ramps and strike-slip kinematics on Mercury. *Geological Society, London, Special Publications*, **401(1)**, 269-290.

Mastrogiuseppe, M. et al. (2018). Cassini radar observation of Punga Mare and environs: Bathymetry and composition. *Earth and Planetary Science Letters*, **496**, 89-95.

Matsuyama, I. et al. (2018). Ocean tidal heating in icy satellites with solid shells. *Icarus*, **312**, 208-230.

Matteoni, G. et al. (2020). Geomorphological analysis of the southwestern margin of Xanadu, Titan: Insights on tectonics. *Journal of Geophysical Research: Planets*, **125**, e2020JE006407.

Maurice, S. et al. (2020). A long-lived magma ocean on a young Moon. *Science Advances*, **6(28)**, eaba8949.

Mayor, M., & Queloz, D. (1995). A Jupiter-mass companion to a solar-type star. *Nature*, **378**, 355-359.

Mazzini, A., & Etiope, G. (2017). Mud volcanism: An updated review. *Earth-Science Reviews*, **168**, 81-112.

Meinshausen, M. et al. (2020). The shared socio-economic pathway (SSP) greenhouse gas concentrations and their extensions to 2500. *Geoscientific Model Development*, **13(8)**, 3571-3605.

Melosh, H. J. (1989). *Impact Cratering: A Geologic Process*. Oxford: Oxford University Press.

Melosh, H. J. (2003). Exchange of meteorites (and life?) between stellar systems. *Astrobiology*, **3(1)**, 207-215.

Melosh, H. J. (2011). *Planetary Surface Processes* (vol. 13). Cambridge: Cambridge University Press.

Melosh, H. J., & Vickery, A. M. (1989). Impact

erosion of the primordial atmosphere of Mars. *Nature*, **338**, 487-489.

Menor-Salván, C., & Marín-Yaseli, M. R. (2012). Prebiotic chemistry in eutectic solutions at the water-ice matrix. *Chemical Society Reviews*, **41(16)**, 5404-5415.

Mercier, A. et al. (2022). Revisiting the iconic Spitzer phase curve of 55 Cancri e: Hotter dayside, cooler nightside, and smaller phase offset. *The Astrophysical Journal*, **164(5)**, 204.

Merdith, A. S. et al. (2021). Extending full-plate tectonic models into deep time: Linking the Neoproterozoic and the Phanerozoic. *Earth-Science Reviews*, **214**, 103477.

Merino, N. et al. (2019). Living at the extremes: Extremophiles and the limits of life in a planetary context. *Frontiers in Microbiology*, **10,** 780.

Meyer, D. M. et al. (2022). A mushy source for the geysers of Enceladus. *arXiv preprint arXiv:2208.06714.*

Meyers, S. R., & Malinverno, A. (2018). Proterozoic Milankovitch cycles and the history of the solar system. *Proceedings of the National Academy of Sciences*, **115(25)**, 6363-6368.

Meza, E. et al. (2019). Lower atmosphere and pressure evolution on Pluto from ground-based stellar occultations, 1988-2016. *Astronomy & Astrophysics*, **625**, A42.

Michaelian, K. (2022). Non-equilibrium thermodynamic foundations of the origin of life. *Foundations*, **2(1)**, 308-337.

Milanković, M. (1916). Ispitivanje o klimi planeta Marsa [Research on the climate of the planet Mars]. *Rad Jugoslavenske Akademije Znanosti i Umjetnosti*, **213**, 64-96.

Miles, R. (2016). Discrete sources of cryovolcanism on the nucleus of Comet 29P/Schwassmann-Wachmann and their origin. *Icarus*, **272**, 387-413.

Miller, S. L. (1953). A production of amino acids under possible primitive earth conditions. *Science*, **117**, 528-529.

Mitri, G. et al. (2010). Mountains on Titan: Modeling and observations. *Journal of Geophysical Research: Planets*, **115**, E10002.

Mitri, G. et al. (2014). Shape, topography, gravity anomalies and tidal deformation of Titan. *Icarus*, **236**, 169-177.

Miyahara, H. et al. (2021). Gradual onset of the Maunder Minimum revealed by high-precision carbon-14 analyses. *Scientific Reports*, **11(1)**, 5482.

Modica, P. et al. (2014). Enantiomeric excesses induced in amino acids by ultraviolet circularly polarized light irradiation of extraterrestrial ice analogs: A possible source of asymmetry for prebiotic chemistry. *The Astrophysical Journal*, **788(1)**, 79.

Mol Lous, S. J. A. et al. (2022). Potential long-term habitable conditions on planets with primordial H-He atmospheres. *Nature Astronomy*, **6(7)**, 819-827.

Montési, L. G., & Zuber, M. T. (2003). Clues to the lithospheric structure of Mars from wrinkle ridge sets and localization instability. *Journal of Geophysical Research: Planets*, **108**, 5048.

Moore, A. M. T. et al. (2020). Evidence of cosmic impact at Abu Hureyra, Syria at the younger Dryas Onset (~12.8 ka): High-temperature melting at > 2200°C. *Scientific Reports*, **10(1)**, 4185.

Moore, J. M. et al. (2016). The geology of Pluto and Charon through the eyes of New Horizons.

Science, **351**, 1284-1293.

Moore, P. (2003). *Atlas of the Universe*. London: Philip.

Moorman, S. et al. (2020). Dead zones of classical habitability in stellar binary systems. *Astrophysics and Space Science*, **365**, 1-13.

Morbidelli, A. et al. (2000). Source regions and timescales for the delivery of water to the Earth. *Meteoritics and Planetary Science*, **35(6)**, 1309-1320.

Moreno, R. et al. (2003). Long-term evolution of CO, CS and HCN in Jupiter after the impacts of comet Shoemaker-Levy 9. *Physica Status Solidi*, **51(9-10)**, 591-611.

Moriarty III, D. P., & Pieters, C. M. (2018). The character of South Pole-Aitken basin: Patterns of surface and subsurface composition. *Journal of Geophysical Research: Planets*, 123, 729-747.

Moriarty III, D. P. et al. (2021a). Evidence for a stratified upper mantle preserved within the South Pole-Aitken basin. *Journal of Geophysical Research: Planets*, **126**, e2020JE006589.

Moriarty III, D. P. et al. (2021b). The search for lunar mantle rocks exposed on the surface of the Moon. *Nature Communications*, **12(1)**, 1-11.

Morison, S. M. et al. (2021). Sublimation-driven convection in Sputnik Planitia on Pluto. *Nature*, **600**, 419-423.

Morris, A., & Maffione, M. (2016). Is the Troodos ophiolite (Cyprus) a complete, transform fault-bounded Neotethyan ridge segment? *Geology*, **44(3)**, 199-202.

Morrison, D., & Robertson, D. K. (2019). Introduction to Icarus special papers on Tunguska. *Icarus*, **327**, 1-3.

Morrison, D. et al. (1994). The impact hazard. In, *Hazards Due to Comets and Asteroids* (T. Gehrels, M. S. Matthews, A. M. Schumann, eds), pp. 59-91, Tucson: University of Arizona.

Morrison, P., & Cocconi, G. (1959). Searching for interstellar communications. *Nature*, **184**, 844-846.

Moruzzi, S. et al. (2023). Thrust faulting on Venus: Tectonic modeling of the Vedma Dorsa Ridge Belt. *Icarus*, **392**, 115378.

Moses, J. I. et al. (2013). Compositional diversity in the atmospheres of hot Neptunes, with application to GJ 436b. *The Astrophysical Journal*, **777(1)**, 34.

Mouginot, J. M. et al. (2012). Dielectric map of the Martian northern hemisphere and the nature of plain filling materials. *Geophysical Research Letters*, **39**, L02202.

Moyer, A. E. (1977). Robert Hooke's ambiguous presentation of Hooke's Law. *Isis*, **68(2)**, 266-275.

Mueller, K., & Golombek, M. (2004). Compressional structures on Mars. *Annual Review of Earth and Planetary Sciences*, **32**, 435-464.

Muhleman, D. O. et al. (1991). Radar images of Mars. *Science*, **253**, 1508-1513.

Müller, N. et al. (2008). Venus surface thermal emission at 1 μm in VIRTIS imaging observations: Evidence for variation of crust and mantle differentiation conditions. *Journal of Geophysical Research: Planets*, **113**, E00B17.

Müller, T. et al. (2020). The challenge of forming a fuzzy core in Jupiter. *Astronomy & Astrophysics*, **638**, A121.

Mumma, M. J. et al. (2009). Strong release of methane on Mars in northern summer 2003. *Science*, **323**, 1041-1045.

Murchie, S. L. et al. (2008), Geology of the Caloris basin, Mercury: A view from MESSENGER. *Science*, **321**, 73-76.

Mutch, T. et al. (1976). *The Geology of Mars*. Princeton, NJ: Princeton University Press.

Nahm, A. L., & Schultz, R. A. (2010). Evaluation of the orogenic belt hypothesis for the formation of the Thaumasia Highlands, Mars. *Journal of Geophysical Research: Planets*, **115**, E04008.

Nakamura, Y. et al. (1982). Apollo lunar seismic experiment: Final summary. *Journal of Geophysical Research: Solid Earth*, **87**, A117-123.

Neish, C. D., & Lorenz, R. D. (2014). Elevation distribution of Titan's craters suggests extensive wetlands. *Icarus*, **228**, 27-34.

Neish, C. D. et al. (2015). Spectral properties of Titan's impact craters imply chemical weathering of its surface. *Geophysical Research Letters*, **42(10)**, 3746-3754.

Néron de Surgy, O., & Laskar, J. (1997). On the long-term evolution of the spin of the Earth. *Astronomy & Astrophysics*, **318**, 975-989.

Neukum, G. et al. (2001). Cratering records in the inner solar system in relation to the lunar reference system. In, *Chronology and Evolution of Mars: Proceedings of an ISSI Workshop*, 10-14 April 2000, Bern, Switzerland, pp. 55-86, Dordrecht: Kluwer.

Newman, C. E. et al. (2022). The dynamic atmospheric and aeolian environment of Jezero crater, Mars. *Science Advances*, **8(21)**, eabn3783.

Nielsen, S. G. et al. (2021). Isotopic evidence for the formation of the Moon in a canonical giant impact. *Nature Communications*, **12(1)**, 1817.

Nierenberg, W. A. (ed.) (1992). *Encyclopedia of Earth System Science*. New York: Academic Press.

Nimmo, F. (2002). Why does Venus lack a magnetic field? *Geology*, **30**, 987-990.

Nimmo, F., & Gaidos, E. (2002). Strike-slip motion and double ridge formation on Europa. *Journal of Geophysical Research: Planets*, **107**, 5021.

Nimmo, F., & Pappalardo, R. T. (2016). Ocean worlds in the outer solar system. *Journal of Geophysical Research: Planets*, **121**, 1378-1399.

Nimmo, F., & Stevenson, D. J. (2000). Influence of early plate tectonics on the thermal evolution and magnetic field of Mars. *Journal of Geophysical Research: Planets*, **105**, 11969-11979.

Nimmo, F. et al. (2007). Shear heating as the origin of the plumes and heat flux on Enceladus. *Nature*, **447**, 289-291.

Nittler, L. R., & Weider, S. Z. (2019). The surface composition of Mercury. *Elements*, **15(1)**, 33-38.

Noll, K. S. et al. (1995). HST spectroscopic observations of Jupiter after the collision of comet Shoemaker-Levy 9. *Science*, **267**, 1307-1313.

Noltimier, H., & Sahagian, D. (1992). Tectonic style of Venus: An analog to polar icepack tectonics. *Journal of Geodynamics*, **16(1-2)**, 65-79.

Norton, O. R. (2002). *The Cambridge Encyclopedia of Meteorites*. Cambridge: Cambridge University Press.

Nunn, C. E. et al. (2020). Lunar seismology: A data and instrumentation review. *Space Science Reviews*, **216(5)**, 89.

Oba, Y. et al. (2023). Uracil in the carbonaceous asteroid (162173) Ryugu. *Nature Communications*, **14(1)**, 1292.

Oberst, J. et al. (2012). The present-day flux of large meteoroids on the lunar surface: A synthesis of models and observational techniques. *Physica Status Solidi*, **74(1)**, 179-193.

Oehler, D. Z., & Allen, C. C. (2010). Evidence for pervasive mud volcanism in Acidalia Planitia, Mars. *Icarus*, **208**, 636-657.

Oganov, A. R. (2018). Crystal structure prediction: Reflections on present status and challenges. *Faraday Discussions*, **211**, 643-660.

Ogg, J. G. (2020). Geomagnetic polarity time scale. In, *Geologic Time Scale 2020*, pp. 159-192, Amsterdam: Elsevier.

Ogurtsov, M. G. et al. (2021). Solar-type periodicities in the climate variability of Northern Fennoscandia during the last three centuries: Real influence of solar activity or natural instability in the climate system. *Holocene*, **32(3)**, 99-112.

O'Hara-Dhand, A. et al. (2010). Loess and dust on Earth and Mars: Particle generation by impact mechanisms. *Central European Journal of Geosciences*, **2**, 45-51.

Oliveira, J. M. et al. (2022). Constraints on the structure and seasonal variations of Triton's atmosphere from the 5 October 2017 stellar occultation and previous observations. *Astronomy & Astrophysics*, **659**, A136.

Olsen, P. E. et al. (1987). New Early Jurassic tetrapod assemblages constrain Triassic-Jurassic tetrapod extinction event. *Science*, **237**, 1025-1029.

O'Malley-James, J. T. et al. (2013). Swansong biospheres: Refuges for life and novel microbial biospheres on terrestrial planets near the end of their habitable lifetimes. International *Journal of Astrobiology*, **12(2)**, 99-112.

O'Malley-James, J. T. et al. (2014). Swansong biospheres II: The final signs of life on terrestrial planets near the end of their habitable lifetimes. *International Journal of Astrobiology*, **13(3)**, 229-243.

O'Neill, C. (2020). Planetary thermal evolution models with tectonic transitions. *Physica Status Solidi*, **192**, 105059.

O'Neill, C. (2021). End-member Venusian core scenarios: Does Venus have an inner core? *Geophysical Research Letters*, **48(17)**, e2021GL095499.

Onodera, K. (2024). New views of Lunar seismicity brought by analysis of newly discovered Moonquakes in Apollo short-period seismic data. *Journal of Geophysical Research: Planets*, **129**, e2023JE008153.

Oort, J. H. (1950). The structure of the cloud of comets surrounding the solar system and a hypothesis concerning its origin. *Bulletin of the Astronomical Institutes of the Netherlands*, **11**, 91-110.

Oparin, A. I. (1924). *Proiskhozhdenie zhizni*. Moscow: Izdatel'stvo Moskovskii Rabochii.

Orgel, L. E. (1998). The origin of life: A review of facts and speculations. *Trends in Biochemical Sciences*, 23(12), 491-495.

Ori, G. G. et al. (2000). Terraces and Gilbert-type deltas in crater lakes in Ismenius Lacus and Memnonia (Mars). *Journal of Geophysical Research: Planets*, **105**, 17629-17642.

Orlov, A. V. et al. (2022). Structural architecture and deformation history of Tempe Terra, Mars. *Journal of Geophysical Research: Planets*, **127**, e2022JE007407.

Orlov, A. V. et al. (2023). Magmatic origins of extensional structures in Tempe Terra, Mars.

Journal of Geophysical Research: Planets, **128**, e2023JE007949.

O'Rourke, J. G. (2020). Venus: A thick basal magma ocean may exist today. *Geophysical Research Letters*, **47(4)**, e2019GL086126.

O'Rourke, J. G., & Smrekar, S. E. (2018). Signatures of lithospheric flexure and elevated heat flow in stereo topography at coronae on Venus. *Journal of Geophysical Research: Planets*, 123, 369-389.

O'Rourke, J. G. et al. (2018). Prospects for an ancient dynamo and modern crustal remanent magnetism on Venus. *Earth and Planetary Science Letters*, **502**, 46-56.

Ortiz, J. L. et al. (2017). The size, shape, density and ring of the dwarf planet Haumea from a stellar occultation. *Nature*, **550**, 219-223.

Osinski, G. R. et al. (2011). Impact ejecta emplacement on terrestrial planets. *Earth and Planetary Science Letters*, **310(3-4)**, 167-181.

Osinski, G. R. et al. (2022). Impact Earth: A review of the terrestrial impact record. *Earth-Science Reviews*, **232**, 104112.

Ozaki, K., & Reinhard, C. T. (2021). The future lifespan of Earth's oxygenated atmosphere. *Nature Geoscience*, **14(3)**, 138-142.

Oze, C., & Sharma, M. (2005). Have olivine, will gas: Serpentinization and the abiogenic production of methane on Mars. *Geophysical Research Letters*, **32(10)**, L10203.

Ozhovan, M. I. et al. (2005). Probing of the interior layers of the Earth with self-sinking capsules. *Atomic Energy*, **99(2)**, 556-562.

Palguta, J. et al. (2009). Constraints on the location, magnitude, and dimensions of Ganymede's mass anomalies. *Icarus*, **201**, 615-625.

Palin, R. M., & Santosh, M. (2021): Plate tectonics: What, where, why and when? *Gondwana Research*, **100**, 3-24.

Pappalardo, R. T., & Collins, G. C. (2005). Strained craters on Ganymede. *Journal of Structural Geology*, **27(5)**, 827-838.

Parisi, M. et al. (2021). The depth of Jupiter's Great Red Spot constrained by Juno gravity overflights. *Science*, **374**, 964-968.

Pasachoff, J. M., & Sheehan, W. (2012). Did Lomonosov see the Venusian atmosphere? *Physics Today*, **65(11)**, 11-12.

Paxman, G. et al. (2022). Total isostatic response to the complete unloading of the Greenland and Antarctic Ice Sheets. *Scientific Reports*, **12(1)**, 11399.

Payne, J. L., & Clapham, M. E. (2012). End-Permian mass extinction in the oceans: An ancient analog for the twenty-first century? *Annual Review of Earth and Planetary Sciences*, **40**, 89-111.

Peale, S. J. (2003). Tidally induced volcanism. *Celestial Mechanics and Dynamical Astronomy*, **87**, 129-155.

Pelletier, J. D. (2018). Controls on yardang development and morphology: 2. Numerical modeling. *Journal of Geophysical Research: Earth Surface*, **123**, 723-743.

Pelletier, J. D. et al. (2018). Controls on yardang development and morphology: 1. Field observations and measurements at Ocotillo Wells, California. *Journal of Geophysical Research: Earth Surface*, **123**, 694-722.

Peplowski, P. N. et al. (2016). Remote sensing evidence for an ancient carbon-bearing crust on Mercury. *Nature Geoscience*, **9(4)**, 273-276.

Perrin, P. et al. (2022). Geometry and segmentation of Cerberus Fossae, Mars: Implications for Marsquake properties. *Journal of Geophysical*

Research: Planets, **127**, e2021JE007118.

Perron, J. T. et al. (2007). Evidence for an ancient Martian ocean in the topography of deformed shorelines. *Nature*, **447**, 840-843.

Persson, A.-S. et al. (2021). Global Venus-solar wind coupling and oxygen ion escape. *Geophysical Research Letters*, **48(3)**, e2020GL091213.

Peslier, A. H. et al. (2017). Water in the Earth's interior: Distribution and origin. *Space Science Reviews*, **212**, 743-810.

Peter, B., & Schwille, P. (2023). Elucidating the mechanism of freeze-thaw driven content mixing between protocells. *ChemSystemsChem*, **5(5)**, e202300008.

Pétrélis, F., & Fauve, S. (2010). Mechanisms for magnetic field reversals. *Philosophical Transactions of the Royal Society of London A*, **368**, 1595-1605.

Phillips, R. J., & Hansen, V. L. (1994). Tectonic and magmatic evolution of Venus. *Annual Review of Earth and Planetary Sciences*, **22(1)**, 597-656.

Phillips, R. J. et al. (2011). Massive CO_2 ice deposits sequestered in the south polar layered deposits of Mars. *Science*, **332**, 838-841

Piani, L. et al. (2020). Earth's water may have been inherited from material similar to enstatite chondrite meteorites. *Science*, **369**, 1110-1113.

Pierrehumbert, R. T. (2023). The runaway greenhouse on sub-Neptune water-worlds. *The Astrophysical Journal*, **944(1)**, 20.

Pierrehumbert, R. T., & Gaidos, E. (2011). Hydrogen greenhouse planets beyond the habitable zone. *The Astrophysical Journal*, **734(1)**, L13.

Piper, J. D. A. (2013). A planetary perspective on Earth evolution: Lid tectonics before plate tectonics. *Tectonophysics*, **589**, 44-56.

Piper, J. D. A. (2018). Dominant Lid Tectonics behavior of continental lithosphere in Precambrian times: Paleomagnetism confirms prolonged quasi-integrity and absence of supercontinent cycles. *Geoscience Frontiers*, **9(1)**, 61-89.

Pishkalo, M. I. (2019). On polar magnetic field reversal in solar cycles 21, 22, 23, and 24. *Solar Physics*, **294(10)**, 137.

Plescia, J. B. (1991). Graben and extension in northern Tharsis, Mars. *Journal of Geophysical Research: Planets*, **96**, 18883-18895.

Plescia, J. B., & Golombek, M. P. (1986). Origin of planetary wrinkle ridges based on the study of terrestrial analogs. *Geological Society of America Bulletin*, **97(11)**, 1289-1299.

Poch, O. et al. (2012). Production yields of organics of astrobiological interest from H_2O-NH_3 hydrolysis of Titan's tholins. *Physica Status Solidi*, **61(1)**, 114-123.

Poggiali, V. et al. (2016). Liquid-filled canyons on Titan. *Geophysical Research Letters*, **43(15)**, 7887-7894.

Postberg, F. et al. (2011). A salt-water reservoir as the source of a compositionally stratified plume on Enceladus. *Nature*, **474**, 620-622.

Potter, A. E., & Morgan, T. H. (1988). Discovery of sodium and potassium vapor in the atmosphere of the Moon. *Science*, **241**, 675-680.

Price, N. (2000). *Major Impacts and Plate Tectonics: A Model for the Phanerozoic Evolution of the Earth's Lithosphere*. London: CRC Press.

Prockter, L. M., & Pappalardo, A. R. T. (2000). Folds on Europa: Implications for crustal cycling and accommodation of extension. *Science*, **289**, 941-943.

Prockter, L. M. et al. (2002). Morphology of European bands at high resolution: A mid-ocean ridge-type rift mechanism. *Journal of Geophysical Research: Planets*, **107**, 5028.

Putzig, N. E. et al. (2024). Science results from sixteen years of MRO SHARAD operations. *Icarus*, **419**, 115715.

Qin, S. et al. (2018). Formation of the lunar fossil bulges and its implication for the early Earth and Moon. *Geophysical Research Letters*, **45(3)**, 1286-1296.

Quarles, B. et al. (2019). Obliquity evolution of circumstellar planets in Sun-like stellar binaries. *The Astrophysical Journal*, **886(1)**, 56.

Quarles, B. et al. (2022). Milankovitch cycles for a circumstellar Earth-analogue within α Centauri-like binaries. *Monthly Notices of the Royal Astronomical Society*, **509(2)**, 2736-2757.

Racki, G. (1998). Frasnian-Famennian biotic crisis: Undervalued tectonic control? *Palaeogeography, Palaeoclimatology, Palaeoecology*, **141(3-4)**, 177-198.

Radebaugh, J. (2013). Dunes on Saturn's moon Titan as revealed by the Cassini Mission. *Aeolian Research*, **11**, 23-41.

Rae, J. et al. (2021). Atmospheric CO_2 over the past 66 million years from marine archives. *Annual Review of Earth and Planetary Sciences*, **49**, 609-641.

Ragozzine, D., & Brown, M. E. (2009). Orbits and masses of the satellites of the dwarf planet Haumea (2003 EL61). *The Astrophysical Journal*, **137(6)**, 4766.

Ramirez, R. M. (2018). A more comprehensive habitable zone for finding life on other planets. *Geosciences*, **8(8)**, 280.

Ramirez, R. M., & Kaltenegger, L. (2016). Habitable zones of post-main sequence stars. *The Astrophysical Journal*, **823(1)**, 6.

Rampe, E. et al. (2020). Mineralogy and geochemistry of sedimentary rocks and eolian sediments in Gale crater, Mars: A review after six Earth years of exploration with Curiosity. *Geochemistry*, **80(2)**, 125605.

Rampino, M. et al. (1988). Volcanic winters. *Annual Review of Earth and Planetary Sciences*, **16**, 73-99.

Ravan, H. et al. (2022). When it strikes, are we ready? Lessons identified at the 7th Planetary Defense Conference in preparing for a Near-Earth Object impact scenario. *International Journal of Disaster Risk Science*, **13(1)**, 151-159.

Ray, T. (2012). Losing spin: The angular momentum problem. *Astronomy & Geophysics*, **53(5)**, 5-19.

Raymond, S. N., & Izidoro, A. (2017). Origin of water in the inner solar system: Planetesimals scattered inward during Jupiter and Saturn's rapid gas accretion. *Icarus*, **297**, 134-148.

Read, P. et al. (2015). The physics of Martian weather and climate: A review. *Reports on Progress in Physics*, **78 (12)**, 125901.

Redd, N. T. (2020). Early Mars may have boasted a large ocean and cool climate. *Proceedings of the National Academy of Sciences*, **117(50)**, 31558-31560.

Reggiani, M. et al. (2018). Discovery of a point-like source and a third spiral arm in the transition disk around the Herbig Ae star MWC 758. *Astronomy & Astrophysics*, **611**, A74.

Reif-Acherman, S. (2009). The pre-history of cryoscopy: What was before Raoult? *Química Nova*, **32(6)**, 1677-1684.

Reimer, P. et al. (2020). The IntCal20 northern hemisphere radiocarbon age calibration curve (0-55 cal kBP). *Radiocarbon*, **62(4)**, 725-757.

Reisenfeld, D. et al. (2021). A three-dimensional map of the heliosphere from IBEX. *The Astrophysical Journal Supplement Series*, **254(2)**, 40.

Ren, B. et al. (2020). Dynamical evidence of a spiral arm-driving planet in the MWC 758 protoplanetary disk. *The Astrophysical Journal*, **898(2)**, L38.

Rhoden, A. et al. (2021). Obliquity, precession, and fracture mechanics: Implications of Europa's global cycloid population. *Journal of Geophysical Research: Planets*, **126**, e2020JE006710.

Rhoden, A. et al. (2023). The challenges of driving Charon's cryovolcanism from a freezing ocean. *Icarus*, **392**, 115391.

Richards, M. et al. (2015). Triggering of the largest Deccan eruptions by the Chicxulub impact. *Geological Society of America Bulletin*, **127(11-12)**, 1507-1520.

Richardson, J. E. (2009). Cratering saturation and equilibrium: A new model looks at an old problem. *Icarus*, **204**, 697-715.

Richardson, M. T., & Benestad, R. E. (2022). Erroneous use of statistics behind claims of a major solar role in recent warming. *Research in Astronomy and Astrophysics*, **22(12)**, 125008.

Richter, H. (1865). Zur Darwin'schen Lehre. *Jahresbericht der Gesellschaft für gesamte Medizin*, **126**, 243-249.

Rivas-Dorado, D. et al. (2022). Giant dikes and dike-induced seismicity in a weak crust underneath Cerberus Fossae, Mars. *Earth and Planetary Science Letters*, **594**, 117692.

Rivoldini, A. et al. (2011). Geodesy constraints on the interior structure and composition of Mars. *Icarus*, **213**, 451-472.

Robbins, S. J. (2014). New crater calibrations for the lunar crater-age chronology. *Earth and Planetary Science Letters*, **403**, 188-198.

Robbins, S. J. et al. (2021). Depths of Pluto's and Charon's craters, and their simple-to-complex transition. *Icarus*, **356**, 113902.

Roberts, G. et al. (2012). Possible evidence of paleo-marsquakes from fallen boulder populations, Cerberus Fossae, Mars. *Journal of Geophysical Research: Planets*, **117**, E02009.

Roberts, G. et al. (2021). Impact crater degradation, Oxia Planum, Mars. *Journal of Maps*, **17(2)**, 581-590.

Roberts, G. et al. (2023). Exploring the interior of Europa with the Europa Clipper. *Space Science Reviews*, **219(6)**, 46.

Robertson, D. S. et al. (2013). K-Pg extinction: Reevaluation of the heat-fire hypothesis. *Journal of Geophysical Research: Biogeosciences*, **118**, 329-336.

Rodriguez, D. et al. (2014). Global mapping and characterization of Titan's dune fields with Cassini: Correlation between RADAR and VIMS observations. *Icarus*, **230**, 168-179.

Rojas, J. et al. (2021). The micrometeorite flux at Dome C (Antarctica), monitoring the accretion of extraterrestrial dust on Earth, *Earth and Planetary Science Letters*, **560**, 116794.

Roman, M. et al. (2022). Sub-seasonal variation in Neptune's mid-infrared emission. *The Planetary Science Journal*, **3(4)**, 78.

Romeo, I. et al. (2005). Tectonic and kinematic study of a strike-slip zone along the southern margin of Central Ovda Regio, Venus: Geodynamical implications for crustal plateaux formation and evolution. *Icarus*, **175**, 320-334.

Rooney, A. et al. (2015). A Cryogenian chronology:

Two long-lasting synchronous Neoproterozoic glaciations. *Geology*, **43(5)**, 459-462.

Ross, N. et al. (2011). Holocene stability of the Amundsen-Weddell ice divide, West Antarctica. *Geology*, **39(10)**, 935-938.

Roth, L. et al. (2014). Transient water vapor at Europa's south pole. *Science*, **343**, 171-174.

Rothschild, L. J., & Mancinelli, R. L. (2001). Life in extreme environments. *Nature*, **409**, 1092-1101.

Rubincam, D. P. (1999). Mars secular obliquity change due to water ice caps. *Journal of Geophysical Research: Planets*, **104**, 30765-30771.

Rückriemen, T. et al. (2018). Top-down freezing in a Fe-FeS core and Ganymede's present-day magnetic field. *Icarus*, **307**, 172-196.

Ruesch, O. et al. (2018). Geology of Ceres' North Pole quadrangle with Dawn FC imaging data. *Icarus*, **316**, 14-27.

Ruf, A. et al. (2021). Sulfur ion irradiation experiments simulating space weathering of solar system body surfaces: Organosulfur compound formation. *Astronomy & Astrophysics*, **655**, A74.

Ruhl, M. et al. (2010). Astronomical constraints on the duration of the early Jurassic Hettangian stage and recovery rates following the end-Triassic mass extinction (St Audrie's Bay/East Quantoxhead, UK). *Earth and Planetary Science Letters*, **295(1-2)**, 262-276.

Ruj, T., & Kawai, K. (2021). A global investigation of wrinkle ridge formation events: Implications towards the thermal evolution of Mars. *Icarus*, **369**, 114625.

Rumble, J. (ed.) (2023). *CRC Handbook of Chemistry and Physics*, 104th ed. London: CRC Press.

Rumpf, C. et al. (2017). Asteroid impact effects and their immediate hazards for human populations. *Geophysical Research Letters*, **44(8)**, 3433-3440.

Russell, C. T., & Dougherty M. K. (2010). Magnetic fields of the outer planets. *Space Science Reviews*, **152**, 251-269.

Sagan, C. (1971). The solar system beyond Mars: An exobiological survey. *Space Science Reviews*, **11**, 73-112.

Sagan, C. (1973). The greenhouse of Titan. *Icarus*, **18**, 649-656.

Sagan, C. (1974). Organic chemistry in the atmosphere. In, *The Atmosphere of Titan* (D. M. Hunten, ed.). Washington, DC: NASA.

Salibi, A. et al. (2023). Periodic temperature changes drive the proliferation of self-replicating RNAs in vesicle populations. *Nature Communications*, **14(1)**, 1222.

Sam, I. et al. (2022). A discussion on the plausible role of ice streams in carving Martian outflow channels: Revisiting the earliest hypothesis by Lucchitta et al. (1981). *Progress in Physical Geography: Earth and Environment*, **46(5)**, 809-818.

Samanta, B., & Joyce, G. F. (2017). A reverse transcriptase ribozyme. *eLife*, **6**, e31153.

Samra, L. et al. (2023). Clouds form on the hot Saturn JWST ERO target WASP-96b. *Astronomy & Astrophysics*, **669**, A142.

Samuel, J. et al. (2023). Geophysical evidence for an enriched molten silicate layer above Mars's core. *Nature*, **622**, 712-717.

Sánchez, L. et al. (2016). A conventional value for the geoid reference potential W0. *Journal of Geodesy*, **90(9)**, 815-835.

Sánchez-Lavega, A. et al. (2017). The atmospheric dynamics of Venus. *Space Science Reviews*, **212**, 1541-1616.

Sandwell, D. T., & Schubert, G. (1992). Evidence for retrograde lithospheric subduction on Venus. *Science*, **257**, 766-770.

Sandwell, D. T. et al. (2014). New global marine gravity model from CryoSat-2 and Jason-1 reveals buried tectonic structure. *Science*, **346**, 65-67.

Sarafian, A. et al. (2014). Early accretion of water in the inner solar system from a carbonaceous chondrite-like source. *Science*, **346**, 623-626.

Sauer, F. et al. (2021). From amino acid mixtures to peptides in liquid sulphur dioxide on early Earth. *Nature Communications*, **12(1)**, 7182.

Sautter, V., & Payre, V. (2021). Alkali magmatism on Mars: An unexpected diversity. *Comptes Rendus Geoscience*, **353(S2)**, 61-90.

Sawaryn, S. J. et al. (2018). Lunar Drilling - Challenges and Opportunities. Paper presented at the SPE Annual Technical Conference and Exhibition, Dallas, Texas, USA, September 2018, https://doi.org/10.2118/191624-MS.

Sayanagi, K. et al. (2017). Cassini ISS observation of Saturn's north polar vortex and comparison to the south polar vortex. *Icarus*, **285**, 68-82.

Scalo, J. et al. (2007). M stars as targets for terrestrial exoplanet searches and biosignature detection. *Astrobiology*, **7(1)**, 85-166.

Scheller, E. et al. (2021). Long-term drying of Mars by sequestration of ocean-scale volumes of water in the crust. *Science*, **372**, 56-62.

Schenk, P. M. (2002). Thickness constraints on the icy shells of three Galilean satellites from a comparison of crater shapes. *Nature*, **417**, 419-421.

Schenk, P. M. (2009). *Atlas of the Galilean Satellites*. Cambridge: Cambridge University Press.

Schenk, P. M. et al. (2018). Basins, fractures and volcanoes: Global cartography and topography of Pluto from New Horizons. *Icarus*, **314**, 400-433.

Schenk, P. M. et al. (2021). Triton: Topography and geology of a probable ocean world with comparison to Pluto and Charon. *Remote Sensing*, **13(17)**, 3476.

Scherf, M. et al. (2024). Eta-Earth Revisited II: Deriving a Maximum Number of Earth-Like Habitats in the Galactic Disk. *Astrobiology*, **24(10)**, 916-1061.

Schettino, A., & Scotese, C. R. (2005). Apparent polar wander paths for the major continents (200 Ma to the present day): A palaeomagnetic reference frame for global plate tectonic reconstructions. *Geophysical Journal International*, **163(2)**, 727-759.

Schlichting, H. et al. (2015). Atmospheric mass loss during planet formation: The importance of planetesimal impacts. *Icarus*, **247**, 81-94.

Schmidt, B. et al. (2011). Active formation of 'chaos terrain' over shallow subsurface water on Europa. *Nature*, **479**, 502-505.

Schmidt, M. et al. (2022). Circumpolar ocean stability on Mars 3 Gyr ago. *Proceedings of the National Academy of Sciences*, **119(4)**, e2112930118.

Schmitt-Kopplin, G. et al. (2010). High molecular diversity of extraterrestrial organic matter in Murchison meteorite revealed 40 years after its fall. *Proceedings of the National Academy of Sciences*, **107(7)**, 2763-2768.

Schoeberl, M. et al. (2022). Analysis and impact of

the Hunga Tonga-Hunga Ha'apai stratospheric water vapor plume. *Geophysical Research Letters*, **49(20)**, e2022GL100248.

Schorghofer, N. (2008). Temperature response of Mars to Milankovitch cycles. *Geophysical Research Letters*, **35(18)**, L18201.

Schrödinger, E. (1944). *What Is Life: The Physical Aspect of the Living Cell*. Cambridge: Cambridge University Press.

Schubert, G. (1979). Sub-solidus convection in the mantles of terrestrial planets. *Annual Review of Earth and Planetary Sciences*, **7**, 289-342.

Schulte, P. et al. (2010). The Chicxulub asteroid impact and mass extinction at the Cretaceous-Paleogene boundary. *Science*, **327**, 1214-1218.

Schultz, B. et al. (2023). Life on the edge: Bioprospecting extremophiles for astrobiology. *Journal of the Indian Institute of Science*, **103**, 721-737.

Schultz, P. H. (1992). Atmospheric effects on ejecta emplacement. *Journal of Geophysical Research: Planets*, **97**, 11623-11662.

Schultz, R. A. (1989). Strike-slip faulting of ridged plains near Valles Marineris, Mars. *Nature*, **341**, 424-426.

Schulze-Makuch, D., & Fairén, A. G. (2021). Evaluating the microbial habitability of rogue planets and proposing speculative scenarios on how they might act as vectors for panspermia. *Life*, **11(8)**, 833.

Schulze-Makuch, D., & Irwin, L. N. (2008). Definition of life. In, *Life in the Universe: Expectations and Constraints*, pp. 7-24, Berlin: Springer.

Schwandt, C. et al. (2012). The production of oxygen and metal from lunar regolith. *Physica Status Solidi*, **74(1)**, 49-56.

Schwarzenbach, E. M., & Steele-MacInnis, M. (2020). Fluids in submarine mid-ocean ridge hydrothermal settings. *Elements*, **16(6)**, 389-394.

Schwieterman, E. W. et al. (2019). A limited habitable zone for complex life. *The Astrophysical Journal*, **878(1)**, 19.

Seager, S. (2018). The search for habitable planets with biosignature gases framed by a 'Biosignature Drake Equation'. *International Journal of Astrobiology*, **17(4)**, 294-302.

Seckbach, J. et al. (2013). *Polyextremophiles: Life under Multiple Forms of Stress*. Dordrecht: Springer.

Self, S. et al. (2015). Large igneous provinces and flood basalt volcanism. In, *The Encyclopedia of Volcanoes*, pp. 441-455, London: Academic Press.

Sephton, M. A. (2002). Organic compounds in carbonaceous meteorites. *Natural Product Reports*, **19(3)**, 292-311.

Sephton, M. A., & Court, R. W. (2010). Meteorite gases and planetary atmospheres. *Astronomy & Astrophysics*, **51**, 5.21-5.22.

Shackleton, N. J., & Opdyke, N. D. (1973). Oxygen isotope and paleomagnetic stratigraphy of equatorial Pacific core V28-238: Oxygen isotope temperatures and ice volumes on a 10^4 and 10^5 year scale. *Quaternary Research*, **3**, 39-55.

Shcherbakova, G. et al. (2020). Ultra-low paleointensities from East European Craton, Ukraine support a globally anomalous paleomagnetic field in the Ediacaran. *Geophysical Journal International*, **220(3)**, 1928-1946.

Shean, D. et al. (2005). Origin and evolution of a

cold-based tropical mountain glacier on Mars: The Pavonis Mons fan-shaped deposit. *Journal of Geophysical Research: Planets*, **110(E5)**, E05001.

Shen, G., & Mao, H. K. (2016). High-pressure studies with x-rays using diamond anvil cells. *Reports on Progress in Physics*, **80(1)**, 016101.

Shields, A. L., et al. (2016). The habitability of planets orbiting M-dwarf stars. *Physics Reports*, **663**, 1-38.

Shiltsev, V. (2014). The 1761 discovery of Venus' atmosphere: Lomonosov and others. *Journal of Astronomical History and Heritage*, **17(1)**, 85-112.

Shirey, S. et al. (2019). Diamonds and the mantle geodynamics of carbon. In, *Deep Carbon: Past to Present*, pp. 89-128, Cambridge: Cambridge University Press.

Shirley, J. H., & Fairbridge, R. W. (1997). *Encyclopedia of Planetary Sciences*. Dordrecht: Kluwer.

Shizgal, B. D., & Arkos, G. G. (1996). Nonthermal escape of the atmospheres of Venus, Earth, and Mars. *Reviews of Geophysics*, **34(4)**, 483-505.

Shoemaker, E. M., & Chao, E. C. (1961). New evidence for the impact origin of the Ries Basin, Bavaria, Germany. *Journal of Geophysical Research*, **66**, 3371-3378.

Shtarkman, I. et al. (2013). Subglacial Lake Vostok (Antarctica) accretion ice contains a diverse set of sequences from aquatic, marine and sediment-inhabiting bacteria and eukarya. *PLoS One*, **8(7)**, e67221.

Sicardy, B. et al. (2021). Pluto's atmosphere in plateau phase since 2015 from a stellar occultation at Devasthal. *The Astrophysical Journal*, **923(2)**, L31.

Siegert, M. et al. (2001). Physical, chemical and biological processes in Lake Vostok and other Antarctic subglacial lakes. *Nature*, **414**, 603-609.

Siegert, M. et al. (2016). Recent advances in understanding Antarctic subglacial lakes and hydrology. *Philosophical Transactions of the Royal Society of London A*, **374**, 20140306.

Silber, E., & Brown, P. (2019). Infrasound monitoring as a tool to characterize impacting near-earth objects (NEOs). In, *Infrasound Monitoring for Atmospheric Studies* (A. Le Pichon, E. Blanc, A. Hauchecorne, eds), pp. 939-986, New York: Springer.

Simon, J. et al. (2023). Samples collected from the floor of Jezero Crater with the Mars 2020 Perseverance rover. *Journal of Geophysical Research: Planets*, **128**, e2022JE007474.

Simonelli, A. et al. (1997). Io: Galileo evidence for major variations in regolith properties. *Geophysical Research Letters*, **24(20)**, 2475-2478.

Sims, J. et al. (2014). Physical models of grooved terrain tectonics on Ganymede. *Geophysical Research Letters*, **41(11)**, 3774-3778.

Singer, K. et al. (2022). Large-scale cryovolcanic resurfacing on Pluto. *Nature Communications*, **13(1)**, 1542.

Singh, A. K., & Bhargawa, A. (2019). Prediction of declining solar activity trends during solar cycles 25 and 26 and indication of other Solar minimum. *Astrophysics and Space Science*, **364(1)**, 12.

Siraj, A., & Loeb, A. (2022). A meteor of apparent interstellar origin in the CNEOS fireball catalog. *The Astrophysical Journal*, **939(1)**, 53.

Siwabessy, M. et al. (2022). Strike-slip faults in

Bathys Planum, Mars. *ESS Open Archive*, doi:10.1002/essoar.10507517.1

Skinner Jr, J. A., & Tanaka, K. L. (2007). Evidence for and implications of sedimentary diapirism and mud volcanism in the southern Utopia highland-lowland boundary plain, Mars. *Icarus*, **186**, 41-59.

Sleep, N. H. (1994). Martian plate tectonics. *Journal of Geophysical Research: Planets*, **99**, 5639-5655.

Smalley, I. J., & Krinsley D. H. (1979). Eolian sedimentation on Earth and Mars: Some comparisons. *Icarus*, **40**, 276-288.

Smalley, I. J., & Vita-Finzi, C. (1968). The formation of fine particles in sandy deserts and the nature of desert loess. *Journal of Sedimentary Research*, **38(3)**, 766-774.

Smallwood, J. R. (2007). Maskelyne's 1774 Schiehallion experiment revisited. *Scottish Journal of Geology*, **43(1)**, 15-31.

Smith, I. B. et al. (2016). An ice age recorded in the polar deposits of Mars. *Science*, **352**, 1075-1078.

Smrekar, S. E., & Stofan, E. R. (1997). Corona formation and heat loss on Venus by coupled upwelling and delamination. *Science*, **277**, 1289-1294.

Smrekar, S. E. et al. (2023). Earth-like lithospheric thickness and heat flow on Venus consistent with active rifting. *Nature Geoscience*, **16(1)**, 13-18.

Soderblom, L. et al. (1990). Triton's geyser-like plumes: Discovery and basic characterization. *Science*, **250**, 410-415.

Soderblom, L. et al. (2009). The geology of Hotei Regio, Titan: Correlation of Cassini VIMS and RADAR. *Icarus*, **204**, 610-618.

Soderlund, K. M. (2019). Ocean dynamics of outer solar system satellites. *Geophysical Research Letters*, **46(15)**, 8700-8710.

Soderlund, K. M., & Stanley, S. (2020). The underexplored frontier of Ice Giant dynamos. *Philosophical Transactions of the Royal Society of London A*, **378**, 20190479.

Soldati, N. et al. (2021). Imagining and constraining ferrovolcanic eruptions and landscapes through large-scale experiments. *Nature Communications*, **12(1)**, 1711.

Solomonidou, A. et al. (2013). Morphotectonic features on Titan and their possible origin. *Physica Status Solidi*, **77**, 104-117.

Song, H. et al. (2013). Two pulses of extinction during the Permian-Triassic crisis. *Nature Geoscience*, **6(1)**, 52-56.

Soon, W. et al. (2023). The detection and attribution of northern hemisphere land surface warming (1850-2018) in terms of human and natural factors: Challenges of inadequate data. *Climate*, **11(9)**, 179.

Sori, F. et al. (2022). Orbital forcing of Martian climate revealed in a south polar outlier ice deposit. *Geophysical Research Letters*, **49(6)**, e2021GL097450.

Sorokhtin, O. et al. (2011). Evolution of the crust-formation processes in Earth's history. In, *Developments in Earth and Environmental Sciences* (vol. 10), pp. 241-284, Amsterdam: Elsevier.

Soter, S., & Harris, A. (1977). Are striations on Phobos evidence for tidal stress? *Nature*, **268**, 420-421.

Sotin, C. et al. (2021). Titan's interior structure and dynamics after the Cassini-Huygens mission. *Annual Review of Earth and Planetary*

Sciences, **49**, 579-607.

Sparks, W. et al. (2016). Probing for evidence of plumes on Europa with HST/STIS. *The Astrophysical Journal*, **829(2)**, 121.

Speyerer, E. et al. (2020). Constraining the contemporary impact cratering rate and understanding the impact process with temporal and photometric observations. *Lunar and Planetary Science Conference*, 51, abstract 2326.

Speyerer, E. et al. (2022). Present-day endogenic and exogenic activity on Mercury. *Geophysical Research Letters*, **49(16)**, e2022GL100783.

Spohn, T. et al. (2022). The InSight-HP3 mole on Mars: Lessons learned from attempts to penetrate to depth in the Martian soil. *Advances in Space Research*, **69(8)**, 3140-3163.

Spray, J. et al. (1998). Evidence for a late Triassic multiple impact event on Earth. *Nature*, **392**, 171-173.

Spudis, P. et al. (2013). Evidence for water ice on the Moon: Results for anomalous polar craters from the LRO Mini-RF imaging radar. *Journal of Geophysical Research: Planets*, **118**, 2016-2029.

Squyres, S. et al. (1992). Plains tectonism on Venus: The deformation belts of Lavinia Planitia. *Journal of Geophysical Research: Planets*, **97**, 13579-13599.

Stähler, S. et al. (2021). Seismic detection of the Martian core. *Science*, **373**, 443-448.

Stähler, S. et al. (2022). Tectonics of Cerberus Fossae unveiled by marsquakes. *Nature Astronomy*, **6(12)**, 1376-1386.

Starr, S. O., & Muscatello, A. C. (2020). Mars in situ resource utilization: A review. *Physica Status Solidi*, **182**, 104824.

Stern, R. J. (2020). The Mesoproterozoic single-lid tectonic episode: Prelude to modern plate tectonics. *GSA Today*, **30(12)**, 4-10.

Stern, R. J. et al. (2018). Stagnant lid tectonics: Perspectives from silicate planets, dwarf planets, large moons, and large asteroids. *Geoscience Frontiers*, **9(1)**, 103-119.

Stern, S. A. (2021). Some implications for both life and civilizations regarding interior water ocean worlds. *Lunar and Planetary Science Conference*, **52**, abstract 2548.

Stern, S. A. et al. (2015). Transient atmospheres on Charon and water-ice covered KBOs resulting from comet impacts. *Icarus*, **246**, 298-302.

Stevenson, D. J. (1984). On forming the giant planets quickly: Super-Ganymedean puffballs. *Lunar and Planetary Science Conference*, **25**, 822-823.

Stevenson, D. J. (2003). Mission to Earth's core: A modest proposal. *Nature*, **423**, 239-240.

Stewart, J. H. (1971). Basin and range structure: A system of horsts and grabens produced by deep-seated extension. *Geological Society of America Bulletin*, **82(4)**, 1019-1044.

Stixrude, L. et al. (2020). A silicate dynamo in the early Earth. *Nature Communications*, **11(1)**, 1-5.

Stone, E. et al. (2019). Cosmic ray measurements from Voyager 2 as it crossed into interstellar space. *Nature Astronomy*, **3(11)**, 1013-1018.

Strobel, D. F., & Zhu, X. (2017). Comparative planetary nitrogen atmospheres: Density and thermal structures of Pluto and Triton. *Icarus*, **291**, 55-64.

Sumi, N. et al. (2022). Super-rotation of Titan's stratosphere driven by the radiative heating of the haze layer. *The Astrophysical Journal*,

928(2), 149.

Sun, J. (2002). Provenance of loess material and formation of loess deposits on the Chinese Loess Plateau. *Earth and Planetary Science Letters*, **203(3-4)**, 845-859.

Sun, W., & Tkalčić, H. (2022). Repetitive marsquakes in Martian upper mantle. *Nature Communications*, **13(1)**, 1695.

Swain, M. R. et al. (2021). Detection of an atmosphere on a rocky exoplanet. *The Astronomical Journal*, **161(5)**, 213-229.

Swastik, N. et al. (2023). Age distribution of exoplanet host stars: Chemical and kinematic age proxies from GAIA DR3. *The Astrophysical Journal*, **166(3)**, 91.

Sweatman, M. B. (2021). The Younger Dryas impact hypothesis: Review of the impact evidence. *Earth-Science Reviews*, **218**, 103677.

Tait, K. T., & Day, J. M. (2018). Chondritic late accretion to Mars and the nature of shergottite reservoirs. *Earth and Planetary Science Letters*, **494**, 99-108.

Tan, M. et al. (2016). Land-water distribution and the pear-shape of the Earth. *International Journal of Oceans and Oceanography*, **10**, 123-132.

Tanner, L. H. et al. (2004). Assessing the record and causes of Late Triassic extinctions. *Earth-Science Reviews*, **65(1-2)**, 103-139.

Tao, Y. et al. (2021). Ultra-high-resolution 1 M/pixel CaSSIS DTM using super-resolution restoration and shape-from-shading: Demonstration over Oxia Planum on Mars. *Remote Sensing*, **13(11)**, 2185.

Tapper, S. (1998). 'A global survey and regional scale study of coronae on Venus'. PhD thesis, University of London.

Taylor, F. W. et al. (2018). Venus: The atmosphere, climate, surface, interior and near-space environment of an Earth-like planet. *Space Science Reviews*, **214**, 1-36.

Taylor, J. M. et al. (2023). Awesome SOSS: Atmospheric characterization of WASP-96 b using the JWST early release observations. *Monthly Notices of the Royal Astronomical Society*, **524(1)**, 817-834.

Tewelde, E. et al. (2013). Estimates of fluvial erosion on Titan from sinuosity of lake shorelines. *Journal of Geophysical Research: Planets*, **118(10)**, 2198-2212.

Thakur, R. et al. (2023). Exploring Venus subsurface: Analysis of geological targets and their properties. *Physica Status Solidi*, **225**, 105620.

Thallner, T. et al. (2021). An extended period of extremely weak geomagnetic field suggested by paleointensities from the Ediacaran Grenville dykes (S. E. Canada). *Earth and Planetary Science Letters*, **568**, 117025.

Tian, B. et al. (2023). The tectonics and volcanism of Venus: New modes facilitated by realistic crustal rheology and intrusive magmatism. *Icarus*, **399**, 115539.

Tinetti, G. et al. (2018). A chemical survey of exoplanets with ARIEL. *Experimental Astronomy*, **46**, 135-209.

Tinsley, B. A., & Deen, G. W. (1991). Apparent tropospheric response to MeV-GeV particle flux variations: A connection via electro-freezing of supercooled water in high-level clouds? *Journal of Geophysical Research*, **A96**, 22283-22296.

Toepfer, C. et al. (2021). The Mie representation for Mercury's magnetic field. *Earth, Planets and Space*, **73(1)**, 1-18.

Tokano, T. (2007). Near-surface winds at the Huygens site on Titan: Interpretation by means of a general circulation model. *Physica Status Solidi*, **55(13)**, 1990-2009.

Tokano, T., & Lorenz, R. D. (2021). Paleoclimate evolution on Titan after episodic massive methane outgassing simulated by a global climate model. *Journal of Geophysical Research: Planets*, **126**, e2021JE007081.

Tomasella, L. et al. (1996). Evolution of the Earth obliquity after the tidal expansion of the Moon orbit. *Physica Status Solidi*, **44(5)**, 427-430.

Trainer, M. G. et al. (2019). Seasonal variations in atmospheric composition as measured in Gale crater, Mars. *Journal of Geophysical Research: Planets*, **124(11)**, 3000-3024.

Tschauner, O. et al. (2018). Ice-VII inclusions in diamonds: Evidence for aqueous fluid in Earth's deep mantle. *Science*, **359**, 1136-1139.

Tseng, W. L. et al. (2013). The atomic hydrogen cloud in the Saturnian system. *Planetary and Space Science*, **85**, 164-174.

Tsuchiya, T. et al. (2020). Ab initio study on the lower mantle minerals. *Annual Review of Earth and Planetary Sciences*, **48**, 99-119.

Tsunakawa, H. et al. (2015). Surface vector mapping of magnetic anomalies over the Moon using Kaguya and Lunar Prospector observations. *Journal of Geophysical Research: Planets*, **120**, 1160-1185.

Tuckwell, G. W., & Ghail, R. C. (2003). A 400-km-scale strike-slip zone near the boundary of Thetis Regio, Venus. *Earth and Planetary Science Letters*, **211(1-2)**, 45-55.

Turbet, M., & Forget, F. (2019). The paradoxes of the Late Hesperian Mars ocean. *Scientific Reports*, **9(1)**, 5717.

Turtle, E. P., & Pierazzo, E. (2001). Thickness of a European ice shell from impact crater simulations. *Science*, **294**, 1326-1328.

Tyler, R. H. (2021). On the tidal history and future of the Earth-Moon orbital system. *The Planetary Science Journal*, **2(2)**, 70.

Tyler, R. H. et al. (2015). Tidal heating in a magma ocean within Jupiter's moon Io. *The Astrophysical Journal Supplement Series*, **218(2)**, 22.

Tyndall, J. (1860). VII. Note on the transmission of radiant heat through gaseous bodies. *Proceedings of The Royal Society of London*, **10**, 37-39.

Valet, J.-P., & Fournier, A. (2016). Deciphering records of geomagnetic reversals. *Reviews of Geophysics*, **54(2)**, 410-446.

Vallisneri, M. et al. (2020). Modeling the uncertainties of solar system ephemerides for robust gravitational-wave searches with pulsar-timing arrays. *The Astrophysical Journal*, **893(2)**, 112.

van den Bergh, S. (1989). Life and death in the inner solar system. *Publications of the Astronomical Society of the Pacific*, **101**, 500-509.

van Hoolst, T. et al. (2020). The librations, tides, and interior structure of Io. *Journal of Geophysical Research: Planets*, **125**, e2020JE006473.

Vander Kaaden, K. E., & McCubbin, F. M. (2015). Exotic crust formation on Mercury: Consequences of a shallow, FeO-poor mantle. *Journal of Geophysical Research: Planets*, **120**, 195-209.

Vaquero, J. M. (2007). Historical sunspot observations: A review. *Advances in Space Research*, **40(7)**, 929-941.

Varga, P. et al. (2009). On the tidal heating of

Enceladus. *Journal of Geodynamics*, **48(3-5)**, 247-252.

Vasavada, A. R. (2022). Mission overview and scientific contributions from the Mars Science Laboratory Curiosity rover after eight years of surface operations. *Space Science Reviews*, **218(3)**, 14.

Vasile, M., & De Pascale, P. (2006). Preliminary design of multiple gravity-assist trajectories. *Journal of Spacecraft and Rockets*, **43(4)**, 794-805.

Vazan, A., & Helled, R. (2020). Explaining the low luminosity of Uranus: A self-consistent thermal and structural evolution. *Astronomy & Astrophysics*, **633**, A50.

Velímský, J., & Knopp, O. (2021). Lateral variations of electrical conductivity in the lower mantle constrained by Swarm and CryoSat-2 missions. *Earth, Planets and Space*, **73(1)**, 1-12.

Vervoort, M. et al. (2022). System architecture and planetary obliquity: Implications for long-term habitability. *The Astrophysical Journal*, **164(4)**, 130.

Veverka, J. (1973). Titan: Polarimetric evidence for an optically thick atmosphere? *Icarus*, **18**, 657-660.

Villaça, C. V. N. et al. (2021). Morphometric analysis of Pluto's impact craters. *Remote Sensing*, **13(3)**, 377.

Villanueva, G. L. et al. (2015). Strong water isotopic anomalies in the Martian atmosphere: Probing current and ancient reservoirs. *Science*, **348**, 218-221.

Villanueva, G. L. et al. (2022). The deuterium isotopic ratio of water released from the Martian caps as measured with TGO/NOMAD. *Geophysical Research Letters*, **49(12)**, e2022GL098161.

Vine, F. J. (1966). Spreading of the ocean floor, new evidence: Magnetic anomalies may record histories of the ocean basins and Earth's magnetic field for 2×10^8 years. *Science*, **154**, 1405-1415.

Vine, F. J., & Matthews, D. H. (1963). Magnetic anomalies over oceanic ridges. *Nature*, **199**, 947-949.

Vita-Finzi, C. (1974). *Recent Earth History*. London: Macmillan.

Vita-Finzi, C. (2012). River history and tectonics. *Philosophical Transactions of the Royal Society of London A*, **370**, 2173-2192.

Vita-Finzi, C. (2013). *Solar History*. New York: Springer.

Vita-Finzi, C. (2016). *A History of the Solar System*. New York: Springer.

Vita-Finzi, C. et al. (2004). Venusian craters and the origin of coronae. *Lunar and Planetary Science Conference*, **35**, abstract 1564.

Volkov, V. et al. (1986). Lithosphere-atmosphere interaction on Venus. In, *Chemistry and Physics of Terrestrial Planets* (S. K. Saxena, ed.), pp. 136-187, New York: Springer.

Vömel, H. et al. (2022). Water vapor injection into the stratosphere by Hunga Tonga-Hunga Ha'apai. *Science*, **377**, 1444-1447.

von der Heydt, A. S. et al. (2021). Quantification and interpretation of the climate variability record. *Global and Planetary Change*, **197**, 103399.

von Hegner, I. (2020). Interplanetary transmissions of life in an evolutionary context. *International Journal of Astrobiology*, **19(4)**, 335-348.

Vos, E. et al. (2022). Stratigraphic and isotopic evolution of the Martian polar caps from paleo-climate models. *Journal of Geophysical Research: Planets*, **127**, e2021JE007115.

Wächtershäuser, G. (1990). Evolution of the first metabolic cycles. *Proceedings of the National Academy of Sciences*, **87(1)**, 200-204.

Wakita, S. et al. (2021). Impactor material records the ancient lunar magnetic field in antipodal anomalies. *Nature Communications*, **12(1)**, 1-7.

Walker, M. E., & Rhoden, A. R. (2022). Tidal heating at Europa using the multifrequency analysis of tidal heating toolkit. *The Planetary Science Journal*, **3(7)**, 149.

Wang, C. et al. (2023). An explosive mud volcano origin for the pitted cones in southern Utopia Planitia, Mars. *Science China Earth Sciences*, **66**, 2045-2056.

Wang, X. et al. (2021). Ancient auroral records compiled from Korean historical books. *Journal of Geophysical Research: Space Physics*, **126**, e2020JA028763.

Wang, Y., & Read, P. (2012). Diversity of planetary atmospheric circulations and climates in a simplified general circulation model. *Proceedings of the International Astronomical Union*, **8(S293)**, 297-302.

Ward, A. W. (1979). Yardangs on Mars: Evidence of recent wind erosion. *Journal of Geophysical Research: Solid Earth*, **84(B14)**, 8147-8166.

Ward, W. R. (1979). Present obliquity oscillations of Mars: Fourth-order accuracy in orbital e and I. *Journal of Geophysical Research: Solid Earth*, **84**, 237-241.

Wardinski, I. et al. (2021). The internal structure of Mercury's core inferred from magnetic observations. *Journal of Geophysical Research: Planets*, **126**, e2020JE006792.

Washburn, E. W. et al. (1928). *International Critical Tables of Numerical Data, Physics, Chemistry and Technology*, vol. 4. New York: McGraw-Hill.

Watters, T. R. (1991). Origin of periodically spaced wrinkle ridges on the Tharsis Plateau of Mars. *Journal of Geophysical Research: Planets*, **96**, 15599-15616.

Watters, T. R. (1993). Compressional tectonism on Mars. *Journal of Geophysical Research: Planets*, **98**, 17049-17060.

Watters, T. R. (2021). A case for limited global contraction of Mercury. *Communications Earth & Environment*, **2(1)**, 9.

Watts, A. B., & Moore, J. D. P. (2017). Flexural isostasy: Constraints from gravity and topography power spectra. *Journal of Geophysical Research: Solid Earth*, **122**, 8417-8430.

Way, M. J., & Del Genio, A. D. (2020). Venusian habitable climate scenarios: Modeling Venus through time and applications to slowly rotating Venus-like exoplanets. *Journal of Geophysical Research: Planets*, **125**, e2019JE006276.

Webb, S. (2015). *If the Universe is Teeming with Aliens. . . Where is Everybody? Seventy-Five Solutions to the Fermi Paradox and the Problem of Extraterrestrial Life*. 2nd ed., Heidelberg: Springer.

Weber, R. et al. (2010). Seismic detection of the lunar core. *Science*, **331**, 309-312.

Weber, R. et al. (2021). Martian crustal field influence on O^+ and O^{2+} escape as measured by MAVEN. *Journal of Geophysical Research: Space Physics*, **126**, e2021JA029234.

Webster, C. R. et al. (2015). Mars methane detection and variability at Gale crater. *Science*, **347**, 415-417.

Weiss, M. C. et al. (2016). The physiology and habitat of the last universal common ancestor. *Nature Microbiology*, **1(9)**, 1-8.

Weitz, C. M. et al. (1994). Dunes and microdunes on Venus: Why were so few found in the Magellan data? *Icarus*, **112**, 282-295.

Wells, J. W. (1963). Coral growth and geochronometry. *Nature*, **197**, 948-950.

Wentworth, C. K. (1922). A scale of grade and class terms for clastic sediments. *The Journal of Geology*, **30(5)**, 377-392.

Whipple, F. L. (1950). A comet model: I. The acceleration of Comet Encke. *The Astrophysical Journal*, **111**, 375-394.

White, O. L. et al. (2017). Geological mapping of Sputnik Planitia on Pluto. *Icarus*, **287**, 261-286.

White, R. V. (2002). Earth's biggest 'whodunnit': Unravelling the clues in the case of the end-Permian mass extinction. *Philosophical Transactions of the Royal Society of London A*, **360**, 2963-2985.

Whitehouse, P. L. (2018). Glacial isostatic adjustment modelling: Historical perspectives, recent advances, and future directions. *Earth Surface Dynamics*, **6(2)**, 401-429.

Whitmire, D. P. et al. (1995). A slightly more massive young Sun as an explanation for warm temperatures on early Mars. *Journal of Geophysical Research: Planets*, **100**, 5457-5464.

Wieczorek, M. A. (2018). Strength, depth, and geometry of magnetic sources in the crust of the Moon from localized power spectrum analysis. *Journal of Geophysical Research: Planets*, **123**, 291-316.

Wieczorek, M. A. et al. (2012). An impactor origin for lunar magnetic anomalies. *Science*, **335**, 1212-1215.

Wiggins, S. E. et al. (2019). Impact fragmentation and the development of the deep lunar megaregolith. *Journal of Geophysical Research: Planets*, **124(4)**, 941-957.

Williams, D. A. et al. (2018). Introduction: The geologic mapping of Ceres. *Icarus*, **316**, 1-13.

Williams, G. E. (2000). Geological constraints on the Precambrian history of Earth's rotation and the Moon's orbit. *Reviews of Geophysics*, **38(1)**, 37-59.

Williams, Q. (2009). Bottom-up versus top-down solidification of the cores of small solar system bodies: Constraints on paradoxical cores. *Earth and Planetary Science Letters*, **284**, 564-569.

Williams, R. J., & Jadwick, J. J. (1980). *Handbook of Lunar Materials* (No. NASA-RP-1057). Washington, DC: NASA.

Wilson, L., & Head III, J. W. (1983). A comparison of volcanic eruption processes on Earth, Moon, Mars, Io and Venus. *Nature*, **302**, 663-669.

Wilson, L. et al. (2001). Evidence for episodicity in the magma supply to the large Tharsis volcanoes. *Journal of Geophysical Research: Planets*, **106**, 1423-1433.

Wolstencroft, R. D., & Raven, J. A. (2002). Photosynthesis: Likelihood of occurrence and possibility of detection on Earth-like planets. *Icarus*, **157**, 535-548.

Wolszczan, A., & Frail, D. A. (1992). A planetary system around the millisecond pulsar PSR1257+12. *Nature*, **355**, 145-147.

Wood, C. A., & Radebaugh, J. (2020). Morphologic evidence for volcanic craters near Titan's north polar region. *Journal of Geophysical Research: Planets*, **125**, e2019JE006036.

Wood, C. A. et al. (2010). Impact craters on Titan.

Icarus, **206**, 334-344.

Wood, C. A. et al. (2018). Solar models with dynamic screening and early mass loss tested by helioseismic, astrophysical, and planetary constraints. *Solar Physics*, **293(7)**, 1-14.

Woolfson, M. M. (1984). The origin and evolution of the solar system. *Proceedings of the Royal Institute of Great Britain*, **56**, 33-63.

Wordsworth, R., & Kreidberg, L. (2022). Atmospheres of rocky exoplanets. *Annual Review of Astronomy and Astrophysics*, **60**, 159-201.

Wordsworth, R., & Pierrehumbert, R. (2014). Abiotic oxygen-dominated atmospheres on terrestrial habitable zone planets. *The Astrophysical Journal*, **785(2)**, L20.

Wright, A., & Siegert, M. (2012). A fourth inventory of Antarctic subglacial lakes. *Antarctic Science*, **24(6)**, 659-664.

Wright, J. T. (2020). Dyson spheres. *Serbian Astronomical Journal*, **200**, 1-18.

Wright, J. T. et al. (2022). The case for technosignatures: Why they may be abundant, long-lived, highly detectable, and unambiguous. *The Astrophysical Journal*, **927(2)**, L30.

Wu, C.-W. et al. (2018). Solar activity over nine millennia: A consistent multi-proxy reconstruction. *Astronomy & Astrophysics*, **615**, A93.

Wunderlich, J. et al. (2023). Uncertainty in phosphine photochemistry in the Venus atmosphere prevents a firm biosignature attribution. *Astronomy & Astrophysics*, **676**, A135.

Xiao, L. et al. (2023). Evidence for marine sedimentary rocks in Utopia Planitia: Zhurong rover observations. *National Science Review*, **10(9)**, nwad137.

Xu, Y. et al. (2021). Maria basalts chronology of the Chang'E-5 sampling site. *Remote Sensing*, **13(8)**, 1515.

Yada, T. et al. (2022). Preliminary analysis of the Hayabusa 2 samples returned from C-type asteroid Ryugu. *Nature Astronomy*, **6(2)**, 214-220.

Yadav, M. et al. (2020). Chemistry of abiotic nucleotide synthesis. *Chemical Reviews*, **120(11)**, 4766-4805.

Yadav, R. K. et al. (2020). Deep convection-driven vortex formation on Jupiter and Saturn. *Science Advances*, **6(46)**, eabb9298.

Yan, H. et al. (2023). The 8-year solar cycle during the Maunder Minimum. *AGU Advances*, **4(5)**, e2023AV000964.

Yan, C., & Stanley, S. (2021). Recipe for a Saturn-like dynamo. *AGU Advances*, **2(2)**, e2020AV000318.

Yang, J. et al. (2013). Stabilizing cloud feedback dramatically expands the habitable zone of tidally locked planets. *The Astrophysical Journal*, **771(2)**, L45.

Yang, J. et al. (2014). Strong dependence of the inner edge of the habitable zone on planetary rotation rate. *The Astrophysical Journal*, **787(1)**, L2.

Yin, A. (2012a). Structural analysis of the Valles Marineris fault zone: Possible evidence for large-scale strike-slip faulting on Mars. *Lithosphere*, **4(4)**, 286-330.

Yin, A. (2012b). An episodic slab-rollback model for the origin of the Tharsis rise on Mars: Implications for initiation of local plate subduction and final unification of a kinematically linked global plate-tectonic network on Earth. *Lithosphere*, **4(6)**, 553-593.

Yin, A., & Wang, Y. (2023). Formation and modification of wrinkle ridges in the central Tharsis region of Mars as constrained by detailed geomorphological mapping and landsystem analysis. *Earth and Planetary Science Letters*, **7(2)**, 161-192.

Yoder, C. F. et al. (2003). Fluid core size of Mars from detection of the solar tide. *Science*, **300**, 299-303.

Yokoyama, T. et al. (2022). Samples returned from the asteroid Ryugu are similar to Ivuna-type carbonaceous meteorites. *Science*, **379**, eabn7850.

Yook, J. et al. (2022). Climate impacts and potential drivers of the unprecedented Antarctic ozone holes of 2020 and 2021. *Geophysical Research Letters*, **49(10)**, e2022GL098064.

Yoshida, M. (2023). Stress regime analysis for the transition to a stagnant-lid convection regime in the terrestrial mantle. *Physica Status Solidi*, **238**, 105794.

Yoshizaki, T., & McDonough, W. F. (2020). The composition of Mars. *Geochimica et Cosmochimica Acta*, **273**, 137-162.

Young, G. M. (2019). Aspects of the Archean-Proterozoic transition: How the great Huronian Glacial Event was initiated by rift-related uplift and terminated at the rift-drift transition during break-up of Lauroscandia. *Earth-Science Reviews*, **190**, 171-189.

Young, G. M. et al. (1998). Earth's oldest reported glaciation: Physical and chemical evidence from the Archean Mozaan Group (~2.9 Ga) of South Africa. *The Journal of Geology*, **106(5)**, 523-538.

Young, P. J. et al. (2021). The Montreal Protocol protects the terrestrial carbon sink. *Nature*, **596**, 384-388.

Yuan, K. Y. et al. (2021). Southeastward dipping mid-mantle heterogeneities beneath the sea of Okhotsk. *Earth and Planetary Science Letters*, **573**, 117151.

Yue, Z. Y. et al. (2015). Global mapping and analysis of lunar wrinkle ridges. *Journal of Geophysical Research: Planets*, **120**, 978-994.

Yue, Z. Y. et al. (2017). Global survey of lunar wrinkle ridge formation times. *Earth and Planetary Science Letters*, **477**, 14-20.

Yue, Z. Y. et al. (2022). Updated lunar cratering chronology model with the radiometric age of Chang'E-5 samples. *Nature Astronomy*, **6(5)**, 541-545.

Yung, Y. L. et al. (2018). Methane on Mars and habitability: Challenges and responses. *Astrobiology*, **18(10)**, 1221-1242.

Zahnle, K. J. et al. (2003). Cratering rates in the outer solar system. *Icarus*, **163**, 263-289.

Zajdel, P. et al. (2020). System-specific systematic errors in earth rotation parameters derived from GPS, GLONASS, and Galileo. *GPS Solutions*, **24**, article 74.

Zaki, R. et al. (2021). Did increased flooding during the African Humid Period force migration of modern humans from the Nile Valley? *Quaternary Science Reviews*, **272**, 107200.

Zanazzi, J. J., & Triaud, A. H. (2019). The ability of significant tidal stress to initiate plate tectonics. *Icarus*, **325**, 55-66.

Zeng, Y., & Jansen, M. F. (2021). Ocean circulation on Enceladus with a high- versus low-salinity ocean. *The Planetary Science Journal*, **2(4)**, 151.

Zhang, X. et al. (2022). Reaction of methane

and UV-activated perchlorate: Relevance to heterogeneous loss of methane in the atmosphere of Mars. *Icarus*, **376**, 114832.

Zhang, X. et al. (2023). Microwave Observations of Ganymede's Sub-surface Ice: 2. Reflected Radiation. *Geophysical Research Letters*, **50(11)**, e2022GL101565.

Zheng, Y. F. (2023). Plate tectonics in the twenty-first century. *Science China Earth Sciences*, **66(1)**, 1-40.

Zhou, T. et al. (2022). Early Cambrian renewal of the geodynamo and the origin of inner core structure. *Nature Communications*, **13**, 4161.

Zhou, Y. et al. (2022). High pressure-temperature phase equilibrium studies on Martian basalts: Implications for the failure of plate tectonics on Mars. *Earth and Planetary Science Letters*, **594**, 117751.

Zieba, S. et al. (2023). No thick carbon dioxide atmosphere on the rocky exoplanet TRAPPIST-1c. *Nature*, **620**, 746-749.

Zilinskas, M. J. et al. (2022). Observability of evaporating lava worlds. *Astronomy & Astrophysics*, **661**, A126.

Zimbelman, J. R. (2008). Planetary dune fields: Examples of performance under pressure. Planetary Dunes Workshop: A Record of Climate Change, Alamagordo, New Mexico, May 2008. LPI Contribution 1403, pp. 81-82, Lunar and Planetary Institute. www.lpi.usra.edu/meetings/dunes2008/pdf/7005.pdf.

Zuber, M. T. (1990). Ridge belts: Evidence for regional- and local-scale deformation on the surface of Venus. *Geophysical Research Letters*, **17(9)**, 1369-1372.

Zuber, M. T. et al. (2011). Topography of the northern hemisphere of Mercury from MESSENGER Laser Altimetry. *Science*, **336**, 217-220.

색인

ㄱ

국제천문연맹(IAU) 11, 18, 113, 187
T-타우리(T-Tauri) 21, 97
가니메데(Ganymede)
기풀 사슬 구조(Gipul Catena) 50
니콜슨 지역(Nicholson Regio) 152
시파르 술쿠스(Sippar Sulcus) 118, 153
엔키 사슬 구조(Enki Catena) 50
우루크 술쿠스(Uruk Sulcus) 153
팔림프세스트(Palimpsests) 206, 253
가이아(Gaia) 26, 38, 311
감람석(Olivine) 22, 27, 30, 32, 62, 64~68, 77~79, 81~82, 169, 171, 177, 201, 248~249, 296
결빙선(Snow line) 248
고고지자기학(Archeomagnetism) 106
고도 분포 곡선(Hypsometric curve) 124~125
고상선(Solidus) 94, 168, 172
고세균(Archaea) 303, 304, 315
공공(Gonggong) 10, 13, 36, 116
공융점(Eutectic) 168, 169
관성 모멘트(Moment of inertia) 47, 75, 77, 116, 134~136, 262
광구(Photosphere) 25, 91
권곡(Cirques or corries) 282
궤도 이심률(Orbital eccentricity) 36, 70, 129
궤도 혼잡(Orbital congestion) 217
극관(Polar ice cap) 42, 185
극저온 화산(Cryovolcanic) 134, 144, 153~155, 168, 176, 185~186, 189, 209, 233, 285
극한 환경 생물(Extremophiles) 303, 312
금성(Venus)
기네비어리아기(Guineverian) 286
기네비어 평원(Guinevere Planitia) 145~146
내부 구조(Internal structure) 73~75
대기(Atmosphere) 239~242
방사성 균열구조(Novae) 184
아우렐리아기(Aurelian) 286, 289
자기장(Magnetic field) 93~94
중력(Gravity) 134
카날리(Canali) 228, 278
테미스 지역(Themis Regio) 71
테세라(Tessera) 81, 161~163, 205, 271, 289
팬케이크 돔(Pancake dome) 180, 183
포츄니아기(Fortunian) 286, 289
해자(Moat) 184

ㄴ

눈덩이 지구(Snowball Earth) 199, 257

ㄷ

다빈치(DAVINCI) 임무 163
달(Moon)
고요의 바다(Mare Tranquilities) 140
과도현상(Transient lunar phenomena) 173
남극-에이트켄 분지(South Pole-Aitken basin) 61~62, 96~97, 130~131
내부 구조(Internal structure) 78~79, 81
넥타리스기(Nectarian) 286, 288
동쪽의 바다(Mare Orientale) 96, 172, 205
마스콘(Mascon) 131~133
비의 바다(Mare Imbrium) 141, 172, 288
달의 고원(Highland) 97, 130, 172, 217
달의 바다(Mare: 단수; Maria: 복수) 31, 97, 169~174, 178, 217
선-넥타리스기(Pre-Nectarian) 286, 288
아리스타르코스(Aristarchus) 173
에라토스테네스기(Eratosthenian) 286
임브리움기(Imbrian) 173, 206, 286
임브리움 분지(Imbrium basin) 288
자기장(Magnetic field) 96~98
중력(Gravity) 128, 130, 132
추위의 바다(Mare Frigoris) 172
코페르니쿠스기(Copernican) 286
코페르니쿠스 충돌구(Copernicus crater) 172
평온의 바다(Mare Serenitatis) 172
폭풍의 대양(Oceanus Procellarum) 96
대산화사건(Great Oxidation Event, GOE) 257

대형 화성암체(Large igneous provinces, LIPs)
　　데칸 트랩(Deccan Traps) 171
　　북대서양 대형 화성암체(NAIP) 318
　　에텐데카(Etendeka) 171
　　온통-자바(Ontong-Java) 318
　　중앙 대서양 대형 화성암체(CAMP) 318
　　컬럼비아강(Columbia River) 171
　　파라나(Paraná) 171
동아프리카 열곡대(East African Rift, EAR) 140, 146, 148, 207
동태평양 해팽(East Pacific Rise, EPR) 110
딥임팩트(Deep Impact) 193
뜬짐(Suspended load) 276, 280

ㄹ

러브 수(Love numbers) 75, 79, 255
레이리-테일러 불안정성(Rayleigh-Taylor instability) 161
로렌타이드 빙상(Laurentide ice sheet) 189
로슈 한계(Roche limit) 13, 48, 50
리델 전단(Riedel shear) 149
리스 충돌구(Ries crater) 199~202
링우다이트(Ringwoodite) 68, 76, 79, 201

ㅁ

마르(Maar) 185
마모(Abrasion) 274, 282
마지막 우주 공통 조상(LUCA) 52, 299, 303~304
마케마케(Makemake) 10, 13, 36, 116, 237
매스웨이스팅(Mass wasting) 268~269
메탄 수화물(Methane hydrates) 82, 189
멸종(Extinctions) 170, 189, 191~192, 288, 293, 299, 317~319
명왕성(Pluto)
　　라이트산(Wright Mon) 186
　　로웰 지역(Lowell Regio) 228
　　벌컨 평원(Vulcan Planitia) 186
　　스푸트니크 평원(Sputnik Planitia) 44~45, 125, 186, 234, 263
　　타르타루스 도르사(Tartarus Dorsa) 44
목성(Jupiter)
　　내부 구조(Internal structure) 69, 82~84
　　대기(Atmosphere) 239~244
　　대적반(Graet Red Spot) 129, 242~243
　　자기장(Magnetic field) 98~99, 101~103
　　중력(Gravity) 129
목성의 위성(Jupiter's Moons)
　　가니메데 참조
　　아말티아(Amalthea) 205
　　유로파 참조
　　이오 참조
　　칼리스토 참조
미티오 충돌구(Meteor crater) 191
밑짐(Bedload) 276, 280

ㅂ

바르다(Varda) 13
바이오마커(Biomarker) 266, 295, 297, 298, 306
반사도(Albedo) 41, 43~44, 119, 157, 172, 181, 184, 198, 220, 237, 282, 289
방출파(Release wave) 202
배수계(Drainage network) 277
밴 앨런 방사대(Van Allen radiation belt) 88~89
범종설(Panspermia) 299
부게 보정(Bouguer correction) 130, 132
브리지머나이트(Bridgmanite) 67~68, 78~79
비드만스태튼 조직(Widmanstätten pattern) 32
비생물 발생(Abiogenesis) 299
빙성 퇴적물(Till) 281
빙퇴석(Moraines) 281~282
빙하 굴식(Quarrying) 282
빙하기(Glacial periods) 35, 40, 47, 54, 57, 123, 133, 136, 188, 199, 250, 257~260, 263, 283, 288, 317

ㅅ

사구(Dunes) 157, 181, 268, 271~276, 285, 290
사문석화 작용(Serpentinization) 82, 229, 296
사암(Sandstone) 268, 290
사이클로이드(Cycloids) 154, 156
사장석(Plagioclase feldspar) 64, 81, 169, 201
사층리(Crossbedding) 62
삭마(Ablation) 195, 199, 281
생물권(Biosphere) 307, 310~311
석류석(Garnet) 78
세드나(Sedna) 10, 13, 36, 116
세레스(Ceres)
　　선야로데아기(Pre-Yalodean) 286
　　아자카기(Azaccan) 286, 289
　　야로데아기(Yalodean) 286
　　야로드 충돌구(Yalode crater) 132
　　케르와나기(Kerwanan) 286, 288
　　케르완 충돌구(Kerwan crater) 132, 288
세차 운동(Precession) 40~43, 47, 97
셀레노이드(Selenoid) 130
소행성(Asteroid)
　　디디모스(65803-Didymos) 193
　　류구(162173-Ryugu) 17~18, 302
　　베누(101955-Bennu) 16, 18
　　아포피스(99942-Apophis) 220~221
　　이토카와(25143-Itokawa) 16~18
　　커리클로(10199-Chariklo) 13
　　키론(2060-Chiron) 13

소행성 지구 충돌 최종 경보 시스템(ATLAS) 219
소행성대(Asteroid belt) 15, 29, 49, 126, 186, 217
수성(Mercury)
내부 구조(Internal structure) 73~75
만수리아기(Mansurian) 286
선톨스토이아기(Pre-Tolstojan) 286, 288
자기장(Magnetic field) 92~93
중력(Gravity) 129
카이퍼리아기(Kuiperian) 286
칼로리스 분지(Caloris Basin) 144~145, 174, 217, 288
칼로리스 평원(Caloris Planitia) 143
칼로리아기(Calorian) 286, 288
톨스토이아기(Tolstojan) 286, 288
판테온 함몰대(Pantheon Fossae) 144~145
수에바이트(Suevite) 201
수지상(Dentritic) 277
슈타인하임 충돌구(Steinheim crater) 199~200, 202
슈퍼지구(Super-Earth) 187, 246
스러스트(Thrust) 150, 157
스트룬 필드(Strewn field) 196
스티쇼바이트(Stishovite) 201
스피넬(Spinel) 169
스피처 우주 망원경(SST) 187, 245
시원(Primordial) 188
쏠레이아이트질 현무암(Tholeiitic basalts) 170

ㅇ

아레시보 망원경(Arecibo Telescope) 119
아레트(Arestes) 282
아모르(Amors) 194
아민(Armines) 192
아카스타 편마암(Acasta Gneiss) 159
아타카마 대형 밀리미터 어레이(ALMA) 21~23
아텐(Atens) 194
알칼리 현무암(Alkaline basalts) 81
알케인(Alkane) 280
암권 평형설(Isostasy) 132
암권 평형(Isostatic equilibrium) 132~134, 142, 190, 258
암맥(Dyke) 139, 144, 146, 148~149, 166, 183~184, 186, 253
암상(Sill) 155, 166
액상선(Liquidus) 168~169
야르당(Yardang) 274~275
에리스(Eris) 10, 13, 36, 116, 237
에스커(Eskers) 281~283
에클로자이트(Eclogite) 159, 164
역단층(Reverse fault) 139~143, 149
역암(Conglomerate) 268, 270, 290
연니(Oozes) 269
연무(Haze) 57, 119, 198, 228, 231, 234, 246, 276, 301~302
연성(Ductile) 117, 138, 150, 153, 156, 165, 254, 267
연흔(Ripples) 273~274
열(Heat)
단반감기 방사성열(Short-lived radiogenic heat) 69~70
장반감기 방사성열(Long-lived radiogenic heat) 69
분화열(Differentiation heat) 69
조석열(Tidal heat) 69~70, 72, 102, 166~167, 189
증착열(Accretionary heat) 69
열곡대(Rift valley) 140, 146, 148, 207, 318
열극 분출(Fissure eruption) 172
열염순환(Thermohaline circulation) 249, 260
엽렬(Delamination) 161, 163~164, 171, 184
엽상 절벽(Lobate scarps) 142~143, 173
엽상류(Lobate flow) 151, 181, 186, 268~270
영거 드라이아스(Younger Dryas) 195, 220
영률(Young's modulus) 138
오르쿠스(Orcus) 10, 13, 36, 116
오피오라이트(Ophiolite) 251
올더 드라이아스(Older Dryas) 57
외계 지성 탐사(SETI) 294
외계행성(Exoplanets) 9, 14, 22, 25~26, 38, 166, 186~187, 271, 281, 297, 310
요소(Urea) 301
운석(Meteorite)
C-콘드라이트(Carbonaceous chondrite) 29~30
나클라이트(Nakhlite) 29, 31
로드라나이트(Lodranite) 29
디오제나이트(Diogenite) 29~30
메소시더라이트(Mesosiderite) 29, 32
몰다바이트(Moldavite) 199, 201
브래치나이트(Brachinite) 29
샤시그나이트(Chassignite) 29, 31
석질운석 29~30
석철질운석 29
셰르고타이트(Shergottite) 29, 31, 164
아카풀코아이트(Acapulcoite) 29
아콘드라이트(Achodrite) 29~32, 249
앵그라이트(Angrite) 29
오브라이트(Aubrite) 29
위노나아이트(Winonaite) 29
유레일라이트(Ureilite) 31
유크라이트(Eucrite) 29~30
철질운석 29, 31~32
콘드라이트(Chondrite) 18~19, 29~32, 97, 192, 195, 197, 248~249, 302~303
콘드률(Chondrule) 30
팔라사이트(Pallasite) 29, 32
하워다이트(Howardite) 29~30
워즐리아이트(Wadsleyite) 68, 79
윌슨 사이클(Wilson Cycle) 160

유공충(Benthic foraminifera) 40
유동학 또는 유변학(Rheology) 165, 258
유로파(Europa)
렌즈 지형(Lenticulae) 73, 254
코나마라 카오스(Conamara Chaos) 254
타이어 구조(Tyre multi-ring structure)205, 253
프윌 충돌구(Pwyll crater) 196
유출 수로(Outflow channels) 270, 278~279
이동 뚜껑 지체구조(Mobile lid tectonics) 94, 134, 137~138, 158~165
이류(Advection) 72, 166
이상도(Anomaly map) 109~110, 130
이오(Io)
마사우 파테라(Maasaw Patera) 181
펠레(Pele) 182~183
프로메테우스(Prometheus) 182
필란 파테라(Pillan Patera) 183
이중 소행성 방향 전환 실험(DART) 193
인리형 분지(Pull-apart basin) 149, 158
일주(Diurnal) 156

ㅈ

자기장(Magnetic field)
가상 지자기 극(VGPs) 109~111
가우스 정자극기(Gauss normal polarity) 108
강자성(Ferromagnetic) 105
길버트 역자극기(Gilbert reverse polarity) 108
다이너모(Dynamo) 56, 75, 87, 91, 94, 96~99, 102, 105, 225, 243
라샹 회유(Laschamp excursions) 109
마투야마 역자극기(Matuyama reverse polarity) 108
모노 레이크 회유(Mono Lake excursions) 109
반강자성(Antiferromagnetic) 105
백악기 정자극 슈퍼크론(CNS) 108
복각(Inclination) 85~86, 103~104, 106, 108~109
브룬스 정자극기(Brunhes normal polarity) 108~109
서태평양 자기 이상(West Pacific anomaly) 56
쌍극자기장(Dipole field) 57, 85~86, 91~92, 95~99, 103~104, 111~112, 225
에디아카라 쌍극자 최소기(Ediacaran dipole low) 112
열 잔류자화(TRM) 93, 106, 109
영년변화(Secular variation) 85, 101, 104, 136, 170
유도 자기장(Induced magnetic fields) 65, 79, 92, 93, 97, 99, 101~102, 254
자기 꼬리(Magnetotail) 88, 98~99
자기권(Magnetosphere) 55, 75, 85, 88~89, 91~93, 97~103, 232~233
자기권계면(Magnetopause) 88, 92, 100
자기권외피층(Magnetosheath) 88
자기부폭풍(Magnetic substorm) 100
자기폭풍(Magnetic storm) 99~100
자연 잔류자화(NRM) 97, 107
저크(Jerk) 101
주자성(Magnetotactic) 298
준강자성(Ferrimagnetic) 105
지구 중심축 쌍극자(Geocentric axial dipole, GAD) 86, 97, 99, 111
키아만 역자극 슈퍼크론(KRS) 108
태평양 쌍극자 영역(Pacific historical dipole window) 104
퇴적 잔류자화(DRM) 106
퇴적 후 잔류자화(pDRM) 106
편각(Declination) 85~86, 103~104, 106, 108~109
자전축의 경사각 변화(Obliquity) 40
장석(Feldspar) 27, 87, 169
재결정(Recrystallization) 63, 105, 138, 201
적철석(Hematite) 86, 105, 290
전단 구조(Shear structures) 149~150
점완 정단층(Listric faults) 140, 153
점토암(Claystone) 268
정단층(Normal fault) 139~140, 145~149, 153, 158, 197, 205, 207
정체 뚜껑 지체구조(Stagnant lid tectonics) 94, 96, 137, 158, 161
제임스 웹 우주 망원경(JWST) 187, 245~246, 266
조석 러브 수(Tidal Love numbers) 75
조석(Tides) 14~16, 21, 25~26, 37, 40, 43, 46~52, 65, 69~72, 75, 100, 102, 112, 122~124, 129~130, 135~136, 143, 154~156, 165~167, 173, 187, 189, 231, 238, 249, 251, 255~256, 275, 307~308
종말 충격파(Termination shock) 91
종사구(Longitudinal dunes) 157, 181, 276
좌굴(Buckling) 141
주름 능선(Wrinkle ridge) 140~145, 174~175, 252
주향 이동 단층(Strike-slip fault) 139, 147~150, 160
중차압(Ram pressure) 198
중폭격기(Heavy bombardment period) 173~174, 218, 288
증착 프리즘(Accretionary prisms) 160
증착(Accretion) 29, 31, 59, 69~70, 72, 82, 159, 166, 188, 198, 225, 246
지구 근접 소행성(Near Earth Asteroids, NEA) 15~18, 126, 194~195
지구 접근체(Near Earth Objects, NEO) 193, 195
지구 유사성 지수(Earth Similarity Index, ESI) 25
지구대(Graben) 139, 144~148, 151, 153, 175, 183~184
지루(Horst) 139, 153
지오이드(Geoid) 127~130, 134, 141
지자기 극성 연대표(GPTS) 107~108
지질연대표(Geologic Time Tables) 286~288
고진기(Paleogene) 189, 319
데본기(Devonian) 47, 317
명왕누대(Hadean eon) 288
백악기(Cretaceous) 108, 171, 189, 191, 202, 319
석탄기(Carboniferous) 108, 258
시생누대(Archean eons) 257, 288
에디아카라기(Ediacaran period) 112, 309

에오세(Eocene) 258
오르도비스기(Ordovician) 317
원생누대(Proterozoic eon) 288
제4기(Quaternary) 107, 275
쥐라기(Jurassic) 171, 200, 319
트라이아스기(Triassic) 171, 202, 319
페름기(Permian) 108, 171, 195, 202, 258, 318
플라이스토세(Pleistocene) 40
현생누대(Phanerozoic eon) 107, 288
홀로세(Holocene) 238, 288
지체구조(Plate tectonics)
대륙 지각(Continental crust) 31, 60, 73, 80~81, 125, 132, 137~138, 192, 251
맨틀 전이대(Mantle transition zone) 100
모호면(Mohorovicic discontinuity) 59~60, 80, 82
배호 분지(Back-arc basin) 73, 163
상부 맨틀(Upper mantle) 62, 63, 65, 67, 78~80, 100, 166, 174
섭입대(Subduction zones) 71, 130, 133, 156, 158, 160, 164
암석권(Lithosphere) 63, 65, 73, 78~80, 85, 94, 111, 113, 123, 125, 128, 132~134, 137~142, 146, 148, 150, 153, 156~159, 161, 163~165, 171~172, 184~185, 205, 253~254, 258
연약권(Asthenosphere) 64, 73, 79~80, 133, 161, 205, 254~255, 262
하부 맨틀(Lower mantle) 63~65, 67, 78~79, 142
해구(Trench) 73, 125, 130, 160, 249, 284, 312
해령(Ridge) 73, 80~81, 109~110, 125, 129~130, 133~134, 154~156, 158, 163, 166, 169, 171, 177, 184, 188, 250~251
해양 지각(Oceanic crust) 60, 73, 80~82, 95, 108~110, 124~125, 133, 138, 163, 171, 188, 192, 198, 209. 251
진스 탈출(Jeans escape) 224~225, 248
질량 중심(Barycenter) 37~38, 125, 311

ㅊ

챈들러 요동(Chandler wobble) 136
천왕성(Uranus)
내부 구조(Internal structure) 69, 82~84
대기(Atmosphere) 239~244
자기장(Magnetic field) 98~99
중력(Gravity) 129
천왕성의 위성(Uranus's Moons)
미란다(Miranda) 127
아리엘(Ariel) 72, 127, 150~151, 311
오베론(Oberon) 127
움브리엘(Umbriel) 72, 127
타이타니아(Titania) 150
첨애(Polar cusp) 88, 99, 101
첼랴빈스크(Chelyabinsk) 18, 194, 197, 220~221
초기 폭격기(Early bombardment period) 172
초대륙(Supercontinents) 111, 156, 160, 172
초대형 망원경(Very Large Telescope, VLT) 21~22
최초의 우주 공통 조상(FUCA) 304
축출물 피복(Ejecta blankets) 172, 196, 198, 202~203, 219
충격 포행(Impact creep) 272
충돌구(Impact craters)
다중 고리 충돌구(Multi-ring crater) 205, 207, 253
단순 충돌구(Simple crater) 205, 208
복합 충돌구(Complex crater) 205, 208
이중 고리 충돌구(Double-ring crater) 200
충적선상지(Alluvial fans) 268, 277~278
취성(Brittle) 138~140, 149~150, 153, 156, 165, 254
취성-연성 전이(Brittle-ductile transition) 138, 150, 254
층하 스러스트(Underthrust) 141
친기원소(Atmophile) 28
친석원소(Lithophile) 28
친철원소(Siderophile) 28
친황원소(Chalcophile) 28
칭동(Libration) 75, 79

ㅋ

카론(Charon) 44, 72, 82, 151, 166, 186, 209
카마사이트(Kamacite) 31
카보너타이트(Carbonatite) 178~179
카이퍼대(Kuiper belt) 12~13, 15~18, 22, 49, 91, 126, 226
칼리스토(Callisto)
발할라 충돌구(Valhalla crater) 205
아스가르드 충돌구(Asgard crater) 269
캐링턴(Carrington) 89, 100
커크우드 간극(Kirkwood gap) 15, 49
케플러 임무(Kepler missions) 25, 66
코로나(Coronae, 금성 코로나) 71, 133, 145, 155, 160~161, 184~185
코로나(Corona, 태양 코로나) 55, 57~58, 73, 88~89, 91, 100
코마티아이트(Komatiite) 79, 81, 174
코에사이트(Coesite) 159, 200~202
콰오아(Quaoar) 10, 13, 36, 116
클래쓰레이트(Clathrate) 82, 262

ㅌ

타이탄(Titan)
벨렛 모래 바다(Belet sand sea) 276
둠산(Doom Mons) 181, 185
크라켄 바다(Kraken Mare) 281
크사 충돌구(Ksa crater) 204, 276
리게이아 바다(Ligeia Mare) 121
샹그릴라(Shangri-La) 276
소트라 파테라(Sotra Patera) 181, 185
제너두(Xanadu) 158, 209
타코 클라인(Tachocline) 91, 99
탐사선(Spacecraft)

갈릴레오(Galileo) 72~73, 77, 98, 101, 118, 152~153, 166, 175, 179, 183, 188, 254~255, 294, 316
뉴 호라이즌스(New Horizons) 12~13, 43~45, 66, 99, 113~114, 118, 186, 234
다이내믹스 익스플로러(Dynamics Explorer) 224
달의 중력과 기후 실험 탐사선(GRACE) 128, 130, 259
달의 중력과 기후 실험 후속 탐사선(GRACE-FO) 128
달 정찰 궤도선(LRO) 50, 61, 220, 232, 264~265
던(Dawn) 129
드래곤플라이(Dragonfly) 293, 301
로제타(Rosetta) 17~18, 192, 248
루나(Luna) 130, 206, 216
루나 프로스펙터(Lunar Prospector) 61, 96, 130
마리너(Mariner) 75, 81, 92~93, 100, 127, 142~143, 173, 229, 232, 274, 277~278, 280
마스 글로벌 서베이어(MGS) 95, 163, 275, 285
마스 오디세이(Mars Odyssey) 263, 275
마스 익스프레스(Mars Express) 62, 229, 252
메신저(MESSENGER) 75, 81, 92, 143~144, 173~174, 220, 233, 264
목성의 얼음 위성 탐사선(JUICE) 77, 189, 293
미스바 알-아말(Misbar Al-Amal) 224
바이킹(Viking) 42, 61, 65~66, 169, 218, 284, 297
바이퍼(VIPER) 60
뱅가드(Vanguard) 128
베가(Vega) 18, 177, 179
베네라(Venera) 66, 81, 149, 169, 177, 179, 273
베리타스(VERITAS) 162~163
베피콜롬보(BepiColombo) 75, 93, 129
보이스(VOICE) 162
보이저(Voyager) 45~46, 91, 98~100, 113~114, 127, 152, 166, 175~176, 179, 183, 189, 230~231, 233, 239, 242~245, 247, 255, 294, 316
비너스 익스프레스(Venus Express) 94, 161~162
성간 경계 탐사 위성(IBEX) 91
성간 매핑 및 가속 프로브(IMAP) 91
슈크러얀(Shukrayaan) 162~163
스웜(Swarm) 100
스이세이(Suisei) 18
스타더스트(Stardust) 18, 193
스피릿(Spirit) 61, 170, 289
심우주 기후 관측선(DSCOVR) 58
아카츠키 궤도선(Akatsuki orbiter) 228
아폴로(Apollo) 16, 31, 33, 47, 60, 64~65, 77, 79, 97, 118, 130, 172~173, 178, 206, 209, 216, 220, 232
엑소마스(ExoMars) 61, 229
엔비전(EnVision) 134, 163
오퍼튜니티(Opportunity) 42, 60~62, 289
외계 행성 특성화 위성(CHEOPS) 26
유로파 클리퍼(Europa Clipper) 157, 189
율리시즈(Ulysses) 57
익스플로러(Explorer) 89
인사이트(InSight) 42, 61, 64, 66, 75~76, 79, 82, 96, 133, 148, 219
인저뉴어티(Ingenuity) 291~292
제이슨(Jason) 260
주노(Juno) 83, 98, 129, 152, 243~244
주룽(Zhurong) 로버 253, 285
중력장 및 정상 상태 해양 순환 탐사선(GOCE) 128
지오토(Giotto) 18, 192
창어-5(Chan'E-5) 60, 206, 216
챤드라얀 1호(Chandrayaan-1) 264~265
천원(Tianwen) 253, 285
천이 영역 및 코로나 탐사선(TRACE) 58
카구야(Kaguya) 96, 130
카시니(Cassini) 49, 66, 71, 98, 114, 120, 129, 144, 157~158, 166, 185, 188, 206, 209, 230~231, 242~243, 245, 255~256, 276, 285
큐리오시티(Curiosity) 61, 170, 229, 267, 289~292
크라이오샛(Cryosat) 100
크레멘타인(Clementine) 173, 206, 265
태양 궤도선(Solar Orbiter) 58
태양 및 태양권 관측선(SOHO) 57
태양 중간권 탐사선(SME) 57
태양 지구 관계 관측선(STEREO) 58
태양 역학 관측선(SDO) 58
트랜짓 외계 행성 탐사 위성(TESS) 25, 66
파이오니어(Pioneer) 93, 98, 113~114, 119, 152, 251, 273, 316
파커 태양 탐사선(Parker Solar Probe) 58
패스파인더(Pathfinder) 42, 241
퍼시비어런스(Perseverance) 33, 61~63, 267, 289, 291~292
피닉스(Phoenix) 297
필레(Philae) 17~18
하야부사(Hayabusa) 17~18
헤라(Hera) 193
호프(Hope) 224
화성 극지 착륙선(Mars Polar Lander) 61
화성 대기 탐사선(MAVEN) 94~95, 225
화성 정찰 궤도선(MRO) 62, 150, 182, 219, 261, 274, 283, 285
태양 상수(Solar constant) 51
태양권덮개(Heliosheath) 91
태양풍(Solar wind) 9, 53, 55, 57, 85, 87~94, 97~100, 112, 127, 225, 229, 232~233, 265, 320
텍타이트(Tektite) 197~198
토러스(Torus) 231, 233
토성(Saturn)
고리(Ring) 66
내부 구조(Internal structure) 69, 82~84
대기(Atmosphere) 239~244
자기장(Magnetic field) 98~99

중력(Gravity) 129
토성의 위성(Saturn's Moons)
디오네(Dione) 49, 150~151, 208, 256
미마스(Mimas) 49, 204, 256
엔셀라두스(Enceladus) 13, 49, 71~72, 80, 92, 188, 206~207, 218, 255~256, 293
이아페투스(Iapetus) 117, 135
타이탄 참조
테티스(Tethys) 49, 150~151
팬(Pan) 205
피비(Phoebe) 15
하이페리온(Hyperion) 49
토펙스/포세이돈(TOPEX/Poseidon) 임무 260
톨리(Tholi) 71
톨린(Tholin) 12~13, 44, 299, 301
통과 비행(Flyby) 63, 79, 93, 127, 152, 176, 234, 244, 256
퇴락(Degradation) 204, 206, 209
퉁구스카(Tunguska) 195
트라피스트 1(Trappist 1) 246, 307
트랜짓(Transit) 25, 66
트로도스(Troodos) 80
트리톤(Triton)
힐 플룸(Hill plume) 176, 189
키부 파테라(Kibu Patera) 176
루아흐 평원(Ruach Planitia) 175~176
류구 평원(Ryugu Planitia) 176
시파푸 평원(Sipapu Planitia) 176
투오넬라 평원(Tuonela Planitia) 175
티탄철석(Ilmenite) 81

ㅍ

파쇄추(Shatter cone) 200~202
파테라(Patera) 71, 176, 181, 183, 185
판 스타즈(Pan-STARRS) 219
퍼진 공(Fuzz balls) 82
페렐 세포(Farrel cell) 242
페로브스카이트(Perovskite) 27, 78
페로페리클라스(Ferropericlase) 68
페리도타이트(Peridotite) 62
포섭(Subsumption) 82, 157, 164~165
포정점(Peritectic) 168
포행(Creep processes) 78, 269, 272
포획암(Xenoliths) 62, 256
폭발 화구(Bolide) 193~195, 198
풀러렌(Fullerene) 202, 318
풍맥(Wind streaks) 271~272, 275
풍식(Wind abrasion) 274~275
풍식력(Ventifacts) 274~275
프록시마 센타우리 b(Proxima Centauri b) 26
프리에어 중력 이상(Free-air gravity anomaly) 129~133
플레이아데스성단(Pleiades star cluster) 232
플루토닉-스퀴시(Plutonic-squishy) 161, 163, 184
플룸(Plume) 45, 71, 73, 78, 84, 139, 146~147, 163~164, 171, 176, 182~184, 188~189, 254
플리니언(Plinian) 182
핑고(Pingoes) 285

ㅎ

하성(Fluvial) 158, 276, 282, 290,
하우메아(Haumea) 10, 13, 36, 116, 123~124, 237
하인리히 사건(Heinrich event) 260
하커도(Harker diagram) 170
함몰 용암굴(Rilles) 178~179
합성 개구 레이더(SAR) 119~121, 145~146, 158, 162~163, 185, 265, 270
항성 엄폐(Stellar occultation) 43~45, 123~124, 234
해들리 세포(Hadley cell) 242
해왕성(Neptune)
내부 구조(Internal structure) 69, 82~84
대기(Atmosphere) 239~244
자기장(Magnetic field) 98~99
중력(Gravity) 129
해왕성 궤도 통과 행성체(trans-Neptunian objects, TNO)
명왕성족(Plutinos) 49
아로코스(Arrokoth) 12~13, 17
위요 로버스(Weeyo Lobus, 아로코스 왼쪽) 12
웨누 로버스(Wenu Lobus, 아로코스 오른쪽) 12
큐비원족(Cubewano) 12, 49
허블 우주 망원경(Hubble Space Telescope) 20~21, 44, 49, 93, 188, 244~245, 266
험모키 기질(Hummocky matrix) 155
헤일 주기(Hale cycle) 54
현곡(Hanging valleys) 282
현탁(Suspension) 272
혜성(Comets)
보리소프(2I-Borisov) 37
빌트2(81P/Wild) 18, 192~193
성간 운석 IM1(Interstellar meteorite) 197
슈메이커-레비 9(Shoemaker-Levy 9) 49, 192~193, 199
추류모프게라시멘코(67P/Churyumov-Gerasimenko) 17~18, 192
템펠 1(Tempel-1) 193
프시케(16-Psyche) 32, 186
하틀리(103P/Hartley) 17
핼리(1P/Halley) 18, 37, 192
오우무아무아(1I-'Oumuamua) 37, 197, 299
호성(Lacustrine) 158, 199, 289, 298
화구(Fireball) 193~194, 220
화산쇄설구(Pyroclastic cones) 172

화성(Mars)
게일 충돌구(Gale crater) 229, 260, 289~291
내부 구조(Internal structure) 73~77, 81~82, 239~242
노아키아기(Noachian) 147, 149, 174, 279, 283, 286, 288
데이모스(Deimos) 48
발레스 마리네리스(Valles Marineris) 147~148, 174, 279, 285
메리디아니 평원(Meridiani Planum) 62, 289
빅토리아 충돌구(Victoria crater) 60, 62
선노아키아기(Pre-Noachian) 286, 288
시더리키아기(Siderikian) 286, 291
아가일 충돌구(Argyle crater) 132
아르시아산(Arsia Mons) 182
아르카디아 산(Arcadia Mons) 196
아마조니아기(Amazonian) 252, 283, 286
아스크라에우스산(Ascraeus Mons) 182, 284
알바산(Alba Mons) 148, 182
엘리시움 평원(Elysium Planitia) 82, 142, 148, 174, 181, 275, 289
올림푸스산(Olympus Mons) 79, 150, 182, 218
유토피아 평원(Utopia Planitia) 285
이분 경계(Dichotomy) 125, 132, 149, 163, 209, 218, 283
자기장(Magnetic field) 94~96
제제로 충돌구(Jezero crater) 63, 289, 291~292
중력(Gravity) 132
카세이 계곡(Kasei Valles) 279~280
크리세 평원(Chryse Planitia) 279
타르시스 고원(Tharsis Montes) 132, 135, 142, 147~150, 163, 174, 182~183, 218, 253, 283~284, 289
테이키아기(Theiikian) 286, 291
파보니스산(Pavonis Mons) 182, 284
포보스(Phobos) 48, 50
필로시아기(Phyllocian) 286, 291
헤스페리아기(Hesperian) 142, 147, 149, 252~253, 261, 279~280, 283, 285~286, 289
헤스페리아 평원(Hesperia Planum) 140
헬라스 충돌구(Hellas crater) 282
화쇄류암(Ignimbrite) 185, 275
환류(Gyres) 249
휘석(Pyroxene) 30~31, 62, 64, 77~78, 81, 169, 175, 201, 248~249, 298
흑연(Graphite) 81, 201